● 北京理工大学"双一流"建设精品出版工程

人工智能与大数据

ARTIFICIAL INTELLIGENCE AND BIG DATA

罗森林 潘丽敏 / 著

北京理工大学出版社
BEIJING INSTITUTE OF TECHNOLOGY PRESS

内 容 简 介

本书系统、全面、深入、先进地研讨人工智能与大数据，主要内容包括 8 章，即人工智能基础认知、大数据分析基础认知、信息系统与系统工程、特征工程与知识表示、模式识别与深度学习、知识图谱与挖掘分析、计算框架与计算模式、算法与数据工程伦理道德。

本书瞄准国家重大战略需求和学科前沿发展方向，适应高校多样化人才培养需求，可供从事智能科学与技术、计算机科学与技术、网络空间安全、信息与通信工程、电子科学与技术、医学技术等相关学科专业的教学、科研、应用人员阅读和使用，对从事人工智能与大数据相关研究的人员具有重要的实用和参考价值。此外，本书对其他非专业及相关研究人员也具有重要的指导意义。

图书在版编目（CIP）数据

人工智能与大数据／罗森林，潘丽敏著．－－北京：
北京理工大学出版社，2024.3
ISBN 978－7－5763－3740－2

Ⅰ．①人… Ⅱ．①罗…②潘… Ⅲ．①人工智能②数据处理 Ⅳ．①TP18②TP274

中国国家版本馆 CIP 数据核字（2024）第 064421 号

| 责任编辑：王梦春 | 文案编辑：辛丽莉 |
| 责任校对：周瑞红 | 责任印制：李志强 |

出版发行 / 北京理工大学出版社有限责任公司
社　　址 / 北京市丰台区四合庄路 6 号
邮　　编 / 100070
电　　话 / （010）68944439（学术售后服务热线）
网　　址 / http://www.bitpress.com.cn

版 印 次 / 2024 年 3 月第 1 版第 1 次印刷
印　　刷 / 三河市华骏印务包装有限公司
开　　本 / 787 mm×1092 mm　1/16
印　　张 / 28.75
字　　数 / 675 千字
定　　价 / 79.00 元

前言

　　人工智能与大数据的迅速发展将深刻改变人类社会生活、改变世界。人工智能与大数据是引领未来的战略性技术。世界上的主要发达国家都把发展人工智能和大数据作为提升国家竞争力、维护国家安全的重大战略。

　　人工智能（artificial intelligence，AI）是研究开发用于模拟、延伸和扩展人类智能、智慧的理论、方法、技术及其应用活动。大数据（big data）一般是指规模庞大、类型众多、变化速度快、价值密度低的数据集合。在大力发展人工智能与大数据的同时，必须高度重视其可能带来的安全风险与挑战，最大限度地降低风险，确保人工智能与大数据安全、可靠、可控发展，必须从顶层设计其安全保障体系使其发挥正向作用。

　　发展人工智能与大数据是一项复杂的系统工程。本书深入贯彻落实党的二十大精神，瞄准国家重大战略需求和学科前沿发展方向，创新运用数智技术构建教材与课程生态圈，填补交叉学科教材的空白，着力发展人工智能育人新质生产力，从系统顶层构建和深化人工智能与大数据理论框架体系，构建适用于学科专业教育教学与科学研究的核心知识图谱。本书在突出人工智能与大数据技术先进性和前沿性的基础上，给出重点算法的应用实例，并融入网络空间安全、自然语言处理、生物信息处理等领域的最新研究成果，以促进跨界整合、系统思维和面向未来的知识、能力和素养的提升。

　　本书突出人工智能与大数据领域的核心思想、原理和应用，在抓住其精要的同时尽量覆盖相关信息，从顶层理解和把握人工智能与大数据的框架体系、系统思想、核心要素及主要方法。同时，本书注重学习者快速学习能力、系统思维的培养，以及知识图谱的构建，卓越培养科学探索、大匠运斤、钻之弥坚的精神。本书在编写方法、内容设置以及使用方面均源于和归于教学的基本思想，即通过一本书就可快速理解人工智能与大数据的全貌。

　　在体系结构方面，本书基于人工智能与大数据的信息系统框架的核心功能，强调知识的系统性，突出核心功能要素，既见树木又见森林，内容全面却不厚重。本书从人工智能与大数据的重要知识点入手浓缩其理论与技术，让学习者掌握人工智能与大数据信息系统的核心功能、技术和方法，将特征工程、模式识别、深度学习、知识图谱、计算框架等内容融为一体，构建体系化的系统，建立系统的思维方法。

在知识内容方面，本书强化先进性和前沿性以及学科交叉性，在讨论理论技术的同时注重快速学习能力的培养。在强化人工智能与大数据理论技术的先进性、前沿性的同时，给出重点算法的应用实例，同时引入网络空间安全、自然语言处理、生物信息处理等多领域最新研究成果实例，使学习者建立系统化丰富的知识图谱，通过领域实例快速学习、理解、掌握和运用。

在应用生态方面，本书围绕教材构建线上慕课、创新与工程实践系统、课程思政育人平台等理论与实践互为贯通的高科技、高质量、高效能数智生态，突出研究性，支持多样化、大范围的教材及资源应用。建设配套应用数字生态，包括适应性思政育人资源，重点知识的系统化线上慕课资源，研制人工智能与大数据分析创新与工程实践暨技术竞赛平台，研制支持诚信检测、机生文本检测的课程管理信息系统等。

在灵活使用方面，本书基于研究性教学思想，注重学习者的兴趣和学习的灵活性，支持学习的可持续发展，关注学习的间接效果，可满足各类高校多样化人才长期培养的需求。同时，本书在追求天人合一文化伦理，摆脱偏执，回归人类福祉的基础上，探讨人工智能与大数据工程伦理道德问题等。

本书由罗森林、潘丽敏共同撰写。具体分工为：第1~5章由罗森林负责撰写；第6~8章由潘丽敏负责撰写；罗森林负责全书的章节设计、内容规划和统稿。

本书的撰写得到了北京理工大学教务部同志以及信息安全与对抗技术研究所研究生的多方面帮助，著者在此一并表示衷心的感谢。同时，衷心感谢北京理工大学出版社编辑在书稿策划、内容修改以及出版推进过程中给予的热情帮助。最后，衷心感谢北京理工大学出版社对本书的出版给与的多方面支持和帮助。

由于时间仓促，本书难免存在不足之处，敬请读者批评指正！

罗森林
于北京理工大学

目　录
CONTENTS

第1章

人工智能基础认知

1.1 引　　言

人工智能是研究、开发用于模拟、延伸和扩展人类智能的理论、方法、技术及应用系统的一门新的技术科学。人工智能的核心问题是构建与人类智能有关的智能行为，这些行为涉及学习、感知、思考、理解、识别、判断、推理、证明、通信、设计、规划、决策和问题求解等活动。人工智能是社会发展和技术创新的产物，是促进人类进步的重要技术形态。

人工智能发展至今，已经成为新一轮科技革命和产业变革的核心驱动力，正在对世界发展、社会进步和人民生活产生极其深刻的影响。于世界发展而言，人工智能是引领未来的战略性技术，全球主要国家及地区都把发展人工智能作为提升国家竞争力的重大战略；于社会进步而言，人工智能技术为社会治理提供了全新的技术和思路，可准确感知、预测、预警基础设施和社会安全运行的重大态势，及时把握群体认知及心理变化，主动决策反应，显著提高社会治理能力和水平，对有效维护社会稳定具有不可替代的作用；于人民生活而言，深度学习、图像识别、语音识别等人工智能技术已经广泛应用于智能终端、智能家居、移动支付等领域，为民众提供覆盖更广、体验更优、便利性更佳的生活服务。未来人工智能技术还将在教育、医疗、军事等领域里发挥更为显著的作用，同时也为国家安全、社会安全、伦理道德等方面带来诸多挑战，人工智能在未来生活中扮演着至关重要的角色。

本章主要内容如下几节。

1.2 节阐述了人工智能的理论基础，主要内容包括人工智能的基本概念、人工智能的分类方法及主要特征。

1.3 节介绍了人工智能的历史现状，主要内容包括人工智能的发展历史、人工智能的研究现状。

1.4 节介绍了人工智能在几个领域的主要应用，主要内容包括自然语言处理、网络安全、医疗信息、军事安全。

1.5 节分析了人工智能的发展趋势，主要内容包括迁移学习、强化学习等技术发展趋势，网络安全攻防博弈、技术融合等应用发展趋势。

1.2 理 论 基 础

1.2.1 人工智能的基本概念

如前所述，人工智能是研究、开发用于模拟、延伸和扩展人类智能、智慧的理论、方法、技术及应用活动的一门新的技术科学。自从 1956 年正式提出人工智能学科以来，经过 60 多年的发展，人工智能已经成为智能学科重要的组成部分。它企图了解智能的实质，并生产出一种新的能以人类智能相似的方式做出反应的智能机器。人工智能的发展旨在使计算机具备类似人类的智能水平，以便能够执行复杂的任务，并为人类提供智能化的辅助。

人工智能是由人类（people）、想法（idea）、方法（method）、机器（machine）和结果（outcome）组成的。首先，组成人工智能的是人类。人工智能的存在和发展是基于人类的智慧和创造力。人类拥有思维、创新和问题解决能力，能够提出想法和方法。这些想法可以转化为算法、启发式、程序或其他形式的表示方法，这些方法可以是数学模型、逻辑推理、统计学等，用于描述和解决具体的问题和任务。然后，开发出各种人工智能系统和程序，这些机器（程序）被设计和训练用于执行特定的任务和功能，从而产生人工智能的"结果"。"结果"可以根据多个方面进行衡量，这包括价值、有效性、效率、可靠性等。对于不同的任务和领域，衡量标准可能会有所不同，但总体目标是使结果能够满足特定需求并提供有用的解决方案。

智能，尤其是人类智能，是一个不断进化的现象。智能涉及诸如意识、自我、思维等问题。斯腾伯格（R. Sternberg）认为：智能是个人从经验中学习、理性思考、记忆重要信息，以及应付日常生活需求的认知能力。比如，给定一个数列 {2，5，9，14，20，27}，要求提供下一个数字。观察数列中相邻数字之间的差值，我们可以发现：从 2 到 5 差值为 3，从 5 到 9 差值为 4，从 9 到 14 差值为 5，以此类推。根据数列中的模式和规律，结果应该是在数列中最后一个数字 27 的基础上加上差值 8，得到下一个数字为 35。这个例子展示了通过观察数列中数字之间的差值，发现其中的模式和规律，以此来推测下一个数字的能力。这是一种基于经验和模式识别的智能能力，能够在缺乏完整数列的情况下进行预测。

当应用于感官输入或数据资产时，智能通过 4 个"P"进行演化：感知（perceive）、处理（process）、持久化（persist）和执行（perform）。为了开发人工智能，需要用同样的循环方法为机器建模，如图 1-1 所示。这个循环框架是一个高层次的框架，它提供了一种系统指导和组织机器智能开发的方法，具体实现因应用领域和具体任务的不同而有所差异。

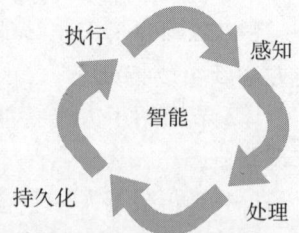

图 1-1 智能的循环框架

感知阶段涉及数据的采集、传感器的使用和数据预处理，以便机器能够理解输入的内容。对于视觉任务，机器可以通过摄像头获取图像数据，对于语音任务，机器可以通过麦克风获取音频数据。处理阶段为了理解和推理输入数据，并从中提取有用的信息。机器对感知的数据进行分析、解释和提取关键信息，这可能涉及使用机器学习、深度学习或其他算法和技术来进行模式识别、特征提取、分类、预测等任务。持久化阶段的目标是确保数据的可访问性和持久性，以便在需要时进行检索和使用。机器将处理后的信息存储和组织起来，以便后续使用和参考，这包括将数据存储在数据库、文件系统或其他形式的数据存储介质中。执行阶段是将智能能力转化为实际行动或输出的阶段。机器基于处理和持久化的结果，采取相应的行动或生成输出，这可以是对特定任务的响应、生成决策、控制其他系统的操作等。

　　人工智能研究人类智能活动的规律，构造能产生人类智能行为的信息系统，即智能系统。智能系统不仅可自组织与自适应地在传统诺依曼结构的计算机上运行，而且可自组织与自适应地在新一代的非诺依曼结构的计算机上运行。智能系统处理的对象，不仅有数据，还有知识。表示、获取、存取和处理知识的能力是智能系统与传统系统的主要区别之一。例如，过去使用的自动柜员机（ATM）不是人工智能系统，但是如果这种机器可以追踪一个人的财务支出、购买物品的类别和概率，它可以解释并统计娱乐、必需品、旅游和其他类别的支出，对如何改变支出模式提供建议，那么就可以认为这种自动柜员机是一种智能系统。在这个过程中，为了使智能系统进一步发展并实现更高层次的任务，人工智能的三个要素——数据、算法和算力起到了至关重要的作用，如图 1-2 所示。

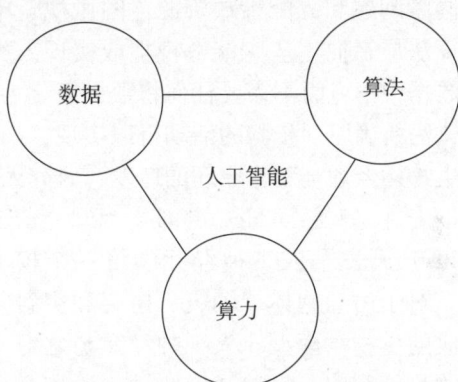

1. 数据

　　数据是指对客观事件进行记录并可以鉴别的符号，是对客观事物的性质、状态以及相互关系等进行记载的物理符号或这些物理符号的组合。

图 1-2　人工智能的三个要素

在计算机科学中，数据是所有能输入计算机并被计算机程序处理的符号的介质的总称。除了包括狭义上的数字，数据还包括任何可以表达一定意义的符号，它可以是连续的，如声音、图像；也可以是离散的，如符号、文字。

　　实现人工智能的首要因素是数据，数据是智能系统的学习资源。最基础的数据转换被称为数据分析。数据分析取决于其使用场景，通常是指大量可能的数据操作。20 世纪 70 年代初，美国康奈尔大学贾里尼克教授在做语音识别研究时开创了一种统计和数据驱动的方法。他将大量的数据输入计算机，让计算机进行快速匹配，通过大数据来提高语音识别率。通过这种方法，他成功地改善了语音识别的性能。在这之前，智能问题通常被认为是复杂而困难的，很难通过传统的规则和算法来解决。然而，贾里尼克教授的研究展示了使用大数据和统计方法的潜力。通过从大数据中学习和提取模式、规律，并将其应用于实际问题，计算机可以实现更高水平的智能表现。这一方法的成功也引发了对数据驱动方法在其他领域的探索和应用。

　　人们逐渐意识到，通过收集和分析大数据，结合适当的统计模型和算法，可以推动智能系统的发展和应用。这种以数据为驱动的方法已经在人工智能、机器学习和许多其他领域中取得了巨大的成功，成为现代智能技术的重要基础。

2. 算法

　　算法（algorithm）是指解题方案的准确而完整的描述，是一系列解决问题的清晰指令，代表着用系统的方法描述解决问题的策略机制。算法可以接受一定规范的输入，并在有限时间内产生所需的输出。如果一个算法存在缺陷或者不适用于特定问题，执行该算法将无法解决该问题。不同的算法可能使用不同的时间、空间或效率来完成相同的任务，因此可以使用时间复杂度和空间复杂度来评估算法的优劣。

时间复杂度衡量了算法执行所需的时间资源。一般来说，计算机算法是问题规模的函数。用 n 表示问题规模。用 $f(n)$ 表示描述算法执行时间与输入规模之间关系的函数，O 表示算法的时间复杂度，则算法的时间复杂度为 $O(f(n))$。因此，算法执行时间的增长率与 $f(n)$ 的增长率正相关。空间复杂度衡量了算法执行所需的内存空间，其计算和表示方法与时间复杂度类似。

算法是实现智能的核心组成部分。人工智能算法区别于一般算法的特点在于，它能解决通常需要（或只能由）人类智能才能解决的问题。人工智能算法倾向于处理复杂的问题，如调度问题和分配稀缺资源、图像视觉中的模式识别等。为了应对这些复杂的任务，机器学习算法应运而生。它能够模拟或实现人类的学习行为，以获取新的知识和技能。它可以直接从数据中学习而不需要任何将数据简化为符号的预处理，并能使原本需要人类智能而不容易形式化为精确序列步骤的活动得以实现，如了解围棋棋盘布局并能敏锐把握正确的走法。另外，受生物神经系统工作原理的启发，研究人员设计了基于神经元（neuron）的神经网络算法。

麦卡洛克（McCulloch）和皮茨（Pitts）开发了人工神经元的第一个模型。对于由细胞体、轴突、树突和突触组成的生物学模型，人工神经元与之对应的是细胞体、输出通道、输入通道和权重。图 1-3 所示为神经元模型。

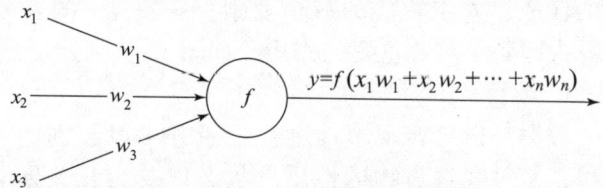

图 1-3　神经元模型

神经元接收一个具有 n 个分量的实值向量作为输入。权重反映了生物突触的导电水平，用于调节一个神经元对另一个神经元的影响程度。神经元通过计算原始函数 f 得到结果。

神经网络由在互联结构中排列的许多神经元构成。神经元可以从示例输入数据或者传输其他神经元的结果。例如，在前馈输入中，数据从一个方向进入网络中，一层中的单元与下一层中的单元相连接，同一层中的单元之间或下一层之外的单元之间不存在连接。此外，信息向前流动，处理过的数据永远不会返回先前的神经元层。神经网络示例如图 1-4 所示。

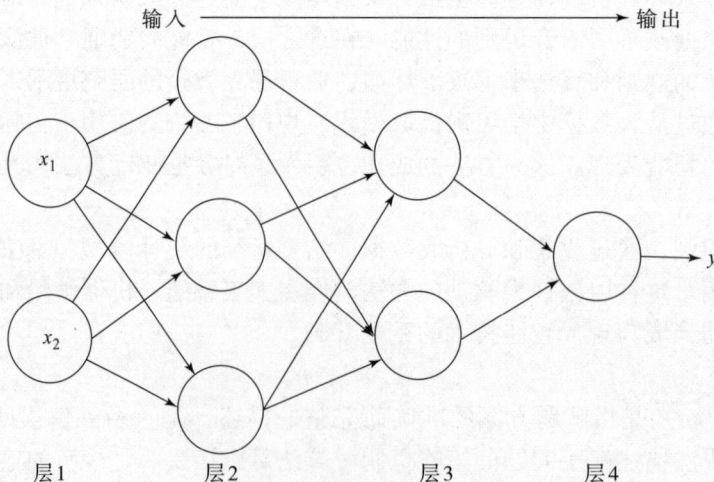

图 1-4　神经网络示例

3. 算力

算力是计算机设备或计算/数据中心处理信息的能力，是计算机硬件和软件配合共同执行某种计算需求的能力。算力的狭义定义是一台计算机具备的理论上最大的每秒浮点运算次数（FLOPS）。但是，计算机不光具有运算能力，还具有数据存储与访问能力、与外界数据交换能力、数据显示能力等。广义上，算力是计算机设备或计算/数据中心处理信息的能力，是计算机硬件和软件配合共同执行某种计算需求的能力。

在人工智能技术中，算力是算法和数据的基础设施，支撑着算法和数据，进而影响人工智能的发展。算力的大小代表了数据处理能力的强弱。《中国算力发展指数白皮书（2022年）》根据使用设备和提供算力强度的不同，将算力分为基础算力、智能算力和超算算力三大类。基础算力是由基于 CPU 芯片的服务器所提供的计算能力，主要用于基础通用计算，例如云计算、边缘计算等。智能算力是基于 GPU、FPGA、ASIC 等人工智能芯片的加速计算平台提供的算力，主要用于人工智能的训练和推理计算，例如语音、图像和视频的处理。超算算力是由超级计算机等高性能计算集群所提供的算力，主要用于尖端科学领域的计算。

当前，算力的重要性已被提升到新的高度。算力作为数字经济时代的生产力，对推动科技进步、行业数字化转型及经济社会发展发挥着重要作用。人工智能模型的训练和推理都需要大量算力支持，因此算力是承载和推动人工智能走向实际应用的基础平台和决定性力量。

1.2.2 人工智能的分类方法及主要特征

1.2.2.1 分类方法

基于智力水平、能力和广度的不同，可以将人工智能分为弱人工智能、强人工智能和超人工智能。

弱人工智能学派与麻省理工学院有关，他们将任何表现出智能行为的系统都看作人工智能的范例。他们认为，人造物是否以与人类相同的方式执行任务并不重要，唯一的标准是程序能够正确执行。在电子工程、机器人和相关领域中，人工智能工程主要关注获得令人满意的执行结果。这种方法被称为弱人工智能。弱人工智能的支持者认为，人工智能存在的理由是解决困难问题，而不必在意实际解决问题的方式。

强人工智能学派以卡内基梅隆大学研究人工智能的方法为代表，主要关注生物的可行性。他们认为，当人造物展现智能行为时，其表现应基于人类所使用的相同方法。大部分人工智能问题有四个主要特征：人工智能问题往往是大型的问题；人工智能问题在计算上非常复杂，并且不能通过简单的算法解决；人工智能问题及其领域倾向于收录大量的人类专门知识，特别是在用强人工智能方法解决问题的情况下。

下面用一个例子更好地解释强人工智能和弱人工智能的不同。设计一个具有听觉功能的系统，弱人工智能的支持者仅关注系统的表现，而强人工智能的支持者的目标是通过模拟人类的听觉系统，使用与耳蜗、听力管、耳膜和其他听觉器官等相等的组件（每个组件在系统中都能执行其所需的任务），以成功获得听觉功能。弱人工智能的支持者仅基于系统的表现来评判其是否成功，而强人工智能的支持者则关注所构建系统的结构。

超人工智能是一个充满挑战性的概念，描述了未来人工智能系统发展的可能性。其主要有三个特征：在智力上远超人类，几乎能够在所有领域内执行任务；具备无限的学习和创新能力，能够迅速适应新的情境和挑战；具备一定程度的自我意识，能够意识到自身的存在和状态。

一些关注超人工智能的研究者们提出，一旦人工智能达到超人水平，它们很有可能摆脱人类控制，带来巨大的技术、社会和伦理挑战，引发潜在的风险和冲突。因此，超人工智能是一个复杂而富有争议的概念，它展示了人工智能技术在未来可能达到的巨大潜力，同时也引发了关于如何管理和引导这种潜力的许多重要问题。尽管目前超人工智能还未实现，但对它的讨论在推动人工智能领域的研究和发展方向上具有重要作用。

1.2.2.2　主要特征

Arend Hintze 基于人工智能的发展现状及未来展望将人工智能分为四类：响应式机器（reactive machines）、有限记忆（limited memory）、意识理论（theory of mind）和自我意识（self-awareness）。

1. 响应式机器

最基本的人工智能系统属于一类，它既不能存储记忆也不能利用过去的经验来做决定。相反，每次它依赖于纯计算能力和智能算法来做出决策，这种机器是特定用途的弱人工智能的例子。

深蓝（Deep Blue）是 IBM 开发的国际象棋超级计算机，它是该类型机器的典型示例。在 20 世纪 90 年代末，它曾经击败国际象棋大师 Garry Kasparov。深蓝具备识别棋盘上每一个棋子的能力，并知道每个棋子的移动规则，它还能够预测对手的下一步走法，并从可能的选择中选取自己最优的走法。然而，深蓝对过去的情况没有任何记忆或概念，它完全忽略了之前的时刻，只专注于当前棋盘上的局势，并根据目前的情况做出决策。这种类型的智能需要计算机能够感知世界，并对所观察到的事物做出相应的反应。同样，由谷歌旗下 DeepMind 公司开发的一款围棋人工智能程序 AlphaGo 也不会将所有可能的方法考虑在内，它的分析方式比深蓝的更为复杂巧妙，利用了神经网络来分析棋局的走势。这些方法使 AI 系统具备了进行各类游戏的能力，但是它们不能轻易地改变功能，或将其应用于其他情况。这些计算机化的想象力并没有广泛的世界概念，这意味着它们的功能受限于其具体任务的设定。

2. 有限记忆

这类人工智能中包含了那些可以追溯过去的机器，ChatGPT 就已经实现了这一点。比如，它会分析并学习用户的输入和上下文，这些并不是瞬间性的东西，而是需要模型在对话中保持对先前恢复的记忆，并进行持续的理解。

一个 ChatGPT 模型无法通过遭遇特定对话或主题的经历来学习决策过程。这个模型依赖于有限的记忆来提供不同对话中的上下文信息。当它面对类似的问题时，ChatGPT 可以依赖之前的上下文来更好地回应，并在后续的对话中提供更有连贯性的回答。这个例子展示了当前"强"人工智能水平。

3. 意识理论

这类人工智能是现有的机器和将来发明的机器之间重要的分水岭。在未来阶段，机器将具备更强大的认知能力，能够形成对世界上具体事物和个体的认知。通过模拟和分析感知到的信息，机器将能够推断他人的意图、情感和想法，从而更好地与其互动。这种心智理论的发展将为机器赋予更高级的智能，使其能够影响机器自身的行为、思维和情感。

人工智能在意识理论方面的应用相对复杂和有限，因为意识是一个深奥而复杂的哲学和认知问题。然而，人工智能在一些方面尝试模拟意识理论中的一些概念和特点，从而在某些任务中表现出类似于人类思维的能力，如情感分析与情感计算、自然语言处理、认知机器人、意图推断与预测和虚拟助手与智能代理等。尽管上述应用领域涉及一些意识理论中的概念，意识理论仍然是一个深奥而富有争议的领域，尚未在人工智能中得到完全体现。

4. 自我意识

人工智能发展的终极阶段是开发出能形成自我意识的系统，这就是在电影中经常看到的人工智能。这一类人工智能在一定程度上是第三类人工智能的深度拓展。它涉及有意识存在的机器，这些机器能够对自身进行认知，了解自己的内在状态，并且能够感知他人的情感。当车在马路上行驶时，我们能够观察到与跟在我们车后的人表现出愤怒或不耐烦的情绪，这是基于我们对其行为和信号的观察和推论。这种能力依赖于心智理论中心理结构的存在，如果没有这种心智理论，我们将无法进行这样的推断。这类机器不仅能够基于环境和其他实体的反应来通过直觉反应其他实体的目标，还能基于经验知识来推断别人的意图。

1.3 历史现状

1.3.1 发展历史

人工智能的发展历史（见图 1 – 5）可以分为三个阶段：早期阶段（20 世纪 50—70 年代）即萌芽时期，着重探索人工智能的概念；中期阶段（20 世纪 80—90 年代）即探索时期，专注于专家系统等特定技术；后期阶段（2000 年至今）即高速发展时期，则以计算能力提升和机器学习为核心，取得了重大突破，如深度学习和强化学习。这三个阶段共同构成了人工智能发展的脉络。

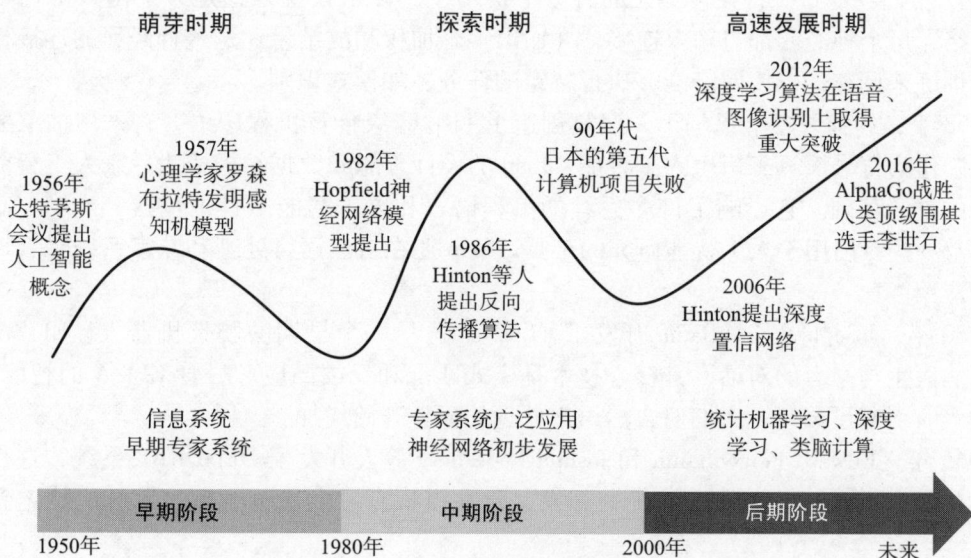

图 1 – 5 人工智能的发展历史

（一）人工智能早期阶段（20 世纪50—70 年代）

1943 年，心理学家沃伦·麦卡洛克（Warren McCulloch）和数学家沃尔特·皮茨（Walter Pitts）在《神经元模型与行为机制》（*A Logical Calculus of the Ideas Immanent in Nervous Activity*）一文中提出了神经元模型，他们认为神经元接收来自其他神经元的输入信号，并根据这些信号的强度进行逻辑运算，最终产生输出信号。二人通过数学和逻辑推理的方法，将这种神经元的行为建模为简化的二进制逻辑，即通过 0 和 1 表示神经元的激活和非激活状态。该模型描述了神经元之间的信息传递和逻辑运算方式，为人工智能研究奠定了理论基础。

1950 年，计算机科学家艾伦·图灵提出了著名的"图灵测试"，这一概念在人工智能领域产生了深远的影响。图灵测试的目标是评估一台计算机是否能够通过对话模拟出和人类无法区分的回答，从而表现出具有"机器思维"的能力。图灵认为，如果一台计算机能够以一种与人类无法区分的方式进行对话，即使没有意识和自我意识，也可以被认为具备了智能。他将这种能力定义为"通用智能"，即机器能够像人类一样进行思考、学习和解决问题。图灵测试的提出激发了人们对人工智能的兴趣和探索。研究者们开始尝试开发能够通过图灵测试的计算机程序，以模拟人类的智能行为，推动了人工智能研究的发展。

1954 年，IBM 与 Georgetown 大学合作进行了一项早期的机器翻译实验。这个实验涉及将法语翻译成英语，使用了一种基于字典和规则的方法。尽管结果不够完美，但这是机器翻译领域的重要里程碑，激发了人们对自动翻译技术的研究兴趣。

1956 年，在达特茅斯会议上，研究者们首次明确地提出了"人工智能"这个术语，并开始讨论如何实现能够执行智能任务的计算机程序。尽管当时的技术和计算能力非常有限，但这次会议奠定了人工智能研究的基础，激发了后来几十年的研究和发展。

1956 年，艾伦·纽厄尔和赫伯特·西蒙开发了逻辑理论家（logic theorist），它被认为是世界上第一个能够模拟人类逻辑思考过程的计算机程序。这标志着人工智能领域的一个重要突破，特别是在数学定理证明方面。

1957 年，罗森布拉特在神经元的背景下提出了感知机模型，这是一个由人工神经元组成的网络，每个神经元都与输入连接，并输出一个加权和的结果。这些神经元的连接权重可以通过训练来调整，以使网络能够执行特定的任务，如模式识别。

1958 年，约翰·麦卡锡基于 λ 演算创造了 Lisp 高级计算机程序语言，采用抽象数据列表与递归作为符号演算来衍生人工智能。Lisp 的设计理念和数据结构成为后来人工智能研究和发展的重要基础。它影响了许多后续的编程语言和人工智能工具，包括 Prolog、Common Lisp 以及一些专门用于人工智能研究的工具。Lisp 还在自然语言处理和专家系统等领域中得到广泛应用。

1960 年，Joseph Weizenbaum 开发了 ELIZA，这是一个早期的聊天机器人。ELIZA 模拟了精神病医生与患者的对话，其核心技术是模式匹配和反馈回应。尽管 ELIZA 的智能有限，但它在当时引起了轰动，人们对自然语言处理的兴趣开始增加。

1965 年，Edward Feigenbaum 和 Joshua Lederberg 等人开发了 DENDRAL 系统，这表明人工智能的研究重点转向了专家系统的开发，旨在模拟专家的决策过程，以解决特定领域的问题。

1966 年，Hunt 等人提出了最早的决策树算法，用于从训练数据集中构建一个决策树模型，为后续算法的发展提供了重要的思想和方法，如第 3 代迭代二分算法（iterative dichotomiser 3，ID3）、C4.5、分类树与回归算法（classification and regression trees，CART）和随机森林（random forest，RF）等。这些算法在决策树学习领域取得了显著的进展，应用广泛。

（二）人工智能中期阶段（20 世纪 80—90 年代）

1973 年，标志着人工智能迈入了专家系统的时代。在这一年，Judy Pearl 创造了 MYCIN 系统，这一系统在诊断感染疾病方面取得了重要的突破。MYCIN 并非简单的程序，它是基于领域专家的知识和规则构建而成的，从而模拟了专家在决策过程中的思考和判断。这一创新为将人类专业知识应用于计算机提供了前所未有的途径，奠定了专家系统研究领域的基础。1982 年，约翰·霍普菲尔德（John Hopfield）提出 Hopfield 神经网络模型，标志着神经网络领域在关联记忆和优化问题方面的重要突破，为后来的研究和发展铺平了道路。

1982 年，在 David Marr 的著作 *Vision* 中详细说明了三层视觉模型。强调了从不同层次解释和理解视觉系统的重要性，从计算问题到算法和实际的神经实现。这一模型的重要性在于它提供了一种框架，可以用于研究、理解和模拟视觉系统，不仅在计算机视觉（computer vision，CV）中有应用，在神经科学领域也产生了影响。

1984 年，Leo Breiman 提出 CART 算法，该算法最初是为分类任务设计的，但后来也扩展用于回归任务。它为分类和回归任务提供了强大的建模工具，并在解决实际问题中取得了成功。CART 算法的原则和方法也影响了其他决策树算法的发展，如随机森林和梯度提升决策树等。

1985 年，史蒂芬·帕尔斯和加尔·波林等人提出中心词驱动短语结构语法（head - driven phrase structure grammar，HPSG），成为一种重要的语法理论，它在自然语言处理中广泛应用，用于分析和生成复杂的句子结构。

1986 年，Hinton 等人提出反向传播（back propagation，BP）算法，这是一项在神经网络和机器学习领域具有革命性意义的重要突破。这个算法的提出极大地促进了神经网络的发展，并在后来的深度学习研究中扮演了关键角色。

1986 年，循环神经网络（recurrent neural network，RNN）的提出成为人工智能历史上的一个重要节点。受生物神经元连接方式的启发，RNN 的概念引发了对于模仿生物神经网络来进行信息处理的思考。尽管当时由于技术限制 RNN 并未得到广泛应用，但它为后来深度学习的崛起和发展奠定了基础，为人工智能的演进开辟了新的方向。RNN 示例如图 1 -6 所示。

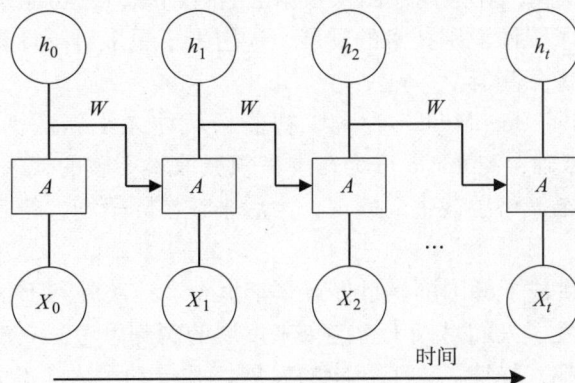

图 1 -6　RNN 示例

1989 年，由 Yann LeCun 等人创建的卷积神经网络（convolutional neural network，CNN）成为人工智能领域的又一个重要创新。CNN 的引入为图像识别领域的进步铺平了道路。该网络模型的设计受生物视觉系统的启发，通过在不同层次提取特征，从而有效地在图像中捕获不同尺度和抽象层次的信息。在手写数字识别方面，CNN 取得了重大的突破，为后来计算机视觉领域的快速发展做出了重要贡献。

1992 年，日本的"第五代计算机项目"宣告失败，虽然第五代计算机项目本身未能实现预期的突破，但它也带来了一些积极的影响。这个项目推动了许多研究和创新，促使人们在人工智能、自然语言处理等领域进行深入探索。

1997 年，IBM 的 Deep Blue 在国际象棋领域取得了具有历史意义的胜利。通过击败国际象棋冠军 Garry Kasparov，深蓝展示了计算机在复杂策略游戏中的超强能力。这一事件不仅凸显了人工智能在计算能力和策略推演方面的优势，也为人工智能的发展赢得了更多的关注和尊重。

（三）人工智能后期阶段（2000 年至今）

2001 年，Leo Breiman 把分类树组合成随机森林。随机森林在运算量没有显著提高的前提下提高了预测精度。随机森林对多元共线性不敏感，结果对缺失数据和非平衡的数据比较稳健。

2003 年，Yoshua Bengio 等人提出的神经概率语言模型成为第一个成功的神经网络词嵌入模型。极大地提升了自然语言处理中语法分析器和文本情感分析等的效果。

2006 年，Geoffrey Hinton 等人提出了深度置信网络（deep belief network，DBN），这一技术为深度学习的崛起奠定了关键基础。深度置信网络是一种多层神经网络，其通过逐层训练和贪心逐层初始化方法，成功地解决了深层神经网络训练难题。它的出现激发了人们对于深度学习的兴趣，为后来深度神经网络在图像识别、自然语言处理等领域的成功应用铺平了道路。

2011 年，IBM 的沃森计算机在智力竞赛节目《危险边缘》中战胜了人类选手，彰显了人工智能在知识问答方面的潜力。沃森能够理解自然语言的问题，并从大量数据中提取信息，迅速给出准确的答案。这一成就不仅证明了人工智能在处理复杂知识和语言任务方面的能力，也展示了它在大数据分析和推理方面的优势。

2012 年，谷歌的 AlexNet 在 ImageNet 图像识别比赛中取得了重大突破，引发了全球的关注。AlexNet 通过 CNN 结构，在大规模图像数据上进行训练，成功地识别和分类了数万种物体。这一突破不仅推动了图像识别技术的发展，还引发了更多对于计算机视觉能力的研究和探索，如物体检测、图像分割等。

2014 年，谷歌收购了 DeepMind，为人工智能领域注入了新的活力。这一事件为后来 AlphaGo 的胜利奠定了基础，AlphaGo 成为在围棋领域取得突破的代表。谷歌收购 DeepMind 也突出了强化学习在复杂策略游戏中的表现，为后来在星际争霸、德州扑克等领域的强化学习应用中铺平了道路。

2016 年，AlphaGo 挑战了韩国围棋世界冠军李世石。这次胜利不仅展示了人工智能在复杂游戏中的能力，还引发了人们对人工智能未来发展的深刻思考。它激发了全球范围内对人工智能和机器学习的兴趣，加速了人工智能的发展，并推动了人工智能在其他领域的应用，如医疗、交通、金融等。

2017 年，生成对抗网络（generative adversarial network，GAN）开始迅速发展，作为一种生成模型，它们在图像生成、风格转换和生成艺术等领域取得了显著的成就。

2018 年，谷歌发布了基于变换器的双向解码表示（bidirectional encoder representations from transformers，BERT）模型，它在自然语言处理任务中实现了显著的性能提升。BERT 模型引入了双向注意力机制，对上下文理解产生了深远影响。

2020 年，OpenAI 发布了 GPT－3（generative pre－trained transformer 3），引发了对于自然语言生成和人工智能创作能力的热议。GPT－3 是一个具有 1 750 亿参数的自然语言处理模型，能够生成高度逼真的文本内容，从文章到对话，甚至代码。这一成就凸显了人工智能在自然语言处理领域的巨大潜力，也促进了更多对于语言理解和生成的研究。

1.3.2　研究现状

人工智能领域每年都会涌现出大量新的技术，成为人工智能模型训练、数据分析、自动化决策或智能系统开发的有效手段。人工智能技术能够从海量数据中挖掘出隐藏的信息和模式，为人类社会各个领域的发展提供支持，提升工作效率，甚至推动整体社会的智能化进程。

（一）人工智能框架研究现状

人工智能的研究框架正在朝着多个引人瞩目的方向不断扩展，主要包含深度学习框架、自然语言处理框架、计算机视觉框架和强化学习框架。

1. 深度学习框架

深度学习已经成为人工智能领域的主要框架之一。TensorFlow 和 PyTorch 一直处于竞相领先的位置，通过不断演化和改进，可提供更好的性能和灵活性。TensorFlow 2.0 引入了即刻执行（eager execution）和 Keras 的深度集成，使模型构建和训练更加直观。同时，PyTorch 因其动态计算图而受到研究人员的青睐，为模型迭代和实验提供了无限的可能性。

2. 自然语言处理框架

自然语言处理（natural language processing，NLP）是人工智能的一个重要领域，框架在其中发挥了关键作用。NLTK、SpaCy 和 Gensim 等 NLP 工具包持续改进，以满足对文本分析、语言建模和情感分析的需求。SpaCy 以其出色的性能和高效的实体识别而脱颖而出，成为研究和应用的首选。

BERT 是近年来 NLP 领域的重大突破之一，它是一种基于 Transformer 的预训练模型。BERT 的出现使各种 NLP 任务取得了颠覆性的进展，包括情感分析、命名实体识别和机器翻译。

3. 计算机视觉框架

计算机视觉是人工智能领域的另一个热门领域。OpenCV、Dlib 和 SimpleCV 等计算机视觉库不断演进，提供了广泛的图像处理工具。OpenCV 以其丰富的功能和跨平台支持而广泛使用，用于目标检测、特征提取和图像分割。

深度学习在计算机视觉中的应用也取得了显著进展。CNN 和图像识别技术不断提高，通过其层次化结构，从像素级别提取抽象特征。这使 CNN 在图像分类、目标检测和图像生成等任务中表现出卓越性能。

4. 强化学习框架

强化学习（reinforcement learning，RL）是人工智能领域中充满挑战的领域，用于培养智能体在环境中采取行动以实现目标。OpenAI Gym、Stable Baselines 和 RLlib 等强化学习工具包提供了强化学习任务的标准化环境和算法。OpenAI Gym 包括各种经典的强化学习任务，如 CartPole 和 Mountain Car。Stable Baselines 建立在 OpenAI Gym 之上，提供高性能的强化学习算法实现。RLlib 则支持分布式强化学习研究，提供大规模实验和算法支持。

（二）人工智能特征处理研究现状

特征处理一直被认为是模式识别过程中的关键环节，它的目标是从原始数据中提取出对于特定任务具有区分性和信息量的特征。近年来，随着深度学习的兴起，特征处理领域经历了巨大的变革和创新。深度学习为特征处理带来了新的方法和思路，使我们能够更有效地从数据中挖掘有用的信息。

深度学习中的特征处理是通过神经网络的层次化结构实现的。CNN 是其中的重要代表，在图像处理领域取得了显著成就。CNN 通过卷积、池化和全连接等操作，能够自动地从图像中学习到特征的层次结构。卷积操作能够捕捉图像中的局部模式，例如边缘、角点等，而池化操作能够对特征进行下采样，从而保留主要信息并降低计算成本。通过多个卷积层和全连接层的组合，神经网络可以学习到图像的抽象特征，从像素级别逐渐过渡到更高级别的概念，如纹理、形状甚至物体。

类似地，在自然语言处理领域，Transformer 也为特征处理带来了革命性的变化。Transformer 采用了自注意力机制，能够对输入序列中的不同位置之间的关系进行建模。这使得模型能够捕捉文本数据中的上下文信息，自动学习单词之间的语义关系。Transformer 通过多头注意力机制，能够在不同抽象层次上提取特征，从词汇层面到句子层面。这种自注意力机制的创新大幅提高了文本数据的表示能力，使模型能够更好地理解语言的语义和结构。

（三）人工智能模式识别研究现状

当谈及模式识别的发展历程时，这个跨学科领域与计算机科学的进步紧密相连。近年来，随着人工智能的快速发展，模式识别领域也在不断取得显著的突破，为科技和社会带来了深远的影响。模式识别作为一种技术，致力于从数据中发现模式、规律和结构。过去，基于传统的特征提取和分类方法，模式识别在图像、语音、文字等领域取得了一些进展。然而，这些方法在复杂数据和多样任务中的应用逐渐受限。

近年来，深度学习作为一种新的范式，为模式识别带来了新的活力。深度学习的核心是神经网络，其多层次的结构能够自动地从数据中学习特征表示。通过在网络中建立多个层次的非线性变换，深度学习模型能够从原始数据中提取出高度抽象的特征。这种特征的自动学习使模式识别在图像、语音、文本等领域实现了新的突破。

例如，在图像处理领域，深度学习模型通过多个卷积层和池化层的组合，能够自动地从图像中学习到多尺度、多层次的特征表示。这些特征能够捕获到图像中的纹理、形状、结构等信息，为图像分类、目标检测等任务提供了强大的支持。类似地，在语音识别领域，深度学习模型可以自动地学习声音的频谱、语调等特征，为语音识别和语音生成等任务提供了更准确的解决方案。

此外，迁移学习也是模式识别领域的一个重要研究方向。迁移学习旨在将已经学到的知识从一个任务迁移到另一个相关任务中。这使模型在面对新任务时能够更快地收敛和学习，从而大幅提升了模型的效率和性能。

（四）人工智能任务应用研究现状

人工智能在各个领域的任务应用正经历着持续的拓展和深化。在自然语言处理领域，人工智能已经广泛应用于机器翻译、文本生成、情感分析等任务，这些应用极大地提升了处理文本数据的效率和质量。在机器翻译领域，人工智能能够自动将一种语言翻译成另一种语言，为跨语言交流和信息传播提供了有力支持，如谷歌的 MarianMT 和 Facebook 的 M2M - 100，能够在多种语言之间进行高质量的翻译。这对于国际业务和跨文化沟通非常有用。同时，在文本生成方面，人工智能能够根据给定的内容或上下文生成连贯的、富有语义的文本，广泛应用于文案写作、创意生成等领域。GPT - 3 是一种基于 Transformer 的预训练模型，能够生成高质量的文本。它已经应用于自动文档生成、创意写作、代码生成以及智能客服中。情感分析则使人工智能能够理解文本中的情感倾向，用于社交媒体情感分析、舆情监测等。

在计算机视觉领域，人工智能的应用也在蓬勃发展。目标检测技术使计算机能够自动识别图像或视频中的特定物体或区域，广泛应用于自动驾驶、安防监控、智能城市、垃圾分类、自然资源管理等领域。图像生成则让计算机能够生成逼真的图像，应用于虚拟现实、艺术创作等。人脸识别技术在安防领域具有巨大潜力，可以实现自动识别人脸并进行身份验证，也在社交媒体标签、人脸支付等领域有广泛应用。计算机视觉用于医学影像分析，包括X 射线、CT 扫描和 MRI。人工智能模型可以帮助医生快速发现病变、诊断疾病和提供治疗建议。AR 和 VR 应用计算机视觉来跟踪用户的位置和环境，以呈现沉浸式的虚拟世界或增强现实体验。

强化学习在决策领域表现出了出色的能力，其应用范围也在不断扩展。在游戏领域，人工智能能够通过强化学习策略来掌握复杂游戏的玩法，展示出了出色的游戏技能。而在金融交易等领域，强化学习则被应用于自动化交易决策，能够在复杂的市场环境中做出高效的投资决策，从而实现更好的财务回报。在自动化推荐系统中，强化学习被用于改进推荐系统，如电影、音乐和产品推荐，以提供更符合用户兴趣的建议。在教育领域，强化学习可以用于个性化教育，为学生提供定制的学习体验，帮助他们更好地掌握知识。

1.4 主要应用

1.4.1 自然语言处理

自然语言处理利用人工智能解决了语言理解和生成的问题，使机器能够更好地与人类进行沟通和交互。

1. 机器翻译

机器翻译是将源语言（如中文）的文本转化为目标语言（如英文）的等效文本的过程。基于人工智能的机器翻译利用神经网络，通过大规模语料库进行训练，从而实现端到端的自动翻译。

（1）跨语言交流。这是机器翻译的核心应用之一。随着全球化的加速，语言成为旅游、商务和学术等领域中交流的主要障碍，而机器翻译正在打破这些障碍。例如，在旅游行业中，它可以帮助游客与当地居民进行交流；在商务和国际贸易中，它可以帮助企业进行国际合作和沟通；在学术界，它有助于促进学术研究和学术交流。

（2）多模态翻译。这是机器翻译的一个新兴领域。它结合文本、图像和视频等多种信息源进行翻译，提供更准确、全面的翻译结果。例如，通过计算机视觉技术自动识别并翻译图像中的文字；通过实时翻译技术将视频内容转化为其他语言；将手势翻译为文字或语音。

2. 文本分类

文本分类旨在将输入的文本数据自动映射到预定义的类别标签中。借助人工智能技术，能够有效地处理大规模的文本数据，实现高效、准确地自动分类。

（1）情感分析。人工智能在情感分析中的应用包括情感分类、情绪检测、意见挖掘等。通过学习大量已标记的情感文本样本，可以自动将文本分类为积极、消极或中性等不同情感类别，这种应用对于社交媒体监测、舆情分析、产品评论分析和品牌声誉管理非常有用。

（2）垃圾邮件过滤。垃圾邮件过滤是人工智能在文本分类领域的一个重要应用，旨在自动识别和过滤垃圾邮件（即垃圾广告、欺诈或恶意邮件等），以提高电子邮件系统的效率和用户体验。

3. 信息抽取

信息抽取旨在自动从大量的文本数据中提取结构化的信息和知识，为应用提供准确、全面的数据分析和决策支持，主要包括实体识别和关系抽取。

（1）实体识别。实体识别是指从文本数据中识别和提取具体的命名实体，如人物、地点、组织、时间、日期等。人工智能模型可以学习和理解实体的语义、上下文和语法特征，并将其分为不同的类型。

（2）关系抽取。关系抽取为机器理解和推理提供了基础。通过抽取实体之间的关系，可以建立起语义链接，帮助机器理解实体之间的语义关联。关系抽取的结果可以用于构建关系图谱，以表示实体之间的关系网络，可用于知识推理、语义搜索、问答系统等领域。

1.4.2 网络安全

人工智能技术的出现为网络安全提供了新的解决方案，提供了更智能、准确和实时的威胁检测与防护能力，有助于提高网络安全的水平和保护组织的敏感信息。

1. 异常威胁检测

通过学习正常的网络行为模式，人工智能可以识别和检测网络中的异常活动，以便及时发现潜在的安全威胁。例如，人工智能可以应用于入侵检测系统，识别出与正常行为不符的异常活动，帮助检测各种类型的网络入侵，如端口扫描、恶意软件传播、拒绝服务攻击等；应用于检测恶意域名和恶意链接，通过分析 URL 特征、历史数据和网络行为，人工智能可以识别出具有恶意目的的域名和链接。

2. 恶意软件检测

恶意软件包括病毒、蠕虫、木马、间谍软件等各种恶意代码和程序，它们的目的是损害计算机系统、窃取敏感信息或控制被感染的设备。人工智能可以分析软件的行为模式，检测潜在的恶意行为。它能够监测软件的文件操作、系统调用、网络通信等行为，识别出异常的行为模式，以便及时发现恶意软件。

3. 漏洞扫描与修复

人工智能能够提高漏洞扫描的准确性和效率，加快漏洞修复的速度。例如，人工智能能够模拟攻击者的行为，发现常见漏洞类型，如跨站脚本攻击（XSS）、SQL 注入、远程代码执行等；能够根据漏洞的严重性和风险等级，为漏洞提供评估和优先级排序，快速定位和解决最关键的漏洞问题；能够通过学习和分析漏洞库、补丁信息和历史修复记录，为系统和应用程序提供自动化的修复建议，生成定制化的修复方案。

4. 数据分类与敏感信息识别

人工智能模型能够自动识别和分类不同类型的数据，并辨别其中的敏感信息，如个人身份信息、财务数据等。通过隐私保护算法和技术，人工智能能够对数据进行脱敏处理，如数据泛化、数据扰动和数据屏蔽等，减少敏感信息泄露风险的同时保持数据的可用性和分析价值；能够通过访问控制策略对用户进行身份验证和授权，限制其对敏感数据的访问权限，这有助于防止未经授权的数据访问和滥用，提高数据安全和隐私保护水平。

5. 数据加密与解密

人工智能能够加强数据的保密性和完整性，保护数据在传输和存储过程中的安全。例如，人工智能可以应用于混淆加密技术中，如同态加密和功能加密，改进混淆加密算法的性能和安全性；应用于基于机器学习的加密技术中，如差分隐私和安全多方计算，实现对数据的加密和解密过程中的隐私保护。

1.4.3　医疗信息

人工智能的快速革新与发展正促使医疗信息领域发生巨大变革。人工智能技术与医学专业知识相结合，显著推动了该领域的发展。

1. 疾病预测与管理

（1）人工智能在流行病学研究和预测模型的构建方面具有重要价值。通过整合各类数据源，如社交媒体信息、移动设备数据和医疗保健记录，人工智能可以预测疾病爆发的可能性和传播路径；通过对全球范围内的流行病数据进行收集和分析，人工智能可以帮助疾病监测机构和公共卫生部门及时发现疫情爆发的迹象，预测疫情的传播趋势和风险区域。

（2）人工智能在病毒识别和药物研发方面也发挥着重要的作用。人工智能通过分析病毒的基因组数据，能够快速准确地识别出潜在的疫苗候选物和药物靶点。这种高效的筛选过程有助于加速疫苗和药物的研发进程，为新兴传染病的防控提供强有力的支持。

（3）人工智能可以协助医务人员更早地发现潜在的疾病风险，并预测疾病的发展进程。例如，在心血管疾病管理方面，通过持续监测患者的生理参数和日常行为，人工智能能够精准预测心脏病发作的风险，并即时提醒患者采取相应的预防措施，如调整饮食和生活方式等。

2. 医学图像分析

（1）在癌症诊断方面的应用。人工智能能够对乳腺 X 射线图像中的病灶进行自动检测和分类，这有助于提高乳腺癌早期筛查的准确性和效率；人工智能还能辅助医生进行乳腺 X 射线图像的定量分析，例如乳腺密度的自动计算；在肺部 CT 扫描中，人工智能能够实现对肺癌病灶的自动检测和分类，辅助医生做出更为精确的诊断结果。

（2）在眼底图像分析方面的应用。应用人工智能能够识别和定量化眼底疾病的各项指标，如黄斑变性和青光眼，得到对此类疾病状态的全面评估，为医生制定更为个体化和高效的治疗方案提供依据。

（3）在脑部磁共振成像分析方面的应用。应用深度学习算法能够自动化地检测和定位脑部疾病，如肿瘤、脑卒中和多发性硬化等。此外，人工智能技术还可以协助医生对脑部解剖结构进行精确的分割和定量化，提高对脑部疾病的早期诊断和病情监测能力，提供更准确的手术导航和治疗决策支持。

3. 辅助诊断与临床决策支持

（1）人工智能技术能提供针对个体患者的个性化医疗临床决策支持。通过分析大量的病例数据和医学文献，它可以模拟医生的思维过程，根据患者的特定情况和治疗反应进行动态调整，生成针对特定患者的最佳治疗建议和个性化治疗方案。

（2）人工智能在复杂临床问题中也发挥着重要作用。例如，通过分析大规模的临床数据和研究成果，得到有关疾病的遗传风险评估，更好地进行家族遗传疾病的预防；通过分析患者的基因组数据和肿瘤特征，帮助医生选择最有效的靶向治疗药物，提高治疗的成功率。

1.4.4 军事安全

以色列军方将2021年5月与巴勒斯坦哈马斯武装在加沙地带的冲突定义为"第一次人工智能战争"，以此强调人工智能带来的军事变革。人工智能在军事安全领域的应用已展现出巨大的潜力，其为军队提供了更为高效、精确和自主的军事行动能力，提升了作战效能和军事决策的准确性，提供了更好的预警能力和对抗新型威胁的手段。

1. 军事情报获取与分析

（1）人工智能技术可以提供相较于传统方法更为准确和高效的情报搜集方式，大幅提升情报的准确性和时效性，帮助军方精准掌握敌方态势和目标情报，为作战决策提供重要支持。例如，将人工智能应用于无人机监测等领域，通过结合人工智能和无人机技术，军方能够实现更加精确和全面的目标监测和侦察能力。无人机配备了各种传感器和摄像设备，通过人工智能算法的支持，能够对地面目标进行实时监测和追踪，并提供高质量的目标图像和视频信息。

（2）人工智能技术可以提供更高效的情报分析方式，提升对情报信息的利用率。通过分析海量的情报数据和网络信息，人工智能可以挖掘隐藏在其中的模式和规律，为军事情报机构提供即时而全面的威胁和安全漏洞分析，以应对潜在威胁。例如，将人工智能应用于卫星图像分析、雷达系统等领域。在卫星图像分析方面，人工智能技术能够快速处理和解析大量的卫星图像数据，并自动识别潜在目标和关键地点，为作战决策提供重要的支持；在雷达系统中，通过结合人工智能和雷达技术，可以实现更高级别的目标识别和跟踪能力，人工智能算法可以对雷达信号进行实时分析，识别出不同目标的特征和行为模式，从而提供更加准确和全面的情报信息，提升战场感知和目标追踪的能力。

2. 战场预测和决策

人工智能技术通过学习和分析大量历史军事数据，从中挖掘规律，预测敌方接下来可能的行动和意图，提前制定反应策略，做好应对准备。同时，它可以在复杂的战场环境下，对敌我双方的动态进行实时分析和预测，为军事指挥官提供更加全面、准确的决策依据。例如，2022年俄乌冲突中，美方向乌克兰提供先进技术的支持，使其具备从天基、空基到陆基的全频谱战场态势感知能力，实时对战场形势进行推演，提前预测俄军动向。依靠这种技术，乌克兰提前成功发动了数百次伏击战。

3. 军事模拟和训练

（1）使用先进的人工智能技术，可以创建高度逼真的虚拟战场环境，模拟各种天气条件、地形和敌方策略等因素，以便军队进行各种实战训练。此外，人工智能可以对虚拟环境进行实时调整，使其更具挑战性和不可预知性，更接近真实战场。

（2）人工智能可以在训练过程中依据士兵的行为和表现进行实时的反馈和指导。例如，人工智能首先可以通过监测士兵的心率、血压和其他生理信号，来了解他们在虚拟战场上的压力水平和适应性。然后，人工智能可以提供具体的军队训练建议，如更有效地应对压力的方法，或是针对其战术执行的改进意见。

1.5　发展趋势

在当今科技飞速发展的时代，人工智能成为引领革命性变革的前沿领域。其技术发展呈现出多个引人瞩目的趋势，为我们构建更智能、更高效的系统提供了无限可能。本节将着眼于人工智能技术和应用的发展趋势，深入剖析这些方面的进展，以便能更好地了解人工智能技术的现状与未来发展方向。

1.5.1　技术发展趋势

人工智能技术正处于蓬勃发展的阶段，神经网络与深度学习在不断进步，推动了模型准确性和效率的提升，为各个领域的研究提供了新的思路与解决方案。

人工智能技术取得了三个关键进展：迁移学习、强化学习、AI 大模型。它们在推动人工智能发展和应用方面都起到了关键作用。迁移学习作为重要的研究方向，为模型的可重用性提供了新的解决方案，促进了知识的跨领域传递和应用；强化学习的不断发展使智能体在复杂环境中更加自主、灵活，并在许多领域获得了突破性的应用；AI 大模型的崛起推动了深度学习的进一步发展，凭借其巨大的参数规模和计算资源，实现了在语言处理、计算机视觉等任务上的卓越表现。

1.5.1.1　迁移学习

（一）迁移学习出现的必要性

随着计算能力的不断增强和数据量的爆炸性增长，机器学习已经取得了令人瞩目的进步。然而，这些进展也暴露出传统机器学习方法的一些局限性。

（1）数据依赖性。传统的机器学习方法高度依赖大量的有标注数据。在很多应用场景中，获取大量、高质量、有标注数据既困难又昂贵。

（2）过拟合问题。当训练数据有限时，模型容易出现过拟合，这会导致模型在未见过的数据上的性能下降。

（3）数据分布的变化。在现实世界的应用中，数据分布可能随时间和条件而变化。传统机器学习模型通常假设训练和测试数据来自同一分布，这在很多情况下并不成立。

（4）定制化和个性化的需求。随着技术的普及，为用户提供个性化的服务或产品已经成为一种趋势。然而，传统机器学习方法在少量用户数据上很难实现这一点。

面对上述困境，研究者们开始思考：是否可以利用已有的知识，帮助模型更快、更好地学习新的任务？这种思考导致了迁移学习的诞生。迁移学习的出现正是为了克服传统机器学习方法的局限性，它可以利用已有的知识，更高效地应对新的学习任务。

迁移学习的核心思想是将已经学到的知识从一个任务迁移到另一个相关的任务，从而减少所需有标注数据的量，加速学习过程，并提高模型的泛化能力。对于那些难以获得大量的有标注数据或数据分布经常变化的应用场景，迁移学习提供了一个非常有吸引力的解决方案。

（二）迁移学习的定义及特点

在学术界，迁移学习被正式定义为利用在源任务中已经掌握的知识来增强和优化目标任务的学习效果，其中源任务和目标任务相关但不完全相同。

这种学习范式区别于传统机器学习的核心在于其明确地尝试利用不同但相关的任务之间的知识，如图 1-7 所示。这种方式的核心假设是，源任务和目标任务之间存在某种形式的共享知识或结构，这使得从一个任务到另一个任务的知识迁移成为可能。

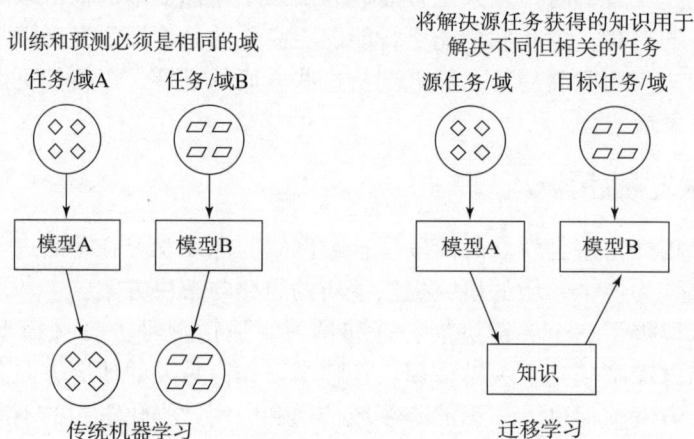

图 1-7　传统机器学习与迁移学习示意图

迁移学习具有以下特点。

（1）知识共享。迁移学习的核心是利用源任务和目标任务之间的相似性，使得在源任务上学到的知识可以在目标任务上复用。

（2）灵活性。迁移学习可以在各种情境中应用，包括但不限于不同的特征空间、不同的数据分布，或不同的任务。

（3）域适应性。在迁移学习中，一个关键的概念是"域"（domain）。源任务和目标任务可能存在于不同的域中，而迁移学习旨在通过技术手段适应这些域之间的变化。

（4）节省资源。通过使用迁移学习，我们可以显著减少目标任务所需有标注数据的量，从而节省时间和人力资源。

（5）增强泛化。由于知识的迁移，模型可能会展现出更好的泛化能力，尤其是在数据稀缺的情境中。

（三）迁移学习的实现

迁移学习最常见的形式是预训练（pretrain）和微调（finetune）。

预训练指的是首先在一个大型数据集上训练一个深度神经网络模型，此过程允许模型学习多种特征和模式；微调指的是随后根据新任务的特定数据集微调预训练的模型，通常情况下，只需要重新训练顶部的 1~2 层，其余层保持不变或稍作修改。

在迁移学习中，通常使用的神经网络架构包括但不限于以下几种。

（1）卷积神经网络。处理图像数据时，卷积神经网络是最常用的架构。卷积层可以捕获图像的本地特征，在迁移学习的上下文中，通常会冻结某些或所有的卷积层，并只对全连接层进行微调，如 VGG16、ResNet50、Inception 等都是常用于迁移学习的预训练模型。

（2）循环神经网络。处理序列数据（如文本或时间序列）时，循环神经网络是较为常见的选择。在迁移学习中，可以先在一个任务上预训练循环神经网络，然后对新任务进行微调。

迁移学习的具体实现包括以下步骤。

（1）加载预训练模型。加载一个已经在大数据集上预训练过的模型，如 VGG16 或 ResNet50。

（2）冻结模型层。为了保留预训练模型的大部分知识，可以选择冻结模型的某些或所有层，这确保了在微调过程中，这些层的权重不会被更新。

（3）添加定制层。根据新任务的需求，在模型的顶部添加一个或多个新层，如可以添加新的全连接层来适应新任务的类别数量。

（4）微调模型。使用新任务的数据集进行模型训练。由于模型的大部分层已被冻结，所以只有顶部的新层会被更新。

（四）迁移学习的分类

域由数据特征和特征分布组成，是学习的主体。源域指的是已有知识的域，目标域指的是要进行学习的域。任务由目标函数和学习结果组成。

迁移学习可以按多种方式进行分类。

（1）按特征空间分类，可以分为同构迁移学习和异构迁移学习。同构迁移学习指的是源域和目标域的特征空间相同；异构迁移学习指的是源域和目标域的特征空间不同。

（2）按迁移情景分类，可以分为归纳式迁移学习、直推式迁移学习和无监督式迁移学习。归纳式迁移学习指的是源域和目标域的学习任务不同；直推式迁移学习指的是源域和目标域不同，但学习任务相同；无监督式迁移学习指的是源域和目标域均没有标签。

（3）按迁移方法分类，可以分为基于样本的迁移、基于特征的迁移、基于模型的迁移和基于关系的迁移。

基于样本的迁移根据一定的权重生成规则，重用源域和目标域的数据样本，以进行迁移学习。

基于特征的迁移将源域和目标域的特征变换到相同空间，通过特征变换的方式互相迁移，以减少源域和目标域之间的差距；或者将源域和目标域的数据特征变换到同一特征空间中，然后利用传统的机器学习方法进行分类识别。根据特征的同构和异构性分类，又可以分为同构和异构迁移学习。

基于模型的迁移利用源域和目标域的参数共享模型，从源域和目标域中找到它们之间共享的参数信息，以实现迁移学习。这种迁移方式要求的假设条件是源域中的数据与目标域中的数据可以共享一些模型的参数。

基于关系的迁移利用源域中的逻辑网络关系进行迁移，与上述三种方法具有截然不同的思路。这种方法比较关注源域和目标域样本之间的关系。

（五）迁移学习的应用

假设目前有一个已经训练好的神经网络，专门用于识别汽车和自行车。现在你希望这个网络能够识别电视和计算机显示器。你可以保留网络的大部分层，不对它们进行改变（即将它们冻结），然后针对输出层进行微调。通过提供一些关于电视和计算机显示器的样本，网络可以将之前用于识别汽车和自行车的方法迁移到识别电视和计算机显示器上。经过短时间的训练，这个网络就可以在区分电视和计算机显示器方面表现出很好的性能，甚至优于只针对电视和计算机显示器进行训练的神经网络。这种迁移学习的方法可以加速新任务的学习过程并提升模型性能。

对迁移学习的需求不仅仅局限于图像识别。假设我们的目标是根据用户的不同情绪（如高兴、伤心等）对 Twitter 消息进行分类。当使用来自青少年群体的一组 Twitter 消息构建一个模型，并直接将其应用于成年人的新数据时，模型的性能将急剧下降。这是因为不同的人群可能以不同的方式来表达情感和观点。因此，我们可能需要通过迁移学习来适应不同用户群体之间的语言差异和表达风格差异。利用在青少年数据上训练的模型先前学习到的知识和特征，通过微调和迁移学习的方法将其应用于成年人数据，以提高模型在情感分类任务上的性能。利用迁移学习，模型可以更为精准地适应各种群体的语言和情感表达，从而提高性能和泛化水平。

1.5.1.2　强化学习

机器学习的两种基本类型是监督学习和无监督学习。监督学习利用标记的历史数据（即每个数据都有一个对应的标签或输出）来训练模型，并根据新的数据输入进行预测；在无监督学习中，模型不依赖于标记的数据，它尝试通过自动学习数据中的统计规律、关联关系或潜在特征来定义逻辑分组边界，以便将数据分成不同的类别或群组。与上述两种基本类型不同，强化学习是一个基于反馈的学习过程，它不直接依赖于标记的训练数据，而是依靠探索环境、执行动作并收到奖励或惩罚来学习，根据环境条件及时强化正确的行为，以实现奖励的最大化。

强化学习过程如图 1-8 所示。以下是强化学习的核心组成部分。

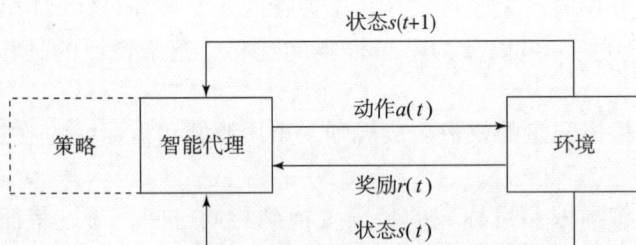

图 1-8　强化学习过程

（1）智能代理（agent）：强化学习算法的主体，负责从环境中选择并执行动作。

（2）环境（environment）：代表智能代理与其互动的外部系统。当代理在环境中执行动作时，环境会给出一个反馈并为代理提供奖励或惩罚。

（3）状态（state）：描述环境的当前情况或智能代理当前的知识。代理基于当前的状态来选择其动作。

（4）动作（action）：代表代理在给定状态下可以执行的操作。动作集合在某些环境中可能是连续的，而在其他环境中可能是离散的。

（5）奖励（reward）：代理在执行动作并与环境互动后接收的即时反馈。奖励是一个标量值，代理的长远目标是最大化期望的累积奖励。

（6）策略（policy）：定义了代理在某个状态下应该采取哪个动作的策略或规则。策略可以是确定性的，意味着在某个状态下总是选择同一个动作；也可以是随机的，意味着根据某个概率分布选择动作。

（7）价值函数（value function）：评估在给定状态或在给定状态动作下，采取当前策略后预期的未来累积奖励。常见的价值函数包括状态价值函数和动作价值函数。

在强化学习中，智能代理会探索环境、采取动作并根据结果（奖励或惩罚）来学习和调整其策略，目标是找到一个最佳策略，使随时间累积的奖励最大化。

结合深度神经网络的强大性能，强化学习算法可以广泛应用于现实世界的各种场景。这些应用场景包括但不限于游戏、机器人技术、金融、推荐系统和医疗决策制定等。通过深度神经技术，智能代理可以在与环境的交互中学习，并根据反馈调整其行为。随着时间的推移，代理会持续优化其行为策略，从而获得更高的累积奖励并实现更好的性能。结合深度神经网络和强化学习算法，系统在目标检测、自动驾驶汽车、视频游戏、自然语言处理等领域已经展现出与人类相似的能力。

自 2013 年 DeepMind 推出深度 Q 网络（deep Q network，DQN）后，深度强化学习已成为决策和控制领域的一项革命性技术。过去的几年中，该技术取得了许多突破，如 AlphaGo、AlphaStar 和 OpenAI Five。

AlphaGo 是深度强化学习在围棋领域引人注目的突破，它惊人地击败了世界顶级的围棋大师，展现了深度强化学习在复杂决策游戏中的强大潜力。随后，AlphaStar 的问世进一步证明了深度强化学习在星际争霸 II 这种实时战略游戏中的优越性能，它成功击败了众多职业选手。OpenAI Five 标志着深度强化学习在团队合作游戏方面的重大突破。由五个智能体组成的这支队伍，在 Dota 2 这款复杂度极高的游戏中成功对抗了人类的职业战队。凭借深度强化学习和协同学习的结合，OpenAI Five 展示出了卓越的团队合作和战略部署能力，为多智能体领域的人工智能应用指明了新的方向。

这些突破不仅证明了深度强化学习在决策和控制任务中的巨大潜力，也为该领域的进一步研究和发展奠定了基础。它的成功受益于深度神经网络的进步、大规模数据的可用性以及强大的计算能力。它提供了一种学习从经验中提取知识、自主决策和不断改进的方法，使人工智能能够处理更复杂的问题和任务。随着深度强化学习的不断演进和应用领域的扩展，我们可以期待更多令人兴奋的突破和创新。

1.5.1.3　AI 大模型

（一）概述

随着人工智能技术的日益成熟，对机器学习模型的需求已不再仅仅局限于处理简单、特定的问题。如今，科研界与产业界更希望模型能够处理更为复杂、更具挑战性的任务，并具备较强的通用性和泛化能力。这意味着一个成功的模型需要在多个不同的任务中均表现出色，而不是只在某个特定的任务中达到最优。因此，AI 大模型，即大规模的预训练模型，开始受到研究者的青睐。

AI 大模型，正如其名，代表模型规模的扩大。模型参数数量已经达到数十亿或更多，这种参数规模的增长为模型提供了前所未有的能力：在训练阶段，它能够吸收并整合更丰富的信息，从而更准确地捕获数据中的细微结构和特点，这正是大数据时代的要求。经过这样的训练，模型不仅可以从数据中获取关键信息，还能执行逻辑推断和深度分析，展示了超越传统模型的性能。AI 大模型已经成为当今人工智能领域的标志性研究成果。

近年来的研究表明，模型规模的大小与其性能之间存在正相关关系。而在实际应用场景中，模型的优越性能至关重要。为了追求更好的性能，研究者和工程师等开始探索如何构建、优化和训练更大的模型。这种大模型的核心思想正在于：规模与深度是关键。只有构建足够大和复杂的模型，并赋予其大量的数据训练，才能实现显著的性能提升。随着模型规模的增加，它们能更深入地理解和模拟语言结构，从而更精准地捕捉知识。当面对复杂任务（如自然语言处理或计算机视觉中的某些高级任务）时，简单的模型往往难以达到令人满意的效果。这种情况下，大模型通过其深度和宽度，为捕获复杂特征提供了可能性，成为解决这些复杂任务的关键。

（二）AI 大模型的实现

最初，AI 大模型的训练方法通常是模拟人类在真实世界中学习语言的方式：首先对大量文本进行无监督学习，然后微调模型以适应特定任务。这样的方法允许模型学习广泛的知识，然后再将其专门化到特定的任务上，主要通过以下方式实现。

1. 预训练与微调

在大量无标签数据上进行预训练是实现 AI 大模型的第一步。在预训练时，模型可能会执行完形填空任务，尝试预测文本中缺失的词汇。微调指的是完成预训练后，将模型在有标签数据上针对特定任务进行微调，例如文本分类或情感分析任务。

2. 模型结构与设计

AI 大模型往往采用深度神经网络，特别是 Transformer 结构。这种结构通过自注意力机制允许模型处理长距离的依赖关系，非常适合处理复杂的自然语言处理任务。

3. 优化策略

考虑到大模型的巨大规模，传统的优化方法可能不再适用。研究者采用如 Adam、LAMB 等更先进的优化技术来保障训练过程的稳定性和效率。

4. 数据并行与模型并行

为了有效地训练大型模型，通常需要部署多个 GPU 或 TPU 进行并行操作。数据并行将数据集分段，每段在独立的计算节点上进行处理；而模型并行意味着将模型划分，并在多个计算节点上独立运行。

5. 正则化与防止过拟合

由于参数众多，大模型更容易发生过拟合。使用如随机失活（dropout）、层归一化（layer normalization）等技术，以及早停策略，可以有效地防止过拟合，保证模型在新数据上的表现。

6. 计算资源与效率

训练 AI 大模型需要巨大的计算资源。因此，高效的硬件加速、模型优化技术以及软硬件的协同设计都是实现大模型的关键。

（三）AI 大模型的应用

AI 大模型在众多领域已经得到了广泛的应用，且在不同的场合展现出了令人瞩目的实际效果。这些模型展示了人工智能的巨大潜力，并在多个方面重塑了我们的生活和工作习惯。

1. GPT 系列模型

GPT 模型是 OpenAI 开发的一系列大规模预训练语言模型。其主要设计思路是通过大规模的预训练数据学习语言的基本结构和知识，然后在具体的 NLP 任务上进行微调，从而实现强大的语言理解和生成功能。

2018 年，OpenAI 发布了第一代 GPT 模型，即 GPT-1。GPT-1 采用了无监督预训练和有监督微调的两阶段模型训练策略。与此前的某些模型不同，GPT-1 引入了真正的预训练-微调框架，它不再仅仅提取一个固定的嵌入层来代表文本信息，而且允许在整个预训练模型上进行微调，通过修改输入和输出层来应对各种下游 NLP 任务。不过，值得注意的是，虽然 GPT-1 在经过微调后能够在特定任务上表现出色，但在未经过微调任务上的泛化能力可能会受到限制，这暗示了它更像是某个具体任务的"专家"，而不完全是一个全面的语言学家。

2019 年，OpenAI 发布了第二代 GPT 模型，即 GPT-2，它解决了 GPT-1 模型的一些局限。GPT-2 的设计建立在一个假设上：大多数有监督的 NLP 任务都可以视为语言模型的一个特定子任务，而且只要语言模型的容量足够大，它应该能够在没有额外微调的情况下完成这些任务。基于这个思路，GPT-2 大幅提高了模型的容量并扩展了训练数据的多样性，目标是使预训练的模型能够更好地处理多种 NLP 任务。

2020 年，OpenAI 进一步推出了第三代 GTP 模型，即 GPT-3 模型，这是一个规模更大、更为强大的版本。GPT-3 的一个核心观点是，与人类类似，模型应该能够仅凭借极少量的示例或简短的任务描述，理解并执行新的语言任务。这意味着，与先前版本不同，GPT-3 可以在不需要任何微调的情况下直接应用到新任务上，这体现了它在多种任务上的通用性和适应能力。2022 年 3 月，OpenAI 进一步推出了 InstructGPT 模型，它基于 GPT-3 进行了专门的微调，以提供更为专业和准确的任务指导。

从 GPT-1 到 GPT-3，每一个模型都体现了 OpenAI 对更大、更强大模型的不断追求。每个新版本都在模型容量、数据多样性和训练策略上进行了改进。尤其是 GPT-3 模型，它的出现特别令人印象深刻，因为它在多种任务上表现相当出色，而无须进行后续的微调。这彻底改变了我们对于模型通用性和泛化能力的认识。

2022 年 11 月底，人工智能对话聊天机器人 ChatGPT 推出，它可以根据用户的需求生成各种类型和风格的文本，并提供有用的信息和建议。GPT 系列模型代表了 OpenAI 在语言模型领域的重大突破和发展，也代表了近年来人工智能在自然语言处理领域的最新进展。这些模型通过预训练和微调的方式，在各种 NLP 任务上展现出强大的语言理解和生成能力，给自然语言处理领域带来了巨大的影响。

2. 国内 AI 大模型

继 OpenAI 发布 ChatGPT 大模型之后，中国的各大科技公司纷纷加入了大模型开发和应用的队伍。例如，腾讯、阿里巴巴、百度、科大讯飞等科技巨头均有跟进大模型的研发与应用。目前国内常见的 AI 大模型如表 1-1 所示。

表 1 –1　国内常见的 AI 大模型

名称	开发公司	特点
文心一言	百度	基于 ERNIE – ViLG 模型，能生成文字、图片、音视频等内容
通义千问	阿里巴巴	具备知识理解与文案创作能力，支持定制化服务与解决方案
盘古	华为	国产全栈式 AI 大模型，支持 2 000 亿级语言模型训练
星火认知	科大讯飞	使用 1 000 亿字中文文本训练，具备 7 大核心能力
TARS	实在智能	支持私有化部署，增强生成效果与安全性
MOSS	复旦大学	支持中英双语，拥有搜索、文字生成图片等能力
悟道 3.0	智源研究院	开源中英双语模型，包含 AquilaChat 对话模型
360 智脑	360	集合多种大模型技术，具有语言理解与图像识别能力
孟子	澜舟科技	支持多语言、多模态，满足不同应用场景需求
紫东太初	中国科学院	图文音（视觉、文本、语音）三模态预训练模型，领先业界性能

目前，随着技术的不断进步，国内的 AI 大模型还在不断涌现。无论是已有模型的优化升级还是新模型的横空出世，都十分令人期待。我们也期待这些大模型为各行各业的发展助力，提高数据处理和决策效率、增强风险预测和控制能力，使数字化时代达到新的高度。

尽管现有的 AI 大模型已经取得了很大的成功，但研究人员仍在探索如何进一步提高模型的效率、减少其计算需求，并增加其泛化能力。随着技术的进步，我们可以期待在不久的将来会出现更多的创新模型和训练技术，为人工智能领域带来更多的机会和挑战。

1.5.2　应用发展趋势

随着科技的迅猛发展，人工智能技术正以惊人的速度改变着我们的生活和工作方式。从最初的理论研究到如今的广泛应用，人工智能已经成为当代社会的核心驱动力之一。人工智能的应用发展趋势呈现出几大亮点：网络安全攻防博弈、技术融合、算力持续突破和构建领域知识继承热点。

1.5.2.1　网络安全攻防博弈

1. 传统网络安全攻防博弈

在计算机和网络技术初步形成和发展的早期阶段，网络安全策略和技术主要是根据当时相对简单的技术环境和威胁模型建立的几个核心原则。

（1）固定的安全策略。企业和组织会根据其业务和系统环境制定特定的安全策略，并坚持不变，直到有明显的理由进行更改。

（2）预定义的防火墙规则。防火墙规则的设定用来阻止未授权的通信，但这些规则很少进行更新，随着时间的推移，可能变得过时或不再适用。

（3）手工配置的入侵检测系统。当新的威胁出现时，系统管理员需要手动更新入侵检测系统。这不仅需要专业知识和大量的时间，而且较容易出错。

在这种情境下，攻防博弈呈现以下明显的特点。

（1）攻击者具有时间上的优势，因为他们可以不断尝试新的攻击方法，直到找到有效的手段。防御者则往往在攻击发生后才开始采取措施，这种反应式的策略使他们常常处于下风。

（2）由于传统的方法缺乏自动化和智能化，对于大型、分散和复杂的网络环境，人工介入的管理和维护成本非常高。这意味着在一些情况下，安全漏洞可能长时间得不到修复，为攻击者提供了机会。

（3）对于网络流量和用户行为的分析主要基于固定的规则和签名，因此对新型、未知的威胁的检测成为一个巨大的挑战。

总的来说，传统的网络安全攻防博弈在很大程度上是一场反应式的、基于已知威胁的"猫捉老鼠"的游戏。随着攻击者使用更先进的工具并在更大规模上组织攻击，这种模式逐渐暴露出其固有的局限性和弱点。

2. 人工智能网络安全攻防博弈

随着网络环境的复杂化和攻击手段的多样化，仅靠传统的防御方法已经难以对抗不断进化、日益智能化的威胁。当前，我们面临的网络威胁已经从早期的简单病毒和木马逐渐转变为高度复杂、针对性强并具有持续性的高级持续性威胁（advanced persistent threat，APT）。为了有效对抗这些高级威胁，安全界需要采纳更先进的工具和策略。正是在这个背景下，人工智能技术开始在网络安全领域中扮演越来越重要的角色。利用人工智能技术，我们可以对海量数据进行高效处理和深度分析，从而在短时间内发现潜在的威胁，为安全专家提供更为准确和深入的见解。其自我学习和适应性使人工智能可以不断地优化其策略，以更加高效地应对新的威胁和挑战，如图 1-9 所示。

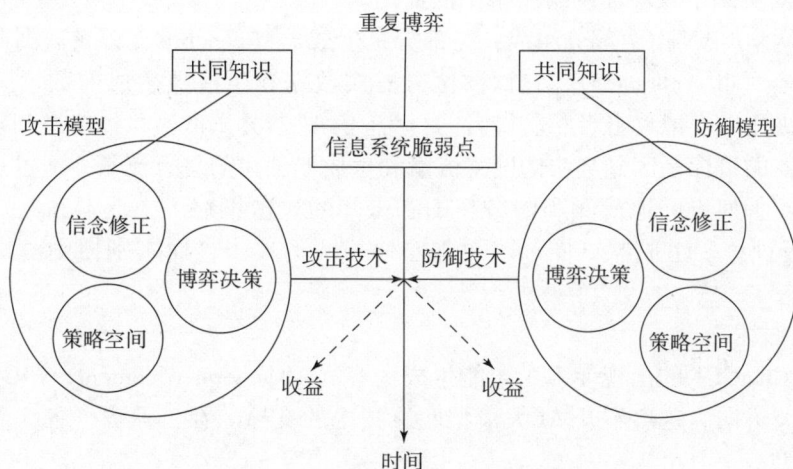

图 1-9 人工智能网络安全攻防博弈示意图

人工智能网络安全攻防博弈具有以下特点。

（1）自适应性。传统的安全工具通常需要大量的人工干预，以调整其设置来匹配当前的威胁环境。但人工智能可以自动适应不断变化的攻击模式，使安全解决方案能够在没有人工干预的情况下进行自我改进和调整。通过深度学习，人工智能模型可以从大量数据中提取高级特征，使其能够识别复杂的攻击行为，即使是微小的模式变化也不例外。

（2）预测能力。传统的安全策略往往是反应性的，但人工智能带来了主动的安全策略，允许组织预测并预防未来的威胁。人工智能可以学习网络的正常行为，从而准确地识别出不符合正常模式的行为，即使之前从未观察到这种行为。

（3）实时响应。人工干预在识别和应对威胁时往往需要较长的时间，而人工智能提供了即时的数据分析，大幅减少了从检测到响应的时间。通过与其他安全工具集成，人工智能不仅可以实时检测威胁，还可以自动执行如隔离受感染的设备或终止恶意进程等响应操作。

（4）策略优化。过去，安全策略的调整通常基于人的经验和直觉，但现在，强化学习等技术可以帮助系统自动找到最优的攻防策略。通过创建虚拟环境，人工智能可以模拟数百万种攻击和防御策略，以确定哪种策略在特定情境下最有效。

这些特点确保了人工智能在网络安全攻防博弈中不仅是一种防御工具，还是一种策略工具，帮助组织制定更有效、更智能的安全策略。

3. 人工智能技术具体应用实例

（1）卷积神经网络在网络入侵检测中的应用。

卷积神经网络在图像识别领域已经显示出了出色的性能，因为它能够识别和组合局部模式以形成更复杂的特征表示。这种特性也可以被应用于网络安全领域。在网络流量分析中，数据包及其序列中的特定模式可能出现异常或攻击行为。为了利用 CNN 进行入侵检测，首先需要将原始的网络流量数据转化为神经网络可以处理的形式，例如将其表示为图像或时间序列数据格式。接着，卷积神经网络通过其多个卷积层自动从这些数据中提取关键特征。最后，在经过一个或多个全连接层后，网络可以根据这些提取的特征进行分类，例如识别流量是否具有恶意特性。

（2）生成对抗网络在增强网络防御中的应用。

生成对抗网络 GAN 由两部分组成：一部分是生成器（generator），它试图产生数据；另一部分是判别器（discriminator），它试图区分真实数据和生成器生成的数据。在网络安全中，这种结构被用来模拟攻击者和防御者的行为。生成器尝试产生可以绕过判别器检测的恶意流量。判别器的目标是区分真实的网络流量和生成器创建的恶意流量。通过这种方式，判别器不断地学习如何更好地检测和防御新的和未知的攻击策略。生成器和判别器在不断的"对抗"中进行训练，生成器试图产生更加难以检测的攻击，而判别器则尝试提高其检测能力。

1.5.2.2　技术融合

AI 绘画、ChatGPT 的出现使人工智能生成内容（AI generated content，AIGC）成为备受关注的热门研究方向，这离不开 AI 大模型底层技术的支撑。在工业界，各大巨头也开始发展自己的大模型。

自 OpenAI 于 2020 年推出 GPT - 3 以来，谷歌、华为、智源研究院、中国科学院、阿里巴巴等企业和研究机构相继推出超大规模预训练模型，包括 Switch Transformer、DALL·E、MT - NLG、盘古、悟道 3.0、紫东太初和 M6 等，不断刷新各榜单纪录。例如，百度 ERNIE3.0 模型在自然语言理解任务上的综合评分（GLUE）已达 90% 以上，智源悟道文澜模型在多源图文数据集（RUC - CAS - WenLan）上相比 OpenAI 的 CLIP 模型评分提升 37.0%。当前，预训练模型参数数量、训练数据规模按照 300 倍/年的趋势增长，继续增大模型和增加训练数据仍是短期内演进的方向。另外，跨模态预训练大模型日益普遍，从早期只学习文本数据，到联合学习文本和图像，再到如今可以处理文本、图像、语音三种模态数据，未来，预训练模型将能够处理更多种类的图像编码、更多种语言以及更多类型的数据，这将带来更多创新和突破。

深度学习模型的训练通常需要大量的存储空间和计算资源，这在资源受限的环境下应用变得困难。因此，轻量化深度学习成为解决这一挑战的重要技术。轻量化深度学习技术旨在设计更加紧凑和高效的神经网络结构，通过剪枝和量化等方法来减小模型的规模和计算量。谷歌的 MobileNet 和旷视的 ShuffleNet 是轻量化深度学习的典型例子。MobileNet 采用了深度可分离卷积将模型参数和计算量大幅减少，从而在保持较高准确性的同时显著降低模型的复杂度。ShuffleNet 则通过设计特殊的通道重排操作，将计算量分散到多个轻量级分支中，进一步提高了模型的效率。这些轻量化深度学习技术的发展，使得在资源受限的设备上部署和应用深度学习模型变得更加可行。例如，百度推出的轻量化 PaddleOCR 模型在规模上大幅减少，仅为 2.8 MB，实现了在边缘设备上进行快速且高效的文本识别。

"生成式人工智能"技术不断成熟，未来听、说、读、写等能力将有机结合。当前，生成式人工智能技术在智能写作、代码生成、有声阅读、新闻播报、语音导航、影像修复等领域得到了广泛应用，这种技术通过机器自动合成文本、语音、图像、视频等，正在推动互联网数字内容生产的变革。例如，中央电视台、新华社、光明网等媒体机构推出了数字人主播技术，能够将音频或文本内容一键生成视频。这一技术实现了节目内容的快速、自动化生产，数字人主播和数字人记者已经在全国两会、春节晚会等大型报道和节目中得到广泛应用。数字人主播技术的应用使传统的文字、图片、音频内容得以转化为视频内容，极大地提高了内容的丰富性和吸引力；同时，数字人主播技术还可以实现多语种、多音色、多样式的播报，满足不同受众的需求。这种技术的发展，使传媒行业能够更好地满足信息传播的需求，提高内容的生产效率和传播效果。此外，生成式人工智能技术在智能写作领域也有广泛应用。它能够帮助写作人员快速生成文章、文案、报告等内容，提高写作效率和质量；通过智能写作技术，机器可以学习和模仿人类的写作风格和表达方式，使生成的文本更加贴近人的表达习惯。

随着人工智能与科学研究的融合不断深入，传统研究范式发生变化。人工智能具有处理海量数据的强大分析能力，这使研究者不再局限于传统的推导和定理式研究方法，而可以基于高维数据发现相关信息，从而加速研究进程。例如，2020 年，DeepMind 推出的 AlphaFold 2 能够精确预测蛋白质的三维结构，在国际蛋白质结构预测竞赛（CASP）中脱颖而出。这一突破使蛋白质研究能够更加高效地进行，为生物学、药物研发等领域带来了巨大的潜力。此外，中美研究团队利用人工智能，在保证高精度计算的同时，将分子动力学模拟的极限提升了数个量级。他们的研究将计算空间尺度增大了 100 倍，计算速度提高了 1 000 倍。这一突破给力学、化学、材料学等领域的研究带来了巨大的提升，并为新材料的设计和开发提供了新的方法和思路。这种融合为科学领域带来了更加高效、准确和创新的研究方法，有望推动科学的进步和技术的发展。

1.5.2.3 算力持续突破

大模型的发展和应用对算力提出了更高的要求，为了满足这一需求，新的算力架构也在不断研究和探索中，如类脑芯片、存内计算、量子计算等。

在训练芯片方面，创新加速持续进行。基于 GPU 的训练芯片不断增多，相关企业开始专注于 GPU 领域的创新，涌现出一批专注于 GPU 赛道的初创公司。同时，基于 ASIC 等架构的云端训练芯片能力显著提升，新一代产品在算力方面提升了 3 ~ 4 倍。在推断芯片方面，专用定制化发展成为主流。针对手机应用的智能芯片成为亮点，各种专用定制的端侧推理芯片纷纷涌现。例如，联发科在 2021 年推出了高端手机芯片 Dimensity 1200，可以在手机上进行边缘处理，包括 5G、AI 和图像数据等。谷歌也为其 Pixel 系列手机专门推出了首款智能手机芯片 Tensor。

另外，类脑芯片、存内计算和量子计算等技术仍然是重要的探索方向。这些技术在理论层面上具有高算力、低功耗等优势，取得了一些进展。例如，北京大学类脑智能芯片中心在 2021 年的 ISSCC 会议上发布了"超低功耗智能物联网芯片（AIoT）"等成果。新型人工智能芯片也受到了投资企业的青睐，多家企业在 2021 年完成了亿元级的 A 轮或 A + 轮融资，涉及 3D 视觉 AI 芯片、神经拟态感存算一体芯片以及 AI 视觉芯片等领域。

1.5.2.4 构建领域知识继承热点

随着人工智能的快速发展，数据规模也在持续增长。根据 IDC 的测算，到 2025 年全球数据规模将达到 163 ZB（1 ZB = 10^{21} Byte），其中 80% ~ 90% 是非结构化数据。这意味着数据服务正进入深度定制化的阶段。百度、阿里巴巴和京东等推出了针对不同场景和需求的定制化数据服务。企业对数据集的需求也从通用简单场景逐渐过渡到个性化复杂场景。例如，语音识别数据集不再局限于普通话，而是向小语种、方言等场景发展；智能对话数据集也从简单的问答和控制场景逐渐拓展到应用场景、业务问答等更具挑战性的领域。

为了支持未来基于知识驱动的人工智能应用的发展，各方也在积极探索建立高质量的知识集。这些知识集包含传统的语音、图像、文本等数据，以及定义、规则和逻辑关系等知识的数据化呈现。业界已经涌现出一些著名的知识集，如 WordNet 和 HowNet 等。另外，阿里巴巴与香港理工大学合作开发了基于服装设计的知识集。这个知识集整合了丰富的服装设计相关的数据和规则，为人工智能系统提供了深入的领域知识，从而实现更精准和创新的服装设计与推荐。这些知识集的建立和应用为人工智能的发展提供了重要的支持，使得机器能够更好地理解和处理人类语言、图像、地理信息等多模态数据，并在各个领域实现更智能和创新的应用。

1.6 小 结

人工智能的核心目标是使计算机具备人类智能特征，例如学习、推理、感知和语言理解等。为了实现这一目标，人工智能研究涵盖了机器学习、计算机视觉、自然语言处理和专家系统等多个学科领域。

人工智能曾经经历了多次兴起与低谷的周期。20 世纪 50—60 年代，人们对人工智能的研究充满了希望，他们相信人工智能能够在不久的将来实现。然而，在接下来的几十年里，研究进展的不顺利使人们对人工智能失去了信心。直到近几年，随着计算能力的提升、数据量的增加和机器学习算法的改进，人工智能技术开始取得了显著的突破。

人工智能已经广泛应用于各个领域。NLP 专注于使计算机能够理解和处理人类语言，在机器翻译、语音识别、舆情监测等方面有重要应用。另外，利用机器学习和数据挖掘等技术来检测和预防网络攻击、发现异常行为和识别潜在安全威胁，并能够通过自动化响应系统来及时应对新的安全威胁和攻击方式。然而，随着黑客技术的逐渐发展，人工智能也面临着对抗高级威胁的挑战。通过分析大规模医疗数据，人工智能可以帮助医生提高诊断的准确性和治疗效果。此外，还可以应用于健康监测和预防保健方面，通过智能设备收集和分析数据，提供个性化的健康建议和监护。信息化战争已经逐步走上世界舞台，军事无人机、自动化战场系统和智能导弹应用广泛，人工智能技术能够处理大数据、模拟复杂情况和做出智能决策，从而提高战场效能。另外，人工智能的广泛应用对工程伦理和社会产生了深远的影响。人工智能的决策透明性、隐私保护、智能劳动力和社会公正等问题成为研究和讨论的重点。

技术方面，神经网络与深度学习的不断进步，推动了模型的准确性和效率提升。迁移学习为模型的可重用性提供了新的解决方案，促进了知识的跨领域传递和应用。强化学习技术使智能体在复杂环境中更加自主、灵活，并在许多领域取得了突破性的应用。AI 大模型的崛起推动了深度学习的进一步发展，通过巨大的参数规模和计算资源，实现了在语言处理、计算机视觉等任务上的卓越表现。应用方面，人工智能在技术融合、算力持续突破和构建领域知识继承等方面扮演着愈发重要的角色。

1.7　习　　题

1. 人工智能是什么？它的定义和范围是什么？

2. 人工智能的早期发展遇到了哪些挑战和限制？它们是如何影响人工智能的进展的？

3. 人工智能的早期发展如何推动了计算机科学和技术的发展？

4. 人工智能在当前社会中面临的主要挑战是什么？这些挑战可能涉及伦理、隐私、就业等方面。

5. 基于功能的不同，人工智能可以分为哪几类？强人工智能和弱人工智能的不同点是什么？

6. 现有的机器和将来发明的机器之间重要的分水岭是什么？

7. AI 发展的终极阶段是开发出什么类型的系统？这类系统有什么特点？

8. 人工智能在医疗、交通、金融等行业中的应用前景如何？它们可能带来哪些改变和机遇？

9. 人工智能的发展如何与其他领域的发展相互影响？例如，与机器人技术、大数据分析等领域的关系。

10. 请简述开发和应用人工智能时应该遵守的伦理原则。

第 2 章

大数据分析基础认知

2.1 引　言

大数据又称巨量资料，指的是在传统数据处理应用软件不足以处理的大或复杂的数据集。与常规数据相比，大数据中蕴含的隐式的模式或规律可以起到更为有效的指导作用，因此有必要通过相应的数据分析技术进行深入挖掘。现代管理学之父 Peter Drucker 在著作《21 世纪的管理挑战》中指出，我们正经历着一场信息革命，这不是在技术上、机器设备上、软件上或是速度上的革命，而是一场"概念"上的革命。以往信息技术的重点在"技术"上，目的在于提升信息传播范围、传播能力和传播效率，而新的信息革命的重点将会在"信息"上。大数据技术能够将大规模数据中隐藏的信息和知识挖掘出来，为人类社会经济活动提供依据，提高各个领域的运行效率，甚至整个社会经济的集约化程度。在"第七次信息革命"的浪潮中，大数据及大数据分析技术扮演着至关重要的角色。

多学科交叉融合是数据科学的一个特点，作为支撑大数据研究与应用的交叉学科，其理论基础来自多个不同的学科领域，包括计算机科学、统计学、人工智能、信息系统、情报科学等。数据科学的目的在于系统深入地探索大数据应用中遇到的各类科学问题、技术问题和工程实现问题。在大数据技术不断突破的同时，其各个环节的发展呈现出了新的发展趋势和挑战。

本章主要内容如下几节。

2.2 节阐述了大数据及数据科学的知识基础，主要内容包括大数据领域的基本概念、数据科学与其他学科的关系。

2.3 节介绍了大数据分析的研究历史与现状，主要内容包括发展历史、研究现状、中国大数据研究与发展战略。

2.4 节介绍了大数据分析的主要应用，主要内容包括网络广告推送、网络安全等互联网行业主要应用，疾病预警、辅助诊断等医疗行业主要应用，推荐产品、特色服务等金融行业主要应用，道路规划、信号灯调度等交通行业主要应用，成绩分析等教育行业主要应用。

2.5 节讨论了大数据技术存在的问题，主要内容包括数据存储、信息安全、数据共享。

2.6 节分析了大数据技术的发展趋势，主要内容包括大数据技术发展趋势、大数据应用发展趋势。

2.2　知　识　基　础

2.2.1　基本概念

大数据是无法在一定时间范围内用常规软件工具进行捕捉、管理和处理的，是需要新处理模式才能具有更强的决策力、洞察发现力和流程优化能力的海量、高增长率和多样化的信息资产。IBM 使用"5V"来归纳大数据的特征，具体内涵如下。

（1）volume：海量数据。大数据中数据的采集、存储和计算的量都十分庞大，只有起始计量单位达到 PB 级的数据才可以称为大数据，因此需要强大的计算能力和优秀的计算架构。

（2）variety：种类和来源多样化。大数据包括结构化、半结构化和非结构化数据，随着互联网和物联网的发展，又扩展到网页、社交媒体、感知数据，涵盖音频、图片、视频、模拟信号等，真正诠释了数据的多样性，也对数据的处理能力提出了更高的要求。

（3）value：获取有价值的数据。如果用石油行业来类比大数据分析，那么在互联网金融领域甚至整个互联网行业中，最重要的并不是如何炼油，而是如何获得优质原油。互联网行业最重要的就是挖掘更多有价值的信息，因为大数据中数据价值密度相对较低，可以说是浪里淘沙却又弥足珍贵。随着互联网以及物联网的广泛应用，信息感知无处不在。信息海量，但价值密度较低，如何结合业务逻辑并通过强大的机器算法来挖掘数据价值是大数据时代最需要解决的问题。

（4）velocity：数据增长速度快，处理速度也快，时效性较高。比如，搜索引擎要求几分钟前的新闻能够被用户查询到，个性化推荐算法尽可能要求实时完成推荐。这是大数据区别于传统数据挖掘的显著特征。

（5）veracity：数据的准确性和可信赖度，即数据的质量。大数据中的内容是与真实世界中发生的事件息息相关的，要保证数据的准确性和可信赖度。研究大数据就是从庞大的网络数据中提取出能够解释和预测现实事件的过程。

大数据技术的战略意义不在于掌握庞大的数据信息，而在于对这些含有意义的数据进行专业化处理。换言之，如果把大数据比作一种产业，那么这种产业实现盈利的关键在于提高对数据的"加工能力"，通过"加工"实现数据的"增值"。典型的加工方法可分为数据分析和数据挖掘。数据分析是指根据分析目的，用适当的统计分析方法及工具，对收集数据进行处理与分析，提取有价值的信息，发挥数据的作用。它主要实现三大作用：现状分析、原因分析、预测分析（定量）。数据分析的目标明确，先做假设，然后通过数据分析来验证假设是否正确，从而得到相应的结论，主要采用对比分析、分组分析、交叉分析、回归分析等常用分析方法。数据分析一般得到的是一个指标统计量结果，如总和、平均值等，这些指标数据都需要与业务结合进行解读，才能发挥出数据的价值与作用。数据挖掘是指从大量的数据中，通过统计学、人工智能、机器学习等方法，挖掘出未知的，且有价值的信息和知识的过程。数据挖掘主要侧重解决四类问题：分类、聚类、关联和预测（定量、定性）。数据挖掘的重点在于寻找未知的模式与规律，如我们常说的数据挖掘案例：啤酒与尿布、安全套与巧克力等，这是事先未知的，但又是非常有价值的信息；主要采用决策树、神经网络、关联规则、聚类分析等统计学、人工智能、机器学习等方法进行挖掘；输出模型或规则，并且可相应得到模型得分或标签，模型得分如流失概率值、总和得分、相似度、预测值等，标签如高中低价值用户、流失与非流失、信用优良中差等。

从技术上看，大数据与云计算的关系就像一枚硬币的正反面一样密不可分。大数据必然无法用单台的计算机进行处理，必须采用分布式架构。它的特色在于对海量数据进行分布式数据挖掘，但它必须依托云计算的分布式处理、分布式数据库和云存储、虚拟化技术才能真正实现。

对于数据的收集，互联网网页的搜索引擎需要将整个互联网所有的网页都下载下来，这项任务显然不可能由一台设备完成，而需要多台机器组成网络爬虫系统同时工作，每台机器下载一部分，才能在有限的时间内将海量数据下载完毕，如图 2 - 1 所示的 Nutch 搜索引擎分布式数据获取。

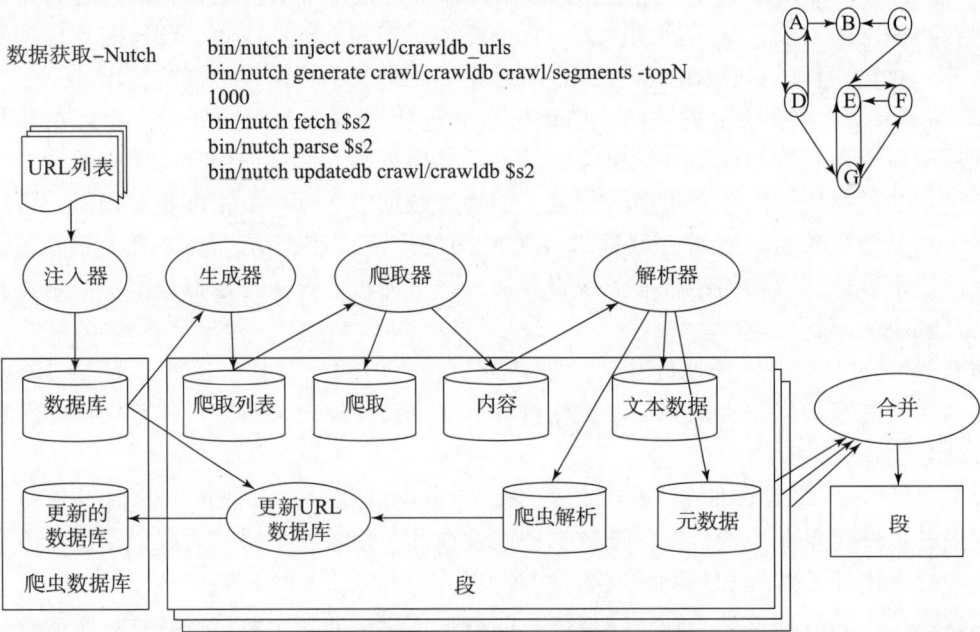

图 2 - 1　分布式数据获取

对于数据的传输，单一设备内存中的队列必定会由于数据量过于庞大而溢出，这时就需要基于硬盘的分布式队列发挥作用。分布式数据传输如图 2 - 2 所示。分布式队列可以实现多台机器同时传输，只要队列的数量足够多，就不必担心数据的溢出。

对于数据的存储，也需要使用分布式文件系统来实现，使用多台机器的硬盘构成统一的文件系统，以存储海量的数据。图 2 - 3 所示为 Hadoop 分布式文件系统（Hadoop distributed file system，HDFS）。

对于数据的分析，单一设备的计算能力相当有限，面对海量数据往往显得力不从心。分布式计算的方法就可以很好地解决这一问题，其采用"分而治之"的思想，将大量的数据分成小份，每台机器处理一小份，多台机器并行处理，很快就能完成运算（如图 2 - 4 所示的 MapReduce 数据分析）。

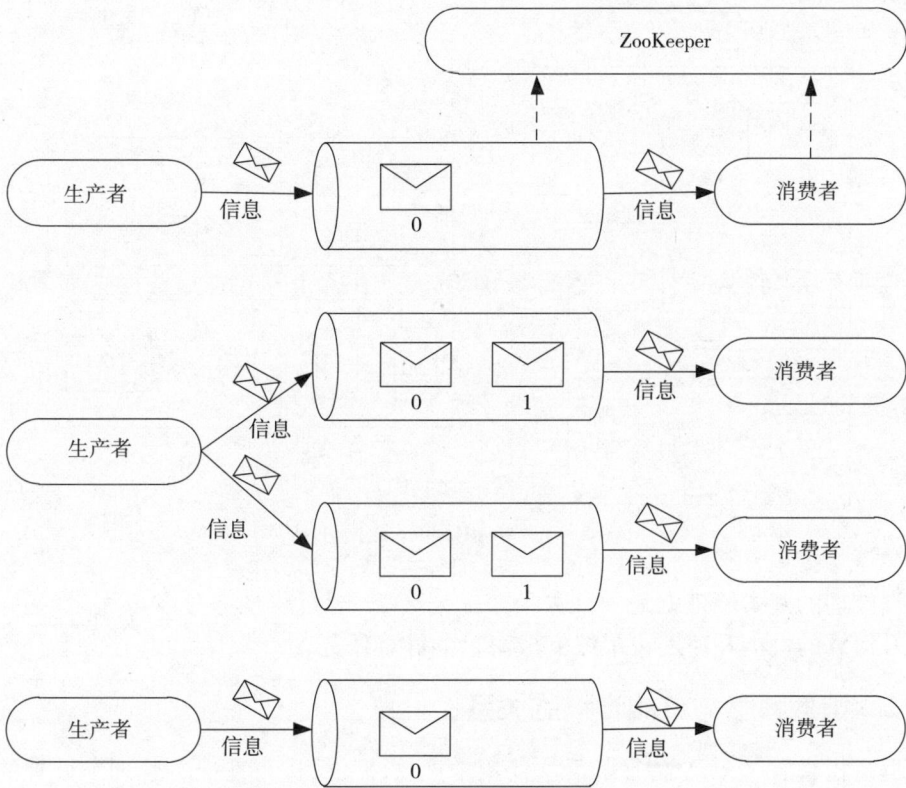

图 2 - 2　分布式数据传输

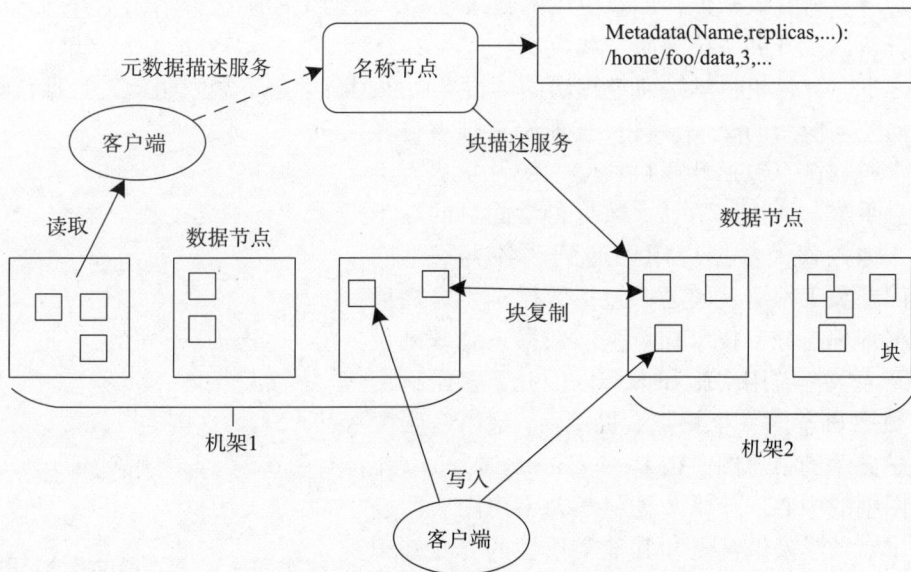

图 2 - 3　Hadoop 分布式文件系统

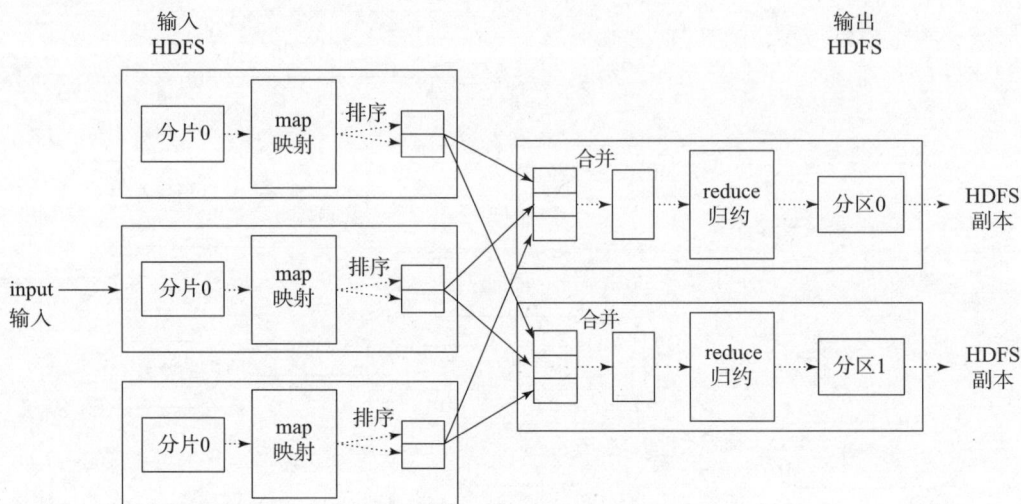

图 2 - 4　**MapReduce 数据分析**

大数据处理的基本原理就是"众人拾柴火焰高"，通过将任务分发至大量的、分布式的节点来提升运算的性能和速度，最终完成海量的计算任务。

2.2.2　数据科学与其他学科的关系

大数据是指具有"5V"特征的无法使用常规软件工具进行捕捉、管理和处理的数据集，而研究基于海量数据的信息提取技术的学科称为数据科学。正式地，数据科学通常是指基于计算机科学、统计学、信息系统等学科的理论和技术，研究数据的收集整理以及从海量数据中分析处理、获得有效知识并加以应用的新兴学科；数据工程则是指利用工程的方法进行数据管理和分析以及开展系统的研发和应用。

相较之下，计算机科学是研究算法的学科，而数据科学远不局限于此。数据科学作为支撑大数据研究与应用的交叉学科，其理论基础来自多个不同的学科领域，包括计算机科学、统计学、人工智能、信息系统、情报科学等。数据科学的目的在于系统、深入地探索大数据应用中遇到的各类科学问题、技术问题和工程实现问题，包括数据全生命周期管理、数据管理与分析技术和算法、数据系统基础设施建设以及大数据应用实施和推广。因此，多学科交叉融合是数据科学的一个特点。图 2 - 5 是第一张关于数据科学概念的韦恩图，由 Drew Conway 在 2010 年制作。该图中的中心部分是数据科学，韦恩图表明它是黑客技术、数学及统计学和其他实质性的专业知识的组合。

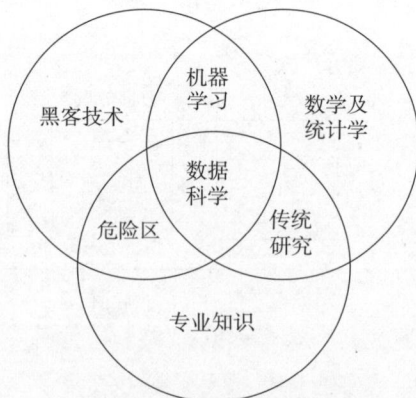

图 2 - 5　**数据科学概念韦恩图**

1. 数据科学与计算机科学

计算机科学是系统性研究信息与计算理论基础以及它们在计算机系统中如何实现与应用

的实用技术的学科。它通常被形容为对那些创造、描述以及转换信息的算法处理的系统研究。计算机科学和数据科学有重叠之处，两个领域中都使用了计算过程，且同样需要对编程语言和算法的有效理解，而基于这种理解去做什么则是这两个领域之间的主要区别。具体而言，计算机科学关注的是"如何（how）"，而数据科学则关注"为什么（why）"。计算机科学是一门基础学科，而数据科学则是一门应用学科。

计算机科学着眼于算法原理，致力于研究计算过程的具体细节，而不去过分关心功能实现的特定逻辑结果。计算机科学家可以开发应用程序、编写新的编程语言，或者设计一个生成和排序数据流的系统。但是对于计算机科学家来说，这些过程通常建立在电压到比特的符号逻辑基础上，其结果是可预测的。

在数据科学中，算法原理被应用于更大的不确定领域，通常会给出关于商业等跨学科问题的概率性答案。现代数据科学家通常精通计算机科学，但他们可以来自数学、统计甚至商业背景。数据科学家可以设计算法、精炼数据集，并通过数学模型解析大量数据，从而挖掘可操作的知识。为了实现此过程，数据科学家必须采取跨学科的方法，接受并处理不确定性。

2. 数据科学与软件工程

软件工程是软件开发领域中对工程方法的系统应用。1993 年，电气电子工程师学会（IEEE）给出了一个更加综合的定义："将系统化的、规范的、可度量的方法用于软件的开发、运行和维护的过程，即将工程化应用于软件开发中"。数据科学通常需要对无法使用常规软件工具进行捕捉、管理和处理的数据集合进行处理，然而设计并实现可以处理海量数据的系统及架构则是软件工程的目标。

3. 数据科学与人工智能

人工智能是研究、开发用于模拟、延伸和扩展人的智能的理论、方法、技术及应用系统的一门新的技术科学。人工智能的主要实现方式是通过大量数据的训练来实现它们的目标，这意味着人工智能往往需要一个巨大的数据集。尽管数据科学和人工智能的主要实现方法都以大数据作为基础，但是二者的目标存在一定的差异。具体而言，数据科学旨在产生"见解"，人工智能旨在产生"行为"。另一个常被提及的概念是机器学习，通常机器学习旨在产生"预测"。

假设我们正在制造一辆无人驾驶汽车，并正在研究汽车可自动停靠在有停车标识位置这个特定的问题。我们需要从"机器学习""人工智能"和"数据科学"三个领域分别提取我们所需的知识技能。在机器学习领域，汽车必须使用摄像头识别停车标识。我们构建了包含数百万个街景标识图像的数据集，并且训练一个算法来预测哪里会有停车标识；在人工智能领域，一旦我们的车可以识别停车标识，它就需要决定何时采取制动这个行为。过早或过晚制动都是很危险的，并且我们需要它可以处理不同的道路状况（例如，识别一条光滑道路，它并不能很快减速），这是一个控制理论问题；在数据科学领域，我们在街道测试中发现汽车的表现并不足够好，停车标识出现了不少导致错误的消极因素。在分析街道测试数据之后，我们得到的结论是漏判率取决于时间：在日出之前或日落之后，更有可能错过停车标识。我们意识到，我们的大部分训练数据仅包含白天的对象，因此我们构建了包含夜间的对象更好的数据集，并返回机器学习步骤。

2.3　历史与现状

2.3.1　发展历史

1. 大数据出现阶段（1980—2008 年）

1997 年，美国宇航局研究员迈克尔·考克斯和大卫·埃尔斯沃斯首次使用大数据这一术语来描述 20 世纪 90 年代的挑战：模拟飞机周围的气流时，因数据规模过大无法被处理和将其可视化。数据集之大，超出了主存储器、本地磁盘，甚至远程磁盘的承载能力。这一问题被称为"大数据问题"。

2002 年，美国在"9·11"事件后，为阻止恐怖主义，政府已经涉足大规模数据挖掘领域。美国前国家安全顾问约翰·波因德克斯特领导国防部整合政府的数据集，组建一个用于筛选通信、犯罪、教育、金融、医疗和旅行等记录来识别可疑人的大数据库。一年后美国国会因担忧公民自由权而停止了这一项目。

2004 年，美国"9·11"委员会呼吁反恐机构应统一组建"一个基于网络的信息共享系统"，以便能快速处理海量数据。

2006 年，谷歌首先提出云计算的概念，大数据在云计算出现之后才凸显其真正价值。

2007—2008 年，随着社交网络的激增，技术博客和专业人士为大数据这一概念注入新的生机。"当前世界范围内已有的一些其他工具将被大量数据和应用算法所取代。"《连线》杂志主编克里斯·安德森认为当时处于一个"理论终结时代"。一些政府机构和美国的顶尖计算机科学家声称，"应该深入参与大数据计算的开发和部署工作，因为它将直接有利于许多任务的实现"。2008 年 9 月，《自然》杂志推出了名为大数据的封面专栏。

2. 大数据热门阶段（2009—2011 年）

2009—2010 年，大数据成为互联网技术行业中的热门词语。

2009 年，印度建立了用于身份识别管理的生物识别数据库；联合国全球脉冲项目已研究出如何利用手机和社交网站的数据源来分析预测从螺旋价格到疾病爆发之类的问题的方法；美国政府通过启动 Data.gov 网站的方式进一步开放了数据的大门，该网站的超过 4.45 万的数据集被用于保证通过一些网站和智能手机应用程序来跟踪信息，这一行动激发了从肯尼亚到英国范围内的各国政府相继推出类似举措；欧洲一些领先的研究型图书馆和科技信息研究机构建立了伙伴关系，致力于改善在互联网上获取科学数据的简易性。

2010 年，肯尼斯库克尔发表大数据专题报告《数据，无所不在的数据》。

2011 年，扫描 2 亿年的页面信息，或 4 TB 磁盘的存储数据，只需几秒即可完成；IBM 的沃森计算机系统在智力竞赛节目《危险边缘》中打败了两名人类挑战者，《纽约时报》称这一刻为"大数据计算的胜利"。同年 6 月，麦肯锡发布了关于大数据的报告《大数据时代已经到来》，正式定义了大数据的概念，并逐渐受到了各行各业的关注；12 月，工业和信息化部发布的《物联网"十二五"发展规划》中将信息处理技术作为四项关键技术创新工程之一被提出来，其中包括了海量数据存储、数据挖掘、图像视频智能分析，这些是大数据的重要组成部分。

2011 年，韩国提出了"大数据中心战略"。

3. 大数据成为时代特征（2012—2016 年）

2012 年，维克托·迈尔–舍恩伯格（最早洞见大数据时代发展趋势的数据科学家之一）及肯尼斯·库克在其著作《大数据时代》中将大数据的影响分成了三个不同的层面，分别是思维变革、商业变革和管理变革。大数据这一概念乘着互联网的浪潮在各行各业中扮演着举足轻重的角色。大数据一词越来越多地被提及，人们用它来描述和定义信息爆炸时代产生的海量数据，并命名与之相关的技术发展与创新。数据正在迅速膨胀变大，它决定着未来的发展，随着时间的推移，人们将愈发意识到数据的重要性。

2012 年 1 月，在瑞士达沃斯召开的世界经济论坛上发布的报告《大数据，大影响》宣称，数据已经成为一种新的经济资产类别。

2012 年，美国奥巴马政府在白宫网站发布了《大数据研究和发展倡议》，该倡议标志着大数据已经成为重要的时代特征；3 月，奥巴马政府宣布将 2 亿美元投资于大数据领域，这是大数据技术从商业行为上升到国家科技战略的分水岭。

2012 年，美国颁布了《大数据的研究和发展计划》；2012 年，日本发布了《创建最尖端 IT 国家宣言》；2013 年，英国发布了《英国数据能力发展战略规划》；世界上其他的一些国家也制定了相应的战略和规划。

2012 年，联合国发布了一份关于大数据政务的白皮书《大数据促发展，挑战与机遇》，总结了各国政府如何利用大数据更好地服务和保护人民。

2013 年是我国的"大数据元年"。虽说大数据的概念存在已有时日，但这一年因为互联网和信息行业的发展而引起人们关注，大数据开始在我国普及应用，以势不可挡的姿态进入人们的思想意识，并在社会的各个领域探索与落地实践。阿里巴巴在 2013 年 1 月 1 日转型重塑平台、金融和数据三大业务，成为最早提出通过数据进行企业数据化运营的企业。

2014 年，大数据首次出现在当年的《政府工作报告》中。《政府工作报告》中指出，要设立新兴产业创业创新平台，在大数据等方面赶超先进，引领未来产业发展。国务院通过《企业信息公示暂行条例（草案）》，要求在企业部门间建立互联共享信息平台，运用大数据等手段提升监管水平，大数据成为国内热议词语。

2015 年，由贵阳大数据交易所推出的《2015 年中国大数据交易白皮书》和《贵阳大数据交易所 702 公约》在中国大数据交易高峰论坛上隆重亮相。《2015 年中国大数据交易白皮书》是我国首部关于大数据交易的白皮书，系统地阐述了当前我国的大数据交易现状，对从全球到国家，从国家到产业的大数据交易进行了介绍和分析，对大数据产业的发展及大数据交易具有重要的推动与指导作用。

2016 年 12 月 18 日，工业和信息化部《大数据产业发展规划（2016—2020 年）》正式印发。《中国大数据发展调查报告》称，2016 年中国大数据市场规模为 168.0 亿元，增速达到 45%，预计 2017—2020 年增速保持在 30% 以上。

2023 年中国国际大数据产业博览会上发布数据显示，2022 年我国大数据产业规模达 1.57 万亿元，同比增长 18%，成为推动数字经济发展的重要力量。

2.3.2　研究现状

大数据领域每年都会有大量新的技术涌现，为大数据获取、存储、处理分析或可视化提供更为有效的手段。大数据技术能够将大规模数据中隐藏的信息和知识挖掘出来，为人类社会经济活动提供依据，提高各个领域的运行效率，甚至提高整个社会经济的集约化程度。

1. 大数据分析架构研究现状

大数据的基本分析流程与传统数据分析流程并无太大差异，主要区别在于：由于大数据要处理大量、非结构化的数据，所以在各处理环节中都可以采用并行处理。Hadoop、MapReduce 和 Spark 等分布式处理方式已经成为大数据处理各环节的通用处理方法。Hadoop是一个能够让用户轻松架构和使用的分布式计算平台。用户可以轻松地在 Hadoop 上开发和运行处理海量数据的应用程序。Hadoop 是一个数据管理系统，作为数据分析的核心，汇集了结构化和非结构化的数据，这些数据分布在传统的企业数据栈的每一层。Hadoop 也是一个大规模并行处理框架，拥有超级计算能力，定位于推动企业级应用的执行。Hadoop 又是一个开源社区，主要为解决大数据的问题提供工具和软件。虽然 Hadoop 提供了很多功能，但仍然应该把它归类为多个组件组成的 Hadoop 生态圈，这些组件包括数据存储、数据集成、数据处理和其他进行数据分析的专门工具。Hadoop 的生态系统主要由 HDFS、MapReduce、HBase、ZooKeeper、Oozie、Pig、Hive 等核心组件构成，另外还包括 Sqoop、Flume 等框架，用来与其他企业融合。同时，Hadoop 生态系统也在不断增长，新增 Mahout、Ambari、Whirr、BigTop 等内容，以提供更新功能。

基于业务对实时的需求，大数据分析架构还派生出支持在线处理的 Storm、Cloudera Impala，支持迭代计算的 Spark 及流处理框架 S4 等处理架构。其中，Storm 是一个分布式、容错的实时计算系统，由 BackType 开发，后被 Twitter 收购。Storm 属于流处理平台，多用于实时计算并更新数据库。Storm 也可被用于连续计算（continuous computation），对数据流做连续查询，在计算时就将结果以流的形式输出给用户。它还可用于"分布式 RPC"，以并行的方式运行昂贵的运算。Cloudera Impala 是由 Cloudera 开发的一个开源的大规模并行处理（massively parallel processing，MPP）查询引擎，具有与 Hive 相同的元数据、SQL 语法、ODBC 驱动程序和用户接口，可以直接在 HDFS 或 HBase 上提供快速、交互式 SQL 查询。Impala 是在 Dremel 的启发下开发的，不再使用缓慢的 Hive + MapReduce 批处理，而是通过与商用并行关系数据库中类似的分布式查询引擎（由 Query Planner、Query Coordinator 和 Query Exec Engine 这三部分组成），可以直接从 HDFS 或者 HBase 中用 SELECT、JOIN 和统计函数查询数据，从而大幅降低了延迟。

近年来，一些新的框架和技术也在不断地涌现。例如，云技术现在已经成为大数据处理和分析的重要组成部分；Snowflake 是目前一个非常受欢迎的云数据平台，它提供了一种简单和高效的方式来存储和分析大数据；阿里巴巴开始发展阿里云和飞天大数据平台，以便更好地处理和分析大规模的数据。

2. 大数据采集与预处理技术研究现状

数据采集处于大数据生命周期的第一个环节。根据 MapReduce 产生数据的应用系统分类，大数据的采集主要有四种来源：管理信息系统、Web 信息系统、物理信息系统、科学实验系统。对于不同的数据集，可能存在不同的结构和模式，如文件、XML 树、关系表等，表现为数据的异构性。对多个异构的数据集，需要做进一步集成处理或整合处理，将来自不同数据集的数据收集、整理、清洗、转换后，生成一个新的数据集，为后续查询和分析处理提供统一的数据视图。针对管理信息系统中异构数据库集成技术、Web 信息系统中的实体识别技术和 DeepWeb 集成技术、传感器网络数据融合技术已经有很多研究工作，取得了较大的进展，已经推出了多种数据清洗和质量控制工具，例如，美国 SAS 公司的 Data Flux、美国 Informatica 公司的 Informatica Power Center。

美国 IBM 公司最新推出的 DataOps 方案通过自动化、数据质量和治理来帮助构建数据驱动型文化。它为多云和混合云环境提供人工智能赋能型的数据集成解决方案。在运行提取、转换、加载（extract–transform–load，ETL）数据作业时，验证和地理编码解决方案被视为至关重要的组成部分。

DataSphere Studio 是一个全面满足数据应用开发需求的工具，可以处理数据交换、脱敏清洗、分析挖掘、质量检测、可视化展现、定时调度到数据输出等多个环节。它还包括数据质量管理工具，这些工具可以帮助开发者自动初始化新用户所必需的所有用户环境，包括创建 Linux 用户等。

人工智能技术也被应用于数据清洗和融合过程。例如，人工智能可以自动识别和处理数据中的重复项、缺失值和异常值，实现数据的自动清洗，通过智能算法的迭代学习，系统能够逐渐提高清洗的准确性和效率。此外，AI 还能够自动合并来自不同数据源的信息，并能够自动识别不同数据类型并将其转换为统一的格式，解决数据冗余和数据格式不统一的问题，便于后续的数据分析和挖掘。

3. 大数据存储与管理技术研究现状

传统的数据存储和管理以结构化数据为主，因此关系数据库系统（RDBMS）可以一统天下满足各类应用需求。大数据往往是以半结构化和非结构化数据为主，结构化数据为辅，而且各种大数据应用通常是对不同类型的数据内容检索、交叉比对、深度挖掘与综合分析。面对这类应用需求，传统数据库无论在技术上还是功能上都难以满足。因此，近几年出现了 OldSQL、NoSQL 与 NewSQL 并存的局面。总体上，按数据类型的不同，大数据的存储和管理采用不同的技术路线，大致可以分为 3 类。第 1 类主要面对的是大规模的结构化数据。针对这类大数据，通常采用新型数据库集群。它们通过列存储或行列混合存储以及粗粒度索引等技术，结合 MPP 架构高效的分布式计算模式，实现对 PB 级数据的存储和管理。这类集群具有高性能和高扩展性，在企业分析类应用领域已获得广泛应用。第 2 类主要面对的是半结构化和非结构化数据。应对这类应用场景，基于 Hadoop 开源体系的系统平台更为擅长。它们通过对 Hadoop 生态体系的技术扩展和封装，实现对半结构化和非结构化数据的存储和管理。第 3 类面对的是结构化和非结构化混合的大数据，因此采用 MPP 并行数据库集群与 Hadoop 集群的混合来实现对 PB 级、EB 级数据的存储和管理。一方面，MPP 可用来管理计算高质量的结构化数据，提供强大的 SQL 和 OLTP 型服务；另一方面，Hadoop 可实现对半结构化和非结构化数据的处理，以支持如内容检索、深度挖掘与综合分析等新型应用。这类混合模式将是大数据存储和管理未来发展的趋势。

2023 年，计算存储作为一种新型的存储产品，通过在存储系统中集成计算资源，有效地解决了大数据和人工智能应用中的数据处理瓶颈问题，从而极大地提高了数据处理效率和系统性能。华为的 OceanStor 存储解决方案和计算存储技术是大数据存储和管理技术领域的最新进展，该解决方案能够满足不同场景下的数据存储需求，为大数据存储提供了新的解决方案。

4. 大数据计算模式与系统研究现状

所谓大数据计算模式，是指根据大数据的不同数据特征和计算特征，从多样性的大数据计算问题和需求中提炼并建立的各种高层抽象或模型。例如，MapReduce 并行计算抽象、加州大学伯克利分校著名的 Spark 系统中的"分布式内存抽象 RDD"以及 CMU 著名的图计算系统 GraphLab 中的"图并行抽象"等。计算模式的出现有力地推动了大数据技术和应用的发展，使其成为大数据处理最为成功、最广为接受使用的主流大数据计算模式。然而，现实世界中的大数据处理问题复杂多样，难以有一种单一的计算模式能涵盖所有不同的大数据计算需求。研究和实际应用中发现，由于 MapReduce 主要适合于进行大数据线下批处理，在面向低延迟以及具有复杂数据关系和复杂计算的大数据问题时有很大的不适应性。因此，近年来学术界和业界在不断研究并推出多种不同的大数据计算模式。根据大数据处理多样性的需求和以上不同的特征维度，出现了多种典型和重要的大数据计算模式。与这些计算模式相适应，出现了很多对应的大数据计算系统和工具。由于单纯描述计算模式比较抽象和空洞，因此在描述不同计算模式时，将同时给出相应的典型计算系统和工具，如表 2 - 1 所示。这将有助于对计算模式的理解以及对技术发展现状的把握。

表 2 - 1　典型大数据计算模式及典型系统和工具

典型计算模式	典型计算系统和工具
大数据查询分析计算	HBase，Hive，Cassandra，Impala，Spark SQL
批处理计算	Hadoop MapReduce，Spark
流式计算	Scribe，Flume，Storm，S4，Spark Srteaming
迭代计算	Hadoop MapReduce，Twister，Spark
图计算	Pregel，Giraph，Trinity，PowerGraph
内存计算	Dremel，Hana，Spark

5. 大数据分析与可视化研究现状

在大数据分析的应用过程中，可视化通过交互式视觉表现的方式来帮助人们探索和理解复杂的数据。可视化与可视分析能够迅速和有效地简化与提炼数据流，帮助用户交互筛选大量的数据，有助于使用者更快、更好地从复杂数据中得到新的发现，成为用户了解复杂数据、开展深入分析不可或缺的手段。大规模数据的可视化主要是基于并行算法设计的技术，合理利用有限的计算资源，高效地处理和分析特定数据集的特性。通常情况下，大规模数据可视化的技术会结合多分辨率表示等方法，以获得足够的互动性能。在科学大规模数据的并行可视化工作中，主要涉及数据流线化、任务并行化、管道并行化和数据并行化四种基本技术。例如，微软在其云计算平台 Azure 上开发了大规模机器学习可视化平台（Azure machine learning），将大数据分析任务呈现为有向无环图，并以数据流图的方式向用户展示，取得了较好的效果；阿里巴巴旗下的大数据分析平台御膳房也采用了类似的方式，为业务人员提供了互动式大数据分析平台；阿里云在 2023 年 4 月的《大数据 &AI 产品技术》月刊中提到支持自建 Grafana 对接 Elasticsearch Serverless，以实现指标数据的灵活查询分析与可视化。

2.3.3　中国大数据研究与发展战略

2015 年 8 月 31 日，国务院正式印发的《促进大数据发展的行动纲要》（以下简称《行动纲要》）成为我国发展大数据产业的战略性指导文件。《行动纲要》充分体现了国家层面对大数据发展的顶层设计和统筹布局，为我国大数据应用、产业和技术的发展提供了行动指南。

2016 年，《中华人民共和国国民经济和社会发展第十三个五年规划纲要》（以下简称《"十三五"规划纲要》）正式公布。《"十三五"规划纲要》的第二十七章题目为"实施国家大数据战略"。这也是首次公开提出"国家大数据战略"。《"十三五"规划纲要》对"国家大数据战略"的阐释成为各级政府在制定大数据发展规划和配套措施时的重要指导，对我国大数据的发展具有深远意义。

2016 年年底，工业和信息化部正式发布的《大数据产业发展规划（2016—2020 年）》以大数据产业发展中的关键问题为出发点和落脚点，明确了"十三五"时期大数据产业发展的指导思想、发展目标、重点任务、重点工程及保障措施等内容，成为大数据产业发展的行动纲领。农业林业、环境保护、国土资源、水利、交通运输、医疗健康、能源等主管部门纷纷出台了各自行业的大数据相关发展规划，大数据的政策布局逐渐得以完善。

2017 年，大数据从政策层面备受关注。在党的十九大报告"贯彻新发展理念，建设现代化经济体系"一章中，专门提到"推动互联网、大数据、人工智能和实体经济深度融合"，高屋建瓴地指出了我国大数据发展的重点方向。2017 年 12 月 8 日，十九届中共中央政治局就实施国家大数据战略进行了集体学习，习近平总书记深刻分析了我国大数据发展的现状和趋势，对我国实施国家大数据战略提出了五个方面的要求：一是推动大数据技术产业创新发展；二是构建以数据为关键要素的数字经济；三是运用大数据提升国家治理现代化水平；四是运用大数据促进保障和改善民生；五是切实保障国家数据安全与完善数据产权保护制度。

中国的大数据发展在总体上仍处于起步阶段。大数据发展指数是首个面向国内 31 个省（自治区、直辖市）大数据发展水平的综合评价指数，该指数由 6 个一级指标、11 个二级指标构成（见表 2 - 2），取值范围为 0 ~ 100。中国电子信息产业发展研究院 2018 年的测评结果显示，全国大数据发展指数平均仅为 33.84。

表 2 - 2　大数据发展指数评价指标

一级指标	二级指标	指标含义
政策环境	政策关注度	大数据相关政策的媒体报道量和民众讨论量
	政策满意度	媒体和网民对大数据相关政策的评论倾向
人才状况	人才需求差	各类企业对大数据相关人才提供的岗位量
	人才供应差	有意在大数据领域求职的人才数量
投资热度	政府投资项目数	政府在大数据领域投资的项目数量
	投融资规模	大数据创业企业的融资规模
创新创业	技术创新量	大数据相关专利数量
	创业增长量	大数据领域新增企业数量
产业发展	产业园区数	大数据产业园区的数量
	企业注册规模	大数据企业的平均注册资本
	企业活跃度	大数据企业经营活跃度

2019 年 10 月,《中共中央 关于坚持和完善中国特色社会主义制度推进国家治理体系和治理能力现代化若干重大问题的决定》中规定,"坚持按劳分配为主体、多种分配方式并存。健全劳动、资本、土地、知识、技术、管理、数据等生产要素由市场评价贡献、按贡献决定报酬的机制"。数据首次作为生产要素之一被国家正式提出,这一创新性的提法具有战略意义和深远影响。首先,数据价值从隐性变为显性,可以在企业等经济体内参与分配;其次,数据可以作为一种商品进入市场流通。

2020 年 4 月,中共中央、国务院公布的《关于构建更加完善的要素市场化配置体制机制的意见》中明确指出,"要提升社会数据资源价值,培育数字经济新产业、新业态和新模式,支持构建农业、工业、交通、教育、安防、城市管理、公共资源交易等领域规范化数据开发利用的场景;加强数据资源整合和安全保护;探索建立统一规范的数据管理制度,提高数据质量和规范性,丰富数据产品;推动完善适用于大数据环境下的数据分类分级安全保护制度,加强对政务数据、企业商业秘密和个人数据的保护"。

2021 年,工业和信息化部发布《"十四五"大数据产业发展规划》,党中央和国务院高度重视大数据产业的发展,并推动实施国家大数据战略。习近平总书记就推动大数据和数字经济相关战略部署、发展大数据产业多次做出重要指示。工业和信息化部会同相关部委建立大数据促进发展部际联席会议制度,不断完善政策体系,聚力打造大数据产品和服务体系,积极推进各领域大数据融合应用,培育发展大数据产业集聚高地。中国的大数据产业已经快速崛起,逐步发展成为支撑经济社会发展的优势产业。

2022 年 3 月 5 日,时任国务院总理李克强代表国务院向十三届全国人民代表大会第五次会议提交《2022 年国务院政府工作报告》,其中明确指出应加强数字中国建设整体布局,包括"建设数字信息基础设施,逐步构建全国一体化大数据中心体系,推进 5G 规模化应用,促进产业数字化转型,发展智慧城市、数字乡村;加快发展工业互联网,培育壮大集成电路、人工智能等数字产业,提升关键软硬件技术创新和供给能力;完善数字经济治理,培育数据要素市场,释放数据要素潜力,提高应用能力,更好赋能经济发展、丰富人民生活"。

2023 年 3 月 7 日,在国务院提请第十四届全国人民代表大会第一次会议审议的《国务院机构改革方案》议案中,提出组建国家数据局。国家数据局于 2023 年 10 月 25 日正式挂牌,其主要职责是协调推进数据基础制度建设,统筹数据资源整合共享和开发利用,统筹推进数字中国、数字经济、数字社会规划和建设等,由国家发展和改革委员会管理。将中央网络安全和信息化委员会办公室承担的研究拟订数字中国建设方案、协调推动公共服务和社会治理信息化、协调促进智慧城市建设、协调国家重要信息资源开发利用与共享、推动信息资源跨行业跨部门互联互通等职责,国家发展和改革委员会承担的统筹推进数字经济发展、组织实施国家大数据战略、推进数据要素基础制度建设、推进数字基础设施布局建设等职责划入国家数据局。

2.4　主要应用

2.4.1　互联网行业主要应用

1. 在网络广告推送中的应用

(1) 构建用户数据库。2023 年,Zoom 与 AWS Data Lab 团队合作,在遵守数据保护法规的同时，利用大数据技术管理用户日志，这显示了大数据在用户数据管理中的重要性。首先，利用大数据技术中的采集技术对网络媒体、网络社区等各个社交平台中用户的行为进行采集，分析用户需求，利用一些折扣政策，如针对发帖量较高的用户开放一些虚拟特权，以此来吸引用户进行会员注册，扩充用户数据库资源。其次，利用大数据中的数据挖掘技术，进行会员招募、销售往来、社会调查等活动，以此来获取用户信息数据。如中国联通将Hadoop 技术和大数据技术应用到用户上网记录分析与查询支撑系统中，通过对用户的上网行为进行分析，为用户推送相应的业务。

（2）改变播出网络广告的形式。现阶段，互联网浏览页中有很多干扰广告，严重影响了用户的上网体验。这种情况下，广告商应该利用大数据改变播出网络广告的形式。首先，利用大数据中的采集技术，对用户点击行为进行采集，并对其进行分析，判断用户关注点，从而制定网络广告的尺寸、形式以及位置。其次，利用预处理技术将手动关闭窗口方式转为自动定时关闭，这样可以极大地吸引用户的注意力。

（3）及时调整广告。大数据可以通过区域、用户特征、关键词、投入时间对网络广告进行多维定位，同时利用实时优化动态技术对广告的覆盖范围、投放时间进行设置，找到观众比较集中的关注点，深度挖掘互联网中的潜在用户，从而及时更新和调整广告。例如，谷歌利用大数据优化和完善其核心的搜索和广告服务算法，通过大数据，谷歌能够更准确地匹配用户查询和可能的有用结果，并利用机器学习算法评估数据的可靠性，进而对网站进行排名。此外，谷歌通过优化搜索引擎收集我们在浏览网络时产生的数据，根据我们的偏好和兴趣显示相关建议；Netflix 应用大数据分析模型来发现用户行为和购买模式，然后根据这些信息为用户推荐电影和电视节目。

2. 在网络安全中的应用

（1）在风险评估体系中的应用。风险评估是互联网防御体系的关键部分，通过利用大数据分析中的风险评估技术和层次分析量化技术能够对互联网安全的复杂性进行有效的分析和评估，使各个系统之间不再具有强烈的依赖性。同时还可利用 Dempster – Shafer（D – S）证据理论和灰色理论对网络安全评估体系进行优化，从而更好地满足网络安全需求。通过利用人工智能和机器学习进行数据分析和威胁预测，安全专家能够更快地识别新的攻击，并通过统计推断将信息推送到端点安全平台。

（2）在安全审计体系中的应用。数据分析是安全审计体系中最为核心的内容，大数据技术在其中应用时，为其提供遗传算法和反向传播神经网络（back propagation neural network）等。在此过程中，大数据能够构建一个遗传神经网络，在这个网络中进行审计预算，可以极大地提升网络安全防御体系识别数据的精确度。Bitdefender 的高级威胁分析师Bogdan Botezatu 指出，现代的网络安全解决方案主要是由大数据驱动的。主要的反病毒和端点保护供应商，以及网络安全和防火墙提供商，都在大量的恶意软件和已知攻击路径上训练他们的系统。

（3）在主动防御系统中的应用。相关人员可以结合检测技术、防护技术以及预警技术，利用大数据构建一个仿真动态反病毒系统，使系统可以对网络程序进行自动监视，同时对网络程序的各种动作进行逻辑关系分析。这样基于大数据自主分析功能，可以快速地识别病毒，并自动阻断病毒的入侵，同时自动修复网络漏洞，为网络安全提供保障。通过大数据分析，安全系统能够实现预测分析，以便减少资源投入，及时识别并应对网络威胁。根据

2023 年的报告, 勒索软件攻击在 2022 年占据了新闻头条。对 2023 年最大的网络攻击进行分析可以得到很多经验教训, 例如, 如何利用大数据构建一个仿真动态反病毒系统, 以实现网络程序的自动监视, 并对网络程序的各种动作进行逻辑关系分析, 从而快速识别病毒, 并自动阻断病毒的入侵, 同时自动修复网络漏洞。

3. 在门户网站中的应用

(1) 数据挖掘。大数据中最为重要的技术便是数据挖掘, 利用该技术从互联网的数据库中提取用户浏览信息的关注点。首先, 利用遗传算法对用户数据进行计算。计算的目标可以是一个, 也可以是几个, 从中提取比较有价值的信息。其次, 将数据可视化, 将更多的变量展现在用户表面, 最大限度地为用户提供多元化图形。

(2) 用户行为分析。对用户行为进行分析主要是利用大数据中的聚类分析技术, 根据用户的特征将各种簇和类分析出来, 利用聚类对各种特征数据进行分类。随后利用小波聚类算法对高频信号和用户特征空间进行计算, 以数据对象向量为输入值, 将聚类对象输出, 从而满足用户的各种需求。

2.4.2　医疗行业主要应用

除了较早前就开始利用大数据的互联网公司, 医疗行业是让大数据分析最先发扬光大的传统行业之一。医疗行业拥有大量的病例、病理报告、治愈方案、药物报告等, 如果这些数据可以被整理和应用将会极大地帮助医生和病人。我们面对的数目及种类众多的病菌、病毒, 以及肿瘤细胞, 都处于不断进化的过程中, 在发现诊断疾病时, 疾病的确诊和治疗方案的确定是最困难的。在未来, 借助于大数据平台我们可以收集不同病例和治疗方案, 以及病人的基本特征, 可以建立针对疾病特点的数据库。如果未来基因技术发展成熟, 可以根据病人的基因序列特点进行分类, 建立医疗行业的病人分类数据库。在医生诊断病人时可以参考病人的疾病特征、化验报告和检测报告, 参考疾病数据库来快速帮助病人确诊, 明确定位疾病。在制定治疗方案时, 医生可以根据病人的基因特点, 调取相似基因、年龄、人种、身体情况相同的有效治疗方案, 制定出适合病人的治疗方案, 帮助更多人及时进行治疗。同时这些数据也有利于医药行业开发出更加有效的药物和医疗器械。

数据挖掘在医学大数据研究中已取得了较多成果, 主要应用如下。

1. 疾病预警

医疗领域往往需要更精确的实时预警工具, 而基于数据挖掘的疾病早期预警模型的建立有助于提高疾病的早期诊断、预警和监护效果, 同时, 也有利于医疗机构采取预防和控制措施, 减少疾病恶化及并发症的发生。疾病早期预警, 首先要收集与疾病相关的指标数据或危险因素, 然后再建立模型, 从而发现隐含在数据之中的发病机制和病情之间的联系。Forkan 等人采集日常监测的心率、舒张压、收缩压、平均血压、呼吸率、血氧饱和度等生命体征数据, 以 J48 决策树、随机森林树及序列最小优化算法等建立疾病预警模型, 用于远程家庭监测, 识别未曾诊断过的疾病发生, 并将监测结果发送到医疗急救机构, 实现生命体征大数据、病人及医疗机构的完整衔接, 以降低突发疾病及死亡的发生率。Easton 等人利用贝叶斯分类算法建立了中风后遗症死亡预测模型, 认为中风后遗症死亡概率与中风发生后的时间长短呈函数关系, 有助于中风后遗症患者的后续监护。Tayefi 等人基于决策树算法建立了冠心病预测模型, 该模型发现超敏 C 反应蛋白 (hs－CRP) 作为新的冠心病预测标志物, 比传统的标志物（如纤维蛋白原，FBG）更具特异性。自 2015 年成立以来，Tempus 公司一直致力于构建世界上最大的分子和临床数据库，以便为医学专业人员提供更多癌症病人案例的临床背景。Tempus 平台组织并收集来自实验室报告、临床记录、放射学扫描和病理图像的数据，这些数据可用于癌症的早期预警和诊断。Tempus 公司于 2022 年 11 月宣布了一个以实际数据驱动的项目，以加速精准肿瘤学研究的推进，并于 2023 年 1 月进行了 KRAS 突变和原发肿瘤间关系的综合表征。截至 2023 年，Tempus 已在美国临床肿瘤学会年会上展示了 20 篇摘要，突显了该公司在人工智能和精准医学领域的领导地位。

2. 慢性病研究

糖尿病、高血压、心血管疾病等慢性病正在影响着人们的健康，识别慢性病危险因素并建立预警模型有助于降低慢性病并发症的发生。Alagugowr 等人建立的心脏病预警系统，从心脏病大数据库中提取特征指标，通过 k 均值（k – means）聚类算法识别出心脏病危险因素，又以 Apriori 算法挖掘高频危险因素与心脏病危险等级之间的关联规则。Ilayaraja 等人则以高频项集寻找心脏病危险因素并识别病人风险程度，该方法能够回避无意义项集的产生，从而解决了以往研究中项集数量多、所需存储空间大等问题。CH Jen 等人对慢性病并发症风险识别的研究分三个步骤，首先，选择健康人群体检数据和慢性病患者相关疾病数据，以带有序列前项选择的线性判别分析来寻找相关疾病的特征变量；其次，以 k – NN 对特征变量进行分类处理；最后，将 k – NN 算法的分类结果应用于慢性病预警模型的建立。Aljumah 等人先后以回归分析和支持向量机（support vector machine，SVM）用于预测和判断糖尿病不同治疗方式与不同年龄组之间的最佳匹配，为患者选择最佳治疗方式提供依据。Perveen 等人对糖尿病的预测研究，采用患者人口学数据和临床指标数据，并分别用自适应提升（adaptive boosting，adaboost）算法、自助采样（bootstrap aggregating，bagging）算法及决策树三种算法来建立预测模型，认为 Adaboost 集成算法的精确性更高。根据最新的研究，基因组学与大数据分析正在不断交融，为个性化医学和保健领域带来革新。对于慢性病如糖尿病和心血管疾病，正在开发基因组数据模型，并应用数据挖掘算法以制定个性化治疗方案。大数据分析可揭示隐藏的模式和未知的关联，帮助医生为患者构建个性化的诊断或治疗决策策略。此外，通过使用基因信息，可以更有效地预测和处理这些复杂的慢性病。

3. 辅助诊断

医学数据不仅体量大，而且错综复杂、相互关联。对大量医学数据的分析，挖掘出有价值的诊断规则，可为疾病诊断提供参考。Yang 等人基于决策树算法和 Apriori 算法，对肺癌病理报告与临床信息之间的关联性进行了研究，为肺癌病理分期诊断提供依据，从而可回避诊断中需要手术方法获取病理组织。Becerra – Garcia 等人应用 SVM、k – NN 和 CART 三种算法对眼球电图进行信号预处理、脉冲检测和脉冲分类，为研究临床眼球电图检查中非自发扫视眼球运动的识别提供依据。彭玉兰等人对某医院 5 年的乳腺超声数据进行了关联规则挖掘，建立乳腺病理诊断与超声诊断之间的关联规则，并开发了乳腺超声数据库数据检索系统，便于医生快速获得超声诊断和病理诊断的各种诊断信息和病例信息。李准等人基于 Apriori 算法，对某综合性医院电子病历中不同的冠心病诊断结果与用药情况进行关联规则挖掘，发现不同药品对不同诊断的治疗效果及冠心病危险因素。Qin Li 等人将 Apriori 算法用于高血压、房颤、血脂异常等八项高风险因素与中风之间的关联性挖掘，提供了可行的中风预防、早期诊断和早期治疗方式。

2.4.3 金融行业主要应用

大数据在金融行业应用范围较广，典型的案例有花旗银行利用 IBM 沃森计算机为财富管理客户推荐产品；美国银行利用客户点击数据集为客户提供特色服务，如有竞争的信用额度；招商银行利用客户刷卡、存取款、电子银行转账、微信评论等行为数据进行分析，每周给客户发送针对性广告信息，里面可能有客户感兴趣的产品和优惠信息。此外，大数据能够通过海量数据的核查和评定，增加风险的可控性和管理力度，及时发现并解决可能出现的风险点，对于风险发生的规律性有精准的把握，将推动金融机构对更深入和透彻的数据的分析需求，支持业务的精细化管理。虽然银行有很多支付流水数据，但是各部门不交叉，数据无法整合，大数据金融的模式促使银行开始对沉积的数据进行有效利用。大数据将推动金融机构创新品牌和服务，做到精细化服务，为客户进行个性化定制，利用数据开发新的预测和分析模型，实现对客户消费模式的分析以提高客户的转化率。目前，作为一项新兴的热门技术，金融大数据正在引起金融机构和投资者的广泛关注。截至 2023 年，金融机构已经在金融业务流程中部署了大数据系统来获取复杂的数据，超过 1/3 的金融组织已经采用了金融大数据技术，而且很多投资者也开始使用金融大数据来分析市场信息、避免风险和提高投资收益。大数据必将给金融企业带来更多更新的基于数据的业务和内部管理优化机会。

2.4.4 交通行业主要应用

交通的大数据应用主要在两个方面，一方面可以利用大数据传感器数据来了解车辆通行密度，合理进行道路规划，包括单行线路规划；另一方面可以利用大数据来实现即时信号灯调度，提高已有线路运行能力。科学的信号灯安排是一个复杂的系统工程，必须利用大数据计算平台才能计算出一个较为合理的方案。科学的信号灯安排将会提高 30% 左右已有道路的通行能力。在美国，政府依据某一路段的交通事故信息来增设信号灯，降低了 50% 以上的交通事故率。机场的航班起降依靠大数据将会提高航班管理的效率，航空公司利用大数据可以提高上座率、降低运行成本。铁路利用大数据可以有效安排客运和货运列车，提高效率、降低成本。2022 年，国家工业信息安全发展研究中心公布了数据要素典型应用场景的优秀案例，其中"数据宝车险分析模型"被评为优秀案例，该模型通过大数据分析优化了车险业务的保费结构。2023 年的研究报告显示，智慧交通通过实时的动态信息感知、交通基础设施建模、综合交通信息数据融合、大数据关联分析等，推动了交通基础设施的智能化、交通管理的智慧化和交通运输的便捷化等。例如，大数据可以用于交通管控、交通管理和交通出行等多个场景，提升了公共决策能力、行业管理能力等。

2.4.5 教育行业主要应用

在课堂上，数据不仅可以帮助改善教育教学，在重大教育决策制定和教育改革方面，大数据更有用武之地。美国利用大数据来诊断处在辍学危险期的学生、探索教育开支与学生学习成绩提升的关系、探索学生缺课与成绩的关系。比如美国某州公立中小学的数据分析显示，在语文（ELS）成绩上，教师高考分数和学生成绩呈现显著的正相关。也就是说，教师的高考成绩与他们现在所教语文课上的学生学习成绩有很明显的关系，教师的高考成绩越好，学生的语文成绩越好。这个关系让我们进一步找到其背后真正的原因。其实，教师高考成绩高低在某种程度上是教师的某个特点在起作用，而正是这个特点对教好学生起着至关重要的作用，因此教师的高考分数可以作为挑选教师的一个指标。如果有了充分的数据，便可以发掘教师特征和学生成绩之间的关系，从而为挑选教师提供更好的参考。

大数据还可以帮助家长和教师甄别出学生的学习差距和有效的学习方法。比如，美国的麦格劳－希尔教育出版集团开发了一种预测评估工具，帮助学生评估他们已有的知识和达标测验所需程度的差距，进而指出学生有待提高的地方。评估工具可以让教师跟踪学生学习情况，从而找到学生的学习特点和方法。有些学生适合按部就班，有些则更适合图式信息和整合信息的非线性学习。这些都可以通过大数据搜集和分析很快识别出来，从而为教育教学提供坚实的依据。

在我国，尤其是北京、上海、广州等城市，大数据在教育领域有非常多的应用，例如慕课、在线课程、翻转课堂等。2023 年，教育部公布了智慧教育优秀案例名单，包括 324 个智慧教育优秀案例，分为区域发展类、学校实践类、解决方案类和研究成果类四类。我国教育大数据的应用主要集中在自适应学习和课堂精准教学方面，典型的应用有智慧学伴、论答和极课大数据等，主要应用范围集中在高等教育和 K12 在线教育领域。

2.5　存在问题

2.5.1　数据存储

大数据的数据存储量随时间不断增加，已从 TB 级上升至 PB 级甚至 EB 级。在 2023 年，谷歌每秒处理 98 380 次以上的搜索请求；FaceBook 每分钟处理近百万条帖文，超过 510 000 条评论，293 000 条状态更新，136 000 张上传图片，以及 4 000 000 次帖文点赞；百度每天处理上百亿次请求；微信用户超过 10 亿，在线人际关系链超过 1 000 亿条，每日新增数据量接近 500 TB。面对如此大规模的数据，传统的结构化数据存储方式已无法支持大数据量的存储，同时也给相关的技术架构带来新的挑战。

首先，传统的数据库无法处理 PB 级的数据，快速增长的数据量超越了传统数据库的管理能力，需要增加服务器并构建分布式的数据仓库，以扩展容量。其次，传统的数据库技术并没有考虑数据类别的多样性，尤其是对结构化数据、半结构化数据和非结构化数据的兼容。最后，海量数据的处理需要优秀的网络架构支持，需要强大的数据中心作为支撑，如何保证数据的稳定性也成为一大难题。

此外，数据存储的成本也成为大数据发展的限制因素之一。仅以天津市安防系统为例，4.6 EB 的存储能力将耗费超过 500 亿元的成本。因此，快速增长的数据规模以及随之带来的过高成本已经成为制约大数据发展的重要因素。我国绝大部分城市采用缩短数据保存时限、降低数据存储质量的方式降低存储成本，采用数据动态处理技术解决数据存储问题。但上述方法并未从根本上解决数据存储问题，因此该问题仍然是大数据技术发展的瓶颈。而云数据库的出现，为存储问题提供了可能的解决方案。

云数据库是基于云计算技术发展的一种共享基础架构的方法，是在云计算环境中部署和虚拟化的数据库。云数据库具有高可扩展性、高可用性、采用多租户形式和支持资源有效分发的特点。从数据模型的角度来说，云数据库并非一种全新的数据库技术，而只是以服务的方式在云环境中提供数据库功能。云数据库所采用的数据模型可以是各类数据模型，如关系数据库所使用的关系模型（微软的 SQL Azure 云数据库）。

2.5.2　信息安全

大数据安全威胁渗透在数据生产、采集、处理和共享等大数据产业链的各个环节，风险成因复杂交织，既有外部攻击，也有内部泄露；既有技术漏洞，也有管理缺陷；既有新技术、新模式发生的新风险，也有传统安全问题的持续触发。本节从大数据自身面临的安全问题出发，从大数据平台安全、大数据安全和个人信息安全 3 个方面进行分析，阐述大数据分析面临的安全问题。

1. 大数据平台安全

第一，大数据平台在 Hadoop 开源模式下缺乏安全规划，自身安全机制存在局限性。

Hadoop 设计之初是为了管理大量公共的 Web 数据，建立在集群总是处于可信环境中的假设，因此 Hadoop 最初并未设计安全机制，也没有安全模型和整体的安全规划。随着 Hadoop 的广泛应用，越权提交作业、修改作业跟踪器状态、篡改数据等恶意行为的出现，Hadoop 开源社区开始考虑安全需求，并相继加入了 Kerberos 认证、文件 ACL 访问控制、网络层加密等安全机制。尽管这些功能可以解决部分安全问题，但仍然存在局限性。在身份管理和访问控制方面，依赖于 Linux 的身份和权限管理机制，身份管理仅支持用户和用户组，不支持角色；仅有可读、可写、可执行三个权限，不能满足基于角色的身份管理和细粒度访问控制等新的安全需求。在安全审计方面，Hadoop 生态系统中只有分布在各组件中的日志记录，无原生安全审计功能，需要使用外部附加工具进行日志分析。另外，开源发展模式也为 Hadoop 系统带来了潜在的安全隐患。企业在进行工具研发的过程中，大多注重功能的实现和性能的提高，对代码的质量和数据安全关注较少。因此，开源组件缺乏严格的测试管理和安全认证，对组件漏洞和恶意后门的防范能力不足。

第二，大数据平台服务用户众多、场景多样，传统安全机制的性能难以满足需求。

大数据场景下，数据从多个渠道大量汇聚，数据类型、用户角色和应用需求更加多样化，访问控制面临诸多新的问题。首先，多源数据的大量汇聚增加了访问控制策略制定及授权管理的难度，过度授权和授权不足现象严重。其次，数据多样性、用户角色和需求的细化增加了客体的描述困难，传统访问控制方案中往往采用数据属性（如身份证号）来描述访问控制策略中的客体，非结构化和半结构化数据无法采取同样的方式进行精细化描述，导致无法准确为用户指定其可以访问的数据范围，难以满足最小授权原则。大数据复杂的数据存储和流动场景使数据加密的实现变得异常困难，海量数据的密钥管理也是亟待解决的难题。

第三，大数据平台的大规模分布式存储和计算模式导致安全配置难度成倍增长。

开源 Hadoop 生态系统的认证、权限管理、加密、审计等功能均通过对相关组件的配置来完成，无配置检查和效果评价机制。同时，大规模的分布式存储和计算架构也增加了安全配置工作的难度，对安全运维人员的技术要求较高，一旦出错，会影响整个系统的正常运行。Shodan 互联网设备搜索引擎的分析显示，大数据平台服务器配置不当，已经导致全球 5 120 TB 数据泄露或存在数据泄漏风险。泄漏案例最多的国家分别是美国和中国。例如，针对 Hadoop 平台的勒索攻击事件，在整个攻击过程中并没有涉及常规漏洞，而是利用了平台的不安全配置，轻而易举地对数据进行操作。

第四，大数据平台网络攻击手段呈现新特点，传统安全监测技术暴露不足。

大数据存储、计算、分析等技术的发展，催生出很多新型高级的网络攻击手段，使传统的检测、防御技术暴露出严重不足，无法有效抵御外界的入侵攻击。传统的检测是基于单个时间点进行的基于威胁特征的实时匹配检测，而针对大数据的高级持续性威胁 APT 采用长期隐蔽的攻击实施方式，并不具有能够被实时检测的明显特征，发现难度较大。此外，大数据的价值低密度性，使安全分析工具难以聚焦在价值点上，黑客可以将攻击隐藏在大数据中，传统安全策略检测存在较大困难。因此，针对大数据平台的高级持续性威胁时有发生，大数据平台遭受的大规模分布式拒绝服务（DDoS）攻击屡见不鲜。2023 年前三季度，美国报告了 2 116 起数据泄露事件，据身份盗窃资源中心（identity theft resource center，ITRC）报告，与往年相比，2023 年已经成为有记录以来数据泄露事件最多的一年，尽管该年度还有一个季度尚未结束，这意味着实际数字可能更高。可见，传统的安全监测技术已无法为当前的大数据平台提供稳定且可靠的安全防护。

2. 大数据安全

大数据具有规模大、种类多等特点，这使得大数据环境下的数据安全出现了有别于传统数据安全的新威胁。

在数据采集环节，大数据规模大、种类多、来源复杂的特点为数据的真实性和完整性校验带来困难。尚无严格的数据真实性和可信度鉴别与监测手段，无法识别并剔除虚假甚至恶意的数据信息。黑客可以利用网络攻击向数据采集端注入恶意数据，破坏数据真实性，将数据分析的结果引向预设的方向，进而实现操纵分析结果的攻击目的。

另外，数字经济时代的来临，使越来越多的企业或组织需要协同参与产业链的联合，以数据流动与合作为基础进行生产活动。企业或组织在使用数据资源参与合作的应用场景中，数据的流动使数据突破了组织和系统的界限，产生跨系统的访问或多方数据汇聚进行联合运算。保证个人信息、商业机密或独有数据资源在合作过程中的机密性是企业或组织参与数据流动与数据合作的前提，也是数据安全有序互联互通必须解决的问题。

大数据应用体系庞杂，频繁的数据共享和交换促使数据流动路径变得交错复杂，数据从产生到销毁不再是单向、单路径的简单流动模式，也不仅限于组织内部流转，而会从一个数据控制者流向另一个控制者。在此过程中，实现异构网络环境下跨越数据控制者或安全域的全路径数据追踪溯源变得更加困难，特别是数据溯源中数据标记的可信性、数据标记与数据内容之间捆绑的安全性等问题更加突出。2023 年 9 月 25 日，名为 RansomedVC 的黑客组织公开宣称窃取了 Sony 的 260 GB 专有数据，并发布了 6 000 个文件作为展示样本，其中包括 PowerPoint 演示文稿和源代码文件，Sony 对此尚未发表正式声明，这一事件在业界引起了广泛关注；Verizon Business 在其 2023 年的数据泄露调查报告中详细分析了 16 312 起安全事件和 5 199 起数据泄露事件，显示出当前数据安全形势的严峻性。

3. 个人信息安全

首先，大数据采集、处理、分析数据的方式和能力对传统个人隐私保护框架和技术能力带来了严峻的挑战。在大数据环境下，企业对多来源、多类型数据集进行关联分析和深度挖掘，可以复原匿名化数据，从而获得个人身份信息和有价值的敏感信息。因此，为个人信息圈定一个"固定范围"的传统思路在大数据时代不再适用。在传统的隐私保护技术中，数据收集者针对单个数据集孤立地选择隐私参数来保护隐私信息。而在大数据环境下，由于个体以及其他相互关联的个体和团体的数据分布广泛，数据集间的关联性也大幅增加，从而增加了数据集融合之后的隐私泄露风险。

此外，传统的隐私保护技术难以适应大数据的非关系型数据库。在大数据技术环境下，数据呈现动态变化、半结构化和非结构化数据居多的特性，对于占数据总量80%以上的非结构化数据，通常采用非关系型数据库（NoSQL）存储技术完成对大数据的抓取、管理和处理。而非关系型数据库没有严格的访问控制机制及完善隐私管理工具，现有的隐私保护技术如数据加密、数据脱敏等，多用于关系型数据库并产生作用，难以适应非关系型数据库的演进，容易发生隐私泄露风险。

2.5.3　数据共享

大数据产业发展必须实现数据信息的自由流动和共享，而当前许多企业面临数据碎片化的挑战，企业之间也难以进行数据共享，逐渐在企业内部和企业间形成数据孤岛，因此数据共享问题已成为大数据产业的发展壁垒。造成这一问题的原因主要有两个方面。一方面，数据采集和管理混乱，导致数据更新的及时性和规范性无法保证。同一类数据在不同部门和行业间存在冲突和矛盾，导致数据缺乏实际应用价值。很多中型以及大型企业，每时每刻都在产生大量的数据，但很多企业在大数据的预处理阶段管理混乱，导致数据处理不规范。大数据预处理阶段需要抽取数据并把数据转化为易处理的数据类型，对数据进行清洗和去噪，以提取有效的数据等操作。由于数据处理的不规范性，导致企业的数据质量低，可用性差，难以提取有价值的信息，甚至导致源于数据的知识和决策错误。IT Policy Compliance Group 发布的最新研究报告中显示：87%的被调查企业尚未部署适当的法规和 IT 管理方案以减少数据丢失风险，也就是说，10 家企业中就有约 9 家面临因数据丢失或被盗而导致的财务风险。Gartner Group 的数据显示：在经历了数据完全丢失而导致系统停运的企业中，有 2/5 再也没能恢复运营，余下的企业也有 1/3 在两年内宣告破产，也就是说，六成企业因数据完全丢失而倒闭。

另一方面，数据作为一种新型商品，由于隐私性和敏感性的存在，数据中必然会涉及部分敏感信息，导致数据交易成为一大难题。由于政府、企业和行业信息化系统建设往往缺少统一规划，系统之间缺乏统一的标准，形成了众多"信息孤岛"，而且受行政垄断和商业利益所限，数据开放程度较低，这给数据利用带来极大障碍。另外一个制约我国数据资源开放和共享的重要因素是政策法规不完善，大数据挖掘缺乏相应的立法，无法既保证共享又防止滥用。因此，建立一个良性发展的数据共享的生态系统，是我国大数据发展需要跨越的难关。同时，开放与隐私的平衡也是大数据开放过程中面临的最大难题。如何在推动数据全面开放、应用和共享的同时有效地保护公民、企业隐私，逐步加强隐私立法，将是大数据时代的一个重大挑战。但随着同态加密、差分隐私、量子账本等技术的性能提升和门槛降低，区块链、安全多方计算等工具与数据流通场景进一步紧密结合，数据共享和数据流通的壁垒有望被打破。

2.6　发展趋势

2.6.1　大数据技术发展趋势

在大数据技术不断突破的同时，其各个环节的发展呈现出了新的发展趋势和挑战。本节将从边缘计算、量子计算、暗数据迁移、可视化技术和多学科融合 5 个方面简述大数据技术的发展趋势。

1. 边缘计算加速数据分析

边缘计算最早起源于 2003 年，由云服务提供商 Akamai 和 IBM 联合提出并研发。随着物联网的迅速发展，传统的中心服务器处理模式已无法满足庞大的数据量和网络负载，边缘计算逐渐走向人们的视野。边缘计算是指网络的边缘节点对数据进行处理和分析，即采用去中心化的思想，在网络边缘节点对数据进行处理和分析，从而减小中心服务器负载。边缘节点是指数据源和云中心之间任意具有计算和分析能力的节点。比如，手机就是人与云中心的边缘节点，家庭内部的网关是家居设备和云中心之间的边缘节点。在理想环境中，边缘计算指的就是在数据产生源附近分析、处理数据，没有数据的流转，进而减少网络流量和响应时间。这种计算模型无须将数据传送到云中心进行计算，减小了网络负载，加速了数据分析，同时保证了用户数据的私密性。

2016 年 11 月 30 日，华为技术有限公司、中国科学院沈阳自动化研究所等六家公司和科研机构成立了边缘计算联盟，旨在搭建边缘计算产业合作平台，推动物联网发展，提升行业自动化水平。自此，边缘计算正式走进人们的视野，成为大数据技术的重要发展方向。

2020 年 1 月，苹果公司收购了一个专注于边缘分析的人工智能创业公司 Xnor.ai，计划在边缘设备上运行深度学习分析模型，例如，手机、物联网设备、相机、无人机和嵌入式CPU。与此同时，谷歌云和 AWS 也推出了专注于边缘物联网的产品。

2023 年，全球对边缘计算的投资达到 2 080 亿美元，比 2022 年增加 13.1%。企业和服务提供商继续投资于边缘解决方案的硬件、软件和服务，以保持这种增长势头，直至 2026年，届时投资将接近 3 170 亿美元。

2. 量子计算提高计算能力

面对数据量的大幅增加，边缘计算是通过架构的改进实现去中心化，以提高大数据处理性能。而量子计算则通过提升计算能力实现性能改进，从根本上解决了数据爆炸的问题。

量子计算是量子力学与计算机科学的产物。由于量子系统的独特性，量子计算具有经典计算不具有的量子超并行计算能力，能够对某些重要的经典算法进行加速。近年来，大数据和量子计算开始融合，已经在数据整合、数据搜索等领域有了显著成果。

2022 年，英国国防部投资了其首台量子计算机，这是量子计算商业突破的一个例子；ExxonMobil 和 IBM 合作，利用量子计算解决了海运物流的难题；IBM 和微软等公司正在迈出提供量子计算平台的第一步，目标是借助量子计算在其专业领域引领开创性研究；博世旨在利用量子模拟开发新的储能和功能材料。

3. 暗数据迁移扩充数据集

暗数据是指尚未转化为数字格式的信息，这是一个尚未开发的巨大储层。我们可以将"暗数据"视为大数据的子集，它可以包括存储在 CRM 数据仓库的结构化数据、日志文件，甚至来自社交媒体的非结构化数据等所有数据。事实上，目前的市场中有超过 80% 的数据未被利用和开发，我们可以将这些数据都视为暗数据。这些暗数据中存在巨大的挖掘潜力，如果能充分利用，将大幅推动大数据和人工智能的飞速发展。

4. 可视化技术推动大数据平民化

近年来，大数据概念深入人心，大数据的发展成果通常是以可视化的方式展现。可视化技术是指把复杂的数据以简洁易懂的可交互图形的方式展现出来,以帮助用户更好地理解和分析数据,发现数据内在规律和隐藏知识。可视化技术已经极大地拉近了大数据和普通民众的距离。在未来的发展中,随着可视化技术不断突破,可视化方法不断创新,可视化工具不断更迭,大数据分析的成果将更加直观地展现给科研工作者和普通民众,使人们更好地了解大数据,应用大数据,进而充分发挥大数据的价值。由中国新闻史学会网络传播史研究委员会、浙江大学传媒与国际文化学院、数可视教育公益基金和澎湃新闻联合主办的"2022 中国数据内容年度案例征集"活动,汇集了大量的数据可视化案例。这些案例显示了数据叙事和设计创新的结合,展现了可视化技术在数据内容呈现方面的重要价值。

5. 多学科融合推动数据科学发展

大数据技术是多学科、多技术、多领域的融合产物,涉及统计学、计算机科学、管理科学等多个学科,大数据应用更是与多领域产生交叉,如安全领域、医疗领域等。这种多学科的融合和多学科的交叉,使数据科学不断兴起,人们也开始意识到数据的重要性,纷纷投身于数据科学的研究中,如数据分析、数据挖掘等。数据科学的兴起,使人们专注于从大量原始和结构化数据中找到切实可行的方案,挖掘数据中的隐含信息,进而更好地利用大数据。2022 年,机器学习运营(MLOps)成为一个显著的趋势,它专注于部署和维护机器学习模型,确保它们在生产环境中稳定且高效。随着模型管理逐渐成为机器学习的核心,我们可以看到多学科融合给数据科学带来了显著的进步和推动。

2.6.2　大数据应用发展趋势

1. 大数据与网络安全

随着数据量的增大、云计算和虚拟化等技术的应用,主机边界、网络边界也变得动态和模糊,同时隐蔽性和持续性的攻击逐渐增多。传统的网络安全与情报分析技术受制于单一的数据源、有限的处理能力,已不能及时应对网络中的威胁。这既是挑战,也是机遇。目前,通过将大数据与网络安全相结合,形成了大数据安全分析这一新型安全应对方法。一方面,批量数据处理技术、流式数据处理技术、交互式数据查询技术等大数据处理技术解决了高性能网络流量的实时还原与分析、海量历史日志数据分析与快速检索、海量文本数据的实时处理与检索等网络安全与情报分析中的数据处理问题;另一方面,大数据技术应用到安全可视分析、安全事件关联、用户行为分析中,形成大数据交互式可视分析、多源事件关联分析、用户实体行为分析、网络行为分析等一系列大数据安全分析研究分支,以应对当前的网络安全挑战。

2023 年,一些新的数据科学算法如孤立森林(isolation forest,iForest)和单类支持向量机(one – class SVM)被开发出来,用于识别数据异常以及预防诈骗、网络安全威胁和其他恶意活动;Unit 42 的研究人员利用派拓网络(Palo Alto Networks)的下一代防火墙作为边界传感器,从 2022 年 11 月到 2023 年 1 月观察到恶意活动。他们进一步处理了识别的恶意流量,并基于 IP 地址、端口号和时间戳等指标确保每个攻击会话的唯一性。通过分析 2.76 亿个有效的恶意会话,将精炼的数据与其他属性相关联,以推断出随时间变化的攻击趋势,从而得到威胁环境的整体图景。

随着技术的持续进步,现代网络防护能力已经取得了显著的提升。然而,面对高级网络威胁和攻击,依然存在着有效检测方法的需求;对于未知和复杂的网络攻击与威胁,预测能力还有待加强；虽然网络安全态势评估已有一定的评估体系，但仍需进一步完善，以适应不断变化的网络环境；关键资产和网络整体态势评估的指标体系也需要不断优化和更新。展望未来，大数据技术将与网络安全更为紧密地结合，以补足现有网络环境的不足。通过大数据的深度分析和实时监控，我们可以更准确地识别和预测网络威胁，同时完善网络安全评估的体系和指标，为构建一个更和谐、更安全的网络环境提供有力支持。

2. 大数据与物联网

物联网于 20 世纪 90 年代提出，并在近十年内迅速发展。事实上，物联网的核心仍然是互联网，是在互联网的基础上延伸和扩展的网络，不同的是，用户端延伸到了任何物品与物品之间。物联网的发展与大数据有着密不可分的关系，物联网对应互联网的感觉和运动神经系统，而大数据和云计算则是物联网神经中枢，两者的结合已成为未来发展的必然趋势。

目前，物联网与大数据相结合已有部分成果，如智慧家居、智慧公路等，实现了家居、公路交通等智能化管理。例如，2021 年，德国汉莎航空公司利用物联网技术预测飞机何时需要维修，通过部署一系列传感器，不断追踪飞机组件的状态，并将数据汇集到统一的数据平台中，使航空公司能够预测何时需要更换零件，从而降低故障发生的概率，确保乘客的飞行安全；新加坡正在推行智慧国家战略，利用摄像头等物联网传感器为整个国家构建数据平台，智能设备网络将原始数据传输到中央平台，并将其转换为各政府部门可用的信息，这种全国范围的方法提供了如何构建数据仓库的有趣视角。

3. 大数据与人工智能

人工智能随着大数据的发展，将智能应用发展得淋漓尽致，在各行各业都得到广泛的应用，包括无人驾驶、图像识别、语音识别等各大领域。事实上，人工智能是大数据计算结果的应用，而大数据计算能力和计算结果则是人工智能的依托。以无人驾驶为例：无人驾驶需要采集每个路口和路况的信息，通过对信息的分析决定下一步的行为，而信息的分析和决策的底层架构都是基于大数据的逻辑算法，即系统须先存储海量数据信息，比如路况信息、路面信息等，然后按照人的需求分析，编码成逻辑程序，最后提交给系统执行。因此，人工智能在未来的发展与大数据是密不可分的。

2023 年，谷歌云发布了有关大数据和人工智能战略的趋势报告，强调了五个关键趋势，包括静态数据的过时，统一数据云时代的到来，以及开放数据生态系统的发展，该生态系统允许数据在不同平台之间自由移动，帮助企业避免数据锁定和孤立。GartnerGroup 在 2023 年发布了中国数据分析和人工智能技术成熟度曲线报告，预测到 2026 年，中国超过 30% 的白领岗位将被重新定义，使用和管理生成式人工智能技能将大受欢迎。

4. 大数据与深度学习

深度学习是利用深度神经网络来解决特征表达的一种学习过程。深度神经网络可以完全利用输入的数据自行模拟和构建相应的模型结构，十分灵活，并且拥有一定的自优化能力。这一显著的优点带来的是显著增加的运算量，若利用大数据分析的相关工具进行处理，则可以有效解决运算量和运算能力的问题。因此，大数据的相关技术很大程度上推动了深度学习的发展。同时，面对海量的数据，首要问题就是如何对其进行有效分析和处理并挖掘出数据的价值。深度学习方法在处理大数据的过程中扮演了关键性的角色，它能从数据中自适应地提取其内部表示，尽可能地减少人工的参与，并且用于提取特征的深度模型可以应用到多种场景下，具有更强的泛化性能。

目前，在大规模有标签数据集的支撑下，基于有监督特征的深度学习取得了很好的效果，但更多的数据集都是未标记的。因此，未来的研究过程中，基于无监督特征的深度学习将成为研究的重点。

5. 大数据与医疗

大数据技术的迅速发展使健康医疗信息得到广泛应用。在医疗服务、健康保健和卫生管理过程中产生海量数据集，形成健康医疗大数据。健康医疗大数据的发展与应用在提升医药卫生服务水平、促进健康产业发展等方面发挥着重要作用，许多国家对此已经形成共识，一些发达国家已将其作为国家重大战略并付诸实践。2022 年，大数据在医疗领域的市场规模为 212 亿美元，2023 年增长至 251 亿美元，到 2030 年将增长至 811 亿美元，在预测期间（2022—2030 年）保持 18.2% 的复合年增长率。2022 年 3 月，微软推出了 Azure Health Data Services，为大数据在医疗领域的应用和发展提供了支持。在未来的发展中，医疗大数据将为临床治疗、药物研发、卫生监测、公众健康、政策制定和执行带来创造性的变化，从而全面提升健康医疗领域的治理能力和水平。

医疗大数据将为临床治疗管理与决策提供支持。通过效果的比较和研究，精准分析包括患者体征、费用和疗效等数据在内的大型数据集，可帮助医生确定最有效和最具有成本效益的治疗方法。同时，临床决策支持系统可有效拓宽临床医生的知识领域，减少人为疏忽，帮助医生提高工作效率和诊疗质量。通过集成分析诊疗操作与绩效数据集，可以创建可视化流程图和绩效图，识别医疗过程中的异常，为业务流程优化提供依据。

医疗大数据将为药物研发提供支持。通过分析临床试验注册数据与电子健康档案，可以优化临床试验设计，招募适宜的临床试验参与者。同时，分析临床试验数据和电子病历，也可以辅助药物效用分析，降低药物相互作用的影响；及时收集药物不良反应报告数据可以加强药物不良反应监测与预防；疾病患病率与发展趋势的分析可以模拟市场需求与费用，预测新药研发的临床结果，帮助确定新药研发投资策略和资源配置。

医疗大数据将为卫生监测提供支持。大数据相关技术的应用可扩大卫生监测的范围，从部分案例抽样的方式扩大到全样本数据，从而提高对疾病传播形势判断的及时性和准确性。通过对人口统计学信息、各种来源的疾病与危险因素数据进行整合和分析，可提高对公共卫生事件的辨别、处理和反应速度，并能够实现全过程跟踪和处理，有效调度各种资源，对危机事件做出快速反应和有效决策。

医疗大数据将为公众健康管理提供帮助。可穿戴医疗设备可以收集个人健康数据，辅助健康管理，提高人们的健康水平，为医患沟通提供有效途径。同时，医生可根据患者发送的健康数据，及时采取干预措施或提出诊疗建议；集成分析个体的体征、诊疗、行为等数据，可以预测个体的疾病易感性、药物敏感性等，进而实现对个体疾病的早发现、早治疗、个性化用药和个性化护理等。

医疗大数据将为医药卫生政策制定和执行监管提供科学依据。整合与挖掘不同层级、不同业务领域的健康医疗数据以及网络舆情信息，有助于综合分析医疗服务供需双方的特点、服务提供与利用情况及其影响因素、人群和个体健康状况及其影响因素，并预测未来需求与供方发展趋势，发现疾病危险因素，为医疗资源配置、医疗保障制度设计、人群和个体健康促进、人口宏观决策等提供科学依据。同时，通过集成各级人口健康部门与医疗服务机构数据，可以识别并对比分析关键绩效指标，从而快速了解各地政策执行情况，及时发现问题、防范风险。

2.7 小　结

大数据是指无法在一定时间范围内用常规软件工具进行捕捉、管理和处理的数据集合，是需要新处理模式才能具有更强的决策力、洞察发现力和流程优化能力的海量、高增长率和多样化的信息资产。大数据的特征可以使用"5V"来概括。

研究基于海量数据的信息提取技术的学科称为数据科学，数据科学作为支撑大数据研究与应用的交叉学科，其理论基础来自多个不同的学科领域，包括计算机科学、统计学、人工智能、信息系统、情报科学等。数据科学推动了计算机科学、软件工程、通信工程及人工智能等领域的发展进步。

大数据技术始于20世纪80年代，大数据的处理架构、数据采集、数据存储、计算模式、可视化分析等相关技术已投入生产实践，且仍具备相当巨大的发展空间。2015年，国务院印发的《促进大数据发展的行动纲要》为我国大数据的应用、产业和技术的发展提供了行动指南。

大数据技术的出现为诸多领域带来了深刻的变革，其应用包括互联网领域的定向营销、医疗领域的精准医疗等。事实上，各行各业都存在大量的、未被利用的行业相关数据，数据科学的出现挖掘了这些数据的价值，进而促进了各个行业的发展。

技术方面，边缘计算可以加速数据分析，量子计算可以提高计算能力，暗数据迁移可以扩充数据集，可视化技术推动大数据平民化，多学科融合推动数据科学的发展。应用方面，大数据在网络安全、物联网、人工智能、深度学习和医疗等领域都有着良好的发展前景。

大数据技术目前的发展仍面临诸多问题，包括数据存储问题、安全问题和数据共享问题。数据存储方面，现有的结构化数据库无法存储海量数据且扩展性较差。安全方面，大数据安全威胁渗透在数据生产/采集、处理和共享等大数据产业链的各个环节，平台安全、数据安全和个人隐私安全都存在安全隐患。数据共享方面，由于数据处理不规范和相关法律法规不健全，导致企业内部和企业间逐渐形成数据孤岛，无法充分挖掘和利用大数据。

2.8 习　题

1. 什么是大数据？请简述大数据的基本特征。
2. 请简述数据科学与其他学科的关系。
3. 数据处理的发展可以分为哪些阶段？每个阶段数据的特点是什么？
4. 请简述大数据分析研究现状。
5. 请简述大数据分析的主要应用。
6. 大数据技术中存在的主要问题有哪些？
7. 什么是边缘计算？
8. 什么是暗数据？
9. 请从技术和应用两个角度简述大数据分析的发展趋势。

第3章
信息系统与系统工程

3.1 引　言

网络的快速发展和普及使信息获取、传输和处理变得更加便捷和高效，信息系统的设计和系统工程的实践成为构建稳定、可靠和安全的网络环境的关键。现代信息系统内往往叠套多个交织作用的子系统。每一种信息系统，在其研发完成后仍会不断进行局部改进（量变阶段），若改进已不能适应的情况下，则要发展一种新类型（一种质变），如此循环一定程度后，会发生更大的结构性质变（系统体制变化）。

构建稳定、可靠和安全的信息网络还需要工程系统的理论思想。信息安全具有社会性、全面性、过程性、动态性、层次性和相对性等特征。信息安全工程是一种复杂的系统工程，而工程系统理论可以很好地指导复杂系统的分析、设计和评价。对于大型复杂人工系统，客观上迫切要求应用系统科学的思想对这些系统进行分析综合、系统设计管理及评价，给出一些普遍性的分析问题、解决问题的原则、思路和方法，把握事物内在的客观规律以提高系统设计和运行的效率，这是创立工程系统论的客观要求。

本章主要内容包括如下几节。

3.2 节阐述了信息及信息系统，主要内容包括信息与信息技术的概念、信息系统及其功能要素。

3.3 节介绍了信息网络知识基础，主要内容包括复杂网络基本概念、信息网络基本概念、网络空间基本概念。

3.4 节阐述了工程系统理论思想，主要内容包括若干概念和规律、系统分析观、系统设计观、系统评价观。

3.5 节阐述了系统工程主要思想，主要内容包括基本概念、基础理论、主要方法、模型仿真、系统评价。

3.2　信息及信息系统

信息是人类社会的宝贵资源，功能强大的信息系统是推动社会发展前进的催化剂和倍增器。信息系统越发展到高级阶段，人们对其依赖性就越强。本节主要讨论信息系统相关基础知识。

3.2.1　信息与信息技术的概念

3.2.1.1　信息的基本概念

"信息"一词古已有之。在人类社会早期的日常生活中，人们对信息的认识比较广义而模糊，对信息和消息的含义没有明确界定。直到 20 世纪尤其是中期以后，现代信息技术的飞速发展及其对人类社会的深刻影响，迫使人们开始探讨信息的准确含义。

1928 年，哈特雷（L. V. R. Hartley）在《贝尔系统电话》杂志上发表了论文《信息传输》。他在文中将信息理解为选择通信符号的方式，并使用选择的自由度来计量这种信息的大小。他注意到，任何通信系统的发送端总有一个符号表（或字母表），发信者发出信息的过程正是按照某种方式从这个符号表中选出一个特定符号序列的过程。假定这个符号表一共有 S 个不同的符号，发送信息选定的符号序列一共包含 N 个符号，那么，这个符号表中无疑有 S^N 种不同符号的选择方式，也可以形成 S^N 个长度为 N 的不同序列。这样，就可以把发信者产生信息的过程看作从 S^N 个不同的序列中选定一个特定序列的过程，或者是排除其他序列的过程。然而，用选择的自由度来定义信息存在局限性，主要表现在这样定义的信息没有涉及信息的内容和价值，也未考虑信息的统计性质；此外，将信息理解为选择的方式，就必须有一个选择的主体作为限制条件，因此这样的信息只是一种认识论意义上的信息。

1948 年，香农（C. E. Shannon）在《通信的数学理论》一文中，在信息的认识方面取得重大突破，堪称信息论的创始人。香农的贡献主要表现在推导出了信息测度的数学公式，发明了编码的三大定理，为现代通信技术的发展奠定了理论基础。香农发现，由于通信系统所处理的信息在本质上都是随机的，因此可以运用统计方法进行处理。他指出，一个实际的信息是从可能信息的集合中选择出来的，而选择信息的发信者又是任意的，因此，这种选择就具有随机性，是一种大量重复发生的统计现象。香农对信息的定义同样具有局限性，主要表现在这一概念未能包容信息的内容与价值，只考虑了随机不定性，未从根本上回答信息是什么的问题。

1948 年，就在香农创建信息论的同时，维纳（N. Wiener）出版了专著《控制论——或关于动物和机器中控制和通信问题》，并创立了控制论。后来，人们常常将信息论、控制论以及系统论合称为"三论"，或统称为"系统科学"或"信息科学"。维纳从控制论的角度认为，"信息是人们在适应外部世界，并使这种适应反作用于外部世界的过程中，同外部世界进行互相交换的内容的名称"。他还认为，"接受信息和使用信息的过程，就是我们适应外部世界环境的偶然性变化的过程，也是人们在这个环境中有效地生活的过程"。维纳的信息定义包容了信息的内容与价值，从动态的角度揭示了信息的功能与范围。但是，人们在与外部世界的相互作用过程中同时也存在着物质与能量的交换，不加区别地将信息与物质、能量混同起来是不确切的，因此它也具有局限性。

1975 年，意大利学者朗高（G. Longo）在《信息论：新的趋势与未决问题》一书的序中指出，信息是反映事物的形成、关系和差别的东西，它包含在事物的差异之中，而不在事物本身。毫无疑问，"有差异就有信息"的观点是正确的，但"没有差异就没有信息"的说法却不够确切。例如，当人们遇到两个长得一模一样的人时，虽然他（她）们之间没有什么差异，但人们也会马上联想到"双胞胎"这样的信息。可见，"信息就是差异"也有其局限性。

1988 年，我国学者钟义信在《信息科学原理》一书中指出，信息是事物运动的状态与方式，是事物的一种属性。信息不同于消息，消息只是信息的外壳：信息则是消息的内核；信息不同于信号：信号是信息的载体，信息则是信号所载的内容；信息不同于数据：数据是记录信息的一种形式，同样的信息也可以用文字或图像来表述；信息不同于情报：情报通常是指秘密的、专门的、新颖的一类信息，可以说所有的情报都是信息，但不能说所有的信息都是情报；信息也不同于知识，知识是认识主体所表达的信息，是序化的信息，并非所有的信息都是知识。他还通过引入约束条件推导了信息的概念体系，对信息进行了完整而准确的论述。通过比较，中国科学院文献情报中心的孟广均等研究员在《信息资源管理导论》一书中将与物质、能量同一层次的信息定义为事物运动的状态与方式。这个定义具有最大的普遍性，因为它不仅能涵盖所有其他的信息定义，而且通过引入约束条件还能转换为所有其他的信息定义。

2002 年，中国科学院、中国工程院两院院士王越教授指出，事实上，要定量、广义、全面地描述"信息"是不太可能的，至少是非常难的事，对"信息"本质的深入理解和科学定量描述有待后续长期进行，在此暂时给出一个定性的概括性定义："信息是客观事物运动状态的表征和描述"，其中"表征"是客观存在的，而描述是人为的。"信息"的重要意义在于它可表征一种"客观存在"，并与人的认识实践结合，进而与人类生存发展相结合，所以信息领域科技的发展体现了客观与人类主观相结合的一个重要方面。对人而言，"获得信息"最基本的机理是映射（借助数学语言），即由客观存在的事物运动状态，经人的感知功能及脑的认识功能进行概括抽象形成"认识"，这就是"获得信息""加工信息"的过程，是一个由"客观存在"到人类主观认识的"映射"。由于客观事物运动是非常复杂的广义空间维（不限于三维）和时间维的动态展开，因此它的"表征"也必定是非常复杂的，体现了存在于广义空间维复杂的多层次、多剖面之间的相互"关系"，以及在多阶段、多时段的时间维的交织动态展开，进而指出"信息"必定是由反映各层次、各剖面不同时段动态特征的信息片段组成的，这是"信息"内部结构最基本的内涵。

据不完全统计，信息的定义有一百多种，每种都从不同侧面、不同层次揭示了信息的特征与性质，但或多或少都存在局限性。信息源于物质，但不是物质本身；信息也源于精神世界，但又不限于精神的领域；信息归根到底是物质的普遍属性，是物质运动的状态与方式。信息的物质性决定了它的一般属性，主要包括普遍性、客观性、无限性、相对性、抽象性、依附性、动态性、异步性、共享性、可传递性、可变换性、可转化性和真伪性等。信息系统安全将处理与信息依附性、动态性、异步性、共享性、可传递性、可变换性、可转化性和真伪性有关的问题。

3.2.1.2 信息技术的概念

任何技术都产生于人类社会实践活动的实际需要。按照辩证唯物主义的观点，人类的一切活动都可以归结为认识世界和改造世界。而人类认识世界和改造世界的过程，从信息的观点来分析，就是一个不断从外部世界的客体中获取信息，并对这些信息进行变换、传递、存储、处理、比较、分析、识别、判断、提取和输出，最终把大脑中产生的决策信息反作用于外部世界的过程。

"科学"是扩展人类各种器官功能的原理和规律，"技术"则是扩展人类各种器官功能的具体方法和手段。从历史上看，为了维持生存，人类在很长一段时间里一直采用优先发展自身体力功能的战略，因此材料科学与技术和能源科学与技术也相继发展起来。与此同时，人类的体力功能也日益加强。信息虽然重要，但在生产力和生产社会化程度不高时，人们仅凭自身天赋信息器官的能力就足以满足当时认识世界和改造世界的需要。但随着生产斗争和科学实验活动的深度和广度的不断发展，人类信息器官的功能已明显滞后于行为器官。例如，人类要"上天""入地""下海""探微"，但其视力、听力、大脑存储信息的容量、处理信息的速度和精度，已越来越不能满足同自然作斗争的实际需要。直到这时，人类才把自己关注的焦点转到扩展和延长自己信息器官的功能方面。

经过长时间的发展，人类在信息的获取、传输、存储、处理和检索等方面的方法与手段，以及利用信息进行决策、控制、指挥、组织和协调等方面的原理与方法，都取得了突破性进展，当代技术发展的主流已转向信息科学技术。

对于信息技术，目前未有一个准确而通用的定义。为便于研究和使用，学术界、管理部门和产业界等都根据自身的需要与理解给出定义，估计多达数十种。信息技术定义的多样化，不仅反映在语言、文字和表述方法上的差异，而且在对信息技术本质属性理解上也存在差异。

目前比较具有代表性的信息技术的定义主要有以下几种。

信息技术是基于电子学的计算机技术和电信技术的结合而形成的对声音、图像、文字、数字和各种传感信号的信息，进行获取、加工处理、存储、传播和使用的能动技术。

信息技术是指在计算机和通信技术的支持下用以获取、加工、存储、变换、显示和传输文字、数值、图像、视频、音频以及语音信息，并包括提供设备和提供信息服务两大方面的方法与设备的总称。

信息技术是人类在生产斗争和科学实验中、认识自然和改造自然过程中所积累起来的获取信息、传递信息、存储信息、处理信息以及使信息标准化的经验、知识、技能和体现这些经验、知识、技能的劳动资料有目的的结合过程。

信息技术是在信息加工和处理过程中使用的科学、技术与工艺原理和管理技巧及其应用，还包含与此相关的社会、经济与文化问题。

信息技术是管理、开发和利用信息资源的有关方法、手段与操作程序的总称。

信息技术是能够延长或扩展人的信息能力的手段和方法。

3. 2. 1. 3　信息的主要表征

"信息"的客观表征非常广泛，源于各种各样运动状态的特征。"信息"的表征就是各种各样的"特殊性的表现"，也可认为是"特征的表现"。

对人而言，人可以利用感觉器官和脑功能感知有关自然界的各种信息（通过多种信息荷载的媒体）。此外，人还会融合利用自己创立的"符号"来进一步认识、描述、记录、传递、交流、研究和利用"信息"。以上叙述可进一步认为是人脑主宰的二重"映像"过程，即通过第一次映射，进行"信息"感觉及初步认识，然后进一步利用"符号"二次深化映射形成思维结果，需要时可以较长期记忆等，以备不时之需。二次映射实际上是一个变换形成"符号"的映射。"符号"是内涵非常广泛的一个概念，它是特定的"关系"。

因为人所能直接感知的信息种类和范围有限，因此人类不断努力扩大发现感知信息种类和扩大范围的新原理、新方法，并将新获得的信息转换为人类所能感知的信息，但其基本原理仍是映射和符号转换映射。

"符号"是内涵非常广泛的一个名词，研究"符号"及其应用已形成专门的"符号学"学科，在此简单举例说明：语言、文字、图形、图像，还有音乐、物理、化学、数学等各门学科中建立的专门符号，如微分、积分符号发展为算子符号、极限、范数、内积符号等。推而广之，各种定理可以被认为是有序符号构成的符号集合，是广义的符号，也是客观规律的"符号"。此外，人类的表情和动作（如摇头、摆手、皱眉等）通常也可认为是一种符号。

3.2.1.4　信息的主要特征

1. "信息"的存在形式特征（直接层次）

不守恒性："信息"不是物质，也不是能量，而是与能量和物质密切相关的运动状态的表征和描述，由于物质运动不停，变化不断，故"信息"不守恒。

复制性：在非量子态作用机理情况，在环境中可区分条件下具有可复制性（在量子态工作环境，一定条件下是不可精确"克隆"的）。

复用性：在非量子态作用机理情况，在环境中可区分条件下具有多次复用性。

共享性：在信息和载体具有运行能量，且运行能量远大于维持信息存在所需低限阈值时，则此"信息"可多次共享，如说话声多人可同时听到，卫星转播时多接收站可以同时接收信号获得信息等。

时间维有限尺度特征：具体事物运动总是在时间、空间维有限尺度内进行的，因而"信息"必定具有时间维的特征：如发生时间、持续时间、间隔时间、对时间变化率值的大小、相互时序关系等，这些都是"信息存在形式"内时间维的重要特征，对信息的利用有重要意义。

需着重说明的是，若信息系统的运行处于量子状态，复制性、复用性和共享性这三种特征与上述完全不同。事物运行在量子状态的运行能量水平非常微弱，能量可用公式 $\varepsilon = vhn$（ε 为能量，h 为普朗克常数 $= 6.625\,6 \times 10^{-34}$ J/s，v 为频率，n 为能级数）计算，当 $n = 1$ 时，求出的 ε 值是事物量子化运行存在的最低值，如果低于此值事物运动状态就无法保持（也可认为是一个低限阈值）。信息系统运行中的能量水平都远远高于此值，例如在微波波段 $v = 10^{10}$/s，阈值 $\varepsilon = 6.626 \times 10^{-24}$ J；光波波段 $v = 10^{14} \sim 10^{15}$ s，阈值 $\varepsilon = 6.626 \times 10^{-19}$ J。现在这两个波段信息系统服务运行低功率门限在 $10^{-14} \sim 10^{-13}$ 及 10 个光子能量的信号检测能力阈值，比 ε 值高得多，而信息系统正常工作状态的能量或功率水平更要高得多（如高灵敏信号接收检测设备的正常运行的能量水平）。还有些"信息"运行形式是靠外界能量照射形成反射，由反射情况来表示"信息"，这些表征信息的反射能量也远大于 ε 值（如反射光）。这意味着现在这些系统都处在远离量子态的"宏观态"中，才具备上述"信息"特征，如利用量子态荷载"信息"，即信息系统运行在量子态，则它的状态就会"弱不禁风"，"信息"的上述特征就不再存在，这对"信息安全"领域的信息保密有利，但系统实际运行的同时也有巨大困难。

2. 人所关注的"信息"利用层次上的特征

"信息"最基本、最重要的功能是"为人所用"，即以人为主体的利用。从利用层次上讲，信息具有以下特征。

（1）真实性。产生"信息"不真实反映对应事物运动状态的意识源可分为"有意"与"无意"两种。"无意"为人或信息系统的"过失"所造成"信息"的失真，而"有意"则为人有目的制造失实信息或更改信息内容以达到某种目的。

（2）多层次、多剖面区分特性。"信息"属于哪个层次和剖面也是其重要属性。对于复杂运动的多种信息，知其层次和剖面属性对综合、全面掌握运动性质是很重要的。

（3）信息的选择性。"信息"是事物运动状态的表征，"运动"充满各种复杂的相互关系，同时也呈现对象性质，即在具体场合信息内容的"关联"性质对不同主体有不同的关联程度，关联程度不高的"信息"对主体就不具有重要意义，这种特性称为信息的空间选择性。此外，有些"信息"对于应用主体还有时间选择性，即以某时间节点或时间区域节点为界对应用主体有重要性，如地震前预报信息便是一例。

（4）信息的附加义特征。由于"信息"是事物运动状态的表征，虽然可能只是某剖面信息，但是也必然蕴含"运动"中相互关联的复杂关系，通过"信息"获得其所蕴含的非直接表达的内容（"附加义"的获得）有重要的应用意义。人获得"附加义"的方式可分为"联想"方式和逻辑推理方式，"联想"是人的一种思维功能（"由此及彼"的机制甚为复杂），它比利用逻辑推理方式的作用领域更广泛。例如，根据研究课题性质联想到企业将推出的新商品，是根据企业所研究课题蕴含指称对象的多种信息，利用逻辑推理和相关科学技术确定指称对象将投入市场具有强竞争力的新产品，这是逻辑推理获得信息附加义的例子。

3. 由获得的一些（剖面）信息进而认识事物的运动过程

事物的运动"客观存在"并具有数不尽的复杂多样性。"信息"的深层次重要性在于通过"信息"所表征的状态去认识事物的运动过程。人们对"信息"关联"过程"的特性主要有两方面，即："信息"不遗漏表征运动过程的核心状态，以及"信息"中能蕴含由"状态"到运动"过程"的要素，由个别状态（信息）认识运动"过程"是由局部推测全局的过程（由未知至有所"知"的过程），但无法要求在"未知"中又事前"确知"（明显的悖理），因此我们关注的是由每条"信息"中所蕴含了表征运动全局的因素进行"挖掘"以认识全运动过程，由此提出挖掘"信息"内涵的原理框架为以下四元关系组。

信息 ⇒［信息直接关联特征域关系，信息存在广义空间域关系，信息存在时间域关系，信息变化率域关系］⇒ 一定条件下指称对象的运动过程（片段）

由于运动的复杂多样性，因此上述各域还需要再划分成子域进行研究。

信息的直接关联特征域关系涉及下列子域：关联对象子域，如事、物、人及联合子域，如人与事、事与物、人与物等；关联行为子域，如动作、意愿、评价、评判等；运动状态性质子域，如确定性、非确定性（概率性与非概率不确定性）、确定性与非确定结合性等。

信息存在广义空间域关系，包括三维距离空间子域、"物理"空间子域、"事理"空间子域、"人理"空间子域、"生理"空间子域。各子域仍可再进行多层次子域划分及特征分析，如"物理"（广义的事物存在的理）空间子域中包括数学空间、物理空间、化学空间等子域等。

信息存在时间域关系常常需要分成多种尺度的时间子域。

信息变化率域关系，可进一步划分为以下几个子域，即广义空间多层变化率子域：$\frac{\partial}{\partial x}$，$\frac{\partial}{\partial y}$，$\cdots$，$\frac{\partial}{\partial \theta}$，$\frac{\partial}{\partial r}$，$\cdots$，$\frac{\partial^2}{\partial x^2}$，$\frac{\partial^2}{\partial y^2}$，$\frac{\partial^3}{\partial x^3}$，$\cdots$；时间域多层变化率子域：$\frac{\partial}{\partial t}$，$\frac{\partial^2}{\partial t^2}$，$\frac{\partial^3}{\partial t^3}$，$\cdots$；时空多层变化子域：$\frac{\partial^2}{\partial x \partial t}$，$\frac{\partial^2}{\partial t \partial x}$，$\cdots$。

利用以上所介绍的四元组关系框架对"信息"（含信息组合）进行分析，并通过类比和联想可以得到"信息"所代表运动过程的一些"预测"。如运动过程是否在质变阶段或量变过程、是否会有重大新生事物产生、运动过程是否复杂等。

4. "信息"组成的信息集群（信息作品）

一种状态的表征往往需要用多条"信息"来表示，其包括信息量（未考虑其真伪性、重要性、时间特性等），可用香农定义的波特、比特等表示，但这些还只是表征相对简单状态的信息片段，可称为"信息单元"。客观世界中还存在着由信息单元有机组成的信息集群，它表征更复杂的运动状态和过程，是"信息单元"的自然延伸，但它们还没有专门名称，在此暂用相似于汉语语义学中"言语作品"的"信息作品"来表述，它还需结合思维推理、逻辑推理进行判断理解认识。这对人类社会发展是有意义的，尤其是信息作品是由人有目的地策划组织形成的，如"信息作品"深层次反映"目的"对其认识是非常难的工作。信息作品的表现形式有多种，如文字、图像、多媒体音像等。如果信息作品表征较长的过程，信息作品内所含的信息单元数量就会非常大。

3.2.2 信息系统及其功能要素

3.2.2.1 信息系统的基本概念

自 20 世纪初泰罗创立科学管理理论以后，管理科学与方法得到迅速发展。在其与统计理论和方法、计算机技术、通信技术等相互渗透、相互促进的发展过程中，信息系统作为一个专门领域迅速形成和发展。与"信息"和"系统"的定义具有多样性一样，信息系统这种与"信息"有关的"系统"，其定义也远未达成共识。比较流行的定义有以下几种。

《大英百科全书》把"信息系统"解释为有目的、和谐地处理信息的主要工具是信息系统，它对所有形态（原始数据、已分析的数据、知识和专家经验）和所有形式（文字、视频和声音）的信息进行收集、组织、存储、处理和显示。

巴克兰德（Buckland）认为信息系统是"提供信息服务，使人们获取信息的系统，如管理信息服务、联机数据库、记录管理、档案馆、图书馆、博物馆等"。

达菲（Dafe）等人认为信息系统大体上是"人员、过程、数据的集合，有时候也包括硬件和软件，它收集、处理、存储和传递在业务层次上的事务处理数据和支持管理决策的信息"。

我国学者吴民伟认为信息系统是"一个能为其所在组织提供信息，以支持该组织经营、管理、制定决策的集成的人—机系统，信息系统要利用计算机硬件、软件、人工处理、分析、计划、控制和决策模型，以及数据库和通信技术"。

中国科学院、中国工程院两院院士王越教授对信息系统的定义是帮助人们获取、传输、存储、处理、交换、管理控制和利用信息的系统，它是以信息服务于人的一种工具。"服务"一词有越来越广泛的含义，因此信息系统是一类各种不同功能和特征信息系统的总称。

3.2.2.2 信息系统的理论特征

现代信息系统内往往叠套多个交织作用的子系统。由系统理论自组织机理的角度解读分析，各分系统的自组织机能有机集成为系统层自组织机能代表系统存在，这是系统理论所描述的典型系统。如现代通信系统由卫星通信系统、移动通信网、公共骨干通信网等组成，其中，卫星通信系统又包括卫星（包括转发器、卫星姿态控制、太阳能电池系统等）、地面中心站系统（包括地面控制分系统、上行信道收发系统等）、小型用户地面站（再分子系统等）；移动通信网系统、公共骨干通信网系统也都是由多层子系统组成的。而上述各类通信系统组合概括为"通信系统"。它正以"通信"功能为基础，融入更广泛的服务功能的网络系统服务社会及人类发展。

每一种信息系统，在其研发完成后仍会不断进行局部改进（量变阶段），当改进已不能适应的情况下，则要发展一种新类型（一种质变），如此循环一定程度后，会发生更大结构性质变化（系统体制变化）。如通信系统中的交换机变为程控式以及变为路由式都是体制的变化。这种变化发展"永不停止"，符合系统理论中通过涨落达到新的有序原理。

信息系统作为为人类社会以及为人类服务的系统，伴随社会进化而发展，并有明显共同进化作用，越发展越复杂、越高级。发展的核心因素是深层次隐藏规律：进化机理（即对应发展规律）不断发展可引发信息系统发展机理发展变化，从而引起系统根本性发展。

每一种信息系统的存在发展都有一定的约束性，新发展又会产生新约束，也会产生新矛盾，如性能提高是一种"获得"，得到它必然付出一定的"代价"。这里所述"获得"和付出"代价"都是指空时域广义的"获得"和"代价"，如"自由度""可能性""约束条件"的增减（当然包括功能、范围、质量的增加）。

3.2.2.3　信息系统的组成

任何信息系统都是由下列部分交织或有选择地交织而组成的。

（1）信息的获取部分（如各种传感器等）。任何一种信息系统都要利用一种或多种媒体荷载信息，以发挥系统作为工具的功能。它应通过某种媒体能敏感获取"信息"并根据需要将其记录下来，这是信息系统重要的基本功能。应该注意的是：人类不断地依靠科学和技术改进信息获取部分的性能和创造新类型的信息获取器件，同时信息获取部分科学技术的重要突破会对人类社会的发展带来重大影响。

（2）信息的存储部分（如半导体存储器、光盘等）。"信息"往往存在于有限时间间隔内，为了事后多次利用"信息"，需要以多种形式存储"信息"，同时要求以快速、方便、无失真、大容量、多次复用性为主要性能指标。

（3）信息的传输部分（无线信道、声信道、光缆信道及其变换器，如天线、接发设备等）。这部分以大容量、少损耗、少干扰、稳定性、低价格等作为科学研究技术进步的持续目标。

（4）信息的交换部分（如各种交换机、路由器、服务器）。这部分以时延小、易控制、安全性好、大容量、多种信号形式和多种服务模式相兼容为目标。

（5）信息的变换处理部分（如各种"复接"、信号编解码、调制解调、信号压缩解压、信号检测、特征提取识别等，统称信号处理领域）。信号处理近二十年有较大进展，但复杂信号环境仍有待进一步发展。信息处理是通过荷载信息的信号提取信息表征的运动特征，甚至推演运动过程，但逆向运算难度很大，所以这部分可被认为是信息科技发展的瓶颈。近年来虽有很大进步，但尚不具备所需要的类似人类的信息处理能力，未实现人与机器的更紧密结合。实现这种结合的科学技术有漫长艰难的发展征程，它是人类努力追求的目标之一。

（6）信息的管理控制部分（如监控、计价、故障检测、故障情况下应急措施、多种信息业务管理等）。这部分的功能随着信息系统的复杂化而变得更加困难和复杂，如复杂的信息系统拓扑结构分析已经成为管理监控领域的数学难题。随着信息系统和信息科技更深入地融入社会，许多新的管理系统也应运而生，它们依赖管理信息对其他行业进行管理，如现代服务业的管控系统，同时其管理控制的学科基础也因社会科学的进入交融而综合化。其管理控制功能还涉及社科、人文等方面的复杂内容，造成"需要"与"实际水平"之间的差距，矛盾更加明显，例如，电子商务系统的管理控制涉及法律，多媒体文艺系统管理涉及伦理道德、法律等领域。总之，信息的管理控制部分的发展涉及众多学科，具有重要性、挑战性及紧迫性。

（7）应用支持部分。信息应用领域日益广泛，要求服务功能越来越高级、复杂。在很多场合下，由信息系统控制管理部分兼含与应用服务关联功能的工作模式已不能满足应用需要，因此产生了专门对应用进行支持功能的部分，称为应用支持部分（它与管理控制部分有密切联系）。

各部分都有以下特征：软硬件相结合，离散数字型与连续模拟型相结合，各种功能部分交织、融合、支持，以形成主功能部分，如存储部分内含处理部分，管理控制部分内含存储、处理部分等。以上各部分发展都密切关联科学领域的新发现、技术领域的创新，形成了信息科技与信息系统及社会相互促进发展的局面，在"发展"中充满了挑战和机遇。

3.2.2.4　信息系统的要素

信息系统从不同的角度划分，其要素的性质也不同。如既可以划分为系统拓扑结构、应用软件、数据以及数据流；也可划分为管理、技术和人三个方面；还可划分为物理环境及保障、硬件设施、软件设施和管理者等部分。无论采用哪种划分方法，都有利于对信息系统的理解、分析和应用。下面根据最后一种划分方法分析信息系统的要素。

（一）物理环境及保障

物理环境主要包括场地和计算机机房，是信息系统得以正常运作的基本条件。

场地（包括机房场地和信息存储场地）：信息系统机房场地条件应符合国家标准《计算机场地通用规范》（GB/T 2887—2011）的有关具体规定，应满足标准规定的选址条件；温度、湿度条件；照明、日志、电磁场干扰的技术条件；接地、供电、建筑结构条件；媒体的使用和存放条件；腐蚀气体的条件等。信息存储场地，包括信息存储介质的异地存储场所应符合国家标准《计算机场地安全要求》（GB/T 9361—2011）的规定，具有完善的防水、防火、防雷、防磁、防尘措施。

机房：在标准《计算机场地安全要求》（GB/T 9361—2011）中将计算机机房的安全分为A、B、C三类，其中，A类对计算机机房的安全有严格的要求，有完善的计算机机房安全措施；B类对计算机机房的安全有较严格的要求，有较完善的计算机机房安全措施；C类对计算机机房的安全有基本的要求，有基本的计算机机房安全措施。标准中针对A、B、C三类机房，在场地选择、防火、内部装修、供配电系统、空调系统、火灾报警及消防设施、防水、防静电、防雷击、防鼠害等方面做了具体的规定。

物理安全保障主要考虑电力供应和灾难应急。

电力供应：供电电源技术指标应符合《计算机场地通用规范》（GB/T 2887—2011）中的规定，即信息系统的电力供应在负荷量、稳定性和净化等方面满足需要且有应急供电措施。

灾难应急：设备、设施（含网络）以及其他介质容易遭受地震、水灾、火灾、有害气体和其他环境事故（如电磁污染等）的破坏。信息系统的灾难应急方面应符合国家标准

《信息安全技术　信息系统灾难恢复规范》（GB/T 20988—2007）中的规定，应有防火、防水、防静电、防雷击、防鼠害、防辐射、防盗窃、火灾报警及消防等设施和措施。并应制订相应的应急计划。应急计划应包括紧急措施、资源备用、恢复过程、演习和应急计划关键信息。应急计划应有明确的负责人与各级责任人的职责，并应便于培训和实施演习。

（二）硬件设施

组成信息系统的硬件设施主要有计算机、网络设备、传输介质及转换器、输入输出设备等。为了便于叙述，在此将存储介质和环境场地所使用的监控设备也包含在硬件设施之中。

1. 计算设备

计算设备是信息系统的基本硬件平台。如果不考虑操作系统、输入输出设备、网络连接设备等重要的部件，就计算机本身而言除了电磁辐射、电磁干扰、自然老化以及设计时的一些缺陷等风险以外，基本上不会存在另外的安全问题。常见的计算机有大型机、中型机、小型机和个人计算机（personal computer，PC）。PC 机上的电磁辐射和电磁泄漏主要在磁盘驱动器方面，虽然理论上讲主板上的所有电子元器件都有一定的辐射，但由于辐射较小，一般都不做考虑。

2. 网络设备

要组成信息系统，网络设备是必不可少的。常见的网络设备主要有交换机、集线器、网关、路由器、中继器、桥接设备、调制解调器等。所有的网络设备都存在自然老化、人为破坏和电磁辐射等安全威胁。

交换机：对交换机常见的威胁有物理破坏、欺诈、拒绝服务、访问滥用、不安全的状态转换、后门和设计缺陷等。

集线器（HUB）：对集线器常见的威胁有人为破坏、后门、设计缺陷等。

网关或路由器：对网关设备的威胁主要有物理破坏、后门、设计缺陷、修改配置等。

中继器：对中继器的威胁主要是人为破坏。

桥接设备：对桥接设备的常见威胁有人为破坏、自然老化、电磁辐射等。

调制解调器（modem）：常见威胁有人为破坏、自然老化、电磁辐射、设计缺陷、后门等。

3. 传输介质

常见的传输介质有同轴电缆、双绞线、光缆、卫星信道、微波信道等，相应的转换器有光端机、卫星或微波的收/发转换装置等。

同轴电缆（粗/细）：同轴电缆由空心圆柱形的金属屏蔽网及其所包围的一根内线导体组成。同轴电缆有粗缆和细缆之分。对其常见的威胁有电磁辐射、电磁干扰、搭线窃听和人为破坏等。

双绞线：一种电缆，在它的内部有一对自绝缘的导线扭在一起，以减少导线之间的电容特性，这些线可以被屏蔽或不进行屏蔽。对其常见的威胁有电磁辐射、电磁干扰、搭线窃听和人为破坏等。

光缆（光端机）：光缆是一种能够传输调制光的物理介质。同其他的传输介质相比，光缆虽较昂贵，但对电磁干扰不敏感，并且可以有更高的数据传输率。在光缆的两端通过光端机来发射并调制光波实现数字通信。对其常见的威胁主要有人为破坏、搭线窃听和辐射泄漏等。

卫星信道（收/发转换装置）：卫星信道是在多个地面站之间运用轨道卫星来转接数据的通信信道。在利用卫星通信时，需要在发射端安装发射转换装置，在接收端安装接收转换装置。常见的威胁有对信道的窃听和干扰，以及对收/发转换装置的人为破坏。

微波信道（收/发转换装置）：微波是一种频率为 $1 \sim 30\ GHz$ 的电磁波，具有很高的带宽和相对较低的成本。在微波通信时，发射端安装发射转换装置，接收端安装接收转换装置。常见的威胁有对信道的窃听和干扰，以及对收/发转换装置的人为破坏等。

4. 终端设备

常见的输入输出设备主要有键盘、磁盘驱动器、磁带机、打孔机、电话机、传真机、麦克风、识别器、扫描仪、电子笔、打印机、显示器和各种终端设备等。

键盘：键盘是计算机最常见的输入设备。对其常见的威胁主要有电磁辐射和人为滥用造成信息泄露，如随意尝试输入用户口令。

磁盘驱动器：磁盘驱动器也是计算机中重要的输入输出设备。对其威胁主要有磁盘驱动器的电磁辐射以及人为滥用造成信息泄露，如拷贝系统中重要的数据。

磁带机：磁带机一般用于大、中、小型计算机以及一些工作站上，既是输入设备也是输出设备。对其威胁主要有电磁辐射和人为滥用。

打孔机：打孔机是一种早期使用的输出设备，可用于大、中、小型计算机上。对其威胁主要是人为滥用。

电话机：电话机主要用于话音传输，严格来讲它不是信息系统的输入输出设备，但电话是必不可少的办公用品。在信息系统安全方面，对其威胁主要是滥用电话泄露用户口令等重要信息。

传真机：传真机主要用于传真的发送和接收，严格来讲它不是信息系统的输入输出设备。在信息系统安全方面，对其威胁主要是传真机的滥用。

麦克风：在使用语音输入时需要使用麦克风。对其威胁主要是老化和人为破坏。

识别器：为识别系统用户，在众多的信息系统中都使用识别器。最常见的识别器有生物特征识别器、光学符号识别器等。对其威胁主要是人为破坏摄像头等识别装置，以及识别器设计缺陷，特别是算法运用不当等。

扫描仪：扫描仪主要用于扫描图像或文字。对其威胁主要是电磁辐射泄露系统信息。

电子笔（数字笔）：在手写输入法广泛使用的今天，电子笔或数字笔作为一种输入设备也越来越常见了，对其威胁主要是人为破坏。

打印机：打印机是一种常见的输出设备，但是部分打印机也可以将部分信息主动输入计算机。常见的打印机有激光打印机、针式打印机、喷墨打印机三种。对其威胁主要有电磁辐射、设计缺陷、后门、自然老化等。

显示器：显示器作为最常见的输出设备，负责将不可见数字信号还原成人可以理解的符号，是人机对话所不可缺少的设备。对其威胁主要是电磁辐射信息泄露。

终端：终端既是输入又是输出设备，除了显示器以外，一般还带有键盘等外设，基本上与计算机的功能相同。常见的终端有数据、图像、话音等。对其威胁主要有电磁辐射、设计缺陷、后门、自然老化等。

5. 存储介质

信息的存储介质有许多种，但常见的主要有纸介质、磁盘、磁光盘、光盘，以及非易失性存储器、芯片盘等存储设备。

纸介质：虽然信息系统中的信息以电子形式存在，但许多重要的信息也通过打孔机、打印机输出，以纸介质形式存放。纸介质存在保管不当和废弃处理不当导致的信息泄露威胁。

磁盘：磁盘是常见的存储介质，它利用磁记录技术将信息存储在磁性材料上。常见的磁盘有软盘、硬盘、移动硬盘、U 盘等。对磁盘的威胁有保管不当、废弃处理不当和损坏变形等。

磁光盘：磁光盘是利用磁光电技术存储数字数据。对其威胁主要有保管不当、废弃处理不当和损坏变形等。

光盘：光盘是一种非磁性的、用于存储数字数据的光学存储介质。常见的光盘有只读、一次写入、多次擦写等种类。对其威胁主要有保管不当、废弃处理不当和损坏变形等。

其他存储介质：除以上列举的一些常见的存储介质以外，还有磁鼓、IC 卡、非易失性存储器、芯片盘、zip 磁盘等介质，都可以用于存储信息系统中的数据。对这些介质的威胁主要有保管不当、损坏变形、设计缺陷等。

6. 监控设备

依据国家标准规定和场地安全考虑，重要的信息系统所在场地应有一定的监控规程并使用相应的监控设备。常见的监控设备主要有摄像机、监视器、电视机、报警装置等。对监控设备而言，常见的威胁主要有断电、损坏或干扰等。

摄像机：摄像机除作为识别器的一个部件以外，还主要用于环境场地检测，记录对系统的人为破坏活动，包括偷窃、恶意损坏和滥用系统设备等行为。

监视器：在信息系统中，特别是交换机和入侵检测设备上常带有监视器，负责监视网络出入情况，协助网络管理。

电视机：电视机同显示器一样，主要输出摄像机或监视器所捕获的图像或声音等信号。

报警装置：报警装置就是发出报警信号的设备。常见的报警可以通过 BP 机、电话、声学、光学等多种方式来表现。

（三）软件设施

组成信息系统的软件主要有操作系统，包括计算机操作系统和网络操作系统、通用应用软件、网络管理软件以及网络协议等。在风险分析时，软件设施的脆弱性或弱点是考查的重点，因为虽然硬件设施有电磁辐射、后门等可利用的脆弱性，但是其实现所需花费一般比较大，而对软件设施而言，一旦发现脆弱性或弱点，几乎不需要多大的投入就可以实现对系统的攻击。

1. 通用操作系统

操作系统安全是信息系统安全最基本、最基础的安全要素，操作系统的任何安全脆弱性和安全漏洞必然导致信息系统的整体安全脆弱性，操作系统的任何功能性变化都可能导致信息系统安全脆弱性分布情况的变化。因此从软件角度来看，确保信息系统安全的第一要事便是采取措施保证操作系统安全。

常见的操作系统有以下几种。

Unix：Unix 是一种通用交互式分时操作系统，由 BELL 实验室于 1969 年开发。Unix 自诞生以来，已经历过很多次修改，各大公司也相继开发出自己的 Unix 系统。目前常见的有加州大学伯克利分校开发的 Unix BSD，AT&T 开发的 Unix System，SUN 公司开发的 Solaris、IBM 公司开发的 AIX 等多种版本。

DOS：DOS 即磁盘操作系统，是早期的 PC 机操作系统。常见的 DOS 有微软公司的 MS－DOS、IBM 公司的 PCDOS、Norton 公司的 DOS 系统以及我国的 CCDOS 等。

Windows/NT：Windows 是微软公司推出的一系列操作系统的统称，采用图形化用户界面（GUI），广泛应用于个人计算机和企业环境。早期版本包括基于 MS－DOS 的 Windows 3.x、Windows 95 和 Windows 98；随后微软推出了基于 NT 技术架构的 Windows NT、Windows 2000 和 Windows XP 等操作系统，逐步实现了系统内核的统一与稳定性增强。

Linux：Linux 类似于 Unix，是完全模块化的操作系统，主要运行于 PC 机上。目前有 Red Hat、Slackware、OpenLinux、TurboLinux 等十多种版本。

maCOS：苹果公司生产的 PC 机 Macintosh 的专用操作系统。

OS/2：1987 年推出的以 Intel 80286 和 80386 微处理器为基础的 PC 机配套的新型操作系统。它是为 PC－DOS 和 MS－DOS 升级而设计的。

其他通用计算机操作系统：除以上的计算机操作系统以外还有 IBM 公司的 System/360 操作系统、DEC 公司的 VAX/VMS、Honeywell 公司的 SCOMP 等操作系统。

2. 网络操作系统

网络操作系统同计算机操作系统一样，也是信息系统中至关重要的要素之一。

IOS：IOS 即思科（Cisco）互联网络操作系统，提供集中、集成、自动安装以及管理互联网络的功能。

Novell Netware：Novell Netware 是由 Novell 开发的分布式网络操作系统。其可以提供透明的远程文件访问和大量的其他分布式网络服务，是适用于局域网的网络操作系统。

其他专用网络操作系统：为提高信息系统的安全性，一些重要的系统选择专用的网络操作系统。

3. 网络通信协议

网络通信协议是一套规则和规范的形式化描述，即怎样管理设备在一个网络上的信息交换。协议可以描述机器与机器间接口的低层细节或者应用程序间的高层交换。网络通信协议可分为 TCP/IP 协议和非 IP 协议两类。

TCP/IP 协议：TCP/IP 协议是目前最主要的网络互联协议，因其具有互连联力强、网络技术独立和支持的协议灵活多样等优点，故得到了了最广泛的应用。国际互联网就是基于 TCP/IP 协议进行网际互联通信的。但由于它在最初设计时没有考虑安全性问题，协议是基于一种可信环境的，因此协议自身有许多安全缺陷。另外，TCP/IP 协议的实现中也存在着一些安全缺陷和漏洞，基于这些缺陷和漏洞出现了形形色色的攻击，导致基于 TCP/IP 的网络十分不安全，造成互联网不安全的一个重要因素就是它所基于的 TCP/IP 协议自身的不安全性。

非 IP 协议：常见的非 IP 协议有 X.25、DDN、帧中继、ISDN、PSTN 等，以及 Novell、IBM 的 SNA 等专用网络体系结构进行网间互联所需的一些专用通信协议。

4. 通用应用软件

通用应用软件一般指介于操作系统与应用业务之间的软件，为信息系统的业务处理提供应用的工作平台，例如 IE、Office 等。通用应用软件安全的重要性仅次于操作系统安全的重要性，其任何安全脆弱性和安全漏洞都可能导致应用业务乃至信息系统的整体安全。

Lotus Notes：IBM 的 Latus Notes 作为信息系统业务处理的工作平台软件的代表，对其安全性的探讨目前主要集中在 Domino 服务器的安全上。

MS Office：微软 Office 办公软件包括 Word、PowerPoint、Excel、Access 等软件，是目前较常见的信息处理软件。有关 MS Office 软件包的漏洞报道比较多，如利用 Word 的帮助功能就可以执行本机上的可执行文件。

E-mail：电子邮件，是互联网最常用的应用之一。邮件信息通过电子通信方式跨过使用不同网络协议的各种网络在终端用户之间传输。

Web 服务、发布与浏览软件：World Wide Web（WWW）系统最初只提供信息查询浏览一类的静态服务，现在已发展成可提供动态交互的网络计算和信息服务的综合系统，可实现对网络电子商务、事务处理、工作流以及协同工作等业务的支持。现有各种 Web 服务、发布与浏览软件，如 Mosaic、IE、Netscape 等。

数据库管理系统：该系统由数据库和数据库管理系统（DBMS）构成。数据库是按某种规则组织的存储数据的集合。数据库管理系统是在数据库系统中生成、维护数据库以及运行数据库的一组程序，为用户和其他应用程序提供对数据库的访问，同时也提供事件登录、恢复和数据库组织功能。

其他服务软件：在信息系统中，除了以上常见的一些通用应用软件以外，还有 FTP、Telnet、视频点播、信息采集等类型软件，这里不再赘述。

5. 网络管理软件

网络管理软件是信息系统的重要组成部分，其安全问题一般不直接扩散和危及信息系统整体安全，但可通过管理信息对信息系统产生重大安全影响。鉴于一般的网络管理软件所使用的通信协议（如 SNMP）并不是安全协议，因此需要额外的安全措施。

常见的网络管理软件有 HP 的 OpenView、IBM 公司的 NetView、SUN 公司的 Net Manager、3Com 公司的 Transcend Enterprise Manager、Novell 公司的 NMS、Cabletron 公司的 SPECTRUM、Nortel 网络公司的 Optivity Campus、HP 的 CWSI 等。

此外，信息系统还涉及组织管理、法律和法规等内容，详见后续章节里的专门论述。

3.2.2.5　信息系统发展的极限目标

信息系统发展及可持续发展目标应由"极限目标"调整到可与社会共同持续发展的、可实际贯彻的科学目标。过去风行一时的信息系统发展目标是任何人在任何地点、任何时间、任何状态下都能获得并利用任何信息。这个"目的"永远无法实现，甚至是不合理的，因为"任何"一词表达了绝对、无条件、无限制的内涵。在人类社会，按此目标发展就意味着每个人都绝对的"任性"，社会秩序像分子"布朗"运动，每个人都有各自的目的、行为、行动的状态，社会就会整体无序而无法生存。例如，涉及国家利益、社会安全、个人隐私的信息绝对不能任意"获得"。社会必须有序运动，遵循规律发展，尽量避免因持续无序"涨落"导致的损失，要"以人为本"，体现公正公平。信息系统发挥正面的"增强剂"和"催化剂"作用，目标应调整为"在遵守社会秩序和促进社会持续发展前提下，尽力减弱时间、地点、状态、服务项目等方面对合理获得、利用信息的约束限制"。"合理"一词蕴含了在复杂社会矛盾环境下信息系统安全问题的同步发展。

3.3 信息网络知识基础

3.3.1 复杂网络基本概念

3.3.1.1 定义

中国科学家钱学森给出了复杂网络的一个较严格的定义：具有自组织、自相似、吸引子、小世界、无标度中部分或全部性质的网络称为复杂网络。

3.3.1.2 复杂性的表现

简而言之，复杂网络即呈现高度复杂性的网络。其复杂性主要表现在以下几个方面。

（1）结构复杂：表现在节点数目巨大，网络结构呈现多种不同特征。

（2）网络进化：表现在节点或连接的产生与消失。例如 Worldwide Network 的网页或链接随时可能出现或断开，导致网络结构不断发生变化。

（3）连接多样性：节点之间的连接权重存在差异，且有可能存在方向性。

（4）动力学复杂性：节点集可能属于非线性动力学系统。例如，节点状态可能随时间发生复杂变化。

（5）节点多样性：复杂网络中的节点可以代表任何事物。例如，人际关系构成的复杂网络节点代表单独个体，万维网组成的复杂网络节点可以表示不同网页。

（6）多重复杂性融合：以上多重复杂性相互影响，导致更难以预料的结果。例如，设计一个电力供应网络需要考虑此网络的进化过程，其进化过程决定网络的拓扑结构。当两个节点之间频繁进行能量传输时，它们之间的连接权重会随之增加，从而通过不断地学习与记忆逐步改善网络性能。

3.3.1.3 研究内容

复杂网络研究的内容主要包括网络的几何性质、网络的形成机制、网络演化的统计规律、网络的模型性质、网络的结构稳定性以及网络的演化动力学机制等方面。在自然科学领域，网络研究的基本测度包括度（degree）及其分布特征、度的相关性、集聚程度及其分布特征、最短距离及其分布特征、介数（betweenness）及其分布特征、连通集团的规模分布。

3.3.1.4 主要特征

复杂网络一般具有以下几个特性。

（1）小世界。它以简单的措辞描述了尽管多数网络规模较大，但其中任意两个顶点（vertex）间却有一条相当短的路径的事实。它反映的是相互关系的数目可以很小但能够连接世界的事实，例如，在社会网络中，人与人相互认识的关系很少，但是可以连接到较远的无关系的其他人。正如麦克卢汉所说，地球变得越来越小，变成一个地球村，也就是说，变成一个小世界。

（2）集群，即集聚程度（clustering coefficient）的概念。例如，社会网络中总是存在熟人圈或朋友圈，其中每个成员都认识其他成员。集聚程度的意义是网络集团化的程度，这是一种网络的内聚倾向。连通集团概念反映的是一个大网络中各集聚的小网络分布和相互联系的状况，例如它可以反映这个朋友圈与另一个朋友圈的相互关系。

（3）幂律（power law）的度分布概念。度指的是网络中某个顶点（相当于一个个体）

与其他顶点关系（用网络中的边表达）的数量；度的相关性指顶点之间关系的联系紧密性；介数是一个重要的全局几何量。顶点 u 的介数含义为网络中所有的最短路径之中经过 u 的数量，它反映了顶点 u（即网络中有关联的个体）的影响力。无标度网络（scale - free network）的特征主要集中反映了集聚的集中性。

3.3.2　信息网络基本概念

3.3.2.1　网络

网络由节点和连线构成，表示诸多对象及其相互联系。在数学中，网络是一种图，并且一般认为专指加权图。除了数学定义外，网络还有具体的物理定义，即网络是从某种相同类型的实际问题中抽象出来的模型。在计算机领域中，网络是信息传输、接收、共享的虚拟平台，通过它将各个点、面、体的信息联系到一起，从而实现这些资源的共享。网络是人类发展史上最重要的发明之一，提高了科技和人类社会的发展。

1999 年以前，人们一般认为网络的结构都是随机的。随着 Barabasi 和 Watts 在 1999 年分别发现了网络的无标度和小世界特性，并分别在世界著名的《科学》和《自然》杂志上发表此发现之后，人们才认识到网络的复杂性。

网络是在物理上或（和）逻辑上，按一定拓扑结构连接在一起的多个节点和链路的集合，是由具有无结构性质的节点与相互作用关系构成的体系。

3.3.2.2　计算机网络

计算机网络就是通过通信线路和通信设备将分布在不同地点的具有独立功能的多个计算机系统互相连接起来，在网络软件的支持下实现彼此之间的数据通信和资源共享的系统。

从逻辑功能上看，计算机网络是以传输信息为基础目的，用通信线路将多个计算机连接起来的计算机系统的集合。一个计算机网络的组成包括传输介质和通信设备。

从用户角度看，计算机网络是一个能为用户自动管理的网络操作系统，由它调用完成用户所调用的资源。整个网络像一个大的计算机系统一样，对用户是透明的。

3.3.2.3　互联网

互联网（Internet），又称网际网络。互联网始于 1969 年美国的阿帕网，是网络与网络之间串联形成的庞大网络。这些网络以一组通用的协议相连，形成逻辑上的单一巨大国际网络。通常，internet 泛指互联网，而 Internet 特指因特网。这种将计算机网络互相连接在一起的方法可称作"网络互联"，在此基础上发展出覆盖全世界的全球性互联网络称为互联网，即互相连接的网络结构。互联网并不等同万维网，万维网只是一个基于超文本相互链接而成的全球性系统，且是互联网所能提供的服务之一。

3.3.2.4　信息网络

前面提到，信息是客观事物运动状态的表征和描述，网络是由具有无结构性质的节点与相互作用关系构成的体系。信息网络是指承载信息的物理或逻辑网络，具有信息采集、传输、存储、处理、管理、控制和应用等基本功能，同时注重其网络特征、信息特征及网络的信息特征。互联网是一种信息网络，同样，广播电视、移动通信也是一种信息网络，构建于互联网之上的 VPN 等虚拟网络也是一种信息网络。

3.3.3　网络空间基本概念

网络空间又称赛博空间（cyberspace），其定义有以下几种。

在线牛津英文词典："赛博空间：在计算机网络基础上发生交流的想象环境"。

百度百科："赛博空间是哲学和计算机领域中的一个抽象概念，指在计算机以及计算机网络里的虚拟现实"。

维基百科："赛博空间是计算机网络组成的电子媒介，在其中形成了在线的交流。如今无所不在的赛博空间一词的应用，主要代表全球性的相互依赖的信息技术基础设施的网络、电信网络和计算机处理系统。作为一种社会性的体验，个人间可以利用这个全球网络交流、交换观点、共享信息、提供社会支持、开展商业活动、指导行动、创造艺术媒体、玩游戏、参加政治讨论等。这个概念已经成为一种约定俗成地描述任何和因特网以及因特网的多元文化有关的东西的方式"。

李耐和《赛博空间与赛博对抗》："其基本含义是指由计算机和现代通信技术所创造的、与真实的现实空间不同的网际空间或虚拟空间。网际空间或虚拟空间是由图像、声音、文字、符码等所构成的一个巨大的'人造世界'，它由遍布全世界的计算机和通信网络所创造与支撑"。

媒体成为赛博空间（一部分）的充分必要条件是媒体具有实时互动性、全息性、超时空性3种特征。

（1）实时互动性：实时互动，或者至少在媒介自身中进行的实时互动，就是赛博空间互动性的重要特征。互动的速度主要由两个方面的因素决定：一方面是信息跨越空间的传播速度；另一方面是海量复杂信息的计算速度。

（2）全息性：赛博空间融合了以往的各种媒体，并且拥有计算机和互联网的强大信息处理能力，得以在人类历史上第一次用大量不同形式的信息来"全息"地构建事物形象，进而创造出种种堪比现实世界的"现实"，这些"现实"好似对于原先现实世界的全息再现，同时也有着自身的特性。

（3）超时空性：赛博空间的媒介超越了自然媒介的时空局限性。在自然媒介的现实中，要达到实时的互动性和大量的信息传播，必须保证交流双方在相当近的空间和时间距离内。

3.4　工程系统理论思想

信息安全具有社会性、全面性、过程性、动态性、层次性和相对性等特征。信息安全工程是一种复杂的系统工程，而工程系统理论可以很好地指导复杂系统的分析、设计和评价。本节主要论述工程系统理论的分析观、设计观和评价观，使其能够应用于复杂的信息系统安全工程。

随着社会的快速发展和科学的空前进步，人们所面对的世界日益复杂，新知识产生的节奏不断加快，人们生产和生活的方式日新月异，而人类认识世界和改造自然的能力日益强大，伴随飞速发展的时代步伐，各种高度复杂化的人工系统应运而生，其复杂性远远超过了个人的直观认识和简单处理能力。作为普适性理论的一般系统论、耗散结构理论和以协同为代表的系统理论侧重于发掘系统运动和演化的规律与机制，属于系统哲学的思维模式。位于哲学层次的系统论并不能针对性地解决各种工程系统问题，而系统工程侧重于具体的工程技术，同样也不能为这种复杂系统提供有效的方法论。

对于大型复杂人工系统，特别是各种应用型人工系统，具有酝酿、设计、研制周期长，涉及的学科和相关技术多，要求指标体系庞杂，设计和组织管理任务繁重，受运作机制、社会意识、经济甚至政治因素影响等特征。大型复杂人工系统无论在人力、物力、财力还是时间跨度上都要求很大的投入。因此，对于大型复杂人工系统，客观上迫切要求应用系统科学的思想对这些系统进行分析综合、系统设计管理及评价，给出一些普遍性的分析问题、解决问题的原则、思路和方法，把握事物内在的客观规律以提高系统设计和运行的效率，这是创立工程系统论的客观要求。

工程系统论吸取了系统科学的思想，辅以自组织理论和系统辩证的思维，站在更高层次上对复杂、实用的人工系统进行方法论指导。工程系统论有可能突破系统工程技术的局限性，从而在更加宽广的时空跨度内控制人工系统的生成、发展与进化。由于工程系统论在没有摒弃系统工程等学科成功、有效的技术方法、途径和措施的基础上增加了顶层的指导，所以这种更为普适和宏观的方法论体系在应用于大型复杂人工系统时，具有更旺盛的生机和更广阔的应用前景。

3.4.1　若干概念和规律

工程系统论是以系统科学的原理和规律作为顶层的指导思想和理论基础，以系统工程、人工系统学等技术学科为支撑，辅以模糊数学、分形分维等数学工具的一门横断学科。它有别于系统工程等工程设计学科，更加着眼于人工系统，特别是大型复杂的人工系统客观存在的本征运动规律，是系统科学在人工系统分析、设计领域的应用和发展，是系统分析和设计的顶层思想体系，是系统方法论的组成部分，是工程化的系统理论。

工程系统论中的若干概念以及系统属性以系统科学为基础，但又略有不同。

3.4.1.1　若干概念及属性

工程系统论中的主要概念有系统、功能、结构、进化、退化、连续、间断、成功、失败、剖面、层次、困难性、复杂性、创新、自组织性、整合等。下面着重介绍系统复杂性和困难性的表现，以及系统整合的概念。

（1）系统的复杂性和困难性。复杂性表现在，所获得的数据不精确、不完整、不一致、不可靠甚至互相矛盾；数据的迅速变化及数据量的迅速增加；不易定义正常状态作为问题求解的依据；利用对象的某些特征进行探测、分类及识别等出现的局限性；有意干扰、迷惑甚至破坏；动力学行为的非线性、不确定性与难描述性；有关信息的粗糙性、不完整和真实性；环境影响的随机性；系统间多重非线性和耦合性；状态变量的高维性和分布性；层次上的连续性、间断性的混杂与难分别等。困难性主要表现在，目的上的多靶标性，目的上的难满足程度较大；环境因素制约的多重性和客观上的不相容性、功能上的多重性和结构上的多层次性；要素的难描述性、不确定性；要素实现水平与期望值的矛盾等。

（2）系统整合。整合在某种场合下是极为关键的因素，可分为时间上、空间上或者时空维上的整合。非正确整合思维的主要模式有系统内部结构间非正确链接、全系统功能和结构的非正确对应、应急措施及容错设计的不合理等。影响正确整合的客观因素有系统的复杂性及未知、未确定性因素；设计经费、时间期限紧张；人们往往偏好使用自己熟悉的、曾经成功应用的，或是自己发明和发现的方法和措施；极端条件难以模拟。

工程系统论中的系统属性除了系统科学中的整体性、层次性、动态性、目的性之外，还包括有序性、动态性、开放性、演化、竞争等，由于其概念基本等同于系统科学的概念，这里不再赘述。

3.4.1.2 若干规律

工程系统论要求正确认识和处理以下的对立统一规律：连续性与间断性的对立统一、目的性和自然决定性的对立统一、功能与结构的对立统一、确定性与不确定性的对立统一、群体与个体的对立统一、分化与进化的对立统一、量变与质变的对立统一、成功与失败的对立统一、相对性和绝对性的对立统一等。

（1）连续性与间断性的对立统一。空间上的间断形成层次和范围，时间上的间断形成阶段和分阶段。时间和空间是一切事物存在的形式，所以在时间和空间上的连续和间断对立统一特征对事物的发展具有普遍性。在工程系统论中始终认为连续与间断一并存在。

（2）目的性和自然决定性的对立与统一。目的性是指随着人类思维能力及反应能力的不断提高，逐渐形成对环境的超前反应，它表征着能动性的提高。自然决定性是指客观世界是不以人的意志为转移的，人类可以此来发现基本的规律。事物的发展过程中出现新的形式和新的规律是必然的，这是由于人类不断提高的能动性使其目的性活动的广度和深度逐步增强。反之，人类的一切目的性活动仍然受到基本规律和原则的制约，也就是说目的性本身受自然决定性支配。在人工系统中如果不能清晰地分析自然决定性所支配的各种约束条件，对充分条件和必要条件描述不清或归纳不全，就无法正确地认识自然决定性支配下的目的性是否可达到，是否必然可达到。在人工系统设计中往往转化或者突破旧制约条件的限制，但旧制约条件的限制突破后新制约条件就会产生，没有制约条件的系统是不存在的。

（3）功能与结构的对立统一。功能是对外部而言的，而结构是对内部而言的。功能是人工系统在与外界的相互作用中表现出来的基本特征，是与周围环境发生特定形式的相互作用的本能属性，又是与外界互相作用的原动力。结构就是事物内部诸元素之间有序的相互联系及相互作用，以及这种关系的空间表现，事物的内部结构是分层次的（按一定的准则）。结构是功能的物质基础，但没有了功能的要求及变化，结构也不会变化。功能变化到一定程度，结构不发生变化，功能就会受到阻碍。

（4）确定性与不确定性的对立统一。不确定性有两种不同性质的类别，一种是概率意义上的不确定性，另一种是模糊意义上的不确定性。概率意义上的不确定性体现了客观事物的复杂性和不断运动的特征，混沌现象就是确定性的机制产生的不确定现象；模糊性的不确定性体现了事物特征的非二值逻辑，即非此非彼，亦此亦彼。

3.4.2 系统分析观

3.4.2.1 分析的方法

工程系统论的系统分析应着重在以下几个方面进行。

（1）开放性。考察系统的开放性，考察系统与外部环境之间可能存在的物质、信息和能量交换，考察影响系统生成、发展、演化的主要相关因素及各个相关方面。

（2）非平衡性。其本质是系统的开放性导致的系统差异性。在开放系统中寻找远离平衡点的条件，包括新产品、新技术、新手段、新思路、新机制、新需求等。

（3）有序性。研究系统的有序状态，考察人工系统目的性所决定的目的状态和主要功能目标，并且在进一步考察有序化的过程中，研究功能结构的动态作用所需要的进化机制，可能产生自复制、自催化作用的机制和因素。

（4）自组织。研究什么样的外部条件产生什么样的涨落，促使各元素通过协同和竞争达到所希望的有序方向；研究子系统之间的机制及子系统之间融合演变的可能性。

（5）稳定性和突变性。考察系统运动状态中可能出现的动态稳定情况及基本条件；考察系统失稳出现突变的可能性。抓住机遇构建有序结构，预防系统非正常情况的出现并采取预防或控制措施等。

（6）功能与结构。分析系统功能的需求及所对应的系统结构。考察系统结构变化所产生的系统功能的演化，以及功能需求改变导致结构的变化。

（7）整体性。考察系统的综合性特征，分析系统要素之间的相关性，特别是非线性相关性；考察系统整体所具有而元素不具有的整体性特征；考察系统结构变化产生的新功能和特性等。

（8）模型化。在不同的情况下应用精确模型或概念模型对系统目标、状态进行定性和定量的分析；采用黑箱、灰箱等不同方法针对系统功能需求分析系统结构，并借助于模型进行系统实验。

3.4.2.2　分析的步骤

工程系统论对系统的分析可分为两大步：系统动态发展分析和系统当前状态的准静态分析。

（1）系统动态发展分析。工程系统论在对某个静态系统进行分析之前要把握它的动态发展历程，判断当前所处的状态。因此，分析的第一步是将被分析的系统置于它所从属的大系统中，分析该系统是处于生成期、发展期还是演化期。应用开放性方法，考察大系统的开放性，考察技术、信息和物质交换对系统的影响。对于生成期的系统，应用非平衡方法分析其产生的必然因素，即非平衡点在哪，如何突出自身优势从而强化非平衡特征；应用有序性分析产生自复制、自催化作用机制导致新序产生；应用自组织性分析可能导致突变的涨落因素，并创造必要条件促使子系统之间的融合演化，生成新序。对于发展初期的系统，应用整体性方法，考察新序产生后动态稳定系统的结构变化及其影响，对其进行系统优化。对于进入演化期的系统，应用稳定性方法分析其发展潜力和方向；应用突变性方法分析可能的突变和对于新的突变采取的对策。

（2）系统当前状态的准静态分析。确定系统当前所处的状态后，需要对系统进行准静态分析。新系统创新后的发展需要一系列新的"生长核"作为支撑，这些生长核就是打破旧的不平衡后新序中系统功能与结构辩证统一的结合点。它是一个多层次的结构体系，由顶层至底层体现了新系统各个层面的结构要点。系统分析还要研究系统的复杂度和难度。准静态分析主要包括确定目标、谋划备选方案、建模和估计方案效果、未来环境预测、评价备选方案等方面。

3.4.2.3　分析的注意事项

在系统的分析过程中，应注意以下几个方面的内容。

（1）问题描述不清。对系统所处的环境和当前状态描述不清，对系统目标和具体需求描述不清，对系统赖以生成、发展的"核体系"描述不清。在基本问题没有澄清的情况下，根本谈不上问题的解决，也无法得出正确和完整的结论，因此，不应急于解决描述不清的系统。

（2）分析过程缺少反馈调整。系统分析本身是一个反复优化的过程，没有反馈调整和校正的系统分析结论以及系统总体方案往往有失周密和妥当，不可避免存在失败的隐患，更谈不上对系统的优化。

（3）模型化处理过程偏重于定量的计算，过分依赖于计算结果。模型化分析应该先于功能模拟和结构分析。模型的分析和构造是第一步，在定性分析没有确定之前，定量的分析和具体数据没有多大的实际意义，如果定性分析的模型构造和选择出现错误，那么定量分析的数据就会导致错误的结论。

（4）当断不断，无限连续，抓不住重点。任何系统分析都是对某一系统、某一层次、某一剖面的分析，一味强调面面俱到，过分注重细节，或者无限连续，对系统分析的层面和剖面不能正确地分隔，都会使系统分析陷入高度复杂的状态，理不清头绪。因此，要当断则断，抓住重点，合理忽略细节和弱化相互作用，从而简化系统的分析。

3.4.3 系统设计观

3.4.3.1 设计的内涵

在进行系统设计之前，首先应弄清系统设计的内涵。

（1）设计的本质。设计是一个创新过程，是按照一定的目的性要求生产和构造人为系统的过程。系统设计是面向未来的设计，从本质上讲，人工系统设计是按某种目的将未来的动态过程以及未来预达到的状态提前固化到现在时间坐标的过程。人工系统动态运动的有序性表明系统的目的性导致了系统运动的趋终性特征，而系统运动的目的点或极限环就是系统人为设计目标的表征。人工系统未来预达到的状态是系统设计的目标，是系统分析和设计所希望获得的未来状态。提前固化到现在时间坐标的意义是指在时间维度的当前坐标上确定未来预期的状态目标，并以这个未来预期目标作为系统设计不可动摇的目的，贯穿设计过程的始终。

（2）设计的目的。设计的目的是一种获得，是具有普遍特征的广义获得，既包括某些物质上、精神上、能量上的获得，也包括信息的获得，以及某种自由和能力的获得。获得必须有一定的付出，这些获得必然以某些方面的付出为代价，如物质上的付出、经济上的付出、设计开发人员时间和精力上的付出、资源上的付出，以及开发风险上的付出等。

（3）设计的思想。设计是一种变换和创造的结合，创造性首先表现在非平衡点的发现和确立，而变换是将潜在的有利因素加以挖掘和充分利用的过程，系统设计中可能会有一些充足的资源和条件，同时会有一些不满足的条件，设计就是设法将充足的条件因素经转化去补足不利的因素，以达到预期目的和全局的优化。

（4）设计的关键。系统的整合设计在某种条件下往往是导致整体成功或失败的关键因素。系统整合可以分为空间、时间及时空联合维上的整合。设计成功的子系统如果整合设计不当，也会导致整体设计的失败。整合不是子系统的简单相加，而是子系统之间的相互匹配、相互作用和相互影响的整体，局部或子系统设计成功不等于整体成功，局部设计没有出现的问题隐患必须在整合的步骤中发现和解决，否则可能导致系统整体设计的失败。这也体现了系统的整体特征。各个工作良好的软件模块堆积到一起并不一定能够工作，因此系统整合往往是系统设计成败的关键环节。

（5）设计的制约因素。环境条件的制约是不可忽视的，与环境因素不匹配的系统设计即使技术再先进也不会成功。设计从某种意义上讲是突破旧的约束，将付出转换为一种获得的过程，然而设计产生的新系统还会受到新的制约，不能低估旧制约的影响。另外，人为设计的目的性还会受到自然决定性的制约和支配，不符合自然决定性的系统设计注定要失败。

（6）设计成败的判据。设计成功的判据是在可以接受约束和代价的情况下达到了预先制定的目的，设计成功的内因是在创新和变换中的付出和代价能够被认可和接受，反之就是设计的失败。系统设计的目的达到但约束和代价处于不明确状态是设计处于未定状态的主要原因，但这种未定状态应当是暂时的，如果持续时间过长往往导致更大的代价或更强的约束，导致设计失败。

3.4.3.2　设计的步骤

工程系统论的系统设计主要分为以下 4 个部分。

（1）从系统分析得到的非平衡点概念映射到系统设计的目的体系，即由非平衡到目的性的正确变换。从系统思维的角度考虑，这个转换可分为分析问题、解决问题和整理方案三个层次和步骤。找到系统非平衡点后的下一个步骤是强化非平衡，所以非平衡到目的性的正确变换十分重要，是系统设计成功的关键一步。

（2）从系统设计的目的体系映射到基本要求体系，即由顶层设计目的到基本要求体系的正确变换。这里的要求体系包括不同的层次和剖面，是"要求集"的概念。各个不同层面的要求之间可能是并列关系，可能是分层交错，也可能存在隶属关系。不同要求之间可能存在各种相互作用，包括相互依赖、互补、相互矛盾和冲突等。转换要求指标体系的原则：首先保持总体要求不变条件下的一致性，且纵向与横向统一；其次，坚持全面性和关键性原则，把握关键，突出重点是转换要求体系的处理原则，不能一味求全，也不能忽略要求体系的完整性；再次，坚持应变原则，复杂的要求体系必须经过反馈、调整和校正，要有灵活性，更要与环境的变化相适应；最后，系统的各项具体要求必须是可实现的、可检验的，不可实现或不可检验的系统要求是没有意义的。

（3）从基本要求体系映射到具体指标体系，即由要求体系到指标体系的正确变换。系统的要求体系要转换到具体的指标体系才可以考虑实际的设计，而具体的指标体系对应于要求体系同样具有层次和剖面的特征。如果说前两个层次的转换环节主要是定性地解决问题，那么这个层次的转换环节就是定量解决问题的第一步。除了在要求体系转换过程中应坚持原则外，在这个转换过程中还应该进一步强调系统的整体优化、系统的完备简单性和系统设计的灵活性，并加以具体的量化。

（4）从指标体系映射到整体方案体系，即由指标体系到分系统、子系统层次功能及结构的正确形成之间的转换，此外还存在子系统层次之间功能的正确整合。这个转换环节就要解决不同系统之间结构与功能的矛盾和匹配，处理不同层次系统之间的相互作用，完成系统的整体设计，在不同层次的系统设计中相互转化充足的资源和有利条件，弥补紧张和难以满足的部分，还要解决系统整合的问题，注重不同层次设计的不同特征，达到系统设计整体成功和整体优化的目标。系统架构如图 3-1 所示。

工程系统论的系统设计主要包括以上 4 大部分，但应强调的是，在系统设计中首先要建立系统约束体系的描述，明确必须满足的条件和必须解决的问题以及必然受到的约束，不满

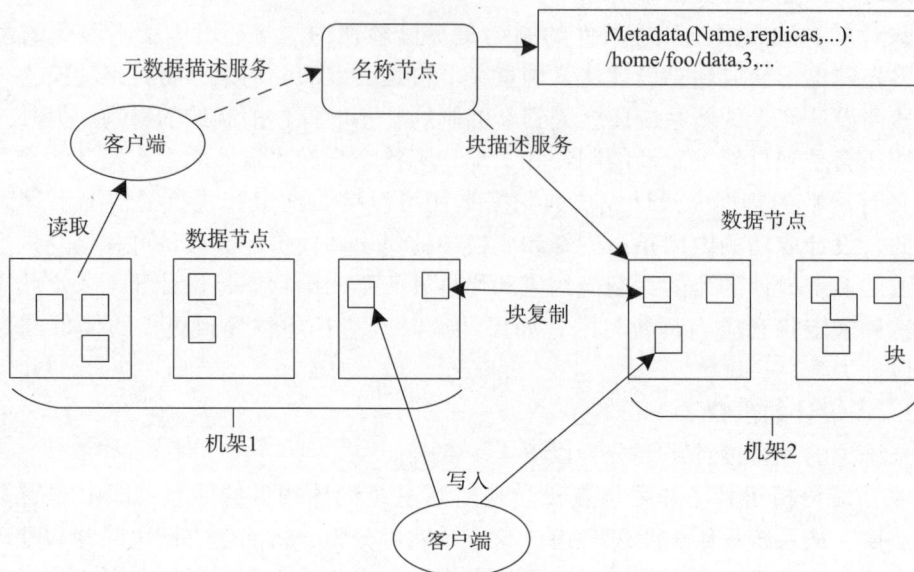

图 3 - 1　系统架构

足自然决定性的系统是不成功的。若付出的代价为不可接受时，则系统设计也是不成功的。约束条件分析不明确就无法正确判定系统的得失，所以建立约束体系的描述，并加以正确分析和评价相当重要。另外，在各个层次的设计过程中，不能缺少反馈调节过程。不同时期和不同层次的验证与反馈调整是保证系统设计成功的必要手段，要注意不同阶段和时期的仿真验证，早期的仿真验证和模拟如果能够及早地发现系统设计的问题，会避免将系统设计引入歧途。此外，验证和调整是系统优化的必经之路，本质上就是系统设计寻优的过程，没有反复的验证和反馈调整，就没有从次优化到优化的过程，当然就谈不上系统的寻优和最优化。

3.4.3.3　设计的注意事项

（1）对系统死亡的正确理解和处理。人工系统设计是一种提前目的的固化，由于系统的运动进化特征，任何固化的特性都适用和存在于有限的时间和空间内，所以系统死亡是不可避免的。主要有两种处理系统死亡的策略：一是预留一定的发展余地；二是提取仍然具有生命力的生长核，设计具有发展功能的子代改进系统。一个大型人工系统在设计之初就必须考虑未来的发展余地，考虑未来环境变化后的动态适应性。当今的科技和社会发展日新月异，系统应用环境瞬息万变。为了避免系统设计完成之日就是系统过时之时的局面，就要在系统设计目标确定时具有一定的超前意识，在具体系统设计时进行"可持续发展"。另一种是在系统死亡之前，进行预测感知，如果没有发展余地，就应立即采取"三十六计，走为上计"的策略。

（2）设计过程中非正常状态的感知和处理。在设计过程中及早感知非正常状态非常重要。以下情况可能预示着系统设计出现不希望的非正常状态：重要指标未达标或临界、结果不稳定且规律不明确、过程进展不顺利、多项指标临界、结构落实困难、附加矛盾很多、存在明显的优势竞争对手等。对于非正常状态处理的原则是：在较早阶段的非正常状态，分析问题的严重性，若属于局部问题，则进行局部调整或牺牲局部以保证整体设计的成功；若属于全局问题，则必须做大范围的调整和牺牲，直至反馈调整整体设计的目的；属于自然决定性导致的困难就必须承认失败，进行善后处理。

3.4.4 系统评价观

在对一个系统做具体评价之前，首先应确认系统整体是否满足目的性要求、自身约束条件是否可接受、与环境的匹配程度是否可接受、系统的动态性和灵活性能否满足要求、整体效益是否明显。如果该系统满足以上条件，就可以从以下 4 个方面对系统做出具体的评价。

（1）性能。性能包括基本性能、使用性能、竞争对抗性能等，还包括维修、保存等方面。针对不同的人工系统，其性能各个层面的重要性也是不同的。例如，军事系统对基本性能、使用性能、竞争性能和竞争对抗性能的要求都较高，而生活消费系统更注重于使用和后续发展余地等。

（2）成本。成本包括直接成本、使用成本、维修成本和成本降低的可能性成本及预留措施的成本，以及系统实现过程中所付出的人力、物力等成本。

（3）时空。设计目的、指标体系、系统的生存发展、竞争都存在着时间和空间的限度。系统的存在时间过短，系统设计的代价付出相对于获得就可能偏高。指标体系随着技术的快速进步也可能很快失去战略和战术的意义。这些都会影响系统存在的时间和空间限度。

（4）发展余地。发展余地是进一步提高指标水平的预留措施以及预测环境潜在对系统要求变化的适应能力。不能适应未来环境的系统生存能力必然有限，而不为系统的未来发展预留余地，就无法灵活地处理系统的死亡问题。

3.5 系统工程主要思想

3.5.1 基本概念

3.5.1.1 研究对象和价值

系统工程（system engineering）是以系统为研究对象的工程技术，它涉及"系统"与"工程"两个方面。系统，即由相互作用和相互依赖的若干组成部分结合而成的具有特定功能的有机整体，"工程"包括"硬工程"和"软工程"。"硬工程"是指把科学技术的原理应用于实践，设计制造出有形产品的过程；"软工程"是指诸如预测、规划、决策、评价等社会经济活动的过程。这两个方面有机地结合在一起即系统工程。

系统工程属于系统科学的学科范畴，是它的一个分支，实际上是系统科学的实际应用。其可以用于一切具备大系统的方面，包括人类社会、生态环境、自然现象、组织管理等，具体应用实例包括环境污染、人口增长、交通事故、军备竞赛、化工过程、信息网络等。系统工程是以大型复杂系统为研究对象，按一定目的进行设计、开发、管理与控制，以期达到总体效果最优的理论与方法。系统工程不仅是一门工程技术，也是一类包括多种工程技术的大工程技术门类，涉及范围较广，不但涉及数学、物理、化学、生物等自然科学，还涉及社会学、心理学、经济学、医学等与人的思想、行为、能力等有关的学科。系统工程所需要的基础理论包括运筹学、控制论、信息论、管理科学等。

系统科学研究系统演化的一般规律、系统有序结构的自组织原理和系统复杂性。系统科学诞生于 20 世纪，这是科学发展上的重大事件之一。

依据系统思想建立的完整科学体系称为系统科学。按照钱学森的观点，系统科学作为完整的科学体系，包含"基础科学、技术科学和工程技术"三个层次。

在钱学森的系统科学学科体系结构中，基础科学指的是这个学科的理论基础，它解释这个学科的一般规律，作为系统科学理论基础的是系统学；技术科学指的是这个学科中的技术基础，它涵盖从基础理论到实践应用、指导工程基础的实现，作为系统科学技术基础的是运筹学、控制理论和信息理论；工程技术指的是这个学科中的应用技术，作为系统科学应用技术的是"系统工程"。所以，系统工程在系统科学的学科体系结构中位于工程技术层次。

3.5.1.2 概念和主要特点

系统工程是多学科的高度综合，它的思想和方法来自各个行业和领域，并综合吸收了邻近学科的理论与工具，所以国内外对系统工程的理解不尽相同。下面列举一些组织和专家的见解。

（1）美国人切斯纳的观点（1967）：虽然每个系统都由许多不同的、存在相互关系的特殊功能部分所组成，但每个系统都是完整的整体，每个系统都有一定数量的目标。系统工程则是按照各个目标进行权衡，全面求得最优解，并使各组成部分能够最大限度地相互协调的方法。

（2）日本工业标准 JIS（1967）：系统工程是为了更好地达到系统目的，对系统的构成要素、组织结构、信息流动和控制机构等进行分析与设计的技术。

（3）美国人莫顿的观点（1967）：系统工程是用来研究、设计、制造和运用具有自动调整能力的生产机械、类似通信机械的信息传输装置、服务性机械和计算机械等的方法。

（4）美国质量管理学会系统委员会（1969）：系统工程是应用科学知识设计和制造系统的一门特殊工程学。

（5）日本人寺野寿郎的观点（1971）：系统工程是为了合理进行开发、设计和运用系统而采用的思想、步骤、组织和方法等的总称。

（6）大英百科全书（1974）：系统工程是一门把已有学科分支中的知识有效地组合起来用以解决综合性工程问题的技术。

（7）苏联大百科全书（1976）：系统工程是一门研究复杂系统的设计、建立、试验和运行的科学技术。

（8）日本人三浦武雄的观点（1977）：系统工程与其他工程的不同点在于，它是跨越许多学科的科学，而且是填补这些学科边界空白的一种边缘科学。因为系统工程的目的是研制系统，而系统不仅涉及工程学的领域，还涉及社会、经济和政治等领域，为了解决这些领域的问题，除了需要某些纵向技术以外，还需要有一种横向技术把它们组织起来，这种横向技术就是系统工程。

（9）钱学森的观点（1978）：系统工程是组织管理的技术。把极其复杂的研制对象称为系统，即由相互作用和相互依赖的若干组成部分结合成具有特定功能的有机整体，而且这个系统本身又是它所从属的一个更大系统的组成部分，系统工程则是组织管理这种系统的规划、研究、设计、制造、试验和使用的科学方法，是一种对所有系统都具有普遍意义的科学方法。

综上所述，系统工程是从整体出发，合理开发、设计、实施和运用系统科学的工程技术。它根据总体协调的需要，综合应用自然科学和社会科学中有关的思想、理论和方法，利用电子计算机作为工具，对系统的结构、要素、信息和反馈等进行分析，以达到最优规划、最优设计、最优管理和最优控制的目的。

系统科学包含以下 4 个层次。

（1）系统科学哲学（系统观）。

（2）系统科学的基础科学（系统学）。

（3）系统科学的技术科学（应用科学，如信息论、控制论、运筹学等）。

（4）系统科学的工程技术——系统工程、控制工程、信息工程等。

目前存在的几种系统工程学都属于系统科学层次结构中的第 4 层次，即工程技术。

系统工程是综合运用了各种学科的科学成就为系统的规划设计、试验研究、制造使用和管理控制提供科学方法的工程技术，它是在运筹学、控制论和计算科学广泛实践的基础上，应用系统方法去解决其实践内容的工程技术。按照钱学森所建立的系统科学体系，系统工程的基础理论是运筹学、控制论和信息论等组成的一类技术科学以及为其提供计算方法的计算科学。

系统工程具有以下特点。

（1）系统工程研究问题一般先决定整体框架，后进行详细程序的设计，先进行系统的逻辑思维过程总体的设计，然后进行各子系统或具体问题的研究。

（2）系统工程方法是以系统整体功能最佳为目标，通过对系统的综合分析，构造系统模型来调整、改善系统的结构，使之达到整体最优化。

（3）系统工程的研究强调系统与环境相融合，近期利益与长远利益相结合，社会效益、生态效益与经济效益相结合。

（4）系统工程研究是以系统思想为指导，采取的理论和方法是综合集成各学科、各领域的理论和方法。

（5）系统工程研究强调多学科协作，根据研究问题涉及的学科和专业范围，组成一个知识结构合理的专家体系。

（6）各类系统问题均可以采用系统工程的方法来研究，系统工程方法具有广泛的适用性。

（7）强调多方案设计与评价。系统工程技术可以应用到社会、经济、自然等各个领域，逐渐细分为工程系统工程、企业系统工程、经济系统工程、区域规划系统工程、环境生态系统工程、能源系统工程、水资源系统工程、农业系统工程、人口系统工程等，成为研究复杂系统的一种行之有效的技术手段。

3.5.2 基础理论

20 世纪 40 年代，由于自然科学、工程技术、社会科学和思维科学的相互渗透与交融，产生了具有高度抽象性和广泛综合性的系统论、控制论和信息论。系统论、控制论和信息论被称为系统科学的"老三论"。按钱学森所建立的系统科学体系，系统工程的基础理论是运筹学、控制论和信息论等组成的一类技术科学。

3.5.2.1 系统论

系统论是研究系统的模式、性能、行为和规律的一门科学，它为人们认识各种系统的组成、结构、性能、行为和发展规律提供了一般方法论的指导。系统论的创始人是美籍奥地利理论生物学家和哲学家路德维格·贝塔朗菲。系统是由若干相互联系的基本要素构成的，它是具有确定特性和功能的有机整体。如太阳系由太阳及围绕它运转的行星（金星、地球、火星、木星等）和卫星构成，同时，太阳系这个"整体"又是它所属的"更大整体"——银河系的组成部分。

世界上的具体系统是纷繁复杂的，必须按照一定的标准，将千差万别的系统分门别类，以便分析、研究和管理，如教育系统、医疗卫生系统、宇航系统、通信系统等。

如果系统与外界或它所处的外部环境有物质、能量和信息的交流，那么这个系统就是一个开放系统，否则就是一个封闭系统。开放系统具有很强的生命力，它能促进经济实力的迅速增长，使落后地区尽早走上现代化的道路。

3.5.2.2 控制论

人们研究和认识系统的目的之一在于有效地控制和管理系统。控制论则为人们对系统的管理和控制提供了一般方法论的指导，它是由数学、自动控制、电子技术、数理逻辑、生物科学等学科和技术相互渗透而形成的综合性科学。控制论的思想渊源可追溯到古代，但其于20世纪二三十年代才开始成为一个相对独立的学科。1948年，美国数学家维纳出版了《控制论》一书，标志着控制论的正式诞生。几十年来，控制论在纵深方向得到了很大发展，已应用到人类社会的各个领域，如经济控制论、社会控制论和人口控制论等。

控制是一种有目的的活动，控制目的体现于受控对象的行为状态中。受控对象必须有多种可能的行为和状态，有的合乎目的，有的不合乎目的，由此规定控制的必要性，即追求和保持那些符合目的的状态，避免和消除那些不符合目的的状态。控制是施控者的主动行为，施控者应该有多种可选择的手段作用于受控对象，不同手段的作用效果不同，由此规定了控制的可能性，即选择有效的、效果强的手段作用于受控对象，只有一种作用手段的主体实际上没有施控的可能性。

控制与信息是不可分的。在控制过程中，必须经常获得对象运行状态、环境状况、控制作用的实际效果等信息，控制目标和手段都是以信息形态表现并发挥作用的。控制过程是一种不断获取、处理、选择、利用信息的过程。所以维纳认为："控制工程的问题和通信工程的问题是不能分开的，而且这些问题的关键并不是环绕着电工技术，而是环绕着更为基本的消息概念"。

为了对受控对象实施有效的控制，施控者应是一个按照特定方式组织的系统，其中包括多个具有不同功能的环节，这就构成了控制系统。控制任务越复杂，系统结构也就越复杂。不考虑具体控制论系统特性，仅从信息与控制的观点来看，主要控制环节有：敏感环节，负责监测和获取受控对象和环境状况的信息；决策环节，负责处理有关信息，制定控制指令；执行环节，根据决策环节做出的控制指令对象实施控制的功能环节；中间转换环节，在决策环节和执行环节之间，常常需要完成某种转换任务的功能环节，如放大环节、校正环节等。这些环节按适当的方式组织起来，就能产生所需要的控制作用。

3.5.2.3 信息论

为了正确地认识并有效地控制系统，必须了解和掌握系统各种信息的流动与交换，信息论为此提供了一般方法论的指导。语言是人与人之间信息交流的工具，文字扩大了信息交流的范围，19 世纪电话和电报的发明和应用使信息交流进入了电气化时代。信息论最早产生于通信领域，现已与材料和能源共同构成了现代文明的三大支柱。信息的概念已渗透到人类社会的各个领域，因此，人们说现在是信息社会、信息时代。美国政府提出了建设信息高速公路的宏伟计划，得到了国内外的广泛支持，欧洲和日本等发达地区积极呼应，我国政府也拨出了巨额资金，以便在此高科技领域内跟上世界发展的步伐。

信息论是一门用数理统计方法来研究信息的度量、传递和变换规律的科学。它主要研究的是通信和控制系统中普遍存在的信息传递的共同规律，以及关于信息的获限、度量、变换、存储和传递等问题的最佳解决方案的基础理论。

信息论的研究范围极为广阔，一般分为以下 3 种不同类型。

（1）狭义信息论。它主要研究通信和控制系统中普遍存在着的信息传递的共同规律，以及如何提高各信息传输系统的有效性和可靠性的一门通信理论。

（2）一般信息论。它主要研究通信问题，也包括噪声理论、信号滤波与预测、调制与信息处理等问题。

（3）广义信息论。它不仅包括狭义信息论和一般信息论的研究问题，还包括所有与信息有关的领域，如心理学、语言学、神经心理学、语义学等。

3.5.2.4 运筹学

运筹学是系统管理者为了获得系统运行的最优解而使用的一种科学方法。

运筹学和系统工程的含义以及它们之间的联系、区别如下。

（1）运筹学是从系统工程中提炼出来的基础理论，属于技术科学；系统工程则是运筹学的实践内容，属于工程技术。

（2）运筹学在国外称为狭义系统工程，与国内运筹学的内涵不同，它解决具体的"战术问题"；系统工程则侧重于研究战略性的"全局问题"。

（3）运筹学只对已有系统进行优化；系统工程则从系统规划设计开始就运用优化的思想。

（4）运筹学是系统工程的数学理论，是实现系统工程实践的计算手段，为系统工程服务；系统工程则是方法论，着重于概念、原则、方法的研究，只将运筹学作为手段和工具使用。

常用的运筹学方法包括以下几种。

（1）数学规划。数学规划是在某一组约束条件下，寻求某一函数（目标函数）极值的一种方法。当约束条件用一组线性等式或不等式表示，且目标函数是线性函数时，称为线性规划。线性规划是求解这类问题的理论和方法，它在企业经营管理、生产计划安排、人员物资分配、交通运输计划编制等方面有广泛的应用，是目前理论上较为成熟、实践中应用广泛的一种运筹学方法。如果在所考虑的数学规划问题中，约束条件或目标函数不完全为线性，则称为非线性规划。实践工作中的大量问题一般都为非线性问题，使用线性规划难以解决，这也正是线性规划的局限性。非线性规划是求解这类问题的理论和方法，尽管这种方法在理论上不如线性规划成熟，但随着科学的发展和电子计算机的普及，非线性规划的重要性日益增长。相较于线性规划，它能够更为精确和严谨地解决问题。

（2）动态规划。这种方法是动态条件下，解决多阶段决策过程最优化的一种数学方法，它可使多维或多级问题变成一串每级只有一个变量的单级问题，适用于解决多阶段的生产规划、运输及经营决策等问题。目前动态规划没有一套一般算法，只有一些特殊解法。

（3）库存论。物资管理是经营管理的主要内容之一。该理论主要研究在什么时间、以多大数量组织进货可使储存费用和补充采购的总费用最少。库存问题包括静态库存模型和概率型库存模型。其中，静态库存模型实质上是无约束非线性规划模型的一种。

（4）排队论。排队论是研究服务系统工作过程的一种数学理论和方法，是研究随机聚散的理论。它通过个别随机服务现象的统计研究，找出反映这些现象的平均特性，从而改进服务系统的工作状况。

（5）网络分析和网络计划。网络分析是研究网络图中点和线关系的一般规律的理论。它是应用图论的基本知识解决生产、管理等方面问题的一种方法。网络计划是用网络图的形式解决生产计划的安排、控制问题的一种管理方法。常用的网络计划方法有关键线路法（CPM），计划评审技术（PERT）、决策关键线路法（DCPM）、图解评审技术（GERT）等。

（6）决策论。决策论应用于经营决策。它是根据系统的状态、可选取的策略以及选取这些策略对系统所产生的后果等对系统进行综合的研究，以选取最优决策的一种方法。

（7）对策论。对策论又称博弈论，是研究竞争现象的数学理论与方法，最早产生于第二次世界大战，用于军事对抗，后来扩展到各种竞争性活动。在竞争活动中，由于竞争各方有各自不同的目标和利益，它们必须研究对手可能采取的各种行动方案，并力争制定和选择对自己最有利的行动方案。对策论就是研究竞争中是否存在最有利的方案以及如何寻找该方案的数学理论与方法。

3.5.3 主要方法

系统工程方法论是分析和解决系统开发、运作及管理实践中的问题所应遵循的工作程序、逻辑步骤和基本方法。它是系统工程思考问题和处理问题的一般方法和总体框架。

3.5.3.1 霍尔的三维结构体系

霍尔的三维结构体系，即霍尔的系统工程，又称为硬系统方法论（hard system methodology，HSM），是美国系统工程专家霍尔（A. D. Hall）于1969年提出的一种系统工程方法论。

霍尔的三维结构体系的出现，为解决大型复杂系统的规划、组织、管理问题提供了一种统一的思想方法，因而在世界各国得到了广泛应用。霍尔的三维结构体系是将系统工程的整个活动过程分为前后紧密衔接的七个阶段和七个步骤，同时还考虑了为完成这些阶段和步骤所需要的各种专业知识和技能。这样，就形成了由时间维、逻辑维和知识维所组成的三维空间结构。其中，时间维表示系统工程活动从开始到结束按时间顺序排列的全过程，分为规划、拟订方案、研制、生产、安装、运行、更新七个时间阶段。逻辑维是指时间维的每一个阶段内所要进行的工作内容和应该遵循的思维程序，包括明确问题、确定目标、系统综合、系统分析、优化、决策、实施七个逻辑步骤。知识维列举需要运用的包括工程、医学、建筑、商业、法律、管理、社会科学、艺术等领域的各种知识和技能。霍尔的三维结构体系形象地描述了系统工程研究的框架，对其中任一阶段和每一个步骤，又可进一步展开，形成分层次的树状体系。

3.5.3.2 切克兰德方法论

切克兰德把霍尔的三维结构体系称为"硬科学"方法论，并提出了自己的"软科学"方法论。

社会经济系统中的问题往往难以像工程技术系统中的问题那样，事先将"需求"描述清楚，因而也难以按价值系统的评价准则设计出符合这种"需求"的最优系统方案。切克兰德方法论的核心不是"最优化"，而是"比较"，或者说是"学习"，通过对模型和现状的比较来学习改善现状的途径。

切克兰德方法论的主要内容和工作过程如下。

（1）认识问题。收集与问题有关的信息，表达问题现状，寻找构成或影响因素及其关系，以便明确系统问题结构、现存过程及其相互之间的不适应之处，确定有关的行为主体和利益主体。

（2）根底定义。根底定义的目的是弄清、改善与现状有关的各种因素及其相互关系，为系统的发展及其研究确立各种基本看法，并尽可能选出最合适的基本观点。

（3）建立概念模型。在不能建立精确数学模型的情况下，用结构模型或语言模型来描述系统的现状。概念模型来自根底定义，是通过系统化语言对问题抽象描述的结果，其结构及要素必须符合根底定义的思想，并能实现其要求。

（4）比较及探寻。将现实问题和概念模型进行对比，找出符合决策者意图且可行的方案或途径。有时通过比较，需要对根底定义的结果进行适当修正。

（5）选择。针对比较的结果，考虑有关人员的态度及其他社会、行为等因素，选出现实可行的改善方案。

（6）设计与实施。通过详尽和有针对性的设计，形成具有可操作性的方案，并使有关人员乐于接受并愿意为方案的实现竭尽全力。

（7）评估与反馈。根据在实施过程中获得的新认识，修正问题描述、根底定义及概念模型等。

3.5.3.3 物理－事理－人理系统方法论

物理－事理－人理（WSR）系统方法论是由顾基发和朱志昌在 1994 年年底提出的，他们认为处理复杂问题时既要考虑对象物理的方面（物理），又要考虑这些物如何更好地被运用到事的方面（事理），最后认识问题、处理问题和实施管理与决策都离不开人的方面（人理）。该方法论以东方的哲学观为指导，是一种东方系统方法论，其中也吸收了较多西方系统方法的思想。

在 WSR 系统方法论中，物理指涉及物质运动的机理，既包括狭义的物理，也包括化学、生物、地理、天文等。通常要用自然科学知识回答"物"是什么，如描述自由落体的万有引力定律、遗传密码由 DNA 中的双螺旋体携带、核电站的原理是将核反应产生的巨大能量转化为电能等。物理需要的是真实性，研究客观实在。

事理指做事的道理，主要解决如何去安排所有的设备、材料、人员。通常用到运筹学与管理科学方面的知识来回答"怎样去做"。典型的例子是美国阿波罗计划、核电站的建设和供应链的设计与管理等。

人理指做人的道理，通常要用人文与社会科学的知识去回答"应当怎样做"和"最好怎么做"的问题。实际生活中处理任何"事"和"物"都离不开人，而判断这些事和物是否应用得当，也由人来完成，所以系统实践必须充分考虑人的因素。人理的作用可以反映在世界观、文化、信仰、宗教和情感等方面，特别表现在人们处理一些"事"和"物"中的利益观和价值观上。在处理认识世界方面可表现为如何更好地认识事物、学习知识，如何激励人的创造力、唤起人的热情、开发人的智慧。人理也表现在对物理与事理的影响。例如，虽然对于资源与土地匮乏的日本来讲，核电可能更加经济，但是一些地区由于人们害怕可能会遭受核事故和核辐射的影响，在建设核电站时遭遇反对、抗议乃至否决，这就是"人理"的作用。

3.5.4　模型仿真

3.5.4.1　系统模型

系统模型是指以某种确定的形式（如文字、符号、图表、实物和数学公式等），对系统某一方面本质属性的描述。

一方面，根据研究目的的不同，对同一系统可建立不同的系统模型，例如，根据研究需要，可建立无线链路控制（RLC）网络系统的传递函数模型或微分方程模型；另一方面，同一系统模型也可代表不同的系统，例如，对于系统模型 $y = kx$（k 为常量）：

（1）若 k 为弹簧系数，x 为弹簧伸长量，y 为弹簧力，则该模型表示一个物理上的弹簧运动系统；

（2）若 k 为直线斜率，x、y 分别为任意点的横坐标和纵坐标，则该模型表示一个数学上过原点的直线系统。

系统模型的特征如下。

（1）它是现实系统的抽象或模仿。

（2）它是由反映系统本质或特征的主要因素构成的。

（3）它集中体现了这些主要因素之间的关系。

系统模型的分类如下。

常用系统模型通常可分为物理模型、文字模型和数学模型三类，其中物理模型与数学模型又可分为若干种。

在所有模型中，通常广泛采用数学模型来分析系统工程问题，其原因在于以下几个方面。

（1）它是定量分析的基础。

（2）它是系统预测和决策的工具。

（3）它的可变性好、适应性强、分析速度快、节约时间和成本，并且便于使用计算机。

系统建模的要求可概括为现实性、简明性、标准化。

系统建模遵循的原则是切题、模型结构清晰、精度要求适当、尽量使用标准模型。

根据系统对象的不同，系统建模的方法可分为推理法、实验法、统计分析法、混合法和类似法。

根据系统特性的不同，系统建模的方法可分为状态空间法、结构模型解析法和最小二乘估计法等。其中，最小二乘估计法是一种基于工程系统的统计学特征和动态辨识，寻求在小样本数据下克服较大观测误差的参数估计方法，属于动态建模范畴。

3.5.4.2　系统仿真

系统仿真（system simulation）指的是根据系统分析的目的，在分析系统各要素性质及其相互关系的基础上，建立能够描述系统结构或行为过程且具有一定逻辑关系或数量关系的仿真模型，并据此进行实验或定量分析，以获得正确决策所需的各种信息。

仿真的实质如下。

（1）仿真实质上是一种对系统问题求数值解的计算技术，尤其是当系统无法通过建立数学模型求解时，使用仿真能有效地处理。

（2）仿真是一种人为的实验手段。它和现实系统实验的差别在于，仿真实验不依据实际环境，而是在作为实际系统映像的系统模型以及相应的"人造"环境下进行。这是仿真的主要功能。

（3）仿真可以较为真实地描述系统的运行、演变及其发展过程。

仿真有以下作用。

（1）仿真的过程是实验的过程，同时也是系统地收集和积累信息的过程，尤其是对一些复杂的随机问题，应用仿真技术是提供所需信息的唯一令人满意的方法。

（2）对一些难以建立物理模型和数学模型的对象系统，可通过仿真模型来顺利地解决预测、分析和评价等系统问题。

（3）通过系统仿真，可以把一个复杂系统降阶成若干子系统以便于分析。

（4）通过系统仿真，不仅能启发新的思想或产生新的策略，还能暴露原系统中一些隐藏问题，以便及时解决。

系统仿真的基本方法是建立系统的结构模型和量化分析模型，并将其转换为适合在计算机上编程的仿真模型，然后对模型进行仿真实验。由于连续系统和离散（事件）系统的数学模型有较大差异，所以系统仿真方法分为两大类，即连续系统仿真方法和离散系统仿真方法。

在以上两类基本方法的基础上，还有一些用于系统（特别是社会经济和管理系统）仿真的特殊而有效的方法，如系统动力学方法、蒙特卡罗法等。系统动力学方法通过建立系统动力学模型（流图等）、利用 DYNAMO 仿真语言在计算机上实现对真实系统的仿真实验，进一步研究系统结构、功能和行为之间的动态关系。

3.5.5　系统评价

系统评价是根据预定的系统目标，使用系统分析的方法，从技术、经济、社会和生态等方面对系统设计方案进行评审和选择，以确定最优、次优或满意的系统方案。由于各个国家社会制度、资源条件、经济发展状况、教育水平和民族传统等各不相同，所以目前没有统一的系统评价模式，评价项目、评价标准和评价方法也不尽相同。

3.5.5.1　系统评价步骤

系统评价一般包括以下几个步骤。

（1）明确系统方案的目标体系和约束条件。

（2）确定评价项目和指标体系。

（3）制定评价方法并收集有关资料。

（4）可行性研究。

（5）技术经济评价。

（6）综合评价。

根据系统所处阶段可将系统评价分为事前评价、中间评价、事后评价和跟踪评价。

（1）事前评价，是指在计划阶段进行的评价，由于此时没有实际的系统，一般只能参考已有资料或使用仿真的方法进行预测评价，有时也用投票表决的方法，综合人的直观判断而进行评价。

（2）中间评价，是指在计划实施阶段进行的评价，着重检验系统是否按照计划实施，如使用计划协调技术对工程进度进行评价。

（3）事后评价，是指在系统实施即工程完成之后进行的评价，评价系统是否达到了预期目标。因为此时可测定实际系统的性能，所以做出评价较为容易。对于系统有关社会因素的定性评价，可通过调查接触该系统的人的意见来进行。

（4）跟踪评价，是指系统投入运行后对其他方面造成的影响的评价，如大型水利工程完成后对生态造成的影响。

3.5.5.2　系统评价方法

系统评价方法可分为以下 4 类。

（1）专家评估。由专家依据个人知识和经验直接判断来进行评价。常用的有特尔斐法、评分法、表决法和检查表法等。

（2）技术经济评估。以价值的各种表现形式来计算系统效益从而达到评价的目的。如净现值法、利润指数法、内部报酬率法和索别尔曼法等。

（3）模型评估。使用数学模型在计算机上仿真来进行评价。如可采用系统动力学模型、投入产出模型、计量经济模型和经济控制论模型等数学模型。

（4）系统分析。对系统各个方面进行定量和定性分析来进行评估。如成本效益分析、决策分析、风险分析、灵敏度分析、可行性分析和可靠性分析等。

3.6　小　　结

信息技术的快速发展，促使计算机网络向网络空间发展，信息网络从信息的角度分析网络状态及其特征，分析网络空间中信息的产生、传输、处理等过程。同时本章给出了网络、计算机网络、信息网络的内涵讨论，同时探讨了复杂网络和网络空间的基本概念。

3.7　习　　题

1. 信息的主要表征有哪些？信息的主要特征有哪些？
2. 信息系统的组成包括哪几个部分？其各部分主要内容是什么？
3. 信息系统的要素有哪些？其发展的极限目标是什么？
4. 什么是复杂网络？复杂网络有哪些主要特征？其主要研究内容有哪些？
5. 网络空间的概念是什么？网络空间的研究价值如何？
6. 系统工程的主要方法论有哪些？
7. 请简述物理 – 事理 – 人理系统方法论的核心内容。
8. 什么是系统仿真？其价值和作用如何？
9. 系统工程的研究对象和价值是什么？

第4章
特征工程与知识表示

4.1 引　言

随着数据数量和种类的快速增长，机器学习的应用变得越来越普遍，然而，原始数据中常存在噪声、缺失值、异常值等干扰，影响了机器学习模型的性能。因此，提高数据质量和可用性、深度挖掘数据深层信息，成为模型构建过程中的一个关键任务。数据预处理是对原始数据清洗、转换和规范化的过程，能够剔除原始数据中的错误、噪声和异常值等干扰，并可以对数据进行归一化、标准化等转化以满足模型需求。预处理后的数据更加干净和可靠，能够更好地支撑特征工程和模型构建等任务。特征工程是提升原始数据表达能力的过程，通过特征选择、特征构建和特征降维等方法，筛选和构建对模型构建最具影响力的特征集，优化数据的特征表达，从而提高模型的预测效果与泛化能力。

在特征工程和模型构建过程中，引入先验知识可进一步提高模型的性能。知识表示能够将领域专家知识和先验信息处理为机器可处理的形式，进而与机器学习模型相结合，增强模型的预测和推理能力，更好地适应复杂的实际任务。

本章主要内容包括如下几节。

4.2 节讨论了数据预处理技术，主要内容包括数据预处理基本概述，数据清理、数据集成、数据变化等数据预处理方法。

4.3 节阐述了特征工程技术，主要内容包括特征工程基本概述，特征选择、特征构建、特征降维等特征工程方法。

4.4 节介绍了知识表示技术，主要内容包括知识表示基本概述，逻辑表示法、产生式表示法、框架表示法、语义网络表示法、本体表示法、过程表示法等知识表示方法。

4.2 数据预处理

4.2.1 基本概述

4.2.1.1 基本用途

现实世界中的海量数据一般质量不高，将其直接用于数据挖掘或数据分析可能会导致较大的偏差。为了提高数据的质量以及数据分析或者数据挖掘结果的准确度，数据预处理技术应运而生。数据预处理不仅可以清理低质量数据，还可以将初始数据的内容与格式调整成符合数据分析或数据挖掘需求的内容与格式，从而提高数据质量、数据分析或数据挖掘的效率与准确性。

  无论是数据分析、数据挖掘，还是机器学习、人工智能都离不开数据。在实际应用中，初始数据一般来自多数据源且格式多样化。这些数据的质量通常是良莠不齐的，不能直接被应用到数据分析或者数据挖掘工作中，直接使用会造成低质量的数据分析或者数据挖掘结果。因此，初始数据在进行数据分析或数据挖掘之前需要经过一定的处理，以满足数据分析或数据挖掘的需求。

  数据库同时易受到噪声数据、缺失数据和不一致性数据的干扰，因此在数据预处理过程中，面临着以下问题：如何提升数据质量以改善数据分析或数据挖掘结果，以及如何让数据处理更加高效便捷？数据预处理技术包括以下几个方面：首先，数据清理可以消除数据中的噪声并纠正不一致之处。其次，数据集成将来自多个源的数据合并为一致的数据存储形式，例如数据仓库或数据立方体。此外，数据变化技术，如归一化可以改善涉及距离度量的挖掘算法的准确性和有效性。这些数据处理技术在进行数据挖掘之前使用，能够显著提升挖掘模式的质量，同时降低实际挖掘所需的时间成本。

  从初始数据到得出数据分析或数据挖掘结果的整个过程中对数据进行的一系列操作称为数据预处理。数据预处理是数据分析或数据挖掘前的准备工作，也是数据分析或数据挖掘中必不可少的一环，它主要通过一系列方法来处理低质量数据、精准地抽取数据、调整数据的格式，从而得到一组符合准确、完整等标准的高质量数据，保证该数据能更好地服务于数据分析或数据挖掘工作。据统计，数据预处理的工作量占整个数据分析或数据挖掘工作的60%。由此可见，数据预处理在数据分析、数据挖掘中扮演着举足轻重的角色。

  下面以摩拜单车数据为例，分别使用预处理前与预处理后的数据实现求各个城市用户平均骑行时长的分析目标，并比较和分析哪组数据能得到准确的分析结果。预处理前后的摩拜单车数据分别如表4-1和表4-2所示。

表4-1 数据预处理前单车数据

用户编号	城市	单车编号	单车类型	骑行时长/h
MU_00001	北京	MB_00001	经典	0.5
MU_00101	上海	MB_00032	轻骑	1.2
MU_00231	深圳	MB_00075	经典	2.0
MU_00012	广州	MB_00201	轻骑	0.7
MU_00024	北京	MB_00452	经典	—
MU_00025	广州	MB_00023	轻骑	0.5
MU_00026	上海	MB_00045	轻骑	—

表4-2 数据预处理后单车数据

城市	骑行时长/h
北京	0.5
上海	1.2

城市	骑行时长/h
深圳	2.0
广州	0.7
北京	0.8
广州	0.5
上海	0.6

表 4 - 1 所示为预处理前的摩拜单车数据，这组数据中包含用户编号、城市、单车编号、单车类型、骑行时长五个属性（数据对象的特征）。其中用户编号、单车编号、单车类型是一些冗余的属性，这些属性对分析目标而言意义不大。骑行时长是对分析目标起关键作用的属性，但该列中有若干个空缺，根据该列的数据求得的平均骑行时长是一个准确度较低的结果。

表 4 - 2 所示为预处理后的摩拜单车数据，这组数据中只包含与分析目标关联紧密的两个属性——城市和骑行时长，这两列数据是比较完整的，能够快速地得出各城市用户的平均骑行时长。

若使用表 4 - 1 中的低质量数据对各城市用户的平均骑行时长进行分析，会导致分析结果存在偏差。相反，若使用表 4 - 2 中的高质量数据对各城市用户的平均骑行时长进行分析，会得到较为准确的分析结果。

数据预处理不仅可以提高初始数据的质量，保留与分析目标联系紧密的数据，还可以优化数据的表现形式，有助于提高数据分析或者数据挖掘工作的效率和准确率。

4.2.1.2　基本形式

在实际业务中，从各渠道获取的初始数据大多是低质量数据，其中包含不属于给定范围、对实际业务无意义、格式非法、编码不规范、业务逻辑模糊的数据，这种数据存在着一系列的问题。

1. 数据缺失

数据缺失是指属性值为空的一类问题。这类问题主要是由采集、传输与存储设备故障、数据延迟获取或人为因素造成的。例如，用户在参与问卷调研时，未婚用户未填写配偶姓名一栏的信息，学生用户未填写月收入一栏的信息，介意填写个人隐私信息的用户未上传照片信息等。

2. 数据重复

数据重复是指同一条数据多次出现的一类问题。这类问题主要是由人为重复录入或传输设备故障造成的。例如，某平台系统中录入了两个 ID 相同的用户。

3. 数据异常

数据异常是指个别数据远离数据集的一类问题。这类问题主要是由随机因素或不同机制造成的，需要先经过判定再进行相应的处理。

4. 数据冗余

数据冗余是指数据中存在一些多余的、无意义的属性。这些属性可以根据另一组属性推导出来，或者蕴含在另一组属性中，又或者超出业务需求。例如，一组数据中同时包含月收入和年收入，而年收入可以直接根据月收入推导出来。

5. 数据值冲突

数据值冲突是指同一属性存在不同值的一类问题。此类问题常见于多源数据合并的场景。例如，身高属性在一个数据源中对应一组以 cm 为单位的数值，而在另一数据源中对应一组以 m 为单位的数值。

6. 数据噪声

数据噪声是指属性值不符合常理的一类问题。这类问题主要是由硬件故障、编程错误、语音或光学字符识别程序识别错误等造成的。例如，数据中记录的用户年龄为负数。

上述问题是数据分析或数据挖掘时比较常见的一些数据问题，这些问题会对数据分析或数据挖掘结果产生一定的影响，这些数据只有被处理成高质量的数据之后，才可以应用到数据分析或数据挖掘中。除处理低质量数据之外，初始数据的形式或内容也需要做一些调整，以保证数据更加符合数据分析或数据挖掘的需求，为数据分析或数据挖掘做好准备工作。

数据预处理针对以上各种数据问题提供了相应的解决方法，并将这些方法按照不同的功能划分到处理过程中的每个步骤，逐步实现提高数据质量、整合多源数据、调整数据形式、保留重要数据的目标。数据预处理的基本形式如图 4 - 1 所示。

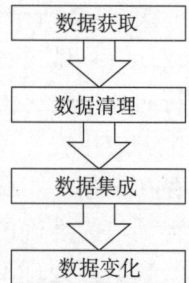

图 4 - 1 数据预处理的基本形式

1. 数据获取

数据获取是预处理的第一步。该步骤主要负责从文件、数据库、网页等众多渠道中获取数据，以得到预处理的初始数据，为后续的处理工作做好数据准备。

2. 数据清理

数据清理主要是将低质量数据变成高质量数据。该步骤会通过一系列的方法对低质量数据进行处理，包括删除重复数据、填充缺失数据、检测异常数据等，以达到清除冗余数据、规范数据、纠正错误数据的目的。

3. 数据集成

数据集成主要负责把多个数据源合并成一个数据源，以达到增大数据量的目的。在合并多个数据源时，各个数据源对应的现实实体的表达形式不同，所以要考虑实体识别、属性冗余、数据值冲突等问题。

4. 数据变化

数据变化主要负责将数据转换成适当的形式，以降低数据的复杂度。数据变化示意图如图 4 - 2 所示（主要展示数据归一化的变化）。

数据清理、数据集成、数据变化都是数据预处理的主要步骤，它们没有严格意义上的先后顺序，在实际应用时并非全部会使用，具体要视业务需求而定。本节只简单地介绍了每个步骤的目的，每个步骤涉及的具体方法会在下一节展开介绍。

存在不完整、含噪声和不一致的数据是现实数据库或数据仓库的普遍特点。数据的不完整性可能有多种原因。例如，在销售事务数据中，一些敏感属性，如顾客信息，可能并非始终可用；某些数据可能未被包含，仅仅是因为在输入时可能认为不太重要；记录的缺失可能是由于理解错误或设备故障；此外，由于历史记录或数据修改的原因，某些数据可能被

	F1	F2	F3	F4
P1	1	2	3	4
P2	2	1	2	2
P3	3	3	1	1
P4	4	4	4	3

	F1	F2	F3	F4
P1	0.1	0.2	0.3	0.4
P2	0.2	0.1	0.2	0.2
P3	0.3	0.3	0.1	0.1
P4	0.4	0.4	0.4	0.3

图 4 – 2　数据变化示意图

忽略。

数据清理通过填写缺失的值，平滑噪声数据，识别、删除噪声点，并解决不一致来"清理"数据。低质量数据给数据挖掘过程带来困难，可能会导致不可靠的分析结果。尽管大部分挖掘过程都有一些方法来处理不完整或噪声数据，但它们并非总是普适的。相反，它们更致力于避免数据过分拟合所建的模型。

通常数据来自多个数据源，其中就涉及集成多个数据库、数据仓库或文件，即数据集成。代表同一概念的属性在不同的数据库中可能具有不同的名字，会导致不一致性和冗余。例如，关于用户标识符的属性在一种数据存储中为"customer_id"，而在另一种中为"cust_id"。命名的不一致还可能出现在属性值中。例如，同名的人可能在第一个数据库中登记为"Bill"，在第二个数据库中登记为"William"，而在第三个数据库中登记为"B"。此外，有些属性可能是由其他属性导出的（例如，年收入可由月收入导出）。含有大量的冗余数据可能降低知识发现过程的性能。显然，除了数据清理之外，必须采取合适步骤以避免数据集成时的冗余。

在数据分析阶段，如果使用神经网络、最近邻分类或聚类这样的基于距离的挖掘算法，并且要分析的数据已归一化，即按比例映射到一个特定的区间 [0.0, 1.0]，算法能得到较好的结果。例如，用户数据包含年龄和年薪属性，年薪属性的取值范围可能比年龄更大，但如果属性未归一化，在年薪度量上所取的权重一般要超过在年龄度量上所取的权重，这可能会给数据分析结果带来偏差。

现实世界的数据一般是低质量的、不完整的和不一致的。数据预处理技术可以改进数据的质量，有助于改善后续数据分析或数据挖掘性能。高质量的决策必然依赖于高质量的数据，因此数据预处理是知识发现的重要步骤。检测异常数据、尽早地调整数据，将在决策制定时得到高收益。

4.2.2　数据预处理方法

4.2.2.1　数据获取

数据获取是数据分析和挖掘的第一步，决定了后续分析工作的质量和效率。这一小节探讨数据获取的重要性、常见的数据获取方法，以及如何获取并准备数据以进行后续的预处理和分析。

1. 数据获取的重要性

数据获取是数据分析的基础，直接影响着后续的结果。无论是从已有的数据源中提取信息，还是通过数据采集手段收集新的数据，数据获取的质量和全面性都将影响整个数据分析的可靠性和价值。在数据预处理过程中，数据获取阶段通常需要考虑以下几个方面。

（1）数据源选择。选择适合问题领域的数据源，如公开数据集、传感器数据、社交媒体数据等。

（2）数据收集方式。根据数据的特性，选择适当的数据收集方法，如网络爬虫、调查问卷、传感器监测等。

（3）数据完整性。确保数据的完整性，避免缺失、重复和错误数据的影响。

2. 常见的数据获取方法

在实际应用中，有多种方法可以获取数据。以下是几种常见的数据获取方法，以及它们的特点和适用场景。

（1）公开数据集。许多组织和机构提供了大量的公开数据集，涵盖了各种领域的数据。例如，政府部门发布的统计数据、社交媒体平台的用户数据等。这些数据集通常经过整理和标准化，可直接用于分析研究。

（2）网络爬虫。通过网络爬虫从网页中提取数据，其是获取网络上信息的一种常见方式。爬虫可以自动遍历网页并提取感兴趣的数据，如新闻、评论、商品信息等。但在使用网络爬虫时，需要注意遵守相关网站的使用条款，避免侵犯隐私和版权。

（3）传感器数据。在物联网时代，许多设备和传感器产生大量的数据，如温度、湿度、位置等。这些数据可以用于环境监测、健康追踪等领域。

（4）调查问卷。调查问卷是一种数据收集方法，即对受访者进行调查，收集他们的观点、偏好等信息。这种方式适用于获取主观性数据，如市场调研、社会调查等。

通过一个具体的例子来说明数据获取的过程。假设要研究一个城市的空气质量变化趋势，可以从以下几个方面获取数据。①公开数据集：搜索该城市环保部门发布的空气质量数据，获取历史的空气质量指数、颗粒物浓度等数据；②传感器数据：获取该城市的环境监测站数据，监测不同地点的空气质量，这些监测站通常配备各种传感器，可测量温度、湿度、颗粒物等；③网络爬虫：从新闻网站或社交媒体上收集关于该城市空气质量的新闻和评论，这可以提供一些主观的、与数据相补充的信息。

3. 数据获取的注意事项

在进行数据获取时，需要注意以下几个重要的问题。

（1）隐私和法律问题：在获取数据时，要确保遵守隐私法规和相关法律，尤其是个人隐私数据，需要经过用户同意才能收集和使用。

（2）数据完整性：确保数据的完整，避免失值式噪声数据导致分析结果不准确。在数据获取前后，需要进行数据清洗和验证。

（3）样本偏倚：选择的数据源可能存在样本偏倚，导致分析结果不具有普遍性。在数据获取时，要注意选择具有代表性的样本。

在数据预处理的流程中，数据获取是一个重要且复杂的环节。合理选择数据获取方法、保障数据质量并遵循法律法规，将为后续的数据分析提供坚实的基础。数据获取是数据分析和挖掘的关键步骤之一，它决定了后续分析工作的准确性和可信度。通过选择合适的数据获取方法，保障数据完整性和质量，可以为数据预处理和分析奠定良好的基础。

4.2.2.2 数据清理

现实生活的数据一般是低质量的、不完整的和不一致的。数据清理的目的是处理缺失的值、消除噪声数据，处理重复数据和纠正不一致数据。

1. 处理缺失值

（1）忽略缺失数据：当类别标签缺失时，可能会选择这种方法（假设数据挖掘任务涉及分类或描述）。然而，当某个属性的缺失值比例较高时，其性能可能受到严重影响。

（2）手动填充缺失值：这种方法需要耗费大量时间，而且当数据集较大且存在大量缺失值时，该方法可能变得不可实现。

（3）使用一个全局常量填充缺失值：将缺失的属性值用同一个常数（如"Unknown"或 $-\infty$）替换。如果缺失值都用"Unknown"替换，数据挖掘程序可能误以为它们形成了一个有趣的概念集，因为它们都具有相同的值——"Unknown"。

（4）使用属性的平均值填充缺失值：数据的属性分为定距型和非定距型；如果缺失值是非定距型的，就以该属性存在值的平均值来填充缺失的值；如果缺失值是定距型的，就根据统计学中的众数原理，用该属性的众数（即出现频率最高的值）来补齐缺失的值。

定距型数据是用数字表示个体在某个有序状态中所处的位置，不能做四则运算。例如，"受教育程度"，文盲半文盲 =1，小学 =2，初中 =3，高中 =4，大学 =5，硕士研究生 =6，博士及其以上 =7。

（5）使用与给定数据同一类的所有样本的平均值：例如，将顾客按某种类别分类，则用具有相同类别的顾客的平均收入替换收入中的缺失值。

（6）使用最可能的值填充缺失值：可以用回归、贝叶斯方法或判定树归纳等基于推导的方法确定。例如，利用数据集中其他顾客的属性，可以构造一棵判定树，来预测收入的缺失值。

（7）极大似然估计：在缺失类型为随机缺失的条件下，假设模型对于完整的样本是正确的，那么通过观测数据的边际分布可以对未知参数进行极大似然估计，这种方法也称为忽略缺失值的极大似然估计。对于极大似然的参数估计，实际中常采用的计算方法是期望值最大化。该方法比删除个案和单值插补更有优势，但是只适用于大样本，且有效样本的数量足够多以保证极大似然估计值是渐近无偏的并服从正态分布。但是这种方法可能会陷入局部极值，收敛速度也不快，并且计算很复杂。

（8）多重插补：多重插补的思想来源于贝叶斯估计，认为待插补的值是随机的，它的值来自已观测到的值。在实际计算过程中，通常先估计出待插补的值，然后再加上不同的噪声，形成多组可选插补值。根据某种选择依据，选取最合适的插补值。

多重插补方法分为 3 个步骤。①为每个空值产生一套可能的插补值，这些值反映了无响应模型的不确定性。每个值都可以用来插补数据集中的缺失值，产生若干个完整数据集。②每个插补数据集都用针对完整数据集的统计方法进行统计分析。③对来自各个插补数据集的结果，根据评分函数进行选择，产生最终的插补值。

假设有一组数据包括三个变量 $Y1$，$Y2$，$Y3$，它们的联合分布为正态分布，将这组数据处理成三组，A 组保持原始数据；B 组仅缺失 $Y3$；C 组缺失 $Y1$ 和 $Y2$。在多值插补时，对 A 组不进行任何处理，对 B 组产生 $Y3$ 的一组估计值（作 $Y3$ 关于 $Y1$，$Y2$ 的回归），对 C 组作产生 $Y1$ 和 $Y2$ 的一组成对估计值（作 $Y1$，$Y2$ 关于 $Y3$ 的回归）。当用多值插补时，对 A 组不进行处理，对 B、C 组完整的样本随机抽取形成 m 组（m 为可选择的 m 组插补值），每组个数只要能够有效估计参数即可。对存在缺失值的属性的分布做出估计，然后基于这 m 组观测值，对于这 m 组样本分别产生关于参数的 m 组估计值，给出相应的预测，这种估计方法就是极大似然法，具体的实现算法为期望最大化法。对 B 组估计出一组 $Y3$ 的值，对 C 组，利用 $Y1$，$Y2$，$Y3$ 的联合分布为正态分布这一前提，估计出一组（$Y1$，$Y2$）。

上例中假定了 $Y1$，$Y2$，$Y3$ 的联合分布为正态分布。这个假设是人为的，但是已经通过验证，非正态联合分布的变量，在这个假定下仍然可以估计到很接近真实值的结果。

贝叶斯估计和多重插补的思想是一致的，但是多重插补弥补了贝叶斯估计的几个不足。①贝叶斯估计以极大似然的方法估计，极大似然的方法要求模型的形式必须准确，如果参数形式不正确，将得到错误的结论，即先验分布将影响后验分布的准确性。而多重插补所依据的是大样本渐近完整数据的理论，在数据挖掘中的数据量都很大，先验分布对结果的影响不大。②贝叶斯估计仅要求知道未知参数的先验分布，没有利用与参数的关系。而多重插补对参数的联合分布做出了估计，利用了参数间的相互关系。

方法（3）~（5）可能会使数据倾斜，填入的值可能不正确。方法（6）是最常用的方法，与其他方法相比，它使用现存数据的最多信息来推测缺失值。在估计收入的缺失值时，通过考虑其他属性的值，有更大的机会保持收入和其他属性之间的联系。

2. 消除噪声数据

噪声是测量变量的随机错误或偏差。给定一个数值属性，例如价格（price），怎样才能平滑数据，去掉噪声？以下几种数据平滑技术可供选择。

（1）分箱。分箱方法通过考察"邻居"（即此条数据周围的值）来平滑存储数据的值。存储的值被划分到一些桶或箱中。由于分箱方法导致值相邻，因此可以进行局部平滑。例如，将价格数据划分并存入三个箱中。对于按箱平均值平滑，箱中每一个值被箱中的平均值替换，如果箱 1 中的值 4、8 和 15 的平均值是 9，那么将该箱中的每一个值被替换为 9。类似地，可以按中值平滑，此时，箱中的每一个值被箱中的中值替换。对于按边界平滑，箱中的最大和最小值同样被视为边界，箱中的每一个值被最近的边界值替换。一般来说，宽度越大，平滑效果越明显。

（2）聚类。噪声可以被聚类检测。聚类将类似的值组织成群。直观来看，落在聚类集之外的值被视为噪声（见图 4-3）。

（3）计算机和人工检查结合。可以通过计算机和人工检查结合的办法来识别噪声。例如，使用信息度量的方式帮助识别手写字符数据库中的噪声。度量值反映被判断的字符与已知的符号相比的"差异"程度，其差异程度大于某个阈值的数据输出到一个表中。人工可以审查

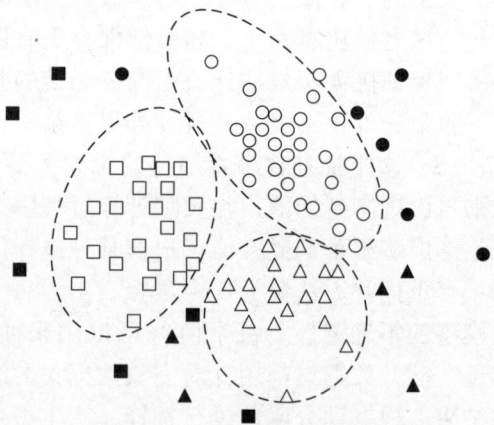

图 4-3 通过聚类检测噪声

表中的数据，识别真正的噪声数据，这种方式比直接人工搜索整个数据库快得多。

（4）回归。回归可以通过数据拟合一个函数来平滑数据。线性回归涉及找出适合两个变量的"最佳"直线，使一个变量能够预测另一个。多元线性回归是线性回归的扩展，它涉及多个变量，数据要拟合到一个多维曲面中。使用回归，找出适合数据的函数，能够帮助消除噪声。

3. 处理重复数据和纠正不一致数据

对于有些事物，所记录的数据可能存在不一致和重复。有些数据不一致可以使用其他材料人工地加以更正。例如，在线数据的输入是错误的，可以使用纸上的记录加以更正。知识工程工具也可以用来检测违反限制的数据。例如，知道属性间的函数依赖，可以查找违反函数依赖的值。在数据集成过程中也可能产生不一致，比如一个给定的属性在不同的数据库中可能具有不同的名字，或者存在冗余。针对重复的数据，可以采用以下两种去重方式。

（1）基于特征值去重。对于具有多个特征的数据集，可以根据这些特征的组合进行去重。如果两个样本在所有特征上的取值都完全相同，那么它们可以被认为是重复的。

（2）基于主键去重。如果数据集中存在唯一的标识符或主键，可以根据主键进行去重。只保留每个主键对应的第一个样本，将重复的样本删除。

对于不一致的数据，则可以通过以下方式进行处理。

（1）大小写一致化。对于包含文本数据的特征，可以将所有文本转换为统一的大小写形式，例如全部转换为小写或大写，以消除大小写不一致的问题。

（2）单位转换。当数据集中存在多个单位表示相同的量时，可以进行单位转换，使所有数据都采用统一的单位表示。

（3）归一化方法。使用归一化方法，如词干提取、词形还原等，将不一致的文本数据转换为统一的形式。

以上是处理缺失值、消除噪声数据、处理重复数据和纠正不一致数据的常见方法。根据具体的数据集和问题，可以选择合适的方法或结合多种方法进行数据清理。

4.2.2.3　数据集成

数据集成作为数据预处理的一部分，旨在将不同来源、格式和结构的数据集合并成一个一致的数据存储，为后续分析和建模提供可靠的基础。

数据集成在大数据时代的崛起中发挥了关键作用。数据来自多个渠道，包括传感器、社交媒体、企业内部系统等，这些数据可能具有不同的格式、粒度和质量。数据集成可以解决以下问题。

（1）数据一致性：将不同来源的数据集成一个一致的数据集，有助于消除冗余、不一致和错误的数据。

（2）综合分析：综合不同来源的数据可以提供更全面的信息，促使更准确的分析和决策。

（3）跨领域见解：数据集成有助于从多个领域整合信息，从而得出更深入的结论。

在数据集成过程中，有如下几种常用的方法。

（1）批量处理。批量处理方法涉及提取、转换和加载三个阶段。提取是指从不同数据源中提取数据，如数据库、日志文件、API 接口等；转换是指进行数据清洗、转换、重命名、合并等操作，以确保数据一致性和格式一致性；加载是指将转换后的数据加载到目标数据库或数据仓库中，供后续分析使用。

（2）实时数据流转化和展示。此方法适用于需要实时分析的场景。首先进行数据流传输，将数据流传到中间处理系统，如 ApacheKafka、ApacheFlink 等；其次进行流式处理，利用中间处理系统对实时接收的数据进行处理和转换，然后将处理结果传送给目标系统或仓库，支持实时分析；接下来进行数据虚拟化，通过创建虚拟视图，将不同数据源的数据虚拟化为一个统一的数据视图，使用户可以像访问单一数据库一样查询这些视图；最后数据虚拟化工具会自动优化查询，将查询转换为适用于每个数据源的特定查询语言。

（3）数据挖掘。数据挖掘方法适用于复杂数据集或场景。首先通过特征工程识别和提取数据源中的特征，可以为数据挖掘任务创建合适的数据表示；其次通过发现不同数据源之间的关联规则，更好地了解数据之间的联系；最后可以通过聚类和分类算法，自动将不同数据源的数据分类到不同的集群或类别中。

数据集成虽然在实现数据一致性和综合分析方面具有显著的优势，但也伴随着一系列挑战。这些挑战涵盖了数据质量、数据冲突、数据安全等方面，需要在数据集成过程中得到充分的考虑和解决。其中由于数据质量和数据冲突带来的挑战和问题在上一小节中已经清晰地解释并提供了解决方案，除此之外，在数据集成过程中，涉及敏感信息的数据安全和隐私问题需要得到特别关注。数据泄露可能导致机密信息暴露，损害企业声誉，并可能违反法律法规。所以可以考虑以下应对方式：首先是数据加密，敏感数据可以通过加密技术进行保护，防止未经授权的访问；其次是访问控制，确保只有经过授权的用户才能访问敏感数据，减少数据泄露的风险；再次是考虑数据脱敏，在进行数据集成时，可以采取数据脱敏技术，保护个人隐私；最后要关注合规性问题，即在数据集成过程中需要遵循相关的法律法规，确保数据处理的合规性。

在数据集成过程中，数据源的可用性和稳定性也是一个重要的挑战。如果某个数据源不稳定或者不可用，可能会导致整个数据集成流程中断。数据源可能由于硬件故障、网络问题等原因不可用，需要采取冗余和容错措施。同时数据源的结构和内容可能发生变化，需要实时监控并适应这些变化。

例如，一个社交媒体公司希望将来自不同平台的用户数据整合，以便更好地了解用户行为和喜好。他们从 Twitter、Facebook 和 Instagram 等平台收集数据，但每个平台的数据格式和字段都不同。通过数据集成，可以将不同平台的数据映射到一个统一的数据结构。这使公司能够跨平台分析用户的活动模式，改进个性化推荐算法，从而提高用户参与度。

数据集成虽然面临多种挑战，但这些挑战并不是难以克服的。通过采用以上处理方法，可以有效地解决数据质量、一致性、安全性和稳定性等问题，从而实现数据集成的目标，为后续的分析和建模提供可靠的基础。在解决这些挑战的同时，数据集成将带来更准确、一致和综合的数据资产，为智能决策提供有力的支持。

4.2.2.4 数据变化

数据变化将数据转换成适合于挖掘的形式。其涉及以下内容。

（1）平滑：去掉数据中的噪声。这种技术包括分箱、聚类和回归。

（2）聚集：对数据进行汇总和聚集。例如，可以聚集日销售数据，计算月和年销售额。

（3）数据泛化：使用概念分层，用高层次概念替换原始数据。例如，分类的属性，如 street，可以泛化为较高层的概念，如 city 或 country。类似地，数值属性，如 age，可以映射到较高层概念，如 young，middle-age 和 senior。

（4）归一化：将属性数据按比例缩放，使之落入一个小的特定区间，如 -1.0~1.0 或 0.0~1.0。

（5）属性构造（或特征构造）：可以构造新的属性并将其添加到属性集中以帮助挖掘过程。

平滑是一种数据清理形式，已在上小节中讨论过。本节主要讨论归一化和属性构造。

归一化是指将属性数据按比例缩放，使之落入一个小的特定区间，如 0.0 ~ 1.0。对于距离度量分类算法，如涉及神经网络或最邻近分类和聚类的分类算法，归一化的作用显著。如果使用神经网络后向传播算法进行分类挖掘，对于训练样本属性输入值归一化将有助于加快学习阶段的速度。对于基于距离的方法，归一化可以防止具有较大初始值域的属性（如 income）与具有较小初始值域的属性（如二进位属性）相比，所占的权重过大的问题。有许多数据归一化的方法，例如，最小 – 最大归一化、z – score 归一化和按小数定标归一化。

（1）最小 – 最大归一化对原始数据进行线性变换。假定 A_{min} 和 A_{max} 分别为属性 A 的最小和最大值。其通过式（4 – 1）计算：

$$V' = \frac{v - A_{min}}{A_{max} - A_{min}}(\text{new}_{A_{max-}} - \text{new}_{A_{min}}) + \text{new}_{A_{min}} \tag{4 – 1}$$

将属于 A 的值 v 映射到区间 $[\text{new}_{A_{max-}}, \text{new}_{A_{min}}]$ 中的 V'，$\text{new}_{A_{max-}}$ 和 $\text{new}_{A_{min}}$ 分别表示变换之后新的数值范围。

最小 – 最大归一化保持原始数据值之间的关系。如果后续输入的值落在属性 A 的原数据区之外，该方法将面临越界错误。

例如，假定属性 income 的最小与最大值分别为 \$12 000 和 \$98 000。如果将 income 映射到区间 $[0.0, 1.0]$。根据最小 – 最大归一化公式，income 值 \$73 600 将变换为 $\frac{73\ 600 - 12\ 000}{98\ 000 - 12\ 000} = 0.716$。

（2）在 z – score 归一化（或称零 – 均值归一化）中，属性 A 的值基于其平均值和标准差进行归一化。A 的值 v 被归一化为 v'，由式（4 – 2）计算：

$$v' = \frac{v - \bar{A}}{\sigma_A} \tag{4 – 2}$$

其中，$\bar{A}$ 和 σ_A 分别为属性 A 的平均值和标准差。当属性 A 的最大和最小值未知，若噪声影响了最小 – 最大归一化时，则使用该方法。

例如，假定属性 income 的平均值和标准差分别为 \$54 000 和 \$16 000。使用 z – score 归一化，income 值 \$73 600 被转换为 $\frac{73\ 600 - 54\ 000}{16\ 000} = 1.225$

（3）小数定标归一化通过移动属性 A 的小数点位置进行归一化。小数点的移动位数依赖于 A 的最大绝对值。A 的值 v 被归一化为 v'，由式（4 – 3）计算：

$$v' = \frac{v}{10^j} \tag{4 – 3}$$

其中，j 是使 $\max(|v'|) < 1$ 的最小整数。

例如，假定 A 的值由 -986 到 917。A 的最大绝对值为 986。为使用小数定标归一化，用 1 000（即 $j = 3$）除每个值。这样，-986 被归一化为 -0.986。

同时需要保留归一化参数（如平均值和标准差），以便将来的数据可以用一致的方式归一化。

属性构造是由给定的属性构造和添加新的属性，从而帮助提高精度和对高维数据结构的理解。例如，可以根据属性 height 和 width 添加属性 area。属性构造可以解决使用判定树算法进行分类所产生的问题。沿着导出判定树的一条路径重复地测试一个属性。通过组合属性，属性构造可以发现关于数据属性间的丢失信息。

数据预处理中的数据变化步骤涉及对原始数据进行转换、归一化和标准化等操作，以便更好地满足分析和建模的需求。除了上述变化方式之外，还有几种数据变化的方法。

（1）数值变换：对数值型数据进行数学运算或函数变换，如对数变换、指数变换、平方根变换等。这些变换可以改变数据的分布，使其更符合模型的假设。

举例：对销售额数据进行对数变换，可以将数据从右偏态分布转换为近似正态分布，更适合进行回归分析。

（2）离散化：将连续型数据转换为离散型数据，将一定范围内的连续值划分为不同的区间或类别。

举例：将年龄数据划分为不同的年龄组，如"青年""中年""老年"，以便进行分类分析。

（3）数据编码：将分类型数据转换为数值型数据，以便于机器学习算法的处理。常见的编码方法包括独热编码（one-hot encoding）、标签编码（label encoding）等。

举例：将颜色数据进行独热编码，使其转换为多个二进制特征，每个特征表示一种颜色类别。

（4）数据标准化：数据标准化是将不同尺度或不同单位的数据转换为具有相同尺度和单位的数据。

（5）特征缩放：将数据的特征值缩放到一定的范围，常用的方法有线性缩放、log 缩放等。

举例：将不同特征的数据缩放到 0~1 范围内，以便进行特征工程和模型训练。

（6）白化变换：对数据进行线性变换，使变换后的数据具有零均值、单位方差，并且特征之间不相关的特点。

举例：对图像数据进行白化变换，使图像的特征具有相互独立的方差。

以上是数据预处理中常用的数据变化方法。根据数据类型和具体的需求，选择合适的数据变化方法可以提高数据的可分析性和建模效果。

4.3 特征工程

4.3.1 基本概述

4.3.1.1 基本用途

在机器学习领域流传着这样一句话："数据和特征决定了机器学习的上限，而模型和算法只是在逼近这个上限而已"。在数据科学家中进行的一项调查显示，在实际中超过 90% 的数据都存在缺失、噪声、数据冗余等问题，他们工作中超过 80% 的时间都用在捕获、清洗和组织数据上。由此可见，特征工程在机器学习和数据挖掘领域中具备相当重要的作用。

在特征工程中，特征是指原始数据中的各种属性、变量或观测值，可以是数值型、类别型、文本型等不同类型的数据。特征工程利用领域知识或自动化的方法从原始数据中提取、选择或构建特征的过程。

特征工程的基本用途主要包括以下 4 个方面。

（1）提高模型性能：特征工程可以帮助提取、选择或构建更有信息量和区分度的特征，从而改善机器学习模型的性能。优秀的特征可以更好地表达问题的本质和关联，使模型能够更准确地进行预测和分类。

（2）增强模型可解释性：特征工程可以选择具有明确含义和解释性的特征，使模型的结果更易于理解和解释。合适的特征选择可以帮助人们更好地理解待解决问题所在领域的特点和规律，并为决策提供更有意义的解释和依据。

（3）降低计算成本：原始数据中可能存在大量的特征，其中一些特征可能是冗余的或不具有预测能力的。通过特征选择和构建，可以减少特征空间的维度，去除冗余特征，从而降低模型的复杂度和计算开销，并提高模型的训练和预测效率。

（4）适应不同的模型算法：不同的机器学习算法对特征的要求和假设不同。特征工程可以根据具体的算法来选择和构建特征，使其更符合算法的假设和要求，从而提高算法的性能和效果。

综上所述，特征工程的最终目的就是通过对特征的处理和转换，使数据能够更好地表达问题的本质和增强关联性，从而降低计算成本，提升机器学习算法性能。

4.3.1.2　基本形式

在机器学习领域，特征工程与数据预处理这两个概念通常联系十分紧密，甚至在某些方面互有重叠。从目标协同角度而言，两者的最终目标都是改善模型性能和效果。不过，数据预处理在原始数据上进行处理和清洗，而特征工程在预处理后的数据上针对各种特征进行处理，两者相辅相成的。

从实际操作的角度出发，特征工程的基本形式包括特征选择、特征构建、特征降维等步骤，每个步骤之间没有明显的顺序之分，往往需要根据项目的需求和进展进行反复的调整和执行。特征工程的常见方法分支如图 4-4 所示。

4.3.2　特征工程方法

4.3.2.1　特征选择

在机器学习模型训练时，不同的特征对模型的影响程度不同，因此，需要自动地保留与待解决问题相关性较大的一些特征，移除与待解决问题相关性较小的特征，这个过程就叫作特征选择。特征选择在特征工程中十分重要，往往可以直接决定模型训练效果的好坏。常见的特征选择方法可以分为过滤法、包裹法和嵌入法。

（一）过滤法

过滤法（filter）先根据各种统计检验中的分数对各个特征进行评分，通过设定阈值来筛选出特征子集，然后再训练机器学习模型。

由于不需要考虑模型结构，过滤法在选择特征时具备计算开销小、简单直观、通用性强的优点。但过滤法只考虑特征与目标变量之间的相关性，并不考虑特征之间的相互关系，所以过滤法容易导致特征之间相关性过强，进而出现特征冗余问题。

1. 方差过滤

方差过滤（variance filtering）是最简单的一种单变量特征选择方法，它通过计算连续特征本身的方差来筛选特征。方差过滤的基本假设：如果一个特征本身的方差很小，就表示样本在这个特征上基本没有差异，很可能特征中的大多数值都一样，甚至完全相同，则这类特

特征工程
- 特征选择
  - 过滤法
    - 单变量
      - 方差过滤
      - 频数过滤
    - 多变量
      - 皮尔逊相关系数
      - 卡方检验
      - 互信息
      - 信息增益
  - 包裹法
    - 完全搜索
    - 启发式搜索
      - 前/后向搜索
      - 递归特征消除
    - 随机搜索
  - 嵌入法
    - 基于正则项
    - 基于树
- 特征构建
  - 统计特征
  - 时间特征
  - 文本特征
  - 数值转换
  - 特征组合
- 特征降维
  - PCA
  - LDA
  - t-SNE

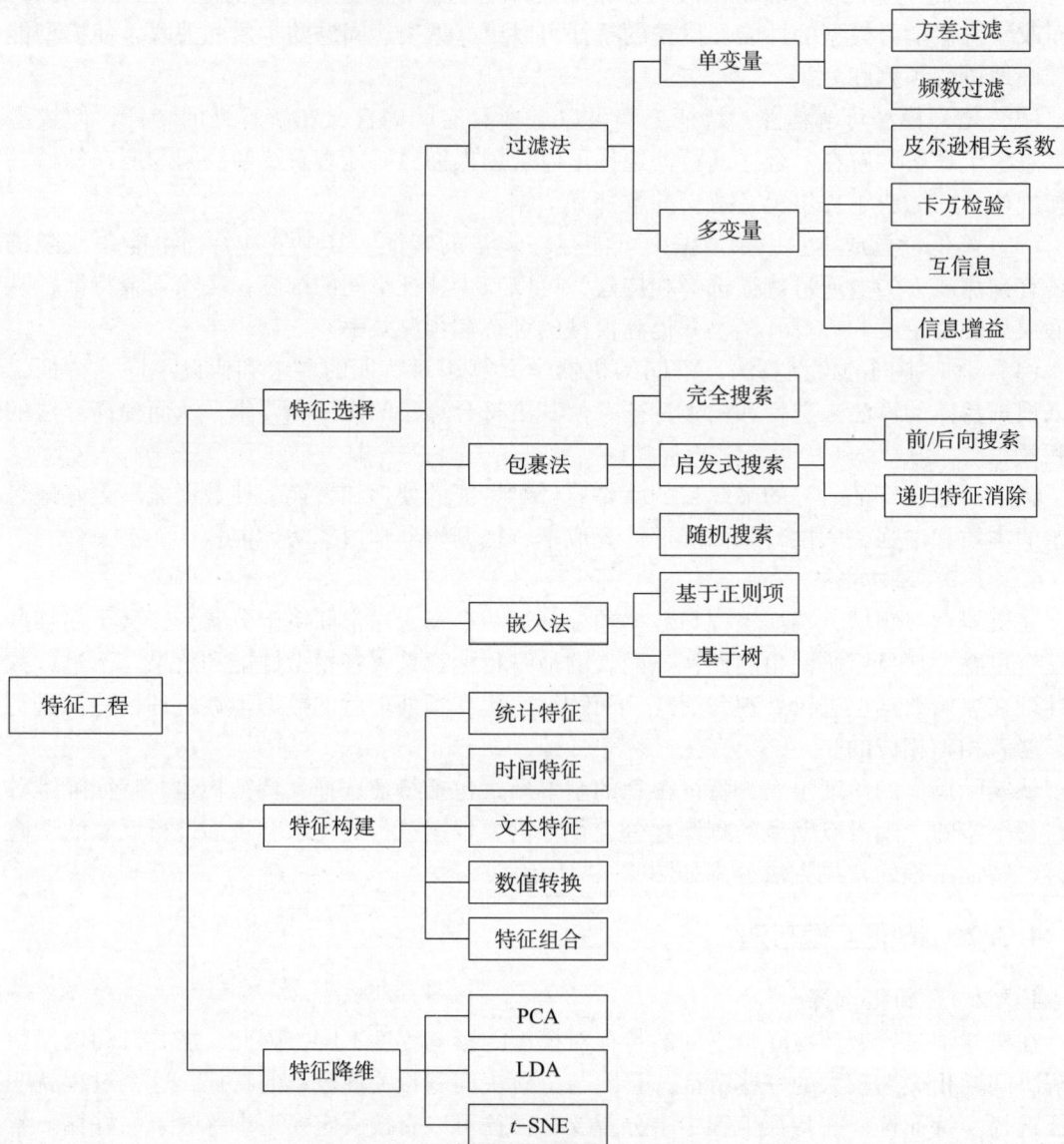

图 4－4 特征工程的常见方法分支

征对于区分样本发挥的作用较小。

方差过滤的主要优点是计算简单且易于理解。但是方差过滤只根据自身方差大小进行选择，没有考虑与目标变量的相关性，容易过滤含有重要信息的特征。

2. 频数过滤

频数过滤（frequency filtering）通过计算某离散特征的枚举值样本量占比分布来筛选特征。频数过滤与方差过滤的原理基本一致。频数过滤适合分析离散特征，在进行特征选择时，若某离散特征的枚举值样本量占比分布集中在单一某枚举值上，则建议剔除该特征。

以波士顿房价数据集为例，使用单变量分析数据集各维特征，结果如图 4－5 所示。图 4－5（a）所示为波士顿房价数据集缺失值及方差的分析结果，从图中可以看出特征 NOX

方差较低；图 4 – 5（b）所示为离散特征 CHAS 频次的分析结果，从图中可以看出特征 CHAS 频次分布集中在 0 上。根据方差过滤和频数过滤的准则，可以考虑剔除 NOX、CHAS 这两个特征。

特征	缺失数	缺失率	方差
CRIM	0	0	73.986 578
ZN	0	0	543.936 814
INDUS	0	0	47.064 442
CHAS	0	0	0.064 513
NOX	0	0	0.013 428
RM	0	0	0.493 671
AGE	0	0	792.358 399
DIS	0	0	4.434 015
RAD	0	0	75.816 366
TAX	0	0	28 404.759 49
PTRATIO	0	0	4.686 989 0
B	0	0	8 334.752 263
LSTAT	0	0	50.994 760

（a）

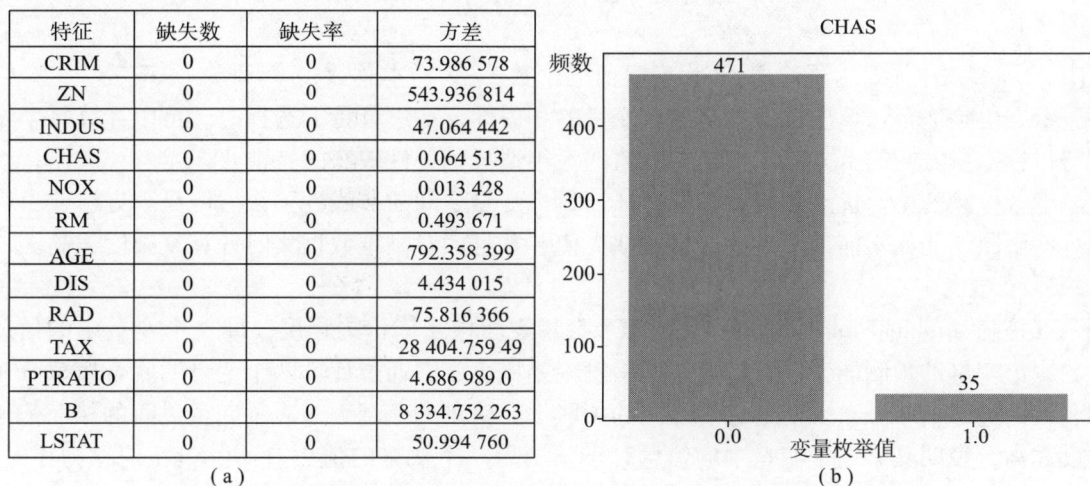

（b）

图 4 – 5 波士顿房价数据集单变量分析结果图（缺失值、方差、频次图）

（a）波士顿房价数据集缺失值及方差的分析结果；（b）离散特征 CHAS 频次的分析结果

3. 皮尔逊相关系数

皮尔逊相关系数（Pearson correlation coefficient）是衡量相似度的一种方式。相关系数的输出范围为 $-1 \sim +1$，其中 0 代表无相关性，负值代表负相关，正值代表正相关，绝对值越大代表相关性越强。皮尔逊相关系数的计算方式如式（4 – 4）所示。

$$\text{Pearson} = \frac{\sum_{i=1}^{n} (x_i - \bar{x})(y_i - \bar{y})}{\sqrt{\sum_{i=1}^{n} (x_i - \bar{x})^2} \sqrt{\sum_{i=1}^{n} (y_i - \bar{y})^2}} \tag{4-4}$$

其中，x_i 为某列特征第 i 个样本的值；$\bar{x}$ 为某列特征的样本平均值；y_i 为目标变量第 i 个样本的值；$\bar{y}$ 为目标变量平均值；n 为样本总数。

皮尔逊相关系数适合计算连续变量与连续变量的相关性。在进行特征选择时，可以计算每个特征与目标变量之间的皮尔逊相关系数，根据系数的大小选择相关性较高的特征。较高的相关性表示特征对目标变量有更强的预测能力。

皮尔逊相关系数应用广泛且计算简单。但皮尔逊相关系数衡量的是线性相关关系，对于非线性关系可能无法准确反映，而且相关系数对异常值十分敏感，因此在计算相关系数前需要确保数据预处理过程的完备性。

4. 卡方检验

卡方检验（chi – square test）是一种统计量的分布在零假设成立时近似服从卡方分布的假设检验。其主要思想是通过计算特征和目标变量之间的卡方值来评估特征的相关性。

在卡方检验过程中，人们一般假设"特征与目标变量之间互相独立"，然后计算特征与目标变量之间的卡方值，判断是否拒绝该假设。卡方值越小，那么认为该假设被接受的置信度越大，该特征与目标变量之间互相独立的可能性越大，相关性就越小。在机器学习过程中，人们更希望特征与目标变量之间有足够强的相关性，因此人们更倾向于选择卡方值更大的特征。卡方检验的计算方式如式（4-5）所示。

$$\chi^2 = \sum \frac{(A-E)^2}{E} = \sum_{i=1}^{k} \frac{(A_i - E_i)^2}{E_i} = \sum_{i=1}^{k} \frac{(A_i - np_i)^2}{np_i} \tag{4-5}$$

其中，A 为观察值；E 为理论值；k 为观察值的个数；n 为样本总数；p 为理论频率。

卡方检验适合计算离散变量与离散变量的相关性。在进行特征选择时，可以计算每个特征与目标变量之间的卡方值，根据卡方值的大小选择相关性较高的特征。

卡方检验的主要优点是能够考虑特征与目标变量之间的非线性关系。但是卡方检验也存在一些限制，比如不能处理连续变量和缺失值，并且面对高维数据集时计算复杂度偏高。

5. 互信息

互信息（mutual information）是指两个变量之间相互依赖的程度，即一个变量中的信息对另一个变量的预测能力。互信息基于信息论的概念，它通过计算两个变量的联合概率分布和各自的边缘概率分布来衡量它们之间的关联。互信息的值越大，表示变量之间的相互依赖程度越高，说明其中一个变量中的信息对于预测另一个变量的值更有用。当互信息为零时，表示两个变量之间是独立的。互信息的计算方式如式（4-6）所示。

$$I(X;Y) = \sum_{x,y} p(x,y) \log \left(\frac{p(x,y)}{p(x)p(y)} \right) \tag{4-6}$$

其中，$p(x)$ 为 $X = x_i$ 出现的概率；$p(y)$ 为 $Y = y_i$ 出现的概率；$p(x,y)$ 为 $X = x_i$；$Y = y_i$ 时出现的概率，即联合概率。log 的底数可以为 e 或 2，若为 2 则互信息的单位为 bit。

互信息适合计算离散变量与离散变量的相关性。在特征选择中，互信息可以用来评估特征与目标变量之间的相关性。可以计算每个特征与目标变量之间的互信息值，根据互信息值的大小选择相关性较高的特征。较高的互信息值表示特征对目标变量的预测能力较强，具有较大的信息量。

类似于卡方检验，互信息同样能够考虑特征与目标变量之间的非线性关系，也存在不能处理连续变量和缺失值，面对高维数据集时计算复杂度偏高的问题。

6. 信息增益

信息增益（information gain）是指一个特征能够为分类任务提供的信息量，它表示信息消除不确定性的程度。信息量与概率呈单调递减关系，概率越小，信息量越大。信息增益的计算过程如下。

首先，计算数据集的信息熵：

$$\text{Ent}(U) = \sum_{i=1}^{k} p(u_i) I(u_i) = \sum_{i=1}^{k} p(u_i) \log_2 \frac{1}{p(u_i)} = -\sum_{i=1}^{k} p(u_i) \log_2 p(u_i) \tag{4-7}$$

其中，$p(u_i)$ 表示数据集中属于类别 u_i 的概率；k 代表类别数量。

接下来，计算在给定特征的情况下数据集的条件熵：

$$\text{Ent}(U \mid V) = \sum_{j=1}^{m} p(v_j) \text{Ent}(U \mid v_j) = \sum_{j=1}^{m} p(v_j) \left(-\sum_{i=1}^{k} p(u_i \mid v_j) \log_2 p(u_i \mid v_j) \right)$$

$$\tag{4-8}$$

其中，$p(v_j)$ 表示特征 v_j 在数据集中的概率；$p(u_i \mid v_j)$ 表示在特征 v_j 的条件下属于类别 u_i 的概率; k 表示类别数量; m 表示特征数量。

最后, 所需的信息增益可以通过整个数据集的信息熵减去所选特征的条件熵来计算:

$$\text{Gains}(U,V) = \text{Ent}(U) - \text{Ent}(U \mid V) \tag{4-9}$$

信息增益适合计算离散变量与离散变量之间的信息量。特征的信息增益越大, 意味着该特征能够提供更多关于类别的信息, 因此更有可能成为有用的特征。在特征选择过程中, 可以根据信息增益的大小选择特征, 或设定一个阈值来选择具有较高信息增益的特征。

不过, 信息增益更倾向于选择取值较多的特征, 在应用信息增益进行特征选择时, 需要考虑特征的取值分布和数据集的特点, 综合考虑其他评价指标来进行综合选择。

（二）包裹法

与过滤法将特征选择与模型训练完全分离的操作不同, 包裹法（wrapper）直接将特征选择过程嵌入机器学习模型的训练过程, 以评估特征子集的性能。

相比过滤法和嵌入法, 包裹法直接针对给定的机器学习模型进行优化, 其选择的特征子集可以训练出性能更加优秀的模型。不过, 由于在特征选择时需要重复训练和评估模型, 包裹法会比另外两种方法产生更大的计算开销。

包裹法通常可以分为完全搜索、启发式搜索和随机搜索 3 类方法。

1. 完全搜索

完全搜索是指构建所有可能的特征子集组合, 全部输入模型进行训练评估的方法。完全搜索可以确保找到在某算法下最佳的特征子集组合。然而当数据的特征维数较高时, 特征子集数量呈指数型增长, 因此计算开销极大, 一般不会在工程应用中采用完全搜索方法。

2. 启发式搜索

启发式搜索是指利用启发式信息不断缩小搜索空间的方法。启发式信息有很多形式, 比如模型分数和特征权重。较为常见的启发式搜索方法包括前向搜索、后向搜索、逐步回归、递归特征消除等方法。在此以递归特征消除法为例介绍启发式搜索。

递归特征消除法（recursive feature elimination, RFE）的主要思想是通过递归地考虑越来越少的特征子集来选择最好的特征子集, 其计算流程如图 4-6 所示。

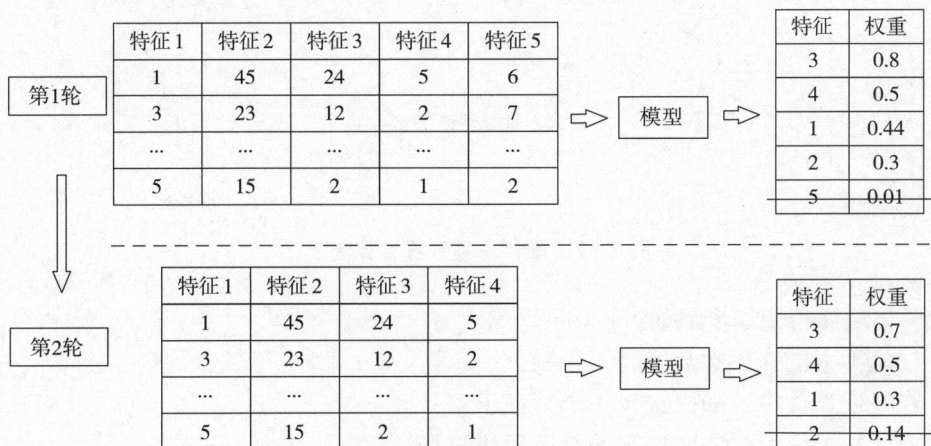

图 4-6　RFE 计算流程

RFE 基本步骤如下：

（1）使用所有特征变量训练模型；

（2）计算每个特征变量的重要性并进行排序；

（3）提取前 S_i 个最重要的特征变量，构建新特征子集；

（4）基于新数据集训练模型；

（5）重复步骤（2）~（4），直到剩余特征子集维度达到预定的数值；

（6）选择具有最佳性能的特征子集作为最终的选择结果。

RFE 简单易用，无须依赖人工进行特征选择。而且 RFE 可以结合绝大多数机器学习算法使用，具备较强的泛化能力。不过，由于需要在每一轮迭代中训练和评估模型，RFE 计算复杂度较高。RFE 的效果与模型本身有很大关系，不同的模型得到的最优特征子集也不同。此外，RFE 难以捕获特征之间的相关性，在实际操作过程中很可能剔除有用的特征或保留冗余的特征。

3. 随机搜索

随机搜索是指通过随机选择特征子集进行评估以寻找最佳的特征组合的方法。相较于完全搜索和启发式搜索，随机搜索不受人工设定的规则限制，可以广泛探索特征空间。常见的随机方法包括随机特征选择、随机子集采样、蒙特卡罗特征选择等。在此以随机子集采样流程为例解释随机搜索。其计算流程如图 4-7 所示。

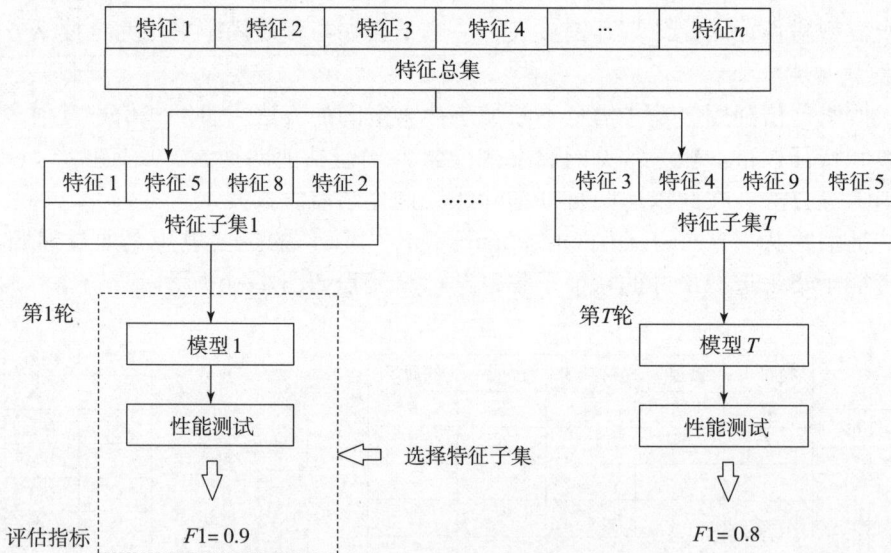

图 4-7 随机子集采样计算流程

随机子集采样的基本步骤如下：

（1）设定搜索的迭代次数或时间限制；

（2）在每次迭代中，随机选择一个特征子集；

（3）使用机器学习算法对选定的特征子集进行评估；

（4）记录当前特征子集的性能；

（5）重复步骤（2）~（4），直到达到预定的迭代次数或时间限制；

（6）将具有最佳性能的特征子集作为最终的选择结果。

随机搜索在包裹法特征选择中具备最高的计算效率，由于无须依赖启发式规则，它可以在较短时间内生成一些效果较好的特征子集。同时随机搜索可以避免局限于某个特定的搜索路径，有助于发现不同特征组合之间的相互作用。不过，由于随机搜索的随机性，它难以找到理论最优的特征子集。

（三）嵌入法

在过滤法与包裹法中，特征选择过程与模型训练过程有明显的区分。与此不同的是，嵌入法（embedding）将特征选择嵌入模型的训练过程中，直接优化模型的性能和特征的重要性，两者在同一个优化过程中完成。

嵌入法结合了特征选择和模型训练，不需要额外的特征选择步骤，极大地简化了特征选择的流程。而且嵌入法不需要构造大量特征子集，因而可以有效应对特征维数较高的情况。不过，不同的嵌入法依赖于特定的机器学习模型，在选择方法时需要根据具体问题和数据情况进行考虑。此外，嵌入法判断特征是否重要不依赖于统计知识或常识，而是通过模型训练得到的特征权值系数进行判断，没有统一的量纲，难以界定有效的特征选择阈值。

常见的嵌入法包括基于正则项的方法和基于树的方法。

1. 基于正则项的方法

基于正则项的方法是指在模型训练过程中引入正则项，控制为特征分配权重的大小，从而实现特征选择和模型优化。常见的基于正则项的方法包括 L_2 正则项、L_1 正则项等。

以最简单的线性回归模型为例，给定数据集 $D = \{(x_1, y_1), (x_2, y_2), \cdots, (x_n, y_n)\}$，其中 $x \in \mathbf{R}^d, y \in \mathbf{R}$。如果采用平方误差作为损失函数，则模型优化目标为

$$\min_{\boldsymbol{w}} \sum_{i=1}^{n} (y_i - \boldsymbol{w}^{\mathrm{T}} x_i)^2 \tag{4-10}$$

其中，x_i 为第 i 个样本；y_i 为第 i 个样本的标签；$\boldsymbol{w}$ 为线性回归模型为每维特征分配权重；n 为样本总数。当模型特征很多，而样本数相对较少时，模型容易陷入过拟合。为缓解过拟合问题，可以引入 L_2 正则项：

$$\min_{\boldsymbol{w}} \sum_{i=1}^{n} (y_i - \boldsymbol{w}^{\mathrm{T}} x_i)^2 + \lambda \|\boldsymbol{w}\|_2^2 \tag{4-11}$$

其中，正则化参数 $\lambda > 0$。该式被称为岭回归（ridge regression）。当然，也可以引入 L_1 正则项：

$$\min_{\boldsymbol{w}} \sum_{i=1}^{n} (y_i - \boldsymbol{w}^{\mathrm{T}} x_i)^2 + \lambda \|\boldsymbol{w}\|_1 \tag{4-12}$$

其中，正则化参数 $\lambda > 0$。该式被称为最小绝对收缩和选择算子（least absolute shrinkage and selection operator，LASSO）。

在模型优化目标中添加 L_1 正则项与 L_2 正则项通常是为了缓解过拟合问题，不过添加正则项还为模型带来另一个优点：它们可以更容易获得"稀疏解"，即求得的 $\boldsymbol{w}$ 都会有更少的非零分量。$\boldsymbol{w}$ 取得稀疏解意味着仅有对应着 $\boldsymbol{w}$ 非零分量的特征才对最终模型有影响，即求解带有正则项的损失函数会导致模型仅使用一部分重要特征，令模型具备自动选择重要特征的能力。此外，将一部分特征的权重变为零，有助于简化模型，提高模型的计算效率。

不过，正则项可能会对特征权重进行缩放，使不同特征的权重大小被调整，这可能导致

特征工程后的特征权重难以与原始数据的特征权重进行直接比较和解释。而且正则项会对模型效果产生较大影响，如何选择合适的正则化参数也是一项复杂的任务。

2. 基于树的方法

基于树的方法是指使用数据集训练基于树的模型，通过分析决策树中特征的分裂准则（如信息增益、基尼系数），评估每个特征对模型的贡献程度，从而进行特征选择。常见的基于树的方法包括决策树、梯度提升树、随机森林、极端梯度上升（extreme gradient boosting，XGBoost）等。

在树模型中，特征选择通过计算模型分支的最佳分裂点来进行。树模型通过计算每个特征在不同分裂点上的分裂准则（如信息增益、基尼系数）来评估特征的重要性。分裂准则衡量了通过特征的某个分裂点对目标变量进行划分时模型的改善程度。具体来说，如果在某个特征的某个分裂点上的分裂准则较大，则意味着该特征在此处具有较强的预测能力，能够有效区分不同类别的样本。

基于分裂准则的计算结果，树模型可以得出每个特征的相对重要性。特征重要性指标可以反映构建树模型时每个特征对于目标变量的贡献程度。特征重要性高的特征被认为对预测目标变量具有较大的影响，而特征重要性低的特征则对预测影响较小。根据特征重要性评估的结果，把重要性较高的特征作为最终的特征子集，把重要性较低的特征排除。

基于树模型进行特征选择的方法能够捕捉到特征之间的复杂交互作用，更适合处理具有非线性关系的特征。而且树模型对于高维数据具有较好的适应性，可以有效地处理具有大量特征的数据集。不过，树模型对于数据变化较为敏感，特征选择时随机性较强。此外，树模型更倾向于选择具有多个分割点的连续特征，而对于取值较少的离散特征不够敏感，因此在使用树模型进行特征选择时需要考虑数据集的特征组成是否适合。

4.3.2.2 特征构建

在特征工程中，有时直接利用原始数据并不能取得较好的效果，因此需要根据原始数据的特点和问题的需求，对数据进行处理和转换，创建新的特征或转换现有特征以提高机器学习模型的性能，这种方法就是特征构建。

特征构建的目的是将原始数据转化为更有用、更具信息价值的表示形式，以帮助机器学习算法更好地理解和利用数据。通过特征构建，可以提取出数据中的相关信息、隐含模式和结构，从而改善模型的预测能力、泛化能力和解释能力。

常见的特征构建方法包括统计特征、时间特征、文本特征、数值转换、特征组合等。

（一）统计特征

统计特征是指通过统计单个或者多个变量的统计值而构造的新特征。统计特征可以提供关于数据分布、变异程度和集中趋势等方面的信息，提取过程较为简单直接，在机器学习过程中被广泛使用。常见的统计特征包括以下7类。

（1）均值特征（mean features）：计算每个样本或样本组的特征均值。对于连续型特征，可以计算整体均值，也可以基于类别或分组计算均值。

（2）方差特征（variance features）：计算每个样本或样本组的特征方差。方差衡量了数据的离散程度，能够捕捉数据的变异程度。

（3）最大/小值特征（maximum/minimum features）：提取每个样本或样本组的特征最大/最小值。最大/最小值特征反映了数据的极限值或峰值。

（4）范围特征（range features）：计算每个样本或样本组的特征范围，即最大值与最小值之间的差异。

（5）百分位数特征（percentile features）：计算每个样本或样本组的特征在数据分布中的百分位数，如衡量占比 25%、50%、75% 处的数据等。

（6）偏度特征（skewness features）：计算每个样本或样本组的特征分布的偏度。偏度度量了数据分布的不对称程度。

（7）峰度特征（kurtosis features）：计算每个样本或样本组的特征分布的峰度。峰度衡量了数据分布的尖峰或扁平程度。

以地震预测为例，原始数据通常都是一些仪器直接采集的电磁数据，数据类型单一且数量巨大，直接使用这些数据进行训练很难拟合出优秀的模型。但通过构造电磁数据的均值、方差等统计特征，丰富数据特征类型，分析构建出的统计特征可以更容易拟合出优秀的模型。

（二）时间特征

时间特征是指在时间序列数据中提取和创建出来的与时间相关的新特征，可以捕捉数据随时间的变化、趋势和周期性。常见的时间特征包括以下 5 类。

（1）时间分解特征（time decomposition features）：将时间戳或日期时间数据分解为更细粒度的时间单位，例如提取年、月、日、小时、分钟、秒等作为单独的特征。这些特征可以帮助模型捕捉数据的季节性、周期性和趋势。

（2）时间差特征（time difference features）：计算连续时间戳之间的时间差或时间间隔，例如计算两个事件之间的天数、小时数、分钟数等作为特征。这些特征可以用于捕捉事件发生的间隔时间模式。

（3）周期性特征（periodicity features）：根据时间数据的周期性，例如每周、每月或每年计算周期性特征；例如提取每周的星期几、每月的日期、每季度的季节等作为特征。

（4）时间趋势特征（time trend features）：基于时间顺序，计算时间相关特征的趋势或变化，例如计算最近一段时间内特征的线性趋势、斜率、增长率等。

（5）时间序列特征提取（time series feature extraction）：利用时间序列分析的方法，例如利用傅里叶变换、小波变换等提取频域或时域的特征。这些特征可以捕捉到数据的周期性、趋势、季节性等时间模式。

以销售数据集为例，图 4-8 的横坐标为时间特征，纵坐标为目标变量销售量。从该图可以观测到销售量与季节存在联系，故可以根据时间特征构建季节性特征，以捕捉不同季节对销售量的影响。

（三）文本特征

文本特征是指在文本数据中提取或构建出的描述文本内容、结构和属性的特征。原始的文本数据通常无法直接应用于机器学习模型，构造文本特征可以提供更有信息量的表示，帮助模型捕获文本的语义、主题、情感等重要信息，理解文本的组织结构和语法规律。常见的文本特征构建方式包括以下 5 类。

（1）文本统计特征（text statistical features）：包括词数、句子数、停用词比例、特定词语出现次数等统计量。

（2）词袋模型（bag of words）：将文本转换为词汇表中的单词集合，并计算每个单词在

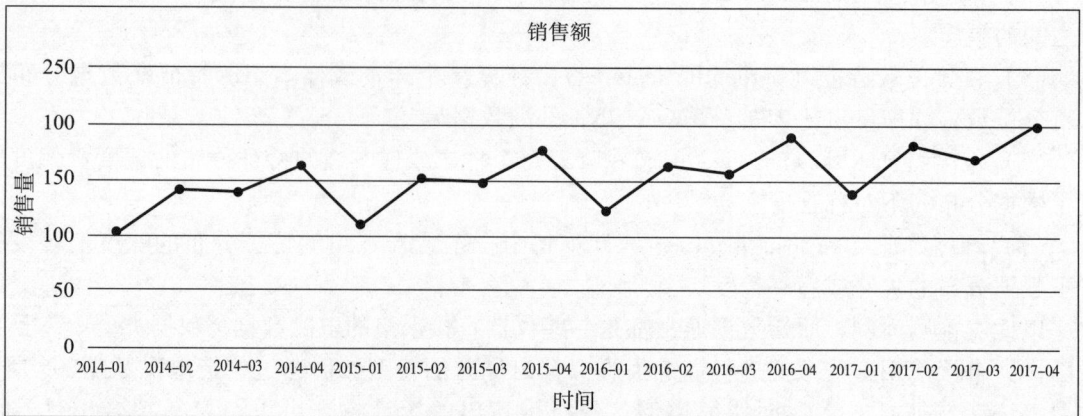

图 4 - 8　销售量时间序列数据

文本中的出现频率。

（3）N - gram 模型：提取连续的 N 个单词作为特征，捕捉上下文关系。

（4）TF - IDF（term frequency - inverse document frequency）：结合词频和逆文档频率，衡量单词在文本中的重要性。

（5）Word2Vec：通过训练词嵌入模型，将单词转换为低维度的连续向量表示。

以一段文本为例，假如使用词袋模型处理"John likes to watch movies. Mary likes too."这句话，可以将其从文本转化为形如 [1，2，1，1，1，0，0，0，1，1] 的向量。相较于原来的一段文本，向量形式更容易被机器学习模型所接受，因此人们更常使用文本特征而不是原始文本训练机器学习模型。

（四）数值转换

数值转换是指在原始数值特征的基础上使用数值转换方法构建新特征。利用数值转换构建特征的目的是改善数据分布，消除原始数值特征中可能存在的偏态分布、非线性关系或离群值等问题。而且通过使用多项式特征或其他非线性转换方法，还可以捕捉到特征之间的高阶关系，提供更丰富的特征表示。常见的数值转换方法包括以下 4 类。

（1）分桶（binning）。分桶是将连续的数值特征划分为离散的桶或区间的过程。可以根据数据的分布情况选择等宽分桶或等频分桶，然后将每个数值映射到对应的桶中，将连续特征转换为离散特征。

（2）函数转换（function transformation）。函数转换是使用平方、开平方、指数、对数、差分等函数方法构建新特征的过程。函数转换可将偏态分布的数据变换成正态分布的数据，使其更适合某些模型的假设。

（3）偏差修正（bias correction）。偏差修正是通过各类变换调整数值特征分布，构建新特征的过程。常见的偏差修正方法包括 Box - Cox 变换和 Yeo - Johnson 变换，可以处理右偏、左偏或偏态分布的特征，使特征分布更好地适应模型的要求。

（4）多项式特征（polynomial features）。多项式特征是将原始特征的幂次进行组合来构建新的多项式特征。例如，对于一个二维特征 (x,y)，可以构建新的特征 (x^2,xy,y^2)。多项式特征可以增加特征的非线性表达能力。

　　以医疗数据集为例，在图 4 - 9 中，横坐标为年龄特征，纵坐标为在该年龄区间的人数。图 4 - 9（a）为原始数据分布，由于年轻人比老年人人数更多，年龄特征的原始分布倾向于左偏。在图 4 - 9（b）中在对年龄特征使用对数变换后，新的年龄特征分布就较为接近正态分布，这种数据在进行模型训练时更符合模型假设，训练效果会更好。

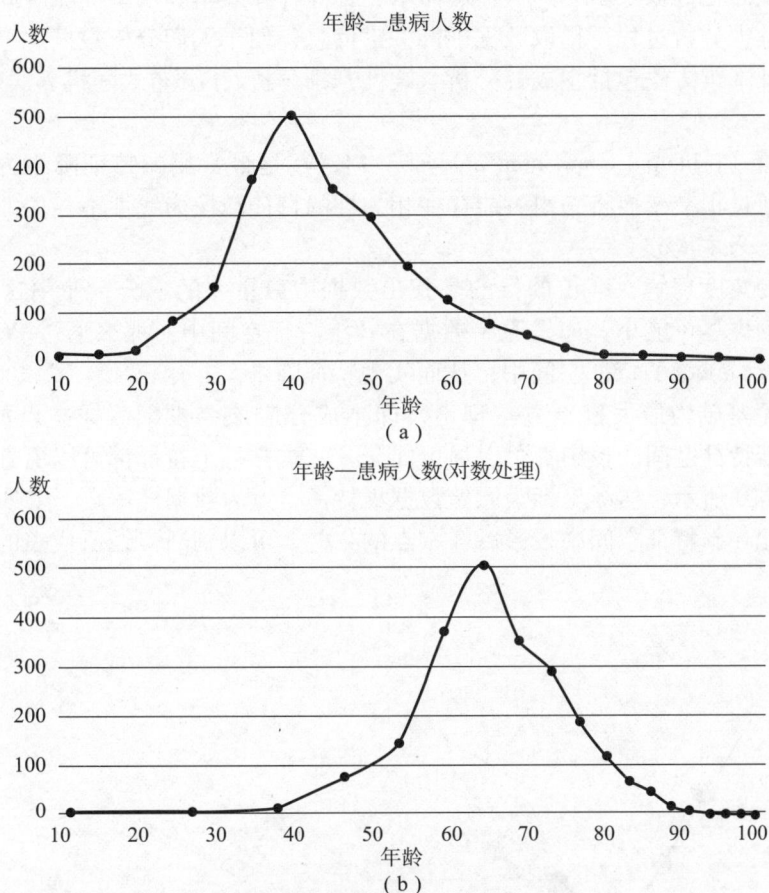

图 4 - 9　年龄特征对数变换前后

（a）原始数据；（b）对数变换后

（五）特征组合

　　特征组合是指将不同特征进行组合，构造出新的交叉特征。特征组合的目的是捕获不同特征之间的关系和交互作用，令交叉特征包含更多信息量。特征组合通常结合实际情况，有针对性地构造与目标高度相关的特征。以身体质量指数 BMI 为例：

$$BMI = \frac{M}{H^2} \tag{4-13}$$

　　人们通过组合体重特征 M 和身高特征 H，构造出 BMI 这一特征。与单独分析两种特征相比，通过特征组合得到的 BMI 显然可以提供更多有价值信息，能帮助人们更准确地衡量人体胖瘦程度以及身体是否健康。

4.3.2.3　特征降维

　　在机器学习中，人们观测或收集的数据通常具备较高的特征维度，在高维情况下进行机器学习容易出现数据样本稀疏、距离计算困难等问题，即"维度灾难"。为解决维度灾难问题，可通过减少原始特征的数量或提取最具代表性的特征子集，将原始高维特征空间转变为低维特征子空间，这一过程称为特征降维。

特征降维的目的是保留数据中最具代表性的信息，同时减少不相关或冗余的特征，以帮助机器学习模型简化数据表示、降低存储需求、提高计算效率和模型性能。此外，特征降维还有助于简化数据分析过程，提取数据中的关键信息，便于人们分析数据。

常见的特征降维方法包括主成分分析、线性判别分析、t 分布式随机邻居嵌入等。

（一）主成分分析

主成分分析（principal component analysis，PCA）是最常用的特征降维方法之一。PCA 的基本原理是通过正交变换将一组可能存在相关性的特征转换为线性不相关的特征，转换后的这组特征被称为主成分。

从最直观的角度理解，PCA 的目的是找出数据中最主要的成分，使用这些主成分代替原始数据并使损失尽可能小。如果原始数据在 d 维特征空间中，那么通过 PCA 可以将原始数据投影到 $k(k<d)$ 维的特征空间中，从而实现特征降维。

PCA 的理论基础为最大投影方差理论，即主成分应该令投影后样本点的方差最大化，每个样本点在新特征空间的投影都可以尽可能分开，这样每个特征都可以更好地解释数据的形状。如图 4-10 所示，横纵坐标为原始数据集特征，点为数据样本点，实线为转换后的新特征，通过对比在新特征空间中投影后样本点的方差，可以判断实线所代表的特征更适合作为主成分。

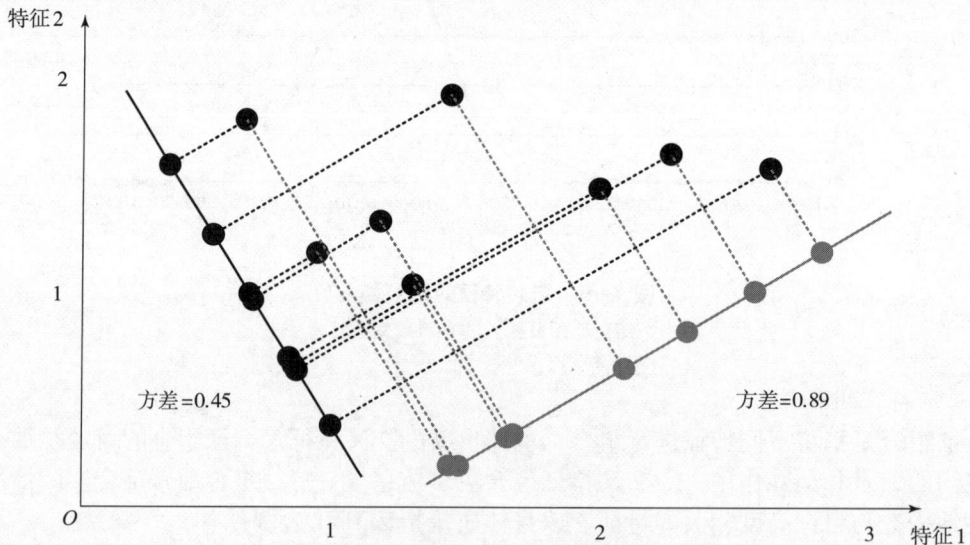

图 4-10 最大化投影点方差

PCA 的算法步骤如下：

（1）中心化所有原始数据（数据标准化）；

（2）计算原始数据的协方差矩阵；

（3）对协方差矩阵进行特征值分解，获得特征值和特征向量；

（4）将特征值按照从大到小的顺序排序，选择其中最大的 k 个特征值对应的特征向量，标准化后组成变换矩阵 $\boldsymbol{W}$；

（5）对所有原始数据进行投影变换获得特征降维后的数据集。

降维后低维空间的维度 k 一般由用户事先指定，或者使用 k 近邻分类器等开销较小的学习器进行交叉验证来选取较好的 k 值。在实际应用过程中维度 k 需要精心选择，过大或过小均会影响最终机器学习模型的训练效果。

PCA 算法简单，计算效率高，同时也可以改善数据的可视化效果，是最常用的特征降维方法。不过需要注意的是，PCA 是一种线性变换方法，对于非线性关系的数据可能表现不佳。而且 PCA 假设数据的主要变化在于方差较大的方向，可能无法捕捉到方差较小但对任务有意义的特征。此外 PCA 结果的解释性较差，主成分通常没有明确的物理或业务含义，导致机器学习模型的可解释性差。

（二）线性判别分析

线性判别分析（linear discriminant analysis，LDA）是一种特征降维方法，同时也是一种有监督学习算法。LDA 的基本原理是找到投影轴，将数据投影到低维空间中，同时最大化不同类别之间的距离，最小化同一类别内部的距离，使投影后的样本能够更好地从低维空间中分离开来。如图 4 – 11 所示，横纵坐标为原始数据集特征，实线为新特征，不同形状的点代表不同类的样本。只有构造出同时满足这两条要求的特征，在做分类时才容易辨别不同类别的样本。

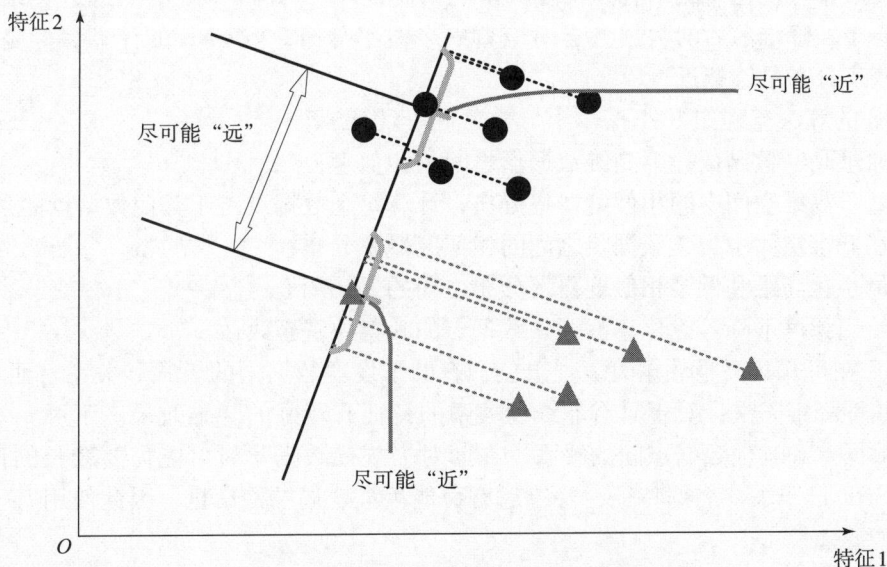

图 4 – 11　LDA 二维特征降维至一维特征

与 PCA 类似，LDA 的目标也是构建一个新坐标系，将原始数据集投影到一个低维空间中。不过，LDA 是一种有监督的降维算法，在进行特征降维时除了需要特征之外还需要样本标签，而 PCA 是一种无监督的降维算法，只需要特征就可以降维。此外，LDA 不会专注于数据的方差，而是选择分类性能最好的投影，因此 LDA 非常适合在分类任务中使用。

LDA 的算法流程如下：

（1）计算每个类别的均值向量；

（2）计算类内散布矩阵 S_w 和类间散布矩阵 S_B；

（3）计算 $S_w^{-1}S_B$ 的特征值和特征向量；

（4）降序排列特征值，保留前 k 个特征向量，标准化后组成变换矩阵 W；

（5）对所有原始数据进行投影变换获得特征降维后的数据集。

LDA 在降维时需要考虑样本之间的类别信息，以更好地提取类别间的差异。对于分类任务，LDA 不仅可以进行特征降维，还可以有效提高分类器的性能。不过，LDA 假设数据服从高斯分布，如果数据不满足这一假设，LDA 的效果可能会受到影响；而且 LDA 是一种监督学习方法，不仅需要标注的类别信息，而且最多将特征降维到类别数目 K 的 $K-1$ 维，因此 LDA 存在较大局限性，使用时需注意任务是否匹配。

（三）t 分布式随机邻居嵌入

t 分布式随机邻居嵌入（t-distributed stochastic neighbor embedding，t-SNE）是一种无监督非线性降维算法，主要用于高维数据降维和可视化。t-SNE 的基本思想是通过在高维空间中测量数据点之间的相似度，将数据映射到一个低维空间中。具体来说，t-SNE 通过计算数据点之间的相似度概率分布，分别在高维空间和低维空间中构建相似度分布，然后通过最小化两个分布之间的差异来优化映射关系。

与 PCA 方法相比，t-SNE 更注重保留原始数据的局部特征。通俗来说，t-SNE 希望原先距离近的数据，降维之后距离应该也很近；原先距离远的数据，降维之后距离应该也很远，这样在数据可视化时就不容易出现拥挤的情况。t-SNE 将"距离的远近关系"转化为一个概率分布，降维前后的数据各自对应着一个概率分布，t-SNE 的计算目标是令降维前后的两个概率分布足够接近。

t-SNE 的算法流程如下：

（1）通过高斯核函数计算高维数据点之间的相似度；

（2）基于高维空间中的相似度概率分布，计算每个数据点对于其他数据点的条件概率；

（3）在低维空间中构建数据点之间的相似度概率分布；

（4）最小化高维和低维相似度概率分布之间的 KL 散度；

（5）使用梯度下降等优化算法调整数据点的映射位置至收敛。

t-SNE 在可视化高维数据时表现出色，有助于发现数据中的模式和关系。而且 t-SNE 是一种非线性降维方法，对于具有非线性关系的特征有较好的降维效果。不过 t-SNE 需要计算每个数据点和其他数据点间的关系，在面对大规模数据集时可能需要较长的计算时间。同时，t-SNE 过于关注局部特征，降维后有可能丢失全局结构信息，因此使用 t-SNE 进行特征降维需要谨慎。

4.4　知识表示

4.4.1　基本概述

知识表示（knowledge representation）是指将知识转化为计算机可处理的形式的过程。知识表示的目标是将现实世界的知识抽象化为计算机可识别和操作的形式，以便计算机能够利用这些知识来解决问题、推理、学习和与人进行交互。常见的知识表示方法包括符号逻辑、语义网络、本体表示和过程表示等。

知识表示方法的选择取决于应用需求和领域特点，不同的知识表示方法具有不同的表达能力和推理能力，适用于不同类型的问题或场景。在设计知识表示时，需要考虑知识的准确性、完整性、一致性和推理扩展性等，同时还要考虑计算机处理的效率和良好的人机交互等因素。

4.4.1.1 基本用途

通过知识表示，客观世界中的事物可以转化为机器可理解的形式，并以形式化的自然语言、图像、音频等类型存储在机器中。这种存储支持下游任务，如专家系统、知识库和推荐系统等，从而进一步提升机器在处理相关问题时的能力。知识表示的用途如图 4 - 12 所示。

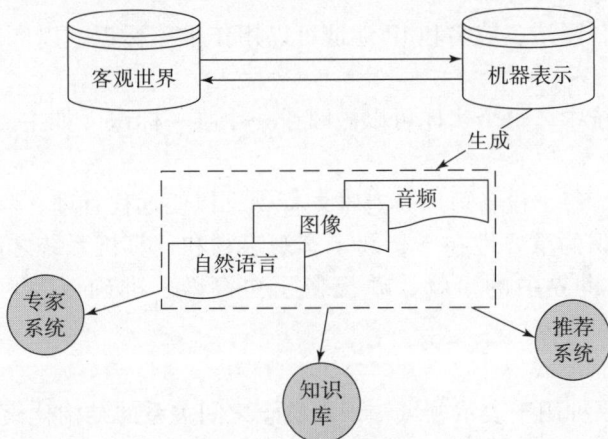

图 4 - 12　知识表示的用途

知识表示有五个基本用途：客观事物的机器标识、本体概念模型、支持推理的表示基础、用于高效计算的数据结构和人类可理解的机器语言。这五个用途并非彼此独立，而是层层递进，让机器逐步完成对客观世界的理解与计算推理，如图 4 - 13 所示。首先，机器需要能够唯一标识现实世界中的物品，以便能够快速区分、存储客观世界中的不同事物。其次，机器对不同的事物进一步抽象，如构建画像、本体建模等方法，让机器能够理解事物的特点与属性，生成概念模型。再次，利用构建好的概念

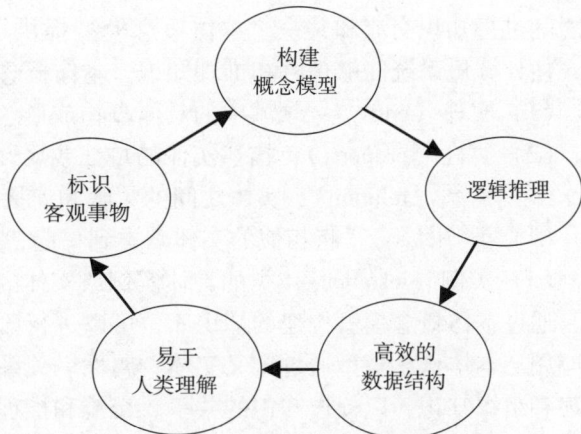

图 4 - 13　知识表示的基本用途关联

模型，机器可以通过逻辑推理、概率统计等方法进行知识推理，知识推理可以生成新的知识或检查矛盾的知识。此外，进一步的知识表示需要有高效的数据结构，能够快速完成知识存储、检索、运算推理等任务。高效的数据结构是下游任务的基础保障。最后，知

识表示还需要满足良好的人机交互需求，被表示的知识不仅要能够被机器理解，还要易于人类理解。

关于知识表示的 5 个基本用途的详细解释如下。

1. 客观事物的机器标识

知识表示首先需要定义客观实体的机器指代或指称，通过使用唯一的标识或标签，可以将现实世界中的事物转化为计算机可理解的形式，客观事物被映射到计算机系统的实体中，从而使计算机能够对客观事物进行管理和操作。这种机器标识的作用是确保每个事物都具有唯一的身份，并使机器能够对它们进行准确的索引、存储、查询和跟踪。

在实际应用中，客观事物的机器标识可以用于以下多个领域。

（1）在物流和供应链管理中，每个物品可以通过唯一条形码或序列号进行标识，以便跟踪其运输、库存和交付状态。

（2）在互联网上，网站、域名和 IP 地址可以用作唯一标识，以区分和访问不同的网络资源。

（3）在数据库系统中，每个实体可以被赋予一个唯一标识（如主键），以便在表中进行索引和关联操作。

（4）在物联网中，每个设备可以具有唯一标识，以便远程管理、监测和控制。

客观事物机器标识的重要性在于架起了客观事物和计算机系统之间的桥梁，使计算机能够处理和操作真实世界中的事物，并提供了更高效、准确以及可追踪的管理和操作方式。

2. 本体概念模型

本体概念模型是一种用于表示领域知识和概念之间关系的结构化模型。本体概念模型通常使用本体语言来定义和描述领域中的实体、属性和关系，以及它们之间的层次结构和约束信息。

本体概念模型的目标是建立一个共享的、一致的概念体系，以便在不同的应用系统和领域之间进行知识交流和共享。本体概念模型提供了一种形式化的方式来描述和组织领域知识，使计算机系统能够理解和推理知识。本体概念模型主要包括以下几个组成部分。

（1）实体（entity）：领域中的具体事物或概念，如人、物品、事件等。

（2）属性（property）：描述实体的特征或属性，如颜色、大小、年龄等。

（3）关系（relation）：实体之间的关联和连接，如父子关系、属于关系等。

（4）类（class）：将相似的实体归类到一起，形成类别或类别的层次结构。

（5）实例（instance）：类的具体实例或实体的具体实例。

通过本体概念模型构建的知识库，可以进行语义搜索、智能推理、数据集成和知识发现等应用。本体概念模型通过定义实体、属性、关系和类等元素，提供了一种形式化的方式来描述和组织知识，以促进知识的共享、交流和推理。

3. 支持推理的表示基础

知识表示可以进行逻辑推理。通过使用逻辑语言或其他形式的推理规则，机器可以利用已有的知识进行逻辑推理和推断，从而得出新的信息。这种推理能力使机器能够从已有的知识中进行推断，并生成新的知识。

知识推理需要包含逻辑语言、事实、规则、推理机制四个部分，逻辑语言实现知识的表达，事实构成了基础知识；规则提供了推理机制所需的逻辑约束和条件，以便在给定基本事实的情况下推导新的结论；推理机制通过给定的事实、规则和推理目标，得出新的结论或推理结果。

4. 用于高效计算的数据结构

知识表示的数据结构通常较为高效，可以支持快速的知识存储、检索和推理。优秀的数据结构设计可以有效减少知识推理的时间和空间复杂度，提高算法的执行速度和资源利用率。常见的数据结构包括数组、链表、哈希表、树、图、堆等。数据结构的选择需要结合应用场景，综合使用各种类型数据结构。

通过将知识转化为适合机器处理、适合特定场景的数据结构，可以实现快速搜索、添加或删除，以满足各种现实世界的应用需求。

5. 人类可理解的机器语言

知识表示可以使人类与计算机之间进行有效交流和交互。通过使用自然语言、图形表示或其他人类友好的形式，可以将知识表示转化为人类可读的形式，使人们能够理解和解释其中的信息，进一步可以构建人机交互接口。

知识表示是下游任务的基础，以专家系统（expert system）为例，专家系统是一种基于知识表示和推理的人工智能技术，旨在模拟人类专家在特定领域中做出决策和解决问题的能力。专家系统将领域专家的经验知识以计算机可处理的形式进行表示、存储和推理，提供与专家类似的问题解决和决策支持。专家系统的基本框架如图 4 - 14 所示，其中专家、知识工程师通过用户接口模块，将专家知识经过知识获取模块导入知识库，知识获取模块将专家知识表示为机器可理解的形式；交互解释器负责将知识库中的知识转换为便于展示的信息传输到用户接口模块，同时解析用户命令；综合数据库保存了人类可理解的客观事物数据信息；推理引擎可以利用知识库和综合数据库进行知识推导、知识发现。

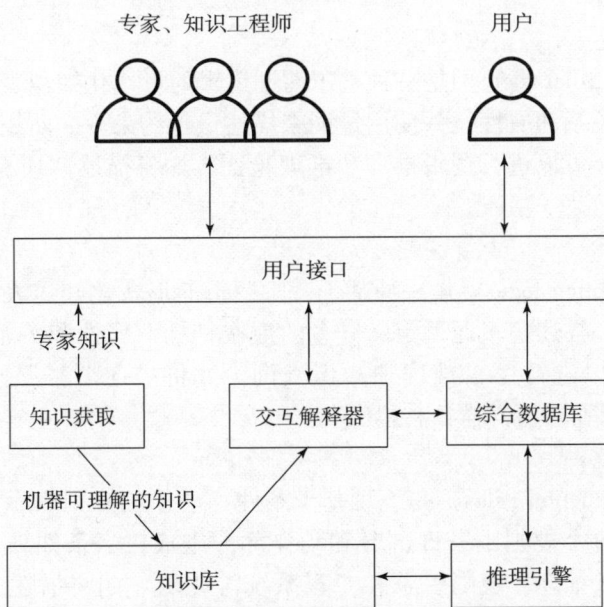

图 4 - 14　专家系统的基本框架

专家系统主要包括以下 3 个组件。

1. 知识库

知识库（knowledge base）是专家系统中存储和组织知识的部分，包含了领域专家提供的知识和规则，描述了问题领域的概念、事实、关系和推理规则等。知识库可以使用不同的知识表示方法，如规则、框架、本体论模型等。

2. 推理引擎

推理引擎（inference engine）是专家系统的核心组件，负责根据知识库中的知识和规则进行推理和推断。推理引擎接收用户提供的问题或情境描述，并利用推理机制在知识库中进行搜索、匹配和推理，最终生成合适的答案或解决方案。

3. 用户接口

用户接口（user interface）是专家系统与用户交互的界面，提供用户输入问题或背景的途径，并向用户展示专家系统的输出结果。用户接口可以是文本界面、图形界面或自然语言界面等，良好的知识表示方法可以很方便地设计出优雅的人机交互界面。

4.4.1.2 基本形式

知识表示的基本形式可以分为符号表示和向量表示两类。符号表示主要用于传统 AI 领域的知识表示，如逻辑表示法、本体表示法等。这些方法使用可计算推理的符号来表示人类大脑中的知识逻辑，对如今的信息系统建设产生重大影响。向量表示的知识在 AI 领域非常普遍，向量能够容纳大量的数据，且在神经网络中处理非常方便，如自然语言处理中使用独热编码对每个单词进行单独编码，输入后续模型进行处理。关于知识表示的两种表示法详细解释如下。

1. 符号表示法

符号表示法使用符号和规则来表示和操作知识，以便计算机能够理解和推理知识。常见的符号表示方法如下。

（1）一阶逻辑。

一阶逻辑（first – order logic）是一种基于谓词逻辑的形式化知识表示方法。一阶逻辑使用谓词来表示实体、关系和属性，并使用量词来描述量化约束。一阶逻辑提供了丰富的逻辑表达能力和推理机制，可以进行逻辑推理和推理验证。如将描述"所有的人都会死亡"，表达为"$\forall x(人(x)\rightarrow死亡(x))$"。

（2）描述逻辑。

描述逻辑（description logic）是一种基于一阶逻辑的形式化知识表示方法，用于表示概念和概念之间的关系。描述逻辑通过定义概念的层次结构、属性和关系的约束来表示知识。它在语义上严格，可以进行逻辑推理和知识查询。如将描述"猫是哺乳动物，并且有尾巴"，表达为"$猫 \in 哺乳动物 \wedge 猫 \subseteq 有尾巴$"。

（3）产生式规则。

产生式规则（production rules）是一种基于条件和动作的知识表示方法，用于描述一组规则和相应的操作。每个规则由条件部分和动作部分组成，当条件满足时，执行相应的动作。产生式规则适用于推理、规则引擎和专家系统等领域。如将描述"如果天气炎热，那么建议穿短袖"，表达为"if（天气炎热）then（建议穿短袖）"。

（4）本体。

本体（ontology）是一种用于描述领域概念、实体和关系的知识表示方法。本体使用形式化的语言定义概念和关系的层次结构，并提供推理和查询的功能。本体表示适用于语义网络、语义搜索和语义推理等领域。

符号表示法拥有明确的语义表示，通过明确的符号和规则来表示、推理知识。另外，符号表示具有较好的可解释性和可理解性，由于符号表示法使用人类可读的符号和规则，人类可以直观地理解符号表示中的知识表示，推理过程和结果，从而使知识表示和推理过程更具有可信度和可接受性。此外，符号表示具有较好的通用性和互操作性，相对于向量表示，符号表示法更能独立于特定领域，可以促进不同领域之间的知识共享和交流。

符号表示法的主要缺点是难以表示隐式的知识，对于复杂知识的推理能力弱。另外，逻辑推理依赖于精确的知识表示描述，比如某个符号的错误可能引起大范围推理错误，降低了系统的容错性，难以进行大规模部署应用。

不同的符号表示方法提供了不同的抽象级别和表达能力，用于表示和操作不同类型的知识。用户需要根据具体的应用需求和领域特点选择适当的符号表示法。

2. 向量表示法

向量表示法将知识表示为一组包含大量语义信息的向量。随着深度学习和表示学习的发展，使用向量来表示事物之间的关联，利用神经网络模型来实现更加复杂，鲁棒性、泛化性更强的推理成为目前研究的主流方向。以下是几种常见的知识向量表示场景。

（1）词嵌入。词嵌入（word embedding）是将词语表示为连续向量的技术，用于将自然语言中的词语映射到向量空间中，通过训练神经网络模型或使用预训练的模型（如Word2Vec、GloVe）来学习词语之间的语义关系。每个词语被映射到一个固定长度的向量空间中，使具有相似语义的词在向量空间中距离较近。下面介绍一些常用的词嵌入方法。

Word2Vec：一种基于神经网络的词嵌入方法，它通过训练一个浅层的前馈神经网络来学习词向量。Word2Vec 有两种模型连续词袋（continuous bag of words，CBOW）模型和词嵌入（skip-gram）模型。CBOW 模型根据上下文预测目标词语，而 skip-gram 模型根据目标词语预测上下文词语。

GloVe（global vectors for word representation）：一种基于全局词共现频率统计的词嵌入方法。GloVe 通过计算词语之间的共现概率来构建词语共现矩阵，并使用该矩阵进行训练。它通过优化目标函数来学习词向量，使词语的向量表示能够捕捉到它们在共现概率上的关系。

FastText：一种基于字符级别的词嵌入方法。它将词语表示为字符的 $n-gram$（连续的字符子序列）的向量的平均值，并使用这些字符级别的向量来表示词语。FastText 通过对每个 $n-gram$ 进行向量化并结合它们的平均值来捕捉词语的语义。

上述词嵌入方法从大规模的语料库中学习词向量，并且具有一定的通用性和语义关联性。学习到的词向量可以用于各种自然语言处理任务，如文本分类、词义相似度计算、信息检索等。词嵌入不仅可以帮助计算机理解词语的语义，还能够提高文本处理任务的效果和准确性。

（2）主题模型。主题模型（topic model）是一种用于发现文本中隐含主题的方法。假设文本中的每个文档可以由多个主题组成，而每个主题又由一组相关的词语构成。主题模型可以帮助用户理解文本中的主题结构，发现文本中隐藏的语义关系，并进行文本分类、文本生成等自然语言处理任务。

一种常见的主题模型是隐含狄利克雷分布（latent dirichlet allocation，LDA）。该模型生成文档的过程包含三个步骤：初始化、迭代和输出。初始化过程为每个词语随机分配一个主题；迭代重复进行主题选择直到收敛：对于每个词语，计算其属于各个主题的概率，根据这些概率重新分配词语的主题，对于每个主题，根据文档中属于该主题的词语的数量，重新估计主题的概率分布；输出步骤得到每个文档中的主题分布以及每个主题中的词语分布。

主题模型不仅可以帮助理解文本数据，还可以挖掘出文本中的潜在主题，从而提供对文本的深层次分析和理解。因此在文本挖掘、信息检索、推荐系统等领域具有广泛的应用。

（3）图嵌入。图嵌入（graph embedding）是一种将图数据（通常为高维稠密的矩阵）映射为低维稠密向量的过程，能够很好地解决图数据难以高效输入机器学习算法的问题。其目标是将图的结构和节点之间的关系映射到向量空间中，以便能够进行机器学习和数据分析等任务。图嵌入可以帮助我们捕捉节点之间的相似性、关联性和语义信息，从而用于图数据的聚类、分类、推荐等任务。下面是一些常见的图嵌入方法。

DeepWalk：一种用于图嵌入的无监督学习算法，旨在将图中的节点表示为低维向量。通过随机游走在图上采样节点序列，然后使用 Word2Vec 或其他词嵌入模型对节点序列进行训练，最终学习得到节点的低维向量表示。

Node2Vec：一种用于图嵌入的无监督学习算法，是 DeepWalk 算法的扩展。通过定义游走策略，在图上进行随机游走生成节点序列，然后使用词嵌入模型对节点序列进行训练，最终学习得到节点的向量表示，捕捉节点之间的相似性和关系。

GraphSAGE：一种用于图嵌入的半监督学习算法，它通过聚合邻居节点的信息来学习节点的向量表示。首先，对每个节点进行随机采样得到一组邻居节点；其次，通过聚合这些邻居节点的特征信息，如平均池化或邻居嵌入的拼接，得到节点的表示；最后，使用这些聚合后的节点表示进行监督学习任务，如节点分类或链接预测。

GCN（graph convolutional network）：一种用于图数据的深度学习模型，专门设计用于图结构数据的节点分类、图分类和链接预测等任务。首先，根据图的邻接矩阵和节点特征矩阵计算每个节点的邻居节点特征的加权。然后，将该加权和与节点自身的特征进行融合得到节点的新特征表示。这个过程可以通过多个卷积层的堆叠来进行深度学习。最后，可以使用这些节点表示进行节点分类、图分类或链接预测等任务。

（4）知识图谱嵌入。知识图谱嵌入（knowledge graph embedding）是将知识图谱中的实体和关系表示为向量的技术，通过学习实体和关系之间的语义关系，将它们映射到向量空间中。常见的知识图谱嵌入方法如下。

TransE：一种基于距离的知识图谱嵌入方法。该方法假设关系向量可以通过将实体向量进行平移得到，并通过最小化正确三元组（triple）的得分与错误三元组的得分之间的差异来学习实体和关系的向量表示。

TransH：一种基于超平面的知识图谱嵌入方法。该方法为每个关系引入一个超平面，并将实体向量投影到超平面上。通过最小化正确三元组和错误三元组之间的得分差异来学习实体和关系的向量表示。

TransR：一种基于关系映射的知识图谱嵌入方法。该方法为每个关系定义一个关系映射矩阵，通过将实体向量映射到关系空间中来学习实体和关系的向量表示。TransR 通过最小化正确三元组和错误三元组的得分差异来进行学习。

RotatE：一种基于旋转的知识图谱嵌入方法。方法将关系表示为复数向量，通过旋转操作来学习实体和关系的向量表示。RotatE 通过最小化正确三元组和错误三元组的得分差异来进行学习。

向量表示方法将知识转化为数值向量，使计算机可以通过计算向量之间的相似度、距离等操作来进行知识的推理、分类和查询。向量表示的一个优势是能够在隐式空间中捕获难以被推理发现的知识。由于知识库无法用符号表示全部的知识，因此具有更强大推理能力的向量表示方法成为主流方向。通过向量、矩阵、张量等形式进行运算，向量表示的知识库具有更高的计算效率和更强大的知识发现能力。

向量表示的知识具有更强的可扩展性，如融合语音、图像等不同模态的数据。在自然语言处理领域，可以为每个单词训练一个词向量表示；在图像领域，可以为每个不同的视觉对象学习一个向量表示。进一步可以统一不同模态的相同对象表示，构建多模态大模型。

向量表示法在各种应用中发挥重要作用，如文本分类、信息检索、推荐系统、知识图谱补全等。知识的符号表示与向量表示的对比如表 4-3 所示。知识向量化的一个缺点是丢失了符号表示的可解释性，让人类难以理解 AI 系统的决策和行为。

表 4-3　知识的符号表示与向量表示的对比

知识表示类型	数学表示形式	基本特点	常用案例
符号表示	离散的规则	解释性强、规则清晰、可扩展性差、逻辑推理能力弱	RDF、OWL 等
向量表示	连续的向量	不易解释、泛化性强、应用范围广泛	Tensor 和各类嵌入等

4.4.2　知识表示方法

知识表示将现实世界中的事物和关系转化为机器可处理的形式。在知识表示领域，有多种具体的方法用于知识的组织和表示。本节将介绍一些常见的知识表示方法，包括逻辑表示法、产生式表示法、框架表示法、语义网络表示法、本体表示法和过程表示法。

4.4.2.1　逻辑表示法

逻辑表示法是一种常见的知识表示方法，用于描述和推理关于事实、关系和规则的知识。它基于逻辑语言，将现实世界的知识转化为一组逻辑表达式，通过逻辑推理来获取新的知识和结论。逻辑表示法主要有以下几种形式。

1. 一阶逻辑

一阶逻辑（简称为 FOL）是最基本和常用的逻辑表示形式之一。它使用谓词、变量和量词来描述事实和规则。一阶逻辑具备表达能力强、推理能力丰富的特点，可以用于描述对象、属性、关系和规则等复杂的逻辑结构。

2. 二阶逻辑

二阶逻辑（second – order logic，SOL）是一阶逻辑的扩展，它允许量化谓词，即可以对谓词进行量化。二阶逻辑在表达能力上比一阶逻辑更强大，可以更准确地描述某些领域中的概念和规则。

3. 高阶逻辑

高阶逻辑（higher – order logic，HOL）是对一阶逻辑和二阶逻辑的进一步扩展，它允许量化函数或谓词。高阶逻辑在表达能力上更加丰富，可以更好地描述抽象和复杂的概念。

4. 模态逻辑

模态逻辑（modal logic）是一种扩展了经典逻辑的形式，它引入了模态词（如"必须""可能"）来表示陈述的语义特性。模态逻辑可以用于描述知识的可信度、时间性质、行为规范等方面。

在实际应用中，最常用的逻辑语言是一阶谓词逻辑，其有以下 4 个基本要素。

（1）谓词（predicate）。谓词表示关系或属性，用来描述事物之间的关联。例如，"父亲 (x, y)"表示"x 是 y 的父亲"，其中"x"和"y"是变量。

（2）变量（variable）。变量是占位符，可以代表不同的实体或值。

（3）常量（constant）。常量是具体的实体或值，用于表示特定的对象或事物。常量用于实例化变量，使谓词具体化。

（4）量词（quantifier）。量词用于限定变量的范围，包括存在量词（存在一个）和全称量词（对于所有）。

通过使用这些要素，可以构建逻辑表达式来表示事实、关系和规则，进行知识表示、推理等任务。下面以图 4 – 15 中描述的家庭关系为例，演示使用一阶谓词逻辑描述知识及进行知识推理。

使用谓词逻辑来定义关系，其中包含的一些谓词和常量如下。

（1）Father (x, y)：表示 x 是 y 的父亲；

（2）Mother (x, y)：表示 x 是 y 的母亲；

（3）Sister (x, y)：表示 x 是 y 的姐姐。

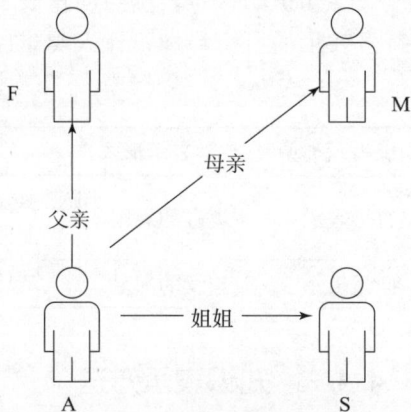

图 4 – 15　逻辑表示法应用案例

根据这些定义，图 4 – 15 中表示知识的逻辑表达式如下。

（1）Father（F，A）；

（2）Mother（M，A）；

（3）Sister（S，A）。

知识库可以通过这些逻辑表达式进行逻辑推理和查询。例如，可以使用逻辑推理来回答下列问题。

谁是 A 的父亲？系统查询 Father (x, David)，找到 Father（Bob，David）。

谁是 A 的姐姐？系统查询 Sister (x, A)，找到 Sister（S，A）。

在实际应用中，逻辑表示法往往更加复杂和丰富，可以包括更多的谓词、变量、常量和规则，用于描述更复杂的知识。

逻辑表示法具有清晰和准确的形式，表达的知识具有较好的一致性，有利于机器进行推理演算，发现隐藏的关系和规律。此外，作为一种典型的符号表示方法，逻辑表示法具有良好的可理解性，通过推导过程可以让人理解和解释知识的来源、推导过程。但是逻辑表示法无法表示不确定或启发性的知识，在复杂环境中容易发生知识、规则的组合爆炸增长，从而增加了知识推理的难度。

4.4.2.2　产生式表示法

产生式表示法（production rule representation）用于描述知识和推理规则，"产生式"这一术语是由美国数学家波斯特（E. Post）在 1943 年首先提出来的，如今已被应用于许多领域，成为人工智能中应用最多的一种知识表示方法。

产生式表示法基于一组条件（if）- 操作（then）规则表示知识，也称产生式规则（production rules）或 if - then 规则。其中条件部分描述了规则触发的先决条件，通常包含一组逻辑表达式，描述系统中的事实和关系。操作部分描述了规则被激活时执行的动作或推断，通常包含一组操作或结论，描述了根据条件部分得出的结论或产生的效果。

产生式表示法的规则（知识单位）格式固定，形式单一，规则之间相互较为独立，这种彼此分离的特点使知识库的建立较为容易，且推理方式简单，没有复杂计算。其中的知识库与推理机是分离的，这种结构给知识的修改带来便利，无须修改程序，对系统的推理路径也容易做出解释。所以，产生式表示法常作为构造专家系统的首选。

产生式规则的一般形式：if < 条件 > then < 操作 >。

举例来说，一个简单的产生式规则：if 温度 > 30 then 打开空调。这个规则的条件部分是"温度 > 30"，操作部分是"打开空调"。当满足条件"温度 > 30"时，规则就会激活，执行操作"打开空调"。

产生式还可以添加置信度来表达概率事件：if < 条件 > then < 操作 > （置信度）。

在一个完善的产生式系统中往往会有许多产生式规则，以一个简单的机器人自动控制系统为例，假设有一个简单的机器人，根据感知到的环境条件执行相应的动作，具体规则集合如下。

（1）如果检测到前方有障碍物，则执行停止动作。

（2）如果检测到温度过高且湿度过低，则执行开启空调动作。

（3）如果检测到光照不足，则执行打开灯光动作。

（4）如果检测到声音超过一定阈值，则执行报警动作。

上述规则可以描述为以下产生式集合。

（1）if 前方有障碍物 then 停止动作。

（2）if 温度过高且湿度过低 then 开启空调动作。

（3）if 光照不足 then 打开灯光动作。

（4）if 声音超过一定阈值 then 报警动作。

这些产生式规则描述了机器人在不同的环境条件下应该执行的动作，通过使用产生式规则集合，机器人可以根据感知到的环境条件进行推理和决策，选择合适的动作来响应环境变化。

产生式系统一般由规则库、综合数据库、控制系统（推理机）三部分组成，它们之间的关系如图 4 - 16 所示。其中，用于描述相应领域内知识的产生式集合称为规则库，是产生式系统求解问题的基础，因此，需要对规则库中的知识进行合理的组织和管理，检测并排除冗余及矛盾的知识，保持知识的一致性，采用合理的结构形式，可使推理避免访问那些与求解当前问题无关的知识，从而提高求解问题的效率；综合数据库又称事实库、上下文、黑板等，用于存放问题的初始状态，原始证据、推理中得到的中间结论及最终结论等信息，当规则库中某条产生式的前提可与综合数据库的某些已知事实匹配时，该产生式就被激活，并把它推导出的结论放入综合数据库中作为后面推理的已知事实，显然，综合数据库的内容是不断变化的；推理机由一组程序组成，除了推理算法，还控制整个产生式系统的运行，实现对问题的求解。

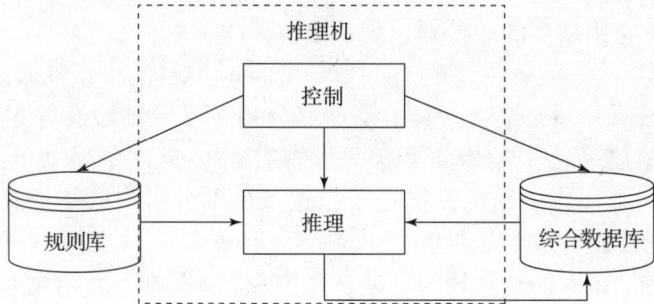

图 4 - 16　产生式系统

　　产生式表示法具有较好的可读性和灵活性，格式清晰，方便人机交互，同时能够适应不同的知识表示需求，也具有良好的推理能力和可解释性。但是效率不高，产生式规则的推导是一个反复的"匹配—冲突消解—执行"过程，在规则库较大的情况下效率低下，且容易引起组合数量爆炸问题。

　　产生式表示法在专家系统、规则引擎和推理系统等领域有广泛应用。

4.4.2.3　框架表示法

　　框架表示法是一种结构化的知识表示和组织的方法，用于描述事物之间的关系和属性。它通过将知识组织成框架的形式来捕捉事物的结构和特征。框架系统的基本思想认为人们对现实世界中的事物认知是通过类似于框架的结构存储在记忆中的。在面对一个新事物时，我们会从记忆中找到一个适当的框架，并根据实际情况对其进行修改和补充，以形成对当前事物的认识。

　　如图 4 - 17 所示，框架系统的基本表达结构是框架，一个框架由若干个"槽"（slot）结构组成，每个槽又可分为若干个"侧面"，槽用于描述对象某一方面的属性；侧面用于描述相应属性的一个方面；槽和侧面所具有的属性值分别称为槽值和侧面值。

<框架名>
槽名：侧面名　　　　　　　　侧面值 1,…, 侧面值 n
约束：约束条件

图 4 - 17　框架表示法

　　框架表示法可以用于表示各种不同类型的知识。如图 4 - 18 所示，在一个地震框架中，可能包含槽如"地点""日期""震级"等，通过填充这些槽和侧面，我们可以构建一个描述地震的具体实例。

框架名：＜地震＞

地点：某地

日期：某年某月某日

震级：6.0

波速比：0.45

水氡含量：0.43

地形改变：0.60

图 4 - 18 框架表示法实例

框架表示法具有以下优点。

（1）结构化表示。框架表示法能够以结构化的方式捕捉事物之间的关系和属性，使知识的表达更加全面和准确。通过将知识组织成框架的形式，可以清晰地描述事物的各个方面的特征，提供丰富的语义信息。

（2）灵活性和可扩展性。框架表示法具有灵活性，可以根据需要进行扩展和修改。新的知识可以通过添加新的槽和侧面来丰富现有的框架，使其适应不断变化的需求和场景。

（3）推理和推断能力。框架表示法支持推理和推断，可以通过框架之间的关系和属性值的推理，从已有的知识中得出新的结论和信息。这使框架表示法在推理型任务和决策支持系统中具有重要作用。

（4）可解释性和可理解性。框架表示法还允许进行数值计算，这是框架系统相对于其他方法的一个主要特点，能以直观的方式呈现知识，使知识的理解和解释更加容易。人们可以直接查看和理解框架的结构和内容，从中获取对事物的深入理解。

总的来说，框架表示法是一种有力的知识表示方法，能够捕捉事物之间的关系和属性，并提供结构化和灵活的知识组织方式。然而，为了充分发挥其优势，我们也必须认识到其中存在的一些限制，并在实际应用中加以考虑和解决，具体包括以下几点。

（1）维护成本高。建立和更新框架系统的知识库需要投入大量的资源和时间。由于框架表示法要求对知识进行结构化和详细的描述，需要专家对知识进行归纳、整理和验证，这增加了维护的复杂性和成本。

（2）知识质量要求高。框架系统对知识的质量要求较高，需要确保框架的正确性和准确性。错误或不完整的知识会影响框架的有效性和推理的准确性，因此在建立框架系统时需要严格的知识验证和质量控制。

（3）限制的表达形式。框架的表达形式相对固定，很难与其他形式的数据集进行灵活配合和整合。这可能会导致在某些复杂的概念和关系表示方面存在困难，无法准确地表达某些抽象或模糊的概念。

（4）知识获取的挑战。框架表示法的知识获取过程主要依赖于人工和专家，对于复杂的知识表示框架，知识获取过程变得困难。随着知识库的扩大和更新，知识获取的挑战将变得更加复杂。

尽管存在这些限制，框架表示法仍是一种有力的知识表示方法。通过合理的维护策略和知识验证机制，可以提高框架系统的质量和可靠性。此外，随着技术的发展，可以探索将框架表示法与其他知识表示方法相结合，以弥补其在某些方面的限制，进一步提升知识表示和应用的效果。

4.4.2.4　语义网络表示法

语义网络表示法是一种用于表示和组织知识的方法，它通过图形结构来描述事物之间的语义关系和属性。1968 年 J. R. Quillian 在其博士论文中最先提出语义网络，把它作为人类联想记忆的一个显式心理学模型，并在他设计的可教式语言理解器（teachable language comprehender，TLC）中用作知识表示方法。语义网络表示法的核心思想是通过节点（node）和边（edge）的连接关系来表达知识。通过在网络中添加节点和边，并定义它们之间的语义关系，可以构建一个丰富而有结构的知识图谱。这种表示方法使知识的含义和关联性更加明确，便于理解和查询。

在语义网络表示法中，语义网络是一种用实体及其语义关系来表达知识的有向图，图中包含的节点和边分别表示概念和关系。节点代表概念或事物，可以是具体的实体、抽象的概念或属性。每个节点通常具有一个唯一的标识符，并与所表示的概念或事物相关联。边表示概念之间的语义关系，用于连接节点。边可以表示不同类型的关系，如上下位关系、蕴含关系、同义关系、部分－整体关系等。每个边都具有一个标签，描述了连接的概念之间的语义关系。语义网络中最基本的语义单元称为语义基元，可用三元组表示为（节点 1，边，节点 2）。基本网元是指一个语义基元对应的有向图。

语义网络表示法的一个典型的例子是 WordNet，它使用语义网络表示法来组织和表示英语单词之间的语义关系。在 WordNet 中，每个单词都表示为一个节点，并通过不同类型的边连接到其他相关单词，以表示它们之间的语义关系。

语义网络表示法的一个实例如图 4 - 19 所示，图中语义网络表示：动物能运动，会吃；鸟有翅膀，会飞；鱼是一种动物，鱼生活在水中，会游泳。

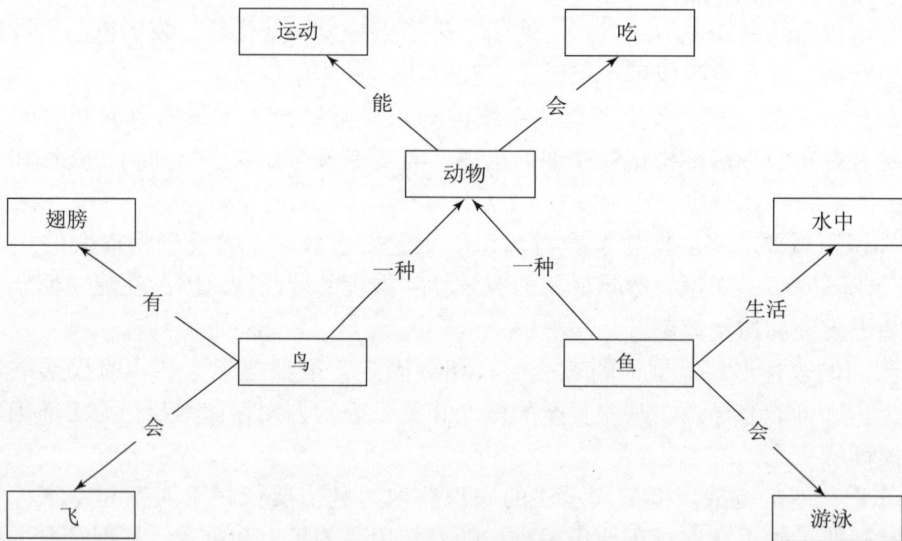

图 4 - 19　语义网络表示法实例

语义网络中常用的语义关系有以下几种。

（1）类属关系：指一个事物是另一个事物的一个实例。

（2）包含关系：指具有组织或结构特征的"部分与整体"之间的关系，表示一个事物是另一个事物的一部分。

（3）位置关系：指不同事物在位置方面的关系。

（4）时间关系：指不同事件在其发生时间方面的先后次序关系。

（5）属性关系：指事物与其行为、能力、状态等属性之间的关系。

（6）相近关系：指不同事物在形状、内容等方面相似或接近。

语义网络表示法具有以下优点。

（1）结构化表示。语义网络表示法以图形结构的形式组织知识，通过节点和边的连接关系来表示概念、关系和属性。这种结构化表示使知识之间的关系和语义联系能够直观地呈现出来，有助于理解和推理。

（2）显式语义关联。语义网络表示法能够明确表示事物之间的语义关联和关系。通过节点和边的连接，可以准确地表示概念之间的上下位关系、关联关系、属性关系等。这有助于进行语义推理和语义联想，提高对知识的理解和表达能力。

（3）灵活性和可扩展性。语义网络表示法具有一定的灵活性和可扩展性。新的概念、关系和属性可以通过添加新的节点和边来扩展语义网络，而不会影响已有的知识结构。这使语义网络能够适应不断变化和扩展的知识领域。

（4）推理和推断能力。语义网络表示法提供了推理和推断的基础。通过节点和边的连接关系，可以进行基于语义的推理，从已有的知识中得出新的结论或发现隐藏的关系。这有助于知识的发现和推断，提高对复杂问题的理解和解决能力。

（5）可视化呈现。语义网络表示法通过图形化的手段展示知识结构，进一步提升知识的直观性和可视化效果。这在知识传播、共享以及交流领域具备重要优势，有助于人们更加便捷地理解和应用所掌握的知识。

语义网络表示法是一种结构化的知识表示方法，能够以图形化的形式清晰地展示事物间的属性和语义关系。然而，我们也需充分认识到其中存在的一些限制，以便在应用中适当地考虑和处理这些问题，具体包括以下几点。

（1）知识获取难度大。构建一个完整的、准确的语义网络需要大量的知识获取工作，需要专家的参与和投入。知识的获取过程相对复杂，需要花费大量的时间和资源来收集和整理，这增加了构建和维护语义网络的成本和难度。

（2）语义歧义和不确定性。语义网络表示法在表示复杂概念和语义关系时可能存在歧义和不确定性。不同的人可能对概念和关系有不同的理解，导致语义网络的表达存在多样性和模糊性。这可能导致推理的不准确性和结果的不确定性。

（3）处理复杂性。随着语义网络的规模增大，处理复杂性也随之增加。当语义网络包含大量的节点和边时，对于推理、检索和更新等操作的效率会降低。同时，处理复杂的语义网络可能需要更高级别的计算资源和算法支持。

（4）缺乏标准化和一致性。语义网络表示法缺乏标准化的形式表示体系，不同的语义网络可能采用不同的表示方式和语义关系定义。这导致了语义网络之间的不一致性和互操作性的问题，使知识的共享和整合变得困难。

（5）限制于预定义结构。语义网络表示法通常需要预定义节点和边的结构，这限制了它的灵活性和适应性。当需要表示新的概念或复杂关系时，可能需要修改或扩展语义网络的结构，这带来了一定的困难和成本。

语义网络表示法是一种基于图形结构的知识表示方法，通过节点和边的连接关系来描述事物之间的语义关系和属性。它提供了一种直观和结构化的方式来表达和组织知识，并支持知识的查询和推理。

4.4.2.5　本体表示法

本体表示法是一种用于表示领域知识的形式化方法，描述了一组概念、实体、属性和它们之间的关系。本体是一个定义了特定领域中的概念和关系的结构化模型，捕捉了领域知识的共享概念和语义。它在人工智能、语义技术和知识图谱等领域具有重要的应用价值。

本体表示法的核心思想是将知识以结构化的方式组织起来，以便计算机系统能够理解和推理。它提供了一种统一的语义框架，使不同系统和应用程序能够共享和交流领域知识。通过使用本体表示法，可以更准确地描述概念、属性和关系，从而实现更高级的知识处理和智能推理。

本体表示法的核心概念是使用术语、类别和属性来描述现实世界中的事物和概念。本体的基本构成要素包括以下几个。

（1）类（class）：代表领域中的概念或类别。类可以有层级关系，包括父类和子类的概念。

（2）属性（property）：描述类或实体的特征或属性。属性可以是基本属性（如名称、大小、颜色等）或关联属性（与其他类或实体之间的关系）。

（3）实例（instance）：具体的事物或个体，属于某个类别，并具有特定的属性。

（4）关系（relation）：描述不同类别或实例之间的关系，可以是层级关系、关联关系、关联属性等。

本体表示法的目标是提供一种共享和一致的知识表达方式，以便不同系统和应用程序之间能够共享和理解领域知识。它可以用于知识图谱、语义网、智能搜索和推理等领域。

常见的本体表示法包括以下几种。

（1）资源描述框架（resource description framework，RDF）：一种基于三元组的语义表示方法，用于描述资源和它们之间的关系。

（2）本体网络语言（ontology web language，OWL）：一种基于描述逻辑的标准本体语言，用于定义本体结构、规则和推理。

举个例子，若要表示一个餐厅的本体，则可以定义一些概念、属性和关系，如图 4－20 所示。

概念：Restaurant
属性：hasName，hasAddress
关系：hasMenu，hasRating

图 4－20　本体表示法实例

在图 4－20 中，概念：定义餐厅的概念，如"Restaurant"；属性：定义餐厅的属性，如"hasName"表示餐厅的名称，"hasAddress"表示餐厅的地址；关系：定义餐厅之间的关系，如"hasMenu"表示餐厅有菜单，"hasRating"表示餐厅的评分。通过使用 OWL 语言的语法规则和逻辑约束，可以定义这些概念、属性和关系之间的关联和约束，如定义"Restaurant"

概念必须具有名称和地址属性，"hasMenu"属性必须指向一个菜单实体等。这样，就可以通过 OWL 表示一个餐厅的本体，并使用 OWL 的推理机制进行推理和查询。

本体表示法具有以下优点。

（1）明确的语义关系。本体表示法通过定义概念和它们之间的关系，使知识的语义关系更加明确和准确。这有助于系统理解和推理领域知识。

（2）可扩展性。本体表示法允许对领域知识进行扩展和修改，以适应不断变化的需求。可以将新的概念和关系添加到本体中，使其具备更高的表达能力。

（3）共享和重用。本体表示法为不同系统和应用程序提供了一个共享的知识表示方式。通过使用统一的本体，可以促进知识的重用和共享，提高系统间的互操作性。

（4）推理能力。基于本体表示法的系统可以进行推理和逻辑推断，从而得出更深层次的结论。本体中定义的逻辑规则和推理规则可以帮助系统进行自动推理和推断。

（5）查询和检索。本体表示法为知识的查询和检索提供了便利。通过使用本体中的概念和关系，可以进行精确的语义查询，从而获取所需的信息。

然而，本体表示法也有一些限制，具体包括以下几点。

（1）知识获取和建模的复杂性。构建一个完整且准确的本体需要大量的知识获取和建模工作。本体的构建过程通常需要专家参与和投入，涉及领域知识的整理、概念的定义、关系的建立等复杂任务。这增加了构建和维护本体的成本和难度。

（2）知识表示的局限性。本体表示法通常采用基于逻辑或图形的形式表示，这种表示形式可能无法准确地捕捉某些复杂概念和关系，或者无法满足特定领域的需求。本体的表达能力受到表示形式和语言的限制，可能无法完全表达某些语义和语境。

（3）处理效率和可扩展性。随着本体规模的增大，对于本体的处理效率和可扩展性提出了挑战。当本体包含大量的概念和关系时，对于推理、查询和更新等操作的效率可能降低。此外，对于大规模本体的维护和更新也可能变得困难。

（4）缺乏一致性和标准化。本体表示法缺乏统一的标准和形式表示体系，导致不同本体之间的一致性和互操作性问题。不同的本体可能采用不同的概念和关系定义，造成了本体之间的不一致性，也使本体的共享和整合变得困难。

（5）语义歧义和不确定性。本体表示法在描述语义和关系时可能存在歧义和不确定性。不同的人可能对概念和关系有不同的理解，导致本体的表达存在多样性和模糊性。这可能导致推理的不准确性和结果的不确定性。

本体表示法是一种有力的知识表示方法，它通过定义概念、实体、属性和关系来描述领域知识促进知识的共享、推理和查询。它在人工智能、语义技术、知识图谱和语义搜索等领域具有重要的应用价值。

4.4.2.6　过程表示法

过程表示法是一种知识表示和建模的方法，用于描述和表达系统或问题中的各种过程、活动和交互。它强调对过程执行顺序、控制流程和数据流动的建模，以便能够理解、分析和优化系统的行为。

过程表示法通常使用形式化的符号系统，如流程图、活动图、状态转换图、时序逻辑等，来表示和描述系统中的过程和动态行为。这些符号和图形元素表示了不同步骤、操作、条件和转换之间的关系，以及数据在过程中的流动和变化。

过程表示法的一个实例是描述烹饪过程，如图 4 - 21 所示，假设我们要描述制作意大利面的过程。

初始状态：锅中没有食材，火灶处于关闭状态。

行为：加热锅、加入水、加入盐。

条件：锅中水的温度达到沸腾点。

转换：将意大利面放入锅中煮熟。

结束状态：意大利面煮熟，锅中有熟意大利面。

图 4 - 21　过程表示法实例

在图 4 - 21 所示的例子中，过程表示法描述了烹饪意大利面的过程。它包括初始状态、行为、条件和转换等关键要素，展示了整个过程的步骤和流程。通过这种表示方式，我们可以清晰地了解制作意大利面的步骤和所需条件，以及最终的结果。

过程表示法可以用于描述各种领域的过程，例如工业生产过程、计算机算法执行过程、交通流程等。它提供了一种结构化的方式来表示和理解事物的动态行为，有助于分析和推理过程中的关键步骤和条件。

过程表示法具有以下优点。

（1）结构化表达。过程表示法提供了一种结构化的方式来描述事物的过程。它将过程分解为多个关键要素，如初始状态、行为、条件和转换等，使过程的结构和步骤清晰可见。

（2）动态性。过程表示法强调事物的动态性，能够描述事物的状态变化和行为演化过程。这使我们可以更好地理解事物在不同阶段的状态和相互之间的转换。

（3）推理和分析。通过过程表示法，我们可以对过程进行推理和分析。我们可以检查条件是否满足，触发相应的行为和转换，并预测过程的结果。这对于理解和控制复杂过程非常有用。

然而，过程表示法也有一些限制，具体包括以下几点。

（1）复杂性。过程表示法在处理复杂过程时可能会变得复杂。对于长期和多阶段的过程，过程的描述可能会变得冗长，理解和维护起来相对困难。

（2）正确性和完整性。过程表示法要求准确地描述过程中的每个步骤、条件和转换。如果存在遗漏或错误的描述，可能导致推理和分析结果不准确。因此，确保过程表示的正确性和完整性是一个挑战。

（3）缺乏灵活性。过程表示法的描述形式相对固定，难以适应不同类型的过程和变化。当面对复杂和多样化的过程时，可能需要引入更灵活的表示方法来满足需求。

在软件工程领域，过程表示法广泛应用于需求分析、系统设计、软件工程方法和工具的开发等方面。它可以帮助软件工程师理解和描述系统的功能、行为和交互，从而指导软件开发过程中的设计和实现。在业务流程管理和工作流领域，过程表示法用于建模和管理组织内部的业务流程和工作流程。它可以帮助组织识别和优化业务过程，提高效率和质量，并支持自动化和集成的工作流执行。

过程表示法是一种用于描述和表达系统或问题中的过程和动态行为的方法。它通过形式化的符号和图形表示，帮助理解、分析和改进系统的行为，并在软件工程、业务流程管理等领域发挥重要作用。

4.5　小　　结

本章介绍了数据预处理、特征工程和知识表示的基本概念，深入讨论了其方法技术。

数据预处理是对原始数据进行清洗、转换和规范化的过程，主要步骤包括数据清理、数据集成和数据变化等。数据清理处理原始数据中的异常值、噪声和缺失值，保证数据准确性和完整性；数据集成整合多源数据，减少数据冗余与冲突；数据变化对数据进行标准化和归一化，提高数据的可比较性和可解释性。

特征工程是将原始数据转化为更具表达能力的特征的过程，主要流程包括特征选择、特征构建和特征降维等。特征选择对原始数据特征进行评估，保留重要和高相关性的特征；特征构建在所选择特征的基础上，建立更复杂、更具表达能力的特征表示；特征降维将构建后的特征映射到低维空间，精简并优化特征表达。

知识表示能够将领域专家知识和先验知识转化为机器可处理的形式。利用知识表示可以将先验知识和领域知识引入机器学习模型，增强模型的推理和预测能力，并能够更好地适应复杂的现实环境。

4.6　习　　题

1. 假定用于分析的数据包含属性 age。数据元组中 age 的值如下（按递增序）：13，15，16，16，19，20，20，21，22，22，25，25，25，25，30，33，33，33，35，35，35，35，36，40，45，46，52，70。

（1）使用按箱平均值平滑对以上数据进行平滑，箱的深度为 3。

（2）怎样确定数据中的异常值？

（3）对于数据平滑，还有哪些其他方法？

2. 从初始数据到得出数据分析或数据挖掘结果的这个过程中对数据进行的一系列操作称为什么？

3. 什么是"脏"数据？

4. 关于数据预处理的说法，下列描述错误的是（　　）。

A. 初始数据直接被使用可能会导致数据分析结果出现偏差

B. 数据预处理的工作量占整个数据挖掘工作的 60%

C. 数据预处理只负责处理"脏"数据

D. 数据预处理是数据分析或数据挖掘前的准备工作

5. 请解释过滤法、包裹法和嵌入法三种特征选择方法各自的优缺点。

6. 请尝试调研并详细解释任一文本特征构建的方法。

7. 请解释 PCA 特征降维的原理。

8. 请解释特征工程与数据预处理之间的联系与区别。

第5章

模式识别与深度学习

5.1 引　　言

模式识别和深度学习是人工智能领域中最具挑战性和前沿性的研究方向之一，它们为解决复杂问题、发现隐藏模式和进行智能决策提供了强有力的工具。随着大数据时代的到来，越来越多的数据被用于各种应用，如图像识别、语音识别、自然语言处理等，这些数据的规模和复杂性对传统机器学习方法提出了巨大的挑战。因此，研究者们开始探索新的机器学习方法和技术，以更好地解决这些问题。

模式识别关注如何自动识别和理解数据中的模式，实现数据分析、决策和预测。模式识别的核心任务包括特征提取、特征选择、模式分类和模式评估。通过模式识别，我们能够从不同类型的数据中提取有用信息，实现自动识别、检测和分类。机器学习是实现模式识别的重要工具，通过构建数学模型和算法，使计算机系统能够从数据中学习并改进性能。机器学习包括监督学习、无监督学习和强化学习等不同的类型，每种类型都有特定的学习目标和方法。深度学习是机器学习中的重要分支，通过构建多层神经网络模型，能够自动发现数据中的复杂模式和特征。深度学习的基本组件包括神经元、层和网络结构，而反向传播算法和梯度下降是训练深度学习模型的核心方法。随着深度学习技术的发展，涌现出各种高效的深度学习架构和优化算法。

模式识别和深度学习在计算机视觉、自然语言处理、数据挖掘等领域有广泛应用。然而，它们也面临着数据质量、模型解释性、泛化能力、隐私与安全等挑战。未来的研究将致力于解决这些问题，并推动它们在更广泛领域的应用。

本章主要内容包括以下几节。

5.2 节介绍了模式识别，主要内容包括知识基础、算法原理、应用模式识别的实例。

5.3 节介绍了机器学习，主要内容包括知识基础、算法原理、应用机器学习的实例。

5.4 节介绍了深度学习，主要内容包括知识基础、算法原理、应用深度学习的实例。

5.2　模 式 识 别

5.2.1　知识基础

随着人们生活中产生的数据量日益增长，提取其中有价值的信息变得越发困难，在这种背景下，模式识别技术的重要性越发凸显。大数据不仅提供了更多的分析数据点，还引入了更复杂的数据结构和多种多样的数据来源，这就需要模式识别技术在保证精确的同时又要具有广泛的适应性。例如，在商业决策、用户推荐、风险预测等领域，模式识别可以从海量数据中挖掘有价值的模式，为企业提供深入的见解并预测未来。因此，在大数据背景下，模式识别不仅是一种技术或工具，更是连接数据与决策的重要纽带，能够为各行各业创造巨大的价值。

从方法论的角度来看，统计模式识别是模式识别中的主流方法。它利用统计方法和概率模型来进行模式识别，通过建立数学模型来描述和学习数据的统计特征，并利用这些模型进行模式分类、聚类等任务。本节将从发展最早且理论体系较为完善的统计模式识别入手，对模式识别的基本概念进行解析。

5.2.1.1　统计模式识别

在模式识别的世界中，统计方法论扮演着核心角色。统计模式识别利用了数学模型描述和学习数据的统计特性，是确定一个样本类别属性（模式类）的过程，即把某一样本归属于多个类型中的某一类型的过程。在这个过程中，数据以有监督或无监督的方式进行处理。在有监督学习中，每个样本的类别标签是已知的；而在无监督学习中，样本的类别标签是未知的，系统需要自行发现可能的类别结构。此外，统计模式识别中还有许多重要概念，如样本、模式、特征和分类器等。

样本是指一个具体的研究对象，如人、汉字或图片等。每个样本都有其归属的类别，但部分样本类别未知，而模式识别的任务即对类型未知的样本进行分类。

模式是指对研究对象特征的描述，是某一类样本测量值的集合。模式可以非常简单，如数字序列 $\{0, 0, \cdots, 0\}$ 中的重复模式；也可以非常复杂，如图像中的物体形状和纹理。模式还可分成抽象模式和具体模式。抽象模式，如意识、思想、议论等，属于概念识别研究的范畴；具体模式，如语音波形、地震波、心电图、脑电图、图片、照片、文字、符号、生物传感器等，属于实体识别或传感器数据识别的范畴。统计模式识别主要是对具体模式进行辨识和分类。

特征是指能够描述模式特性的量，可以是样本的测量值、统计特征、频谱特征、形态特征等。如性别分类任务中，可以选择声音、长相作为"性别"这一模式的特征。在统计模式识别方法中，通常使用矢量 $x = (x_1, x_2, \cdots, x_n)$ 表示特征。

分类器是指通过学习已知样本特征从而具有分类未知样本能力的系统。分类器可以是各种算法和模型，如支持向量机、决策树、神经网络等。其目标是找到一个决策边界，将不同类别的样本正确地分开。

统计模式识别的核心是通过学习已知类别的样本（有监督）来构建分类器，也涉及探索未知类别数据的内在结构和分布，以发现样本的潜在分类（无监督）。在有监督学习中，这个过程包括了从大量带有类别标签的训练数据中学习，而无监督学习则处理没有此类标签的数据。两种方法的目标均为最终能够对新的、未知类型的样本进行准确分类。具体的方法论和步骤将在 5.1.2.3 节"统计模式识别过程"中详细讲解。

5.2.1.2　统计模式识别三大任务

统计模式识别有三大任务：模式采集、特征提取和特征选择、类型判别。其对应关系如图 5 - 1 所示。

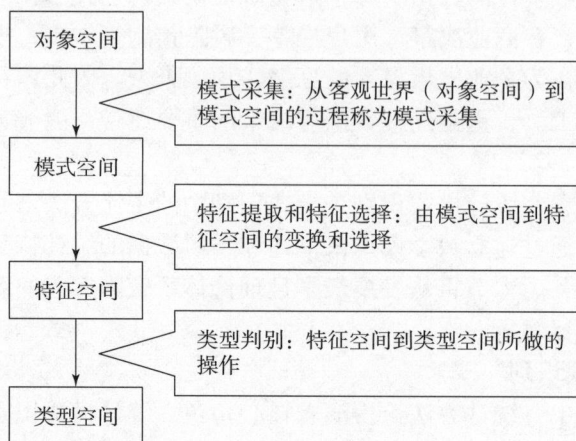

图 5 - 1　统计模式识别三大任务

对象空间是指客观世界中存在的一切实体和事物所构成的空间。它包括了我们所能感知的物质实体，如人、动物、植物、建筑物等，以及抽象的概念、思想、规则等。它是一个广阔而多样的领域，涵盖了自然界、社会文化、科学技术等各个方面。

模式空间是指客观世界中具有相似特点的事物所组成的空间，即"物以类聚"的概念，它是一种将相似性和相关性作为基础的分类和归纳方式。在模式空间中，具有相似性的样本会在空间中相互接近，形成模式集团或者聚类。

统计模式识别三大任务之一的"模式采集"指的正是从客观世界到模式空间的抽象过程。通过发现客观世界部分事物之间的相似性，赋予其特定的类别标签，形成特定的模式空间并在模式空间中建立起不同类别的模式集合。模式采集的目的是对客观世界中的事物进行分类和归纳，以便后续的统计模式识别任务能够更准确地对类型未知的样本进行分类和判断。

模式采集在实际生活中应用广泛。在图像识别中，这意味着从海量图片中提取关键特征来训练算法，使其能够自动识别和分类新的图像。同样，在语音识别中，模式采集帮助系统学习不同说话人的声音特质，以便准确识别个人身份。这些技术不仅提升了机器识别的准确性，也极大地扩大了自动化和智能化的应用范围。

特征空间是指在模式空间中对事物进一步抽象化，去除事物的冗余信息，将事物映射为具有代表性的度量值，将度量值组合而成的空间。在统计模式识别中通常需要从原始数据中提取出能够描述事物特征的属性或度量值，这些属性或度量值可以是数值、向量、直方图等形式，通过将这些属性或度量值组合起来，就可以构建一个特征空间用于表示事物的特征。此时，模式可以用特征空间中的一个点或一个特征向量表示。特征空间中的映射压缩了原始数据的信息量，使其易于分类，这一映射过程即特征提取和特征选择。

特征提取和特征选择是在特征空间的构建过程中需要考虑的两个重要方面。它们旨在从原始数据中提取出最具有代表性和区分性的属性或度量值，以构建一个能有效区分不同类别或模式的特征空间。

特征提取是指从原始数据中提取出能够描述事物特征的属性或度量值。这个过程可以通过各种数学和统计方法来实现，例如主成分分析 PCA、线性判别分析 LDA、小波变换等。

特征提取的目标是将原始数据转化为更加紧凑、有意义且易于处理的表示形式，以便后续的模式分类和识别。

特征选择是指从已提取的特征集合中选择出最具有代表性和区分性的特征子集。在实际应用中，原始数据可能包含大量的特征，其中一些特征可能是冗余的或无关的。通过特征选择可以去除这些冗余的特征，减少特征空间的维度，提高模式分类和识别的效果。

在通过特征提取与选择精心准备的数据之后，接下来的关键步骤是特征表示，这一步骤对于构建有效的特征空间至关重要。特征表示涉及将选取的特征进行适当的编码和表示，它直接影响后续模型的性能。首先，好的特征表示在数据变化时应具有一定的鲁棒性，即使在存在噪声、变形或其他干扰的情况下，特征表示仍然能够保持一定的稳定性和可靠性，保证特征空间稳定。其次，特征表示应该具有适当的维度，既能保留足够的信息以支持统计模式识别任务，又能避免维度灾难问题。最后，特征表示的计算效率也是一个重要考虑因素，如果特征表示的计算复杂度和空间复杂度过高，将会增加统计模式识别任务的时间和空间开销。

特征空间的好坏对于统计模式识别的准确性和效果有着重要的影响。特征空间应能充分地反映事物的特征，并且能将不同类别的事物有效地区分开来。因此，在构建特征空间时，需要考虑特征的提取与选择、表示和组合方式，以及特征之间的相关性和冗余性等因素。

类型空间也称决策空间，是指利用特征对样本进行分类所得到的结果的集合。类型空间可以看作一个多维空间，其中每个维度代表一个类别或决策结果。每个样本在类型空间中被分配到最接近的类别，从而实现对样本的分类、聚类等任务。在类型空间中，不同类别之间的距离或区分度影响模式分类和识别的准确性。如果不同类别之间的距离较大，那么分类器能够更容易地将样本正确地分配到相应的类别中；相反，如果不同类别之间的距离较小，那么分类器可能会出现混淆或分类错误的情况。

在统计模式识别任务中通过对样本的特征进行提取、选择和表示，并引入决策函数，由特征空间中的特征向量计算出相应于各类别的决策函数值，再根据决策函数值对样本进行分类，将样本映射到类型空间中的不同类别，这一过程即类型判别。

类型判别的目的是找到能够最好地区分不同类别的特征或特征组合。通过对样本特征进行处理后可构建分类器或识别模型，使其能够根据输入的特征向量将样本正确地分配到相应的类别中。在类型判别中，需要根据具体任务选择合适的分类器或识别算法。常用的方法包括以下几种。

（1）距离度量：通过计算样本之间的距离或相似度，将样本分配到最近的类别中。常见的距离度量方法包括欧几里得距离、曼哈顿距离、余弦相似度等。

（2）统计分类器：基于统计学原理，建立概率模型描述不同类别的分布特征，并利用贝叶斯决策理论进行分类。常见的统计分类器包括朴素贝叶斯分类器、高斯混合模型等。

（3）机器学习算法：利用机器学习算法从训练数据中学习出分类模型，然后用该模型对新样本进行分类。常见的机器学习算法包括支持向量机、决策树、随机森林等。

（4）深度学习方法：利用深度神经网络模型进行特征学习和分类。通过多层次的非线性变换和特征提取，深度学习方法可以自动地学习到更加抽象和高级的特征表示，包括适用于图像数据的卷积神经网络 CNN，适用于时间序列数据的循环神经网络 RNN 和长短时记忆网络（long short term memory，LSTM）等。

在执行统计模式识别任务时，精心设计的特征提取和选择策略是至关重要的，因为它们决定了数据的最终表示形式。同样，挑选一个适宜的分类器或识别算法对于提高分类的准确度和效率也是必不可少的。这些步骤共同工作，旨在优化类型空间中的分辨能力，从而在分类问题上取得更优的性能。

5.2.1.3 统计模式识别过程

统计模式识别过程包括学习和识别两个过程，如图 5-2 所示。学习过程是指对原始分类器的训练过程，分类器通过对一批类别已知样本的特征进行学习和分析，从而具有对类别未知样本的分类能力；识别过程是指利用训练后的分类器，依据分类准则对类型未知的样本进行识别分类。

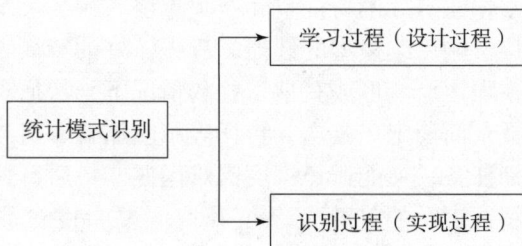

图 5-2　统计模式识别过程

统计模式识别的一般过程包括数据获取、数据预处理、特征提取、模型训练和分类识别这几个步骤。通过一系列步骤将原始数据转化为有意义的信息，并利用这些信息进行模式的判断和分类，如图 5-3 所示。

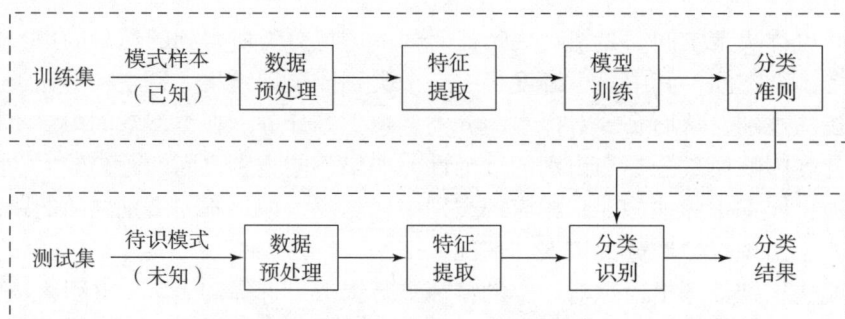

图 5-3　统计模式识别的一般过程

1. 数据获取

统计模式识别中的首要步骤是获取并划分数据。数据可以源于各种传感器（如摄像机、麦克风）或其他数据收集方式，以获取能够反映样本信息的原始数据。这些数据可能是一维波形、二维图像等形式。为了确保模型的准确性和泛化能力，通常需要将这些数据划分为两部分：训练集和测试集。其中训练集用于训练模型，允许模型学习数据中的模式和结构；而测试集则用于评估模型的性能和准确性，确保模型不对训练数据过度拟合，同时为模型提供一个未知的环境，以真实地评估其性能。

在数据划分过程中，必须确保训练集和测试集之间的分布是相似的，以保证模型的评估公正、准确。此外数据的质量在很大程度上取决于数据收集过程中使用的传感器的特性和局限性，如带宽、分辨率、灵敏度和信噪比等。

其中，传感器的带宽决定了传感器能够接收和处理的信号频率范围，高带宽可以捕捉更高频率的信号，但也可能增加噪声干扰；分辨率表示传感器能够区分的最小变化量，高分辨率可以提供更精细的数据；灵敏度表示传感器对输入信号的响应程度，高灵敏度可以检测到较小的变化；信噪比表示信号与噪声的比例，高信噪比意味着更清晰的信号。这些特性决定了数据的准确性、精度和可靠性。

通过了解传感器的特性和局限性，选择合适的传感器，并采取相应的措施来优化数据获取过程，就能够获得高质量的数据，并用于统计模式识别和其他领域。

2. 数据预处理

数据预处理是指通过特定的方法，对训练集与测试集中的样本数据进行分割、噪声滤除、边缘增强等一系列能够突出样本数据特性的处理。数据的质量和完整性对于后续步骤至关重要，因此需要进行数据清洗、去噪和归一化等操作，以确保数据的可靠性和一致性。此外，还可以使用数据增强技术来扩充数据集，提高模型的泛化能力。预处理方法与样本对象所属领域密切相关，不同领域可能采用不同的预处理方式。

在语音领域，常见的预处理方式包括加重和加窗。加重可以增强高频部分的能量，使语音信号更加平衡；加窗则将语音信号分割成小的时间窗口，以便后续进行傅里叶变换等频域分析。它们可以提高语音信号的质量与可分辨性，为后续的语音识别、语音合成等任务提供更好的输入数据。

在图像领域，常见的预处理方式包括图像增强、去噪和边缘增强等。图像增强可以改善图像的亮度、对比度和清晰度，使图像更易于分析和理解；去噪可以减少图像中的噪声干扰，提高图像的质量；边缘增强可以突出图像中的边缘信息，有助于物体检测和分割。

其他领域也有各自的数据预处理方法。例如，在自然语言处理领域，常见的数据预处理方法包括文本清洗、分词、去停用词、词干化和词向量表示等。文本清洗可以去除噪声和非关键信息，如 HTML 标签、特殊字符等；分词将文本划分为单词或短语，以便后续处理；去停用词可以去除常见但对文本分析无用的词语，如“的”“是”等；词干化可以将单词还原为其原始形式，如将“running”还原为“run”；词向量表示则将文本转换为数值向量，以便机器学习算法进行处理。

除此之外，数据预处理在金融、交通、环境科学等各个领域都有广泛的应用。不同领域的数据预处理方法会根据具体问题和数据特点进行选择和调整。

3. 特征提取

特征提取是指通过特定的方法，从原始数据中提取反映样本本质特性的特征，以更好地表示数据，实现去除冗余信息、压缩原始数据的目的。特征可以是数值型、文本型或图像型等不同类型的数据。常用的特征提取方法一般会涵盖下列 4 种特征。

（1）统计特征：包括均值、方差、最大/最小值等基本统计量，分别用于描述数据的集中趋势、离散程度及范围信息；此外还有描述数据分布偏斜程度的偏度，描述数据分布尖锐程度的峰度等。

（2）频域特征：通过傅里叶变换或小波变换等方法将信号从时域转换到频域，提取频谱信息，如频谱能量、频率分量等，用于识别信号的周期性或频率特征。

（3）时域特征：通过计算信号的均值、方差、峰值等统计量来描述信号的幅度和形状。例如，均值可以反映信号的直流分量，方差可以反映信号的变化程度，峰值可以表示信号的最大振幅。

（4）图像纹理特征：用于描述图像的纹理特性，如灰度共生矩阵（GLCM）、局部二值模式（LBP）等。GLCM 通过计算图像中不同像素之间的灰度级别关系来描述图像的纹理特征，通过对比度、相关性和熵等统计量表示图像的纹理复杂度、方向性和粗细程度；而 LBP 是一种基于像素邻域的纹理特征提取方法，它将每个像素与其周围像素进行比较，并根据比较结果生成一个二进制编码。

合适的特征提取方法应该能够准确地表达数据的本质特性，并且具有较低的冗余性和较高的区分性。因此选择合适的特征提取方法对于统计模式识别的成功至关重要。

4. 模型训练

模型训练是统计模式识别中的关键步骤，它通过统计方法学习样本特征的分布规律，建立识别模型，最终形成分类准则。这一步骤主要包括模型的选择、训练、评估、优化。

模型选择与训练是指在提取原始数据特征后，需要选择合适的模型来进行训练。常用的模型包括支持向量机、决策树、神经网络等。在模型训练过程中使用已标记的数据集进行学习，并通过优化算法来调整模型参数，使其能够更好地拟合数据并具有较好的泛化能力。

模型评估与优化是指模型训练完成后，需要对其性能进行评估，了解其在实际应用中的表现。常用的评估指标包括准确率、召回率、精确率、$F1$ 值等。此外，还可以使用交叉验证、混淆矩阵等方法来评估模型的稳定性和鲁棒性。如果模型表现不佳，可以通过调整模型参数、增加训练数据或改进特征提取方法等方式进行优化。

通过在测试集上应用训练好的评估模型来对待识别样本进行分类，我们不仅能验证分类器的性能，还可以根据结果来预测实际应用场景中的分类效果。

5. 分类识别

分类识别即根据统计分析中制定的分类准则，对待识别样本进行分类。识别分类的准确性受到多种因素的影响，如特征的质量、样本的数量和质量、分类算法的选择等。因此，在进行识别分类时如果最终效果不佳，需要综合考虑这些因素，并进行适当的优化和调整。

综上所述，统计模式识别的一般过程包括数据获取、数据预处理、特征提取、模型训练和分类识别等步骤。通过这一过程，我们可以更好地理解数据、提取特征并建立有效的模型。未来，随着人工智能和大数据技术的不断发展，统计模式识别的流程也将不断演进和完善，为人类提供更准确、高效的模式识别能力。

5.2.1.4 统计模式识别中的分类器设计

在统计模式识别中的分类器设计过程主要有以下步骤：数据采集、特征选择、模型选择、分类器训练和分类器评价，如图 5-4 所示。

数据采集是分类器设计的基础。训练样本的数量是影响分类器性能的一个重要因素，为了保证分类器性能，必须有足够多的训练样本。训练样本过少，可能导致分类器过于贴近训练样本的特性，而对客观世界中同一类别的其他样本识别能力较差。

图 5-4　分类器设计过程

特征选择的目的是把先验知识和训练数据有机结合起来，以去除样本中的冗余信息，挖掘高效准确的特征。其依赖于具体的应用问题（语音识别、图像识别等），例如最大化样本

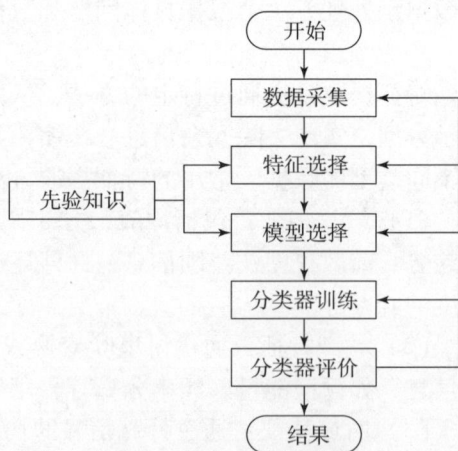

类间距离、最小化样本类内距离，即提取最能体现该类样本特点的量作为特征。

在模型选择中，应根据实际应用问题的特点选择合适的模型。比如，当所有样本类别标签未知时，应选择聚类模型进行聚类分析；当样本类别标签已知时，应选择分类模型进行分类训练。

分类器训练是指分类器对现有样本及其特征的学习过程。根据被学习样本特点，训练后的分类器可能体现不同特性，如欠拟合、过拟合。欠拟合是指分类器没有很好地捕捉到数据特征，不能很好地拟合数据。通过添加多项式特征、减少正则化参数可以有效解决欠拟合的问题；过拟合是指分类器学习了样本数据的过多信息，包括噪声信息等，导致模型难以对样本集外的数据进行准确的分类。通过增大训练数据集或添加正则项，可以有效缓解过拟合问题。

分类器评价是对分类器性能的评估，常见的评价标准有准确率、检出率、受试者工作特性（receiver operating characteristic，ROC）曲线、误识率、实时性和计算复杂度等。通常，统计模式识别系统根据分类器评价指标，对分类器进行调整来优化分类器性能。

5.2.1.5　统计模式识别系统

实现学习过程和识别过程的计算机系统称为统计模式识别系统，典型的统计模式识别系统设计原理如图 5 - 5 所示。

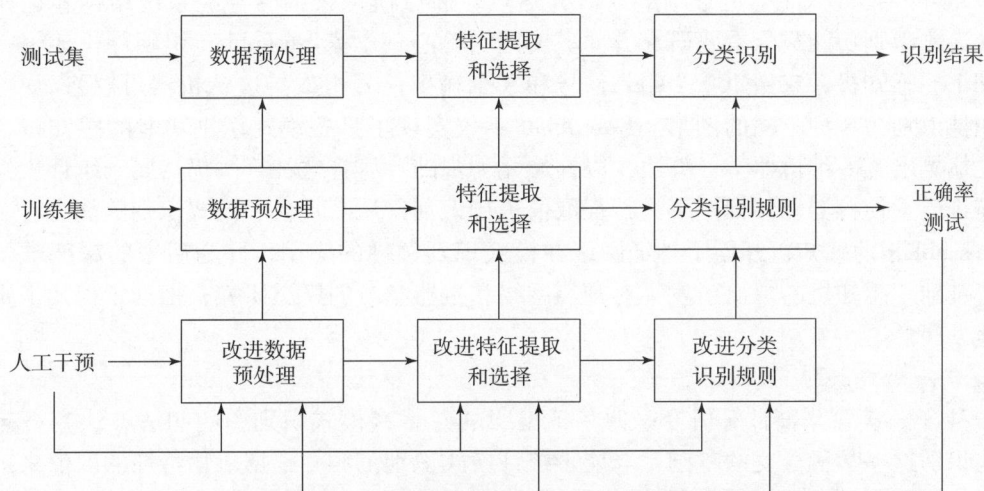

图 5 - 5　典型的统计模式识别系统设计原理

统计模式识别系统可以识别类别未知的输入样本，并输出对应的类别。在学习过程中，首先输入训练样本并进行数据预处理，然后进行特征提取和选择，随后训练并评估分类器，根据评估结果对分类器进行人工干预，对数据采集方法、特征提取和选择方法、分类识别规则进行改进并再次训练，在多次迭代后形成最优分类器。在识别过程中，首先对输入的样本进行预处理和特征提取，最优分类器以样本特征作为输入，根据判别规则给出分类结果。

5.2.1.6　模式识别发展简史

模式识别是解决人工智能感知问题的重要领域。与其他技术发展一样，它经历了从初级到高级、从实践探索到理论突破的发展过程。以下是模式识别的一些里程碑事件。

1. 光电阅读机

1929 年，奥地利发明家 Tauschek 的光电阅读机的出现标志着机器开始具备识别能力。这个装置在一个旋轮上安装了与字母和数字的形状相同的透孔。当一个被强光照亮的字符经过透镜聚焦照射到旋轮上时，如果正好与某一个字符的透孔形状吻合，则透过的光强最强，会驱动旋轮内部的光敏元件发出信号，使阅读机识别出显示的字符。

Tauschek 的光电阅读机是人类力图让机器具有识别能力的首次尝试，它采用的方法称为"模板匹配"，也是首个实际应用的模式识别方法。这种方法通过将输入的模式与预先存储的模板进行比较，来判断输入是否匹配某个特定模式。光电阅读机的成功应用为模式识别的实际应用奠定了基础。

2. 线性判别分析

1936 年，英国统计学家费舍尔（Fisher）提出了 LDA 方法，奠定了统计模式识别的基础。LDA 方法的核心思想是将样本数据点投影到低维空间，并找到最佳的分类边界。通过最大化类间距离和最小化类内距离，LDA 方法能够有效地实现分类任务。

Fisher 在理论上对模式识别进行了深入研究，将模式识别数学化，开创了统计模式识别的算法流派。

3. 感知机

1958 年，随着人工智能逐渐成为研究热点，通过模拟大脑的神经系统结构和运作机理来实现模式识别功能成为重要研究方向。美国实验心理学家 Rosenblatt 用硬件构建了一台名为 Mark1 的感知机，它由 400 个输入信号和 8 个输出信号组成。这台机器可以将 20×20 的点阵图像识别为 8 种不同的图形。Rosenblatt 不仅实现了具备模式识别功能的感知机，更重要的是他提出了一种机器学习算法，以神经元为基础。尽管这种算法仍然属于统计机器学习的范畴，但它使机器能够根据事物特征取值进行识别，从而具备了模式识别的能力。

Rosenblatt 的感知机开创了神经网络在模式识别领域的应用，并为后来的深度学习算法奠定了基础。感知机的提出引发了对神经网络和机器学习的广泛研究，推动了模式识别领域的快速发展。

4. 句法模式识别

1974 年，美籍华裔计算机专家傅京孙出版的专著《模式识别中的句法方法》奠定了句法模式识别这一学科分支的基础。与属于统计模式识别范畴并根据事物特征的取值来进行识别的感知机不同，这是首个完整利用事物特征之间的结构关系来完成模式识别的算法。

傅京孙的贡献不仅在于提出了句法模式识别算法，还在于聚集了从事模式识别相关算法研究和工程应用的学者。1976 年他们正式成立了国际模式识别学会（IAPR），使模式识别作为一个独立的学科走上了国际学术舞台。IAPR 的成立促进了模式识别领域的交流与合作，进一步推动了该领域的发展。

5. 反向传播算法模型

1986 年，Hinton 等人提出了反向传播算法的多层次神经网络模型——BP 模型，突破了以感知机为代表的线性分类器不能解决非线性分类问题的限制。BP 模型通过将误差从输出层向输入层进行反向传播，并根据误差调整网络权重，实现了对复杂非线性关系的建模和分类。这种基于神经网络的模式识别方法具有较强的适应性和泛化能力，使模式识别迎来了另一个发展高潮。

6. 支持向量机

1995 年，苏联数学家 Vapnik 等人提出的支持向量机在模式识别领域引起了巨大的轰动。相比于 BP 模型本身高度非线性且不能处理较复杂的神经网络，支持向量机突破了这些局限，并在可解释性和工程应用方面展现出了强大的优势。

支持向量机是一种基于统计学习理论的模式识别算法，其核心思想是通过寻找一个最优超平面来实现数据的分类。该超平面能够将不同类别的样本点尽可能地分开，并且具有较好的泛化能力。它在模式识别中的成功得益于其理论基础严密、优化目标明确。

支持向量机不仅适用于二分类问题，还可以通过核函数进行非线性映射，处理更加复杂的多类别分类和回归问题。此外，支持向量机在应对异常值和处理高维数据方面具有明显的优势，在实际应用中表现出色。

7. 深度学习

2006 年，Hinton 等人在算法理论上取得了突破性进展，同时计算机技术、网络技术的快速发展使机器学习能够使用的算力和数据量大幅提升，这些进展共同推动了神经网络模型的复兴，它们不再受限于以往巨大的计算需求和性能瓶颈，使构建复杂的大规模神经网络成为可能。从此深度学习方法逐渐成为主流，神经网络模式识别在人工智能领域占据统治地位，其性能在多数模式识别应用任务中大幅超越传统模式识别方法。

2012 年，深度卷积神经网络在大规模图像分类竞赛 ImageNet 中取得巨大成功，从此深度学习在模式识别中的研究和应用进入新一轮高潮。深度学习是一种基于多层次神经网络的机器学习方法，其核心思想是通过多个隐含层进行特征抽取和表示学习，从而实现对复杂数据的高效处理和分析。相比传统的浅层神经网络，深度学习网络具有更强的表达能力和泛化能力，能够自动地从原始数据中学习到更加抽象和高级的特征表示。

2022 年，中国信息通信研究院发布的《人工智能白皮书（2022 年）》指出，随着新算法的不断涌现，技术融合成为主流趋势，在深度学习模型的轻量化以及多模态数据融合上都得到了明显体现。

总而言之，模式识别作为一个关键领域，在过去的历程中不断发展、演进和创新，为优化人工智能的感知能力提供了重要方案。

5.2.1.7　研究现状

随着计算机和人工智能技术的持续进步，模式识别取得了显著的应用成果和科学突破。这不仅大幅提升了计算机的智能化水平，也使其应用变得更加广泛和便捷。特别是在社会经济和国家公共安全等关键领域，模式识别的应用越来越普遍。

从技术层面来看，目前所使用的深度神经网络主要包括卷积神经网络、循环神经网络及其变体长短期记忆网络、深度置信网络、堆叠自编码器（SAE）等。它们的具体应用场景包括文本分类、股票走势预测、生物特征识别（虹膜识别、指纹识别、人脸识别等）、自动驾驶、医学图像分析诊断、机械设备故障诊断、多模态情感识别等。可以预见，在未来高度智能化与信息化的世界中，模式识别将变得无处不在，其基础理论研究会越来越深入，应用场景会越来越复杂，从而对特定模式识别技术的要求会越来越高。

（一）生物特征识别

生物特征识别技术是指通过计算机利用人体所固有的生理特征（指纹、虹膜、面相、DNA 等）或行为特征（步态、击键习惯等）来进行个人身份鉴定的技术。生物特征识别作为最受关注的安全认证技术之一，在许多领域有着广泛的应用，包括身份认证、门禁控制、刑侦破案、医疗诊断等。由于每个人的生物特征是唯一且难以伪造的，因此生物特征识别具有较高的准确性和可靠性。

1. 人脸识别

人脸识别是模式识别领域中的一个重要应用，旨在通过分析和识别人脸图像中的特征来实现个体的身份验证或识别。其核心思想是利用计算机视觉和模式识别技术来对人脸进行检测、特征提取和分类，从而实现自动化的人脸识别过程；其研究主要聚焦在人脸检测、人脸对齐和人脸特征分析与比对、人脸活体检测、人脸表情识别等方面。1990 年后人脸识别发展迎来了第一个高潮，其中最具代表性的是基于人脸的统计学习方法，衍生出来的经典算法有子空间学习算法和 LBP 算法。人脸检测早期经典算法由 Paul Viola 和 Michael Jones 于 2001 年提出，该算法基于 Haar – like 特征和级联分类器的思想，通过使用快速的积分图像计算 Haar – like 特征，然后使用 Adaboost 算法训练级联分类器来进行人脸和非人脸的分类。2008 年研究人员采用稀疏表达方法提升了人脸识别鲁棒性。

2010 年后基于深度神经网络的人脸识别方法成为研究热点，代表性工作包括 DeepFace、FaceNet、SphereFace、ArcFace 等。DeepFace 是 Facebook 于 2014 年提出的人脸识别算法，通过深度卷积神经网络实现人脸图像的识别和验证。DeepFace 采用多层网络结构，并引入大规模无约束条件的人脸数据集进行训练，取得了较高的人脸识别准确率；FaceNet 是谷歌于 2015 年提出的人脸识别算法，利用深度卷积神经网络学习人脸图像的紧凑特征表示，采用三元组损失函数进行训练，使同一人的人脸图像在特征空间中更加接近，不同人的人脸图像更加分散，从而实现了高效准确的人脸识别；SphereFace 是中国科学院深圳研究院于 2017 年提出的人脸识别算法，通过添加球面几何约束，学习人脸图像的鉴别特征表示将人脸图像映射到球面上的特征向量空间，通过角度间隔的度量来优化分类器，实现高效而准确的人脸识别；ArcFace 是腾讯优图于 2018 年提出的人脸识别算法，该算法引入了角度余弦（arc – cosine）损失函数，增强了人脸特征的判别性。深度学习人脸识别算法在 LFW 数据库上达到了超越人眼的水平。

2. 步态识别

步态识别是指基于步态所包含的自然人生物学特性和行为特性对自然人进行辨识的技术，步态识别数据涉及步态样本及其处理得到的步态剪影和步态特征数据。2000 年美国国防高级研究计划局（DARPA）启动了 HID 计划，旨在推动远距离下的人体识别技术研究。该计划主要关注虹膜识别、人脸识别和步态识别三个方向，并吸引了麻省理工学院、佐治亚理工学院、南安普顿大学等多家高校和研究机构，致力于开发先进的算法和系统，并试图解决不同环境和观察条件对步态识别的影响，以实现远距离下准确的人体步态识别。

在 2000—2020 年，步态识别领域涌现了许多经典的算法，其中包括基于特征表达的方法和基于模型和度量学习的方法。这些方法的目标是将人的步态模式转化为可区分的特征表示，从而实现步态识别。基于特征表达的方法主要关注如何从步态序列中提取有意义的特征，以用于识别和分类。这些方法通常涉及以下几个方面的研究。

（1）时域特征。这些特征描述了步态序列在时间上的变化。常用的时域特征包括步态周期、步幅、步速等。

（2）频域特征。这些特征通过将步态序列进行频谱分析，提取频域上的信息。常用的频域特征包括傅里叶变换、小波变换等。

（3）形态学特征。这些特征描述了步态序列的形态学形状。常用的形态学特征包括步态曲线的峰值、谷值、极值等。常见的步态特征模板包括步态能量图（gait energy image，GEI）、步态熵图（gait entropy image，GEnI）、常态流图（gait flow image，GFI）以及时空布态图（chrono gait image，CGI）。这些特征模板是通过对步态序列进行处理和转换得到的，用于提取步态中的关键信息，并作为识别和分类的输入。

许多数据驱动的深度学习方法在步态识别中的应用取得了显著的成果。DeepCNN 是一种基于深度卷积神经网络 CNN 的框架，它用于学习成对的 GEI 之间的相似度，从而实现跨视角的步态识别。DeepCNN 利用 CNN 的强大特征提取和表示能力，可以自动学习到更好的步态特征表达，从而提高识别准确率。在训练阶段，DeepCNN 使用一对 GEI 作为输入，通过多层卷积和池化层来提取图像的局部和全局特征，然后，通过全连接层和 Softmax 分类器，学习 GEI 之间的相似度。在测试阶段，将待识别的 GEI 与已学习到的 GEI 进行比对，通过相似度计算来进行识别。除了 DeepCNN，还有其他基于深度学习方法被提出，用于步态识别，如使用卷积神经网络进行特征提取和分类、使用循环神经网络或长短期记忆网络进行时间序列建模等。2019 年，复旦大学的研究团队提出了一种新的方法，将步态剪影序列视为一个图像集，称为 GaitSet，通过直接学习步态表达来提高识别性能。传统的步态识别方法通常使用 GEI 作为输入特征，但这种方法可能会损失部分信息，并且无法充分利用整个步态序列的信息。相比之下，GaitSet 方法利用了深度卷积神经网络的强大学习能力，将步态序列的每一帧图像都视作训练样本。这不仅充分挖掘了整个步态序列的信息，还避免了生成 GEI 时的信息损失问题。

（二）文字与文本识别

1. 文字识别

文字识别，即光学字符识别（optical character recognition，OCR）作为模式识别领域的一个重要研究方向，经历了多个阶段的发展。早期的文字识别主要针对印刷体数字和英文字母，使用统计模式识别和特征匹配等方法；随后研究扩展到手写数字、字母以及印刷体汉字和手写体汉字的识别，形状归一化、特征提取和分类器等技术成为研究重点；1980 年后，一些结构分析方法被引入该领域，字符切分、字符串识别和版面分析等问题得到重视。

2010 年后，文档分析和识别的各个方面技术取得了显著的进展。尤其是在互联网大数据和 GPU 并行计算的支持下，深度学习在文档分析和识别中取得了重要突破。基于深度学习的方法极大地提升了性能，超越了传统方法，并在一些任务中甚至实现了超过人类水平的精度，特别是在手写字符识别领域。

深度学习方法在文字识别中的成功主要得益于其强大的学习能力和表征能力。深度神经网络能够自动学习到高级特征表示，处理复杂的文本结构和变化，从而提高了文字识别的准确性和鲁棒性。此外，深度学习模型的训练可以通过大规模的数据集和并行计算进行加速，使模型更加强大和可靠。除了深度学习，文字识别领域还涉及其他的研究方向，例如文档分析、版面分析、字切分等。这些技术的发展也为文字识别的性能提升和应用拓展提供了支持。

2. 文本行识别

文本行识别相对于单字识别具有更大的实用价值。在实际应用中，文本通常以行的形式出现，如书籍、报纸、文件等。因此，能够准确地识别整个文本行，包括字符的形状、大小、位置和间隔，对于实现自动化的文本处理和信息提取至关重要。

文本行识别面临的主要挑战之一是字符的不规则性，即字符形状、大小、位置和间隔的多样性。这导致在进行字符切分前很难确定每个字符的边界。因此，字符切分和识别必须同时进行，以确保准确地将字符分离并识别。1980 年后，过切分和候选切分 – 识别网格方法在日文手写字符串识别、英文词识别和手写数字识别等问题中得到了应用。它基于对字符边界的切分，通过将图像切割成小网格，并对每个网格进行分类和识别来实现文本识别。1990 年后，基于隐马尔可夫模型（hide Markov model，HMM）的方法开始流行，特别是在英文手写词识别中。HMM 方法的优点是可以在词标注的样本集上进行弱监督学习，无须给出每个字的位置信息。2006 年后，基于长短期记忆循环神经网络和连结时序分类（CTC）解码的 RNN + CTC 模型在英文和阿拉伯文手写识别中取得了优异的性能，逐渐成为手写词识别和文本行识别的主流方法。它结合了 LSTM 网络和 CTC 解码机制，可以有效地处理序列数据，并且无须对输入序列进行对齐操作。2012 年后，结合卷积神经网络的 RNN + CTC 模型和 RNN + Attention 模型在场景文本识别和手写文本识别中表现出领先的性能。CNN 用于图像特征学习，RNN 用于对序列进行建模，CTC 或注意力机制用于序列解码。

（三）医学图像处理

1. 医学影像分析

医学影像分析（medical image analysis）是一个涉及多学科交叉的综合研究领域。它结合了医学影像学、数据建模、数字图像处理与分析、人工智能和数值算法等多个学科的知识和技术，旨在对医学影像进行准确解读、分析和诊断。

医学影像分析的目标是从医学图像中提取有用的信息，辅助医生进行疾病诊断、治疗规划和疗效评估等工作。在这个领域中，研究者和工程师致力于开发和应用各种算法和技术，包括图像处理、图像分割、特征提取、分类和识别、图像配准和变形、图像重建和增强、模式识别和机器学习等，以处理和分析医学图像数据。

新冠疫情期间，深度学习在医学影像分析领域的应用进一步展现了其潜力和价值。国内多家研究机构利用深度学习算法对新冠病毒相关的医学影像数据进行分析，取得了较好成果。澳门科技大学医学院联合清华大学、中山大学等团队合作研发的"面向新冠感染的全诊疗流程的智慧筛查、诊断与预测系统"利用深度学习技术，结合胸部 CT 影像，对大量疑似新冠感染病例进行快速筛查、辅助诊断和住院临床分级预警，实现对新冠感染者的全生命周期管理。这个系统在疫情期间为医生提供了强有力的辅助工具，帮助他们更快速、准确地诊断和治疗新冠感染者。

类似的应用还有很多，包括利用深度学习算法对肺部病灶进行快速分割，基于 CT 影像对新冠患者进行快速诊断等。这些研究成果进一步验证了深度学习在医学影像分析中的应用潜力。

2. 医学图像分割

医学图像分割是医学图像分析中的重要任务之一，它旨在将医学图像中的不同组织、器官或病变区域准确地分割出来，并为后续的定量分析、病变检测、手术规划和治疗等提供支持。医学图像分割通常是一个像素级别的分类问题，即对医学图像中的每个像素进行分类，将其划分为特定的组织、器官或病变区域与其他背景区域。不同的像素类别代表不同的组织类型，如肿瘤、血管、骨骼等，或者代表不同的病变区域，如肿块、囊肿、出血等。医学图像分割的目标是将图像中的每个像素准确地标记为相应的类别，以获得对图像内部结构和组织的详细描述。

医学图像分割的挑战在于医学图像通常具有复杂的结构、低对比度、噪声干扰等特点。在该领域常用的方法包括基于阈值、区域增长、边缘检测、图切割（graph cut）、活动轮廓（active contour）、深度学习等方法。2010 年后，深度学习方法在医学图像分割中取得了显著的进展，如使用卷积神经网络进行像素级别的分类和语义分割。这些方法通过大规模的训练数据和端到端的学习，能够自动学习医学图像中的特征和上下文信息，从而提高分割的准确性和鲁棒性。

2015 年以后，针对医学图像分割而设计的 U – Net 再次推动了该领域的研究进展。它结合了卷积神经网络的编码器和解码器结构，能够同时学习全局上下文信息和局部细节信息。U – Net 通过使用跳跃连接将编码器中的特征图与解码器中的特征图进行连接，有助于恢复分辨率和保留更多的细节信息。U – Net 在医学图像上能够获得更好的分割结果，并且对于医学图像数据中的小样本问题具有较好的适应性。

随后的改进模型进一步提升了医学图像分割的效果。例如，引入残差结构（ResNet）可以加深网络的层数并加强梯度的传播，改善了分割结果的精度。循环结构则可以在序列建模中对图像的上下文信息进行建模，提升分割的准确性。此外，多尺度特征融合和注意力机制等技术的引入也有助于提高医学图像分割的性能。

医学图像分割在医学影像学、放射学、病理学和临床实践中具有广泛的应用，如肿瘤分割、器官分割、病变检测和跟踪、手术规划等。准确的医学图像分割有助于提供更准确的定量分析和诊断结果，促进医疗决策的制定和治疗的实施。

5.2.2　算法原理

5.2.2.1　有监督

有监督模式识别是一种通过使用有标记的训练数据来进行模式分类或预测的方法。在有监督学习中，训练数据集包含了输入样本及其相应的标签或类别信息。模型通过学习训练数据中的模式和特征，建立一个映射关系，能够根据输入数据的特征进行分类或预测输出标签。常见的有监督模式识别算法包括贝叶斯分类器、线性模型和隐马尔可夫模型等。

（一）贝叶斯分类器

贝叶斯分类器是一种基于贝叶斯定理的概率分类模型。它利用特征和类别之间的条件概率关系，根据贝叶斯定理计算后验概率，并根据后验概率进行模式分类。贝叶斯分类器的基本思想是将输入数据的特征向量与已知类别的训练样本进行比较，通过计算后验概率来判断输入数据的所属类别。贝叶斯分类器是各种分类器中分类错误概率最小或者在预先给定代价的情况下平均风险最小的分类器。对于分类问题，假设有 n 种类别训练样本，即 $y = \{C_1, C_2, \cdots, C_n\}$，输入数据的特征向量为 X，其分类流程如下。

（1）计算先验概率（prior probability）。先验概率 $p(C_i)$ 表示类别 C_i 的先验概率，即在没有任何其他信息的情况下，一个样本属于类别 C_i 的概率。可以通过已知的训练数据集来估计先验概率。

（2）计算条件概率（conditional probability）。条件概率 $p(X \mid C_i)$ 表示在给定类别 C_i 的条件下，特征向量 X 的概率。条件概率描述了特征向量 X 与类别 C_i 之间的关系。具体的计算方式取决于特征向量 X 的类型和特征分布的假设。

（3）计算边缘概率（marginal probability）。边缘概率 $p(X)$ 表示特征向量 X 的边缘概率，即特征向量 X 出现的概率。在贝叶斯分类器中，边缘概率通常不需要进行具体计算，因为它在分类决策时不起作用，可以被忽略。

（4）计算后验概率（posterior probability）。根据贝叶斯定理，后验概率 $p(C_i \mid X)$ 可以通过先验概率 $p(C_i)$ 和条件概率 $p(X \mid C_i)$ 计算得出：

$$p(C_i \mid X) = \frac{p(X \mid C_i) \cdot p(C_i)}{p(X)} \tag{5-1}$$

其中，$p(C_i \mid X)$ 表示在已知特征向量 X 的条件下，输入数据属于类别 C_i 的后验概率。

（5）分类决策（classification decision）。根据计算得到的后验概率，我们可以选择具有最高后验概率的类别作为最终的分类结果。即

$$\text{Classify } X \text{ as } C_i, \text{if } p(C_i \mid X) > p(C_j \mid X) \text{ for all } j \neq i \tag{5-2}$$

通过考虑先验概率和条件概率，贝叶斯分类器能够在分类过程中充分利用先验知识，并通过计算后验概率进行最优决策。在分类错误概率最小化的目标下，贝叶斯分类器选择使错误概率最小的类别作为分类结果。贝叶斯定理的简要示意图如图 5-6 所示。

在考虑代价因素的情况下，贝叶斯分类器可以结合代价矩阵，使分类器在预先给定代价的条件下最小化平均风险。代价矩阵定义了不同分类错误的代价，贝叶斯分类器会在分类决策时综合考虑代价矩阵，选择使平均风险最小的类别作为分类结果。

贝叶斯分类器的优点包括对缺失数据和

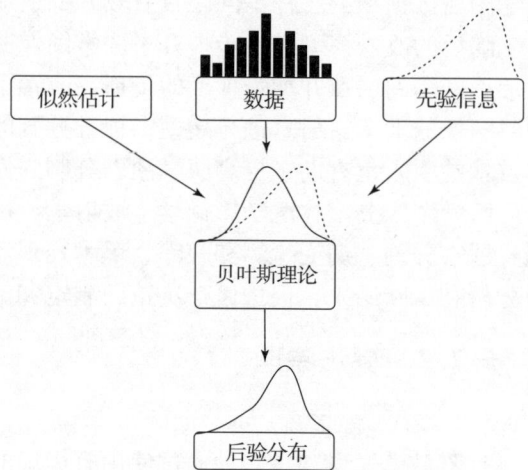

图 5-6 贝叶斯定理的简要示意图

噪声的鲁棒性较强，能够处理多类别问题，并且具有较好的理论基础。然而，贝叶斯分类器的性能易受到特征独立性假设和概率估计的准确性等因素的影响。为了处理实际问题，可以使用不同的概率分布模型（如高斯分布、多项式分布等）和特征选择技术来改进贝叶斯分类器的性能。

（二）线性模型

线性模型以其数学上的清晰性和计算上的高效性，在模式识别领域占据重要地位。对于那些可以用线性边界来划分的问题，线性模型提供了一种直观而强大的解决方案。在此基础上，线性回归、逻辑回归和线性判别分析等不同的线性方法都发挥着它们独特的作用。接下来我们将详细探讨这些方法在模式分类中的具体应用和实现。

1. 线 性 回 归

线性回归（linear regression）是利用数理统计中的回归分析来确定两种或两种以上变量间相互依赖的定量关系的一种统计分析方法。在线性回归中，我们试图建立一个线性关系模型，用于预测自变量（输入变量）与因变量（输出变量）之间的关系。线性回归是一种广泛应用的模式识别方法，用于探索变量之间的线性关系，并进行预测和回归分析。

　　线性回归可通过一组数据点来拟合线性模型，并估算目标结果标签与一个或多个特征变量之间的关系，从而预测数值。输出值 y（标签）可预测为一条直线。假设我们有一个包含 n 个样本的数据集，每个样本由一个自变量 x 和一个因变量 y 组成。线性回归的目标是找到一个线性函数，表示为

$$y = \beta_0 + \beta_1 x_1 + \beta_2 x_2 + \cdots + \beta_n x_n \qquad (5-3)$$

其中，y 是因变量（输出变量），$x_1, x_2, \cdots, x_n$ 是自变量（输入变量），$\beta_0, \beta_1, \beta_2, \cdots, \beta_n$ 是待估计的系数（回归系数）。

　　线性回归的目标是通过最小化残差平方和（sum of squared residuals，SSR）来找到最佳的回归系数。残差是预测值与真实值之间的差异。最小二乘法是一种常见的方法，用于估计回归系数，通过最小化残差平方和来拟合数据。最小二乘法旨在降低图 5-7 曲线上点偏移量的平方和。

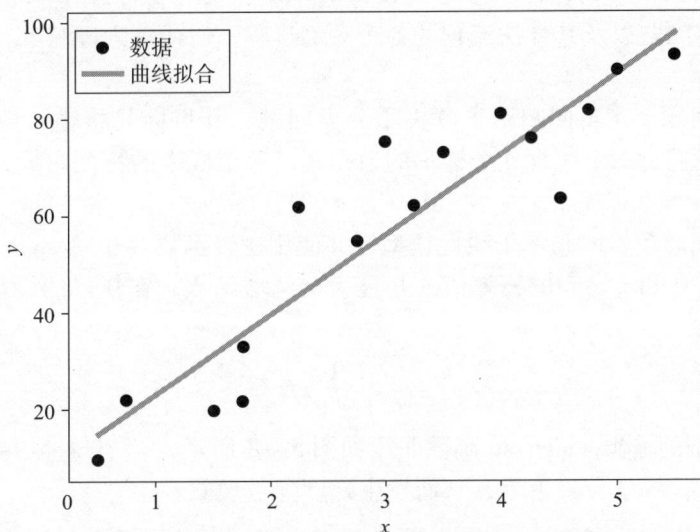

图 5-7　线性回归拟合示意图

　　除了上述提到的线性模型，线性回归模型还可以通过多种方式进行扩展和改进，以适应不同的数据情况和问题需求。以下是一些常见的线性回归模型的扩展和改进方法。

　　（1）多元线性回归（multiple linear regression）。多元线性回归是线性回归的一种扩展形式，用于处理包含多个自变量（特征）的情况。它可以建立多个自变量与输出变量之间的线性关系，从而更准确地预测输出。

　　（2）岭回归（ridge regression）。岭回归是一种用于处理共线性（多个自变量之间存在高度相关性）问题的线性回归方法。它通过在损失函数中添加一个正则化项，可以减小自变量系数的估计值，从而缓解共线性问题。

　　（3）LASSO 回归。LASSO 回归也是一种用于处理共线性问题的线性回归方法。与岭回归类似，LASSO 回归在损失函数中添加正则项，但是它使用 L_1 正则化，可以将某些自变量的系数收缩至零，实现特征选择的效果。

　　（4）多项式回归（polynomial regression）。多项式回归是一种通过引入多项式特征扩展线性回归模型的方法。它将原始的特征进行多项式组合，从而能够捕捉更高阶的非线性关

系。多项式回归可以更好地拟合数据，适用于非线性关系的建模。

在模式识别领域，线性回归被广泛用于预测分析、趋势探寻以及特征与目标变量之间关系的建模。例如，在处理时间序列数据时，线性趋势线能够表征数据随时间变化的长期走势，从而为我们揭示如国内生产总值、石油价格或股票市值等指标在一定周期内的上升或下降趋势。虽然可通过观察数据点在图表上的分布大致绘制趋势变化线，但线性回归通过数学计算为趋势绘制提供了更加精确的位置和斜率描述，数学公式简洁明了、可解释性高。然而，线性回归建立在输入与输出变量之间存在线性依赖的假设之上，当面对复杂的非线性数据模式时，其建模的准确性可能会受限。因此数据模式复杂的情况下，可能需要考虑更加灵活的非线性模式识别方法。

2. 逻辑回归

逻辑回归（logistic regression）是一种对数概率模型，常用于模式识别和分类问题。尽管名字中带有"回归"一词，但实际上逻辑回归用于分类任务。接下来将详细探讨线性逻辑回归处理的具体问题以及其算法流程的各个关键步骤，以便深入理解其在模式分类中的应用效果和局限性。

（1）二分类问题。逻辑回归用于解决二分类问题，其目标是将输入数据划分为两个不同的类别。假设我们有一个包含 n 个样本的数据集，每个样本的特征向量为 $X = \{x_1, x_2, \cdots, x_n\}$，目标类别为 $y = \{y_1, y_2, \cdots, y_n\}$，其中 $y_i \in \{0, 1\}$。

（2）模型形式。逻辑回归基于线性模型，并使用逻辑函数（也称 sigmoid 函数）将线性模型的输出映射到 0 和 1 之间的概率值，并且为单调增函数，在 0 点的函数值为 0.5。逻辑函数的形式如下：

$$z = \frac{1}{1 + e^{-x}} \tag{5-4}$$

其中，z 为线性模型的输出。sigmoid 函数曲线如图 5-8 所示，当 sigmoid 函数输入的值趋于正无穷或负无穷时，梯度会趋近零，从而发生梯度弥散现象。

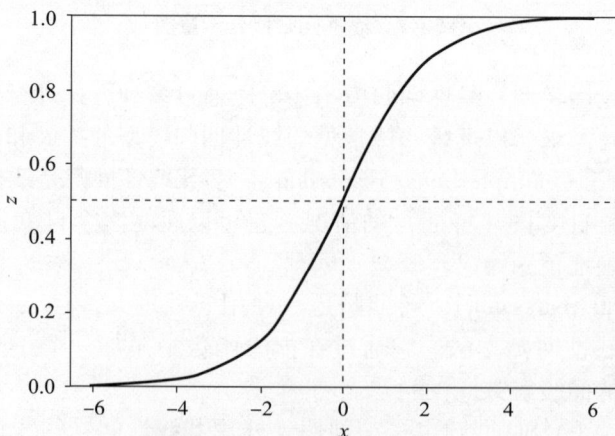

图 5-8　sigmoid 函数曲线

（3）模型表达。逻辑回归将线性模型的输出 z 表示为输入特征向量 X 和模型参数 θ 的线性组合，通过一个逻辑函数进行转换。具体形式为

$$z = \theta_0 + \theta_1 x_1 + \theta_2 x_2 + \theta_M x_M \tag{5-5}$$

其中，$\theta = \{\theta_0, \theta_1, \theta_2, \cdots, \theta_M\}$ 为模型参数，M 为特征的数量。

（4）模型预测。逻辑回归使用预测函数 $h_\theta(x)$ 来估计样本 X 属于正类的概率。预测函数的形式为

$$h_\theta(x) = g(\theta_0 + \theta_1 x_1 + \theta_2 x_2 + \theta_M x_M) \tag{5-6}$$

其中，$g(z)$ 为逻辑函数。

（5）参数估计。逻辑回归通过最大似然估计或梯度下降等方法来估计模型参数 θ。目标是最大化似然函数，即找到使观测样本的分类概率最大化的参数值。

逻辑回归在模式识别中具有广泛的应用，尤其适用于二分类问题。它具有简单、高效和可解释性强的特点。通过调整模型参数，逻辑回归可以适应不同的数据分布，并根据分类概率进行灵活的分类决策。不过，逻辑回归无法用于预测连续结果或与非独立数据集一并使用。使用逻辑回归时，还可能出现模型过拟合数据的情况。

3. 线性判别分析

LDA 是对费舍尔的线性判别方法的归纳，属于一种经典的模式识别方法，常用于降维和分类问题。它通过将数据投影到低维空间，并最大化类别之间的差异，从而实现模式分类。

常见的 LDA 分类基本思想是假设各个类别的样本数据符合高斯分布，在利用 LDA 进行投影后，通过极大似然估计计算各个类别投影数据的均值和方差，进而得到该类别高斯分布的概率密度函数。在接收新样本之后，首先将其特征进行投影处理，随后将处理后的特征插入各预定义类别的高斯概率密度函数中，以此来计算样本属于各个类别的概率。样本被归类到具有最高概率值的类别，即该样本最可能属于的类别。以下将逐步分析 LDA 所解决的问题和实施的核心算法流程，揭示其在数据分类中的作用机理。

（1）分类问题。LDA 用于解决多类别分类问题，其中目标是将输入数据分为多个不同的类别。假设有一个包含 n 个样本的数据集，每个样本的特征向量为 $X = \{x_1, x_2, \cdots, x_n\}$，目标类别为 $Y = \{y_1, y_2, \cdots, y_n\}$，其中 $y_i \in \{1, 2, \cdots, K\}$，$K$ 为类别的数量。

（2）投影空间。LDA 通过将原始高维特征空间中的数据投影到低维空间中进行处理。具体而言，选择一组投影向量（也称为判别向量），将数据映射到新的特征空间上。

（3）类别差异最大化。LDA 的目标是最大化类别之间的差异，并最小化同一类别内的差异。它通过优化投影向量，使同一类别内的样本紧密聚集，而不同类别之间的样本相互分离。

（4）投影过程。对于给定的数据集，LDA 首先计算类别内散度矩阵（within - class scatter matrix）和类别间散度矩阵（between - class scatter matrix）。然后，通过求解广义特征值问题，找到使类别间散度矩阵与类别内散度矩阵的比值最大化的投影向量。

（5）分类决策。数据点经过投影映射至新的低维空间之后，便可以借助距离度量或判别分析函数等方法，来确定其归属类别。

LDA 是一种经典的线性分类器，具有可解释性强和计算效率高的优点。它在特征降维、模式分类、人脸识别等领域得到广泛应用。然而，它假设数据满足高斯分布和各类别具有相同的协方差矩阵，因此在数据不满足这些假设时，可能会导致性能下降。

4. 支持向量机

支持向量机是一类按监督学习方式对数据进行模式识别的方法，可用于分类和回归问题。通过找到一个最优的超平面或者曲面，将不同类别的样本尽可能地分开，并在两个类别之间建立最大的间隔，以实现模式分类。除了线性分类，支持向量机还可以使用核函数有效地进行非线性分类，将其输入隐式映射到高维特征空间中。下面将探讨支持向量机的运作机制，包括如何通过最优化方法选择分界超平面以及如何应用核技巧处理非线性数据，从而提高在复杂模式识别任务中的性能。

（1）二分类问题。支持向量机用于解决二分类问题，其目标是将输入数据划分为两个不同的类别。假设有一个包含 n 个样本的数据集，每个样本的特征向量为 $X = \{x_1, x_2, \cdots, x_n\}$，目标类别为 $y = \{y_1, y_2, \cdots, y_n\}$，其中 $y_i \in \{-1, 1\}$。

（2）超平面。超平面指 n 维线性空间中维度为 $n-1$ 的子空间。它可以把线性空间分割成不相交的两部分。比如二维空间中，超平面为一条直线，把平面分成了两部分。支持向量机寻找一个最优的超平面，将不同类别的样本尽可能地分开。

（3）最大间隔。支持向量机不仅寻找一个分割超平面，还追求最大间隔，即样本点与分割超平面之间的距离尽可能大。在线性可分的情况下，训练数据集的样本点中与分离超平面距离最近的数据点称为支持向量（support vector），对于确定超平面起到重要的作用。

（4）分类决策。对于新的未知样本点，支持向量机基于其在超平面的位置来进行分类决策。如果样本点位于超平面一侧，则被分为一类；若位于另一侧，则被分为另一类。

（5）核函数。支持向量机还可以使用核函数来处理非线性分类问题。核函数将数据从原始特征空间映射到一个高维特征空间，使数据在高维空间中线性可分。常用的核函数包括线性核、多项式核和高斯核等。

支持向量机是一种强大的模式识别方法，具有良好的泛化能力和鲁棒性。它在处理线性可分、线性不可分和非线性分类问题方面都具有优势。然而，支持向量机的训练和优化过程相对复杂，需要考虑参数选择和模型调优等问题。

（三）隐马尔可夫模型

隐马尔可夫模型是一种统计模型，常用于序列数据的建模和分析，尤其适用于具有时序关系的数据。隐马尔可夫模型基于马尔可夫过程，假设观测数据的生成是通过一个隐藏的状态序列产生的。接下来将详细解析隐马尔可夫模型的核心原理，包括状态转移、观测概率分布以及如何使用诸如维特比算法等推断技术来预测未知状态序列，以增强对时间序列数据建模的理解和应用能力。

（1）状态和观测。隐马尔可夫模型由一组状态和一组观测组成。状态表示系统或过程的隐藏状态，无法直接观测到；观测表示可以观测到的数据。

（2）状态转移概率。隐马尔可夫模型假设状态之间存在转移概率，表示在给定状态下，从一个状态转移到另一个状态的概率。状态转移概率可以用状态转移矩阵 A 表示，其中 A_{ij} 表示从状态 i 转移到状态 j 的概率。

（3）观测概率。隐马尔可夫模型还假设在每个状态下生成观测的概率分布。观测概率可以用观测概率矩阵 B 表示，其中 B_{ij} 表示在状态 i 下生成状态 j 的概率。

（4）初始状态概率。隐马尔可夫模型还包括初始状态概率，表示模型的初始状态分布。初始状态概率可以用初始状态向量 π 表示，其中 π_i 表示模型初始状态为 i 的概率。

（5）模型参数。隐马尔可夫模型的参数包括状态转移矩阵 A、观测概率矩阵 B 和初始状态向量 $\boldsymbol{\pi}$，即 $\theta = \{A, B, \boldsymbol{\pi}\}$。

（6）模型使用。隐马尔可夫模型主要承担两项核心任务：状态推断与观测序列生成。在状态推断任务中，目标是在一系列的观测数据中确定最有可能对应的隐藏状态序列。而在观测序列生成的情境下，给定隐藏状态序列的前提下，要生成相应的最可能观测序列。

隐马尔可夫模型在语音识别、自然语言处理、手写识别等领域具有广泛的应用。它能够有效地建模时序数据的依赖关系，并通过学习和推断隐藏状态来对观测数据进行建模和预测。模型参数通常通过最大似然估计或 Baum – Welch 算法等方法进行训练和优化。

5.2.2.2　无监督

无监督模式识别是一种在没有标记或类别信息的情况下进行模式分析和结构发现的方法。在无监督学习中，训练数据没有事先给定的类别标签，而是根据数据的内在结构和相似性进行自动的聚类或降维等任务。无监督学习的目标是发现数据中的聚类结构、隐藏模式或异常点等。无监督模式识别的应用广泛，例如，在数据挖掘领域，可以通过聚类方法将相似的数据点归为一类，从而发现数据的潜在分组结构；在图像处理领域，可以通过降维技术将高维图像表示映射到低维空间，以便进行可视化或后续处理；在异常检测中，可以通过与正常数据的差异来发现潜在的异常样本等。

（一）聚类算法

在模式识别领域中，聚类算法是一类常用的无监督学习方法，用于将数据集中的样本分成不同的组或簇。聚类算法旨在通过寻找样本之间的相似性和相异性来发现数据的内在结构，而不需要预先标记的类别信息。以下是几种常见的聚类算法。

1. 划分型聚类

k 均值聚类（k – means clustering）是一种常用的基于划分的聚类算法，用于将数据集划分为 k 个不同的簇或群体。k 均值聚类的目标是将数据点分配到簇中，使簇内的数据点相似度较高，而不同簇之间的数据点相似度较低。算法通过迭代更新聚类中心来优化聚类结果，直到满足停止条件。

（1）簇的数量 k。k 均值聚类需要指定簇的数量 k，即希望将数据划分为多少个簇。这是聚类过程的一个重要参数，需要根据具体问题和数据集进行选择。

（2）质心。每个簇由一个质心（centroid）表示，它是簇中所有数据点的平均值。质心是聚类的中心点，用于代表该簇。

（3）距离度量。k 均值聚类使用欧几里得距离（Euclidean distance）作为数据点与质心之间的距离度量。其他距离度量方法也可以用于特定的问题和数据集。

（4）k 均值聚类过程。

①随机选择 k 个初始质心，可以是数据集中的随机点或根据启发式方法选择的数据点。

②对每个数据点，计算其与每个质心的距离，将其划分到距离最近的质心所属的簇中。

③更新每个簇的质心，计算簇中所有数据点的平均值作为新的质心。

④重复上述步骤，直到质心不再发生变化或达到预定的迭代次数。

（5）优化目标。k 均值聚类的优化目标是最小化所有数据点与所属簇的质心之间的平方距离之和，即最小化簇内误差平方和（sum of squared errors，SSE）。

k 均值聚类是一种简单且高效的聚类算法，适用于大规模数据集。它对于球状簇结构的数据效果较好，但对于非球状簇结构的数据可能会出现聚类偏差。在应用 k 均值聚类时，需要注意选择合适的簇数 k 和初始质心，并对数据进行适当的预处理和特征选择。

2. 层次聚类

层次聚类（hierarchical clustering）是一种无监督学习的模式识别方法，用于将数据集划分为不同簇或群体，并以层次结构的形式表示簇间关系。层次聚类可基于距离或相似度度量来计算数据点之间的相似性，并逐步将数据点合并为更大的簇，形成簇的层次结构。

（1）相似度或距离度量。层次聚类需要定义数据点之间的相似度或距离度量，用于衡量数据点之间的相似性。常用的度量包括欧几里得距离、曼哈顿距离、相关系数等。

（2）初始簇。层次聚类开始时，每个数据点被视为一个初始簇。

（3）合并策略。层次聚类通过选择合适的合并策略来确定哪些簇应该合并。常见的合并策略有以下两种。

①凝聚式聚类。凝聚式聚类从单个数据点开始，逐渐将相似的数据点合并为越来越大的簇，直到达到指定的停止条件。

②分裂式聚类。分裂式聚类从一个包含所有数据点的初始簇开始，逐渐将其分裂为更小的簇，直到达到指定的停止条件。

（4）相似性或距离矩阵。层次聚类通常根据相似度或距离计算一个相似性或距离矩阵，用于表示数据点之间相似性或距离关系。矩阵中元素表示两个数据点之间的相似度或距离。

（5）树状图表示。层次聚类的结果通过树状图来表示簇之间的关系。树状图将簇层次结构以树形结构展示，每个叶子节点表示一个数据点，内部节点表示簇的合并过程。

层次聚类具有较好的可解释性，能够提供簇的层次结构信息。它不需要预先指定簇的数量，因此适用于不确定簇数量的情况。然而，层次聚类的计算复杂度较高，尤其在处理大型数据集时。另外，选择的相似度或距离度量是否合适也会对聚类结果产生影响。

3. 密度聚类

密度聚类（density clustering）是一种无监督学习算法，用于将数据集划分为不同的簇或群体，基于数据点的密度来确定簇的边界。密度聚类假设簇在数据空间中对应于高密度区域，并根据数据点的密度连接性来划分簇。

（1）核心点和密度。密度聚类中的核心点是指在一个给定半径范围内具有足够数量邻居的数据点。密度聚类通过计算每个数据点周围的邻居数量或密度来确定核心点。

（2）直接密度可达。若数据点 B 为核心点且位于数据点 A 的指定半径范围内，则数据点 A 被视为直接密度可达于数据点 B。

（3）密度可达。数据点 A 被称为密度可达于数据点 B，如果存在数据点序列 $P_1, P_2, \cdots, P_n$，满足 $P_1 = A, P_n = B$，且对于任意 $1 \leqslant i \leqslant n + 1$，$P_{i+1}$ 是 P_i 的直接密度可达点。

（4）密度相连。数据点 A 和 B 被称为密度相连，如果存在数据点 C，使 A 和 B 都是 C 的直接密度可达点。

（5）聚类步骤。

①根据密度可达关系和密度相连关系，可将数据点划分为不同的簇。

②选择一个未被访问的数据点作为种子点。

③从种子点开始，利用密度可达关系和密度相连关系递归地找到所有与种子点密度相连的数据点，并将其标记为同一个簇。

④重复上述步骤，直到所有数据点都被访问。

密度聚类的优点是对于簇的形状和大小没有假设，可以发现任意形状的簇，并且对离群点比较鲁棒。它适用于密度较大的簇，并且不需要预先指定簇的数量。然而，密度聚类对于参数的选择比较敏感，包括半径范围和密度阈值的设置。此外，对于具有不同密度的簇或具有噪声的数据集，密度聚类的性能可能较差。

（二）关联规则挖掘

关联规则挖掘，也叫作关联分析，属于无监督算法的一种，它用于发现数据集中的频繁项集和关联规则。关联规则描述了数据中项之间的相关性和依赖关系。以下是几种常见的关联规则挖掘算法。

1. Apriori 算法

Apriori 算法是一种用于挖掘频繁项集的关联规则算法，常用于数据挖掘和市场分析等领域。Apriori 算法基于频繁项集的性质，通过逐层搜索的方式发现频繁项集，从而揭示数据集中的相关模式。

（1）频繁项集。频繁项集是指在数据集中经常出现的项的集合。对于一个项集，如果其出现的频率大于等于预先定义的最小支持度阈值，则被认为是频繁项集。

（2）支持度。支持度是指项集在数据集中出现的频率。支持度可以通过项集在数据集中出现的次数除以总的数据项数来计算，或者可以使用百分比来表示。

（3）关联规则。关联规则表示项集之间的关联关系，通常使用 "$X \to Y$" 的形式表示，其中 X 和 Y 分别是项集的子集。关联规则可通过计算条件概率来评估项集之间的关联程度。

（4）Apriori 原理。基于频繁项集的性质，假设一个项集是频繁的，则其所有的子集也是频繁的。因此，Apriori 通过逐层搜索的方式来发现频繁项集。

①生成候选项集。首先生成由单个项组成的候选项集。然后根据 Apriori 原理，通过合并频繁项集来生成更高阶的候选项集。

②计算支持度。对于每个候选项集，扫描数据集，计算其出现的频率或支持度。将支持度与预先定义的最小支持度阈值进行比较，将频繁项集保留下来。

③生成关联规则。根据频繁项集，生成关联规则。对于每个频繁项集，生成其所有的非空子集，并计算关联规则的置信度或支持度。

④评估关联规则。根据关联规则的置信度或支持度，对规则进行评估和筛选，以确定最有价值的关联规则。

通过迭代地生成候选项集、计算支持度和生成关联规则，Apriori 算法能够发现频繁项集和相关的关联规则，揭示数据集中的潜在模式。

2. FP – Growth 算法

FP – Growth 算法是一种用于挖掘频繁项集的关联规则算法，通过构建频繁模式树（frequent pattern tree）来高效地发现频繁项集。相对于 Apriori 算法，FP – Growth 算法通过压缩数据集和利用树结构的特性，避免了候选项集的生成和多次扫描数据集的开销，从而提高了算法的效率。

（1）频繁模式树：一种数据结构，用于表示数据集中的频繁项集和它们之间的关系。频繁模式树由根节点和一组项节点组成，每个项节点表示一个项及其在数据集中的出现次数。FP – Growth 算法通过构建频繁模式树来发现频繁项集。

（2）条件模式基：给定一个频繁项的前缀路径，由满足最小支持度要求的所有后缀项构成。在构建频繁模式树时，FP – Growth 算法利用条件模式基来递归地生成频繁项集。

（3）FP – Growth 原理。

①构建频繁模式树：首先，扫描数据集，统计每个项的支持度，并根据最小支持度阈值过滤掉不频繁的项。然后，基于剩余的频繁项构建频繁模式树。

②挖掘频繁项集：从频繁模式树的叶子节点开始，自底向上递归地生成频繁项集。对于每个项节点，向上追溯其父节点路径，构建条件模式基，并基于条件模式基继续构建频繁模式树。

③生成关联规则：根据频繁项集，生成关联规则。对于每个频繁项集，生成其所有的非空子集，并计算关联规则的置信度或支持度。

通过构建频繁模式树和利用条件模式基，FP – Growth 算法能够高效地发现频繁项集和相关的关联规则。相比 Apriori 算法，它避免了生成候选项集的过程，减少了计算和存储的开销，因此在处理大规模数据集时具有更高的效率。

（三）异常检测算法

异常检测算法用于识别数据集中的异常或异常模式。异常检测旨在找到与正常模式不同或罕见的样本，这些样本可能是异常值、离群点或具有异常行为的样本。以下是几种常见的异常检测算法。

1. 基于统计的异常检测算法

基于统计的异常检测算法假设数据遵循某种特定的统计分布，比如高斯分布。这些方法通过计算数据点与预期分布之间的差异来检测异常值，例如，基于离群因子的方法、基于概率模型的方法和基于异常程度的方法。

（1）异常值：与大多数数据样本显著不同的观测值。异常值可能表示数据收集或记录中的错误、异常事件的发生，或者表示数据中的潜在模式或行为。

（2）统计特性：数据集的分布、均值、方差、协方差等统计属性。基于统计的异常检测算法依赖于这些特性来建立正常数据的模型。

基于统计的异常检测算法通常采用以下方法之一或其组合。

（1）基于离群因子（outlier factor）的方法：该方法计算每个数据点的离群因子，通过比较离群因子与预先设定的阈值来判断是否为异常值。

（2）基于概率模型的方法：该方法假设数据集服从某种概率分布（如高斯分布），通过计算数据点的概率密度来判断是否为异常值。

（3）基于异常程度的方法：该方法通过评估数据点与正常模型之间的异常程度来判断是否为异常值，通常使用统计偏差或残差进行计算。

2. 基于距离的异常检测算法

基于距离的异常检测算法是一种常见的模式识别方法，用于检测数据中的异常值。该算法基于数据点之间的距离或相似度来确定异常值，假设异常值与正常数据点之间的距离较远或相似度较低。

（1）距离度量：用于衡量两个数据点之间的相似性或差异性的度量标准。常见的距离度量包括欧氏距离、曼哈顿距离、闵可夫斯基距离等。距离度量通常根据数据特征的类型（连续型、离散型）和属性的重要性进行选择。

（2）邻近度：一个数据点与其最近邻数据点之间的距离或相似度。邻近度可以通过计算最近邻距离或最近邻相似度来得到。

（3）异常值判定：基于距离的异常检测算法通过将数据点的距离与预先定义的阈值进行比较，来判定数据点是否为异常值。如果数据点与最近邻的距离超过阈值，则将其视为异常值；如果数据点与最近邻的相似度低于阈值，则将其视为异常值。

基于距离的异常检测算法可以采用不同的具体方法，包括但不限于以下几种。

（1）最近邻算法：基于数据点与其最近邻之间的距离来判断是否为异常值。该算法将距离超过预定阈值的数据点视为异常值。

（2）孤立森林算法：通过构建随机切分的二叉树来判断数据点的异常程度。树越快地将数据点隔离开，说明该数据点越可能是异常值。

（3）LOF 算法：局部异常因子（local outlier factor，LOF）算法通过计算数据点与其邻近数据点的密度比值来判断异常值。该算法考虑了数据点周围的局部密度情况，可以有效识别聚集异常和局部异常。

（4）DBSCAN 算法：密度聚类算法 DBSCAN 也可以用于异常检测。该算法将低密度区域中的数据点视为异常值，而高密度区域中的数据点被视为正常值。

基于距离的异常检测算法适用于多种数据类型和应用场景，并且具有较好的可解释性。然而，该算法在处理高维数据和大规模数据集时可能面临计算和存储的挑战。在实际应用中，需要根据数据特点和具体要求选择算法，并结合领域知识解释异常检测结果。

3. 基于规则的异常检测算法

基于规则的异常检测算法是一种常见的模式识别方法，用于检测数据中的异常值。该算法基于领域专家定义的规则或知识来判断数据点是否为异常值。这些规则可以是手动定义的基于领域知识的规则，也可以是通过数据挖掘和机器学习技术自动学习的规则。

（1）领域专家知识：基于规则的异常检测算法依赖于领域专家的知识和经验。领域专家对于正常数据的特征、行为和模式具有深入的理解，并能够根据这些知识定义异常规则。

（2）异常规则定义：异常规则是用于判断数据点是否为异常的条件和规则。这些规则可以基于属性的取值范围、属性之间的关系、时间序列模式等方面进行定义。异常规则可以采用逻辑表达式、if - then 规则等形式表示。

（3）异常判定：基于规则的异常检测算法根据预先定义的异常规则对数据进行判定。如果数据点满足任何一个异常规则，则将其判定为异常值。

基于规则的异常检测算法可以应用于多个领域和数据类型。它的优点是具有良好的可解释性和可调节性，领域专家可以根据需求灵活定义和调整异常规则。然而，该方法的局限性在于规则的定义需要依赖领域专家，并且可能无法覆盖所有异常情况。此外，对于复杂的数据和大规模数据集，手动定义异常规则可能变得困难和耗时。

在实际应用中，基于规则的异常检测算法通常与其他算法结合使用，例如基于统计的方法、基于机器学习的方法等，以获得更全面和准确的异常检测结果。

5.2.3　应用实例

随着计算机技术的快速发展和对于智能系统的强烈需求，模式识别技术得到了越来越广泛的应用。在实际应用中，模式识别适用于已经有标签或类别信息的数据集，旨在进行分类、回归或预测等任务。根据任务需求和数据特点选择适当的方法可以提高模式识别的效果和应用价值。本节将从分类与回归开始介绍最新研究中的模式识别应用。

5.2.3.1 表格数据神经网络模型水印嵌入（分类应用）

1. 任务背景

在我们接触的所有大数据中，表格数据是我们最熟悉和最常使用的一种。在现有表格数据分类模型中，错分类的触发样本会对模型固有准确率产生影响。而表格数据具有低维异构的特性，同时存在连续和离散变量。现有利用随机噪声、噪声标记、对抗扰动的方法难以生成对模型分类边界影响小的触发样本，使模型准确率损失明显，在医疗、金融等高准确率要求的任务场景中应用受限。

同时，被广泛应用于各个领域的深度模型往往需要使用大量的时间、资源和专业知识才能训练出来，是公司和研究机构的核心资产。然而，模型在部署时面临着被复制、盗用或滥用的风险，特别是在没有足够保护措施的情况下。这使为分类模型嵌入难以察觉的水印变得尤为重要。当模型被他人使用或复制进行预测时，水印可以证明模型的所有权或来源。分类模型的黑盒水印不仅能够确保模型的知识产权，还能避免未经授权的模型复制。

现有模型黑盒水印方法研究中，触发集是水印技术的核心要素。使用噪声或添加内部标记生成的触发集与原始数据差别较大，使模型分类边界为逼近错分类样本而发生剧烈变化，对模型分类准确率影响大；现有对抗样本方法通过添加连续扰动使样本接近分类边界，难以处理含离散变量的异构性表格数据，而忽略离散变量将限制方法生成距离边界较近的触发样本。这些方法生成的触发集在嵌入过程中会对边界产生干扰而导致模型准确率损失明显，从而降低模型的可用性。

2. 方法原理

针对面向分类模型的黑盒水印方法通过植入分配错误标签的触发集进行水印嵌入，对边界产生严重干扰、模型准确率下降的问题，可通过偏移原始样本生成靠近分类边界的候选集，并利用对抗性扰动向量评估样本对模型性能的影响，选取影响小的样本作为触发集，通过再训练调整表格数据神经网络模型水印嵌入方法的分类边界，使样本有效地聚集在靠近分类边界的区域。对连续变量添加连续扰动的同时对离散变量概率抽样，使用扰动向量模长和区域样本密度评估建立触发集，减少模型性能损失。通过使用调整分类边界的表格数据神经网络模型水印嵌入（classification boundaries adjusted for watermarking tabular data neural network，CBA）方法，构建具有微小边界扰动的触发集，修改分类边界实现模型水印嵌入。

CBA方法的原理框架如图5-9所示，其包括规则约束样本偏移、边界微扰动样本选择和模型再训练3个模块。

（1）在规则约束样本偏移模块中，构建具有随机性和真实性的候选样本集。首先将表格数据预处理，然后使用生成的随机向量偏移表格数据集，同时对添加偏移向量的one-hot编码进行规整，最后修正样本，调整不合理数值，形成候选集。

（2）在边界微扰动样本选择模块中，建立对目标模型分类边界影响最小的触发集。以投影于目标模型分类边界的方向逐步对候选样本添加扰动，并对离散变量添加概率抽样扰动，计算出最小扰动向量，通过扰动向量模长和样本密度选取微扰动触发样本。该模块通过数据预处理、样本偏移、规则约束3个环节实现。

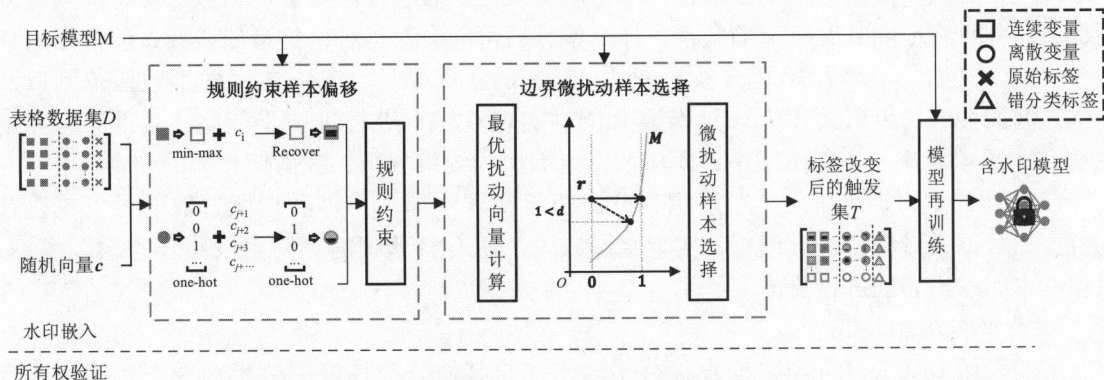

图 5 - 9　CBA 方法的原理框架

①数据预处理：在训练或输入神经网络模型前，需要对表格数据进行正确处理。具体方法：将离散变量进行 one – hot 编码，将连续变量使用最大最小归一化方法转化至 $[-1,1]$ 范围内的值。表格数据集 $D(A_1,\cdots,A_{N_d},\cdots,A_{N_d+N_c})$，其中离散变量数量为 N_d，连续变量数量为 N_c。经处理后，每行数据由 0/1 离散值和连续值连接而成：$r_j = \alpha_{j,1} \oplus \cdots \oplus \alpha_{j,N_d} \oplus \beta_{j,1} \oplus \cdots \oplus \beta_{j,N_c}$。其中，$\alpha_{j,i}$ 为单元格中离散值 $r_j \cdot A_i$ 的 one – hot 编码表示，如果 A_i 为二元离散变量，则对应的 one – hot 为单列 0/1 值；$\beta_{j,i}$ 为单元格中连续值 $r_j \cdot A_i$ 的归一化表示。

②样本偏移：生成与样本数据 r 相同长度的随机偏移向量 c。具体方法：在 $[-1,1]$ 间均匀采样获得向量 u，除以模长后转为单位向量，再乘以距离系数 λ，即 $c = \lambda \dfrac{u}{|u|}, u_i \sim U(-1,1)$。其中，距离系数 λ 代表样本的偏移距离，对其进行调整可以控制候选集数量以及候选样本与分类边界的距离范围；u_i 表示向量 u 中的任意一个数值。将所有样本与 c 相加，实现定向移动：$r'_j \leftarrow r_j + c$。直接相加后离散变量的 one – hot 编码 $\alpha_{j,i}$ 将失去意义，需要进行调整，即 $\alpha'_{j,i} = onehot(argmax(\alpha_{j,i} + c_i))$。对于二元离散变量，直接判断 $\alpha_{j,i} + c_i$ 的大小，如果大于 0.5 则置 1，否则置 0。为使偏移样本分布在靠近模型分类边界的区域内，执行两次偏移，获得偏移样本集 D'：第一次以向量 c 偏移原始数据，第二次以向量 $2 \times c$ 偏移原始数据，从第一次获得的偏移样本集中，选择类别未改变但在第二次中类别改变的样本作为候选集。该操作的结果是使候选集限制在距离边界的大小为 λ 的空间内，从而进一步减轻后续环节的计算量。计算如下：$r'_j \in D', j = arg(M(r_j) = M(r_j + c) \neq M(r_j + 2 \times c))$。实际应用中，使用不同的随机种子生成偏移向量，并调整距离参数 λ，以获得较好的候选集（如图 5 – 10 所示，候选集位于分类边界的一侧）。

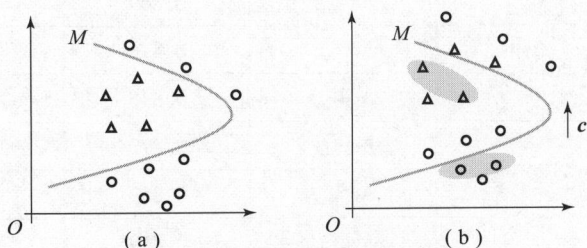

图 5 - 10　候选数据集构建

（a）原始样本；（b）偏移后样本

③规则约束：使用约束调整偏移样本，获得最终的候选样本集。表格数据的特征具有现实含义，并且特征间具有一定的联系。样本偏移后可能会对这种结构造成破坏，使数据表现得不合理。例如，年龄为10但子女数量为3、负的薪资等。CBA方法将样本数值范围以及样本之间的关联约束形式化为修订函数Rule，实现对样本进行进一步调整，获得具有一定的真实性的样本 $\tilde{r}_j$。实际应用中，常用数据范围作为约束规则，裁剪偏移后的样本。

（3）在模型再训练阶段，通过调整分类边界实现水印嵌入。利用所选取的触发集以及部分原始数据，对模型进行训练，实现水印嵌入。所有权验证时，将触发集样本输入模型，根据样本的输出类别进行验证。

3. 数据集及数据处理

实验采用UCI公开分类数据集进行实验，并与其他分类神经网络黑盒模型水印方法进行对比。所使用的数据集信息如表5-1所示。Adult是2分类数据集；Agaricus是蘑菇毒性检测2分类数据集，变量类型全部为离散型；Covertype是森林覆盖数据集，预测区域树木种类，为7分类任务；Mnist12是 12×12 大小的10分类手写数字识别数据集，将其转化为144维的表格数据集，每维为0/1二元特征。

表5-1 模型水印实验数据集

数据集	样本数	分类数	特征数	连续特征数	二元特征数	多类别特征数
Adult	48 842	2	15	6	2	7
Agaricus	8 124	2	22	0	4	18
Covertype	581 012	7	54	10	44	0
Mnist12	70 000	10	144	0	144	0

4. 实验验证及结论

模型嵌入水印前在训练集的准确率 Acc_{train} 和测试集上的准确率 Acc_{base} 如表5-2所示。模型嵌入水印后，在测试集上的准确率 Acc_{test} 以及在触发集上的水印识别准确率 Acc_{wm} 如表5-3所示。

表5-2 模型嵌入水印前的分类准确率

模型	准确率	Adult	Agaricus	Covertype	Mnist12
MLP-1	Acc_{train}	0.865	1.000	0.801	0.980
	Acc_{base}	0.849	1.000	0.777	0.944
MLP-2	Acc_{train}	0.876	1.000	0.862	0.981
	Acc_{base}	0.845	1.000	0.816	0.949
ResNet	Acc_{train}	0.870	1.000	0.908	0.985
	Acc_{base}	0.852	1.000	0.850	0.953
TabNet	Acc_{train}	0.849	1.000	0.980	0.999
	Acc_{base}	0.845	1.000	0.832	0.947

表 5 − 3　水印嵌入后测试集准确率和触发集准确率

数据集	模型	EW − noise		DeepSigns		IW		AFS		CBA	
		Acc_{test}	Acc_{wm}	Acc_{test}	Acc_{wm}	Acc_{test}	Acc_{wm}	Acc_{test}	Acc_{wm}	Acc_{test}	Acc_{wm}
Adult	MLP − 1	0.80	0.97	0.76	0.93	0.65	0.93	0.70	0.98	0.84	1.00
	MLP − 2	0.81	1.00	0.78	0.97	0.77	0.80	0.66	0.99	0.84	0.99
	ResNet	0.82	0.97	0.82	0.97	0.80	0.70	0.81	0.96	0.84	1.00
	TabNet	0.79	0.97	0.79	0.97	0.75	0.70	0.70	0.94	0.84	0.98
Agaricus	MLP − 1	1.00	0.93	1.00	0.97	0.71	0.77	0.71	0.99	1.00	1.00
	MLP − 2	0.99	0.97	0.99	1.00	0.71	0.83	0.98	1.00	1.00	0.99
	ResNet	1.00	1.00	1.00	0.97	0.97	0.83	0.99	0.99	1.00	0.99
	TabNet	1.00	0.93	0.99	0.93	0.14	0.97	0.89	0.93	0.99	0.99
Covertype	MLP − 1	0.66	0.97	0.73	0.97	0.72	0.93	0.60	0.94	0.77	1.00
	MLP − 2	0.69	0.97	0.78	0.97	0.78	0.93	0.63	0.95	0.81	0.99
	ResNet	0.65	0.87	0.70	0.97	0.74	0.97	0.77	0.97	0.81	0.99
	TabNet	0.62	0.97	0.64	0.97	0.58	0.93	0.77	0.99	0.83	0.99
Mnist12	MLP − 1	0.90	0.97	0.91	0.97	0.68	0.97	0.90	0.99	0.93	1.00
	MLP − 2	0.89	1.00	0.92	0.97	0.68	1.00	0.94	0.97	0.94	1.00
	ResNet	0.86	0.97	0.93	0.93	0.80	0.93	0.94	0.98	0.94	1.00
	TabNet	0.88	0.97	0.94	0.97	0.79	0.93	0.93	0.96	0.94	0.96

CBA 方法能够选择在模型分类边界一侧的数据作为触发集，而其他方法随机选取的触发集可能分布在边界两侧，从而对训练产生错误指导。嵌入水印后，模型具有较高的水印识别准确率且固有准确率损失小。原因在于所提出的扰动向量计算方法适用于离散变量，通过评估筛选建立的触发集对模型分类边界扰动小。

CBA 方法基于 4 个 UCI 公开分类数据集进行水印嵌入、水印攻击、水印转移实验。结果表明，在水印嵌入实验中该方法在水印识别准确率大于 90% 时，对模型造成的准确率下降小于 1%，能够生成对模型性能影响更小的触发集，具有良好的隐蔽性；在水印攻击实验中，CBA 方法在所有数据集上的模型裁剪比例达到 70% 时，触发集水印识别的准确率依旧在 80% 以上，具有良好的抗攻击性能；在水印转移实验中，CBA 方法在 MLP 模型上生成的触发集能够在 10 个非神经网络模型的分类任务上成功实现水印嵌入，拓展了水印嵌入的适用范围。

5.2.3.2　列车运动状态准确建模（回归应用）

1. 任务背景

回归任务在现实生活中主要涉及供需预测及指标预测，如列车运动状态建模，人体的健康指标预测等。以列车运动状态建模为例，基于当前车辆速度、位置及轨道信息，根据级位或级位序列估计列车速度变化，可实时对列车位置及速度进行短时或长时预测，预判级位作用效果，指导级位计算；理论上可为强化学习等方法提供离线反馈，模拟控制参数改变后自动驾驶效果的变化模式，为挖掘控制参数提供支撑。因此研究个性化、可持续更新的准确状态建模方法具有重要的理论及应用价值。

现有方法一般采用物理模型，在完成首车调动后，利用性能数据建立面向全线路同型号列车的通用单质点模型。方法虽具有良好的物理学基础及稳定性，但未考虑车辆间不可忽略的性能差异，包括相同级位产生的作用力、控制延时、阻力系数等。通用模型基于首车性能数据建立，对不同列车的仿真误差和该车性能与首车性能的差异性正相关。伴随车轨老化或设备更换，列车性能随之变化，实际牵引力、阻力等模型参数时变，故需周期性对模型进行调优。现有方法建模参数获取成本高，所建通用状态估计模型无法拟合车辆个性化性能并跟踪车轨性能变化，从而导致运动状态估计精度较低。

2. 算法原理

针对现有算法建模参数获取成本高，所建通用状态估计模型无法拟合车辆个性化性能并跟踪车轨性能变化，导致运动状态估计精度较低等问题，可使用元梯度提升（meta gradient boosting，MGB）学习列车运动状态准确建模方法。将模型无关元学习技术引入提升学习算法中，方法的核心思想是通过搜寻函数空间中不同任务的最佳公共初始参数，组合多个学习器构建元模型（初始化模型），并基于元模型实现针对目标任务的快速准确建模。相比现有算法，该方法提升了面向表格型数据的模式识别效果，可保留特征原有物理含义，模型可解释性强，计算成本低。

所提元梯度提升学习算法可利用非目标列车大量运行数据（元训练数据）建立运动状态估计元模型，并基于少量目标列车数据（任务数据）实现准确的速度、位置计算。算法原理如图 5 – 11 所示。算法包含元梯度学习及任务梯度学习两个过程，其中元梯度学习旨在训练唯一的"待学习态"元模型，任务梯度学习则在元模型基础上，面向各目标列车训练准确运动状态估计模型。方法将每辆列车视作一个任务，在少样本条件下完成逐车建模。状态估计模型可模拟真实物理环境，基于当前列车状态与控速命令，反馈下一时刻速度及位置信息。

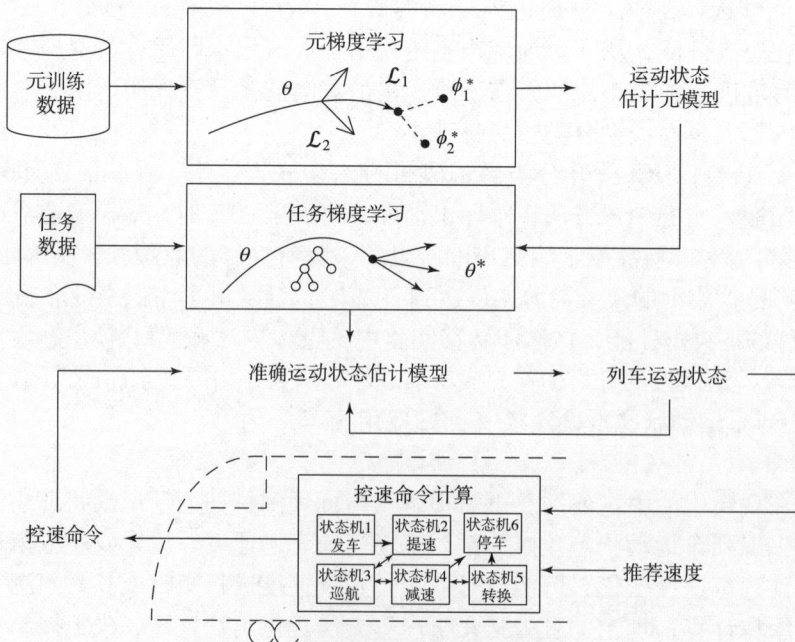

图 5 – 11　元梯度提升学习算法原理

元梯度提升学习算法可基于大量非目标任务数据建立元模型，使其具备快速拟合目标任务特有判别模式的能力。算法以梯度提升为基础，采用弱学习器组合训练元模型，具备良好可解释性及拟合能力。

原有梯度提升学习算法中，每次迭代时弱学习器拟合的伪残差（pseudo – residuals）是训练样本的实时损失值，而在所提元梯度学习算法中，拟合目标则是未来任务学习时元测试样本的损失值。换言之，实时损失值是当前训练所得强学习器输出与训练样本标签之间的误差值，而未来损失值则是强学习器面向新任务继续叠加弱学习器更新后，其输出与新任务样本标签之间的误差值。元梯度学习以"更具学习能力"为目标训练元模型，其过程参数更新模式如图 5 – 12 所示。

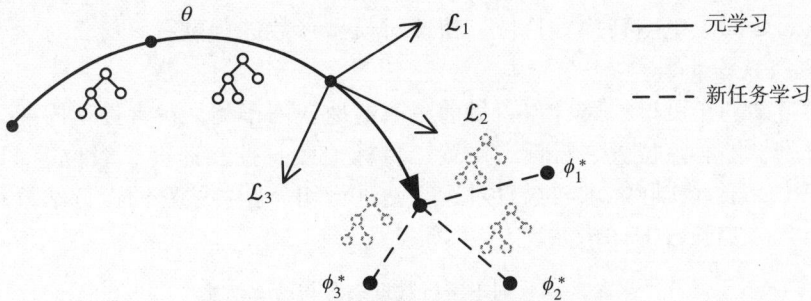

图 5 – 12　元梯度学习过程参数更新模式

元模型由多个弱学习器加权组合构成，借用梯度下降的优化思想对模型参数进行步进式迭代更新。每次更新时增量训练一个弱学习器（如决策树），拟合当前模型参数相对于未来损失的负梯度，以寻找参数空间中导数向量接近零向量的局部最优点。元梯度学习在寻优过程中，采用探索、评价、更新的模式建立元模型，依据新任务样本的未来损失值推算当前模型参数距最佳元模型参数的误差，并将此误差的负梯度作为弱学习器的拟合目标。

具体而言，假设从某个元测试数据集 $D_{T_j}^{\text{test}}$ 中采样获得一组数据集 $\{(\boldsymbol{x}_1,y_1),\cdots,(\boldsymbol{x}_n,y_n)\}$，元梯度提升学习的训练目标是从元模型集 $F(\boldsymbol{x})$ 中选择元模型 $\widehat{F}(\boldsymbol{x})$ 以最小化损失：$\widehat{F} = \arg\min_F \boldsymbol{E}_{\boldsymbol{x},y}[L(y,F(\boldsymbol{x}) + \alpha f_{T_j})]$。其中，$\alpha$ 为学习率，f_{T_j} 为面向元测试任务 T_j 训练的弱学习器集（为简化公式描述，以单个函数映射 f_{T_j} 表示），目标函数 L 面向不同类型任务如分类、回归可采用不同损失函数（如均方误差等），元模型及弱学习器集均由一组弱学习器加权组合而成：$F(\boldsymbol{x}) = \sum_{m=1}^{M} f_m(\boldsymbol{x}) + \text{const}$。

在元梯度学习的训练迭代中，存在以下两个过程。

（1）预判阶段（support）。基于元训练数据 $D_{T_i}^{\text{tr}}$，面向当前模型 F_m 计算伪残差：$\boldsymbol{r}_{\text{support}} = -\partial_{F_m} L(F_m,D_{T_i}^{\text{tr}})$，并建立一组弱学习器 g 拟合 $\boldsymbol{r}_{\text{support}}$，对 F_m 进行增量更新，建立预判模型 G，也可理解为面向新任务，基于现阶段元模型建立的任务模型。

（2）更新阶段（query）。基于元测试数据 $D_{T_i}^{\text{test}}$，面向预判模型 G 计算伪残差：$\boldsymbol{r}_{\text{query}} = -\partial_G L(G,D_{T_i}^{\text{test}})$，并建立一组弱学习器 f 拟合 $\boldsymbol{r}_{\text{query}}$，对 F_m 进行增量更新，建立新的元模型 F_{m+1}。

训练过程将循环迭代上述两个过程，直至满足终止条件。方法的输入除训练数据外，需指定元梯度学习及任务梯度学习的超参数，输出则为训练完成的元模型。

任务梯度学习子算法是在获得元模型后，针对特定新任务的模型个性化过程，也可称为任务学习。由于新任务与元训练任务之间可能具有相同的高级公共模式域，但互相不属于同一子域，因此要求任务模型可分别面向不同的新任务进行个性化适应，研究中则需面向不同目标列车分别进行运动状态建模。任务梯度学习过程中，将基于目标任务少量数据，实现元梯度学习中的探索过程（参照"更新阶段"），该过程采用与元梯度学习相同的超参数，包括学习步数与学习率，并维持相同的损失函数及优化算法。

任务梯度学习子算法也可视为元梯度学习模型的测试过程，在建立任务模型后，可利用目标任务中未用于训练的测试数据，基于评价指标进行性能评估，从而验证元梯度学习及任务梯度学习效果。在列车运动状态建模问题中，将利用目标列车 1 ~ 2 站真实运行数据进行任务梯度学习，在少样本条件下应达到基于足量数据充分训练的模型效果，可挖掘目标列车特有的动力学、延时、电空转换等特性，快速对模型参数进行更新。

3. 数据集及数据处理

数据采集自某列车测试线路，覆盖目前主流的地铁列车类，包含控车周期、状态机、位置、速度、坡度、停车点位置、目标点位置、目标速度、控制速度、级位等 11 维特征。数据在使用过程中，根据实际需求与场景对运行站进行切分。各线路的运行站数 $s = 2(n-1)$，其中 n 为站台数。实验数据详情如表 5 - 4 所示。

表 5 - 4　列车运行数据来源与基本信息

编号	数据来源	站台数 n	运行站数 s	特征数	列车数/辆	数据量/条
1	测试线路 1 号线	9	16	11	12	3 243 718
2	测试线路 2 号线	33	64	11	22	648 411
3	测试线路 3 号线	33	64	11	1	3 788
	合计	75	144	11	35	3 895 917

4. 实验验证及结论

测试对象为 5 辆测试列车，分别基于元训练数据、元测试数据，采用各对比算法建立通用仿真模型和专车仿真模型（其中元学习算法在元训练数据上仅建立元模型）。实验累计训练 210 个模型，基于测试数据集进行性能评估后对评价指标按照分组取均值，结果如表 5 - 5 所示。

表 5 - 5　元提升学习对比实验结果

训练数据	对比算法	Train1	Train2	Train3	Train4	Train5	Average MSE
大量非目标列车运行数据（训练数据）	SVR	20. 30	18. 46	24. 94	19. 75	28. 43	22. 38 ± 4. 18
	RF	20. 65	18. 86	43. 92	19. 39	47. 74	30. 11 ± 14. 43
	GBDT	22. 77	21. 14	30. 04	21. 42	31. 94	25. 46 ± 5. 13
	XGBoost	21. 34	19. 26	49. 13	19. 75	52. 47	32. 39 ± 16. 87
	ANN	21. 33	20. 04	25. 29	20. 20	27. 58	22. 89 ± 3. 37
	Meta - NN（元模型）	40. 36	32. 94	38. 01	38. 35	41. 10	38. 15 ± 3. 19
	MGB（元模型）	311. 89	339. 35	316. 77	315. 89	340. 17	324. 82 ± 13. 77

续表

训练数据	对比算法	Train1	Train2	Train3	Train4	Train5	Average MSE
少量 目标列车 运行数据 （测试数据）	SVR	50.53	40.17	59.87	40.91	74.05	53.11 ± 14.20
	RF	50.41	75.68	60.69	36.87	82.61	61.25 ± 18.55
	GBDT	66.42	33.00	38.53	56.36	61.32	51.13 ± 14.60
	XGBoost	50.30	45.14	82.34	107.51	82.22	73.50 ± 4.68
	ANN	37.20	29.93	33.88	30.43	50.10	36.31 ± 8.25
	Meta – NN（任务模型）	28.37	22.65	27.29	30.01	33.78	28.42 ± 4.06
	MGB（任务模型）	18.21	16.87	18.57	19.05	22.87	19.11 ± 2.25

MGB 算法在实际应用中能够基于大量非目标车运行数据，建立具有快速学习能力的梯度敏感元模型，然后针对特定列车，采用 1 ~ 2 站少量运行数据，在元模型基础上完成专属模型训练，实现准确加速度估计，最后在实际运营过程中持续更新，跟踪车轨性能变化，自主维持良好运动状态估计效果。

MGB 算法在元模型基础上采用少量目标列车运动数据，分别面向 5 辆测试列车建立了专车状态估计模型，一定程度上识别了不同列车的运行模式差异，相比现有 meta – NN 等元学习算法估计误差降低 33%，进一步降低标准差，运动状态个性化估计效果较好，且仅需少量样本即可完成训练。模型可解释性好、计算成本低，可搭载于车载嵌入式计算机内实现强个性化、低成本的列车运动状态估计，辅助提升自动驾驶系统性能。

5.3　机器学习

人类学习是根据过往经验对一类问题形成某种认识或总结出一定的规律，然后利用这些知识来对新的问题做出判断的过程。人类可以从自己获得的经验中学习知识，然而计算机无法做到读万卷书、行万里路，只能通过人为投入数据来学习规律。

这里可以举一个形象的例子：想象一下你是一位热爱烹饪的大厨，你的目标是制作一个完美的比萨饼，但是你并没有具体的食谱，只知道要使用面团、酱料和各种配料。在开始制作之前，你需要通过尝试不同的配方和技术来找到最好的方式；你可能会调整面团的成分，尝试不同的酱料比例，甚至尝试不同的烘烤时间和温度；每次制作后，你会品尝并评估结果，然后根据反馈进行调整；随着时间的推移，你逐渐掌握了制作完美比萨的技巧。这个例子中的大厨就像机器学习算法。大厨通过不断尝试和调整来提高烹饪技能，就像机器学习算法通过分析数据集并根据反馈进行优化。大厨从错误中学习，找到了制作完美比萨的方法，而机器学习算法通过处理数据和模式识别来得出最佳解决方案。

传统的编程方法是通过编写明确的规则和指令来指导计算机如何执行特定的任务，然而，在面对复杂的问题和海量数据时，编写这些规则变得非常困难甚至不可行。机器学习让计算机从大量的数据中学习模式和规律，从而进行预测、分类或决策。而如何指导计算机从数据中总结出规律和知识，使其能够以类似人类的方式解决很多复杂而多变的问题，执行更加复杂的计算，从而产生极其可观的效益，是机器学习研究的重要问题。

5.3.1　知识基础

5.3.1.1　概念解析

机器学习是人工智能领域的一个重要的分支，它通过赋予机器"学习"的能力，利用数据和算法来模仿人类学习的方式，提高计算机的性能。通过将现实中的问题抽象为数学模型，机器学习利用历史数据对数据模型进行训练，然后基于数据模型对新数据进行求解，并将结果再转为现实问题的答案。

数据、算法和模型是机器学习的三要素。机器学习从数据中选取合适的算法，自动归纳逻辑或规则，并根据逐个归纳的结果（模型）与新数据进行测试。从数据中学得模型的过程称为"学习"或"训练"，这个过程通过执行某个学习算法来完成。Mitchell 为"学习"提供了一个简洁的定义："对于某类任务 T 和性能度量 P，一个计算机程序被认为可以从经验 E 中学习是指，通过经验 E 改进后，它在任务 T 上由性能度量 P 衡量的性能有所提升。"算法训练阶段使用的数据即"训练数据"，其中每个样本称为一个"训练样本"。模型对应了关于数据的某种潜在规律，因此也称为"假设"；这种潜在规律自身，则称为"真值"（ground – truth），学习过程就是为了逼近、找出真值。

大数据机器学习被广泛应用于金融领域中的风险管理、预测和交易等方面。比如，使用机器学习算法对用户行为进行分析，识别诈骗行为，从而降低不良贷款率；同时，机器学习还能够应用于量化投资中，通过分析海量数据来预测人类行为和市场动态，从而制定更有效的投资策略。在医疗领域中，大数据机器学习可以用于疾病检测和诊断、药物开发以及个性化治疗等。通过使用大量的患者数据和健康记录，机器学习算法可以发现疾病和药物的潜在关联，从而提高治疗效率和准确性。

在通常情况下，大数据技术与机器学习是互相促进、互相依存的关系。机器学习不仅需要合理、适用和先进的算法，还需要依赖足够好和足够多的数据。数据量越多，数据质量越高，机器学习的效率和准确性就越高。

5.3.1.2　发展简史

机器学习的概念由 IBM 员工、计算机游戏和人工智能领域的先驱 Arthur Samuel 于 1959 年提出。在过去的半个世纪里，机器学习的发展经历了 6 个阶段。

（1）萌芽时期。1943 年，心理学家和数理学家们在分析神经元基本特性的基础上，提出"M – P 神经元模型"来模拟神经信息处理和传递的过程。在该模型中，每个神经元接收其他神经元传递的信号，该信号经加权后与神经元内部的阈值进行比较，通过激活函数产生对应的输出。该模型模仿人脑的神经系统构造，其中每个神经元都是多输入单输出的信息处理单元，神经元之间通过"兴奋"和"抑制"两种方式进行连接，当某个神经元处于"兴奋"状态时，便会向相连的神经元发送信号并改变其相位。

（2）兴盛时期。经典学习规则的提出保证了神经网络学习的高效运作。在 1949 年，心理学家 Hebb 提出"突触修正"假设，其核心思想是当两个神经元同时处于兴奋状态时，二者的连接度将增强，并基于此定义提出了"Hebbian 规则"权值调整方法。而在 1957 年，Rosenblatt 提出了划时代的前向人工神经网络——感知机（perceptron），能够通过迭代试错解决二元线性分类问题。在随后的多年中，各种求解算法相应诞生，包括感知机学习法、梯度下降法和最小二乘法。同时，有理论推导证明，在样本线性可分的情况下，感

知机可以通过有限次的迭代收敛。在这一时期，感知机被广泛应用于文字、音频、信号
识别等领域。

（3）冷静时期。由于感知机结构单一，并且只能处理线性可分问题，机器学习的发展
受到了阻碍，理论匮乏成为制约人工神经网络发展的关键因素。随着现实问题难度提升，单
层人工神经网络的应用局限越来越多。另外，计算机有限的内存与低下的计算效率，严重影
响了机器学习算法的应用。同时，数据存储的代价较大，数据集的稀缺也限制了机器学习的
效果。1969 年，以 Minsky、Papert 等为代表的一批学者对感知机的效果提出了严重质疑，并
通过严密推导来说明其应用失败的事实。在此之后，多国停止了神经网络相关的研究，这进
一步加速了以感知机为核心的单层人工神经网络的衰败。

（4）复兴时期。1980 年，美国卡内基梅隆大学举办了机器学习国际研讨会，标志着机
器学习在世界范围内的复兴。1986 年，机器学习领域的专业期刊 *Machine Learning* 问世，使
机器学习再次成为业界关注的焦点。在这一时期，人工神经网络的结构逐渐多样化。1983
年，物理学家 Hopfield 提出了全连接神经网络。1986 年，Rumelhart 和 McClelland 提出了应
用于多层神经网络的学习机制：反向传播算法，推动了人工神经网络发展的第二次高潮。除
了 BP 算法，包括 SOM（自组织映射）网络、ART（竞争型学习）网络、RBF（径向基函
数）网络、CC（级联相关）网络、循环神经网络 RNN、卷积神经网络 CNN 等在内的多种
神经网络也在该时期得到迅猛发展。除了人工神经网络，机器学习中的其他算法也在这一时
期崭露头角。1986 年，计算机科学家 Quinlian 在 *Machine Learning* 上发表了著名的 ID3 算法，
带动了决策树算法的研究。

（5）多元发展时期。机器学习的发展呈现多元化，并在 2010 年后逐渐步入深度学习研
究的热潮。自 1995 年统计学家 Vapnik 在 *Machine Learning* 上发表支持向量机 SVM 起，以
SVM 为代表的统计机器学习大放异彩，并迅速对符号学习的统治地位发起挑战。与此同时，
集成学习和深度学习的出现，成为机器学习的重要延伸。20 世纪 90 年代至 21 世纪初，诞
生了一系列集成学习算法，包括 Boosting、Adaboost、Bagging 和随机森林 RF。随着 Hinton
在 2006 年提出深度学习，机器学习的研究热点逐渐转向深度学习领域，解决更为复杂的实
际应用问题。

（6）深度学习时期。随着计算机性能和数据集的增加，深度学习在 21 世纪开始迅速发
展，成为机器学习发展的热点和主流研究方向。2012 年，Krizhevsky 等人使用深度卷积神经
网络在 ImageNet 图像识别挑战赛中取得了突破性的成果，引起了全球对深度学习的广泛关
注和研究。自那时起，深度学习已经在许多领域取得了重大的突破，包括计算机视觉、自然
语言处理和语音识别。深度学习模型如卷积神经网络、循环神经网络和变换器 Transformer
等已成为许多应用中的核心技术。同时，研究者们也在不断努力解决深度学习面临的挑战，
包括数据稀缺性、模型可解释性和公平性等问题。

机器学习发展历史如图 5 - 13 所示。

如今，机器学习已经广泛应用于各个领域，如医疗诊断、金融预测、智能推荐等。随着
技术的不断进步和理论的不断完善，机器学习在多个领域的发展前景也逐步壮大。

5.3.1.3　研究现状

机器学习的研究涉及多个方面。首先，深度学习模拟了人脑神经元之间的连接方式，能
够从大量数据中自动提取特征并进行预测和决策。深度学习已经在计算机视觉、自然语言处

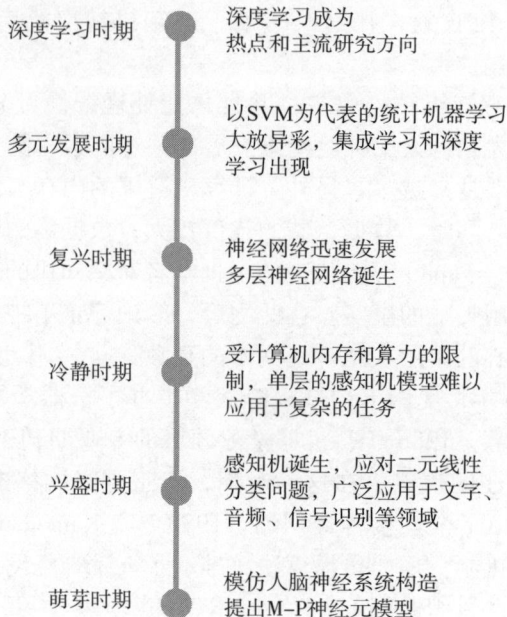

图 5 – 13   机器学习发展历史

理、语音识别等领域取得了突破性的进展，逐渐被应用于更多样、更复杂的任务。

其次，强化学习是一种通过智能体与环境的交互来优化决策的算法。近年来，强化学习在游戏、机器人控制、自动驾驶等领域取得了重要突破，例如 AlphaGo 围棋机器人数次击败了该项目的世界冠军。

再次，迁移学习也是重要的发展方向。通过迁移学习，我们可以将一个任务上学到的知识或经验迁移到另一个任务上，以加快学习速度并提高性能。这可以更好地利用已有的数据和模型，在任务环境数据稀缺、领域转移的情况下进行学习。

最后，解释性机器学习也是一个备受关注的话题。其致力于研究算法的可解释性，使模型做出预测或决策的逻辑和原理能够被人们理解。这在某些敏感领域如医疗、金融等环境下具有重要意义，因为人们需要知道模型的决策依据，以此确保公正性和安全性。

随着数据规模的不断扩大，机器学习和模型的扩展性也成为大数据处理的挑战之一。为了更有效地处理大数据，算法和模型需要不断进行优化和改进，以适应不同环境的需求。未来，大数据机器学习技术将在更广泛的领域得到应用，据预测，到 2025 年全球数据存储量将超过 175 ZB，机器学习技术将逐渐成为企业和组织中的核心。

5.3.2   算法原理

5.3.2.1   神经网络

（一）神经元

神经网络是由具有适应性的简单单元组成的广泛并行互连的网络，它的组织能够模拟生物神经系统对真实世界物体做出的交互反应。而神经元是神经网络中最基本的成分，即上述定义中的"简单单元"。

在生物神经系统中，神经元可以分为三个基本单位：树突、细胞体和轴突。在我们的大脑中，对于我们所做的每一项任务，这些神经元的特定网络会发出信号，这些信号通过突触末端到达树突，通过细胞体到达轴突，进一步转移到另一个神经元。当一个神经元"兴奋"时，就会向相连的所有神经元发送化学物质，从而改变这些神经元的电位。而如果某个神经元的电位超过了阈值，就会变得"兴奋"起来，向其他神经元发送化学物质，以此进行信息的传递。

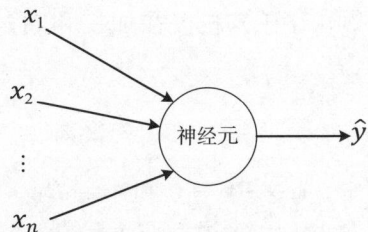

图 5 – 14 M – P 神经元模型

Warren McCulloch 和 Walter Pitts 于 1943 年提出了 M – P 神经元模型（见图 5 – 14），将上述的情形抽象为一个简单的数学模型，也称人工神经元。人工神经元接受二进制输入并根据可以调整的特定阈值产生二进制输出，可以用于处理分类问题。

神经元接受多个连接神经元传递过来的输入信号，将它们聚合并做出决策。聚合意味着这些二进制输入的总和。如果聚合值超过阈值，则输出为 1，否则为 0。

（二）感知机

感知机模型由 Rosenblatt 于 1957 年提出（见图 5 – 15），对神经元模型进行了改进和完善。这里的神经元也称为线性阈值单元（linear threshold unit，LTU）。该模型可以处理非布尔值，其每个输入都与一个权重相关联。和 M – P 神经元模型相比，感知机模型可以处理任何数值型的输入，且通过对输入进行加权的方式，可以提升模型的灵活性。

感知机计算所有输入的加权和，并通过"激活函数"处理以产生感知机的输出。如图 5 – 15 所示，感知机中的每个输入连接（ $x_1, x_2, \cdots, x_n$ ）都与一个权重（ $\omega_1, \omega_2, \cdots, \omega_n$ ）相关联，该权重决定了输入对输出的影响程度。

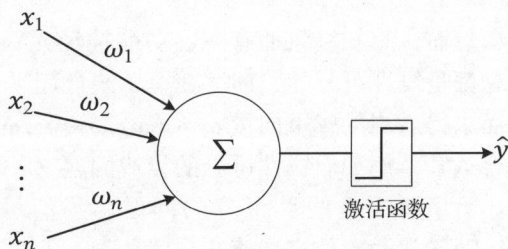

图 5 – 15 感知机模型

$$\hat{y} = \begin{cases} 1, \text{if} \sum_{i=1}^{n} \omega_i x_i \geq b \\ 0, \text{otherwise} \end{cases} \qquad (5-7)$$

通过激活函数处理后，得到感知机的输出 $\hat{y}$。理想的激活函数是阶跃函数（step function），它将输入值映射为输出值 0 或 1，如果聚合值超过阈值，则输出为 1，否则为 0。然而阶跃函数具有不连续、不光滑等性质，因此常用 sigmoid 函数作为激活函数（图 5 – 16），它把可能在较大范围内变化的输入值挤压到（0，1）的输出范围内。

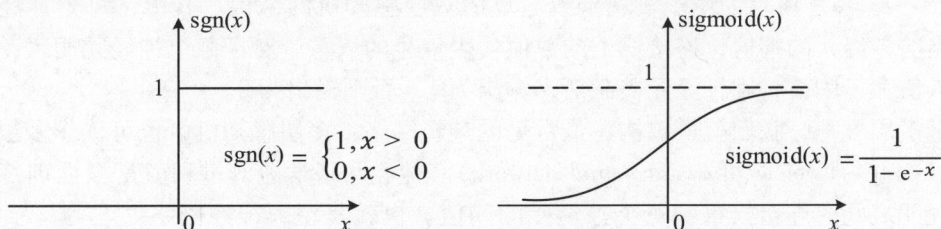

$$\text{sgn}(x) = \begin{cases} 1, x > 0 \\ 0, x < 0 \end{cases}$$

$$\text{sigmoid}(x) = \frac{1}{1 - e^{-x}}$$

图 5 – 16 激活函数

感知机可以较好地处理线性可分的任务，例如一些逻辑函数（AND、OR 和 NOT）。简单起见，假设某个感知机 P 有两个输入值 x 和 y，权重分别为 A 和 B，加权和可以表示为 $Ax + By$，由于感知机仅在加权和超过某个阈值 C 时才输出非零值，因此该感知机的输出可表示为

$$P = \begin{cases} 1, \text{if } Ax + By > C \\ 0, \text{if } Ax + By \leq C \end{cases} \tag{5-8}$$

其中，$Ax + By > C$ 和 $Ax + By < C$ 是 xy 平面上由线 $Ax + By + C = 0$ 分隔的两个区域。如果将输入 (x, y) 视为平面上的一个点，那么感知机会告诉我们这个点属于平面上的哪个区域。由于此类区域由一条线分隔，因此称为线性可分区域。

如图 5-17 所示，两个轴是可以取 0 或 1 值的输入，图中的数字是特定输入的预期输出。对于每种情况使用合适的权重向量，单个感知机即可执行这些逻辑函数的功能。

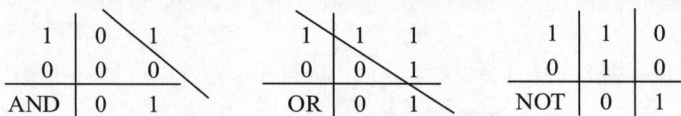

图 5-17 线性可分逻辑函数

然而，感知机只拥有一层功能神经元，其学习能力十分有限。上述的 AND、OR、NOT 问题都是线性可分的，即存在一个线性超平面能将它们分开，则感知机的学习过程一定会收敛而求得适当的权重向量 $\omega = (\omega_1, \omega_2, \cdots, \omega_n)$，否则感知机学习过程将会产生震荡，不能求得合适解，例如非线性可分的异或问题（XOR）。

为了解决非线性可分的问题，我们可以考虑采用多层功能神经元，即多层感知机（MLP）。最简单的多层感知机为两层，它可以解决非线性的异或问题。如图 5-18（a），在异或问题中，我们无法画出一条直线来同时分隔开所有的 0 和 1，即线性不可分。

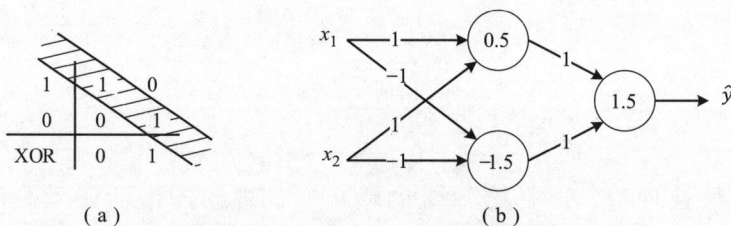

图 5-18 异或问题与双层感知机

（a）分割图；（b）用于实现异或运算的双层感知机的结构

图 5-18（b）所示为用于实现异或运算的双层感知机的结构。其中，每个神经元中的数字为当前神经元的阈值，连接线上的数值代表信号的权重。对于某个神经元而言，若加权后的输入值大于阈值，则神经元被激活，输出为 1，否则输出为 0。

通过多层堆叠，我们就可以构建最常见的神经网络：多层感知机，也可称作多层前馈神经网络（multi-layer feedforward neural network）。神经网络学习的过程就是根据训练数据来调整神经元之间的连接权重和每个神经元的阈值。也就是说，神经网络"学习"到的知识存储在网络的连接权重和神经元的阈值中。

5.3.2.2　决策树

决策树是一种非参数监督学习算法，用于解决分类和回归问题。它模拟了人类在做决策时所采取的思维过程，通过构建一个树状结构来表示不同的决策路径和可能的结果。它具有分层的树结构，由节点和边组成。每个内部节点代表一个特征或属性，而每个叶子节点表示一个类别或值。通过沿着树的分支进行逐步的决策，可以将输入样本划分到相应的类别或预测出相应的值。

如图 5 – 19 所示，决策树从根节点开始，根节点没有任何传入分支；来自根节点的传出分支馈送到内部节点（也称为决策节点）。基于可用的特征，两种节点进行评估以形成由叶子节点或终端节点表示的同质子集。决策树中的叶子节点代表数据集中所有可能的结果。

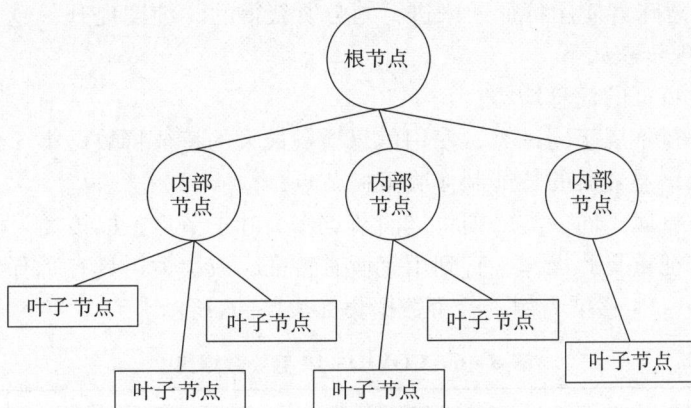

图 5 – 19　决策树结构示意图

决策树学习采用分而治之的策略，通过进行贪婪搜索来识别树内的最佳分裂点。然后以自上而下、递归的方式重复此拆分过程，直到大多数数据都被正确分类到特定的类标签下。是否所有数据点都被分类为同质集很大程度上取决于决策树的复杂性，较小的树更容易获得纯叶子节点，即单个类中的数据点。然而，随着树的大小增长，保持这种纯度变得越来越困难，并且通常会导致给定子树内的数据太少，这称为数据碎片现象，通常会导致过度拟合。因此，决策树的构建偏向于小树，这与奥卡姆剃刀中的简约原则是一致的，就是说，"如无必要，不应增加节点"，换句话说，决策树仅在必要时才应增加复杂性，因为最简单的解释通常是最好的。

（一）ID3 算法

ID3 算法利用熵和信息增益作为评估候选分割的指标，在每一步迭代将特征二分类为两个或更多组。算法使用自上而下的贪婪方法来构建决策树。简而言之，自上而下的方法意味着我们从顶部开始构建树，而贪婪方法意味着在每次迭代时我们选择当前最好的特征来创建节点。

通过熵和信息增益，ID3 算法可以在每个步骤中选择最佳的特征进行分割。熵是无序程度的度量，数据集的熵是数据集目标特征中无序程度的度量。在二分类的情况下（目标列只有两种类型），如果目标列中的所有值都是同质（相似），则熵为 0；如果目标列的两个类的数值相等，则熵为 1。将数据集表示为 S，熵的计算式如下：

$$H(S) = - \sum p_i \cdot \log_2 p_i, i = 1, 2, \cdots, n \qquad (5-9)$$

其中，n 是目标列中的类别总数；p_i 是类别 i 的概率或者"目标列中类别 i 的行数"和数据集中"总行数"的比率。$H(S)$ 的值越小，S 的纯度越高（类别趋于一致）。

假定离散特征 A 有 v 个可能的取值 $\{A_1, A_2, \cdots, A_v\}$，若使用 A 对数据集 S 进行划分，则会产生 v 个分支节点，其中第 v 个分支节点包含了 S 中所有在特征 A 上取值为 A_v 的样本。特征 A 的信息增益计算如下：

$$IG(S, A) = H(S) - \sum \left[\left(\frac{|S_v|}{|S|} \right) \times H(S_v) \right] \qquad (5-10)$$

其中，S_v 是 S 中特征 A 具有值 A_v 的行集；$|S_v|$ 是 S_v 中的行数；$|S|$ 是 S 中的行数。一般而言，信息增益越大，则意味着使用特征 A 来进行划分所获得的"纯度提升"越大。

ID3 算法的实现步骤如下。

（1）计算每个特征的信息增益；

（2）考虑所有行不属于同一类，使用信息增益最大的特征将数据集 S 分成子集；

（3）使用信息增益最大的特征制作决策树节点；

（4）如果所有行属于同一类，则将当前节点作为叶子节点，以该类为标签；

（5）对剩余特征重复此操作，直到用完所有特征，或决策树具有所有叶子节点。

下面以 COVID-19 感染为例，整个数据集如表 5-6 所示。

表 5-6 COVID-19 感染数据集

ID	发烧	咳嗽	呼吸问题	感染
1	否	否	否	否
2	是	是	是	是
3	是	是	否	否
4	是	是	是	是
5	是	否	是	是
6	否	是	否	否
7	是	否	是	是
8	否	是	是	是
9	否	是	否	否
10	否	是	是	否

"呼吸问题""咳嗽"和"发烧"称为特征列或特征，用于叶子节点（即"感染"）的列称为目标列。在 10 行数据中，有 5 行的目标值为"是"，5 行的目标值为"否"，S 的熵计算如下（如果目标列中所有值相同，则熵为零）：

$$H(S) = - \left(\frac{5}{10} \right) \times \log_2 \left(\frac{5}{10} \right) - \left(\frac{5}{10} \right) \times \log_2 \left(\frac{5}{10} \right) = 1 \qquad (5-11)$$

在"发烧"特征中，有 5 行的值为"是"，5 行的值为"否"；而在发烧为"是"的 5 行中，有 4 行的目标值为"是"，1 行的目标值为"否"。

$$H(S_{v=1}) = -\left(\frac{4}{5}\right) \times \log_2 \frac{4}{5} - \left(\frac{1}{5}\right) \times \log_2 \frac{1}{5} = 0.72 \qquad (5-12)$$

在发烧为"否"的 5 行中，有 1 行的目标值为"是"，4 行的目标值为"否"。

$$H(S_{v=0}) = -\left(\frac{1}{5}\right) \times \log_2 \frac{1}{5} - \left(\frac{4}{5}\right)\log_2 \frac{4}{5} = 0.72 \qquad (5-13)$$

由此可以计算"发烧"的信息增益：

$$\mathrm{IG}(S, \mathrm{Fever}) = 1 - \left(\frac{5}{10}\right) \times 0.72 - \left(\frac{5}{10}\right) \times 0.72 = 0.28 \qquad (5-14)$$

同理，可以计算出特征"咳嗽"和"呼吸问题"的信息增益：

$$\mathrm{IG}(S, \mathrm{Cough}) = 0.03, \mathrm{IG}(S, \mathrm{BreathingIssues}) = 0.61 \qquad (5-15)$$

可以发现，特征"呼吸问题"具有最高的信息增益，因此它用于创建根节点。接下来，从剩下的两个未使用的特征（即发烧和咳嗽）中决定哪一个最适合呼吸问题的左分支。由于"呼吸问题"的左分支表示"是"，因此将使用原始数据的子集，即"呼吸问题"列中值为"是"的行集 S_{BY} 计算特征"发烧"和"咳嗽"的信息增益：

$$\mathrm{IG}(S_{BY}, \mathrm{Fever}) = 0.32, \mathrm{IG}(S_{BY}, \mathrm{Cough}) = 0.11 \qquad (5-16)$$

"发烧"的信息增益更大，因此选其作为根节点"呼吸问题"的左分支。最后，使用"咳嗽"作为根节点的右侧分支。在所有特征利用完之后，停止扩展树并开始创建叶子节点。

对于"发烧"的左叶子节点，研究发现当"呼吸问题"和"发烧"均为"是"时，目标值为"是"，因此该叶子节点为"感染"。同理，对于"发烧"的右侧节点，大多数目标值为"否"，因此该叶子节点为"未感染"。重复上述分析过程，可以得到构建好的决策树，如图 5-20 所示。

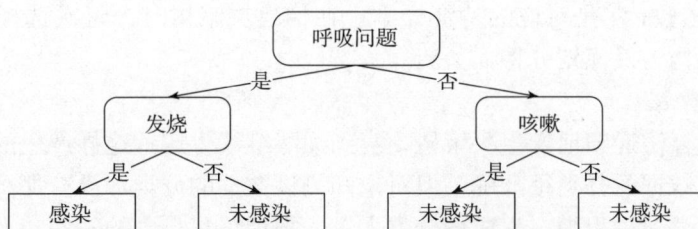

图 5-20　基于 COVID-19 构建的决策树

（二）C4.5 算法

C4.5 算法与 ID3 算法相似，在决策树生成的过程中，使用信息增益比来选择特征。信息增益比是观测值与观测值总数的比率。特征 A 对训练数据集 S 的信息增益比可以定义为其信息增益与训练数据集 S 关于特征 A 的熵之比：

$$g_R(S, A) = \frac{\mathrm{IG}(S, A)}{H(S)} \qquad (5-17)$$

分裂后，如果下一个节点的熵小于分裂之前的熵，并且如果该值与所有可能分裂测试用例相比是最小的，则该节点被分裂为其最纯的成分。子节点是纯的成分指的是一个节点的所有子节点都只包含同一类别的样本，此时就无须再进行划分而可以直接将该节点作为叶子节点。

算法的优点如下：

（1）产生的分类规则易于理解，准确率较高；

（2）能处理非离散化数据和不完整数据。

算法的缺点如下：

（1）在构造树的过程中，需要对数据集进行多次顺序扫描和排序，导致算法的低效；

（2）对训练样本数量和质量要求较高，对缺失值的适应性较差。

（三）CART 构建算法

分类与回归树（classification and regression tree，CART）模型由 Breiman 在 1984 年提出，其使用基尼指数（Gini index）最小化准则进行特征选择，生成决策树。

基尼指数是 CART 中分类任务的度量，包含 n 类样本的数据集 S 的纯度可以用基尼值来衡量：

$$\text{Gini}(S) = 1 - \sum_{i=1}^{n} (p_i)^2 \qquad (5-18)$$

其中，p_i 是对象被分类到特定类别的概率。直观来说，$\text{Gini}(S)$ 反映了从数据集 S 中随机抽取两个样本，其类别标记不一致的概率。基尼指数的值从 0 到 1 变化，$\text{Gini}(S)$ 越小，则数据集 S 的纯度越高。

（1）其中 0 表示所有元素都属于某一类，或者仅存在一个类。

（2）基尼指数为 1 表示所有元素随机分布在各个类别中。

（3）基尼指数为 0.5 表示元素均匀分布到某些类中。

特征 A 的基尼指数可以定义为

$$\text{Gini}(S,A) = \sum_{v=1}^{V} \frac{|S_v|}{|S|} \text{Gini}(S_v) \qquad (5-19)$$

其中，V 是特征样本数；S_v 是对应的特征样本。在构建决策树时，每次选择那个使划分后基尼指数最小的特征作为最优划分特征。

（四）决策树剪枝

决策树的生成算法递归地产生决策树，直到无法继续生成。这样产生的树容易出现过拟合的现象：对训练数据的分类很准确，但对未知测试数据的分类却没有那么准确。过拟合的原因在于决策树在学习过程中，生成的分支太多，把训练集自身的一些特点当作所有数据都具有的一般性质而导致过拟合。因此，需要考虑决策树的复杂度，主动去掉一些分支来简化决策树。

剪枝（pruning）是在决策树学习中将已生成的树进行简化的过程。剪枝的基本策略有预剪枝和后剪枝。预剪枝是指在决策树生成的过程中，对每个节点在划分前先进行估计，若当前节点的划分不能带来决策树泛化性能的提升，则停止划分并将当前节点标记为叶子节点；后剪枝则是先从训练集生成一棵完整的决策树，然后自底向上对非叶子节点进行遍历，若将该节点对应的子树替换为叶子节点能带来决策树泛化性能上的提升，则进行剪枝，将此子树替换为叶子节点。

常见的预剪枝方法有以下几种。

（1）最大深度限制：限制树的最大深度，当达到最大深度时停止分裂。

（2）叶子节点数量限制：限制每个父节点下的叶子节点数量，当超过限制时停止分裂。

（3）信息增益阈值：设定一个阈值，当划分后的信息增益低于该阈值时停止分裂。

（4）最小样本数限制：限制每个父节点的最小样本数，当样本数低于限制时停止分裂。

预剪枝可以让决策树很多分支都没有展开，可以降低过拟合的风险，同时降低决策树的训练时间和测试时间开销。但预剪枝阻止部分分支的展开，在一定程度上会给决策树带来欠拟合的风险。

后剪枝通常通过极小化决策树的整体损失函数或代价函数来实现。设 t 为树 T 的叶子节点，该叶子节点有 N_t 个样本点，其中 k 类的样本点有 N_{tk} 个，$k = 1, 2, \cdots, K$，$H_t(T)$ 为叶子节点 t 上的经验熵，$\alpha \geqslant 0$ 为参数，则决策树学习的损失函数可以定义为

$$C_\alpha(T) = \sum_{t=1}^{|T|} N_t H_t(T) + \alpha |T| \tag{5-20}$$

其中，经验熵为

$$H_t(T) = - \sum_k \frac{N_{tk}}{N_t} \log \frac{N_{tk}}{N_t} \tag{5-21}$$

剪枝，就是当 α 确定时，选择损失函数最小的子树。当 α 值确定时，子树越大，往往与训练数据拟合越好，但是模型复杂度就越高；相反，子树越小，模型的复杂度就越低，但是往往与训练数据的拟合不好。而损失函数正好表示了二者的平衡。

5.3.2.3　集成学习

在采用机器学习的有监督学习算法时，的目标是学习出一个稳定的且在各个方面表现都较好的模型，但实际情况往往不这么理想，有时我们只能得到多个有偏好的模型（弱监督模型或弱学习器，在某些方面表现的比较好）。集成学习就是组合这里的多个弱监督模型来得到一个更好更全面的强监督模型（或强学习器），其潜在的思想是即便某一个弱监督模型得到了错误的预测，其他的弱监督模型也可以将错误纠正回来。

下面通过一个例子来理解集成学习的概念。假设你是一名电影导演，制作了一部有趣的短片，想在电影公开之前获得初步反馈（评级）。有哪些可能的方法可以做到这一点？

A：请你的一位朋友来评价这部电影。

作为你的好朋友，你选择的人完全有可能非常在乎你的感受，并且不想因为给你创作的糟糕作品打一星而让你心碎。

B：请你的 5 位同事对这部电影进行评价。

这应该可以为电影提供更好的想法，此方法可以为你的电影提供真实的评级。但问题仍然存在，这 5 个人可能不是电影影评的专家。他们可能了解电影摄影、镜头或音频，但同时可能不是最佳判断者。

C：请 50 个人评价这部电影。

在这 50 人中有些可以是你的朋友，有些可以是你的同事，有些甚至可以是陌生人。在这种情况下，因为现在人们拥有不同的技能，反应将更加普遍和多样化。事实证明，这是比之前看到的案例更好地获得真实评价的方法。

通过这些例子可以推断，与个人相比，多元化的群体可能会做出更好的决策。与单一模型相比，不同的集成模型也是如此，集成学习可以实现机器学习的多样化。

（一）Boosting

Boosting 是一种可以将弱学习器提升为强学习器的算法。这类算法先从初始训练集中训

练出一个弱学习器，再根据弱学习器的表现对训练样本分布进行调整，使先前弱学习器做错的样本在后续得到更多关注，然后基于调整后的样本分布来训练下一个弱学习器。如此重复进行，直至弱学习器数目达到预先指定的值 T，最终将这 T 个弱学习器加权结合。

Adaboost 是 Boosting 中最有代表性的算法，其采用加权多数表决来加大分类误差率小的弱学习器的权值，使其在表决中起较大的作用；减小分类误差率大的弱学习器的权值，使其在表决中起较小的作用。

假设给定一个包含 N 个样本的二分类训练数据集：

$$T = \{(x_1, y_1), (x_2, y_2), \cdots, (x_N, y_N)\} \tag{5-22}$$

其中，$x_i \in \mathbf{R}^n$，$y = \{-1, +1\}$。

（1）初始化训练数据的权值分布：

$$D_1 = (\omega_{11}, \cdots, \omega_{1i}, \cdots, \omega_{1N}), \omega_{1i} = \frac{1}{N}, i = 1, 2, \cdots, N \tag{5-23}$$

（2）对 $m = 1, 2, \cdots, M$，首先使用具有权值分布 D_m 的训练数据集学习，得到基本学习器：

$$G_m(x): X \to \{-1, +1\} \tag{5-24}$$

计算 $G_m(x)$ 在训练数据集上的分类误差率：

$$e_m = \sum_{i=1}^{N} P(G_m(x_i) \neq y_i) = \sum_{i=1}^{N} \omega_{mi} I(G_m(x_i) \neq y_i) \tag{5-25}$$

计算 $G_m(x)$ 的系数：

$$\alpha_m = \frac{1}{2} \ln \frac{1 - e_m}{e_m} \tag{5-26}$$

最后，更新训练数据集的权值分布：

$$D_{m+1} = (\omega_{m+1,1}, \cdots, \omega_{m+1,i}, \cdots, \omega_{m+1,N}) \tag{5-27}$$

$$\omega_{m+1,i} = \frac{\omega_{mi}}{Z_m} \exp(-\alpha_m y_i G_m(x_i)), i = 1, 2, \cdots, N \tag{5-28}$$

它使 D_{m+1} 成为一个概率分布。

（3）构建 M 个基本学习器的线性组合

$$f(x) = \sum_{i=1}^{M} \alpha_m G_m(x) \tag{5-29}$$

得到最终学习器：

$$G(x) = \text{sgn}(f(x)) = \text{sgn}\left(\sum_{m=1}^{M} \alpha_m G_m(x)\right) \tag{5-30}$$

Boosting 算法要求弱学习器能对特定的数据分布进行学习，这可通过"重赋权法"实施，即在训练过程的每一轮中，根据样本分布为每个训练样本重新赋予一个权重。对无法接受带权样本的算法，则可通过"重采样法"来处理，即在每一轮学习中，根据样本分布对训练集重新进行采样，再用重采样而得的样本集对弱学习器进行训练。从偏差 - 方差角度看，Boosting 主要关注降低偏差，因此 Boosting 能基于泛化性能相当弱的学习器构建出很强的集成。

（二）Bagging

Bagging 是通过改变训练数据来寻找多样化的集成成员。这通常涉及使用单个机器学习算法（通常是决策树），并在同一训练数据集的不同样本集上训练每个模型，然后使用简单的统计方法（如投票或平均）将整体成员做出的预测结合起来。

Bagging 算法的基本流程如下。

（1）从原始数据集创建多个子集；

（2）在每个子集上创建一个基本模型（弱学习器）；

（3）多个弱学习器并行运行且相互独立；

（4）通过组合所有弱模型的预测来计算最终的预测值。

从原始数据集创建子集时，使用自助采样法：给定包含 m 个样本的数据集，先随机取出一个样本到采样集中，再把该样本放回初始数据集，使得下次采样仍有可能被选中。经过 m 次随机采样的操作，得到含有 m 个样本的采样集。以此类推，可采样出 T 个包含 m 个训练样本的采样集，然后基于每个采样集训练一个基学习器，再将这些基学习器相结合。在组合最终的输出时，Bagging 通常对分类任务使用简单投票法，对回归任务使用简单平均法。若分类预测时出现两个类收到同样票数的情形，可以进行随机选择或考察学习器投票的置信度来得到最终的输出。

假定基学习器的计算复杂度为 $O(n)$，则 Bagging 的复杂度大致为 $T(O(m)+O(s))$，考虑采样与投票过程的复杂度 $O(s)$ 很小，而 T 也是不太大的常数。因此，训练一个 Bagging 集成与直接使用基学习器训练的复杂度等阶，说明 Bagging 运算的高效性。从偏差－方差的角度上看，Bagging 主要关注降低方差，因此它在不剪枝决策树、神经网络等易受样本扰动的学习器上效果明显。

（三）随机森林

随机森林是 Bagging 的一个扩展变体，其在以决策树为基学习器构建 Bagging 集成的基础上，进一步在决策树的训练过程中引入随机属性选择。具体来说，传统决策树在选择划分属性时是在当前节点的属性集合（假定有 d 个属性）中选择一个最优属性；而在随机森林中，对基决策树的每个节点，先从该节点的属性集合中随机选择一个包含 k 个属性的子集，然后再从这个子集中选择一个最优属性用于划分。这里的参数 k 控制了随机性的引入程度：若令 $k=d$，则基决策树的构建与传统决策树相同；若令 $k=1$，则随机选择一个属性用于划分；一般情况下，推荐值为 $k=\log_2 d$。

随机森林的随机性体现在以下两个方面。

（1）数据集的随机选取。

从原始的数据集中采取有放回的抽样（Bagging），构造子数据集，子数据集的数据量是和原始数据集相同的。不同子数据集和同一个子数据集中的元素均可以重复。

（2）待选特征的随机选取。

与数据集的随机选取类似，随机森林中的子树的每一个分裂过程并未用到所有的待选特征，而是从所有的待选特征中随机选取一定的特征，之后再在随机选取的特征中选取最优的特征。

随机森林的构建过程（见图 5-21）如下。

（1）从原始训练集中使用 Bootstrapping 方法随机有放回采样取出 m 个样本，共进行 n_{tree} 次采样，生成 n_{tree} 个训练集。

（2）对 n_{tree} 个训练集，我们分别训练 n_{tree} 个决策树模型。

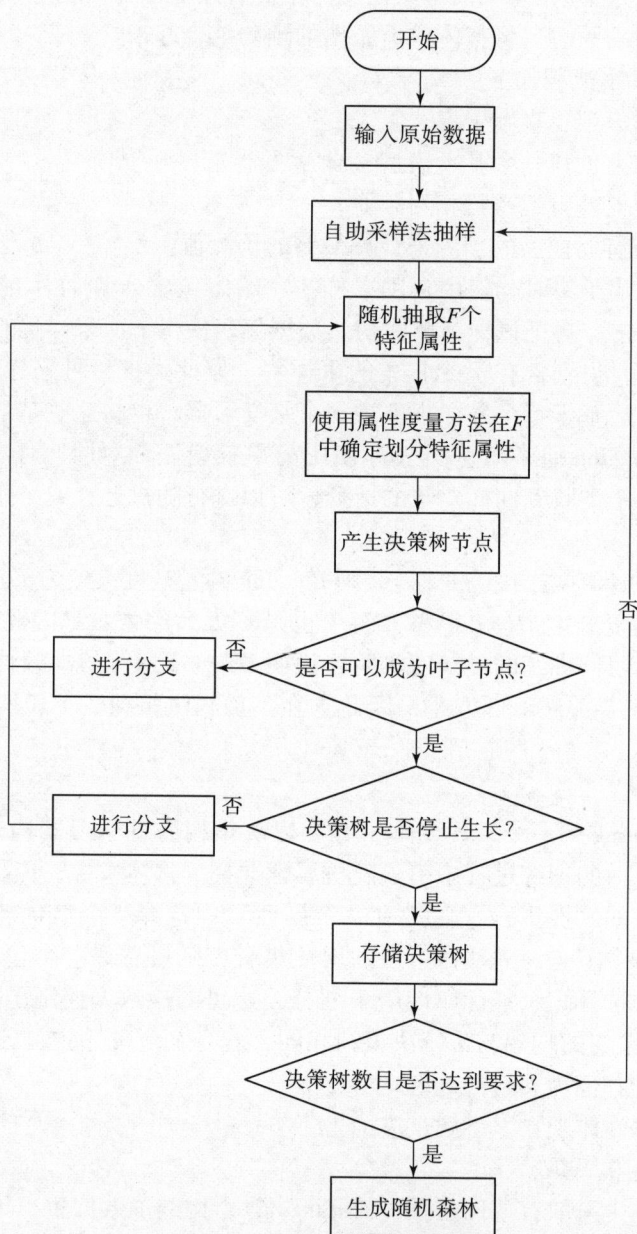

图 5 – 21　随机森林的构建过程

（3）对于单个决策树模型，假设训练样本特征的个数为 n，那么每次分裂时根据信息增益/信息增益比/基尼指数，选择最好的特征进行分裂。

（4）每棵树都一直这样分裂下去，直到该节点的所有训练集都属于同一类。在决策树的分裂过程中不需要剪枝。

（5）将生成的多棵决策树组成随机森林。对于分类问题，按照多棵树分类器投票决定最终分类结果；对于回归问题，由多棵树预测值的均值决定最终预测结果。

随机森林简单、容易实现、计算开销小，令人惊奇的是，它在很多现实任务中展现出强大的性能，被誉为"代表集成学习技术水平的方法"。可以看出，随机森林对 Bagging 只做了小改动，但与 Bagging 中基学习器的"多样性"仅通过样本扰动（通过对初始训练集采样）而来不同，随机森林中基学习器的多样性不仅来自样本扰动，还来自属性扰动，这就使最终集成的泛化性能可通过个体学习器之间的差异度的增加而进一步提升。

随机森林的收敛性与 Bagging 相似，但它的起始性能往往相对较差，特别是在集成中只包含一个基学习器时。因为通过引入属性扰动，随机森林中个体学习器的性能往往有所降低，然而，随着个体学习器数目的增加，随机森林通常会收敛到更低的泛化误差。值得一提的是，随机森林的训练效率常优于 Bagging，因为在个体决策树的构建过程中，Bagging 使用的是"确定型"决策树，在选择划分属性时要对节点的所有属性进行考察，而随机森林使用的"随机型"决策树则只需考察一个属性子集。

综上所述，随机森林算法的优点如下。

（1）该算法可以处理大量的输入特征（feature）和大量的训练样本，并且在训练过程中自动选取最优特征；

（2）该算法不容易过拟合，在泛化能力方面表现良好；

（3）该算法可以给出每个特征的重要性评分，方便特征选择；

另外，随机森林的限制与不足在于以下两个方面。

（1）在训练时间方面要比其他算法略慢；

（2）在预测时间方面也略慢于其他算法。

5.3.2.4　强化学习

（一）基本概念

当我们以人工智能研究者或者工程师的视角去探索学习激励时，主要研究的是如何设计高效的机器来解决科学或经济领域的学习问题，并通过数学分析或计算机实验的方式来评估这些设计，所探索的这个算法，就称为"强化学习"。相比于其他机器学习算法，强化学习更加侧重于以交互为目标导向进行学习。

强化学习（reinforcement learning，RL），又称再励学习、评价学习或增强学习，是机器学习的范式和方法论之一。其讨论的问题是一个智能体怎么在一个复杂不确定的环境里去极大化它能获得的奖励。通过感知所处环境的状态（state）对动作的反应来指导更好的动作，从而获得最大的收益，这样的学习过程就称作强化学习。具体原理如图 5 - 22 所示。

强化学习是除了监督学习和非监督学习之外的第三种基本的机器学习算法。强

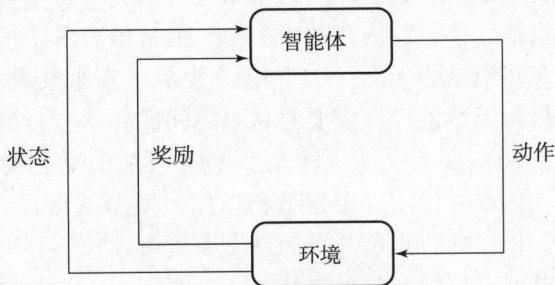

图 5 - 22　强化学习原理

化学习带来了一个独有的挑战——"试探"与"利用"之间的折中权衡。为了获得大量的收益，强化学习智能体一定会更喜欢那些在过去为它产生过有效收益的动作，但为了发现这些动作，往往需要尝试从未选择过的动作。智能体必须开发已有的经验来获取收益，同时也要进行试探，使未来可以获得更好的动作选择空间。这个"试探 - 利用"困境问题正是强化学习研究的本质内容。

强化学习的另一个关键特征是它明确地考虑了目标导向的智能体与不确定的环境交互这一问题。而很多其他算法都只考虑子问题，而忽视了子问题在更大情景下的适用性。

强化学习系统以下 6 个核心要素：

（1）智能体（agent）是一个嵌入环境中的系统，其能够通过采取行动来改变环境的状态。

（2）环境（environment）是一个外部系统，智能体处于这个系统中，能够感知这个系统并且能够基于感知状态做出一定的动作。不同的环境允许不同种类的动作，在给定的环境中，有效动作的集合经常称为动作空间（action space），包括离散动作空间和连续动作空间。例如，走迷宫机器人如果只有东南西北这四种移动方式，则其为离散动作空间；如果机器人向 360° 中的任意角度都可以移动，则其为连续动作空间。

（3）策略（policy）定义了智能体在特定时间的动作方式。简单地说，策略是环境状态到动作的映射。在某些情况下，策略可能是一个简单的函数或查询表，而在另一些情况下，它可能涉及大量的计算，如搜索过程。策略本身是可以决定行为的，因此策略是强化学习的核心。一般来说，策略可能是环境所在状态和智能体所采取动作的随机函数。策略的特点可总结为 3 点：①策略定义智能体的动作；②它是从状态到动作的映射；③策略本身可以是具体的映射也可以是随机的分布。

（4）收益信号（revenue signal）定义了强化学习问题中的目标。在每一步中，环境向强化学习智能体发送一个称为收益的标量数值。智能体的唯一目标是最大化长期总收益。也就是说，收益信号决定了对于智能体来说何为好、何为坏，因此，收益信号是改变策略的主要基础。如果策略选择的动作导致了低收益，那么可能会改变策略，从而在未来相同的情况下选择一些其他的动作。一般来说，收益信号可能是环境状态和在此基础上所采取的动作的随机函数。收益信号的特点可总结为 3 点：①收益信号是一个标量的反馈信号；②收益信号能表征在某一步智能体的优劣表现；③智能体的任务就是使一个时段内积累的总收益值最大。

（5）价值函数（value function）表示从长远的角度看什么是好的。简单地说，一个状态的价值是一个智能体从这个状态开始，对将来累积的总收益的期望。尽管收益决定了环境状态直接、即时、内在的吸引力，但价值表示了接下来所有可能状态的长期期望。价值函数的特点可总结为 3 点：①价值函数是对未来奖励的预测；②价值函数可以评估状态的好坏；③价值函数的计算需要对状态之间的转移进行分析。

（6）模型（model）是一种对环境的反应模式的模拟，它允许对外部环境的行为进行推断。例如，给定一个状态和动作，模型就可以预测外部环境的下一个状态和下一个收益信号。模型的特点可总结为：①模型可以预测环境下一步的表现；②表现具体可由预测的状态和奖励来反映。

在此需要强调，强化学习十分依赖"状态"这个概念，它既作为策略和价值函数的输入，同时又作为模型的输入与输出，我们可以把状态看作传递给智能体的一种信号，这种信号告诉智能体"当前环境如何"。

（二）Q - learning

下面通过介绍强化学习的经典算法——Q 学习（Q - learning），加强对强化学习概念和流程的理解。

Q – learning 是一种基于值的强化学习算法，用于解决马尔可夫决策过程（Markov decision process，MDP）。Q – learning 的基本原理：智能体学习一个 Q 值函数，用于估计在给定状态下采取特定动作后可以获得的未来总回报。Q 值可以表示为 $Q(s,a)$，其中 s 表示状态，a 表示动作。通过学习和更新 Q 值，获得一个"状态 – 动作"的 Q 值表，智能体可以根据查询 Q 值表来选择在给定状态下执行最佳动作。Q 值表样例如表 5 – 7 所示。

表 5 – 7　Q 值表样例

Q 值表	a_1	a_2	…	a_n
s_1	$Q(s_1,a_1)$	$Q(s_1,a_2)$	…	$Q(s_1,a_n)$
s_2	$Q(s_2,a_1)$	$Q(s_2,a_2)$	…	$Q(s_2,a_n)$
…	…	…		…
s_n	$Q(s_n,a_1)$	$Q(s_n,a_2)$	…	$Q(s_n,a_n)$

Q – learning 的核心是贝尔曼方程（Bellman equation），它描述了当前状态和行动的 Q 值与下一状态的 Q 值之间的关系。贝尔曼等式如式（5 – 31）所示。

$$Q(s,a) = r + \gamma \cdot \max Q(s',a') \qquad (5-31)$$

其中，r 表示从状态 s 采取动作 a 获得的即时收益信号；γ 表示一个折扣因子，$\gamma \in [0, 1]$。γ 取值越大，表示我们将越长远的未来收益考虑到了当前行为产生的价值中；$\max Q(s',a')$ 表示在下一个状态 s' 下，对所有可能行动 a' 的 Q 值取最大值。

Q – learning 算法的实现步骤如下：

（1）初始化 Q 值表，通常将所有表中 Q 值初始化为 0；

（2）根据当前状态 s，选择一个动作 a。这通常通过贪婪策略实现，即以一很小的概率 ε 随机选择一个未知的动作，以 $1 - \varepsilon$ 的概率选择已有动作中最高 Q 值的行动；

（3）执行动作 a，观察即时收益信号 r 和下一个状态 s'；

（4）使用贝尔曼方程更新 Q 值表；

（5）将状态更新为下一个状态：$s = s'$；

（6）重复步骤（2）~（5），直到达到终止条件（例如达到最大迭代次数或达到目标状态）。

通过反复执行这些步骤，智能体学习到一个能够指导其在各种状态下选择最优行动的 Q 值表。

5.3.3　应用实例

过去，人类收集、存储、处理数据的能力获得了飞速提升，人类社会的各个角落都积累了大量的数据，亟须能有效地对数据进行分析利用的计算机算法，而机器学习恰恰顺应了大时代的这个迫切需求。今天，在计算机科学的诸多分支学科领域中，无论是多媒体、图形学，还是网络通信、软件工程，乃至体系结构、芯片设计，都能找到机器学习技术的身影，尤其是在计算机视觉、自然语言处理等计算机应用技术领域，机器学习已成为最重要的技术进步源泉之一。

机器学习的核心思想是通过训练算法和模型，使计算机能够从大量的数据中学习并进行智能决策。与传统的程序设计不同，机器学习的关键是让计算机从数据中发现规律和模式，以便在新的情境中做出准确的预测或决策。这种学习过程基于统计学、概率论和优化理论等数学原理，通过调整模型的参数或结构，使其能够逐渐提高预测的准确性和效果。

机器学习的应用范围非常广泛，几乎涉及各个领域。在医疗领域，机器学习被用于医学影像分析、疾病诊断和药物研发等任务。通过对大量的医学图像和临床数据进行学习，机器学习能够自动识别肿瘤、辅助医生进行疾病诊断，并提供个性化的治疗方案；在金融领域，机器学习被应用于风险评估、欺诈检测和股票预测等任务。通过对历史交易数据和市场指标进行学习，机器学习算法能够发现隐藏的模式和趋势，从而提供准确的金融预测和风险管理策略；在交通和智能交通领域，机器学习被用于交通流预测、智能驾驶和交通优化等任务。通过对历史交通数据和传感器信息进行学习，机器学习算法能够预测交通拥堵、优化交通信号控制，并帮助智能汽车做出准确的决策和行动；在自然语言处理和智能助理领域，机器学习被应用于语音识别、机器翻译和智能对话等任务。通过对大量文本和语音数据进行学习，机器学习算法能够理解人类语言，识别语音指令，并提供智能化的语言交互服务。

除了以上领域，机器学习还在图像识别、推荐系统、广告优化、垃圾邮件过滤、游戏智能等众多领域发挥着重要作用。随着机器学习的不断发展和硬件计算能力的提升，我们正迈向一个智能化的时代。机器学习的应用正在推动科技的进步，改变着我们的生活和工作方式。

下面以健康数据质量评估和风险分级模型进行举例介绍。

5.3.3.1　健康数据质量评估

1. 任务背景

随着年龄的增长，老年人的各个脏器的生理功能出现衰退，因而存在较大的健康风险。在生理上的衰退主要表现为新陈代谢放缓、抵抗力下降、生理机能下降等，从而导致恶性肿瘤、糖尿病、心脑血管疾病等慢性病在老年人中的发病率呈上升态势。慢性病对老年人的健康危害极大，严重时可导致心、脑、肾等重要脏器的损伤，并可能伴有并发症，严重威胁老年人的生命健康。此外，慢性病还会给个人、家庭及社会造成沉重的经济负担，严重影响家庭和社会的和谐。

老年人健康管理对于改善老年人健康状况，减轻我国面临的人口老龄化问题具有十分重要的意义。健康管理不仅针对疾病人群，它的管理对象还包括健康人群和亚健康人群，通过对人群的健康状态进行全方位地监测、分析、评估、预测、预防和维护，来达到管理的目的。对老年人实施健康管理能够帮助老年人建立健康有序的生活方式，降低疾病风险，当发现临床症状时，可及时安排就医服务，遏制疾病发展。

2. 算法原理

首先，基于老年人健康数据库，从数据质量影响因素和数据自身特点两个方面对健康数据进行分析，并结合专家意见构建评估指标体系；其次，采用随机森林算法计算健康数据属性重要度，利用熵值法对评估指标的权重进行计算；再次，根据评估指标及其权重计算结果构建健康数据质量的线性综合评估模型，给出健康数据质量得分计算方法；最后，基于任务模型对健康数据质量评估算法进行有效性验证。

健康数据质量评估的算法原理如图 5-23 所示。以下对评估指标体系构建、基于随机森林的健康数据属性重要度计算以及线性综合评估模型构建进行介绍。

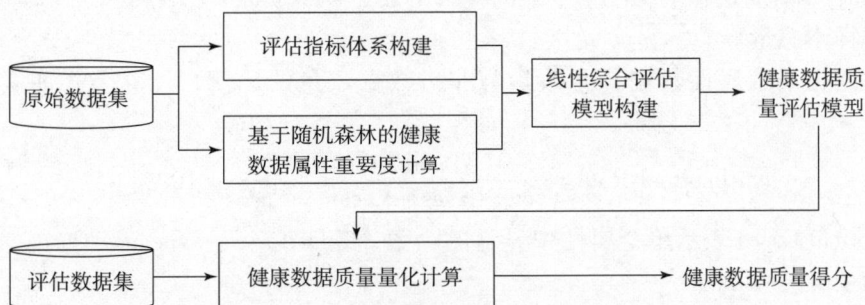

图 5 - 23　健康数据质量评估的算法原理

　　健康数据质量的评估指标尚没有统一的定论和明确的计算方法，因此将从健康数据质量影响因素和健康数据自身特点展开分析，并结合专家意见构建健康数据质量评估指标体系。评估指标体系构建的原理如图 5 - 24 所示。

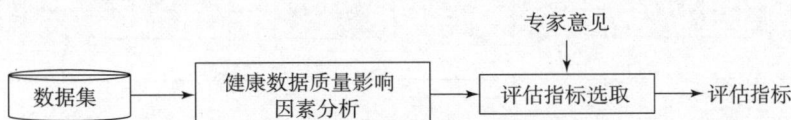

图 5 - 24　评估指标体系构建的原理

　　为了达到对评估指标的影响程度进行量化计算和综合评估的目标，在指标选取的过程中遵循普遍性、可量化和可操作的原则。其中，普遍性表示指标能够代表健康数据的共性；可量化是指标能够使用数值表示；可操作是指对于所提指标能够实施评估。对现有的评估指标进行以下筛选：第一，效度代表健康属性是否能够恰当地表示研究内容的程度，效度的计算需要依据具体应用，因此效度不满足普遍性原则；第二，合理性是指属性值是否有实际意义，该指标不可量化；第三，流通性主要是指数据的时效性，由于每种应用对数据时效性依赖程度不一，因此该指标作为单列评估较好；第四，完整性、可靠性和准确性作为公认的健康数据质量考察方面，是具有普遍性原则的，但是综合评估的关键是要找到量化方法。

　　通过对健康数据的来源（主要是问卷调查或医院就诊记录）进行分析，可将造成健康数据质量下降的因素归纳为系统误差和过失误差。系统误差主要表现为：第一，问卷设计缺乏对健康概念的全面理解，导致部分数据项未记录；第二，实际健康情况检查过程中，参与体检者未上报某些信息。过失误差是由工作人员在记录或录入等操作时，由于个人疏忽所造成的误差。通过以上分析，不难得出数据缺失和记录误差是影响健康数据质量的主要影响因素。对应到现有的评估指标上，数据缺失可用于量化表示数据的完整性；记录误差可以从侧面反映数据的准确性。

　　遵循普遍性、可量化和可操作的原则，综合健康数据质量的影响因素，选取空缺率和异常率作为健康数据的评估指标。空缺率是指数据库中某个属性的数据空缺数量与数据总量之比，计算公式如式（5 - 32）所示。

$$\text{Vacancy Rate} = \frac{\text{Vacancy Cases}}{\text{Total Cases}} \times 100\%$$

（5 - 32）

其中，Vacancy Cases 是单个属性中空缺的样本个数，Total Cases 是该属性所有样本数量，也即数据中的样本总量。

异常率是指某个属性数据异常数量与非空数据数量的比例，计算公式如式（5-33）所示。

$$\text{Abnormal Rate} = \frac{\text{Abnormal Cases}}{\text{Total Cases} - \text{Vacancy Cases}} \times 100\% \qquad (5-33)$$

其中，Abnormal Cases 表示单个属性中异常的个数，Total Cases - Vacancy Cases 表示该属性中非空缺的个数。

采用熵值法计算评估指标的权重。熵值法是一种较为常用的客观赋权方法，根据各项评估指标观测值所提供的信息量大小来确定指标权重。使用熵值法给指标赋予权重可以避免人为主观对结果造成的影响，使评估方法更具普适性。

用熵值法评估指标权重的计算原理如图 5-25 所示。

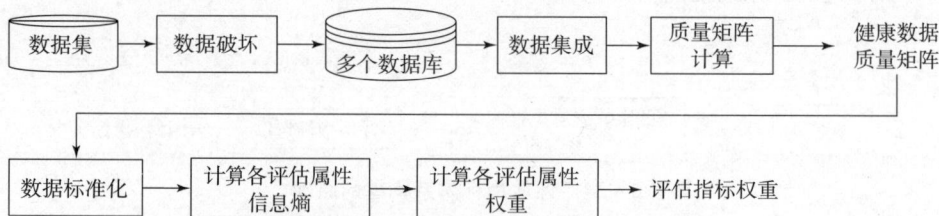

图 5-25　用熵值法评估指标权重的计算原理

熵值法赋权的基本步骤如下。

定义数据库中老年人个数为 n，评估属性维数为 m，则系统初始数据矩阵定义为 $X = \{x_{ij}\}_{n \times m} (1 \leq i \leq n, 1 \leq j \leq m)$。

（1）数据标准化。

将各个指标的数据进行标准化处理。假设对各属性数据标准化后的标准化矩阵为 $Y = \{y_{ij}\}$，且 $y_{ij} = \dfrac{x_{ij} - \min(x_i)}{\max(x_i) - \min(x_i)}$，其中 $0 \leq y_{ij} \leq 1$。

（2）求各属性的信息熵。

根据信息论中信息熵的定义，一组数据的信息熵 $E_j = -\ln(n)^{-1} \sum\limits_{i=1}^{n} p_{ij} \ln p_{ij}$。其中，$p_{ij} = \dfrac{y_{ij}}{\sum\limits_{i=1}^{n} y_{ij}}$，如果 $p_{ij} = 0$，则定义 $\lim\limits_{p_{ij} \to 0} p_{ij} \ln p_{ij} = 0$。

（3）确定各指标的权重。

根据信息熵的计算公式，计算出各个属性的信息熵依次为 $E_1, E_2, \cdots, E_k$。通过信息熵计算各属性的权重 $W_i = \dfrac{1 - E_i}{k - \sum E_i} (i = 1, 2, \cdots, k)$，采用随机森林算法来计算健康数据的重要程度。随机森林算法是一种分类算法，它由多个决策树构成，每个决策树相互无关联，且被赋予一个权重值。在对一个样本进行分类时，每个决策树都会输出一个分类结果。通过对各个决策树的分类结果进行统计，可将分类结果出现次数最多的类别作为该样本的分类结果。

随机森林算法具有一系列优点：引入随机性，具备较好的抗噪能力；适应力强，可处理高维度数据，且可同时处理离散数据和连续数据等。因随机森林算法训练速度快，且可计算各个变量的重要性排序，可采用该算法构建分类模型，对属性的重要度进行量化计算。健康数据属性重要度的计算原理如图 5 – 26 所示。

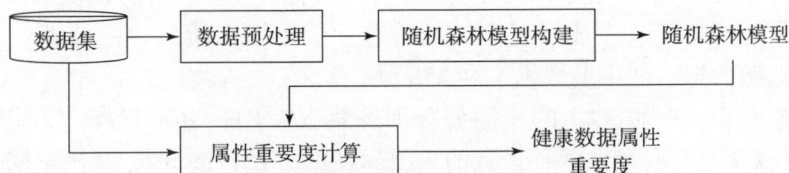

图 5 – 26　健康数据属性重要度的计算原理

随机森林模型训练过程如下。

（1）给定训练集 S，测试集 T，特征维度 F。训练参数包括 CART 的数量 t、每棵树的深度 d 和每个节点使用的属性维度 f。终止条件：节点上最少样本量 s，节点上最少的信息增益 g。对于第 i 棵树，$i = 1,2,\cdots,t$。

（2）从 S 中有放回地抽取同样大小的训练集 $S(i)$ 作为根节点样本集，然后从根节点开始训练。

（3）训练中如果当前节点满足了终止条件，该节点就设为叶子节点。处理回归问题时，预测输出为当前节点样本集各个样本值的平均值。继续训练其他节点。如果没有达到终止条件，则从 F 维特征中随机无放回选出 f 维特征。在这些特征中寻找效果最好的那一维特征 k 及对应的阈值 thr，此时将当前节点上第 k 维特征小于阈值 thr 的样本划到左节点，其余划到右节点。继续训练其他节点。

（4）重复步骤（2）、（3），直到所有节点都被训练或标为叶子节点。

（5）重复步骤（2）、（3）、（4），直到所有 CART 都经过训练，模型构建完成。

在计算健康数据质量得分之前，需要依据所有健康数据属性重要度，计算各属性的权重。第 i 个属性的权重计算方式如式（5 – 34）所示。

$$\omega_{\text{attr}}^{i} = \frac{\text{degree}^{i}}{\sum \text{degree}} \tag{5 – 34}$$

计算健康数据质量得分时，需依据健康数据属性重要度，以及健康数据质量评估指标的权重，采用线性加权的方法，计算得到健康数据质量的评分结果。

健康数据质量得分的计算方法如式（5 – 35）所示。该得分表示数据库可用于该任务的程度。

$$D = \sum_{i=1} \left\{ 100 \times \omega_{\text{attr}}^{i} \left[1 - (\omega_V V^{i} + \omega_A A^{i}) \right] \right\} \tag{5 – 35}$$

其中，ω_{attr}^{i} 代表第 i 个属性重要度；ω_V 代表空缺率的权重 0. 674；ω_A 代表异常率的权重 0. 326；V^{i} 代表第 i 个属性的空缺率；A^{i} 代表第 i 个属性的异常率；$\omega_V V^{i} + \omega_A A^{i}$ 代表单个属性的破坏程度；$1 - (\omega_V V^{i} + \omega_A A^{i})$ 代表单个属性的完成程度；$\omega_{\text{attr}}^{i} \left[1 - (\omega_V V^{i} + \omega_A A^{i}) \right]$ 代表第 i 个属性对健康数据完成程度的贡献值，将其乘以 100 后将贡献值百分化，最后将所有属性的百分化贡献值加和，得到健康数据质量得分 D。

3. 数据集及数据处理

实验数据采用老年健康综合评估数据库。该数据库是全国 7 个省市、13 家医院按照《老年健康综合评估表》通过对受访者的健康情况进行问卷调查建立的。该数据库中的数据采集时间在 2011—2012 年。《老年人健康综合评估表》主要调查内容包括个人基本情况、躯体健康、躯体功能、生活行为、社会功能、心理情况（老年抑郁量表 GDS）、认知功能（MMSE 量表）、医疗情况、失能情况和辅助检查。该数据库所包含的健康数据类型包括数值型数据、类别型数据、文字型数据，共 358 维，9 503 个样本。

针对原始数据库，按照 7∶3 的比例划分训练集（7/10）和测试集（3/10），对训练集（Data00）按照破坏所有属性和两种任务的重要属性的方式，进行共 40 次不同个数及不同位置的破坏，形成 120 个模拟数据库（Data01 ~ Data40、GDataI01 ~ GDataI40）。其中，GDataI 表示破坏的重要属性为糖尿病患病筛查模型构建任务中与"空腹血糖"相关性最大的 36 个重要属性。

4. 实验验证及结论

以构建糖尿病患病筛查模型为任务时，得到的数据库及健康数据质量得分如表 5-8 所示。由于重要属性占所有属性的 10%，因此在针对重要属性进行破坏时，考虑总破坏量一致的对比原则，对重要属性分别破坏 100、200、300 和 400 的 10 倍，即对重要属性破坏 1 000、2 000、3 000 和 4 000 个样本，将 GDataI10、GDataI20、GDataI30 和 GDataI40 与 Data01 ~ Data40 相比较。数据库各属性平均破坏个数与相应健康数据质量得分的关系如图 5-27 所示，可以明显看出，破坏重要属性对健康数据质量的影响比破坏所有属性的更大。

表 5-8　糖尿病患病筛查数据库及健康数据质量得分

数据库名称	破坏位置	破坏样本数	得分 1	得分 2	得分 3	平均得分
Data00	无	0	83.84	83.85	83.85	83.85
Data01	所有属性	100	83.28	83.29	83.29	83.29
Data02	所有属性	200	82.75	82.71	82.71	82.72
Data03	所有属性	300	82.15	82.17	82.17	82.16
Data04	所有属性	400	81.58	81.60	81.60	81.59
Data05	所有属性	500	81.05	81.07	81.07	81.06
Data06	所有属性	600	80.50	80.50	80.50	80.50
Data07	所有属性	700	79.89	79.96	79.96	79.94
Data08	所有属性	800	79.37	79.37	79.37	79.37
Data09	所有属性	900	78.79	78.81	78.81	78.80
Data10	所有属性	1 000	78.23	78.28	78.28	78.26
Data11	所有属性	1 100	77.63	77.67	77.67	77.66
Data12	所有属性	1 200	77.12	77.08	77.08	77.09

续表

数据库名称	破坏位置	破坏样本数	得分1	得分2	得分3	平均得分
Data13	所有属性	1 300	76.53	76.53	76.53	76.53
Data14	所有属性	1 400	75.94	75.98	75.98	75.97
Data15	所有属性	1 500	75.39	75.43	75.43	75.42
Data16	所有属性	1 600	74.77	74.85	74.85	74.82
Data17	所有属性	1 700	74.16	74.24	74.24	74.21
Data18	所有属性	1 800	73.66	73.65	73.65	73.65
Data19	所有属性	1 900	73.05	73.00	73.00	73.02
Data20	所有属性	2 000	72.45	72.45	72.45	72.45
Data21	所有属性	2 100	71.85	71.82	71.82	71.83
Data22	所有属性	2 200	71.28	71.28	71.28	71.28
Data23	所有属性	2 300	70.68	70.68	70.68	70.68
Data24	所有属性	2 400	70.05	70.06	70.06	70.06
Data25	所有属性	2 500	69.46	69.44	69.44	69.45
Data26	所有属性	2 600	68.85	68.89	68.89	68.88
Data27	所有属性	2 700	68.29	68.25	68.25	68.26
Data28	所有属性	2 800	67.60	67.62	67.62	67.61
Data29	所有属性	2 900	66.95	66.94	66.94	66.94
Data30	所有属性	3 000	66.36	66.38	66.38	66.37
Data31	所有属性	3 100	65.67	65.74	65.74	65.72
Data32	所有属性	3 200	65.05	65.10	65.10	65.08
Data33	所有属性	3 300	64.43	64.50	64.50	64.48
Data34	所有属性	3 400	63.76	63.78	63.78	63.77
Data35	所有属性	3 500	63.07	63.10	63.10	63.09
Data36	所有属性	3 600	62.46	62.52	62.52	62.50
Data37	所有属性	3 700	61.84	61.88	61.88	61.87
Data38	所有属性	3 800	61.18	61.18	61.18	61.18
Data39	所有属性	3 900	60.46	60.52	60.52	60.50
Data40	所有属性	4 000	59.73	59.75	59.75	59.74
GDataI10	重要属性	1 000	79.29	79.26	79.26	79.27
GDataI20	重要属性	2 000	74.48	74.60	74.60	74.56
GDataI30	重要属性	3 000	69.40	69.45	69.45	69.43
GDataI40	重要属性	4 000	63.84	63.87	63.87	63.86

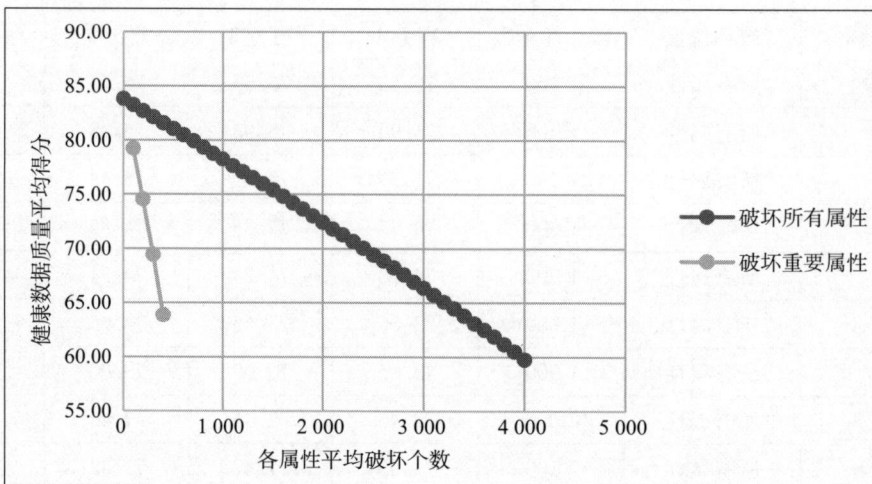

图 5 - 27   糖尿病患病筛查数据库各属性平均破坏个数与相应健康数据质量平均得分的关系

健康数据质量得分计算结果能够体现不同重要度的属性被破坏时对健康数据质量的影响。使用熵值法客观地确定了空缺率和异常率的指标权重，采用随机森林算法计算糖尿病患病筛查模型任务中的健康属性重要度，通过得分计算公式分别评估了 3 组、各组 44 个模拟数据库的质量，为排除随机情况对结果进行平均值计算。结果显示，在对属性进行不同程度破坏时，随着破坏程度的加大，健康数据质量得分降低；在统一数据库的整体破坏量时，破坏重要属性对健康数据质量的影响程度比破坏所有属性的更大。健康数据是用于完成分类、预测等数据挖掘任务，健康数据质量能反映该健康数据在完成任务上的信度和效度。

5.3.3.2　风险分级

1. 任务背景

风险分级是风险评估中的研究方向之一，风险分级研究的意义在于根据个体患病严重程度划分人群，可应用于后期的人群干预过程，并对不同对象实施不同干预措施，提高干预效率。

相对于主观风险评分方法，基于半监督聚类的风险分级方法利用少量监督信息，既可以是类别标签，也可以是表征一对数据是否属于同一类的约束关系，用于指导聚类的搜索过程，通过数据间的相似性度量得到聚类结果，发现数据潜在类别，客观地反映风险状况。

2. 算法原理

下面对一种融合成对约束和规模约束的半监督聚类算法进行介绍。该算法将多目标下的半监督聚类目标函数定义为多目标优化问题，将不同类型的监督信息，如约束对或规模约束，通过"数量"信息共同惩罚高斯混合模型各成分的分布形式。在优化过程中，成对约束和规模约束聚类（pairwise and size constraints clustering，PSCC）通过平衡上述两项约束信息，实现在保证划分结果尽可能符合约束对的前提下，克服不完整标签信息下现有半监督聚类算法容易生成无效类别的问题。同时，提出一种新的半监督聚类初始化算法，即加权 KKZ 算法，该算法通过在概率密度和距离之间的平衡，追寻从稠密区域选择具有最大最小化距离的样本，进而消除噪声点对于 KKZ 算法初始化质心选择的影响。PSCC 算法主要包含以下 3 个步骤。

（1）约束对选择和扩展。随机从少量样本标签数据选择样本对生成约束对，采用并查集方法扩展约束对。

（2）半监督聚类质心初始化。提出加权 KKZ 算法初始化聚类质心，避免选择噪声或异常数据作为初始化质心。

（3）多目标监督信息整合。更新高斯混合模型的目标函数，将不同监督信息作为不同参数的惩罚项，实现多目标监督信息整合。具体过程如图 5 - 28 所示。

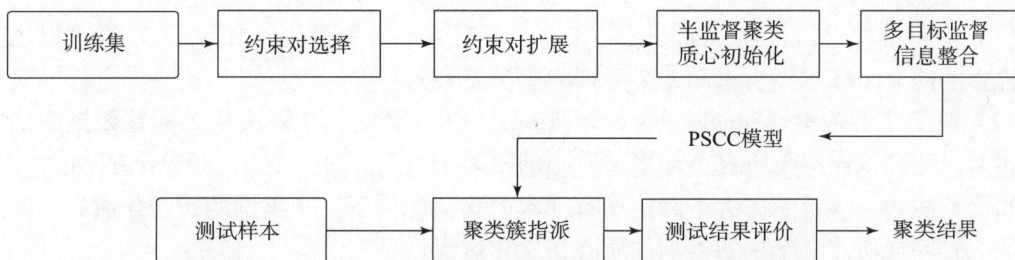

图 5 - 28　融合成对约束和规模约束的半监督聚类算法原理

图 5 - 28 所示为融合成对约束和规模约束的半监督聚类算法原理。在半监督聚类研究中，约束对是有效表达监督信息和先验知识的方式之一，约束对的表示构成约束对的样本需要还是不需要聚到同一簇中。一般而言，约束对分为 Must - Link 和 Cannot - Link。对于任意数据集合 D，所有 Must - Link 约束对的集合记为 M，所有 Cannot - Link 约束对的集合记为 C。假设样本 $x_i, x_j \in D$，$(x_i, x_j) \in M$ 表示样本 x_i 和 x_j 需要指派到同一聚类簇中；$(x_i, x_j) \in C$ 表示样本 x_i 和 x_j 需要指派到不同聚类簇中。

约束对是从有标签样本中产生的，假设随机从数据集 D 中选择两个样本 (x_i, y_i) 和 (x_j, y_j)，如果 $y_i = y_j$，则将两样本加入 Must - Link 约束对集合 M 中；如果 $y_i \neq y_j$，则将两样本加入 Cannot - Link 约束对集合 C 中。按照如上规则，随机选择一定数量样本，构建约束对集合。为避免数据正负样本不平衡的影响，也可以指定约束按照一定的比例生成 Must - Link 和 Cannot - Link。

根据约束对的定义，它包含两个性质：对称性和传递闭包性。对称性指样本位置变化的等价性，传递闭包性则指样本关系具有一定的传递性。

假设存在样本 x_i 和 x_j，对称性是指：

$$(x_i, x_j) \in M \Leftrightarrow (x_j, x_i) \in M$$
$$(x_i, x_j) \in C \Leftrightarrow (x_j, x_i) \in C$$

$$(5 - 36)$$

假设存在样本 x_i, x_j 和 x_k，传递闭包性是指：

$$(x_i, x_j) \in M \cup (x_i, x_k) \in M \Leftrightarrow (x_j, x_k) \in M$$
$$(x_i, x_j) \in M \cup (x_i, x_k) \in C \Leftrightarrow (x_j, x_k) \in C$$
$$(x_i, x_j) \in C \cup (x_i, x_k) \in M \Leftrightarrow (x_j, x_k) \in C$$

$$(5 - 37)$$

一个有 n 个顶点的有向图的传递闭包为：有向图中的初始路径可达邻接矩阵记为 A，邻接矩阵中 $A[i,j]$ 表示 i 到 j 是否可达，直接可达记为 1。有向图的传递闭包表示从邻接矩阵 A 出发，求得所有节点间的路径可达情况，最终求得的矩阵 T 就为所要求的传递闭包矩阵。有向图中 i 到 j 有路径表示从 i 点开始经过其他点能够到达 j 点，并将最终的邻接矩阵 $T[i,j]$ 设置为 1。矩阵传递闭包性是约束对可以扩展的根本原因所在，如果构成约束对集合 M 和 C 中一共存在 n 个独立样本，可以构建维度为 $n \times n$ 的矩阵表示初始化的约束矩阵，这个矩阵即初始邻接矩阵，约束对的传递问题就转变为最短路径问题。半监督聚类质心初始化过程一般利用有标签样本初始化各类样本，当类别标签不完整、无法获得某些类别的标签数据时，种子 k 均值聚类算法（seeded k-means clustering，SKM）会随机选择一些样本作为未知类别的质心。但是该算法对初始值敏感，会造成选取的样本点与已知聚类质心很接近，或者选择到异常数据，造成最后聚类结果可能出现空类。对于该问题，常用的解决方法包括以下 3 种。

（1）随机抽样（random sampling）算法：对于 k 个未知类别，MacQueen 等人提出选择输入样本的前 k 个样本作为未知 k 个类别的聚类质心。

（2）简单集群搜索（simple cluster seeking，SCS）算法：该算法从无标签数据中选择任意样本 x_t，计算该样本与所有已知聚类质心的距离 $||x_t - c_k||_2 > \rho$，其中 ρ 为阈值，c_k 为所有已知聚类质心，满足距离大于阈值所有样本的均值作为下一个类别的初始化质心，然后按照上述方式完成所有 k 个未知类别的质心初始化过程。

（3）KKZ 方法：与 SCS 方法不同的是，KKZ 方法选择具有最大 – 最小化欧几里得距离的样本作为下一个类别的质心，这里最大 – 最小化距离是指首先计算任意无标签样本到所有已知聚类质心的距离，并记录所有距离中最小的距离值，然后查找所有样本的最小距离中数值最大的样本。

上述提到的 3 种算法中，随机抽样算法没有理论保证，对样本输入顺序敏感；SCS 算法对阈值 ρ 敏感；相比之下，KKZ 算法则不受输入顺序和阈值的影响，但是对噪声数据敏感，当样本中存在噪声数据时，KKZ 算法倾向于选择噪声数据作为质心，进而会造成聚类结果出现空类。

为克服 KKZ 算法对噪声数据的敏感性，构造一种加权 KKZ 初始化算法，该算法利用多变量高斯模型避免异常数据的选择。假设样本服从某种形式的高斯概率密度分布，对于噪声数据而言，产生噪声数据的高斯概率密度函数值必然很小或者倾向于 0，利用这个特性，这里将任意样本的高斯概率密度作为样本的权重加入 KKZ 算法的最大 – 最小化距离计算公式中，加权 KKZ 算法的距离度量公式为

$$x^* = \arg \max_i (\arg \min_j \{\varphi(x_i | \mu, \sigma) \times ||x_i - C_l||^2\}) \tag{5-38}$$

其中，C_l 表示已知聚类质心；x_i 表示第 i 个样本；μ, σ 表示估计得到的高斯概率密度函数的参数。当 x_i 为噪声点时，虽然最大 – 最小化距离较大，但是高斯概率密度很小，一定程度上缓解噪声选择问题，同时对于非噪声数据不产生影响。该算法的核心思想是通过表征数据分布的概率密度和样本距离之间的平衡，追寻从稠密区域选择具有最大 – 最小化距离的样本，进而消除噪声点对于初始值选择的影响。基于约束对和规模约束的半监督聚类算法可以视为两目标优化问题，需要在求解过程中平衡这两项约束信息，在保证划分结果尽可能符合约束对的前提下，避免空类或者只有少量样本的聚类簇出现。对于规模约束，频率敏感竞争学习（frequency sensitive competitive learning，FSCL）算法将规模约束转化为对样本分配的惩罚，即当聚类簇样本量很大时，将某样本分入该聚类簇中会带来更大的惩罚。对于约束对，成对约束 k 均值（PCK-means）算法将是否服从约束信息作为对样本分配结果的惩罚，即当某样本在指派到某聚类簇中会违背较多约束对时，该样本被划分到当前聚类簇会引入更大的惩罚。从以上描述可以看出，这两种算法都将约束的"数量"信息作为惩罚的依据，可以将两种约束通过"数量"的表达以不同方式惩罚目标函数，具体而言，聚类簇样本量和违反约束对数量作为惩罚共同影响混合高斯模型的协方差矩阵。

对于高斯混合模型，其最大似然估计的目标函数为

$$l = \sum_{i=1}^{n} \log \sum_{j=1}^{k} \pi_j \phi(x_i \mid \mu_j, \Sigma_j) \tag{5-39}$$

假设采用硬划分方式指派样本 x_i 的聚类簇 C_j，目标函数可以改写为

$$l = \sum_{i=1}^{n} \sum_{x_i \in C_j} \ln \{ \phi(x_i \mid \mu_{C_j}, \Sigma_{C_j}) \} \tag{5-40}$$

令每个聚类簇的协方差矩阵 $\Sigma_j = \dfrac{\varepsilon}{n_{C_j}^{(i)} \Sigma_{C_j}}$，其中 $n_{C_j}^{(i)}$ 越大代表高斯分布越窄，对数似然函数变为多目标融合的半监督聚类算法的目标函数：

$$l = \sum_{i=1}^{n} \sum_{x_i \in C_j} \ln \left\{ \phi\left(x_i \mid \mu_{C_j}, \frac{\varepsilon}{n_{C_j}^{(i)}} \Sigma_{C_j} \right) \right\} \propto$$
$$\sum_{i=1}^{n} \sum_{x_i \in C_j} -(x_i - \mu_{C_j})^{\mathrm{T}} \left(\frac{\varepsilon}{n_{C_j}^{(i)}} \Sigma_{C_j} \right)^{-1} (x_i - \mu_{C_j}) - \ln \left| \frac{\varepsilon \Sigma_{C_j}}{n_{C_j}^{(i)}} \right| \tag{5-41}$$

其中，ε 为常数，$n_{C_j}^{(i)} = \alpha n_{C_j} + \beta n_{dv}$ 为 n_{C_j} 和 n_{dv} 的线性加权和。这里，n_{C_j} 表示被分配到聚类簇 C_j 的样本的数量，$n_{dv} = \sum_{(x_i, x_j) \in M} l[l_i \neq l_j] + \sum_{(x_i, x_j) \in C} l[l_i = l_j]$ 表示样本 x_i 违背约束对的数量。$l[\cdot]$ 表示指示函数，满足条件时 $l[\cdot] = 1$。α 和 β 是自由参数，起到控制和平衡两目标优化问题（减小均方误差和平衡聚类簇规模）的作用，如果令 $\beta = 1 - \alpha$，当 α 很小时，减小均方误差的目标起主导作用，会倾向于使聚类结果尽可能满足约束对。特别地，如果假设特征间是相互独立且对作用程度相等时，传统高斯混合模型的协方差矩阵变为单位矩阵 $\Sigma_{C_j} = \mathbb{I}$，式（5-41）可简化为

$$l \propto \sum_{i=1}^{n} \sum_{x_i \in C_j} - n_{C_j}^{(i)} \| x_i - \mu_{C_j} \|^2 + \ln n_{C_j}^{(i)} \tag{5-42}$$

最大化似然变成最小化代价函数：

$$\text{argmin} \sum_{i=1}^{n} \sum_{x_i \in C_j} n_{C_j}^{(i)} \| x_i - \mu_{C_j} \|^2 - \ln n_{C_j}^{(i)} \rightleftharpoons$$
$$\text{argmin} \sum_{i=1}^{n} \sum_{x_i \in C_j} (\alpha n_{C_j} + \beta n_{dv}) \| x_i - \mu_{C_j} \|^2 - \ln(\alpha n_{C_j} + \beta n_{dv}) \tag{5-43}$$

简化后的代价函数即 PSCC 算法。该算法可采用最大期望（expectation maximization，EM）算法优化参数，其中 E 步完成根据目标函数将样本指派到使式（5-43）最小的聚类簇中，M 步更新各聚类簇的质心。式（5-43）表明，$n_{C_j}^{(i)}$ 越大，样本被分配到聚类簇 C_j 的可能性越小。直观地，如果任意样本 x_i 满足 $\| x_i - \mu_{C_j} \| = \| x_i - \mu_{C_h} \|$，其中 $j \neq h$，但是 $n_{C_j}^{(i)} < n_{C_h}^{(i)}$，那么样本会指派至聚类簇 C_j，进而避免聚类过程中出现空类。

3. 数据集

实验采用 2009 年中国健康与营养调查（CHNS）数据，经过数据预处理一共包含 7 913 条完整数据，作为风险分级训练和交叉验证数据集。人群中糖尿病患病判定采用世界卫生组织 2006 年流行病学研究标准（静脉空腹血糖水平 > 7.0 mmol/L）和自报糖尿病既往史诊断。CHNS 数据中有 646 人被判定为未诊断糖尿病人群。

实验采用 2001 年北京医院体检中心数据作为糖尿病风险分级的带外测试数据，用于验证风险分级模型的泛化能力。该数据为 2001 年在北京地区 27 个科研院所整体人群的采样数据，人口学信息采用卫生部老年医学研究统一设计的调查问卷，由培训调查员采集。每一个体采集包括个人信息、发病危险因素及临床相关检查在内的 38 大项、48 分项信息（视性别与个人情况而定）。参与体检调查的为未患糖尿病人群，共获得年龄 18～75 岁完整有效的被调查者资料 2 341 份，其中有 341 人被判定为空腹血糖受损（IFG）人群。

4. 实验验证及结论

实验通过对比 8 种半监督聚类算法，并基于 CHNS 公开数据和 BHPEC 数据，分别在风险分级简单模型和风险分级完全模型下证明 PSCC 算法的效果，具体如表 5－9 和表 5－10 所示。

表 5－9　不同聚类算法在风险分级简单模型下的聚类效果对比

算法	测试数据					带外数据				
	SEN	SPE	YI	SDCS	RME	SEN	SPE	YI	SDCS	RME
PSCC	48.9%	78.9%	0.28	8.3	0.94	50.0%	72.9%	0.23	57.3	0.86
SKM	34.4%	86.4%	0.21	57	0.68	40.4%	82.2%	0.22	146	0.73
COPK－means	36.8%	80.5%	0.17	46.3	0.71	42.4%	79.3%	0.22	103	0.74
PCK－means	48.1%	74.1%	0.22	118	0.10	54.3%	65.4%	0.20	382	0.002
MPCK－means	32.1%	86.7%	0.19	55	0.66	39.5%	82.9%	0.22	125	0.70
LCVQE	36.6%	85.0%	0.22	33.8	0.74	43.9%	74.4%	0.18	219	0.70
有监督 k－means	41.2%	72.3%	0.14	74.5	0.43	51.8%	60.3%	0.12	328	0.35
有约束 k－means	44.0%	74.5%	0.19	60.3	0.68	44.7%	69.9%	0.15	152	0.71
FSCL	44.3%	82.0%	0.26	14.3	0.89	50.0%	71.1%	0.21	59.0	0.91
k－means	40.0%	84.8%	0.25	35	0.76	38.6%	78.3%	0.17	67.3	0.88

表 5－10　不同聚类算法在风险分级完全模型下的聚类效果对比

算法	测试数据				
	SEN	SPE	YI	SDCS	RME
PSCC	73.8%	85.1%	0.59	11.3	0.95
SKM	45.4%	92.3%	0.38	158	0.30
COPK－means	66.7%	83.2%	0.50	88	0.31
PCK－means	73.8%	71.8%	0.46	212	0.00
MPCK－means	40.5%	96.7%	0.37	168	0.31
LCVQE	57.1%	85.8%	0.43	107	0.31
有监督 k－means	58.7%	91.6%	0.50	133	0.30
有约束 k－means	37.3%	96.4%	0.34	189	0.21
FSCL	65.9%	87.7%	0.53	34.7	0.84
k－means	46.8%	95.0%	0.42	160	0.31

由表 5 – 9 和表 5 – 10 可以得出如下结论。

（1）融合多目标监督信息可以获得比仅利用单一监督信息更好的效果。例如，PSCC 相对 PCK – means、PSCC 相对 FSCL 说明多类型监督信息在优化过程中可以更好地表达聚类，不仅能避免产生空类的聚类结果，还能提升风险分级的准确性。

（2）基于成对约束的半监督聚类算法容易产生空类。PCK – means 由于未考虑标签数据类别不完备情况下未知类别聚类质心初始化的问题，使 PCK – means 容易生成空类，进而形成无效风险分级类别。PCK – means 与 PSCC 相比，各算法在测试集各聚类簇样本数量分别为 $\{428, 0, 66, 274\}$ 和 $\{184, 183, 201, 200\}$。

（3）基于约束的半监督聚类算法比基于距离的半监督算法更不易产生空类。例如，PSCC & COPK – means 相对 MPCK – means，MPCK – means 的 SDCS 值高达 168。当类别标签不完整时，对于不同类别会使得产生数量不平衡的约束对，而基于距离的半监督算法更倾向于区分已知类别的结构关系，而忽略未知类别在特征空间的表达。

5.4　深度学习

5.4.1　知识基础

5.4.1.1　概念解析

深度学习（deep learning）是机器学习的一个子领域，它试图模拟人脑的工作方式，用于自动识别复杂模式并做出决策。深度学习模型内部包含许多层（通常是非线性变换层），这些层构成了所谓的神经网络。深度学习的核心思想和关键特点是利用多层次的非线性变换自动学习输入数据的有效表示和分布特征，这一点与传统的机器学习算法不同，传统的机器学习算法通常需要人工提取特征。深度学习超越了目前机器学习模型的神经科学观点，它诉诸学习多层次组合这一更普遍的原理，这一原理也可以应用于那些并非受神经科学启发的机器学习框架。深度学习的另一特点是需要用大量的数据和计算资源进行训练，并可以处理复杂和大规模的数据集。

总的来说，深度学习是机器学习的一种方法，深度学习和其他机器学习算法是实现模式识别的主要方法。深度学习在过去几十年的发展中，大量借鉴了关于人脑、统计学和应用数学的知识。近年来，得益于更强大的计算机、更大的数据集和能够训练更深网络的技术，深度学习的普及性和实用性都有了极大的发展。

5.4.1.2　功能结构

本节描述参数化函数近似技术的核心，几乎所有现代实际应用的深度学习背后都用到了这一技术。首先，描述用于表示这些函数的前馈神经网络模型。前馈神经网络是深度学习中最基本和常见的模型之一，它由多个层次组成，每个层次包含多个神经元；接着，描述正则化和优化这种模型的高级技术。正则化是一种用于控制模型复杂度和防止过拟合的技术，了解正则化能够更好地优化模型并提高其泛化能力，同时了解更多的网络优化手段，这在实际应用中起着至关重要的作用。

（一）前馈神经网络

前馈神经网络（feedforward neural network）是一种典型的网络模型。"前馈"意即输入数据从前向后传播且无需反馈，具有结构简单、计算量相对较小等优点。数据的输入称为输入层，结果的输出称为输出层，输入层到输出层之间的层称为隐藏层（hidden layer），信息在执行阶段由数据 x 通过中间层函数 $f(x)$ 一层一层地计算，最终由输出层输出结果 y，信息不会反向传播，也不会横向传播。整个网络可以用一个有向无环图表示，网络的一个特点是层与层之间是全连接的，即相邻两层的任意两个节点都有连接。图 5-29 所示为前馈神经网络示例。

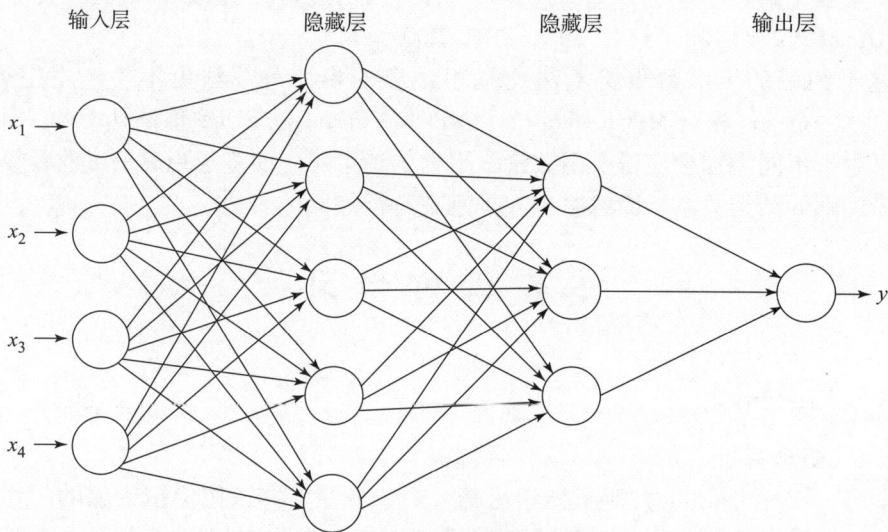

图 5-29　前馈神经网络示例

前馈神经网络的目标为拟合某个函数 f，即定义映射 $y = f(x;\theta)$ 将输入 x 转化为某种预测的输出 y，并同时学习模型参数 θ 来使模型得到更优的函数近似。

只有一层的前馈神经网络即单层前馈神经网络只包含输出层，因为输入层不参与计算，所以不计入在内。此时，输入数据被直接投射到神经元输出层的计算节点上，网络是严格前馈的。有一层或多层隐藏层的前馈神经网络为多层前馈神经网络，输入层的源节点提供的输入向量作为第二层神经元的输入信号，第二层的输出信号则作为第三层的输入信号，以此类推。

假设有一个三层的网络，可以使用链式结构 $y = f^{(3)}(f^{(2)}(f^{(1)}(x)))$ 来表示，这是神经网络的一种常用表示方式，训练样本为网络提供了不同点上取值的实例，最终要做到取值范围内所有点的取值均无限接近真实值。训练样本仅明确指示了网络输入层和输出层，并没有指明其他层应当怎么做，网络必须自己学习如何使用这些层来产生拟合效果，因为训练样本并没有给出每一层所需的输出，因此中间的层称为隐藏层。

神经网络的结构设计是深度学习领域的一个关键部分，结构设计主要讨论针对某项任务网络需要多少神经元以及这些神经元彼此如何连接的问题。不同神经元的连接方式构成了不同类型的网络，这部分在 5.4.2 节可以很容易地感受到，而现在主要讨论两个问题：神经网络的层数以及每层神经元的个数。

通常情况下，网络的层数越深，泛化（generalization）效果越好，但同时也越难优化。每层网络的神经元个数越多，网络能力也就越强，但也越容易过拟合（overfitting）。因此，最合适、最理想的网络结构需要通过反复验证来获得。这里的泛化指训练好的模型对新样本的适应能力。如模型仅在训练集上有效，面对新数据集时失效，那么可以称此模型泛化能力差，或者出现了过拟合现象。

通用逼近理论（universal approximation theorem）表明："一个包含足够多隐含层神经元的多层前馈网络，能以任意精度逼近任意预定的连续函数"。换言之，就是只要隐藏层神经元足够多，训练数据的错误率就可以降到足够低。要注意，理论所述的是"逼近"而不是"相等"，且被近似的函数必须是连续函数。虽然理论足够美好，但是这并不意味着我们能够学习到这种函数。

总之，拥有一层隐藏层的前馈神经网络就拥有了足够的能力去表示任意的函数，但由于这种浅层网络神经元数量过于庞大，常常导致无法正确地学习，过拟合现象十分严重。在大多数情况下，使用深层的神经网络可以有效地降低神经元的数量并且降低泛化错误率。

（二）正则化

正则化的应用远早于深度学习，并且机器学习已涉及大量相关概念和技术。在机器学习中，很多策略显式地被设计来减少测试时的误差，即使可能会以增大训练误差为代价，这些策略被统称为正则化。深度学习借助大量神经元组成的神经网络，表现出极强的拟合能力，在训练数据集上往往可以得到很高的准确率，但是也更容易造成过拟合，即模型的泛化能力表现很差，在测试集上的错误率会很高。Ian Goodfellow 和 Yoshua Bengio 等人所著的 *Deep Learning* 一书中给出了正则化的定义，即适度修改算法，使其降低泛化误差，而非训练误差。

正则化的方法有很多种，较常规的方法是对目标函数进行修正，在目标函数后面加上范数惩罚，如 L_1 正则化和 L_2 正则化。对目标函数 J 添加一个参数范数惩罚 $\Omega(\theta)$，可以将正则化后的目标函数记为 $\tilde{J}$：

$$\tilde{J}(\theta;X,y) = J(\theta;X,y) + \alpha\Omega(\theta) \qquad (5-44)$$

其中，$\alpha \in [0,\infty)$ 是权衡范数惩罚 Ω 和标准目标函数 $J(X;\theta)$ 相对贡献的超参数。α 越大，对应正则化的惩罚越大。当训练算法最小化正则化后的目标函数 $\tilde{J}$ 时，它会降低原始目标函数 J 关于训练数据的误差并同时减小在某些衡量标准下参数 θ（或参数子集）的规模。选择不同的参数范数惩罚 Ω 会偏好不同的解。

还可以从数据源入手，获得更多的训练数据进行正则化。更多的训练数据是解决过拟合问题最直接有效的手段，因为更多的样本能够让模型学习到更多更有效的特征。当直接增加数据较困难时，可以通过一些数据增强手段来扩充训练数据。比如，图像分类的问题上的图像平移、角度旋转、缩放、裁切等方式；更进一步地，可以使用生成式对抗网络来合成大量的新训练数据。

添加噪声也是正则化的方式之一。向输入数据源添加方差极小的噪声等价于对权重施加范数惩罚，对输入加上满足一定分布律的噪声后可以当作"伪"新训练样本。另外，可以将噪声添加到权重中。神经网络可能会对某些权值较为敏感，如果对权值稍微进行一些修改，训练的结果可能就迥然不同，为了保证网络的泛化能力，有必要对权值进行修正。给权值添加符合一定分布规律的噪声再次训练，相当于增加了网络的噪声鲁棒性，网络的输出结果就不会随数据源的变化而有很大变动。施加于权重的噪声可以视为用于鼓励要学习的函数保持稳定。

提前终止模型的训练可以减少随时间推移训练误差逐渐降低但在验证集上误差增加的情况，在深度学习训练中常称这种方法为"早停法"。除此之外还可以使用集成方法，如Bagging等。Bagging可以同时训练多个不同的模型，然后让所有模型对样本的判定输出进行投票表决，通过结合多个模型来降低泛化误差，其原因是不同的模型通常不会在相同的数据集上产生相同的误差。不同的集成方法以不同的方式构建集成模型。例如，集成的每个子模型可以使用不同的算法和目标函数最终训练成完全不同的模型。Bagging是一种允许重复多次使用同一种模型、训练算法和目标函数的方法。

在深度学习中还有一项十分流行的正则化技术——Dropout。Dropout可以有效地缓解模型的过拟合问题，从而使训练更深、更宽的网络成为可能。Dropout并不会修改代价函数，而是直接改变网络本身。在训练过程中，Dropout会按照一定的概率临时丢弃网络中的单元（或称为神经元或节点），被丢弃的节点对应的参数不会更新，如同失活一般，这样可以使网络泛化性能更强，因为它不太依赖某些局部的特征。图5-30所示为Dropout神经网络模型。

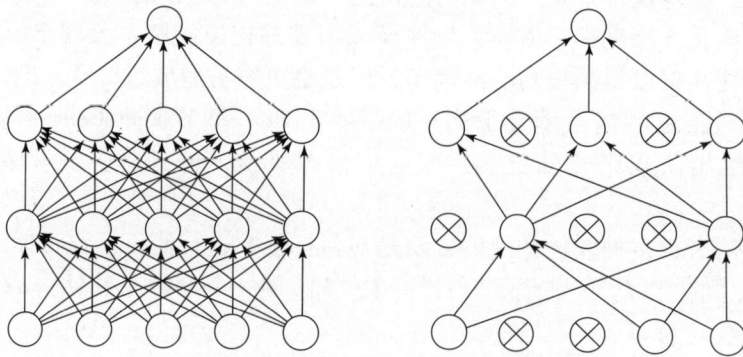

图5-30 Dropout神经网络模型

因此，对每一个样本子集的训练而言，都如同在训练不同的网络，最后把不同的网络集成起来，这就很有集成学习的味道。Dropout可以看作集成学习方法中Bagging的一种形式，通过对神经元进行采样构造不同的网络，训练不同的弱神经网络。不过Dropout和Bagging有一个不同之处，那就是神经元共享。在Bagging的情况下，所有模型都是独立的；在Dropout的情况下，所有模型共享参数，其中每个模型继承父神经网络参数的不同子集。除此之外，Dropout与Bagging一样。

（三）网络优化

由于深度学习具有复杂结构和大量参数，在许多情况下都涉及优化问题。训练深层神经网络是十分困难的，涵盖大量的训练技巧，需要各种各样的超参数配置种类，还可能经常面临奇怪的数值溢出问题。

神经网络优化困难的原因一般有以下几点。

1. 局部最优

凸优化问题最显著的特征是其目标可以简化为寻找一个局部最优解，局部最优解就是全局最优解。但有时某些凸函数的底部是一个平坦的区域，在该平坦区域的任何取值都是可以接受的解。

而在非凸函数中，有可能含有多个局部最优解，尤其在深度神经网络中存在更多数量的局部最优解。如果局部最优解很多，训练很可能会陷入其中。如果局部最优解相比全局最优解拥有很大的代价，且具有很大代价的局部最优解是常见的，那么这将给基于梯度的优化算法带来极大的隐患。

但局部最优也并非那样可怕，如今学者们开始怀疑，对于大规模的神经网络而言，大部分局部最优都有一个很小的代价，我们去寻找全局最优并不是一个很重要的问题，而是需要在解空间中找到一个代价足够小的点。

2. 鞍点

多类随机函数在低维空间中，局部最优很普遍，而在更高维空间中，局部最优很罕见，而鞍点则很常见。鞍点如同处于两座山峰之间，该区域不是局部最优值，但该区域十分平坦，梯度几乎为零。可以将鞍点视作代价函数某个横截面上的局部极小点，同时也可以视作代价函数某个横截面上的局部极大点。对于鞍点和局部最优，可以通过抛硬币去理解：硬币全为正面就是局部最优解，有部分为正面就是鞍点，在 n 维空间，要抛掷 n 次硬币都正面朝上的难度是呈指数级增长的。

3. 梯度悬崖

多层神经网络还经常会有斜率较大、极度陡峭的区域，就像悬崖一样。遇到这样的悬崖结构时，梯度更新会在很大程度上改变参数值，如同参数被高梯度弹走一般，通常会完全跳过这类悬崖结构，很可能导致之前的优化半途而废。

悬崖结构是由于几个较大的权重相乘导致的，要注意的是，循环神经网络涉及在多个时间段内相乘，因此悬崖结构在循环神经网络中很常见。

4. 梯度消失或梯度爆炸

从深层网络的角度去解释，假设有一个简化的四层单神经元的神经网络，根据链式求导法则，第一层的权重可以有如下表示：

$$\frac{\partial L}{\partial w_1} = (y - f_4(a_4))f'_4(a_4)w_3f'_3(a_3)w_2f'_2(a_2)x \qquad (5-45)$$

第一层权重的梯度大约要乘以后三层激活函数的导数。本层权重的梯度可以简化为上层各神经元的梯度与权重的乘积，那么随着层数的增加，如果上层权重过大，经传递后本层的梯度将以指数形式增加，发生梯度爆炸；如果权重过小，本层梯度的更新会以指数形式衰减，即使网络预测产生了很大的误差，但底层的神经元依然没有得到足够的误差修正使梯度消失。

5. 非精确梯度

在实践中使用的梯度通常含有噪声，这些梯度并不精确。比如梯度下降法需要遍历所有训练数据后计算出平均梯度，才能修改网络，但这种方法在面对大数据集时的训练速度过于缓慢，因此深度学习通常需要基于采样的估计，使用小批量样本来计算梯度。

这种不精确的梯度导致了训练的稳定性不能够保证，各种神经网络优化算法的设计均考虑到了梯度估计的缺陷，可以选择比真实损失函数更容易估计的代理损失函数来避免这个问题。

下面是几种网络优化的基本方法。

1. 随机梯度下降

随机梯度下降（stochastic gradient descent，SGD）几乎是深度学习中使用最广泛的优化算法。随机梯度下降的算法描述如算法 5 - 1 所示。

算法 5 - 1：随机梯度下降

Require：学习率 ε_k

Require：初始参数 θ

while 停止准则未满足 **do**

从训练集中采集包含 m 个样本 $\{x^{(1)},\cdots,x^{(m)}\}$ 的小批量，其中 $x^{(i)}$ 对应目标为 $y^{(i)}$

计算梯度估计：$\hat{g} \leftarrow + \dfrac{1}{m} \nabla_\theta \sum_i L(f(x^{(i)};\theta),y^{(i)})$

应用更新：$\theta \leftarrow \theta - \varepsilon\hat{g}$

end while

随机梯度下降算法简单来说就是选择一条数据，就训练一条数据，然后修改一次权重。在训练过程中很有可能遇到与正常数据差异很大的数据或是错误数据，使用这样的数据更新到的梯度就会出现偏差，因此随机梯度下降在训练过程中会出现很强的随机现象。为了防止随机性带来的危害，可以每次多选几条数据，然后计算多条数据的平均值。

得益于处理一条数据就修改一次权重的特性，随机梯度下降算法最大的好处就是不需要考虑数据集的大小，并且随机梯度下降可以做到快速地学习。

2. 动量

当使用梯度下降算法时损失函数接近鞍点或局部最优点时，梯度会变得非常小，此时优化的过程会十分缓慢。动量算法的目的是加速学习，特别是可以帮助在鞍点处继续前行，也可以逃离一些较小的局部最优区域。

从形式上看，动量算法引入了变量 v 表示速度，表明参数在参数空间移动的方向及速率，而代价函数的负梯度表示参数在参数空间移动的力。可以将梯度理解成指引着我们前行的力，但我们并不是依靠力前行，而依靠的是速度。力只是改变速度的大小和方向，并且速度是可以积累的，因此我们还具有动量，当力（梯度）改变时就会有一段逐渐加速或逐渐减速的过程。

使用动量的随机梯度下降算法描述如算法 5 - 2 所示。

算法 5 - 2：使用动量的随机梯度下降 SGD

Require：学习率 ε，动量参数 α

Require：初始参数 θ，初始速度 v

while 没有达到停止准则 **do**

从训练集中采集包含 m 个样本 $\{x^{(1)},\cdots,x^{(m)}\}$ 的小批量，对应目标为 $y^{(i)}$

计算梯度估计：$g \leftarrow + \dfrac{1}{m} \nabla_\theta \sum_i L(f(x^{(i)};\theta),y^{(i)})$

计算速度更新：$v \leftarrow \alpha v - \varepsilon g$

应用更新：$\theta \leftarrow \theta + v$

end while

---

3. 自适应学习率算法

深度学习中的学习率作为一项重要的超参数令使用它的人颇感头疼，因为学习率比较难以设置，更大程度上需要参照过往经验设置，但是它对训练的性能还有明显的影响。使用全局的学习率，所有的参数均被统一调整，但难免会存在问题，因此可能需要为每个参数设置不同的学习率。以下是几种典型的自适应学习率的优化算法。

（1）AdaGrad。

AdaGrad 算法独立地适应模型所有参数的学习率，缩放每个参数反比于其所有梯度历史平方值总和的平方根，简单来说就是将每一维各自的历史梯度的平方叠加起来，然后在更新的时候除以该历史梯度值，如算法 5 - 3 所示。具有损失最大偏导的参数相应地有一个快速下降的学习率，而具有小偏导的参数在学习率上有相对较小的下降速率。净效果是在参数空间中更为平缓的倾斜方向会取得更大的进步。

算法 5 - 3：AdaGrad

Require：全局学习率 ε

Require：初始参数 θ

Require：小常数 δ，为了数值稳定大约设为 10^{-7}

初始化梯度积累变量 $r = 0$

while 没有达到停止准则 do

　　从训练集中采包含 m 个样本 $\{x^{(1)}, \cdots, x^{(m)}\}$ 的小批量，对应目标为 $y^{(i)}$

　　计算梯度：$g \leftarrow \dfrac{1}{m} \nabla_\theta \sum_i L(f(x^{(i)}; \theta), y^{(i)})$

　　累积平方梯度：$r \leftarrow r + g \odot g$

计算更新：$\Delta\theta \leftarrow -\dfrac{\varepsilon}{\delta + \sqrt{r}} \odot g$（逐元素地应用除和求平方根）

　　应用更新：$\theta \leftarrow \theta + \Delta\theta$

end while

在凸优化中，AdaGrad 算法具有一些令人满意的理论性质。然而经验上已经发现，对于训练深度神经网络模型而言，从训练开始时积累梯度平方会导致有效学习率过早和过量地减小。AdaGrad 算法在某些深度学习模型上效果不错，但不是全部。AdaGrad 算法很容易受到历史的影响，因为梯度很容易就会累积到比较大的值，此时学习率就会被降低得非常厉害。因此 AdaGrad 算法很容易过分降低学习率。

（2）RMSProp。

虽然 AdaGrad 算法理论上有些比较好的性质，但在实践中，优化神经网络却十分不友好。其原因就在于随着训练周期的增长，学习率降低得很快。因此，RMSProp 算法修改了AdaGrad 以在非凸设定下效果更好，改变梯度积累为指数加权的移动平均。RMSProp 算法在进行梯度累积的时候，会对历史与现在做一个权衡。

RMSProp 算法的流程如算法 5 - 4 所示，它使用移动平均引入了一个新的超参数 ρ，用来控制移动平均的长度范围。

算法 5 - 4：RMSProp

Require：全局学习率 ε，衰减速率 ρ

Require：初始参数 θ

Require：小常数 δ，通常设为 10^{-6}（用于被小数除时的数值稳定）

初始化梯度积累变量 $r = 0$

while 没有达到停止准则 do

　　从训练集中采集包含 m 个样本 $\{x^{(1)}, \cdots, x^{(m)}\}$ 的小批量，对应目标为 $y^{(i)}$

算法 5 - 4：RMSProp

计算梯度：$g \leftarrow \dfrac{1}{m} \nabla_\theta \sum_i L(f(x^{(i)};\theta),y^{(i)})$

累积平方梯度：$r \leftarrow \rho r + (1-\rho)g \odot g$

计算参数更新：$\Delta\theta = -\dfrac{\varepsilon}{\sqrt{\delta+r}} \odot g\left(\dfrac{1}{\sqrt{\delta+r}}\ \text{逐元素应用}\right)$

应用更新：$\theta \leftarrow \theta + \Delta\theta$

end while

（3）Adam。

Adam 算法如算法 5 - 5 所示。首先，可以将其看作动量 + RMSProp 的微调版本，动量被直接并入梯度一阶矩（指数加权）的估计中。其次，Adam 算法包括偏置修正，修正从原点初始化的一阶矩（动量项）和（非中心的）二阶矩的估计。

算法 5 - 5：Adam

Require：步长 ε（建议默认为 0.001）

Require：矩估计的指数衰减速率，ρ_1 和 ρ_2 在区间 $[0，1)$ 内。（建议默认分别为 0.9 和 0.999）

Require：用于数值稳定的小常数 δ（建议默认为 10^{-8}）

Require：初始参数 θ

初始化一阶和二阶矩变量 $s=0, r=0$

初始化时间步 $t=0$

while 没有达到停止准则 do

  从训练集中采集包含 m 个样本 $\{x^{(1)},\cdots,x^{(m)}\}$ 的小批量，对应目标为 $y^{(i)}$

  计算梯度：$g \leftarrow \dfrac{1}{m} \nabla_\theta \sum_i L(f(x^{(i)};\theta),y^{(i)})$

  $t \leftarrow t+1$

  更新有偏一阶矩估计：$s \leftarrow \rho_1 s + (1-\rho_1)g$

  更新有偏二阶矩估计：$r \leftarrow \rho_2 r + (1-\rho_2)g \odot g$

  修正一阶矩的偏差：$\hat{s} \leftarrow \dfrac{s}{1-\rho_1^t}$

  修正二阶矩的偏差：$\hat{r} \leftarrow \dfrac{r}{1-\rho_2^t}$

  计算更新：$\Delta\theta = -\varepsilon \dfrac{\hat{s}}{\sqrt{\hat{r}}+\delta}$（逐元素应用操作）

  应用更新：$\theta \leftarrow \theta + \Delta\theta$

end while

4. 参数初始化策略

参数的初始化是学习的开始，无论如何网络的参数都要有一个自己的初始值。不好的初始值可能导致网络拟合缓慢、不能降低到足够低的损失值区域，甚至导致网络无法收敛，此外，差不多代价的点可以具有区别极大的泛化误差，初始化也会影响泛化。而合适的初始值会使网络的学习异常轻松，如同跑步起跑时被推了一把。

现代的参数初始化策略通常是简单的、启发式的，就目前而言，想要以模型目的作为出发点设计合适的初始化策略是一件非常困难的工作。并没有很好地理解哪样的初始化方式在哪些情况下会得到怎样的效果。更进一步地，我们不能确定初始化策略能为泛化带来哪些影响。

目前，我们能够确定的一种性质是初始参数应保证在不同单元间具有不对称性。如果相同的隐藏单元使用相同的激活函数拥有相同的输入，那么这些单元必须有不同的参数。如果它们的参数相同，然后应用确定性损失和模型的确定性学习算法，确保一直以相同的方式更新这些单元，这就会出现单元冗余的情况。

在初始化权重参数时，几乎都采用均匀分布或高斯分布的随机初始化方式。选择均匀分布或者高斯分布没有好坏之分，但分布函数的取值范围（标准差）对于优化过程以及泛化能力却有着较大的影响。

5. 批量归一化

归一化就是将数据的输入值减去其均值然后除以数据的标准差，目的其实就是把神经网络每一层的输入数据都调整到均值为 0、方差为 1 的标准正态分布。每层神经网络的输出一般都要经过激活函数，以 sigmoid 激活函数为例，当层产生的值很大时，会急剧偏向 sigmoid 激活函数的极右侧，导致导数趋近于 0。归一化算法就是尽可能地将值归一化在激活函数这一狭窄区域内。归一化算法还有另一步骤，就是再将归一化的数据放大，平移回非线性区域。这样新的参数不但可以表示旧参数的非线性能力，还可以消除层与层之间的关联，具有相对独立的学习方式。

深度学习可以将其视为逐层特征提取的过程，每一层的输出其实都可以理解为经过特征提取后的数据。因此，批量归一化算法其实就是在网络的每一层都进行数据归一化处理，但每一层对所有数据都进行归一化处理的计算开销太大，因此每次仅采样一小批数据，对该批数据在网络各层的输出进行归一化处理。

5.4.2　算法原理

5.4.2.1　CNN

CNN 可以轻松用于图像处理或时序数据处理，是目前深度学习应用领域中使用最广泛的一种神经网络。CNN 最核心的概念就是卷积。

卷积就是一个函数和另一个函数在某个维度上的加权求和，是对两个实变函数的一种数学运算。举一个通用的例子，假设我们正在用激光传感器监控一艘宇宙飞船的位置。我们的激光传感器任何时刻 t 都实时给出信号 $x(t)$，表示宇宙飞船在时刻 t 的位置。

激光传感器带有噪声干扰，为了得到飞船位置的低噪声估计，我们需要对测量结果进行平均。显然，距离当前时间越近的测量结果对当前的影响也越大，所以采用一种加权平均的方法，对最近的测量结果赋予更高的权重。我们可以采用一个加权函数 $w(a)$ 来实现，其中 a 表示测量结果距当前时刻的时间间隔。如果我们在任意时刻都采用这种加权平均的操作，就得到一个新的对于飞船位置的平滑估计函数 s：

$$s(t) = \int x(a)w(t-a)\mathrm{d}a \tag{5-46}$$

这样的运算就叫作卷积，若使用 $*$ 代替卷积操作，则式（5-46）可以简述为

$$s(t) = (x*w)(t) \tag{5-47}$$

在卷积公式中，第一个函数 x 通常叫作输入（input），第二个函数 w 通常叫作核函数

（kernel function），或理解为卷积核（kernel），这两个函数叠加的结果称为特征图或特征映射（feature map）。

在此案例中，理论上激光传感器在任何时刻 t 都有 $x(t)$，但实际上计算机处理时，时间会被离散化。事实上，我们并不需要任意时刻的数据，而是以一定的时间间隔进行采样即可，这样时刻 t 只能取整数值。假设 x 和 w 都定义在整数时刻 t 上，我们可以这样定义离散形式的卷积：

$$s(t) = (x * w)(t) = \sum_{a=\infty}^{\infty} \left[x(a)w(t-a) \right] \tag{5-48}$$

在更高维度的空间中，我们可以一次在多个维度上进行卷积，例如二维情况下卷积可以表示为

$$s(i,j) = (IK)(i,j) = \sum_{m} \sum_{n} \left[I(m,n)K(i-m,j-n) \right] \tag{5-49}$$

其中，I 为输入；K 为二维的核。

离散下的卷积可以看作矩阵的乘法。图 5-31 所示为一个经典的二维卷积简单示例。

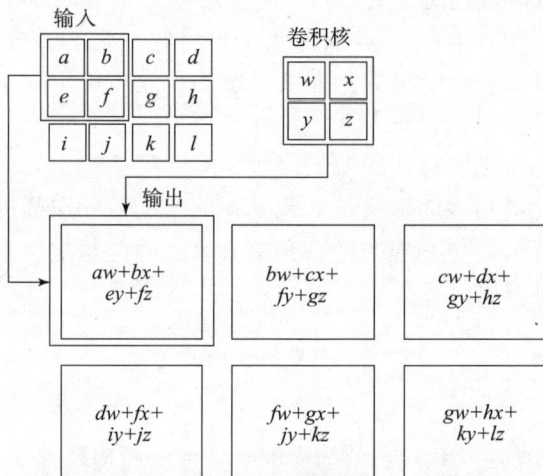

图 5-31　一个经典的二维卷积简单示例

一个与卷积核大小相同的滑动窗口从输入的左上角开始按照特定步长从左到右，由上到下滑动，滑动窗口所覆盖的数据和卷积核做矩阵乘法运算。由这个示例大概可以看出，CNN 十分适合处理图像数据，因为这样的输入可以看作图像的像素值。

典型的 CNN 结构如图 5-32 所示。CNN 通常有以下几个重要的结构。

（1）卷积层。卷积层是 CNN 的核心，可以将上图的操作看作一层卷积，经过多层卷积操作可以实现降维和特征提取。

（2）激活函数。单纯的卷积运算可以看作一种线性运算，拟合能力有限。为了提高神经网络的拟合能力，加入非线性因素，使用激活函数处理输出可以达到这个目的。式（5-50）为 sigmoid 激活函数，它可以将输入映射到（0，1）。

$$\text{sigmoid}(x) = \frac{1}{1 + e^{-x}} \tag{5-50}$$

前一层的线性输出通过非线性的激活函数进行处理，可以用以模拟任意函数，从而增强

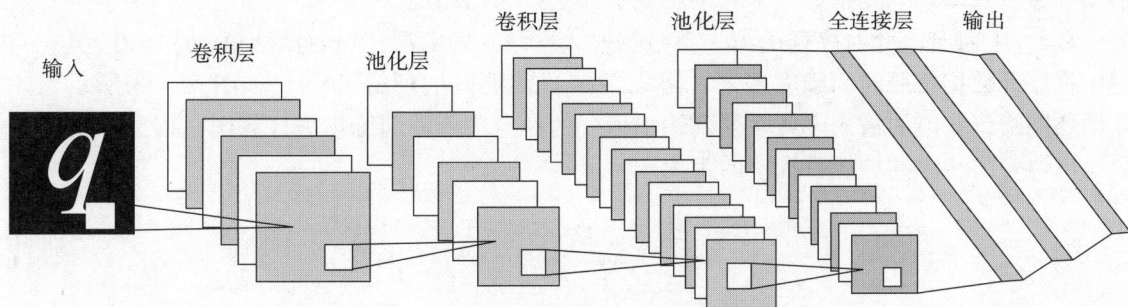

图 5 − 32　典型的 CNN 结构

网络的表征能力。

（3）池化层。池化层的主要作用是降低输入特征图的规模，并不参与训练，池化层的操作也可以称为下采样。巧妙的采样还具备局部线性转换不变性，从而增强卷积神经网络的泛化处理能力。

（4）全连接层。全连接层一般是网络的最后一部分，这个网络层相当于多层感知机，其在整个卷积神经网络中起到分类器的作用，将得到的特征与样本类别空间进行对应。全连接层一般需要对输入数据进行铺平操作，输出节点的个数则根据相应的需求设计。

以上仅是 CNN 的几个经典且重要的结构，并非每个网络的设计都要具备以上所有的结构，通常网络的设计需要考虑应用的场景，从构建网络的目的出发使用合适的结构。

5.4.2.2　RNN

循环神经网络 RNN，顾名思义，网络不再是单向的，像以前介绍的普通前馈结构的网络需要假设数据是独立分布的，但现实中有很多复杂的数据都不满足这一条件，如音频、视频、语言数据等。以语义理解来讲，我们无法告诉网络每个词语的含义就是怎样的，因为同一个词语放在不同语境中的含义可能是不同的，单纯地让网络将一句话拆分成几个词语去理解显然是不智能的，我们需要网络去联系上下文的信息。为了有效地处理这类序列数据，需要神经网络进行横向连接。当前的网络输出不仅依赖当前的输入信息，还依赖之前的数据信息，这类网络结构就是 RNN。

RNN 的结构其实非常简单，相较典型的前馈神经网络，仅仅是将网络隐藏层或输出层的输出重新连接回隐藏层，形成一个闭环，也可以理解为在前馈网络中加入了记忆单元。当神经元前向传播时，隐藏层除了向网络的前端输出信息外，还会将信息传递给记忆单元保存，当执行下一条数据时，将下一条数据与当前存储在记忆单元的信息一起输入隐藏层。

假设有一条长度为 T 的序列 X：I 和 H 分别表示 RNN 的输入单元与隐藏单元数量，如式（5 − 51）所示，为循环网络的前馈输出。

$$a_h^t = \sum_{i=1}^{I} w_{ih} x_i^t + \sum_{h'=1}^{H} w_{h'h} b_{h'}^{t-1} \tag{5-51}$$

$$b_h^t = f(a_h^t) \tag{5-52}$$

其中，x_i^t 表示第 t 时刻序列数据 x 的第 i 维；a_j^t 和 b_j^t 分别表示 t 时刻第 j 隐藏单元的输入值与激活值；w_{ih} 表示输入层第 i 单元与隐藏层 h 单元的连接权重；$w_{h'h}$ 表示隐藏层 h' 单元与隐藏层 h

单元的连接权重；$b_{h'}^{t-1}$ 表示 $t-1$ 时刻隐藏层 h' 单元的激活值。

在 $t-1$ 时刻，此时序列的第一条数据输入网络，隐藏层还没有激活值，$b_{h'}^0 = 0$。

将序列数据按照时间维度展开，可以帮助我们更好地理解 RNN，如图 5-33 所示，计算循环网络将 x 值的输入序列映射到输出值 o 的对应序列的训练损失计算图。损失 L 衡量每个输出值 o 与相应的训练目标 y 的距离。

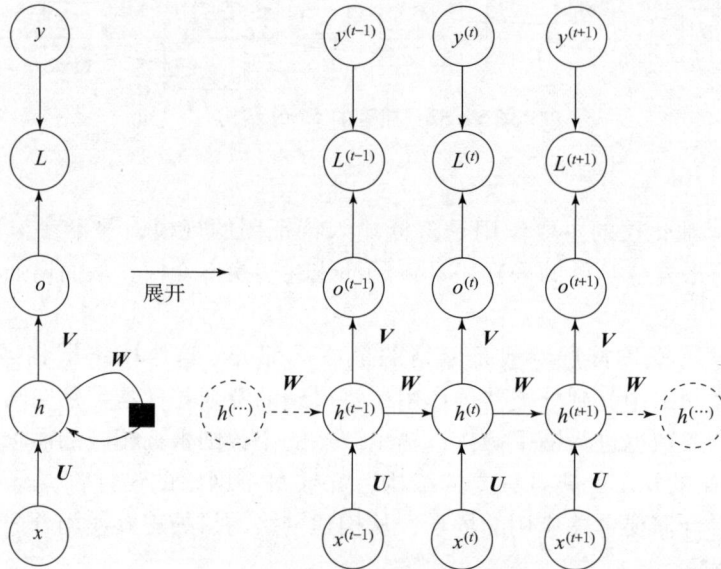

图 5-33　循环神经网络展开示意图

假设序列长度为 t，那么该神经网络就有 t 层隐藏层，t 层输入层。但实际上只有三套参数：RNN 输入层到隐藏层的连接由权重矩阵 U 参数化，隐藏层到隐藏层的循环连接由权重矩阵 W 参数化以及隐藏层到输出层的连接由权重矩阵 V 参数化。其中，隐藏层之间的连接，以及输入层到隐藏层的连接都是共享的。这样的参数共享结构保证了模型的输入大小不受序列数据长度的影响。

RNN 模型如果需要实现长期记忆需要将当前隐藏层的计算与前 n 次的计算挂钩，即 $h_t = f(U * x_t + W_1 * h_{t-1} + W_2 * h_{t-2} + \cdots + W_n * h_{t-n})$，这样会使计算量呈指数级增长，导致模型训练的时间大幅增加，因此 RNN 模型一般不直接用来进行长期记忆计算。另外，传统 RNN 处理不了长期依赖问题，这是个致命问题，但 LSTM 解决了这一点。LSTM 是 RNN 的一种特殊的类型，通过刻意地设计可以学习长期的信息，并且解决了长序列训练过程中的梯度消失和梯度爆炸问题。

所有循环神经网络都具有神经网络的重复模块链的形式。在标准 RNN 中，该重复模块具有非常简单的结构，例如单个 tanh 层，如图 5-34 所示。

LSTM 也具有这种链式结构，但重复模块具有不同的结构。其共有四个神经网络层，它们以一种非常特殊的方式相互作用，而不是只有一个单独的神经网络层，如图 5-35 所示。

结合结构图示（见图 5-36），重复模块每一行都携带一个完整的向量，从一个节点的输出到其他节点的输入。圆圈符号代表逐点操作，如向量加法，而方框符号是神经网络层。

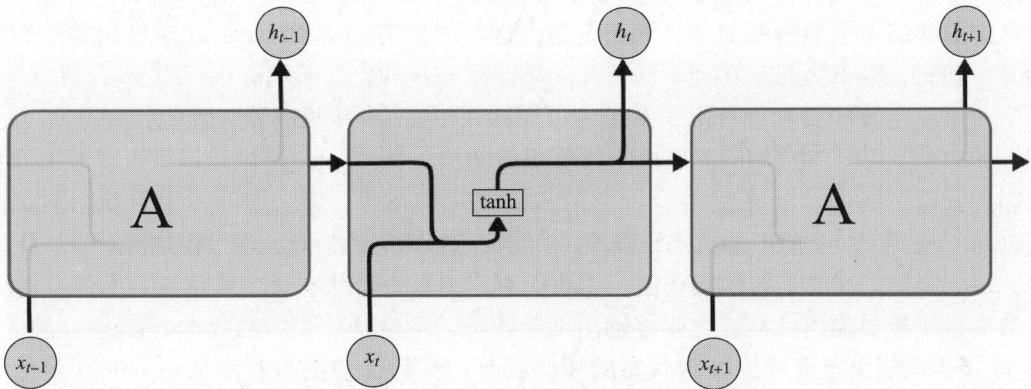

图 5－34　标准 RNN 中重复模块包含的简单单层

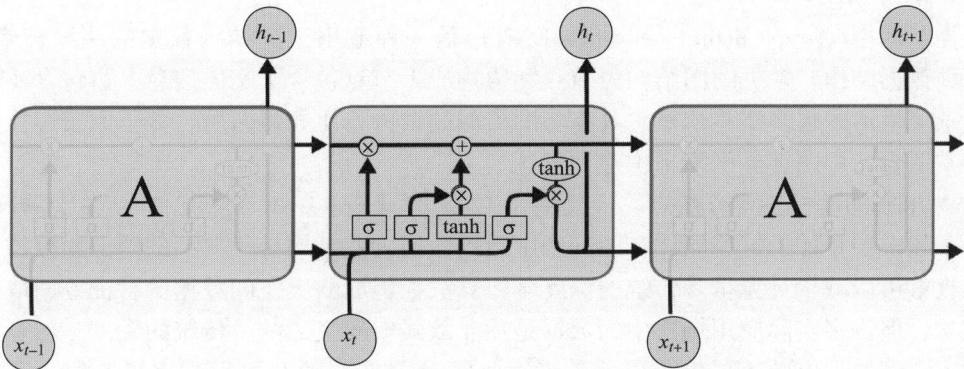

图 5－35　LSTM 中的重复模块包含四个相互作用的层

合并的行表示串联，分叉的行表示内容复制，副本被转移到不同的位置。

神经网络层　　逐点操作　　向量转移　　串联　　复制

图 5－36　LSTM 结构图示

LSTM 的关键是单元状态或细胞状态，即贯穿图顶部的水平线。细胞状态像传送带，直接贯穿整个链条，只有一些微小的线性相互作用。信息很容易沿着它流动而不改变。LSTM 能够将信息添加或删除到细胞状态，并通过称为门的结构进行调节。门是一种选择性允许信息通过的方法，它是由 Sigmoid 层和逐点乘法操作组成的，如图 5－37 所示。

Sigmoid 层输出 0 和 1 之间的数字，描述了每个组件应通过多少。0 表示什么都不让通过，1 则表示让一切通过。LSTM 具有三个这样的门，以保护和控制细胞状态。对于上一时刻 LSTM 中的细胞

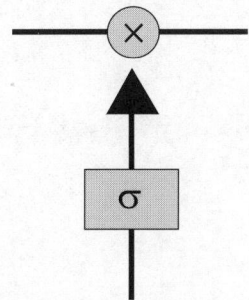

图 5－37　LSTM 的门结构示例

状态来说，一些"信息"可能会随着时间的流逝而"过时"。于是 LSTM 的第一步是决定我们将从细胞状态中丢弃哪些信息，该决定是由称为"遗忘门"的 Sigmoid 层做出的。假定输入为 h_{t-1} 和 x_t，输出为介于 0 到 1 的 C_{t-1}，则有 $f_t = \sigma(W_f \cdot [h_{t-1}, x_t] + b_f)$。

下一步决定我们要在细胞状态中存储哪些新信息。共有两部分，首先，一个称为"输入门"或"记忆门"的 Sigmoid 层决定将要更新的值；接着 tanh 层创建一个可以添加到状态中的新的候选值向量 $\tilde{C}_t$；最后结合以上两步完成对状态的更新。这时需要更新旧的细胞状态了（从 C_{t-1} 到 C_t），将旧的状态乘以 f_t，遗忘掉选择遗忘的信息，然后添加 $i_t * \tilde{C}_t$，有 $C_t = f_t * C_{t-1} + i_t * \tilde{C}_t$。这就是新的候选值，按我们决定更新每个状态值的程度进行缩放。

最后，决定要输出什么。这步将输出细胞状态，不过是过滤后的版本。首先，运行一个 Sigmoid 层，该层决定要输出细胞状态的哪些部分。然后，使细胞状态通过 tanh（将值约束在 -1 到 1 范围），并且将它乘以带有 Sigmoid 门的输出，至此完成了输出我们决定要输出的部分。

5.4.2.3 GNN

图神经网络（graph neural network，GNN）是一种适用于图结构数据的深度神经网络。图是一种数据结构，常见的图结构由节点和边构成，节点包含了实体信息，边包含实体间的关系信息。生活中很多实体或概念具有与图类似的结构，比如蛋白质、分子原子、社交网络等，非常适合使用图神经网络来构建和表达。

GNN 出现的动机主要有两点。一是由于 CNN 的缺陷。CNN 的核心特点在于局部连接、权重共享和多层叠加，这些同样在图问题中适用，因为图结构是最典型的局部连接结构，而且共享权重可以减少计算量。传统的深度学习算法在提取欧氏空间数据的特征方面取得了巨大的成功，但许多实际应用场景中的数据是从非欧式空间生成的，传统的深度学习算法在处理非欧式空间数据上的表现仍难以使人满意。CNN 只能在欧几里得数据，比如二维图片和一维文本数据上进行处理，而这些数据只是图结构的特例而已，对于一般的图结构 CNN 很难被使用。二是由于图嵌入的缺陷。图嵌入方法大致可以划分为三个类别：矩阵分解、随机游走和深度学习。然而图嵌入的常见方法有两个严重的缺点：第一，节点编码中的权重未共享，导致权重数量随着节点增多而线性地增大；第二，直接嵌入的方法缺乏泛化能力，意味着无法处理动态图以及泛化到新的图。

GNN 模型结构示例如图 5-38 所示。

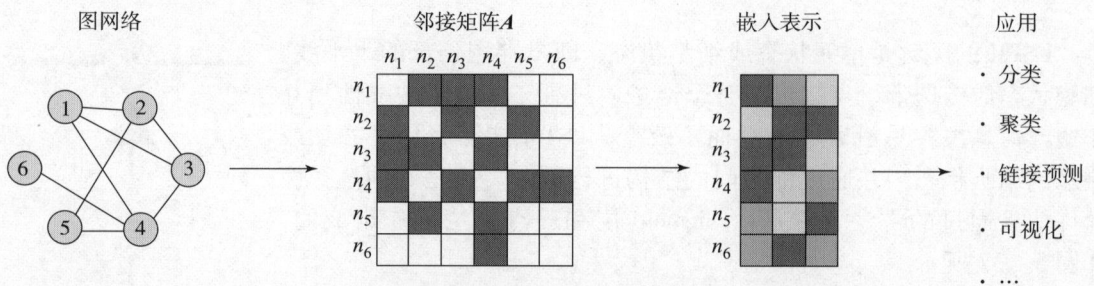

图 5-38 GNN 模型结构示例

图的结构一般用邻接矩阵 A 来表示，对于一个拥有 N 个节点的图 G 来说，A 是一个 $N \times N$ 矩阵。若 G 为无权图，此时 A 是一个 0-1 矩阵，当节点 v_i 和 v_j 之间有边 e_{ij} 时，A_{ij} 值为 1，否则为 0。若 G 为有权图，则对应 A_{ij} 的值为边的权重。

GNN 的目标就是学习每个节点 v 的嵌入表示 $h_v \in \mathbf{R}^m$ 并获得输出嵌入表示 o_v，$\mathbf{R}^m$ 表示 m 维欧氏空间。GNN 使用一个带参数的函数 f 根据输入的节点邻居更新节点状态，函数 f 由全部节点共享。同时，引入另一带参函数 g 得到节点的输出。最后有以下定义：

$$h_v = f(x_v, x_{\mathrm{co}[v]}, h_{\mathrm{ne}[v]}, x_{\mathrm{ne}[v]}) \tag{5-53}$$

$$o_v = g(h_v, x_v) \tag{5-54}$$

其中，x 表示输入特征；h 表示隐状态；$\mathrm{co}[v]$ 和 $\mathrm{ne}[v]$ 分别表示和节点 v 相连的边的集合和节点集合。x_v、$x_{\mathrm{co}[v]}$、$h_{\mathrm{ne}[v]}$、$x_{\mathrm{ne}[v]}$ 分别表示节点特征、该节点的边的特征、该节点相邻节点的隐状态，以及该节点相邻节点的特征。将所有状态、输出、特征和节点特征分别堆叠起来后使用矩阵分别表示为 $\boldsymbol{H}$、$\boldsymbol{O}$、$\boldsymbol{X}$ 和 $\boldsymbol{X}_N$，于是有

$$\boldsymbol{H} = F(\boldsymbol{H}, \boldsymbol{X}) \tag{5-55}$$

$$\boldsymbol{O} = G(\boldsymbol{H}, \boldsymbol{X}_N) \tag{5-56}$$

其中，F 为全局转移函数；G 为全局输出函数。它们由局部函数对所有节点堆叠而成。式（5-55）中的 $\boldsymbol{H}$ 为不动点，根据巴拿赫不动点定理，GNN 使用下面的迭代方式求解节点状态：

$$\boldsymbol{H}^{t+1} = F(\boldsymbol{H}^t, \boldsymbol{X}) \tag{5-57}$$

其中，t 表示第 t 轮迭代。对任意的 $\boldsymbol{H}^0$，式（5-57）描述的动态系统都将以指数速度收敛到式（5-55）描述的解。由此，我们了解了 GNN 的框架原理，下一个问题是如何学习局部转移函数 f 和局部输出函数 g 的参数。将对每个节点 v 使用 t_v 表示的目标信息作为监督信号，则损失函数为

$$\mathrm{loss} = \sum_{i=1}^{p} (t_i - o_i) \tag{5-58}$$

其中，p 表示有监督标签的数量。学习过程基于梯度下降策略，可解释为以下步骤：

（1）式（5-53）迭代更新节点状态 h_v^t，直到收敛时间步 T，此时获得式（5-55）的近似不动点解：$\boldsymbol{H}^T \approx \boldsymbol{H}$；

（2）根据损失函数计算权重梯度；

（3）使用计算出的梯度更新权重参数。

使用以上步骤便可完成针对特定监督任务或半监督任务的模型训练，同时获得了图 5-38 中所有节点的隐状态。初版的 GNN 为建模图结构数据提供了一种有效的方式，但仍存在一些如 GNN 基于不动点的假设令更新节点的嵌入状态效率不高、不像其他神经网络那样为不同层提供不同的参数来提取特征、需要考虑如何学习边存在的信息等局限性，因此后续出现了很多 GNN 的变体，具有代表性的包括图卷积神经网络（graph convolutional neural network，GCNN）、基于注意力机制的图神经网络（graph attention network，GAT）和图同构网络（graph isomorphism network，GIN）等。

5.4.3　应用实例

5.4.3.1　利用双曲图嵌入的动态观点挖掘算法（Transformer 应用）

1. 任务背景

观点挖掘旨在基于网络数据分析个人主观意愿，广泛应用于社交媒体、推荐系统、舆情分析等领域，双曲图嵌入是指在双曲空间中提取图节点拓扑特征，动态观点挖掘是指通过双

曲图嵌入等方式分析导致观点演变的影响因素，并用于预测个体观点。研究预测个体观点及其倾向性的方法，对如舆论治理、政策制定等多个相关领域的发展具有重要的理论和现实意义。

传统基于概率模型等直接对文本特征分类的方法未能考虑社交网络的影响及观点动态演变过程，特征提取能力差。利用图神经网络方法以及连续时间离散序列建模方法，如点过程等，提取空间特征和时间特征，弥补了传统概率模型的缺陷，并已成为观点挖掘任务的主流方法。然而现有的解决方案仍存在提升空间，具体表现为欧氏空间同质图嵌入模型难以准确建模社交网络图中集散节点特征和节点间异质交互关系，以及点过程方法未能准确建模早期事件影响权重。

2. 算法原理

为了完善现有基于图神经网络的解决方案，充分利用注意力机制提取和融合特征的优势，提高历史事件影响权重构建的准确性，提出利用双曲图嵌入的动态观点挖掘（dynamic opinion mining using hyperbolic graph embedding，DOMHG）算法，在提取特征时利用双曲空间建模无标度的社交网络异质图节点特征，利用注意力机制融合各子图节点特征，并利用全局-局部注意力机制从事件内容等多个角度计算历史事件的影响权重，从而提高观点预测的准确性。

DOMHG 算法的核心思想是充分利用双曲空间建模无标度网络的能力以及注意力机制建模要素间关联关系的能力，构建双曲图卷积以及时间注意力嵌入模块。双曲图卷积模块对社交关系异质图节点进行嵌入，并利用注意力机制从内容等多个角度分析历史事件对观点的影响作用，挖掘其相关性系数，提高空间特征以及时间特征构建的完备性。

如图 5-39 所示，DOMHG 算法主要包括四个模块：异质双曲图嵌入、时间注意力嵌入、属性融合、观点判别。输入社交关系异质图为 $G = (v, \varepsilon)$，历史推文及时间戳为 $S = \{(x_1, t_1), \cdots, (x_n, t_n)\}$，输出节点的观点预测类别为 C。首先，在双曲空间中提取并聚合社交关系异质图节点嵌入特征，生成节点的空间特征；其次，利用预训练语言模型 BERT 提取推文文本表示，以及利用全局和局部嵌入网络提取推文发布时间序列的嵌入特征；再次，融合推文文本表示以及全局时间嵌入特征，并利用 Transformer 进一步提取特征 H'；接着，使用注意力机制计算特征 H' 与节点观点的相关性 γ'_i，并对特征 H' 加权求和作为节点的时间特征。最后，拼接节点的空间和时间特征，并映射到新的向量空间，然后使用判别器进行预测分类，输出节点的观点类别。

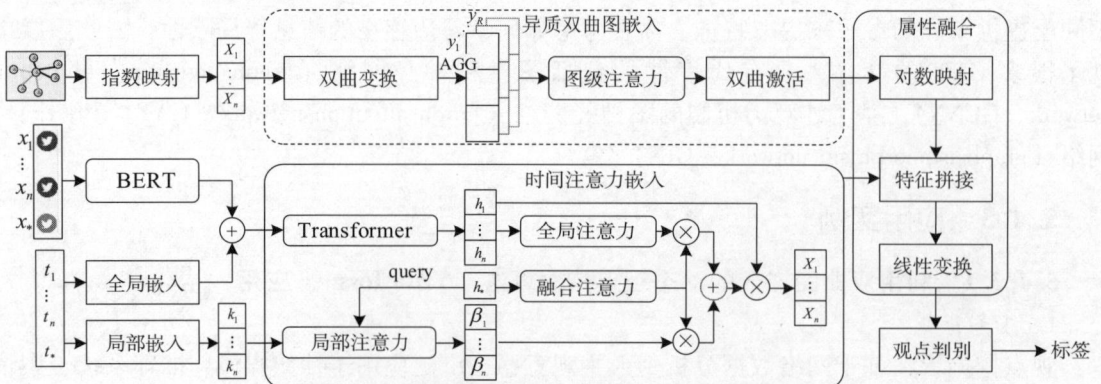

图 5-39　利用双曲图嵌入的动态观点挖掘算法原理

全局注意力网络将评估各个时间点的历史事件对观点变化的影响权重，将个体 u 发表的推文作为历史事件。将个体的历史推文集表示为 $S = \{(x_1, t_1), \cdots, (x_n, t_n)\}$，其中 (x_1, t_1) 表示在时刻 t_1 个体发表推文 x_1。在推文集后引入虚拟时间点及推文 (x_*, t_*)，代表个体特征的总体描述，构成新的推文集 $S = \{(x_1, t_1), \cdots, (x_n, t_n), (x_*, t_*)\}$。使用 e_{bert} 表示 BERT 编码器提取的推文特征，推文 x_i 的特征可表示为 $e_{\text{bert}} \in \mathbf{R}^{d_e}$，其中 d_e 表示预训练模型 BERT 的嵌入维度。使用线性层进行处理，将特征嵌入稠密空间，有 $e_i = W_{\text{bert}} e_{\text{bert}} + b_{\text{bert}}$。其中，$W_{\text{bert}} \in \mathbf{R}^{m \times d_e}$；$b_{\text{bert}} \in \mathbf{R}^m$ 表示线性层的权值矩阵以及偏置。

令 $t_0 = t_n$，$t_* = t_n$，且推文 x_i 与推文 x_n 之间的时间间隔 $\delta_i = t_0 - t_i$，则个体 u 历史推文特征矩阵 $\boldsymbol{E} = [e_1, e_2, \cdots, e_n, e_*]$ 以及时间间隔集 $T = [\delta_1, \delta_2, \cdots, \delta_n, \delta_*]$。将时间间隔 $\delta_i \in T$ 通过全局嵌入机制嵌入 m 维向量空间，可得 $f_i = 1 - \tanh\left(\left(W_f \dfrac{\delta_i}{180} + b_f\right)^2\right)$，进而 $r_i = W_i f_i + b_i$。其中，$W_f \in \mathbf{R}^a, b_f \in \mathbf{R}^a, W_i \in \mathbf{R}^{m \times a}, b_i \in \mathbf{R}^m$，作为可训练参数。将时间嵌入与推文特征相加，可得到 $v_i \in \mathbf{R}^m$，有 $v_i = r_i + e_i$。

使用 Transformer 对特征集 V 进行序列建模。Transformer 是一个基于自注意力机制的深度学习模型，在论文 *Attention Is All You Need* 中提出，现在是谷歌云 TPU 推荐的参考模型，它适用于并行化计算，在精度和性能上都要高于 RNN。

Transformer 主要由两部分组成：Encoders 和 Decoders，即编码器组和解码器组，如图 5 - 40 所示，每个组都包含多个小编码器或解码器。每一个小编码器的输入是前一个小编码器的输出，而每一个小解码器的输入不只是前一个解码器的输出，还包括整个编码部分的输出。编码器在结构上都是相同的，但是它们不共享权重。

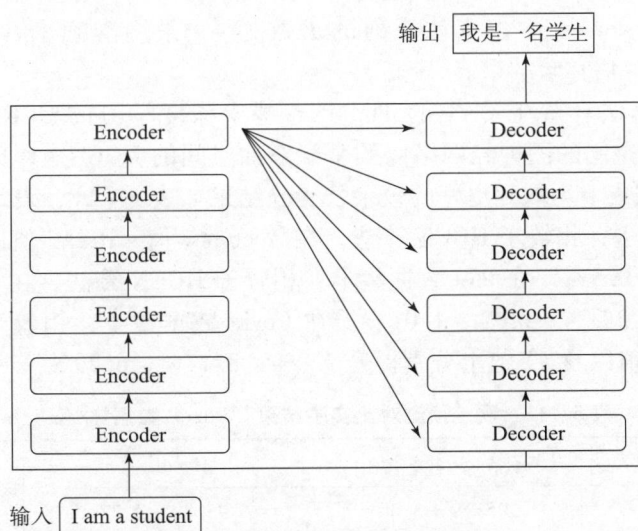

图 5 - 40　Transformer 详细结构

编码器的输入首先流经自注意力层，该层帮助编码器在编码特定单词时查看输入句子中的其他单词。自注意力层的输出被送往一个前馈神经网络。完全相同的前馈网络独立地应用于每个位置。

解码器具有和编码器同样的结构，也是首先对输入计算自注意力得分，不同之处在于，经过自注意力机制后，将自注意力层的输出再与编码器模块的输出计算一遍注意力机制得分，再进入前馈神经网络模块。

给定输入矩阵 $V = [v_1, v_2, \cdots, v_n, v_*]$，经 Transformer 特征提取后结果为 $H = [h_1, h_2, \cdots, h_n, h_*] = \text{transformer}(V)$。其中，$h_i \in \mathbf{R}^m$。令 $H' = [h_1, h_2, \cdots, h_n]$，且 $h_i \in H'$，使用注意力机制得到所有特征权重 $\eta_i = W_\eta^T h_i + b_\eta$。其中，$W_\eta \in \mathbf{R}^m$ 与 $b_\eta \in \mathbf{R}$ 是权重矩阵以及偏置。使用 Softmax 层获取最终的注意力权重 $a = \text{softmax}(\eta) = [a_1, a_2 \cdots, a_n]$。

输入 $S = \{(x_1, t_1), \cdots, (x_n, t_n)\}$，经过全局注意力模块的计算，得到全局注意力权重 a 以及隐藏层状态 h_*。其中，全局注意力权重作为融合注意力网络模块的输入，隐藏层状态 h_* 作为局部注意力网络与融合注意力网络模块的输入。

另外，在融合注意力机制部分利用了注意力分数以及 Transformer 获得的每个特征 H'，可得个体 u 最终的特征嵌入 X_u^T，所有节点的时间特征矩阵 $X^T = [X_1^T, \cdots, X_N^T]$。输入隐藏层状态 h_*、局部注意力权重 β 以及全局注意力权重 a，利用注意力机制融合 β 以及 a，获得每个特征的注意力分数，进而生成节点的时间特征矩阵 X^T，并将其输入属性融合层进行下一步的计算。

3. 数据集及数据处理

实验所用数据包括两个公有数据集 PureP、P50 以及构建的疫情数据集 Covid。PureP 和 P50 数据集均是从 Twitter 爬取的政治家数据集，经过清洗及标注，前者包含 683 个节点、122 347 条边，后者包含 5 435 个节点、1 593 721 条边。利用每条 Twitter 对应的 twitterID 为原始推文添加发布日期数据条目。

4. 实验验证及结论

将数据按 8∶1∶1 分为训练集、验证集与测试集，重复 5 次，在结果表中展示测试集的平均值和方差。所有模型的预训练词向量都为 768 维，使用 bert – base – uncased 预训练模型提取推文特征。Transformer 中多头注意力的头数为 4。采用准确率（accuracy）、召回率（recall）以及 $F1$ 值评估实验结果。

实验所对比的算法有基于 GAT 的 TIMME、基于深度学习的 GCN、基于深度学习的 GAT、三个基于欧氏空间的图神经网络以及基于双曲空间的 HGCN。DOMHG 模型在 PureP、P50、Covid 三个数据集上均取到更好的效果，实验结果如表 5 – 11、表 5 – 12、表 5 – 13 所示。在 PureP 数据集上，相较于 HGCN 算法，在 Accuracy 值、Recall 值以及 $F1$ 值分别上提升 0.84%、4.01%、0.8%。在 P50 数据集上，相较于 HGCN 算法，在 Accuracy 值、Recall 值以及 $F1$ 上提升 1.2%、2.35%、1.01%。在 Covid 数据集上，相较于 TIMME 算法，在 Accuracy 值、Recall 值以及 $F1$ 值上分别提升 7.8%、8.17%、6.29%。

表 5 – 11　观点预测对比实验结果（PureP 数据集/%）

算法	Accuracy 值	Recall 值	$F1$ 值
TIMME	95.79 ± 2.00	95.89 ± 3.77	95.95 ± 1.85
GCN	95.53 ± 1.06	96.46 ± 0.52	95.64 ± 1.02
GAT	96.46 ± 0.52	96.21 ± 1.57	96.47 ± 0.49
HGCN	96.71 ± 1.09	95.43 ± 1.46	96.75 ± 1.07
DOMHG	97.55 ± 0.96	99.44 ± 1.24	97.55 ± 1.23

表 5 – 12 观点预测对比实验结果（P50 数据集/%）

算法	Accuracy 值	Recall 值	$F1$ 值
TIMME	95.20 ± 2.02	94.37 ± 2.67	95.36 ± 1.80
GCN	94.66 ± 1.19	96.06 ± 2.08	94.57 ± 1.26
GAT	94.93 ± 1.45	94.87 ± 1.66	94.93 ± 1.45
HGCN	95.07 ± 0.70	95.05 ± 0.69	95.45 ± 1.28
DOMHG	96.27 ± 1.11	97.40 ± 2.60	96.46 ± 1.09

表 5 – 13 观点预测对比实验结果（Covid 数据集/%）

算法	Accuracy 值	Recall 值	$F1$ 值
TIMME	65.00 ± 6.16	86.99 ± 3.68	77.56 ± 4.49
GCN	49.89 ± 0.16	49.94 ± 0.08	66.46 ± 0.30
GAT	49.43 ± 2.44	49.58 ± 1.45	63.18 ± 4.94
HGCN	49.79 ± 0.30	49.89 ± 0.15	66.38 ± 0.40
DOMHG	72.80 ± 2.68	95.16 ± 0.73	83.85 ± 1.92

以上结果除验证了使用双曲空间对图中节点进行嵌入的方法能够更好地捕捉图中节点拓扑结构外，还证明了使用注意力机制聚合邻居节点信息以及子图，能够使节点嵌入更加准确地反应图的结构，进一步提高节点嵌入质量。相较于对比方法直接对推文特征求均值的方式，引入全局注意力网络和局部注意力网络分析各个推文特征对观点形成的影响能够更好地建模时间特征。

在针对注意力模块的消融实验中，移除时间注意力模块，与 DOMHG 相比，在 PureP 数据集上 Accuracy、Recall 值以及 $F1$ 值分别下降 1.64%、2.97%、1.46%。在 P50 数据集上，Accuracy 值、Recall 值以及 $F1$ 值分别下降 1.64%、1.98%、0.6%。在 Covid 数据集上，Accuracy 值、Recall 值以及 $F1$ 下降 4.0%、9.3%、3.54%。这些数据说明，时间注意力模块能够充分捕捉历史事件与当前观点的关联关系，更好地建模个体的时间特征信息。

综合实验表明，DOMHG 算法能够准确建模社交网络图的节点拓扑特征以及挖掘历史事件与当前观点的关联关系，提高模型预测的准确率。通过利用注意力机制融合各个子图，构建节点的空间特征，并在时间注意力嵌入模块使用 Transformer，在全局注意力网络以及局部注意力网络分别提取历史事件的重要性权重，从而获得节点的时间特征，从事件内容等多个角度建模不同历史事件与观点的关联性，有效提升了预测观点的准确率。

5.4.3.2 小数据集对比学习案件文本匹配算法（BERT 应用）

1. 任务背景

文本匹配旨在判断文本间的广义关联关系，并从海量文本中匹配满足特定内容需求的相关信息，是自然语言处理的核心技术之一。随着硬件性能的发展和通用领域数据资源的积累，深度神经网络在文本匹配任务中的应用效果提升显著。借助孪生网络、匹配 – 聚合网络等文本匹配技术，在特定任务上已能达到较高的准确率，并逐步推广至案件文本、医疗案例、零售营销等细化的垂直领域。其中，案件文本匹配的目标是快速提炼对比文本要素信息发现关联案件，减轻法律工作者的负担，保障同案同判和法律适用的统一性。然而特定类型案件场景仅有低标注数据或小样本无标注数据，低数据资源给模型训练效果、泛化性能带来更大挑战。

小样本无标注数据资源领域的匹配任务可利用对比学习方法通过数据增强策略构建训练数据集，在无标注数据的情况下进行自监督学习，提高文本表示质量并加强下游任务的表现效果。学习训练通过词替换、删除、乱序等数据增强策略构造正样本，其所构造样本与原始样本句法、句义相似度高，模型难以有效识别与原始样本差异大的正样本；另外，学习训练要求单批次包含大量样本，由于特定类型法律案件等细化领域任务数据资源少，故小数据集训练时可划分出的批次数量少，支撑模型收敛至局部最优困难。

2. 算法原理

为在数据资源受限情况下利用数据增强和领域知识保证模型训练效果，以提高文本匹配模型领域适用性，提出小数据集对比学习案件文本匹配（case text matching using contrastive learning on small datasets，CTMCSD）算法。算法的核心思想是设计多种数据增强策略，在不引入额外混淆信息的前提下增加构造样本句法句义信息的多样性，提高模型的泛化能力；优化对比学习目标函数，降低模型对数据资源和计算资源的需求。

CTMCSD 算法原理如图 5-41 所示，其主要由三部分构成：数据增强策略、编码器、样本解耦目标函数。数据增强模块利用三种数据增强策略生成原始样本的正样本，原始样本 x_i 与正样本 x_i^+ 互为相似样本，其余样本 $x_j, \{j \in [1, N], j \neq i\}$ 为负样本，N 为批次内的原始样本数量，数据增强后批次样本数量变为 $2N$；所有输入样本共享同一个 BERT 模型，该 BERT 模型使用维基百科数据集在对比学习框架下微调，训练时将 BERT 模型的［CLS］向量拼接多层感知机来生成最终的句子嵌入；模型在 InfoNCE 目标函数基础上进行优化，去除反向传

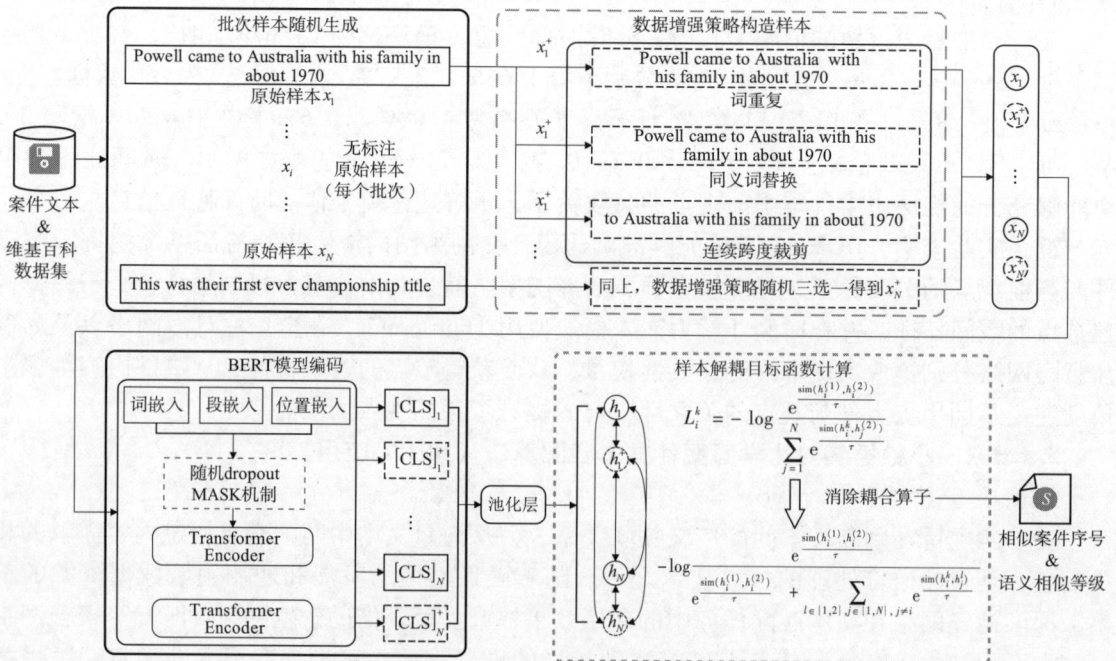

图 5-41　CTMCSD 算法原理

播时正样本和负样本间的耦合算子；使用数据集测试模型，将 BERT 编码的嵌入向量输入预测层，得到输入样本间的相关系数。

编码模块利用了 BERT 模型，BERT 的网络架构基于 Transformer。与 Transformer 不同的是，BERT 引入了双向性，使模型能够同时考虑前文和后文的上下文信息。传统的 Transformer 模型是单向的，只能利用前文的信息来预测后文。其次，BERT 采用了预训练和微调的两阶段训练方法。在预训练阶段，BERT 使用大规模的无标签文本数据进行训练，通过填充任务和下一句预测任务学习通用的语言表示。在微调阶段，BERT 基于特定任务的标注数据进行有监督微调，以适应具体的 NLP 任务，如文本分类、命名实体识别等。

CTMCSD 编码器的每个全连接层和注意力概率层都会有 Dropout 掩码，在 BERT 模型的 ［CLS］ 后拼接多层感知机来得到最终的编码输出，将原始输入样本 x_i 和经词重复处理的样本 x_i^+ 输入编码器，分别进行随机 Dropout 掩码，有 $h_i = f(x_i, z_i)$ 和 $h_i^+ = f(x_i^+, z_i^+)$，得到 $\{h_i, h_i^+\}$。其中 z_i 表示对样本 x_i 的随机 Dropout 掩码操作，f 代表 BERT 编码器，一个批次的原始样本数量为 N，经过数据增强后，样本数量翻倍为 $2N$，对于正样本对 $\{h_i, h_i^+\}$ 来说，余下的 $2(N-1)$ 个样本全部为负样本。

对于正样本对 $\{x_i, x_i^+\}_{i=1}^N$，x_i 和 x_i^+ 为语义相似的正样本对。将交叉熵损失函数应用于批次样本，$\{h_i, h_i^+\}$ 表示正样本对 $\{x_i, x_i^+\}$ 的句子嵌入，在包含 N 个原始样本的批次中，对于 x_i 损失函数 L_i 有 $L_i = -\log \dfrac{e^{\frac{\text{sim}(h_i, h_i^+)}{\tau}}}{\sum\limits_{j=1}^N e^{\frac{\text{sim}(h_i, h_j^+)}{\tau}}}$，$\tau$ 为 temperature 超参数，$\text{sim}(h, h^+)$ 是 cosine 相似度运算，满足 $\text{sim}(h, h^+) = \dfrac{h^{\mathrm{T}} h^+}{\|h\| \cdot \|h^+\|}$。对目标函数求偏导，可以发现存在正负样本耦合算子 q_B，偏导数计算公式见式 （5-59）、式 （5-60） 和式 （5-61）。

$$-\nabla_{h_i^{(1)}} L_i = \frac{q_{B,i}}{\tau}\left[h_i^{(2)} - \sum_{l \in \{1,2\}, j \in \{1,N\}, j \neq i} \frac{e^{\frac{\text{sim}(h_i^{(1)}, h_j^{(l)})}{\tau}}}{\sum\limits_{q \in \{1,2\}, j \in \{1,N\}, j \neq i} e^{\frac{\text{sim}(h_i^{(1)}, h_j^{(q)})}{\tau}}} \cdot h_j^{(l)} \right] \qquad (5-59)$$

$$-\nabla_{h_i^{(2)}} L_i = \frac{q_{B,i}}{\tau} \cdot h_i^{(1)} \qquad (5-60)$$

$$-\nabla_{h_j^{(l)}} L_i = -\frac{q_{B,i}}{\tau} \frac{e^{\frac{\text{sim}(h_i^{(1)}, h_j^{(l)})}{\tau}}}{\sum\limits_{q \in \{1,2\}, j \in \{1,N\}, j \neq i} e^{\frac{\text{sim}(h_i^{(1)}, h_j^{(q)})}{\tau}}} \cdot h_i^{(1)} \qquad (5-61)$$

为使表达式指代清晰，偏导数计算公式中 $h_i^{(1)}$ 与 L_i 中的 h_i 相同，$h_i^{(2)}$ 与 L_i 中的 h_i^+ 相同。正负样本耦合算子 q_B 见式 （5-62）。

$$q_{B,i} = 1 - \frac{e^{\frac{\text{sim}(h_i^{(1)}, h_i^{(2)})}{\tau}}}{e^{\frac{\text{sim}(h_i^{(1)}, h_i^{(2)})}{\tau}} + \sum\limits_{q \in \{1,2\}, j \in \{1,N\}, j \neq i} e^{\frac{\text{sim}(h_i^{(1)}, h_j^{(q)})}{\tau}}} \qquad (5-62)$$

耦合算子 q_B 的作用是消极的，因 q_B 小于 1，当训练对比学习任务时，会导致反向传播梯度衰减。当负样本较为简单时，负样本与正样本之间的相似度会更低，导致耦合算子分母减小，q_B 的值也更小；而当正样本与原始样本相似度较高时，同样会导致 q_B 的值变小。

对 InfoNCE 进行数学机理上的修改，通过去掉对比学习目标函数分母中的正样本对项，可以消除求偏导数后的正负样本耦合算子，得到正负样本解耦的损失函数 $L_i^k, k \in \{1,2\}$，如式（5-63）所示。

$$L_i^k = -\log \frac{e^{\frac{\text{sim}(h_i^{(1)}, h_i^{(2)})}{\tau}}}{\sum_{j=1}^{N} e^{\frac{\text{sim}(h_i^k, h_j^{(2)})}{\tau}}}$$

$$= -\log \frac{e^{\frac{\text{sim}(h_i^{(1)}, h_i^{(2)})}{\tau}}}{e^{\frac{\text{sim}(h_i^{(1)}, h_i^{(2)})}{\tau}} + \sum_{l \in \{1,2\}, j \in \{1,N\}, j \neq i} e^{\frac{\text{sim}(h_i^k, h_j^l)}{\tau}}} \quad (5-63)$$

得到的样本解耦目标函数作为 BERT 编码器微调过程的损失函数，用来更新学习网络整体。

3. 数据集及数据处理

实验所用数据为公开数据集 CAIL2019-SCM、STS12~STS16、STS-B 和 SICK-R，使用 CAIL2019-SCM 相似案件匹配公开数据测试模型在无标注小体量数据集上的表现。该数据集中的案件属于民间借贷领域，任务旨在判断案件三元组中更为相似的两个案件。实验训练集为 CAIL2019-SCM 数据集中的案件集合，验证集和测试集构建方式为将原始三元组对拆成两个二元组对，并对两个二元组对分别标记 0 或 1，测试后将两个二元组对的预测结果进行合并。

通用领域任务使用一百万条从维基百科随机爬取的英文句子作为模型的训练集，并在 7 个广泛使用的标准英文语义文本相似性（STS）任务上进行测试。STS 任务旨在衡量任意两个句子之间的语义相似度，数据集中的每条样本包含一对句子，标签值为 0~5，表示两个句子的相关性大小。STS12-STS16 数据集没有训练集和验证集，模型训练过程中仅在 STS-B 的验证集上验证模型效果并调节超参数，整个训练过程不使用任何 STS 的训练集数据以保证模型为无监督任务。

4. 实验验证及结论

使用评价指标精确率来衡量模型效果，精确率表示被正确预测的三元组数量与测试集三元组总数量的比率。STS12~STS16、STS-B、SICK-R 数据集中每条样本的两个句子用标签值 0~5 来表示相似等级，使用斯皮尔曼相关系数来衡量预测相似等级与真实等级之间的相关性。对于包含 N 个句子对的子任务，首先排序真实值得到真实值序列 R_G，然后计算并排序预测余弦相似度得到预测值序列 R_E。基于排序的斯皮尔曼相关系数为

$$\rho = 1 - \frac{6 \sum_{i=1}^{N} (R_E^i - R_G^i)^2}{N^3 - N}$$

ρ 的取值范围为 $-1 \sim 1$，值越大表明预测值序列与真实值序列相关度越大，模型预测效果越好。实验中计算每个子任务的斯皮尔曼相关系数，并平均 7 个子任务的 ρ 值得到最终结果。选取 SimCSE-Chinese 作为对照模型在 CAIL2019-SCM 数据集上验证 CTMCSD 算法在法律领域小数据集的有效性，选取 7 个对照模型在 STS12~STS16、STS-B、SICK-R 数据集上验证 CTMCSD 算法在通用领域的有效性。实验结果如表 5-14 和表 5-15 所示。

表 5 – 14 法律案件对比学习实验精确率

模型	测试集结果/%
SimCSE – Chinese（2021）	67.72
CTMCSD – Chinese	71.42

表 5 – 15 通用领域对比学习实验 ρ 值

模型/数据	STS12	STS13	STS14	STS15	STS16	STS – B	SICK – R	平均值
GloVe	55.14	70.66	59.73	68.25	63.66	58.02	53.76	61.32
IS – BERT	56.77	69.24	61.21	75.23	70.16	69.21	64.25	66.58
CT – BERT	61.63	76.80	68.47	77.50	76.48	74.31	69.19	72.05
ConSERT	64.64	78.49	69.07	79.72	75.95	73.97	67.31	72.74
SimCSE	68.40	82.41	74.38	80.91	78.56	76.85	72.23	76.25
Esimcse	69.79	83.43	75.65	82.44	79.43	79.44	71.86	77.43
CTMCSD	69.74	83.98	76.77	82.45	80.25	80.63	72.83	78.09

CTMCSD – Chinese 模型在案件文本匹配数据集 CAIL2019 – SCM 上精确率达到 71.42%，证明多种数据策略和样本解耦机制在案件小数据集上的有效性。CTMCSD 模型在通用领域数据集 STS12 ~ STS16、STS – B 和 SICK – R 上取得最高的平均 ρ 值 78.09，证明多种数据增强策略和样本解耦机制是有效的。

在样本解耦的相关消融实验中，添加样本解耦模块后，模型收敛到稳定的速度大幅提升，从模型训练效率角度来看，同样达到精确率 69.03%，无样本解耦模块需训练 0.91 轮次，添加样本解耦模块后需训练 0.18 轮次，模型收敛速度提高 406%。从模型训练效果角度来看，添加样本解耦模块后，模型精确率达到 71.42%，不添加样本解耦模块，模型精确率为 69.03%，模型精确率提高 2.39%。综合两个角度，证明使用 BERT 模型后，样本解耦可以大幅加快模型训练速度，提高模型在小数据集上的表现效果。

5.4.3.3 利用多级语义信息和双通道 GAN 触发词抽取算法（GAN 应用）

1. 任务背景

触发词抽取的目的是抽取事件触发词并将其分类到特定事件类别中，能够帮助用户从文本中检测出需要的事件信息，在舆情监控、情报研究、文本检索等多个领域均具有广泛应用。

触发词的识别与分类往往根据特定语境来分析判断，同一文档中的事件往往基于同一场景，存在一定的主题相关性，能够为准确表示候选触发词特征提供有效的信息。但是大部分的触发词抽取算法往往将句中事件视为独立个体，未考虑不同事件之间的相关关系。一些模型在文档级语义信息引入上做出初步尝试，然而由于使用文档级语义信息在对上下文语境进行表征时会引入与候选触发词无语义关联的共现词带来的干扰信息，从而造成对应多种事件类别的触发词在不同的上下文语境中被误分为同一类事件的问题。

2. 算法原理

为了解决多义触发词抽取时句子间主题相关性表征不足且与候选触发词语义无关的共现

词会干扰触发词指导信息的准确选择，导致不同语境中的多义触发词被误分为同类事件的问题，提出利用多级语义信息和双通道 GAN 触发词抽取算法。该算法采用多级门限注意力机制在句子级特征构建的基础上引入文档级语义信息，通过文档中句子间的主题一致性补充样本特征，同时利用双通道 GAN 模型减少文档级冗余特征，使提取的特征更加准确，从而提高触发词识别与分类效果。

该算法主要由文本嵌入、多级特征编码、对抗式多任务学习三个功能模块组成，其中文本嵌入模块实现候选词及其实体类别的编码，并进行向量拼接作为模型输入；多级特征编码模块利用多级门限注意力机制实现句子级和文档级事件之间关联关系特征的获取，并设计门限函数将两部分特征融合；对抗式多任务学习模块以双向 LSTM 为生成器，全连接网络为判别器构建双通道模型，并对两个通道模型同时进行协作式和对抗式训练完成特征优化。算法原理如图 5-42 所示。

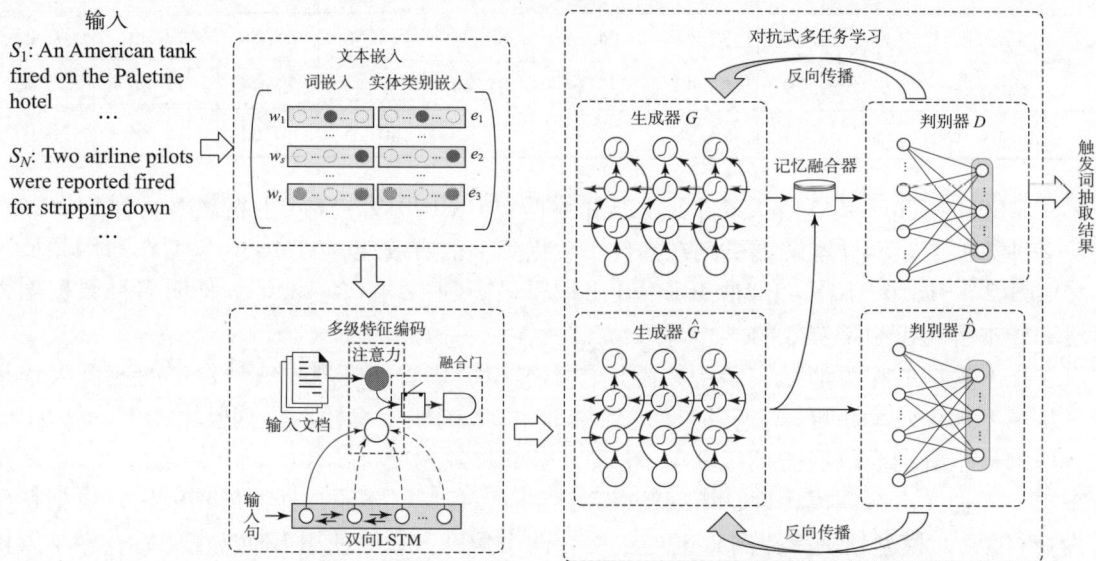

图 5-42　利用多级语义信息和双通道 GAN 触发词抽取算法原理

对抗式多任务学习模块借鉴 GAN 思想，构建了双通道模型。GAN 即对抗生成网络，属于生成模型的一种，由生成器 G 和判别器 D 两个主要组件组成。它基于对抗性学习，在生成器和判别器之间进行博弈来提高生成模型的能力。生成器的作用是学习生成与真实数据相似的样本，它接收随机噪声作为输入，并通过一系列的转换和映射操作逐步生成样本。判别器的任务是对给定的样本进行分类，判断该样本是真实数据还是由生成器生成的假样本。GAN 的训练过程是一个迭代的对抗过程。首先，生成器通过生成样本并将传递给判别器，判别器根据其对样本的分类结果给出反馈，指导生成器改进生成的样本；接着，判别器会再次接收真实样本和由生成器生成的样本，并对它们进行分类，生成器根据判别器的反馈来进一步优化生成的样本。这个过程不断迭代，直到生成器能够生成逼真的样本，而判别器无法区分真实和生成的样本。

本算法中，对句子级和文档级语义信息进行特征融合，会使在多种语境下训练得到的词向量容易引入与当前语境无语义关联的噪声信息，因此构建双通道模型，并利用对抗式多任务学习方法来减轻与候选触发词无语义关联的噪声信息的影响，由协作式神经网络与对抗式神经网络两个通道模型组成，最后应用记忆融合器将两个模型进行融合，从而提高特征表示的准确性。协作式神经网络的主要目的为挖掘文本的有效特征，由生成器 G 与判别器 D 组成，其中使用双向长短期记忆网络作为生成器，以由多级特征编码获得的输出 Oh 作为输入，得到隐层特征表示 $o_g = \text{LSTM}(Oh;\theta_g)$。

采用全连接网络作为判别器，以隐层特征 o_g 作为输入向量计算候选触发词触发某一类别事件的可能性，得到 $\hat{y} = \text{FN}(o_g;\theta_d)$。对抗式神经网络主要目的为挖掘噪声特征，与协作式神经网络相似，由生成器 $\breve{G}$ 与判别器 $\breve{D}$ 组成，以双向长短期记忆网络作为特征生成器，有 $o_{\breve{g}} = \text{LSTM}(Oh;\theta_{\breve{g}})$。以全连接网络作为判别器，得到判别结果 $\hat{y} = \text{FN}(o_{\breve{g}};\theta_{\breve{d}})$。最后，采用记忆融合器控制参数的存储与更新，试图异化两个通道的生成器 G 与 $\breve{G}$，当二者表现相异时保存参数，否则更新参数，此过程被称为对抗式多任务学习过程。这里记忆融合器由 Frobenius 范数计算得到。

Frobenius 范数类似于欧几里得范数，用于表示两个矩阵之间的距离，这里使用 Frobenius 范数来衡量两个生成器生成特征之间的相似度，计算方式为 $L_{\text{diff}}(o_g,o_{\breve{g}}) = \| o_g o_{\breve{g}}^{\text{T}} \|_F^2 = \left(\sum_{i=1}^{l} \sum_{j=1}^{l} | o_{g,i} o_{\breve{g},j} |^2 \right)^{\frac{1}{2}}$，其中 l 表示输入的句子长度。训练过程采用协作式神经网络与对抗式神经网络共同训练的方式，以交叉熵作为损失函数，计算方式为 $L(\hat{y},y) = -\sum_{i=1}^{N} \sum_{j=1}^{C} y_i^j \log(\hat{y}_i^j)$。在协作式神经网络中，生成器与判别器训练方式为 $\theta_g,\theta_d = \text{argmin}(L(\hat{y},y) + \lambda \cdot L_{\text{diff}})$。其中：$\theta$ 表示双向 LSTM 以及全连接网络中的所有参数；N 表示训练数据的批尺寸（batch size）；y 表示触发词参考类别标签，是一个 N 维向量；λ 表示超参数。

在对抗式神经网络中，生成器用于生成噪声特征，使数据偏离正确的分布，判别器用于纠正错误，因此生成器训练方式为 $\theta_{\breve{g}} = \text{argmax} L(\hat{y},y)$，判别器的训练方式为 $\theta_{\breve{d}} = \text{argmin} L((\hat{y},y) + \lambda \cdot L_{\text{diff}})$。

3. 数据集及数据处理

为验证利用多级语义信息和双通道 GAN 触发词抽取算法的有效性，使用公开数据 ACE2005 英文语料库进行实验。该数据集中事件触发词被标注为 8 个大类和 33 个子类，触发词类别标签如表 5 − 16 所示。若将非触发词分类为 "None"，则触发词分类任务可看作一个 34 分类任务。

表 5 − 16 ACE2005 事件触发词类别标签

大类	子类
Life	Be − Born，Marry，Divorce，Injure，Die
Movement	Transport
Transaction	Transfer − Ownership，Transfer − Money
Business	Start − Org，Merge − Org，Declare − Bankruptcy，End − Org
Conflict	Attack，Demonstrate
Contact	Meet，Phone − Write

续表

大类	子类
Personnel	Start – Position，End – Position，Nominate，Elect
Justice	Arrest – Jail，Release – Parole，Trial – Hearing，Charge – Indict，Sue，Convict，Sentence，Fine，Execute，Extradite，Acquit，Appeal，Pardon

4. 实验验证及结论

触发词抽取结果的验证标准如下：若识别触发词的偏移量与参考触发词一致，则记触发词识别正确，若识别的触发词的偏移量及其类别均与参考触发词一致，则记触发词分类正确。使用 Precision（精确率）值、Recall 值和 $F1$ 值作为评价指标，这些指标都是信息检索领域常用指标。

实验选取了 11 种不同模型与本算法模型进行对比，以验证论文方法对于触发词抽取任务的有效性。结果显示，无论在触发词识别效果对比还是在触发词分类效果对比的实验中，本算法均展现了最好的综合性效果，表明本算法能够有效融合句子级和文档级语义信息，过滤与候选触发词无语义关联的噪声，提高特征表示的准确性，从而提升触发词抽取效果。

为验证使用双通道模型的对抗式多任务学习方法能够更好地召回歧义性标注的触发词，采用基于多级门限注意力机制的 DocAttention 模型与 DocAttention + GAN 模型（本算法）分别抽取对应多种事件类型的多义触发词，分析两种不同模型抽取的触发词结果，实验过程包括以下两个部分。

第一部分，测试文本选择。从测试集中随机选择两条包含多义触发词的测试文本。

第二部分，实例生成及分析。分别使用 DocAttention 模型与 DocAttention + GAN 模型从测试文本中抽取事件触发词，记录结果并分析。

多义触发词抽取实例如表 5 – 17 所示。

表 5 – 17 多义触发词抽取实例

序号	句子	实验模型	事件类型
1	For this act of stupidity which had caused a grave crisis...，the accountant was immediately fired...	DocAttention DocAttention + GAN	Attack End – Position
2	A convoy of Russian diplomats came under fire Sunday while evacuatin Baghdad...	DocAttention DocAttention + GAN	End – Position Attack

在触发词抽取任务中，对应多种事件类型的多义触发词往往存在分类歧义性问题，如词 "fire" 既可表示 "着火" 又可表示 "开除"，在不同的上下文语境下会被分类为不同的事件，既可触发 "Attack" 事件，又可触发 "End – Position" 事件。

对于第一个句子，在 DocAttention 模型中，多义词 "fire" 由于远距离词 "crisis" 的错误指导作用被误分类为 "Attack" 事件，而 DocAttention + GAN 模型由于采用双通道模型的对抗式多任务学习方式进行训练实现了特征去噪，能够使候选触发词 "fire" 正确分类为 "End – Position" 事件；对于第二个句子，在 DocAttention 模型中，"fire" 则由于词 "diplomats" 的错误指导作用被误分类为 "End – Position" 事件，而 DocAttention + GAN 模型能够将 "fire" 正确分类为 "Attack" 事件。综上所述，使用双通道 GAN 模型能够减轻多义触发词分类歧义性，能够在触发词特征构建时有效减轻错误特征带来的影响，实现多义触发词的正确分类。

5.4.3.4　ChatGPT

ChatGPT 背后的技术本质上是大型语言模型（large language model，LLM）的应用，LLM 是由大量参数（十亿或更多）的神经网络组成的语言模型，使用无/半监督学习对大量样本进行训练。目前，LLM 已经改变了许多领域，包括自然语言处理、计算机视觉等。作为一个通用的语言模型，其用途广泛，而非针对一项特定任务（例如情感分析、命名实体识别或数学推理）进行训练。

LLM 的发展大概分为三个阶段：第一阶段是序列模型用于 NLP 任务阶段；第二阶段是以 Transformer 为基础形成的 GPT、BERT 等大语言模型阶段；第三阶段是以 GPT - 3 为基础的 ChatGPT 的发布阶段。截至目前，更新换代的 GPT - 4 已经在 Bing 和 ChatGPT 中逐步使用。

ChatGPT 本质是一个对话模型，它可以回答日常问题、挑战不正确的前提，甚至会拒绝不适当的请求，在去除偏见和安全性上不同于以往的语言模型。ChatGPT 从闲聊、回答日常问题到文本改写、诗歌小说生成、视频脚本生成，以及编写和调试代码方面均展示了其令人惊叹的能力。在 OpenAI 公布试用接口后，ChatGPT 很快以令人惊叹的对话能力"引爆"网络。简单来讲，ChatGPT 的算法流程可以描述为以下几个步骤。

（1）输入接收：ChatGPT 接收用户的文本输入作为模型的输入。输入可以是一个问题、陈述或对话。

（2）编码与嵌入：用户的文本输入首先被分割成标记（tokens），可以是单词、子词或字符等。每个标记被转换为对应的嵌入向量，这些嵌入向量包含了标记的语义信息。

（3）上下文建模：模型利用前面的文本上下文来理解和生成回复。Transformer 中的多层自注意力机制使模型能够在编码器 - 解码器架构中有效地建模上下文信息。编码器将输入序列的嵌入表示转换为更丰富的上下文表示。

（4）注意力机制：在解码器中，模型使用注意力机制来关注输入序列中与当前要生成的回复相关的部分。通过计算注意力权重，模型可以选择性地关注对当前生成有帮助的上下文部分。

（5）解码与生成。模型从上下文表示出发，生成下一个标记或回复。通过计算每个标记的概率分布，模型选择最可能的下一个标记作为生成的结果。生成的标记被添加到模型的输入中，与前面的上下文一起用于生成更长的回复。

（6）迭代和重复。生成的标记被不断迭代地添加到模型的输入序列中，直到达到所需的回复长度或遇到特定的终止标记。

（7）输出呈现。模型的生成结果作为回复返回给用户。回复可以是文本形式的答案、建议、解释等，根据用户的输入和上下文进行生成。

下面使用一个实例问题来直观地理解 ChatGPT 的算法流程。

（1）输入接收。模型收到用户的文本输入是"你喜欢什么类型的音乐？"

（2）编码与嵌入。"你""喜欢""什么""类型"等标记会被转换为嵌入向量。

（3）上下文建模。在这个例子中，上下文是之前的对话历史。假设之前的对话如下。

＞＞＞系统：你好！我是音乐推荐机器人。有什么我可以帮助你的吗？

>>>用户：我想找一些轻快的摇滚音乐。

ChatGPT 将使用之前的对话历史来建模上下文，即系统的问候和用户的偏好。

（4）注意力机制。模型使用注意力机制关注与当前要生成的回复相关的部分。在这个例子中，模型可能会注意到之前用户提到的"轻快的摇滚音乐"这一部分。

（5）解码与生成。模型从上下文表示出发生成回复。在这个例子中，模型可能生成的回复是"我喜欢多种类型的音乐，包括摇滚、流行、爵士等。但我也喜欢根据不同的情绪和场景来选择音乐"。

（6）迭代和重复。生成的回复被添加到模型的输入中，成为新的上下文。模型可以使用这个新的上下文来进一步理解并生成下一次的回复。

（7）输出呈现。模型的生成结果作为回复返回给用户。在这个例子中，模型生成的回复是"我喜欢多种类型的音乐，包括摇滚、流行、爵士等。但我也喜欢根据不同的情绪和场景来选择音乐"。

ChatGPT 的关键能力来自几个方面：强大的基座大模型能力（InstructGPT）、大参数语言模型（GPT）、高质量的真实数据（干净且丰富）和性能稳定的强化学习算法（PPO 算法）。

InstructGPT 的工作与 ChatGPT 类似，先给定 Instruction，然后需要人工写 Answer。首先训练一个 InstructGPT 的早期版本，使用完全人工标注的数据，数据分为三类：Instruction + Answer、Instruction + 多个 Examples 和用户在使用 API 过程中提出的需求。剩余步骤与 ChatGPT 均相似。

早期的 GPT-3 只是一个用来预测下一个单词的语言模型，它丝毫没有考虑用户想要的答案，但当使用代表用户喜好的三类人工标注作为微调数据后，含有 1.3 B 参数的 InstructGPT 在多场景下的效果超越了 175 B 的 GPT-3。这也是值得我们注意的一点，在 InstructGPT 中提到：当我们要解决的安全和对齐问题是复杂和主观的，而它的好坏无法完全被自动指标衡量的时候，此时需要用人类的偏好作为奖励信号对模型进行微调。

OpenAI 对于数据质量和数据泛化性的把控是其不可忽略的一项巨大优势。

（1）寻找高质量标注者。寻找在识别和回应敏感提示的能力筛选测试中表现良好的 labeler。

（2）使用集外标注者以保证泛化性。即使用未经历步骤（1）的更广大群体的标注者对训练数据进行验证，保证训练数据与更广泛群体的偏好一致。

GPT 与强化学习的结合也是重要的一环。2017 年，AlphaGo 击败了柯洁几乎可以说明在适合的条件下，强化学习完全可以打败人类，进而逼近完美的极限。强化学习过程非常像生物进化，模型在给定的环境中不断根据环境的惩罚和奖励逐步拟合到一个最适应环境的状态。强化学习之所以能比较容易地应用在围棋以及其他各种游戏里，原因就是对于这些模型而言，给定的环境就是围棋或其他游戏规则允许的范围，棋盘或规则就是它的整个世界，模型就是不断根据棋盘的状态以及输赢状况调整策略，所以战胜了柯洁。

在 NLP 领域，自 OpenAI 发力以前，很多人并不看好 NLP + 强化学习的算法，原因就是 NLP 所依赖的环境是整个现实世界，整个世界都可以被语言描述，也就都需要针对模型输出的质量进行评价，导致无法设计反馈惩罚和奖励函数，除非人们一点点儿地进行人工反馈。简单来说，OpenAI 的 ChatGPT 正是做了这样的事情。这种带人工操作的奖励策略，称为人类及强化学习（reinforcement learning from human feedback，RLHF）。不过，尽管 RLHF 取得了一定的成果和关注，但依然存在局限。模型依然会毫无确定性地输出有害或者不真实的文本，这种不完美也是 RLHF 的长期挑战和动力——在人类的固有领域中运行意味着永远不会到达一个完美的标准。

可以说，ChatGPT 是站在 InstructGPT、RLHF、强化学习算法等理论的肩膀上完成的一项出色的工作，是 LLM、预训练语言模型与强化学习的一次出色结合，同时也是未来 NLP 甚至通用智能体发展的方向。目前 ChatGPT 可以完成几乎所有以文字为载体的问答形式任务，例如回答问题、自述文字、翻译、解题计算等，具体操作参见其官网。

5.4.3.5　AIGC

AIGC 即 AI generated content，利用生成对抗网络 GAN、大型预训练模型等人工智能技术来生成内容，被认为是继专业生产内容（professional – generated content，PGC）、用户生成内容（user – generated content，UGC）之后的新型内容创作方式。AIGC 技术的核心思想是利用人工智能算法生成具有一定创意和质量的内容。通过使用大量数据对模型进行训练和学习，AIGC 可以根据输入的条件或指导，生成与之相关的内容，例如，2022 年年底刷爆网络的 ChatGPT 就是 AIGC 赛道中的一个非常成功的产品，它能胜任高情商对话、生成代码、构思剧本等多个场景。除了以 ChatGPT 作为代表的问答领域，AIGC 在其他领域也推出了许多优秀的产品，其中发展较为成熟的是 AI 绘画领域，AI 会根据你的指令绘画出你想要的图片，其次 AI 配乐、AI 视频生成、AI 语音合成等技术也引起了广泛关注。以训练图片生成任务为例，AIGC 算法生成图片内容通常会遵循以下步骤。

（1）数据准备：首先，收集与所需内容相关的数据集。这可能包括大规模的文本、图像、音频或视频数据。数据集应具有多样性和代表性，以确保生成的内容具有广泛的覆盖范围和质量。然后，对数据进行预处理和清洗，例如去除噪声、标准化格式、提取特征等。在这个实例中，我们会收集大量与夏季风景相关的图像数据，包括海滩、阳光、绿树等，这些数据集包含了各种夏季风景的特征和样式。

（2）模型选择和训练：根据生成内容的类型和目标，选择适当的人工智能模型。例如，对于文本生成，可以使用循环神经网络 RNN 或 Transformer 模型；对于图像生成，可以使用生成对抗网络 GAN 或变分自动编码器（VAE）等。选择模型后，使用准备好的数据集对模型进行训练，通过迭代优化模型参数，使其能够学习数据集中的模式和结构。实例中选择 GAN 作为生成模型。GAN 由生成器和判别器组成，生成器负责生成图像，而判别器负责区分生成的图像和真实图像。

（3）输入处理和表示：将用户提供的输入转换为模型可理解的向量表示形式。对于文本输入，可以进行分词、编码或词嵌入处理；对于图像输入，可以进行预处理、归一化或图像编码；对于音频输入，可以进行波形处理或频谱分析等。例如，用户可能描述了一个阳光明媚的海滩。

（4）上下文建模：将用户的输入与先前的对话历史或上下文信息结合起来，以更好地理解用户的意图和需求。这可以通过将上下文信息输入到模型中的记忆单元或注意力机制中实现。

（5）解码与生成：模型基于输入和上下文信息进行解码和生成内容。模型通过学习数据集中的模式和规律，生成与输入相关的内容。生成的内容可以是文本段落、图像、音频片段或视频序列，具体取决于所选择的模型和任务。实例中生成器接收输入并生成一张夏季风景图片。

（6）迭代和优化：通过与用户的交互和反馈，不断改进生成的内容。实例中将生成的图像呈现给用户，并接收用户的反馈。用户可以提供评价、修正或选择最符合其需求的内容，这些反馈可以用于调整模型的参数、改进生成策略或优化目标函数，以提供更准确、有趣和有用的内容。

（7）输出呈现：将生成的内容以合适的形式呈现给用户。可以在屏幕上显示文本、图像或视频，播放音频片段，或以其他交互方式展示生成的内容。实例中生成器经迭代优化后生成了一张符合用户需求的夏季风景图片，并将这张图片呈现给用户。

根据腾讯研究院 2023 年发布的 AIGC 发展趋势报告，AIGC 已经代表了 AI 技术发展的新趋势。过去传统的人工智能偏向于通过一组数据找出其中规律的分析模式，而现在的人工智能正在生成新的东西，而不仅仅局限于分析已经存在的东西，实现了人工智能从感知理解世界到生成创造世界的跃迁。AIGC 已经加速成为 AI 领域的新疆域。

剖析 AIGC 爆发的历程，其背后依托的是生成算法、与训练模型、多模态等 AI 技术的积累和融合。

首先，基础的生成算法模型在不断地突破创新。GAN 于 2014 年就被提出，被广泛应用于生成图像、视频、语音等，并且相继出现了很多流行的网络变种，如 DCGAN 等。之后 Transformer、扩散模型（diffusion model）等深度学习的生成算法相继涌现。其中 Transformer 尤其在 NLP 领域大放异彩，后来出现的 BERT、GPT – 3 等预训练模型都是基于 Transformer 建立的。扩散模型的设计原理是从噪声中构建所需的数据样本，其最初设计用于图像中的去噪，降噪系统随训练时间增长效果越来越好，它们最终可以从纯噪声输入来生成逼真的图片。

其次，预训练模型解决了过去生成模型使用门槛高、训练成本高、生成质量低的诸多问题。AI 预训练模型又称为大模型，即基于大量数据训练的拥有巨量参数的模型。随着基于 Transformer 的自然语言处理预训练模型 BERT 的出现，人工智能领域进入了预训练模型时代。具体到 AIGC 领域，按照基本类型分类，预训练模型包括以下几种。

（1）NLP 预训练模型，如谷歌的 LaMDA、OpenAI 的 GPT 系列等。

（2）计算机视觉 CV 预训练模型，如微软的 Florence。

（3）多模态预训练模型，即融合文字、图片、音视频等多种模态的内容形式。

最后，多模态技术让 AIGC 在内容上具备了多样性，在功能上具有了更加通用的能力。例如，大型多模态模型 GPT – 4，它可以穿插文本和图像组成输入，输出文字形式的语义理解。总的来说，AIGC 的爆发主要得益于深度学习模型方面的技术创新。

无疑，AIGC 可以将其强大的生成能力延伸至其他领域进而更好地造福人类和社会，比如在医疗行业，AI 生成语音可以帮助失声者重新"开口说话"；在媒体行业，虚拟主持人、写稿机器人、AI 语音生成播报等可以极大地减轻人们的工作负担；在文物修复领域，AI 可以帮助生成残缺部分使文物重现在我们眼前……

但是，AIGC 也是一把"双刃剑"，其在引领 AI 技术新趋势和相关产业发展的同时，也可能带来一定的风险和挑战，如知识产权保护、安全、技术伦理等。

5.5 小 结

本章全面介绍了模式识别、机器学习和深度学习在图像识别、语音识别、自然语言处理等领域的应用和研究。

模式识别是通过学习和识别数据模式来进行分类和预测的过程,其不仅是一种技术或工具,更是连接数据与决策的重要纽带,能够为各行各业创造巨大的价值。模式识别可简单分为有监督和无监督两种。有监督模式识别模型通过学习训练数据中的模式和特征,建立一个映射关系,能够根据输入数据的特征进行分类或预测输出标签;在无监督学习中,训练数据没有事先给定的类别标签,而是根据数据的内在结构和相似性进行自动的聚类或降维等任务。

机器学习利用数据训练模型来完成任务的技术,是人工智能领域的一个重要分支。机器学习利用数据和算法来模仿人类学习的方式提高计算机的性能。数据、算法和模型是机器学习的三要素。机器学习根据数据特征选取合适的算法来自动学习归纳数据中的逻辑或规则,形成模型并利用新数据来进行测试,从数据中学得模型的过程称为"学习"或"训练"。机器学习不仅需要合理、适用和先进的算法,还需要依赖足够好和足够多的数据,数据的数据量越多、质量越高,机器学习的效率和准确性就越高。

深度学习是基于神经网络的机器学习算法,模型内部包含许多层,这些层构成了所谓的神经网络。深度学习的核心思想和关键特点是利用多层次的非线性变换自动学习输入数据的有效表示和分布特征。深度学习超越了目前机器学习模型的神经科学观点,它诉诸学习多层次组合这一更普遍的原理,这一原理也可以应用于那些并非受神经科学启发的机器学习框架。经典的 CNN、RNN、GNN 等都是深度学习模型。深度学习需要大量的数据和计算资源进行训练,并可以处理复杂和大规模的数据集。得益于更强大的计算机、更大的数据集和能够训练更深网络的技术,深度学习的普及性和实用性都有了极大的发展。

5.6 习 题

1. 请简述模式识别的一般过程。
2. 请简述模式识别与机器学习的联系。
3. 请简述文字识别与文本行识别的关系。
4. 有监督与无监督模式识别的定义分别是什么?请分别列举常用算法。
5. 什么是集成学习?请简述集成学习的概念和基本原理。
6. 谈谈对决策树、信息增益和信息增益率的理解。
7. 请简述剪枝的目的以及常用的两种剪枝方式的基本过程。
8. 请简述决策树出现过拟合的原因和解决方法。
9. 强化学习的六要素是什么?
10. 请简述收益信号和价值函数的区别和联系。
11. 状态和动作之间是什么关系?

第 6 章

知识图谱与挖掘分析

6.1 引　言

在数字时代，每天都会产生海量数据，如何从这些数据中提取有用的信息和知识，成为一个极为重要的挑战。知识图谱是一种以图形结构呈现知识的方法，它可以将各种实体以及它们之间的关系进行建模，形成一个庞大而复杂的知识网络。通过知识图谱，可以跨领域地整合和共享知识，帮助人们更好地理解和挖掘知识之间的联系和规律。知识图谱的丰富需要借助数据挖掘技术来发现隐藏在数据中的模式和规律。数据挖掘通过自动化的方法，从大量的数据中提取出有用的信息和知识，帮助我们发现数据的趋势、数据之间的关联和规律。但是，面对大数据和复杂问题，传统的数据挖掘方法计算复杂度和效率受限，智能计算技术将人工智能和数学优化算法相结合，通过自动化的方式在搜索空间中寻找最优解或接近最优解的解决方案，为复杂和高维数据空间的推理、优化和决策提供技术支持。

通过利用知识图谱的表示和组织能力、数据挖掘和智能计算的智能化处理和优化能力，能够更好地理解和利用海量的数据，挖掘出有价值的知识，并为决策和规划提供更准确、高效和智能的解决方案，三者共同推动数据科学和人工智能领域的发展。

本章主要内容包括如下几节。

6.2 节阐述了知识图谱技术，主要内容包括知识图谱知识基础，本体构建、信息抽取等算法原理，安全知识图谱等应用实例。

6.3 节介绍了数据挖掘技术，主要内容包括数据挖掘知识基础，数据仓库等算法原理，生物医学、金融分析的应用实例。

6.4 节概述了智能计算技术，主要内容包括智能计算知识基础，仿生进化、群智能等算法原理，路径优化、资产配置的应用实例。

6.2 知 识 图 谱

6.2.1 知识基础

6.2.1.1 概述

在大数据和人工智能领域，知识图谱是一个至关重要的工具，是两个领域的交汇点，提供了一种强大的方式来组织、表示和利用知识。作为人类知识的结构化表示，知识图谱引起了学术界和工业界的广泛研究和关注。知识图谱是旨在积累和传达现实世界知识的数据图，节点表示实体，边表示这些实体之间的关系。知识图谱就像一个智能的大脑，将丰富的信息链接在一起，使机器能够更好地理解世界，做出更聪明的决策。

知识图谱在大数据的角度，可以看作一种对海量数据进行结构化、语义化、关联化和智能化的处理方式，可以提高数据的质量、价值和可用性，从而支持各种知识应用场景。例如，我们想要分析某个电商平台的用户行为数据，可以利用知识图谱技术来构建一个用户 - 商品 - 品牌 - 类别等实体之间的关系网络，然后通过知识图谱的查询、推理、挖掘等方法，来发现用户的兴趣偏好、购买意向、消费习惯等特征，从而实现个性化推荐、精准营销、用户画像等功能。这样，我们就可以从原始的数据中提取出有价值的知识，并利用知识来优化业务流程和决策过程。

对于人工智能来说，知识图谱是一种重要的知识表示和推理工具。它可以为人工智能提供丰富的背景知识，支持各种智能应用场景。例如，在智能问答系统中，首先我们可以使用自然语言处理技术来分析用户的问题，理解用户的意图和需求，然后使用知识推理技术从相关知识图谱中获取相关的知识，最后使用自然语言生成技术来生成合适的答案，并反馈给用户。

总之，知识图谱在大数据和人工智能中扮演着重要的角色。它以图结构的形式连接不同的实体和关系，提供了一种灵活而有力的知识表示方式。通过结合信息系统和人工智能的优势，知识图谱可以帮助实现更智能、高效和个性化的应用，推动科技的进步和社会的发展。

知识图谱并非突然出现的全新技术，而是很多相关领域不断发展融合的结果。知识图谱的发展可以追溯到 1960 年，人工智能领域学者提出的知识表示方法——语义网络的本质就是一种知识图谱的表示方式，采用相互连接的节点和边来表示知识，其中节点表示对象、概念，边表示节点之间的关系。

1980 年，哲学概念"本体"被引入人工智能领域，在计算机科学领域，其核心意思是一种模型，用于描述由一套对象类型（概念或者说类）、属性以及关系类型所构成的世界。人工智能研究人员认为，他们可以把本体创建成计算模型，从而成就特定类型的自动推理。

1998 年，万维网之父 Tim Berners - Lee 提出了语义网（semantic web）的概念——语义网是为了使网络上的数据变得机器可读而提出的一个通用框架。"Semantic" 就是用更丰富的方式来表达数据背后的含义，让机器能够理解数据；"Web" 则是希望这些数据相互链接，组成一个庞大的信息网络，正如互联网中相互链接的网页，只不过基本单位变为粒度更小的数据。

2012 年，谷歌发布了知识图谱，用于改善搜索的质量。知识图谱除了显示其他网站的链接列表，还提供结构化及详细的关于主题的信息。其目标是，使用户能够使用此功能提供的信息来解决他们查询的问题，而不必导航到其他网站并自己汇总信息。

6.2.1.2　知识图谱表示

知识图谱常用的知识表示方法分为符号表示方法和向量表示方法。

1. 知识图谱的符号表示方法

在实践中，知识图谱采用图的形式描述和表达知识。知识图谱发展史如图 6 - 1 所示。在不同的应用场景中，对知识的建模采用不同表达能力的图表示方法。例如有些场景仅采用最简单的无向图，通常适合于建模要求不高、实体之间的关系通常为对等关系的场景；例如

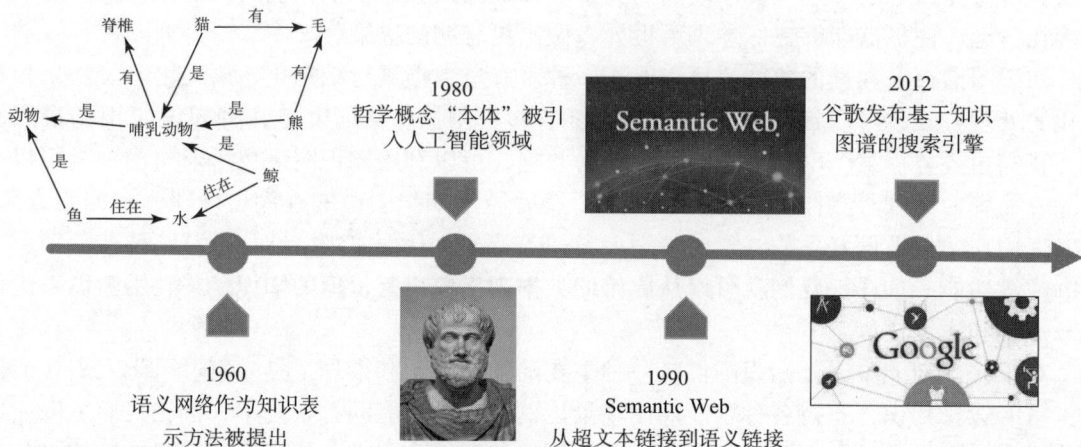

图 6-1　知识图谱发展史

在社交知识图谱中，人与人之间的友谊关系通常是相互的，可以使用无向图表示这种关系。但知识图谱应用最多的是有向标记图，它提供了更丰富和精确的知识表示方式，为知识图谱的建模、推理和应用提供了强大的支持，其中最常用的两种有向标记图模型是属性图和资源描述框架图，即 RDF 图模型。

（1）属性图。

属性图是图数据库 Neo4J 实现的图结构表示模型，在工业界有广泛应用。属性图的优点是表达方式非常灵活，例如，它允许为边增加属性，非常便于表示多元关系。属性图的存储充分利用图的结构进行优化，因而在查询计算方面具有较大优势，关于这一点将在知识图谱的存储章节做更加具体的介绍。属性图的缺点是缺乏工业标准规范的支持，由于不关注更深层的语义表达，也不支持符号逻辑推理。

在属性图的术语中，属性图是由顶点、边、标签、关系类型和属性组成的有向图。顶点也称为节点，边也称为关系（relationship）。在属性图中，节点和关系边是最重要的表达要素。节点上包含属性，属性可以以任何键值形式存在。

关系边连接节点，每条关系边都有一个方向、一个标签、一个开始节点和一个结束节点。关系边的方向的标签使属性图具有语义化特征。和节点一样，关系边也可以有属性，即边属性，可以通过在关系边上增加属性给图算法提供有关边的元信息，如创建时间等。此外还可以通过边属性为边增加权重和特性等其他额外语义。图 6-2 所示为属性图实例。

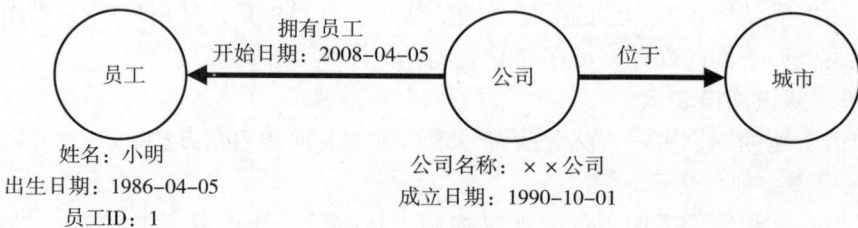

图 6-2　属性图实例

（2）RDF 图模型。

RDF 使用标准的图数据模型，其技术栈的标准是由万维网联盟（W3C）管理的，这个组织也同时管理 HTML、XML 和许多其他网络标准。因此，每个支持 RDF 的数据库都应该以同样的方式支持该模型。除此之外，RDF 有一个标准的查询语言称为 SPARQL。它既是一种功能齐全的查询语言，又是一种 HTTP 协议，可以通过 HTTP 将查询请求发送到端点。

RDF 图数据模型主要是由节点和边两个部分组成。其中，节点对应图中的顶点，可以是具有唯一标识符的资源，也可以是字符串、整数等有值的内容；边是节点之间的定向链接，也称为谓词或属性。边的入节点称为主语，出节点称为宾语，由一条边连接的两个节点形成一个主语 – 谓词 – 宾语的陈述，也称为三元组。边是定向的，它们可以在任何方向上导航和查询。

RDF 还提供了基础的表达构建用于定义类、属性等 Schema 层的术语，RDF 预定义了一些核心概念和核心属性，这些概念并不提供某个具体领域专用的类别和属性，但是为定义某个领域的本体概念提供了基础。例如，domain、range 用于定义某个关系的头尾节点类型，subClassOf、subPropertyOf 用于定义类及属性之间的层次关系。RDFS 词汇之间的关系如图 6 – 3 所示。

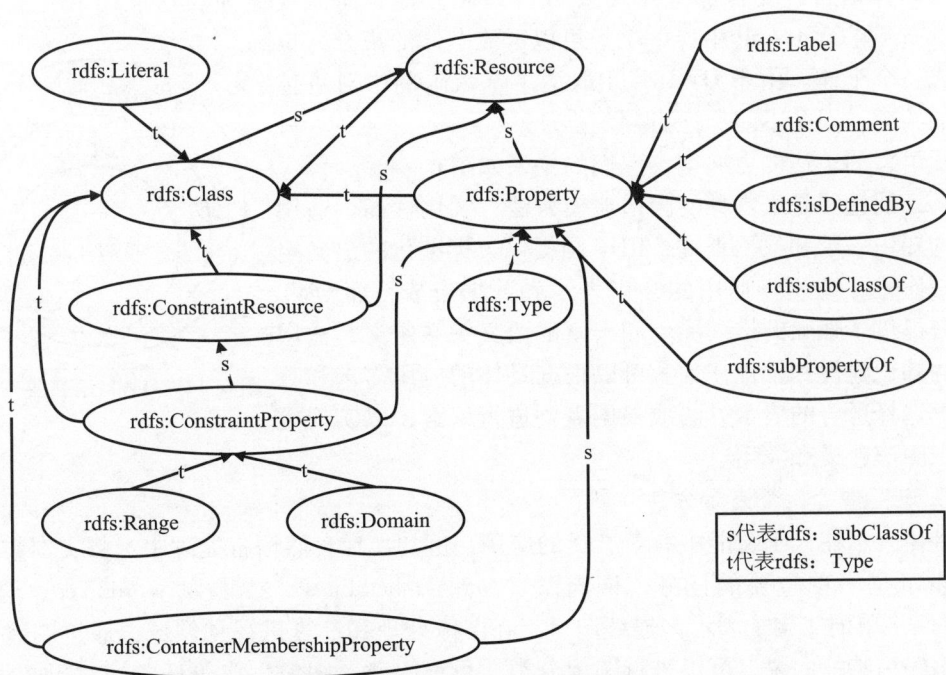

图 6 – 3　RDFS 词汇之间的关系

（3）OWL 本体语言。

RDF + RDFS 的表达能力是非常有限的。在实际应用中，需要定义更为复杂的概念，刻画更为复杂的概念关系。这就需要用到本体网络语言等本体表达语言。本体原来是一个哲学术语，后来被人工智能的研究人员作为知识表示研究的对象引入计算机领域。本体最常用的逻辑表达语言即描述逻辑（description logic，DL）。系统性介绍描述逻辑的内容超出了本书的范围，接下来主要结合国际万维网联盟推动的 OWL 标准来介绍相关的基本知识。

OWL 首先可以被看作 RDF Schema 的扩展。OWL 在 RDF 的基础上增加了更多的语义表达构件。例如，通过多个类组合定义更加复杂的类；刻画关系的一对多、多对一、多对多等关系基数（cardinality）约束；定义常用的全称量词和存在量词；定义互反关系、传递关系、自反关系、函数关系等更加复杂的关系语义等。

W3C 的设计人员针对各类特征的需求制定了三种相应的 OWL 的子语言，即 OWL Lite、OWL DL 和 OWL Full。

OWL DL 将可判定推理能力和较强表达能力作为首要目标，而忽略了对 RDFS 的兼容性。OWL DL 包括了 OWL 语言的所有语言成分，但使用时必须符合一定的约束，受到一定的限制。OWL DL 提供了描述逻辑的推理功能，描述逻辑是 OWL 的形式化基础。

OWL Lite 是表达能力最弱的子语言。它是 OWL DL 的一个子集，但是通过降低 OWL DL 中的公理约束，保证迅速高效地推理。它支持基数约束，但基数值只能为 0 或 1。因为 OWL Lite 表达能力较弱，为其开发支持工具要比其他两个子语言容易一些。OWL Lite 用于提供给那些仅需要一个分类层次和简单约束的用户。

OWL Full 包含 OWL 的全部语言成分并取消了 OWL DL 中的限制，它将 RDFS 扩展为一个完备的本体语言，支持那些不需要可计算性保证、但需要最强表达能力和完全自由的 RDFS 用户。在 OWL Full 中，一个类可以看成个体的集合，也可以看成一个个体。由于 OWL Full 取消了基数限制中对可传递性质的约束，因此不能保证可判定推理。

各子语言的表达能力递增，它们的关系如图 6 - 4 所示。

综上，属性图是最常见的图谱建模方法，实用性高，适用于简单的知识表示和数据查询，RDF 图提供了标准化的语义定义和互操作性，适用于通用的知识表示和数据集成，而 OWL 本体语言提供了强大的推理能力和丰富的语义关系定义，适用于复杂的知识建模和推理任务。可以根据具体的应用需求和数据特点，选择适合的表示方法或根据需要进行组合，以实现更好的知识图谱建模和应用。

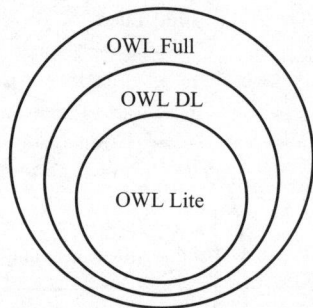

图 6 - 4 OWL 语言关系示意图

2. 知识图谱的向量表示方法

向量化表示在人工智能中有着广泛的应用，例如，在自然语言处理中，将文本数据转换为向量表示是一项重要的任务，词向量（word embeddings）技术如 Word2Vec、GloVe 和 BERT 可以将单词或句子表示为连续向量。在图像处理和计算机视觉领域，通过图嵌入技术将图像编码为特征向量，可以进行图像分类、目标检测、图像生成等任务。对于知识图谱，也可以为每一个实体和关系学习一个向量表示，并利用向量、矩阵或张量之间的计算，实现高效的推理计算。

（1）平移距离模型。

平移距离模型的思想来源于 Word2vector 模型。有一类词是代表实体的，假如对这类实体词的向量做一些计算，比如用 Rome 向量减去 Italy 的向量，会发现这个差值和用 Paris 的向量减去 France 的向量比较接近，这种现象称为平移不变现象。原因是 Rome 和 Italy 之间，以及 Paris 和 France 之间都存在 is – capital – of 的关系，如图 6 – 5 所示。在这里看到了熟悉的知识图谱＜主语，谓语，宾语＞三元组结构，启发我们可以利用三元组结构来学习知识图谱中实体和关系的向量表示，就像可以利用句子中词的上下文共现关系来学习词的向量表示一样。

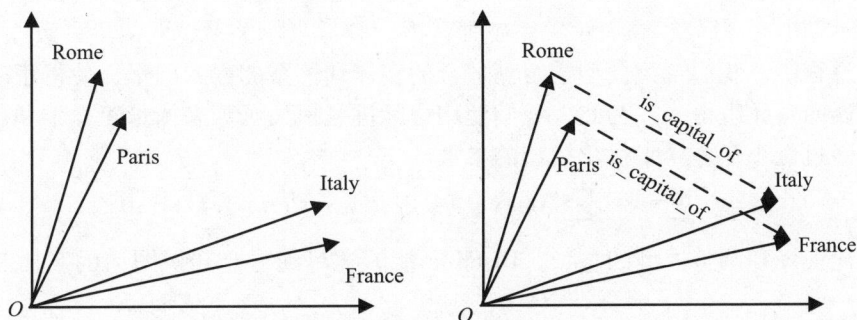

图 6 – 5　从词向量到实体和关系向量

TranE 模型就是基于平移不变现象学习知识图谱向量表示。它的想法很简单，给定一个三元组 (h, r, t)，其中 h 代表 head，即主语；r 代表 relation，即关系谓词；t 代表 tail，即宾语，如果它所代表的事实是客观存在的，那么 h, r, t 的向量表示应该满足加法关系 $h + r = t$。例如 Rome + is – capital – of 应该在向量空间接近于 Italy；Paris + is – capital – of 的结果也应该接近于 France。因此，对于每个三元组，可以定义一个评分函数如（6 – 1）所示。

$$f_r(h, t) = ||h + r - t||_{L_1/L_2} \qquad (6 - 1)$$

其中，L_1/L_2 为 L_1 范数或 L_2 范数。在实际情况中，由于向量空间的约束，很难直接使等式成立。因此，TransE 采用了一个损失函数来衡量预测向量与真实尾实体向量之间的差异，并最小化这个差异。常用的损失函数是基于距离度量的边际排名损失（margin ranking loss）。它比较了正确的三元组与错误的三元组（负样本）之间的距离，并通过最小化它们之间的差异来优化模型。其中，负样本是在正样本 (h, r, t) 中，可以随机选择一个不等于 h 的实体 h' 作为负样本的头实体，同时随机选择一个不等于 t 的实体 t' 作为负样本的尾实体，构成负样本三元组 (h', r, t')。具体来说，对于每个正样本三元组 (h, r, t) 和每个负样本三元组 (h', r, t')，计算它们之间的距离，并通过式（6 – 2）来定义损失函数。

$$L = \sum_{(h,r,t) \in S} \sum_{(h',r,t') \in S'} \max(0, f_r(h, t) + \gamma - f_r(h', t')) \qquad (6 - 2)$$

其中，γ 是一个预定义的边界，用于控制正样本与负样本之间的差异。通过迭代训练和调整模型的参数，TransE 能够学习到适合知识图谱的实体和关系的嵌入向量。

（2）双线性模型。

DistMult 双线性模型是一种将头实体映射到靠近尾实体的表示空间中的方法，同时将关系表示为一个双线性映射，如图 6 – 6 所示。

该模型通过使用线性运算来编码实体和关系

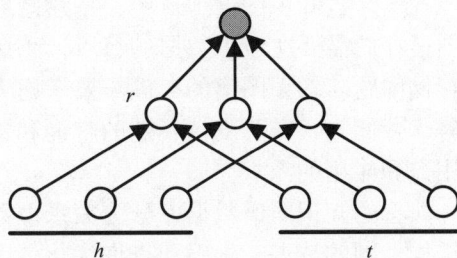

图 6 – 6　DistMult 模型原理

之间的相互作用，从而捕捉它们之间的语义和语法信息。与 TransE 采用向量加法不同，DistMult 采用矩阵乘法来对三元组建模，使用一个矩阵而非向量来表示关系。基于双线性运算的评分函数如式（6-3）所示。

$$f_r(\boldsymbol{h}, r, t) = \boldsymbol{h}^{\mathrm{T}} \mathrm{diag}(\boldsymbol{M}_r) t \tag{6-3}$$

其中，$\boldsymbol{M}_r$ 为关系矩阵，DistMult 将该矩阵限制为对角矩阵，这样可以使双线性运算的参数量与 TransE 模型相同。得分越高表示关系越强，得分越低表示关系越弱或不一致。

在训练过程中，我们希望模型学习到适合的实体和关系的嵌入向量，使得正确的三元组得分高于错误的三元组得分。为此，我们使用边际排名损失函数来衡量正样本和负样本之间的差异，并通过最小化差异来优化模型的参数。

$$L = \sum_{(h,r,t) \in S} \sum_{(h',r,t') \in S'} \max\{f_r(h', r, t') - f_r(\boldsymbol{h}, r, t) + 1, 0\} \tag{6-4}$$

通过迭代训练和调整模型的参数，DistMult 能够学习到适合知识图谱的实体和关系的嵌入向量。

（3）知识图谱向量表示的局限性。

一种简单的评估知识图谱向量表示质量的方法是在给定 h, r, t 中的两个元素的情况下，预测第三个元素，并检查预测结果的准确性。例如，可以给定 h, r，预测尾实体 t。计算 h, r 与知识图谱中的所有候选实体的得分，并找出得分最高的实体作为预测结果。如果预测的实体 t 得分最高，那么可以认为向量表示的学习效果非常好；反之，如果得分较低，则表示学习效果不佳。这种方法可以帮助评估实体和关系的向量表示的质量。

然而，实体和关系的向量表示学习的质量受到许多因素的影响。一个重要的因素是稀疏性问题。对于给定的实体或关系，它们的向量表示学习质量取决于知识图谱中是否存在足够多包含它们的三元组。如果某个实体是孤立的，意味着与之相关的三元组较少，那么很难学习到高质量的表示。

在深入研究知识图谱的结构特征时，发现仅依赖三元组提供的信息是不够的。人脑的知识结构比语言更为复杂。要使向量表示能够像符号表示一样准确地描述知识结构中的逻辑和语义，并支持推理，需要在向量学习过程中增加更多的限制。例如，为了表示一对多、多对一等关系的语义，需要引入额外的参数来存储和捕获这些关系。然而，这也会增加学习的负担，并对训练语料提出更高的要求。这导致了一种两难境地：一方面，客观需求要求对复杂的知识逻辑进行建模；另一方面，必须考虑训练的代价以及训练语料的不足。因此，知识图谱的表示学习实际上比文本表示学习更为复杂。

6.2.1.3　知识图谱存储与查询

在大多数知识图谱项目中，搭建图数据库并建立知识图谱查询引擎是最基础的工作。知识图谱存储需要适应大数据的特点，采用分布式、并行、可扩展的存储方案，解决海量数据的存储问题。知识图谱的存储需要考虑大数据的动态变化，支持增量式的数据更新和维护。同时，存储方式需要支持高效的查询和检索能力，支持复杂的语义查询和关联查询，满足不同用户和应用的需求。

典型的知识图谱数据库分为关系型数据库和原生图数据库，在应用时需要综合考虑知识的结构、图的特点、索引和查询优化等因素选择适当的数据库。

1. 关系型数据库

关系型数据库是知识图谱存储的重要方式。基于关系的知识图谱存储方案，包括三元组表、水平表、属性表、垂直划分、六重索引等。

（1）三元组表。

知识图谱中的事实是一个个的三元组，一种最简单直接的存储方式是设计一张三元组表用于存储知识图谱中所有的事实，三元组表就是在关系数据库中建立一张具有 3 列的表，这3 列分别表示主语、谓语和宾语。三元组表实例如表 6 - 1 所示。

表 6 - 1　三元组表实例

主语	谓语	宾语
Charles_Flint	born	1850
Charles_Flint	died	1934
Charles_Flint	founder	IBM
Larry_Page	born	1973
Larry_Page	founder	Google

三元组表结构简单直接，易于理解。但整个知识图谱都存储在一张表中，导致单表的规模太大；对大表进行查询、插入、删除、修改等操作的开销很大，这将导致知识图谱的实用性受限；将知识图谱查询翻译为 SQL 查询后会产生三元组表的大量自连接操作。

（2）水平表。

水平表存储方案同样非常简单。水平表的每行记录存储知识图谱中一个主语的所有谓语和宾语。实际上，水平表相当于知识图谱的邻接表。水平表的列数是知识图谱中不同谓语的数量，行数是知识图谱中不同主语的数量。水平表实例如表 6 - 2 所示。

表 6 - 2　水平表实例

主语	Born	Died	Founder	Board	...	Employees	Headquarters
Charles_Flint	1850	1934	IBM		...		
Larry_Page	1973		Google	Google	...		
Android							
Google						54 604	Mountain_View

水平表适用于谓语较少的知识图谱，但对于一行来说，仅在极少数列上具有值，表中存在大量空值，空值过多会影响表的存储、索引和查询性能；知识图谱的更新往往会引起谓语的增加、修改或删除，即水平表中列的增加、修改或删除，这是对表结构的改变，成本很高。

（3）属性表。

属性表存储仍然基于传统关系数据库实现，典型的如 Jena、FlexTable、DB2RDF 等都是采用基于属性表的存储方式。其基本思想是以实体类型为中心，把属于同一个实体类型的属性组织为一个表，即将属性表进行存储。属性表实例如表 6 - 3、表 6 - 4、表 6 - 5 所示。

表6-3 属性表实例（1）Person

主语	Born	Died	Founder	Board	Home
Charles_Flint	1850	1934	IBM		
Larry_Page	1973		Google	Google	Palo_Alto

表6-4 属性表实例（2）Os

主语	Developer	Version	Kernel	Preceded
Android	Android	4.1	Linux	4.0

表6-5 属性表实例（3）Company

主语	Industry	Employees	Headquarters
Google	Software，Internet	54 604	Mountain_View
Larry_Page	Software，Hardware，Services	433 362	Armonk

实际上，水平表就是属性表的一种极端情况，即水平表将所有主语划为一类，因此属性表中的空值问题得到很大的缓解。但是对于规模稍大的真实知识图谱数据，主语的类别可能有几千到上万个，需要建立几千到上万个表，这往往超过了关系数据库的限制；即使在同一类型中，不同主语具有的谓语集合也可能差异较大，会造成与水平表中类似的空值问题；水平表中存在的一对多联系或多值属性存储问题在属性表中仍然存在。

（4）垂直划分。

垂直划分（vertical partitioning）存储方案，为每种谓语建立一张两列的表（subject，object），表中存放知识图谱中由该谓语连接的主语和宾语，表的总数量即知识图谱中不同谓语的数量。垂直划分实例如表6-6所示。

表6-6 垂直划分实例

Born		Died		Founder	
主语	宾语	主语	宾语	主语	宾语
Charles_Flint	1850	Charles_Flint	1934	Charles_Flint	IBM
Larry_Page	1973			Larry_Page	Google
Board		Home		Developer	
主语	宾语	主语	宾语	主语	宾语
Larry_Page	Google	Larry_Page	Palo_Alto	Android	Google
Version		Kernel		Proceded	
主语	宾语	主语	宾语	主语	宾语
Android	4.1	Android	Linux	Android	4.0

Industry		Employees		Headquarters	
主语	宾语	主语	宾语	主语	宾语
Google	Internet	Google	57 100	Google	Mountain_View
Google	Software	IBM	377 757	Larry_Page	Armonk

谓语表仅存储出现在知识图谱中的三元组，解决了空值问题；一个主语的一对多联系或多值属性存储在谓语表的多行中，解决了多值问题。但是需要创建的表的数目与知识图谱中不同谓语数目相等，而大规模的真实知识图谱（如 DBpedia、YAGO、WikiData 等）中谓语数目可能超过几千个，在关系数据库中维护如此规模的表需要很大的开销；对于一个主语的更新将涉及多张表，产生很高的更新时的 I/O 开销；对于未指定谓语的三元组查询，将发生需要连接全部谓语表进行查询的极端情况。

（5）六重索引。

六重索引（sextuple indexing）存储方案是对三元组表的扩展，是一种典型的"空间换时间"策略，其将三元组全部六种排列对应地建立为六张表，即 spo（主语，谓语，宾语）、pos（谓语，宾语，主语）、osp（宾语，主语，谓语）、sop（主语，宾语，谓语）、pso（谓语，主语，宾语）和 ops（宾语，谓语，主语）。不难看出，其中 spo 表就是三元组表。六重索引通过六张表的连接操作不仅缓解了三元组表的单表自连接问题，而且提高了某些典型知识图谱查询的效率。

知识图谱查询中的每种三元组模式查询都可以直接使用相应的索引进行快速前缀范围查找，可以通过不同索引表之间的连接操作直接加速知识图谱上的连接查询。虽然部分缓解了三元组表的单表自连接问题，但需要花费 6 倍的存储空间开销、索引维护代价和数据更新时的一致性维护代价，随着知识图谱规模的增大，该问题会愈加突出；当知识图谱查询变得复杂时，会产生大量的连接索引表查询操作，依然不可避免索引表的自连接。

2. 原生图数据库

关系数据库虽然被称为"关系"，但不适合处理真实世界中的"关系"。关系型数据库的表结构需要事先定义好，对于动态变化的数据模型不太适用，需要频繁的模式变更操作。在关系型数据库中进行深度关联查询需要多表连接操作，对于具有复杂关系的知识图谱，查询的复杂性较高。

在图数据库中，属性、关系和实体类型的地位是平等的，这将极大地增强数据建模的灵活性。同时，图数据库可以充分利用图的结构特征建立索引，在下一节的原生图数据库实现原理中会进一步介绍。这里的基本思想就是将一张图表示为一个邻接列表，即将相邻关系表示成邻接关系表，再基于这个邻接关系表建立索引，优化图上的查询。

因此，图数据库建模带来很多好处。首先是自然表达：图是十分自然地描述事物关系的方式，更加接近于人脑对客观事物的记忆方式；其次是易于扩展：图模型更加易于适应变化，例如临时希望新增一种关系，只需新增边即可；再次是复杂关联表达：图模型易于表达复杂关联逻辑的查询，例如"查询生活在南方城市、年龄在 20 岁上下的人所喜欢的小吃的做法"等；最后是多跳优化：在处理多跳查询上，图模型有明显的性能优势。

目前主要的原生图数据库有 Neo4j、JanusGraph、OrientDB 等。

（1）Neo4j。

Neo4j 是目前最流行的属性图数据库，其原生图存储层的最大特点是具有"无索引邻接（index-free adjacency）"特性。所谓"无索引邻接"，是指每个顶点维护着指向其邻接顶点的直接引用，相当于每个顶点都可看作其邻接顶点的一个"局部索引"，用其查找邻接顶点将比使用"全局索引"节省大量的时间。这就意味着图导航操作代价与图大小无关，仅与图的遍历范围成正比。

（2）JanusGraph。

JanusGraph 是在原有 Titan 系统基础上继续开发的开源分布式图数据库。JanusGraph 的存储后端与查询引擎是分离的，可使用分布式 Bigtable 存储库 Cassandra 或 HBase 作为存储后端。JanusGraph 借助第三方分布式索引库 ElasticSearch、Solr 和 Lucene 实现各类型数据的快速检索功能，包括地理信息数据、数值数据和全文搜索。JanusGraph 还具备基于 MapReduce 的图分析引擎，可将 Gremlin 导航查询转化为 MapReduce 任务。

（3）OrientDB。

OrientDB 最初是由 OrientDB 公司开发的多模型数据库管理系统。OrientDB 虽然支持图、文档、键值、对象、关系等多种数据模型，但其底层实现主要面向图和文档数据存储管理的需求设计。其存储层中数据记录之间的联系并不像关系数据库那样通过主外键的引用，而是通过记录之前直接的物理指针。OrientDB 对于数据模式的支持相对灵活，可以管理无模式数据（schema-less），也可以像关系数据库那样定义完整的模式（schema-full），还可以适应介于两者之间的混合模式（schema-mixed）数据。在查询语言方面，OrientDB 支持扩展的 SQL 和 Gremlin 用于图上的导航式查询；OrientDB 的 MATCH 语句实现了声明式的模式匹配，这类似于 Cypher 语言查询模式。

需要注意的是，图数据库存储对于知识图谱应用并不是必需的，例如著名的知识图谱项目 Wikidata 后端是 MySQL 实现的。判断是否需要使用原生图数据库主要基于三个原则：第一个是高性能的关系查询，即如果应用场景涉及很多复杂的关联查询，图数据库有显著的性能优势，大部分知识图谱应用都涉及这类复杂关联查询；第二个是模型的灵活性，在无法预先定义明确的数据模型（即 schema），或需要融合跨多个领域的多来源数据时，图数据库具有很好地适应变化的优势；第三个是复杂图分析需求，例如涉及子图匹配、图结构学习、基于图的推荐计算等，图数据库通常会外接图算法计算引擎，因而会有较大的优势。

6.2.2 算法原理

6.2.2.1 本体构建

（一）本体

本体源于哲学的概念，知识工程学者借用了这个概念，在开发知识系统时用于领域知识的获取。本体是用于描述一个领域的术语集合，其组织结构是层次结构化的，可以作为一个知识库的骨架和基础。本体构建是用于对特定领域的知识进行形式化表示的方法。本体构建的目的是在人或软件之间分享对信息结构的共同理解，实现领域知识的重复使用，使领域假设更明确。

本体与大数据之间有着紧密的联系，本体可以为大数据提供更高层次的语义分析和推理能力，使大数据不仅是一堆数字和文本，而且是具有结构化和逻辑性的信息网络，从而为各种复杂的分析或推理提供依据。

目前关于本体的研究非常广泛，尤其是在国外，许多研究组织和机构都研究建立了各种各具特色的本体。针对目前出现的各种各样的本体，也出现了不同的分类方法，最为广泛的分类方法是根据本体应用主题，将这些为数众多的本体划分为五种类型：领域本体、通用或常识本体、知识本体、语言学本体和任务本体。

其中，领域本体在一个特定的领域中可重用，它们提供该领域特定的概念定义和概念之间的关系，提供该领域中发生的活动以及该领域的主要理论和基本原理等。对特定领域的本体研究和开发目前已涉及许多领域，包括企业本体、医学概念本体、酶催化生物学本体、陶瓷材料机械属性本体等。

领域本体主要有以下作用：可以明确专业术语、关系及其领域公理，使其形式化；在人与人之间、人与机器之间达到共享；实现一定程度的领域知识复用。

此外，也有学者提出以详细程度和领域依赖度两个方面对本体进行划分。其中，根据本体对领域的依赖程度由高到低可分为四个类别：顶级本体（top-level ontologies）、领域本体（domain ontologies）、任务本体（task ontologies）和应用本体（application ontologies），依照领域依赖程度的本体分类如图6-7所示。

（二）领域本体的构建研究

领域本体是用于描述指定领域知识的一种专门本体，它给出了领域实体概念及相互关系领域活动以及该领域所具有的特性和规律的一种形式化描述。目前本体构建主要有手工构建、复用已有本体（半自动构建）以及自动构建本体三种方

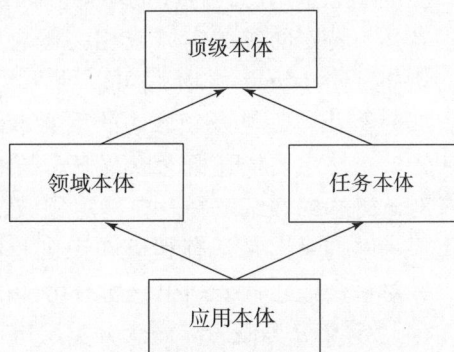

图6-7 依照领域依赖程度的本体分类

法。本节主要介绍手工构建本体的方法，并归纳出构建领域本体的一般步骤。

目前已有的本体很多，出于对各自问题域和具体工程的考虑，构造本体的过程也是各不相同的。由于没有标准的本体构造方法，不少研究人员出于指导人们构造本体的目的，从实践出发，提出了不少有益于构造本体的标准。通过分析总结，本体的设计原则可以概括如下。

（1）明确性和客观性，即本体应该用自然语言对所定义术语给出明确的、客观的语义定义。

（2）完全性，即所给出的定义是完整的，完全能表达所描述术语的含义。

（3）一致性，即由术语得出的推论与术语本身的含义是相容的，不会产生矛盾。

（4）最大单调可扩展性：即向本体中添加通用或专用的术语时，不需要修改其已有的内容。

（5）最小承诺，即对待建模对象给出尽可能少的约束。

（6）最小编码偏差，即本体的建立应尽可能独立于具体的编码语言。

（7）兄弟概念间的语义差别应尽可能小。

（8）使用多样的概念层次结构实现多继承机制。

（9）尽可能使用标准化的术语名称。

　　本体的开发和完善是一个反反复复不断补充的迭代过程。领域本体中的概念应该贴近于要研究的专业领域中的客观实体和关系法则。综合上节几种本体构建的工程思想，归纳并总结出以下构建领域本体的几个步骤。

　　（1）确定领域本体的专业领域和范畴。

　　领域知识往往十分庞大，本体不可能包括所有的概念，因此，在建立本体前必须先确定本体将覆盖的专业领域、范围和应用目标，本体应该在哪些方面发挥作用以及它的系统维护者与应用对象。不同的应用领域，领域概念肯定是不同的，即使是同一个领域，由于应用的不同，本体表示的概念的侧重点也会有所不同。因此，建立本体之前一定要明确本体建立的领域和应用目标。本体是一个复杂的知识体系，确定每个阶段的范围和目标有助于对本体模型的范围做一个限定，有利于复杂系统的实现。

　　（2）考虑复用现有的本体。

　　本体的主要作用就是解决知识的共享和重用问题。所以在设计和建立自己的领域本体之前，应该考虑重用已经存在的本体。如果系统需要和其他的应用平台进行互操作，而这个应用平台又与特定的领域本体或相关概念联系在一起，那么复用现有的本体是行之有效的方法。例如，Ontolingua 本体库可以导入本体开发系统，并且本体的格式转换也并不困难。

　　（3）列出本体涉及领域中的重要术语。

　　领域本体主要描述概念以及概念与概念之间的关系，首先要列举出该领域中的所有概念以及对该概念的详细解释。在特定领域，这些概念就是与领域相关的专业术语。把领域中一些重要术语列举出来，有利于知识工程师更好地理解本体建立的目标，明确方向。除此之外，针对每个概念，要列出它所有可能的属性，每个属性都有对应的属性值。

　　（4）定义分类概念和概念分类层次。

　　概念分类层次将领域概念进行分类组织，用于描述领域概念间的类属关系，并将本体中的概念模块化。建立一个分类概念的层次结构有三种可行的方法：自顶向下法、自底向上法和综合法。

　　一般领域概念分类层次对应一棵树，树中的节点体现了领域概念间的层次结构关系。树由四类元素组成：根节点、枝节点、树枝、叶子节点。

　　建立领域概念的分类关系后，将分类概念的属性值添加到分类概念中，这样就把领域概念通过树形结构形象地描述出来，并且通过树结构清晰地体现领域概念之间的类属关系。每一个子树都对应领域中独立的、模块化的知识模型。

　　领域分类概念应该包括概念名称，语义描述，该概念可能的同义词、缩略语。定义分类概念，就是对这些信息进行描述。同时，要对所建立的概念分类层次进行检验，保证没有重复的概念，防止冗余定义。

　　（5）定义概念之间的关系。

　　概念的分类层次结构体现了分类概念之间的一种继承关系（kind - of），但是在领域本体中，概念和概念之间通过关系来交互，除了继承关系，在我们构建的领域本体中还可以根据需要定义其他的关系。

　　（6）定义属性的限制。

　　类的属性有着许多限制（facets），如值的类型、允许的值、值的数量等。下面将介绍一些常见的限制。

①属性基数：定义一个属性可以有多少个值。有些本体只区分单数或复数的基数，有些本体则进一步定义基数最大和最小值；

②属性值类型：描述一个属性的值的类型，常见的类型包括 String、Number、Boolean、Enumerated、Instance；

③属性的领域和范围：对于 Instance 类型的属性，其允许的类的列表被称为属性的范围，而一个属性所属的类被称为该属性的领域。领域一般不需要单独指定，在设置属性时通常默认被设置的类为该属性的领域。

（7）创造实例。

最后一步是创造类的具体实例。

（三）领域本体构建过程中存在的问题

目前领域本体构建主要有三种方法：手工构建、复用已有本体以及自动构建本体，前两种方法最为常用。目前，领域本体主要依赖手工构建，需要耗费大量的人力。但综合来看，三种构建方法各自存在着不同程度的弊端。

（1）手工构建。

尽管本体编辑工具在近十年已经比较成熟，然而手工构建本体费时、费力且花费巨大已经成为不争的事实。本体手工构建过程尚缺少一套工程化的科学管理流程作为支撑，这使本体的构建主观性太强，且比较随意，缺少科学管理和评价机制。

这种本体构建方法存在以下几个主要问题。

①需求描述不充分和建设过程的无计划性。对于某个领域的本体建设，它的具体需求是很难描述清楚的。所以在没有充分明确的需求情况下去建设本体，会直接导致本体建设过程的无计划性，这样在建设过程中就有可能要重新计划。

②建设过程缺少规范性。领域本体建设还没有成熟的方法论作为指导，更不用说对建设过程的规范管理。从软件开发过程的管理中，可以看出文档的重要作用。因此，在领域本体建设过程中同样也得关注文档，从文档的编写中总结出规范。

③成果没有评价标准。本体的评价方法没有统一的标准，更没有标准的测试集。不能对本体的建设成果进行合理评价，必然影响下一个周期中的进化过程。

④忽视本体的共享和重用。

领域本体建设的目的不能仅为某一个系统提供服务，而是为不同系统提供交流的语义基础。本体建设的过程，也是人类知识机器化积累的过程。所以共享和重用是本体的本质要求，这也是领域本体建设中很重要的问题。

（2）复用已有本体。

基于叙词表和基于顶层本体的构建方法均属于复用已有本体的半自动构建方法。复用已有的本体，可以获得领域知识以及概念关系，使本体构建有一个很好的起点。

目前可复用的本体资源主要有：叙词表，如中国农业科学叙词表、国防科学技术叙词表等；顶层本体，如 Cyc、SUMO、WordNet、FrameNet 等；数据库；在线本体库，如本体工程组（ontology engineering group）和深度对抗互学习（deep adversarial mutual learning，DAML）。

但是，目前很少有现存的不经修改就能被复用的本体，况且有不少领域没有可供利用的本体资源。同时本体复用带来了不同本体匹配的问题，本体映射目前仍然是第二代互联网研究中亟待解决的难题之一。此外有些本体资源改造起来需要大量的投入，改造已有本体的代价是否值得，也是目前正在研究的课题。

（3）自动构建本体。

研究者借鉴知识获取的相关技术，有基于自然语言规则的方法和基于统计分析的机器学习方法。目前这种构建方法还处于研究阶段，利用机器学习会产生大量的噪声数据，缺乏必要的语义逻辑基础，抽取的概念关系松散且可信度无法得到很好的保障。利用自然语言处理技术，概念间潜在关系的分析则需要依赖复杂的语言处理模型。尽管机器学习应用于本体自动构建有巨大的潜力，但是距离良好的可理解性尚有很大的距离，随着研究的深入这种状况应该有望得到改善。

6.2.2.2 信息抽取

信息抽取是知识图谱构建中的关键环节，它旨在从大量的非结构化和半结构化数据中自动提取出有价值的信息。这些数据可以包括文本文档、新闻报道、论文、网页等。信息抽取的目标是将这些数据转化为结构化的形式，以便于在知识图谱中进行存储、检索和推理。信息抽取通常包括的任务有实体识别与关系抽取两种。

（一）实体识别

实体识别（entity recognition）任务的主要目标是从文本中识别出代表实体的边界，并判断其类别。具体来说，包括各类有特定意义的实体，如时间、地点、天气等，如图 6 - 8 所示。

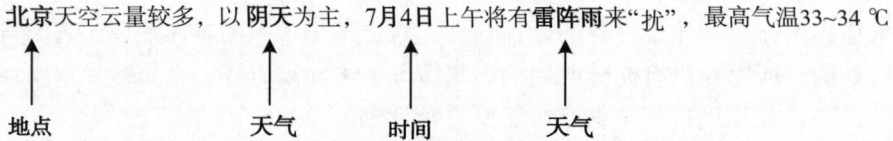

北京天空云量较多，以阴天为主，7月4日上午将有雷阵雨来"扰"，最高气温33~34 ℃

地点　　　　　　　天气　　时间　　　天气

图 6 - 8　实体识别任务举例

实体识别是知识图谱构建的基础工作，也是进一步实现关系抽取、事件抽取等更加复杂知识图谱任务的前提。实体识别主要通过基于规则的方法、基于统计模型的方法或基于深度学习的方法等来实现。

（1）基于规则的方法。

基于规则的方法是最简单的方法。通过人工定义正则表达式来为不同的实体的出现未知提供约束，如×××老师前面几个字很可能是一个人名或课程名。这类方法的优势之处在于，对于某些类型的实体抽取准确，如在一些特殊的领域任务上，有一些带有歧义的实体，通过人工构建规则可以很好地识别。但是其缺点也是显而易见的，就是其需要消耗大量的人力和时间；同时人工规则往往很难做到通用，易出现大量冗余的模板和规则冲突。

基于上述问题，在本任务上的一个更加通用的做法是利用机器学习模型。实体识别任务也可以定义为一个序列标注问题，即给定一个句子，需要通过一个分类器给每个词打一个标签，在训练阶段进行监督训练，从而获得一个分类算法，以便后续完成整个句子的序列标注。首先要做的是确定实体识别的标签体系。例如，粗粒度的 IBO 标注体系简单地定义 B - ORG、I - ORG，O 分别代表机构的起始、中间和其他标签。同时，和大多数机器学习模型一样，需要设计各类的特征来训练分类器。常见的特征有词性、依存关系、前后缀特征、长度和字符特征等。概括来说，这类模型的四个阶段是确定标签体系、选择合适的模型、定义特征、进行模型训练。

（2）基于统计模型的方法：HMM 的实体识别。

HMM 是比较传统的机器学习实体识别模型。HMM 是有向图模型，图中的节点分为两类：一类是隐变量，即要预测的标签，如 B – ORG 等；另一类是观测变量，即句子中的词。HMM 基于马尔可夫性，假设各个特征之间是相互独立的。

如图 6 – 9 所示，通过给定隐藏状态集合 Q，即所有可能的标签集合；给定观测状态集合 V，即句子所有可能的词集合。给定一个长度为 T 的句子，HMM 用 I 表示这个句子对应的隐状态序列，也就是标签组成的序列，用 O 代表观测序列，即原始词序列。

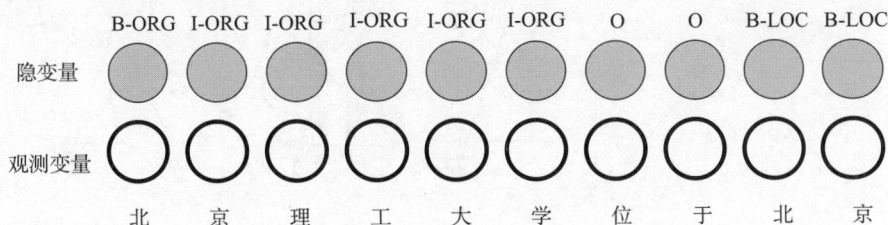

图 6 – 9　利用 HMM 建模实体序列标注问题

在训练过程中，HMM 定义一个概率转移矩阵 A，其中的元素 a_{ij} 代表标签 i 转移到另一个标签 j 的概率；同时还有一个发射概率矩阵 B，其中的元素 $b_{j(k)}$ 代表从某一个隐藏状态 j 生成观测状态 k 的概率。隐藏状态的初始分布为标签的先验概率分布。下面是 HMM 的三个主要计算问题。

首先是评估观测序列概率，即给定模型的参数 λ，包含 A、B 和隐藏专题先验分布概率；其次是给定一组观测序列 O，需要估计模型的参数，使模型在观测序列的条件概率 $p(O \mid \lambda)$ 最大，这一步用到了基于 EM 算法的鲍姆·韦尔奇算法；最后是预测问题，即解码问题。在训练完毕的情况下，利用得到的参数 λ，为给定的句子执行序列标注。这一步用到了基于动态规划的维特比算法。维特比算法将解码问题转换为一个最优路径搜索问题。

维特比算法是一个通用的解码算法，是基于动态规划的求序列最优路径的方法。寻找最大概率对应的状态序列即在一个图上的搜索问题。具体来说，若每个状态作为有向图的一个节点，节点间距离由转移概率决定，节点本身的花费由发射概率决定，则所有的备选状态构成一幅有向无环图，待求的概率最大就是图中的最长路径。而维特比算法目标即搜索最长路径，如图 6 – 10 所示。

在 HMM 的基础上，改进产生了基于 CRF 的实体识别模型：条件随机场模型。随机场包含多个位置，每个位置按某种分布随机赋予一个值，其全体就叫作随机场。马尔可夫随机场假设场中某个位置的赋权值仅与其相邻的权值有关。条件随机场在马尔可夫随机场的假设基础上，进一步假设只有 X 和 Y 两种变量，X 一般是给定的，而 Y 一般是在给定 X 的条件下的输出。例如：实体识别任务要求对一句话中的十个词做实体类型标记，这十个词可以从实体类型标签集合中选择，这就形成了一个随机场。如果假设某个词的标签只与其相邻词的标签有关，则形成马尔可夫随机场，同时由于这个随机场只有两种变量，令 X 为词，Y 为实体类型标签，则形成一个条件随机场，即最终目标就是求解给定输入词序列 X 为条件下的概

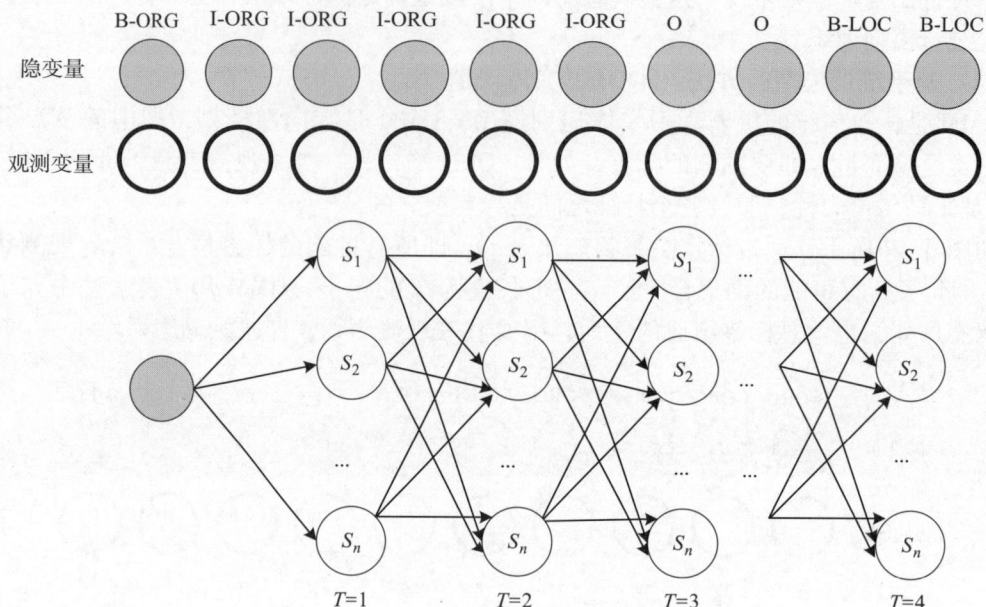

图 6-10 解码问题转化为最优路径搜索问题

率最大的序列 Y，即 $p = (Y|X)$。与 HMM 的隐藏状态标签仅由其前一个状态标签所决定（即转移概率）相比，CRF 的隐藏状态标签可以由前后两个状态标签以及该标签对应的词所决定。目标就是求解 $p = (Y|X)$ 的最大值，计算这一问题依然可以利用上述的维特比算法。

（3）基于深度学习的实体识别方法。

基于特征工程的机器学习方法仍需要人工筛选出特征。随着深度网络的发展，基于深度学习的实体识别方法逐渐发展起来。一般来说，本类方法可以分为三部分。例如，给定输入的一句话，模型首先通过预训练模型对其进行词嵌入为向量，然后通过网络结构如 RNN、LSTM 或 Transformer 等学习其上下文表示，最后通过 Softmax 等解码器输出生成序列标注。

下面以基于 BiLSTM + CRF 模型的实体识别为例进行介绍。如图 6-11 所示，首先将输入的句子预训练或者随机初始化，利用 BiLSTM 模型，生成前向和后向两个隐藏序列。采用双向的原因是一个词所对应的序列会受前后两个方向的词的影响。LSTM 层输出 p 的每一维代表将 x 分类到第 j 个标签的概率。然后，为了进一步捕获标签之间的转移依赖关系，在 LSTM 后叠加一个 CRF 层，其参数就是标签的状态转移矩阵，即表示从第 i 个标签到第 j 个标签的转移得分，该矩阵在随机初始化后通过模型训练得到。最后，模型叠加一个解码层，比如维特比算法来输出序列对应的标签序列。

随着深度学习的不断发展，基于预训练的语言模型在实体识别的任务上取得了很好的效果，进入大模型时代后，很多模型如 BERT、GPT、ELMO 等都能更加深度地学习序列特征，在实际的各类场景中微调后取得非常高质量的效果。但是目前，实体识别仍然面临着标签分布不平衡、实体嵌套等问题，尤其是在中文的实体识别任务上，因为变化、歧义、简化表达的各种现象，造成了一定的困难。

（二）关系抽取

关系抽取（relation extraction）是从文本中获取知识图谱三元组的重要技术手段，指从

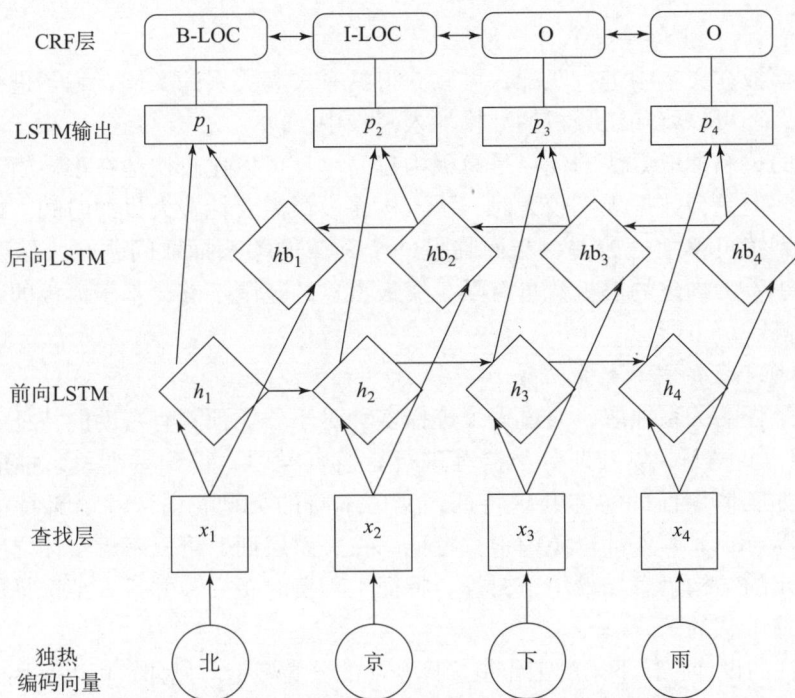

图 6-11　基于 BiLSTM + CRF 的实体识别模型框架

文本中抽取出两个或者多个实体之间的语义关系。关系抽取与实体识别关系密切，一般在识别出文本中的实体后，再抽取实体之间可能存在的关系，如图 6-12 所示。

5 月 30 日上午 9 时 31 分，搭载神舟十六号载人飞船的长征二号运载火箭在酒泉卫星发射中心成功发射

（长征二号运载火箭，搭载，神舟十六号载人飞船）　　（长征二号运载火箭，发射于酒泉卫星发射中心）

图 6-12　关系抽取任务实例

目前关系抽取方法按照框架可以分为基于模板的关系抽取方法、基于监督学习的关系抽取方法和基于弱监督学习的关系抽取方法；按照模型可以分为基于特征工程的抽取方法、基于核函数的抽取方法、基于图模型以及深度学习模型的关系抽取方法；按照领域可以分为基于封闭领域的抽取方法和基于开放领域的抽取方法。

1. 基于模板的关系抽取方法

早期的语言学家基于语义统计的方法，发现特定的句法范式和特定的关系类别有很大程度的关联程度，因此早期的实体关系抽取方法大多基于模板匹配实现。这类方法基于语言学知识，结合手工编写的模板，从文本中匹配具有特定关系的实体。在小规模、限定领域的实体关系抽取问题上，这类方法有着较好的效果。这类方法也被称为基于触发词匹配的关系抽取。

- 例句 1：汤姆一家前往了位于［北京］的［故宫］参观，感受了中华文化的美。
- 例句 2：［埃菲尔铁塔］坐落于［法国巴黎］，用以庆祝法国大革命胜利 100 周年，由法国政府进行招标修建。

可以简单地将上述句子中的实体替换为变量，从而得到如下能够获取位置关系的模板：

- 模板 1：位于［Y］的［X］
- 模板 2：［X］坐落于［Y］

基于上述模板在文本中进行匹配，可以获得具有夫妻关系的实体，为了进一步提高模板匹配的准确率，还可以将句法分析的结构加入模板中。

基于模板的关系抽取方法的优点是模板构建简单，可以比较快地在小规模数据集上实现关系抽取系统。但是当数据规模较大时，手工构建模板需要耗费大量的时间。此外，基于模板的关系抽取系统可移植性较差，当面临另一个领域的关系抽取问题时，需要重新构建模板。此外，由于手工构建的模板数量有限，模板覆盖的范围不够，基于模板的关系抽取系统召回率普遍不高。

2. 基于特征工程的关系抽取方法

基于特征工程的关系抽取，通过人工选择多种对于分类预测有帮助的特征，随后利用机器学习分类器，如 SVM、贝叶斯分类器等进行有监督学习，得到一个关系抽取模型。所选择的特征包括如实体层面的实体共现特征，实体本身的类型、语法及语义特征等。除此以外，还可以从 WordNet 等外部资源中引入特征。在关系层面，可以考虑实体之间的词、依存关系，以及特定的结构信息如最小子树等。特征工程费时费力，并且人工选择的特征对于预测结果未必是最敏感的。

完成了特征的设计，接下来的工作是选择合适的分类模型。例如，可以采用最大熵模型来做分类预测。最大熵原理认为，学习概率模型时，在所有可能的概率模型中，熵最大的模型是最好的模型。因此，可以定义优化目标是在知道 X 的条件下使熵最大的条件概率 $p = (Y \mid X)$，同时要求满足一组约束条件。这些约束条件就是需要针对句子样本定义的特征函数。

3. 基于核函数的关系抽取方法

基于特征工程的机器学习方法需要人工构建大量的特征，费时费力。在关系抽取任务上，所需要的特征往往更加巨大，因此出现了基于核函数的抽取方法。

给定句子空间 X，核函数 $K: x * x -> [0, \infty)$ 表示一个二元函数，它以 X 中的两个句子 x、y 为输入，返回二者的相似度得分 $K(x, y)$。具体而言，给定输入文本 T 中的两个实体 e_1 和 e_2，核函数方法采用下述方法计算它们之间满足关系 r 的置信度。首先从标注数据中找到文本 T'，且 T' 中包含满足关系 r 的 e'_1 和 e'_2；然后基于核函数计算 T 和 T' 之间的相似度，作为 e_1 和 e_2 满足关系 r 的置信度。

这种做法背后的思想是如果两个实体同时满足某个关系 r，这两个实体对分别所在的上下文本也应该相似，该相似通过核函数计算得到。常用的计算方法有基于字符串核（sequence kernel）和基于树核（tree kernel）函数。字符串核的基本实现思想如图 6 - 13 所示。

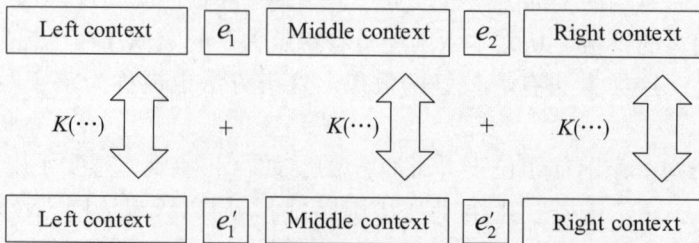

图 6 - 13　字符串核的基本实现思想

该方法的具体工作流程如下。

首先，输入数据包括一段文本以及文本中的实体。实体可以通过实体识别算法从文本中提取出来，并进行标注，确定实体的边界和实体类型。例如，在句子"John works at Microsoft."中，识别到的实体对为（John，Microsoft），其中"John"是人物实体，"Microsoft"是公司实体。

其次，通过特征提取和表示的步骤，为每个实体对提取相关的特征。这些特征可以是词语、词性、依存关系等信息，可以通过文本预处理和特征工程方法得到。特征提取后，实体对将以向量的形式表示，其中每个特征对应一个维度。例如，使用词袋模型表示实体对（John，Microsoft），可以得到向量表示 [1，0，0，1，0，…]，其中 1 表示该词出现，0 表示该词未出现。

再次，使用核函数计算实体对之间的相似度或相关性。核函数可以将实体对的向量映射到一个高维特征空间中，并度量它们在特征空间中的相似度。常用的核函数包括线性核函数、多项式核函数和高斯核函数等。计算得到的相似度值可以反映实体之间的关系强度。

最后，通过关系分类与抽取的步骤，利用分类器对实体对进行关系分类。分类器使用训练数据对实体对进行学习，并根据核函数计算得到的特征进行关系分类。常用的分类器包括支持向量机 SVM、逻辑回归等。分类器输出的结果是实体之间的语义关系，例如"John"和"Microsoft"之间的关系可以分类为"工作于"。

总结来说，基于核函数的关系抽取技术通过将实体对的文本表示映射到高维特征空间，利用核函数计算相似度，然后使用分类器对实体对进行关系分类和抽取。这种技术能够从文本中自动识别和提取实体之间的语义关系，为知识图谱构建和应用提供基础。

4. 基于深度学习模型的关系抽取方法

基于特征工程的方法需要人工设计特征，这类方法适用于标注数量较少、精度要求较高、人工能够胜任的情况。基于核函数的方法能够从字符串或句法树中抽取大量特征，但这类方法始终是在衡量两段文本在字符串或子树上的相似度，并没有从语义的层面对两者做深入比较。此外，上述的两类方法都需要做词性标注和句法分析，用于特征抽取或者核函数计算，可能会把前序模块产生的误差和噪声传导到后续的关系抽取任务，不断放大。

基于深度学习的方法采用端到端的抽取方法，大幅度减少特征工程，并减少对词性标注等预处理模块的依赖，是当前关系抽取的主流技术路线。

下面介绍两种常见的基于深度学习模型的关系抽取方法以及相关的例子。

（1）CNN。CNN 方法在关系抽取中常用于建模局部特征。它通过卷积操作来捕捉输入文本的局部上下文信息，并提取关系特征。一种经典的 CNN 模型是基于卷积和池化层的结构，如用于关系分类的基于卷积神经网络的关系抽取模型（convolutional neural network for relation extraction，CNN - RE）。CNN - RE 模型通过卷积层和池化层对文本进行特征提取，然后将提取的特征输入全连接层进行关系分类。例如，可以使用 CNN - RE 模型来从句子中识别出"人物之间的亲属关系"，如"张三是李四的父亲"。

（2）RNN。CNN 不善于处理远距离依赖关系，但 RNN 方法在关系抽取中常用于建模序列信息和长期依赖关系。RNN 通过对输入序列进行逐步处理，将历史信息传递到当前时刻，并对关系进行建模。一种常见的 RNN 模型是长短期记忆网络，它能够捕捉输入序列中的上下文依赖关系。例如，可以使用基于 LSTM 的关系抽取模型从文本中识别"药物与疾病之间的治疗关系"，如"阿司匹林可以用来治疗头痛"。

这些基于深度学习模型的关系抽取方法通常需要大量的标注数据进行训练，但它们能够自动地从文本中学习特征表示，具有较强的表达能力和泛化能力。此外，还有一些模型结合了 CNN 和 RNN 等网络结构，如基于卷积和长短期记忆网络的关系抽取模型（convolutional and LSTM for relation extraction，C-LSTM），结合注意力机制的 BiLSTM 模型等。这些模型不断推动着关系抽取领域的研究和应用，并在许多实际场景中取得了很好的效果。随着预训练模型的出现，关系抽取任务的效果进一步提升，基于 BERT 等预训练模型的方法可以在领域微调的基础上快速地获得一个高质量关系抽取模型，有着十分显著的应用优势。

5. 基于 Bootstrapping 的半监督关系抽取方法

还有一类半监督的抽取方法称为 Bootstrapping。其主要思想是通过迭代的方式不断更新和扩充训练数据集，同时训练关系分类模型。具体来说，利用少量实例作为初始种子集合，然后进行学习得到新的规则库，进而基于扩充的规则库抽取新的三元组并扩充种子集合，通过不断迭代，从非结构数据中寻找和发现新的潜在关系三元组。Bootstrapping 是一种朴素的迭代扩充样本的方法，其基本思路如图 6-14 所示。此类方法的一般步骤如下。

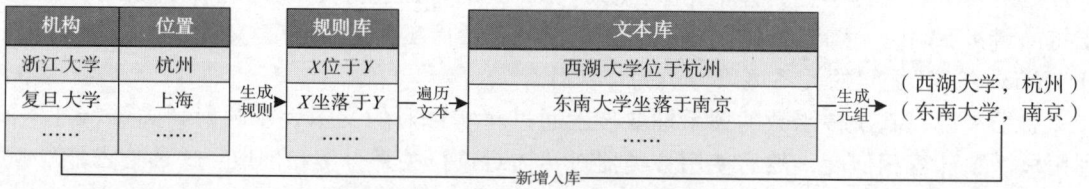

图 6-14 Bootstrapping 的基本思路

（1）种子实例标注。首先，从已有的标注数据中选择一些种子实例，这些种子实例是已经人工标注过的正例（存在关系）和负例（不存在关系）。

（2）关系分类模型训练：使用种子实例构建初始的训练数据集，并利用这些数据训练一个关系分类模型，例如支持向量机或深度学习模型。

（3）关系抽取。使用训练好的模型对未标注的数据进行关系抽取。这些未标注数据可能是从大规模的语料库中自动收集而来的。

（4）标签生成。基于关系分类模型的输出，对未标注数据生成新的标签。通常，将模型输出的置信度较高的实例作为新的正例，并将置信度较低的实例作为新的负例。

（5）数据扩充。将新生成的标签数据添加到训练数据集中，并与已有的标注数据合并，形成扩充后的训练数据集。

（6）模型更新。使用扩充后的训练数据集重新训练关系分类模型，更新模型的参数。

重复迭代上述过程，直到满足停止条件，即训练得到了一个关系抽取模型。

此类方法存在的主要问题是语义漂移问题。比如种子词对应的类型是城市，但是经过种子词获取的模板再次应用于文本后，新增的实体类型可能是一个州，也可能是一个国家。此类新增加的实例与种子不相关或不属于同一类型的问题称为语义漂移问题。

此外，另一个问题是错误传播问题：在迭代过程中，由于初始种子实例的标注可能存在误差，错误的标签可能会在迭代过程中被传播并累积，这会导致模型训练过程中的偏差和不准确性。解决这个问题的方法包括引入人工审核机制、增加标注数据的多样性以减少错误传播，或使用主动学习策略来选择最具信息量的实例进行标注。由于自动生成的标签可能存在噪声，即错误的标签。噪声标签会对模型的训练产生负面影响，因此需要设计一些方法来减少噪声标签的影响。例如，可以使用标签修正策略，通过对模型输出进行后处理或者引入置信度阈值来过滤噪声标签。此类方法重点之一是迭代停止条件的设计，以避免过拟合或无效的迭代。停止条件可以根据模型的性能指标进行设置，例如模型的准确率、召回率或 $F1$ 分数的变化情况，或者达到一定的迭代次数。

6. 常见的信息抽取工具

开放信息抽取（open information extraction，OpenIE）是一种自然语言处理工具，旨在从大规模文本中提取出结构化的、可理解的三元组信息，其中三元组由实体、关系和上下文组成。与传统的信息抽取方法相比，OpenIE 具有更高的灵活性和开放性，能够从文本中提取出更多的信息，并且不需要预定义的模式或模板。

OpenIE 在实际应用过程中具有以下优势。

（1）开放性：OpenIE 不依赖于预定义的模板或规则，而是通过自动化的方式从文本中抽取出潜在的实体和关系信息，因此可以处理多种类型和领域的文本数据。

（2）结构化信息提取：OpenIE 从文本中提取的信息以结构化的三元组形式呈现，通常表示为主语—谓语—宾语，方便后续的信息处理和分析。

（3）上下文感知：OpenIE 考虑了上下文的信息，尽可能从文本中提取更准确和完整的关系信息，以便更好地理解文本中的语义关系。

OpenIE 的工作流程可以概括为以下几点。

（1）句子分割：将输入的文本划分成句子级别的语言单位。

（2）词性标注和句法分析：对每个句子进行词性标注和句法分析，以获得单词的词性和句法结构信息。OpenIE 使用依存句法分析技术来分析句子的结构，识别句子中单词之间的依存关系。这些依存关系提供了句子中词语之间的语义信息，用于关系抽取和实体关系建模。

（3）命名实体识别：OpenIE 使用命名实体识别技术来识别句子中的实体，如人名、地名、组织机构等。这些实体可以作为关系抽取的主体或客体，用于构建关系三元组。

（4）关系抽取：利用句法分析和命名实体识别的结果，识别出句子中的候选关系三元组，通常涉及模式匹配、依存关系解析和语义角色标注等技术。

（5）关系过滤和归并：对候选关系进行过滤和归并，以排除冗余和不相关的信息，并将相似的关系归并为一个更准确的三元组表示。

（6）结果输出：将抽取的结构化关系以三元组的形式呈现，以便后续的数据处理和分析，结果实例如图 6 – 15 所示。

OpenIE 技术在自然语言处理和知识图谱构建中具有广泛的应用，可以用于知识图谱的自动化构建、信息检索、问题回答等任务。它提供了一种灵活、开放的方式来抽取和理解文本中的信息，并为进一步的信息处理和分析提供了基础。

（三）小结

信息抽取的结果可以作为知识图谱的基础，为知识的组织、检索和推理提供支持。它可以帮助丰富知识图谱的内容，并为后续的应用和分析提供更多的可靠数据。在进行信息抽取时，还需要考虑一些挑战性问题和技术选择，例如，文本的多样性和复杂性、实体和关系的

Input	Extraction
Durin, son of Thorin	(Durin; is son of ; Thorin)
Thorin's son, Durin	(Thorin; 's son; Durin)
IBM CEO Arvind	(Arvind; is CEO of; IBM)
President Trump	(Trump; is; President)
Fischer of Austria	(Fischer; is of; Austria)
IBM's research group	(IBM; 's; research group)
US president Trump	(Trump; president of; US)
Our teacher,Li Hua	(Our teacher; is; Li Hua)

图 6－15　信息抽取实例

歧义性、领域特定的语言和知识等。解决这些挑战性问题可以采用领域自适应的方法、远程监督和半监督学习等技术。

6. 2. 2. 3　融合补全

（一）知识图谱融合

知识融合旨在合并知识图谱，可以起到数据清洗和数据继承的作用。随着信息的爆炸性增长，知识分布在不同的数据源和知识图谱中，形成了知识的碎片化和数据的孤立，使单个知识图谱无法提供全面和完整的知识。通过融合合并多个知识图谱，可以将分散的异构的知识资源整合成一个更大的、更全面的知识图谱，削弱知识碎片化和数据的孤立问题。同时，不同的知识图谱可能使用不同的本体和语义表示，导致语义的异构性。知识图谱融合可以通过本体对齐和语义桥接等技术，确保融合后的知识图谱在语义上保持一致。这有助于提高知识的互操作性，使不同的知识图谱之间可跨领域查询、推理和集成。

知识图谱融合可以利用不同图谱中蕴含的丰富知识填补单个图谱中的空白和缺漏。融合后的知识图谱可以揭示实体之间的隐藏关系和相互作用，发现新的模式和知识，这有助于应用层面的能力提升。在诸多应用领域，如智能搜索、推荐系统、智能问答等，都可利用该技术综合多个知识源，促进知识的协同建设，增强了应用的智能化和个性化。

知识图谱包含描述具体事实的实例层和表达抽象知识的本体层。实例层包括海量的事实知识以表达具体的实体对象和对象之间的关系；本体层包含抽象的知识，如概念、公理。因此，在知识图谱的融合过程中，两个主要的步骤是本体层匹配和实例层匹配。本体层包含等价类、子属性、子类及等价属性等；实例层则包含了等价实例。

在本体层面，由于数据、数据结构等的差异，不同的知识库对相同属性存在不同的称谓。知识融合需要寻找本体间的映射规则，并消除本体异构，达到异构本体间的互操作。在实例层面，相同的实体可能存在别名、缩写等指代称谓，两个不同的知识图谱中的不同实例其实是相同的实体。知识融合需要对齐不同知识图谱中相同的实体。

知识融合技术可以分为本体匹配和实体对齐两类。本体匹配也称为本体映射、本体对齐；实体对齐又称为实体匹配、实体消解等。知识融合本质上是在合并知识图谱。基本的问题都是研究如何将多个来源的关于同一个实体或本体的描述信息融合起来。

1. 本体层融合：本体匹配

本体是领域知识规范的抽象和描述，是表达、共享、重用知识的方法。本体是知识图谱的知识表示基础，知识图谱可以看作本体知识表示的一个大规模应用。本体匹配旨在发现源本体和目标本体之间的映射单元的集合，如图 6－16 所示。具体来说，本体匹配的目标是发现一个三元组，包含一个源本体，一个目标本体，以及一个映射单元集合。

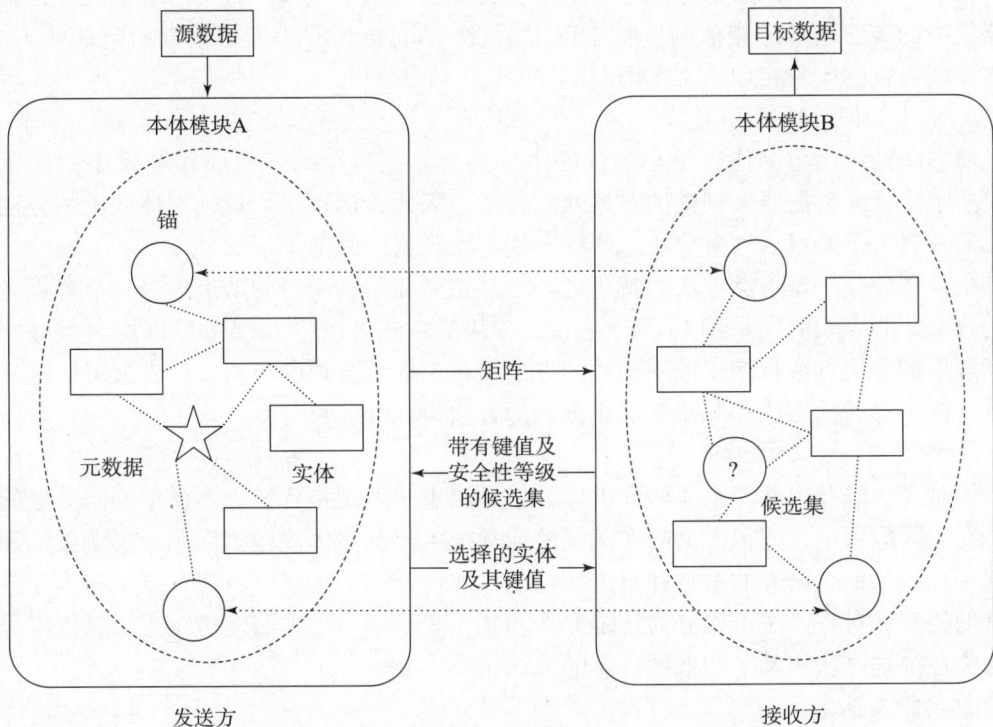

图 6－16　本体匹配：术语匹配 + 结构匹配

（1）基于术语匹配的方法。

基于术语匹配的本体层融合核心思想是比较本体的标签、名称等文本信息间的相似性，实现本体的对齐。基于术语的本体匹配方法可以分为基于字符串的方法和基于语言的方法。

基于字符串的方法较为通用，可以直接比较本体的字符串结构，将字符串规范化，具体为：空白规范化、消除变音符、大小写规范化、消除标点。随后，通过度量规范化的字符串之间的距离进行对齐计算。常见的字符串距离计算方法有编辑距离、汉明距离和字串相似度等。

（2）基于结构特征的方法。

基于术语匹配的方法只考虑了术语文本之间的差异，在建立异构知识关联的过程中，基于结构特征的匹配可以利用不同本体包含的结构信息补充术语匹配不足，进而提升映射的效果。本类方法的核心思想是基于本体结构图中包含的概念、属性等信息，补充文本信息。

基于结构特征的方法可以再进一步细分为间接的结构匹配和直接的结构匹配。前者在匹配过程中考虑了结构信息，如邻居、属性、上下文等；后者则采用图匹配算法，但计算复杂度高。

以一个经典的基于结构特征的方法为例——AnchorPROMPT，本方法主要在术语匹配的基础上进一步基于复杂的本体结构发现可能相似的本体成分。输入是一个相关术语对的集合，每一对术语分别源于不同的本体。在对该集合进行结构分析后，输出语义相关的术语对。

AnchorPROMPT，将每个输入的本体 O 看作有向图 G，每一个概念都是 G 中的节点。对于两个概念节点 A 和 B，如果存在一个路径连通节点 A 和节点 B，那么在本方法中，就假设这个路径中的概念通常是相似的。基于以上假设，AnchorPROMPT 会根据给定的输入术语，输出本体间存在的大量相似语义术语对。

（3）基于知识分块的方法。

先前方法的使用范围往往是小规模的本体集合，在实际的工程应用场景中，如生物本体、安全本体，通常需要大规模的本体匹配技术。因此，出现了大规模本体匹配的方法。本类方法通常有三个阶段：划分分块、匹配分块、发现实体映射。

其中，划分分块是本类方法的特色之一，其意义在于将海量的节点拆分，显著提升知识融合的效率。研究表明，对于 10 万个记录，分块的方法可以将 11.6 d 的匹配过程缩短至分钟级。常见的分块方法有基于散列函数的方法和基于邻近分块的方法，后者又可以进一步细分为基于排序邻居的方法和基于红黑集覆盖的方法等。

2. 实例层融合：实体对齐

实体对齐的问题定义与本体匹配类似，但是侧重于发现指代知识图谱中相同对象的不同实例。在实际应用中，知识图谱的实例规模通常远大于其本体规模。因此，实例层的知识融合方法一直以来都是研究的重点和难点之一。

常见的实体对齐方法可以分为传统方法和基于表示学习的方法。传统方法又可以分为基于等价关系推理方法和基于相似度计算的方法。

（1）传统方法。

基于等价关系推理方法是一种基于符号推理的方法。它主要是基于关联数据中的 OWL:sameAs 进行等价关系推理。等价映射声明了概念之间和关系之间的对应，异构本体的等价成分之间在互操作过程中可以直接相互替代。

基于相似度计算的方法是一种更为普遍的方法，其核心思想是通过计算实体的特征计算实体之间的相似度。一方面，可以直接利用实体已有的标签信息，如知识图谱的实体名称、描述等结构特征。然而，这类特征由于上游任务如机器翻译等存在不佳的精度和噪声，实际应用效果并不理想。另一方面，可以基于人工特征工程，如两个知识图谱中实体类别是否一致，实体的邻居类别是否一致等。这类方法由于需要大量人工特征，一般难以在场景之间进行迁移。

（2）基于表示学习的方法。

基于表示学习的方法核心思想：先利用嵌入手段将知识图谱中的实体和关系映射为低维空间向量，再计算向量之间的相似度，以此作为实体之间相似度的度量。在嵌入空间距离相近的实体，其实际含义也有很大的可能一致，这类实体可以被看作等价实体，通过等价实体的发现可以实现实体对齐。

基于表示学习的实体对齐有以下两种方案。

第一种方案首先是基于一些预先匹配好的实体，直接合并两个不同的知识图谱，进而基于单一的知识图谱学习实体和关系的嵌入表示。代表性的方法是 TransE。基于单一图嵌入的实体对齐如图 6 – 17 所示。

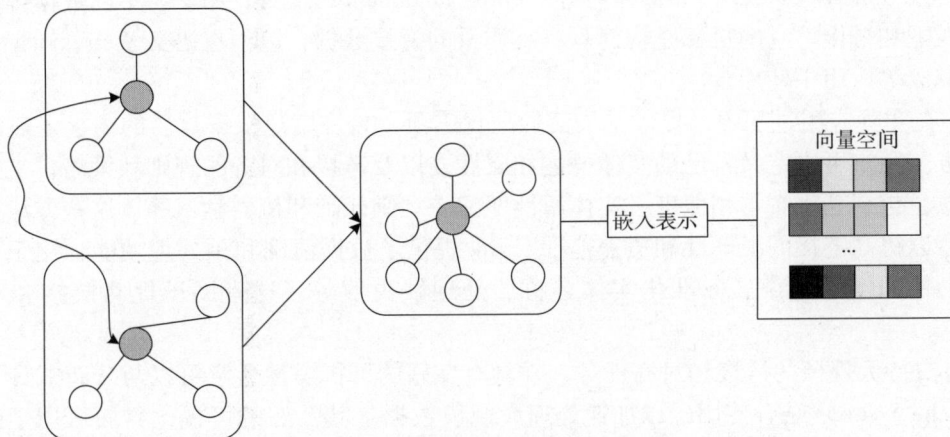

图 6 – 17　基于单一图嵌入的实体对齐

　　第二种方案是用单一知识图谱表示学习方法分别训练两个嵌入表示，然后基于标注好的匹配实体对训练模型学习映射关系。代表性的方法是 MTransE，其在 TransE 的知识表示学习的基础上，优化匹配实体间的映射关系，基于两个线性映射优化目标约束不同知识图谱间的表示。向量空间对齐的实体对齐如图 6 – 18 所示。

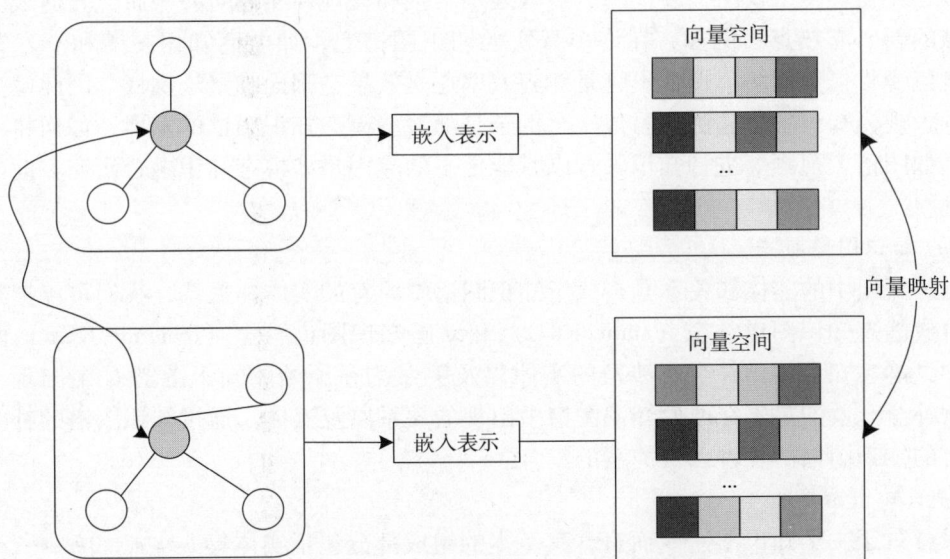

图 6 – 18　向量空间对齐的实体对齐

　　除了直接对齐向量，也有研究利用基于迭代训练的实体对齐方法 ITransE。在两个异构知识图谱之间可以基于少量对齐的实体种子，并采取不断迭代的方式，从而实现大批量的实体对齐。

　　（3）Silk。

Silk 是一个集成异构数据源的开源框架，其编程语言为 Python。Silk 特点为：提供了专门的 Silk - LSL 语言来进行具体处理；提供图形化用户界面 Silk Workbench；作为一个开源的实体链接（entity linking）和实体对齐（entity alignment）工具，用于将不同数据源中的实体进行匹配和链接。它的目标是构建具有高质量的链接数据，以便在语义 Web、知识图谱和数据集集成等应用中使用。

Silk 在实际应用过程中，提供了灵活的配置选项，允许用户根据自己的需求定制链接和对齐任务。用户可以定义自己的实体描述和属性，以及链接和对齐的规则和策略；支持多种链接方法，包括基于文本相似度、实体属性匹配、规则匹配和机器学习等。这些方法可以结合使用，以提高链接的准确性和覆盖范围。Silk 提供了数据清洗和预处理功能，用于处理输入数据，例如消除噪声、标准化实体名称、处理缺失值等。这有助于提高链接和对齐的质量。

Silk 支持大规模的链接和对齐任务，并具有良好的可扩展性。它可以与分布式计算框架（如 Apache Spark）结合使用，以加速处理大规模数据。其友好的可视化界面可用于配置链接和对齐任务、监视任务进展，并查看链接结果，从而使用户可以方便地管理和控制链接过程。

Silk 是由伯林自由大学（Freie Universität Berlin）开发的开源工具，广泛应用于语义 Web、Linked Data、知识图谱和数据集成领域。它不但可以将不同数据源中的实体进行链接，促进知识的共享和集成，而且支持各种语义应用的开发和分析。

多源数据融合对于迅速扩大知识图谱的规模具有重要的意义，近期随着深度学习技术的快速发展，无监督、多视图、多模态、嵌入表示增强和大规模实体对齐等研究方向成为知识融合领域的新研究热点。例如，在许多真实的知识图谱上，如电商知识图谱和学术知识图谱，可能包含百亿个网络节点，不管是对齐效率还是效果，都面临严峻挑战，因此亟需高效高质量的大规模知识融合算法。另外一个例子是随着多模态知识图谱的发展，如何将不同模态的数据如图谱、视频等进行知识融合以赋能更多的应用是多模态知识融合研究方向的一个重要目标。

（二）知识图谱补全

根据三元组中的实体和关系是否属于知识图谱中原有的实体和关系，我们可以把知识图谱补全分成静态知识图谱补全（static KGC）和动态知识图谱补全（dynamic KGC）两个大类。其中，静态知识图谱补全所涉及的实体以及关系均在原始的知识图谱 G 中出现，动态知识图谱补全涉及的是不在原始知识图谱中出现的关系以及实体。通过知识图谱的补全可以扩大原有的知识图谱的实体以及关系的集合。

1. 静态知识图谱补全

背景：对于一个知识图谱 G 而言，其基本的组成部分包括实体集 $E = e_{1,2}, e_3, \cdots, e_m$。关系集 $R = r_1, r_2, r_3, \cdots, r_m$，以及对应的三元组 $T = (e_i, r_k, e_j)$，$e_i, e_j \in E, r_k \in R$。由于知识图谱中的实体 E 和关系 R 的数量都是有限的，因此，可能会存在一些实体和关系不在 G 中。根据要补全的内容，我们可以将知识补全分成两个子任务。

（1）给定部分三元组 $(?, r_k, e_j)$，预测头实体。

（2）给定部分三元组 $(e_i, r_k, ?)$，预测尾实体。

（3）给定部分三元组 $(e_i, ?, e_j)$，预测头实体和尾实体之间的关系。

对于静态知识补全中的知识表示方法，最经典的模型是于 2013 年提出来的 TransE 模型，该模型的核心假设如下。

对于正确的三元组 (h,r,t) 而言，需要满足的是 $h + r = t$，也就是尾实体是头实体通过关系 r 的平移得到的。

对于 TransE 而言，其缺点在于，其无法应用到 $N - 1$ 的关系中，假如，有两个三元组（张三，籍贯，黑龙江）、（李四，籍贯，黑龙江），如果利用 TransE 模型，会有 *Vector*（黑龙江）$= V$（张三）$+ V$（籍贯）$= V$（李四）$+ V$（籍贯），这会使张三和李四的向量表示过于相似，TransE 模型很难在这些复杂的关系上进行区分。通过上述 $h + r = t$，计算缺失值进行补全。

静态补全的另一个任务是对于已知实体的某些属性值缺失的情况，可以通过统计分析、机器学习等方法，预测并填充缺失的属性值。例如实体杭州，具有若干描述的属性如人口、气候等。一个实体通过若干属性的取值来对这个事物进行多维度的描述。一般来说，属性补全的方法可以分为抽取式和生成式两大类。

抽取式补全方法主要通过抽取输入文本中的字词，组成序列的属性值。预测出的属性值需要在输入侧出现过。和关系抽取模型类似，一般可以通过神经网络如 CNN、Transformer 等模型建模文本表示，并基于序列标注进行属性获取。不同于抽取式补全方法，生成式补全方法直接生成属性值，而这个属性值不一定在输入文本中出现，只要模型在训练数据中见过即可。

抽取式补全方法和生成式补全方法各有优劣。抽取式补全方法只能抽取在输入文本中出现过的属性值，且预测属性值一定在输入中出现过，具有一定可解释性，准确性也更高；生成式补全方法可以预测不在文本中出现的属性值，但只能预测可枚举的高频属性，导致很多属性值不可获取，且预测出来的属性值没有可解释性。

2. 动态知识图谱补全

在之前所提出来的动态知识图谱的补全任务中，能够确定的是知识图谱中已经存在的相关实体和关系，最终补全的关系也是知识图谱中存在的关系。而对于动态知识图谱补全的任务中，所涉及的是没有在知识图谱中出现的关系和实体。

实际上，向知识图谱中添加新的实体或者新的关系的场景其实可以抽象为迁移学习中的零数据学习问题，原有的知识图谱中的实体和关系为源域，新的实体和实体关系为目标域。实现迁移学习的基本前提是源域和目标域之间存在相关性，即要共享相同或者类似的信息，否则迁移效果会比较差。为了能够提高新添加的实体或者新的关系场景的准确率，需要先寻找两个域之间的额外的共享信息，然后结合源域中的实体和关系进行建模，得到目标域中实体的向量，从而实现动态知识图谱补全。

从目前来看，动态知识图谱补全主要针对的是知识图谱中的实体的补全，所以，大部分工作都是围绕着如何向知识图谱中添加新的实体展开的。对于添加的新实体，其所拥有的额外信息可以分为两类场景。

（1）实体拥有丰富的文本信息，如实体名、实体描述和类型等。

（2）新的实体和原知识图谱中的实体以及关系有显性的三元组关系，这些三元组通常称为辅助三元组。

对于场景（1），相关工作是建立实体与额外关系的映射类挖掘以及增强源域和目标域之间的关联。如对于 A 的描述包括"人口总量""国土面积"等,那么说明 A 可能代表一个国家的实体。如果对于 B 也存在这些描述,那么很可能说明 B 也代表一个国家的实体。

对于场景(2),近期的一项研究提出了一种基于图神经网络的模型,该模型可以分为传输模型和输出模型,其中传输模型负责在图中的节点之间传播信息,而输出模型则根据具体任务定义了一个目标函数,根据知识补全任务将图谱中相邻的实体的向量进行组合,从而形成最终的向量。对于输出模型,则使用 TransE 模型给出三种测试:第一种是仅仅头实体是新实体;第二种是仅仅尾实体是新实体;第三种是头实体和尾实体均是新实体。此外,给每一个新实体设计了相应的辅助三元组,用于获取新的实体的向量。

知识图谱补全在实际应用中具有广泛的应用价值。它可以提高知识图谱的完整性和准确性,进一步增强知识图谱在搜索、推荐、问答等领域的效果。同时,知识图谱补全也是一个具有挑战性的任务,需要充分利用现有的数据和算法技术,以提高补全结果的质量和准确性。

（三）小结

通过本章介绍的融合补全,可以建立一个更完整、一致且准确的知识图谱,为知识的应用和推理提供更可靠的基础。它可以帮助用户更好地理解和利用知识图谱中的信息,实现智能化的应用和决策。

6.2.2.4　知识推理

推理能力是人类心智区别于普通物种的重要特征之一。人类通过推理,从已知的事实中获取和习得新知识,包含认知、理解、抽象、演绎、归纳、溯因、类比等多种不同形式的推理思维过程。利用机器实现类人心智的推理过程是人工智能诞生以来最核心的目标之一。构建各种各样的知识图谱来描述客观世界,抽象万物之间的逻辑关系,不只是为了查询和搜索信息,更是为了能够基于这些关于事物的描述性事实去推断、归纳和预测未知的事实。因此,知识推理是知识图谱中最关键的技术之一。

知识推理是指利用知识图谱中的事实、规则和语义关联进行逻辑推理和推断的过程。通过推理,可以从已知的知识中得出新的知识和信息,填补知识图谱中的缺漏,发现隐藏的关系和模式,以及解决推理问题。

推理和逻辑是密切相关的,较为常见的推理形式有以下几种。

（1）演绎推理。演绎推理是一种自顶向下的逻辑形式,是一种从特殊到一般的推理过程,通过应用已知的规则和定理,从一般性的知识中推导出特殊的结论。在知识图谱中,演绎推理可以利用逻辑推理和数学推理等方法,根据已有的规则和知识推导出新的事实和关系。这在我们的日常思维中也经常用到。

（2）归纳推理。归纳推理是一种自下而上的逻辑形式,是一种从由特殊到一般的推理过程,通过应用已知的规则和定理,从一般性的知识中推导出特殊的结论。在知识图谱中,演绎推理可以利用逻辑推理和数学推理等方法,根据已有的规则和知识,推导出新的事实和关系。

（3）溯因推理。溯因推理是一种基于因果关系的推理方法,通过追溯事件的因果链条来推导结果或解释现象。它基于以下观点:每个事件或现象都有其原因和结果,通过识别和分析它们之间的因果关系可以推断出其他相关事件或现象的可能结果。在知识图谱中,溯因推理可以通过分析实体之间的关系和属性,以及它们的演化过程来推断出某个实体或事件的起因和结果。例如，基于知识图谱中的人物关系和事件历史，可以通过溯因推理来推断某个事件的发生原因或某个人物的动机。

（4）类比推理。类比推理是一种基于相似性和类比关系的推理方法，通过将一个问题或情境与已知的类似问题或情境进行对比和类比，从而推断出新的结论或解决新问题。类比推理基于以下观点：如果两个问题或情境在某些方面相似，那么它们在其他方面可能也相似，因此可以将已知的解决方案或结论应用到新的问题上。在知识图谱中，类比推理可以通过比较实体之间的共享属性、关系和行为模式来推断出新的关联或结论。例如，基于知识图谱中已知的人物之间的相似性和关系，可以通过类比推理来推断某个人物的特征或行为。类比推理在人工智能领域研究得比较多，特别是在学习样本很少的情况下，可以根据类似的样本学习特征。

在知识图谱上可以完成演绎推理、归纳推理、溯因推理和类比推理等多种推理形式，针对不同的具体任务可选择不同的推理技术。演绎推理精确、可解释，但需要人工定义推理逻辑，缺乏可扩展性；归纳推理可充分利用大数据的优势，更多依靠机器学习和总结推理逻辑，是当前知识图谱推理研究的主要热点。知识图谱中的推理实现通常包括以下几类。

（一）基于符号逻辑的知识图谱推理

基于符号逻辑的知识图谱推理最基础的算法是基于本体的推理，其应用了 OWL。在经典的 RDF 模型中，每一条三元组描述了客观世界的一个逻辑事实，是后续叠加与推理逻辑的基础。OWL 扩展了 RDF Schema 的表达能力，提供了更多描述类和属性的表达构件。例如，可以声明两个类的相交性或互补性，可以定义传递关系、互反关系，还可以利用属性链定义关系之间的关系。利用这些语言表达构建，可以完成更加复杂的本体逻辑推理。

OWL 公理的基本语法如图 6-19 所示。

公理	描述概念的语法	例子
subClassOf	$C_1 \sqsubseteq C_2$	Human $\sqsubseteq$ Animal $\sqcap$ Biped
sameClassAs	$C_1 \equiv C_2$	Man $\equiv$ Human $\sqcap$ Male
subPropertyOf	$P_1 \sqsubseteq P_2$	hasDaughter $\sqsubseteq$ hasChild
samePropertyAs	$P_1 \equiv P_2$	cost $\equiv$ price
sameIndividualAs	$\{X_1\} \equiv \{X_2\}$	$\{$President_Bush$\} \equiv \{$G_W_Bush$\}$
disjointWith	$C_1 \sqsubseteq \neg C_2$	Male $\sqsubseteq \neg$Female
differentIndividualFrom	$\{X_1\} \sqsubseteq \neg\{X_2\}$	$\{$John$\} \sqsubseteq \neg\{$Peter$\}$
inverseOf	$P_1 \equiv P_2^-$	hasChild $\equiv$ hasParent$^-$
transitiveProperty	$P^+ \sqsubseteq P$	ancestor$^+ \sqsubseteq$ ancetor
uniqueProperty	$T \sqsubseteq \leqslant 1P$	$T \sqsubseteq \leqslant 1$hasMother
unambigousProperty	$T \equiv \leqslant 1P^-$	$T \equiv \leqslant 1$isMotherOf$^-$

图 6-19　OWL 公理的基本语法

基于 OWL 可以实现概念包含推理和实例检测推理。概念包含推理是定义在 Tbox 上的推理，一般基于 TBox 中的公理推断两个概念之间是否存在包含关系。例如，已知 Women 包含 Mother，Human 包含 Women，则简单推理可得到 Human 包含 Mother。实例检测推理适用于计算知识库中符合某个概念或关系定义的所有实例。例如，知道 Alice 是 Mother，而 Mother 的概念包含于 Women，所以 Alice 是 Women 的一个实例。

OWL 上实现的各种推理都可以用 Tableaux 算法来实现。Tableaux 算法的基本思想是通过一系列规则构建 ABox，以检测知识库的可满足性。Tableaux 算法将概念包含、实力检测等推理都转化为可满足性检测问题来实现。Tableaux 算法检查可满足性的基本思想类似于一阶逻辑的归结反驳。

Tableaux 算法主要基于一组描述逻辑算子来实现。例如，如果 ABox 中声明 x 属于 C 和 D 的组合类，但 $C(x)$ 和 $D(x)$ 都不在 ABox 中，则把 $C(x)$ 和 $D(x)$ 都加入 ABox 中。

$$\prod{}^+ - 规则:若 C \cap D(x) \in \emptyset, 且 C(x), D(x) \notin \emptyset, 则 \emptyset := \emptyset \cup \{C(x), D(x)\}$$

$$\prod{}^- - 规则:若 C(x), D(x) \in \emptyset, 且 C(x) \prod D(x) \notin \emptyset, 则 \emptyset := \emptyset \cup \{C \prod D(x)\}$$

$$\exists - 规则:若 \exists R.C(x) \in \emptyset, 且 R(x,y), C(y) \in \emptyset, 则$$

$$\emptyset := \emptyset \cup \{R(x,y) \prod D(x)\}, 其中, y 是新加进来的个体$$

$$\forall - 规则:若 R.C(x) \in \emptyset, 且 C(y) \in \emptyset, 则 \emptyset := \emptyset \cup \{C(y)\}$$

$$\subseteq - 规则:若 C(x) \in \emptyset, C \subseteq D, 且 D(x) \notin \emptyset 则 \emptyset := \emptyset \cup \{D(x)\}$$

$$\bot - 规则:若 \bot(x) \in \emptyset, 则拒绝$$

一个具体的 Tableaux 算法的推理过程：如何检测实例 Allen 是否属于 Women 类？首先将待证明的事实 Women（Allen）加入知识库中。然后逐一应用前面列表中给出的规则，例如，应用第二条规则，得出新的结论：Allen 既是 Man，也是 Women。这显然是不正确的，因为知识库中已经申明了，同时是 Man 和 Women 的人是不存在的，从而与现知识库矛盾，得出结论 Allen 不属于 Women 类。所以，可以利用这种归结反驳推理的过程来做实例检测推理。同样地，可利用类似的方法完成如概念包含等推理。

本体推理主要实现的是基于本体概念描述的推理，无法支持规则知识推理。规则是非常常见的一种形式的知识，非常易于描述各类业务逻辑型知识。Datalog 是一种可以将本体推理和规则推理相结合的推理语言。

Datalog 的基本组成单元是原子谓词 p，其中 n 代表谓词的目数，例如 hasChild（X, Y）的目数是 2，即二元关系。Datalog 允许刻画多元关系。一条规则由头部原子 H 和多个体部原子组成，表示体部描述对头部描述的逻辑蕴含关系。

和 OWL 一样，Datalog 还包含大量的事实型知识，在语法层面指那些没有体部也没有变量的规则。

Datalog 的推理过程如下所示。

（1）规则。岳父（X, Z）：-妻子（X, Y），父亲（Y, Z）。

（2）事实。妻子（姚明，叶莉）。

（3）事实。父亲（叶莉，叶发）。

（4）推理。岳父（姚明，Z）：-妻子（姚明，叶莉），父亲（叶莉，Z）由（1）（2）。

（5）推理。岳父（姚明，叶发）：-妻子（姚明，叶莉），父亲（叶莉，叶发）由（4）（3）。

最终得到事实：岳父（姚明，叶发）。

定义一组描述 a、b、c 的节点和路径的规则和事实型知识。首先基于第一条规则和第一条事实，可以推理得出新的结果 path（a, b）；继续应用第一条规则和第二条事实，得出 path（b, c）的事实；最后应用第二条规则和新产生的两条事实，得出 path（a, c）。需要说明的是，在实际应用场景中，事实集通常是很大的，整个推理过程也会随着事实集的增大而变得复杂。

（二）基于表示学习的知识图谱推理

深度学习和表示学习的发展催生了对于基于表示学习的知识图谱推理方法的发展（见图 6 – 20），这些方法的基础是知识图谱嵌入，例如 TransE 和 DistMul 等知识图谱嵌入模型。这类模型的基本思想是将知识图谱的实体和关系投影至向量空间，随后利用向量进行进一步的推理计算。此类模型的训练过程通常以三元组为输入，通过定义一个约束函数对向量表示进行学习。在现实场景中，很多问题都可以归结为基于知识库中已知的事实和关系来推断两个实体之间的新关系或新事实。可以进一步把关系推理问题分解为三个子问题：给定两个实体，预测它们之间是否存在 r 关系；给定头实体或尾实体，再给定某个关系，预测未知的尾实体或头实体；给定一个三元组，判断其真假。

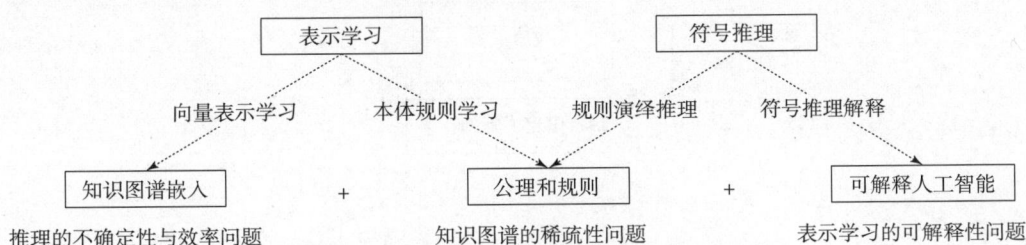

图 6 – 20　符号推理与表示学习相互补充

TransE 以知识图谱中已经存在的三元组为输入，并通过随机替换三元组头尾实体产生负样本，整个学习过程是要使真实存在的三元组得分尽可能高，不存在的负样本三元组得分尽可能低，通过多次学习和迭代，最终为知识图谱中的每一个实体和关系都学习到一个向量表示。有了这些向量表示，就可以进行后续的推理。

DistMul 与 TransE 中采用的加法不同，其定义了一个向量乘法函数，并利用一个矩阵来表示关系。要求：如果两个实体 h，t 之间存在 r 关系，那么，h 的向量乘以代表 r 关系的矩阵 M 所得出的向量应该在向量空间与 t 比较接近。这些向量或矩阵就称为实体和关系的嵌入。向量表示的一个优势是推理的计算更高效，但缺点是可解释性差、没有基于符号推理的直观推理过程。

对于推理结果的评价方式一般如下。选择一组待测试的三元组，对每一个三元组，用知识图谱中的其他实体替换 h 或 t，然后对所有的生成的三元组计算得分并排序。第一个指标 Hit@n 指所有预测样本中排名在 n 名以内的比例。MR（mean rank）指所有预测样本的平均排名。MRR（mean reciprocal rank）先对所有预测样本的排名求倒数，然后计算平均值。

基于符号表示的推理是一种显式的知识表示，一般需要人工来定义；而向量表示主要依靠大量的训练语料，是通过机器学习模型学习出来的表示。符号表示的推理过程主要靠符号匹配，更适合于需要精确推理的场景；而向量推理则是通过向量或矩阵计算来完成的，由于最终得到的是一个三元组事实的真实性得分，因此推理的结果也具有不确定性。基于嵌入表示的推理优点是可以捕获隐式知识，在人类先验知识不足的场景下有比较好的实用性，同时因为无须人工指定推理规则，节省了人力。

（三）基于规则学习的知识图谱推理

也有研究是利用基于规则学习在知识图上实现归纳推理的。知识图谱的嵌入主要利用了三元组级别的知识，但是知识图谱中不是仅有三元组。例如，路径排序算法（path ranking algorithm，PRA）就是利用知识图谱的图结构信息实现归纳推理的，该算法的基本假设是两个实体之间所有可能的路径都可能作为推断两个实体存在某种关系的线索或依据。例如，两个不直接相连的实体之间可能存在某种关系，已知（A hasWife C）和（C hasChild M），可以推理得到（A isFatherOf B）。

根据 PRA 归纳推理的基本思想：利用两个实体之间的路径作为特征来预测期间存在的某种关系，其推理过程如图 6–21 所示。

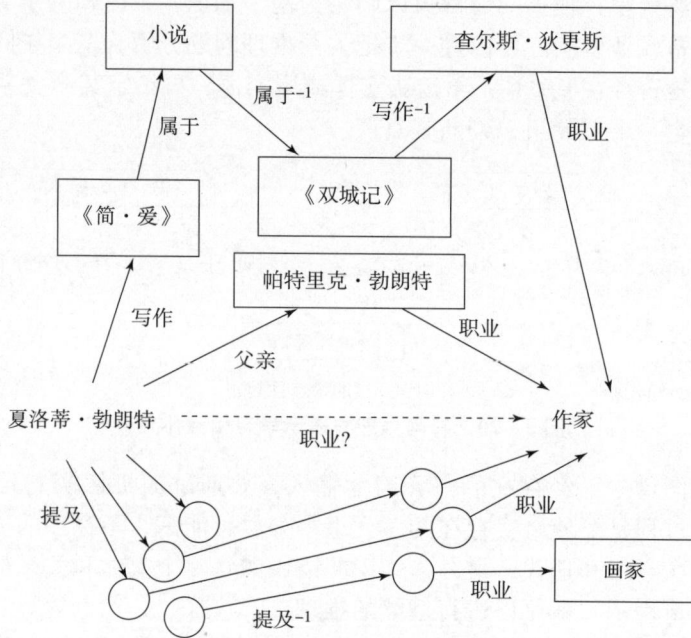

图 6–21　PRA 归纳推理过程

在图 6–21 中这样一个有向图中，如何判断某节点对（s，t）间是否存在给定关系呢？需要计算这两个节点之间对于某个关系的分数（score），如果分数高于某个阈值，则认为这两个节点间有关系。分数的计算通过节点对（s，t）间的每一条连通路径 p 的概率加权得到。权重通过有监督学习算法计算。对于一对节点，一个关系 r 和有向图 G，通过在训练过程中使用逻辑回归模型为连接这对节点的所有路径学习一个权重，其含义在于每条路径对于结果的重要性程度不一样。为了减少路径数量过多带来的计算复杂度问题，PRA 中采取随机游走的方法，从头尾节点出发，随机采样部分路径。

PRA 最终学习到的是一组从头节点到尾节点的路径。这些路径被用来推测头节点、尾节点之间的未知关系。实际上，若用规则学习的视角来看 PRA 学习的结果，则 PRA 所学习出来的路径也可以解释为一条规则。这种规则也称为路径规则或封闭式规则。这种规则的体部原子中的变量一直从头节点开始，到尾节点结束。

PRA 不需要人工定义规则，并能充分利用大数据和机器学习进行归纳推理。同时，显式的路径特征也增强了该算法的可解释性。

（四）基于图神经网络的知识图谱推理

知识图谱具有丰富的图结构，节点和边是天然适合于图神经网络的处理的。图神经网络有利于捕捉其结构特征，可以通过图的多层邻居聚合，如图 6 - 22 所示，学习到多跳范围之外的远距离节点和它的依赖关系，从而产生更准确的表示向量。

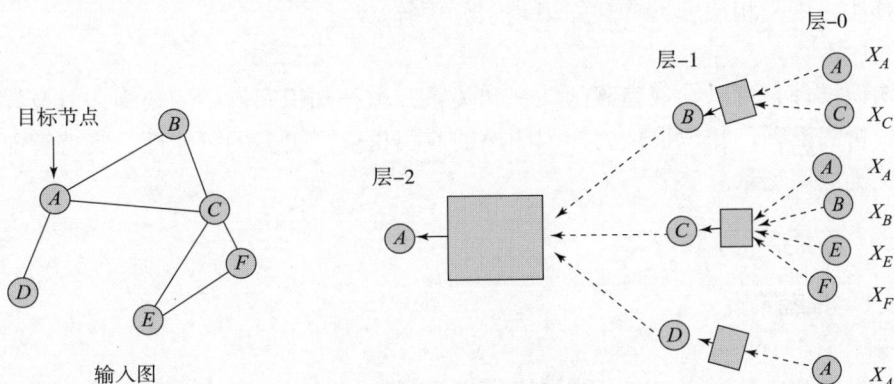

图 6 - 22　多层邻居聚合

传统的图神经网络更多的是处理无标记的纯图模型，对于知识图谱需要做不同的处理。例如，R - GCN 首先对某个节点的边按关系类型进行区分，然后再用传统的 GCN 模型对节点特征进行聚合。

图神经网络可以为图谱推理获得更多的图结构方面的特征，但是图谱的稀疏性问题则更为突出，因此，该模型不适用于图稀疏的场景，例如常识类知识图谱的表示学习。此外，图神经网络不仅可以用来对知识图谱进行推理，还可以做更加深入的挖掘和分析，如图 6 - 23 所示的基于认知图谱问答（CogQA）推理等。

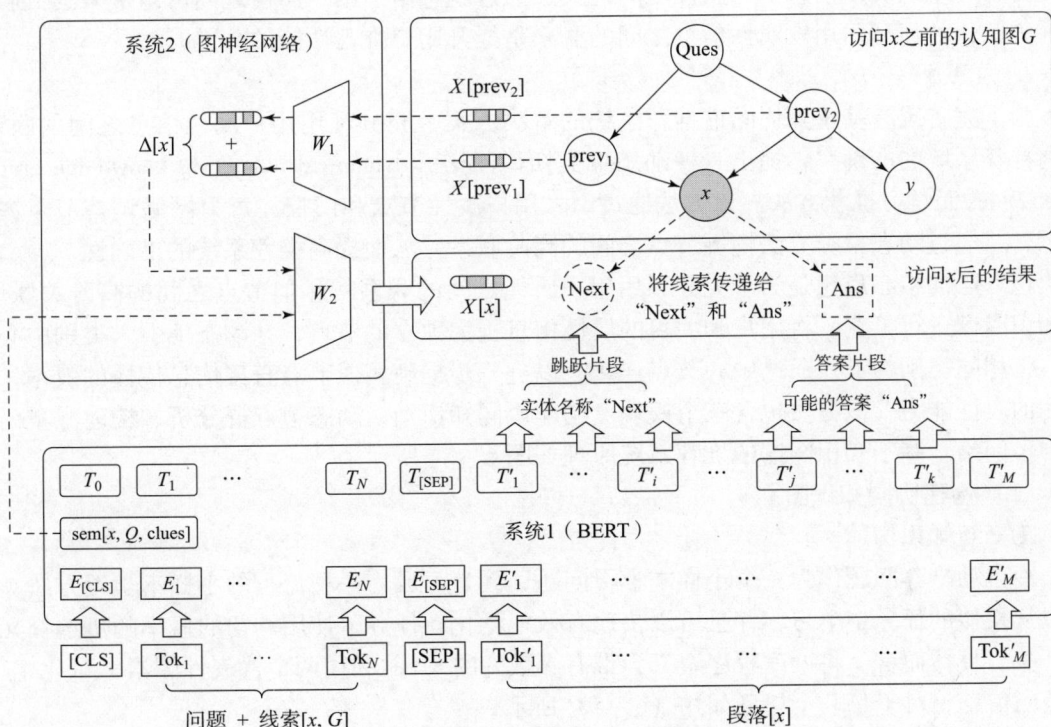

图 6 - 23　基于认知图谱问答推理

在进行知识推理时，还需要考虑一些挑战和技术选择。例如，知识的不完全性和不确定性、推理的效率和可扩展性、推理规则的选择和定义等。解决这些挑战可以采用推理引擎、逻辑推理算法、语义相似度计算和知识表示方法等。

（五）小结

通过知识推理，可以发现隐藏的知识和关系，填补知识图谱中的缺漏，以及提供更深层次的知识分析和推断。知识推理为知识图谱的应用提供了更多的可能性，支持智能化的决策和推荐系统等应用场景。

6.2.3 应用实例

6.2.3.1 推荐系统

1. 任务背景

随着互联网的普及，用户在享受网络带来便利的同时，也面临着信息过载的问题。网络信息的爆炸式增长使用户难以从中筛选出对自己真正有用的信息，这反而降低了信息的使用效率。为了解决这个问题，推荐系统应运而生。它可以根据用户的信息需求和兴趣，将用户可能感兴趣的信息、产品等推荐给用户，提高了用户获取信息的效率。同时，推荐系统通过研究用户的兴趣偏好，进行个性化计算，由系统发现用户的兴趣点，从而引导用户发现自己的信息需求。

基于知识图谱的推荐系统（KG – based recommendation system，KGRS）引起研究者的广泛兴趣，主要是把知识图谱作为辅助信息整合到推荐系统中，以提高推荐系统的准确性和可解释性。现有的基于知识图谱的推荐系统没有利用用户属性之间的联系。现有方法通过用户历史行为等隐式反馈信息学习用户之间的关系，这就忽略了用户属性之间可以带来的关联信息。因此，如何利用用户属性信息之间的联系是提升用户推荐性能的关键。

2. 方法原理

为了完善现有基于知识图谱推荐系统的解决方案，充分利用用户属性信息之间的联系，提高推荐系统的准确率，提出一种动态聚类知识图谱（dynamical clustering knowledge graph，DCKG）的元学习推荐方法。该方法通过引入用户属性节点和门控注意力网络调控节点嵌入表示，并通过动态聚类方法挖掘节点之间的高阶联系，从而提高推荐系统的准确性。

该方法的核心思想是为了充分利用用户属性之间的联系和相似节点之间的高阶关联性，对知识图谱进行扩充，将用户和项目的属性信息视为独立的节点，并动态地引入类别中心节点，将相同类别的节点通过中心节点连接，以进一步提高相似节点直接信息传播的效率，提高图的表征能力。该方法包含三个模块：构建协同知识图、动态节点群分析、构建三重门控图神经网络。基于知识图谱的推荐系统原理如图6－24所示。

（1）构建协同知识图。

①交互知识构建。

冷启动推荐问题作为一个小样本学习问题，元学习成为一种流行的小样本学习方法，它可以从相似的任务中学习，并且可以快速有效地泛化新任务，使用均匀的概率随机选择元训练任务。具体而言，将调度程序定义为带有参数 δ 的 z，并利用两个代表性因素来量化 T_u 中涵盖的信息，对于每一个任务如式（6－5）所示。

$$p_u = Z_\delta(L(Q_u), \nabla L(S_u)^T \nabla L(Q_u)) \tag{6-5}$$

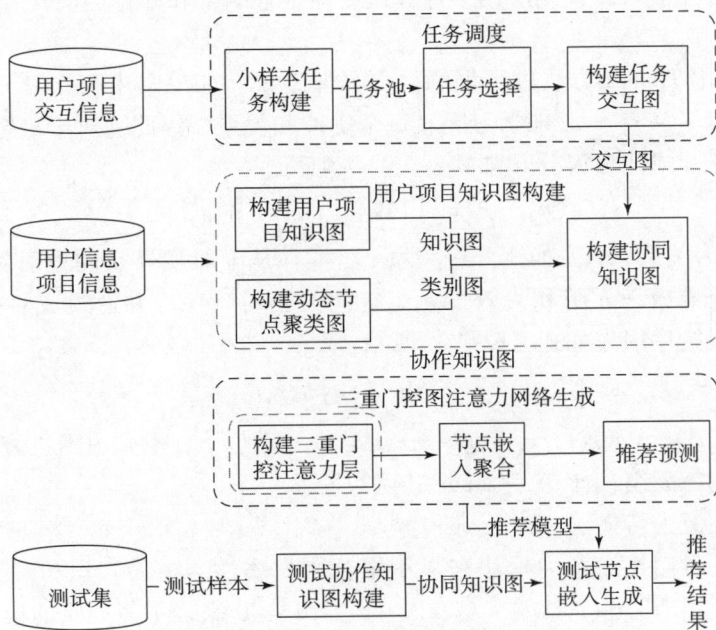

图 6 - 24　基于知识图谱的推荐系统原理

其中，p_u 是候选任务 T_u 的采样概率；$L(Q_u)$ 是查询集的损失；$\nabla L(S_u)^{\mathrm{T}}$ 和 $\nabla L(Q_u)$ 是任务 T_u 的支持集和查询集的梯度相似度。通过上述过程可以得到当前任务的用户项目二分图 G_1，可以定义为其中 U 和 I 分别表示用户集和物品集，并且 $y_{ui} = 1$ 代表用户 u 和项目 i 之间有一条可观测的交互，否则 $y_{ui} = 0$。

②属性知识构建。

这一部分主要用来构建用户和物品的属性知识。用户之间的相同属性也意味着他们之间有着相似的特征，所以以为用户属性构建独立的节点，并将具有相同属性的用户通过用户属性节点连接，通过这样的方式就可以构建完整的知识图。把这部分信息描述为知识图 G_2。它是由主体 – 属性 – 客体三重事实组成的有向图。其中每个三元组描述了从头实体 h 到尾实体 t 之间存在关系 r。

（2）动态节点群分析。

相似的用户节点拥有相似的用户偏好，相似的项目节点拥有相似的物品属性，而这一部分信息通过图传播很难捕捉，所以在知识图中引入节点的群组信息，通过分析节点嵌入的相似性来提高信息的传播效率。具体来说，在神经网络的迭代过程中，可以获取节点的嵌入信息。本方法中采用的是 k – means 聚类，分析出节点的类别，并在知识图中构建聚类中心节点，将节点和它应该所属的聚类中心相连，输入给神经网络的图就构建完成了，将该图称为 DKG，其中包含用户物品交互信息、用户属性信息和项目知识信息以及节点类别信息。

（3）构建三重门控图神经网络。

这一部分主要用于构建整体的图神经网络，并对三重门控图神经网络进行迭代。模型使用端到端的方式，并利用了高阶关系，主要由四个部分组成：嵌入层用于生成图神经网络上节点的预嵌入；三重门控注意力传播层用于控制学习传播过程中每个邻居的权重影响；聚合层用于传播后的节点嵌入；预测层用于计算最终的推荐结果和计算当前任务的梯度损失。

①嵌入层。

在 DKG 上使用 TransR 方法进行训练。更具体地说，如果图中存在三元组 (h,r,t)，则通过优化平移原则 $e_h^r + e_r \approx e_t^r$ 来学习嵌入每个实体和关系。因此，对于给定的三元组 (h,r,t)，其可信性得分（或能量得分）如式（6-6）所示。

$$g(h,r,t) = ||\boldsymbol{W}_r\boldsymbol{e}_h + \boldsymbol{e}_r - \boldsymbol{W}_r\boldsymbol{e}_t||_2^2 \qquad (6-6)$$

其中，$W_r \in \mathbf{R}^{k \times d}$ 为关系 r 的变换矩阵，关系 r 将实体从 d 维实体空间投射到 k 维关系空间。TransR 的训练考虑有效三元组和失效三元组之间的相对顺序，并通过成对排序损失来鼓励它们的区分，成对排序损失如式（6-7）所示。

$$L_{KG} = \sum_{(h,r,t,t') \in T} - \ln \sigma(g(h,r,t') - g(h,r,t)) \qquad (6-7)$$

其中，$T = (h,r,t,t') \mid (h,r,t) \in G, (h,r,t') \notin G$，且 (h,r,t') 是由随机替换有效三元组中的一个实体构造的三元组；$\sigma(\cdot)$ 为 sigmoid 函数。

②三重门控注意力传播层。

本方法设置一种门控注意力模块来显示聚合用户属性、物品知识和交互信息这三种信息。具体来说，使用 $N_i^c = (i,r,u) \mid (i,r,u) \in G, u \in U$ 来表示三元组的集合，其中 h 是头实体，u 是尾实体，并汇总加权表示来捕获 ·阶信息，如式（6-8）所示。

$$\overrightarrow{\boldsymbol{e}_i^c} = g_\omega(h,r,u) = \sum_{(i,r,u) \in N_h^c} \alpha(i,r,u)\boldsymbol{e}_u \qquad (6-8)$$

其中，$\alpha(i,r,u)$ 为注意力权重，表示尾部 u 的重要性以及 r 与头部 i 的关系。使用关系感知注意力机制来计算这种重要性，如式（6-9）、式（6-10）所示。

$$\alpha'^{(i,r,u)} = (\boldsymbol{W}_r\boldsymbol{e}_u)^{\mathrm{T}}\tanh(\boldsymbol{W}_r\boldsymbol{e}_i + \boldsymbol{e}_r) \qquad (6-9)$$

$$\alpha(i,r,u) = \mathrm{softmax}(\alpha'(i,r,u)) \qquad (6-10)$$

这里，$\boldsymbol{W}_r \in \mathbf{R}^{d_r \times d_e}$ 将实体从去维度实体空间投影到 d_r 维度关系空间。使用同样的注意力策略为实体 h 生成知识邻居三元组 $N_i^k = \{(i,r,t) \mid (i,r,t) \in G, t \in E\}$ 的 $\boldsymbol{e}_i^k$ 以及为用户 u 生成交互信息三元组 $N_u^c = \{(u,r,i) \mid (u,r,i) \in G, i \in I\}$ 的 $\boldsymbol{e}_h^c$ 和属性邻居三元组 $N_u^a = \{(u,r,t) \mid (u,r,t) \in G, t \in A\}$ 的 $\boldsymbol{e}_u^a$。这里使用一个融合门，可以自适应控制四种语义表示的组合，如式（6-11）、式（6-12）、式（6-13）、式（6-14）所示。

$$g_u = \sigma(\boldsymbol{W}_c\boldsymbol{e}_u^c + \boldsymbol{W}_a\boldsymbol{e}_u^a) \qquad (6-11)$$

$$g_i = \sigma(\boldsymbol{W}_c^{\mathrm{T}}\boldsymbol{e}_i^c + \boldsymbol{W}_k\boldsymbol{e}_i^k) \qquad (6-12)$$

$$\boldsymbol{e}_u = g_u \cdot \boldsymbol{e}_u^c + (1 - g_u)\boldsymbol{e}_u^a \qquad (6-13)$$

$$\boldsymbol{e}_i = g_i \cdot \boldsymbol{e}_i^c + (1 - g_i)\boldsymbol{e}_i^k \qquad (6-14)$$

其中，$\boldsymbol{W}_c, \boldsymbol{W}_k, \boldsymbol{W}_a \in \mathbf{R}^{d_e \times d_e}$ 是可学习的变换参数；σ 是 sigmoid 函数；$g_u, g_i \in \mathbf{R}^e$ 是学习到的门信号，以平衡协作信号和知识关联的贡献，门控注意力层参数化为 $\omega = \boldsymbol{W}_r, \boldsymbol{W}_c, \boldsymbol{W}_k, \boldsymbol{W}_a$。

③聚合层。

完成信息传播后，下一个阶段是将实体表示 e_h 及其自我中心网络表示 e_h 聚合为实体 h 的新表示。堆叠多个传播层来从多跳邻居中探索高阶连通性的信息，对于第 l 层的传播递归地将实体的表示形式表示为 $e_h^{l+1} = f(e_h^l, e_h^l)$。这里设计一个双向交互聚合器来考虑 e_h^l 和 e_h^l 之间的两种特征交互，如式（6-15）所示。

$$f_{\text{Bi-Interaction}} = \text{LeakyReLU}(\boldsymbol{W}_1(\boldsymbol{e}_h^l + \boldsymbol{e}_h^l)) + \text{LeakyReLU}(\boldsymbol{W}_1(\boldsymbol{e}_h^l \odot \boldsymbol{e}_h^l)) \tag{6-15}$$

其中，$\boldsymbol{W}_1, \boldsymbol{W}_2 \in \mathbf{R}^{d_l \times d_e}$ 为可训练权重矩阵；$\odot$ 为元素乘积。

④预测层。

采用层聚合机制将每一步的表示串联成一个向量。然后，通过用户和项目表示的内积来预测他们的偏好评分，并选择 BPR 损失来学习下面用户的偏好，如式（6-16）所示。

$$L_{\text{CF}} = \sum_{(u,i,j) \in O} -\ln\sigma(\boldsymbol{e}_u^{*\text{T}}\boldsymbol{e}_i^* - \boldsymbol{e}_u^{*\text{T}}\boldsymbol{e}_j^*) \tag{6-16}$$

其中，$O = \{(u,i,j) \mid (u,i) \in O^+, (u,j) \in O^-\}$ 是由观测到的相互作用 O^+ 和未观测到的相互作用 O^- 组成的训练数据集；$\sigma(\cdot)$ 为 sigmoid 函数。

（4）优化。

本方法联合所有目标函数来作为最终学习方程，如式（6-17）所示。

$$L_{\text{DCKG}} = L_{\text{KG}} + L_{\text{CF}} \tag{6-17}$$

实体表示是由 ϕ、ω 和 γ 参数化的。实体的语义信息不应该与特定的任务相适应，而应该在整个知识图谱中共享。

3. 数据集及数据处理

实验所用数据包括三个公开数据集 Amazon-book、Last-FM 和 Yelp2018。Yelp2018 是 Yelp 收集的本地商业评级数据集，并将餐馆和酒吧等当地企业作为物品，数据集中包含 45 919 个用户节点和 45 538 个物品节点；Last-FM 是 Last 提供的音乐收听数据集，FM 在线音乐系统，其中曲目被识别为物品，数据集中包含 23 566 个用户节点和 48 123 个物品节点；Amazon-book 是一个广泛用于产品推荐的数据集，数据集中包含 70 679 个用户节点和 24 915 个物品节点。

4. 实验验证及结论

实验将模型 DKCG 的性能与 KGCN、MeLU、MetaHIN 和 MetaKG 四个基线进行了比较。根据用户加入或发布时间将用户和物品分为两组。数据集被分为训练集和测试集。训练集包括已有用户对已有物品的评分，测试集评估三种场景下的性能：用户冷启动（UC）、物品冷启动（IC）和用户-物品冷启动（UIC）。该方法能够综合分析不同冷启动条件下推荐系统的有效性。

实验把用户 u 没有接触过的所有物品都视为负物品进行训练与评估，然后，每个方法输出用户对训练集中除已评分项目外的其余物品的偏好得分。实验采用了两个广泛使用的评估指标，Recall@K 和归一化折损累积增益在排名 K（NDCG@K）。实验中将 K 设为 20。

对比实验结果如表 6-7 所示，由该表可以看出基于元学习的方法比基于图的方法在冷启动场景下有着更好的表现，这是因为在冷启动情况下，图中可能存在稀疏性或信息不完整的问题，因为新用户或新物品可能没有足够的连接或邻居节点。这可能导致基于图的方法在冷启动情况下表现不佳，因为它们依赖于图中的邻域传播或路径分析来进行推荐，而这些信息可能不够准确或不完整，而元学习的方法可以通过学习如何适应和利用有限数据来进行推荐，从而在冷启动时表现较好。同时，我们可以看到，MetaHIN 的表现没有 MetaKG 好，这是因为 MetaHIN 只考虑了原有的关系连接和实体通用知识，而 MetaKG 通过图神经网络探索任务中的高阶信息。而对于 DCKG 又在大部分情况下优于 MetaKG，这是因为我们动态地引入了任务中的高阶关系和用户属性信息进一步提高推荐的质量。

表 6-7 对比实验结果

场景	方法	Yelp2018		Last-FM	
		Recall@20	NDCG@20	Recall@20	NDCG@20
user cold	KGCN（2019）	0.110 9	0.099 2	0.220 2	0.205 3
	MELU（2019）	0.115 0	0.109 1	0.254 1	0.254 3
	MetaHIN（2021）	0.126 0	0.120 4	0.261 1	0.261 9
	MetaKG（2022）	0.136 2	0.123 6	0.392 7	0.379 8
	DKCG	0.135 1	0.122 1	0.394 5	0.391 0
item cold	KGCN	0.090 2	0.071 5	0.325 6	0.311 2
	MELU	0.071 1	0.061 9	0.221 3	0.211 5
	MetaHIN	0.066 9	0.052 9	0.239 6	0.226 3
	MetaKG	0.157 1	0.135 6	0.478 0	0.461 6
	DKCG	0.189 2	0.169 0	0.524 4	0.527 8
user_item cold	KGCN	0.118 7	0.100 3	0.347 2	0.306 1
	MELU	0.130 5	0.122 5	0.206 9	0.185 3
	MetaHIN	0.142 8	0.138 0	0.202 9	0.186 9
	MetaKG	0.174 7	0.151 3	0.422 7	0.428 7
	DKCG	0.187 5	0.162 2	0.460 9	0.469 0
warm up	KGCN	0.064 5	0.057 9	0.200 1	0.187 1
	MELU	0.123 5	0.115 3	0.279 6	0.273 1
	MetaHIN	0.141 4	0.120 6	0.302 1	0.286 8
	MetaKG	0.156 2	0.143 6	0.422 1	0.417 6
	DKCG	0.152 6	0.140 3	0.458 9	0.448 2

6.2.3.2　安全知识图谱

1. 安全知识图谱构建背景

随着云计算、5G、物联网、工业互联网等信息基础设施关键技术的发展，网络空间已串联起工业物理系统、人类社会系统以及网络信息系统，成为社会数字经济发展的基石。与此同时，网络空间的攻击面随之延伸和拓展，网络空间攻防双方信息的不对称性现象愈发明显。伴随着攻防对抗态势的升级，自动化、智能化技术与攻防技术的融合已成为网络安全技术发展的必然趋势之一。

作为安全领域的专用知识图谱，安全知识图谱由节点和边组成大规模的安全语义网络，为真实安全世界的各类攻防场景提供直观建模方法。第一，通过知识图谱框架进行高效融合海量零散分布的多源异构安全数据；第二，图语言将安全知识可视化、关系化和体系化，非常直观和高效；第三，自带安全语义，威胁分析可以模拟安全专家的思考过程去发现、求证、推理。安全知识图谱是实现网络安全认知智能的关键，也是应对网络空间高级、持续、复杂威胁与风险不可或缺的技术基础。

2. 安全知识图谱技术框架

基于网络空间安全知识图谱构建具有感知、认知、决策智能的安全应用,需要解决数据的统一建模、实体抽取与关系构建、复杂语义的推理分析和场景化的应用适配等不同层次关键问题。对应这些主要问题,应用本体建模、图谱构建、知识表示和图谱推理等网络安全知识图谱关键技术。对不同来源数据通过关键技术自动化构建安全知识图谱。安全知识图谱的核心框架如图 6-25 所示。同时,安全知识图谱在不同攻防场景中应用实践,下面做简要介绍。

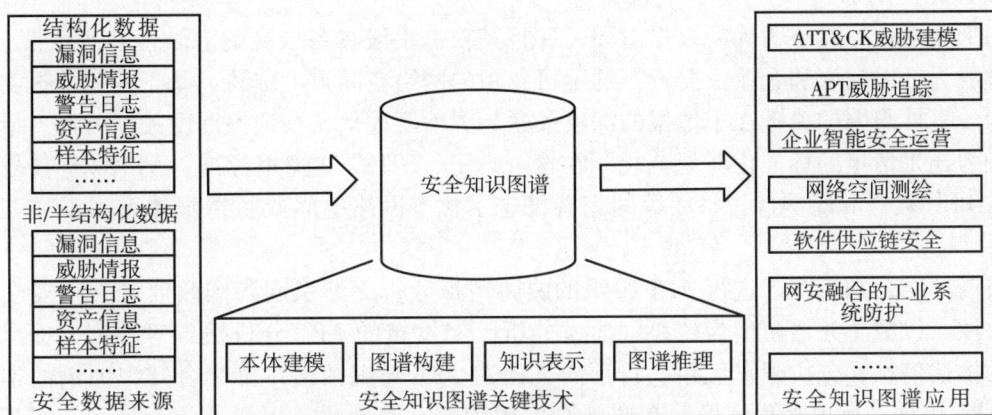

图 6-25 安全知识图谱的核心框架

3. 安全知识图谱典型应用场景

(1) ATT&CK 威胁建模。

威胁建模是网络安全威胁分析的一个重要环节,是一种分析和解决安全问题的结构化方法,用来识别、量化并应对威胁,利用抽象的方法来帮助思考风险。由安全人员传达安全漏洞的破坏力、定义防范和减轻系统威胁的对策,并按轻重缓急有效实施补救措施的过程。如在业务安全这个维度,通过定位攻击目标和可利用的业务安全漏洞来提高系统安全性,然后定义防范或减轻系统业务风险的对策的过程。

威胁建模主要含有资产、威胁(攻击行为)等主要元素,通过识别威胁和制订保护策略来保证信息 CIA(机密性/一致性/可用性)三要素。图 6-26 所示为威胁建模目标,资产(assets)受到各种威胁(threats)的影响,这些威胁可能是黑客等人为因素,也可能是火灾地震等自然因素。威胁通过利用系统的脆弱性(vulnerabilities)可导致暴露(exposure),形成风险(risk)。适当的对策是使用防护措施(safeguards),缓解风险使资产得到安全保障。

ATT&CK 作为知识库以及威胁建模的框架,

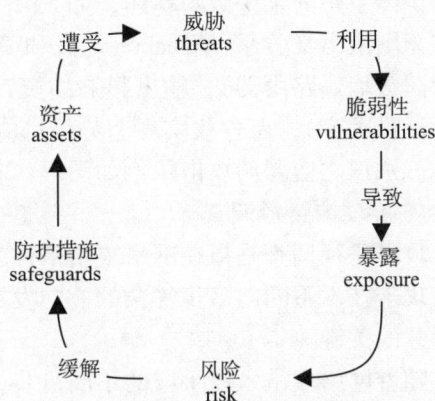

图 6-26 威胁建模目标

能够在一些核心节点上，将告警数据、漏洞扫描数据及威胁情报数据进行碰撞融合形成图谱。大规模的数据知识化后组成一个复杂的网络结构，即知识图谱，能够提供数据的多跳检索和模式分析，并通过图算法模型进行自动化综合评估与预测。

ATT&CK 提供了 APT34 组织相关实体，包括利用工具、攻击技术、恶意样本、技术、软件、组织、数据源等。可见收集的威胁情报知识及产生于安全运营中的攻击事件、恶意软件、IOCs 等形成了大规模的安全知识图谱，先验知识能够提供关联分析的数据基础，基于图算法结合机器学习模型进行攻击组织推荐、关联分析的攻击威胁的风险评估。

（2）APT 追踪。

APT 攻击往往具有明确的攻击意图，并且其攻击手段具备极高的隐蔽性和潜伏性，APT 正日益成为针对政府和企业重要资产的不可忽视的网络空间重大威胁。基于威胁情报实现攻击行为、事件归因的关键在于情报的深度关联与置信度评估，在情报深度关联方面，最重要的驱动力还是情报的标准化与规范化。在这一点上，STIX2.0 情报标准、ATT&CK 技战术矩阵、CAPEC 攻击和脆弱性枚举库等的完善推进了整个网络空间威胁情报体系水平交互的完备化。

目前，结合知识图谱进行 APT 组织的威胁情报分析逐渐引起各国政府和网络安全研究者的关注，以威胁元语模型为核心，通过分析已经发布的 APT 分析报告等数据，提取 APT 组织的描述信息和分析逻辑关系，自顶向下构建 APT 知识图谱，再结合知识图谱的本体结构对 APT 组织进行追踪和画像。在威胁高度组织化、武器化、规模化的背景下，探索 APT 组织情报采集技术和组织画像归因显得尤为关键。目前业内也均对其开展了积极的探索工作，例如，绿盟科技结合攻击组织知识图谱、自然语言处理技术以及模板化爬虫的方式实现 APT、恶意代码家族情报半自动化采集的方法，并采用上下文感知计算框架的攻击组织追踪方法和基于特征图聚类的未知攻击组织发现方法来实现海量多模态数据场景下 APT 组织归因。

以 NSA 网络武器库中的永恒之蓝（Eternal Blue）漏洞为例。该示例中包括威胁主体：NSA；攻击工具：Metasploit；攻击模式：Eternal Alue 漏洞攻击；脆弱：CVE - 2017 - 0143；防护手段：端口关闭、流量丢弃；目标：Windows7 操作系统。在实际业务场景中只要检测该知识体系中的某一威胁本体，如 SMB 远程执行代码漏洞（CVE - 2017 - 0143），通过建立的知识图谱语义关系（Weakness_of 和 Defensed_by）以及实际业务场景下的资产信息（服务器、防火墙、路由器），输出影响的资产（服务器）以及提出相关处置建议（关闭 445 端口、流量丢弃），不仅仅实现态势信息的获取，并进一步地推理其影响范围和可采取的防御措施。永恒之蓝漏洞攻击示例如图 6 - 27 所示。

（3）攻击路径调查。

攻击路径调查是指在网络攻击事件发生时，找到攻击路径以及相关的攻击过程。尤其是当前攻击技术不断向多步复杂的方向发展，溯源变得越来越困难。攻击事件调查成为企业安全运营的关键。

随着网络攻击入侵手段的不断进步，现有的网络攻击不再局限于单步攻击。通过单步攻击引发网络安全设备产生的警告往往无法代表攻击者的攻击目的，仅代表复杂的多步攻击的一个步骤。复杂的多步攻击是攻击者实施多步的攻击行为来达到最终的攻击目的，通常需要

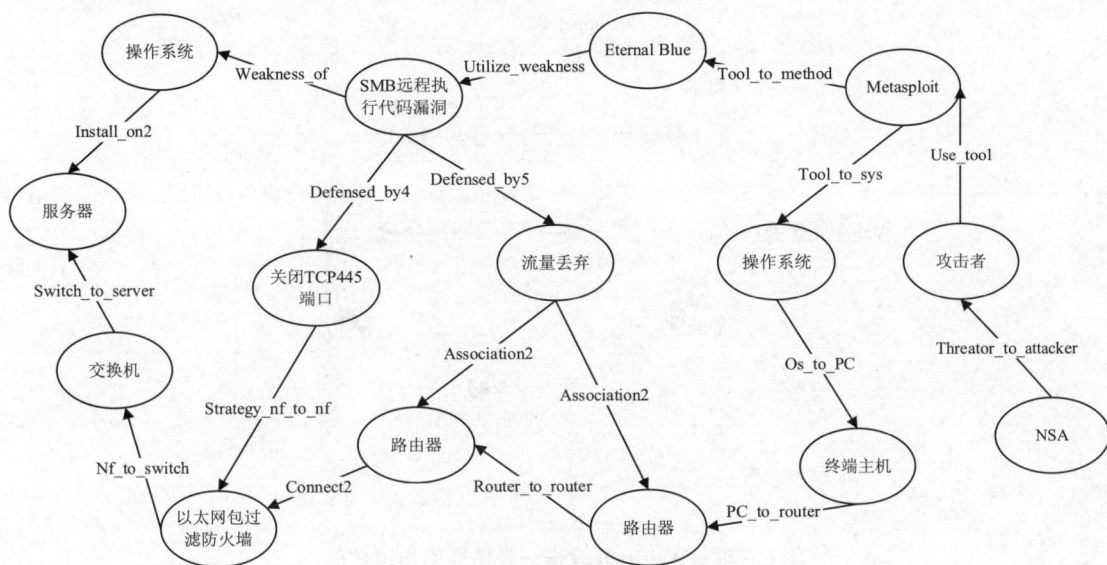

图 6 – 27　永恒之蓝漏洞攻击示例

关联每一步的攻击行为才能发现其攻击意图。目前遇到真实的网络攻击时通常需要有经验的安全专家来分析多家安全厂商的产品提供的警告等信息，并结合其自身的专家知识去调查取证分析，进而得到攻击者完整的攻击路径，从而在攻击路径的每一环节上进行应急处置。因此，智能的攻击路径调查是网络空间防御体系不断发展的重要基础。

　　目前，攻击者入侵手段已经从单步定点攻击转向高级、隐蔽并长期潜伏的趋势发展。如何将多步攻击中的每一步都关联起来依旧是攻击路径调查的难点，引入安全知识图谱技术是实现智能化攻击路径调查的利器。其中，安全知识图谱与日志之间的语义鸿沟问题是制约安全知识图谱应用于攻击路径调查的关键，主要原因是安全知识图谱是描述安全事件相关的抽象知识，而日志信息记录的是网络流量和系统行为等，其不仅包含攻击事件相关的信息，还包含系统正常运行的相关信息，只有通过对相关知识补充才可以解决这种语义鸿沟的问题，实现安全知识图谱与日志的语义关联，使知识图谱与底层日志数据处于同一层次的语义空间，再通过图分析方法实现攻击路径调查。Webshell 攻击场景的通用知识扩展如图 6 – 28 所示，攻击者利用系统文件上传漏洞上传 Webshell 文件 chopper. php，并利用该文件进行终端操作。从系统日志可以得到进程 httpd. exe 写文件和操作命令行的相关信息。安全专家人工研判时会考虑 httpd. exe 进程是 Apache 中间件的系统进程。Webshell 攻击是利用 Web 中间件实现的，以此实现 ATT&CK 中 Webshell 攻击技术到 httpd. exe 进程的关联。因此，引入安全知识图谱技术是实现智能化攻击路径调查的必经之路。针对海量知识质量以及扩展性的问题，未来的研究方向预计会融合复杂网络环境中能导致攻击成功的多种因素，构建统一的基于知识图谱的模型，通过对动态图模型的上下文分析，发现并还原攻击者的攻击路径，进而打破现有攻击路径调查过程极度依赖安全专家的瓶颈。

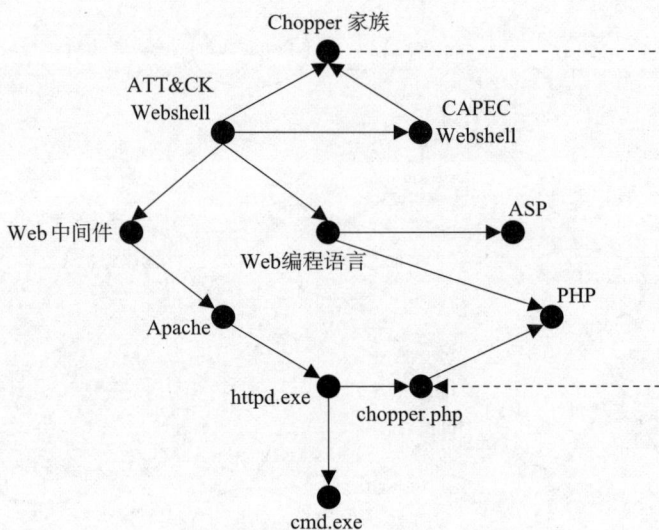

图 6 – 28　Webshell 攻击场景的通用知识扩展

6.3　数据挖掘

6.3.1　知识基础

6.3.1.1　概念解析

（一）数据挖掘的定义

数据挖掘的目标是在大规模、不完整、有噪声干扰、随机性强的数据中挖掘出其中蕴含的、先验未知且具有潜在价值的信息和知识。这里的"数据"一般是指存放海量数据的数据库，因此，数据挖掘也可以理解为"数据库中的知识挖掘"。数据挖掘常用方法有分类、回归分析、聚类、关联分析、变化偏差分析、Web 信息挖掘等。

数据挖掘是"模型"和"算法"的结合体。其中，"模型"是对数据集的一种全局特征的描述或概括，适用于空间中的所有点；"算法"则是一个预先定义好的完整过程，以数据作为输入，产生一个模型或模式形式的输出。

数据挖掘任务通常可以分为描述型挖掘和预测型挖掘。描述型挖掘任务是对数据库中数据的一般特性进行概括，以易于理解和解释的形式呈现数据特征；预测型挖掘任务是在当前数据的基础上，观察对象特征值并进行推断，以预测其他特征值。因此，"描述"和"预测"也是数据挖掘的两个主要功能。

（二）数据挖掘的对象

数据挖掘可以应用于各种类型的信息存储，包括关系数据库、数据仓库、事务数据库、面向对象数据库，以及对象 – 关系数据库。不同的数据库可能会带来不同的挑战和技术要求。

1. 关系数据库

数据库系统，又称数据库管理系统（database management system，DBMS），由一组内部相关的数据组成，这些数据被称为数据库，并且配备了一组管理和存取数据的软件程序。这些软件程序包括数据库结构定义、数据存储、并行、共享或分布式数据访问，以及确保数据一致性和安全性的机制，以应对系统瘫痪或未经授权的访问。

关系数据库是由表组成的集合，每个表都有唯一的名称，包含一组属性（列或字段），且通常存放着大量的元组（记录或行）。关系数据库中的每个元组用一组属性值来描述，代表一个通过唯一关键字标识的对象。

关系数据可以通过数据库查询进行访问。数据库查询使用 SQL 等关系查询语言，也可以通过图形用户界面进行编写。在图形用户界面中，用户可以使用菜单指定查询中包含的属性和属性上的限制条件。给定的查询会被转换为一系列关系操作，如连接、选择和投影，并经过优化以实现高效处理。关系查询语言还可以包含聚合函数，如 sum（总和）、avg（平均）、count（计数）、max（最大）和 min（最小）。

2. 数据仓库

数据仓库是一个集成多个数据源的信息存储系统，数据以一致的模式进行存放，并通常位于单个站点。数据仓库的构建过程包括数据清理、数据转换等步骤，这部分将在第6.3.2.1 节详细研究。

通过构建数据仓库，可以更好地管理和利用数据资源，实现数据驱动的决策和业务优化。数据仓库的建设不仅可以提供高质量的数据支持，还可以为数据分析和挖掘提供更便捷的数据访问和查询方式，从而帮助组织取得更好的业务成果和竞争优势。

3. 事务数据库

通常情况下，事务数据库由一个文件组成，其中包含多条记录，每个记录表示一个事务，每个事务包含一个唯一的事务标识号和一个包含该事务项的列表（如在商店购买的商品）。事务数据库可能还包括一些相关的附加表，用于存储与销售相关的其他信息，例如事务日期、顾客 ID、销售员 ID、销售分店等。

4. 面向对象数据库

面向对象数据库是基于面向对象程序设计范例的数据库。每个数据实体（对应于关系数据库中的元组）被视为一个对象，并用以下 3 个特性集对其进行描述。

（1）一个变量集，用于描述数据。这对应实体 – 联系和关系模型中的属性；

（2）一个消息集，对象可以使用它们与其他对象或数据库系统的其他部分进行通信；

（3）一个方法集，其中每个方法包含实现一个上述通信过程的代码。一旦收到消息，方法将返回一个响应值。

具有相同特性集的对象可以归类为一个对象类，每个对象都是其对象类的实例。对象类可以组成类/子类层次结构，以便每个类代表该类对象共有的特性。

5. 对象 – 关系数据库

对象 – 关系数据库是基于对象 – 关系数据模型构建的。该模型通过提供处理复杂对象的丰富数据类型和对象定位功能，扩展了关系模型。此外，它还包含特殊的关系查询语言结构，以便管理增加的数据类型。对象 – 关系数据库能够更好地适应现实世界中的复杂数据需求，因此在工业应用领域越来越受欢迎。

在面向对象和对象 – 关系系统中，数据挖掘具有一些相似性：与关系数据库中的数据挖掘相比，二者都需要开发新的技术来处理复杂对象结构、复杂数据类型、类和子类层次结构、特性继承等问题。

（三）数据挖掘的重要性

在当今的信息时代，尽管数据资源丰富，但真正有价值的信息却相对稀缺。随着大型数据库中数据量的快速增长，如果没有强大的工具辅助，人类已经无法理解这些数据。结果，存储在数据库中的数据变成了"数据坟墓"——难以再次访问的数据档案。从海量数据中提取有价值知识的工具缺乏，导致重要的决策常常不是基于数据库中包含丰富信息的数据，而是基于决策者的直觉。此外，当前的专家系统技术，通常依赖用户或领域专家手动输入知识到知识库中，这个过程经常存在偏差和错误，并且耗时、费用高昂。因此，利用数据挖掘工具进行数据分析，发现重要的数据模式，能够对商务决策、知识库、科学和医学研究做出巨大贡献。

6.3.1.2　发展起源

数据挖掘的发展源于多个方面的因素。

（1）数据量的爆炸性增长：近年来，随着互联网、物联网等技术的快速发展，大量数据被生成和积累。如何从海量数据中提取有用信息成为一项挑战。

（2）信息化时代的需求：在信息化时代，人们对获取和利用信息的需求越来越迫切。数据挖掘可以帮助人们从庞杂的数据中发现隐藏的模式、规律和关联，提供有价值的信息和知识。

（3）技术的进步和突破：计算机硬件和软件技术的不断进步，特别是机器学习和深度学习等领域的突破，使数据挖掘成为可能。这些技术的发展为数据挖掘提供了强大的工具支持。

（4）商业竞争的压力：在商业领域，企业需要通过分析市场、顾客行为等数据做出决策，以保持竞争优势。数据挖掘可以帮助企业发现市场趋势、顾客需求等信息，指导决策和战略规划。

综上所述，数据挖掘的发展是数据库技术进步、数据量增长、信息化需求、技术进步和突破以及商业竞争的压力等多种因素的综合结果。数据挖掘已经成为现代社会中不可或缺的工具和技术，广泛应用于商务管理、生产控制、市场分析、工程设计、科学探索等领域，其经历了几十年的发展，现在已经成为一个自成体系的应用学科。

6.3.1.3　研究现状

数据挖掘是一门不断发展和演进的学科，随着技术的不断进步和数据的快速增长，它扮演着越来越重要的角色。由于数据挖掘软件市场需求量的增大，包括国际知名公司在内的很多软件公司，如美国的 A. C. Nielson 和 Information Resources、欧洲的 GFK 和 Infratest Burke 等，都纷纷加入研发数据挖掘工具的行列中，截至目前已开发了一系列技术成熟、应用价值较高的数据挖掘软件，以应对迅速增长的销售和市场信息数据。利用数据挖掘技术形成的市场预测能力和服务，使这些市场研究公司取得了巨大收益。

尽管数据挖掘领域已经取得了显著的进步，并产生了一系列成熟的技术和高价值的应用，但仍然存在大量多元化和具有挑战性的研究问题。这些问题需要我们不断寻求创新的方法和技术来解决。

1. 可伸缩的数据挖掘方法

随着数据量不断增加，处理大规模数据的数据挖掘方法变得尤为重要。研究人员正着眼于开发可伸缩和高效的数据挖掘方法，以应对日益增长的数据挑战。"可伸缩"是指数据挖掘方法能够通过增加（减少）自身资源规模的方式增强（减弱）自己计算处理事务的能力。基于约束的挖掘和集成搜索引擎、数据库系统、数据仓库系统和云计算系统是当前的研究重点。通过与这些信息处理环境的紧密集成，可以提高数据的可用性、可移植性和扩展性。

2. 挖掘社会和信息网络

挖掘社会和信息网络以及链接分析是数据挖掘的重要任务之一。随着社交媒体、在线社区和知识图谱的兴起，网络上产生了大量的数据和关联信息。为了从这些数据中提取有用的信息，需要开发有效的挖掘方法和应用，以帮助我们了解社会网络结构、发现潜在的关联和模式，并应用于推荐系统、个性化广告和社交媒体分析等领域。

3. 隐私和安全性

在数据挖掘的研究和应用中，隐私和安全性是一个重要的问题。随着个人数据被大量收集和使用，如何保护用户的隐私权成为一个紧迫的问题。研究人员需要开发隐私保护的数据挖掘算法和技术，以确保数据的机密性和保密性。此外，还需要制定相应的法律法规和伦理准则，以平衡数据挖掘的利益和个人隐私的保护。

数据挖掘作为一个不断发展和演进的领域，面临着各种各样的研究问题和挑战。从应用扩展到可伸缩性，再到社会网络和隐私安全性，这些问题需要不断创新和研究来解决。随着技术的进步和社会需求的变化，数据挖掘将继续发挥重要的作用，并在各个领域中提供更多的机遇。

6.3.2　算法原理

6.3.2.1　数据仓库

伴随数据库技术的广泛应用，数据源的数量和类型呈爆炸式增长。许多商业企业保存了多年的生产数据、业务数据等，真实地反映了商业企业主体和各种业务环境的经济动态。然而这些数据可能分布在不同的平台数据库上，缺乏集中地存储和管理，不利于企业管理者对其进行有效统计、分析和评估，因此，需要强大的解决方案来管理和分析整个组织中的大量数据。对于受监管的行业，这些系统必须具有可伸缩性、可靠性和安全性，并且必须具有足够的灵活性以支持各种数据类型和使用场景。这些要求远远超出了任何传统数据库的能力，数据仓库因此应运而生。

（一）数据仓库

数据仓库（data warehouse，DW）是一种决策支持系统，它存储整个组织的历史数据，对其进行处理，并用于关键业务分析、报告和仪表板。数据仓库系统存储多个来源的数据，通常是结构化的在线事务处理（online transaction processing，OLTP）数据，例如发票和财务交易、企业资源规划（ERP）数据和客户关系管理（CRM）数据。数据仓库将各个异构的数据源数据库的数据统一管理，并进行数据剔除和格式转换，最终按照一种合理的建模方式来完成源数据组织形式的转变，以更好地支持前端的可视化分析。

数据仓库的概念可追溯到 20 世纪 70 年代，MIT 的研究人员致力于研究一种优化的技术架构，该架构试图将业务处理和分析处理分为不同层次，针对各自的特点采取不同的架构设计原则。受限于当时的信息处理能力，这个研究仅停留在理论层面。从 20 世纪 80 年代中期开始，随着市场竞争的加剧，商业信息系统用户渴望得到更多的信息来帮助企业及时做出正确的决策，这推动了数据仓库概念的完善和发展。1991年，Bill Inmon出版了第一本关于数据仓库的书 *Building the Data Warehouse*，标志着数据仓库概念的确立。此后，有关数据仓库的实施方法、实施路径和架构等问题也被讨论和确定，各大公司开始开发自己的数据仓库系统并将其应用于金融、电信等领域，为企业决策提供帮助。

新兴的基于云的数据仓库提供更高性能、无限规模、更快上市时间以及创新的数据处理功能，例如 Amazon Redshift 或 Google BigQuery。通过提供互联网接入的数据仓库功能，公共云提供商可帮助公司避开构建传统本地数据仓库所需的初始设置成本。此外，云中的这些企业数据仓库是完全托管的，因此服务提供商管理并承担提供所需数据仓库功能的责任，例如系统补丁和更新。

（二）数据仓库的基本特征

数据仓库是面向主题的（subject – oriented）、集成的（integrated）、非易失的（non – volatile）和时变的（time – variant）数据集合，用以支持管理决策。下面对数据仓库的4个特征进行详细分析。

（1）面向主题的。数据仓库通过将多个业务系统的数据按照主题域进行加载，对各个主题（如用户、订单、商品等）进行分析。其中，主题是一个抽象的概念，指的是在用户使用数据仓库进行决策时所关注的重要方面，每个主题通常与多个操作型信息系统相关联。

（2）集成的。数据仓库中的数据是通过对分散的数据库数据进行抽取、清洗，并经过系统化加工、汇总和整理而得到的。其目的在于消除源数据中的不一致性，以确保数据仓库内所包含的信息是关于整个企业一致的全局信息。

（3）非易失的。数据仓库以物理分离的方式存储数据，反映了一个相当长时间段内历史数据的内容。它是由不同时间点的数据库快照组成的集合，并基于这些快照进行统计、综合和重组，生成导出数据。对于数据仓库，通常只需两种类型的数据访问：初始化装入和数据查询访问。

（4）时变的。数据仓库中的数据通常包含时间维度，可用于追踪和分析数据随时间的变化，并支持历史数据的查询和趋势分析。数据仓库的目标是通过对企业过去一段时间业务经营状况的分析，发现其中隐藏的模式。尽管数据仓库的用户无法修改数据，但并非意味着数据仓库的数据是静态不变的。当业务发生变化时，挖掘出的模式会失去时效性。因此，数据仓库的数据需要定期更新，以满足决策的需求。

（三）数据库与数据仓库的区别

数据库与数据仓库的区别如表6 – 8所示。

表6 – 8　数据库与数据仓库的区别

项目	数据库	数据仓库
面向对象	操作型应用	主题
用户	业务员、DBA、数据库专家	管理者、分析专家
目的	支持日常事务处理	支持管理决策
数据内容	当前数据、确保最新	历史数据、跨时间维护
数据特点	原始的、高度详细	综合或提炼的数据

项目	数据库	数据仓库
数据稳定性	动态	相对稳定
数据更新	可更新	不可更新
视图	详细、一般关系	汇总的、多维的
访问连接类型	读取/写入	读取
DB 设计	基于 E－R	星形/雪花
DB 规模	GB 至 TB	≥TB
优先	高性能、高可用性	高灵活性、终端用户自治
度量	事务吞吐量	查询吞吐量、吞吐时间

数据仓库的出现，并不是要取代数据库，二者在数据管理和使用方面有着不同的特点和用途。数据库是面向事务设计的，数据仓库是面向主题设计的；数据库存储的一般是业务数据，数据仓库存储的一般是历史数据；数据库是面向交易的处理系统（业务系统），它是针对具体业务在数据库联机的日常操作，通常对记录进行查询、修改。用户较为关心操作的响应时间、数据的安全性、完整性和并发支持的用户数等问题。传统的数据库系统作为数据管理的主要手段，主要用于操作型处理，也称为联机事务处理。数据仓库一般针对某些主题的历史数据进行分析，支持管理决策，又称为联机分析处理（online analytical processing，OLAP）。

那么，为什么不直接在数据库上进行联机分析处理，而是另外花费时间和资源去构造分离的数据仓库呢？主要有以下几个原因。

（1）性能问题。数据库通常是为了支持实时的交易处理而设计的，其数据结构和索引等方面的设计更适合快速地增删改查操作。对于复杂的分析查询，数据库可能需要进行大量的表连接、聚合计算和数据转换等操作，这会导致查询性能下降，影响实时交易处理的效率。

（2）数据一致性问题。在直接进行联机分析处理时，可能需要频繁地对数据库进行查询和读取操作，这可能会与实时交易处理的写入操作产生冲突，导致数据一致性问题。为了避免这种情况，将分析处理与实时交易处理分离，可以确保数据的一致性。

（3）数据集成和清洗问题。进行数据分析处理时，通常需要从多个数据源中提取数据，并进行数据清洗、转换和集成，以保证数据的一致性和质量。这些过程可能涉及数据格式转换、数据标准化、数据合并等操作，而这些操作在数据库中进行可能会影响实时交易处理性能。

（4）分析需求的灵活性问题。数据库通常是按照应用程序的需求进行数据建模和存储的，其数据结构可能无法满足复杂的分析查询需求。而构建分离的数据仓库可以根据分析需求进行灵活的数据模型设计和指标定义，以支持多维度的数据分析、复杂的聚合计算和灵活的报表生成等功能。

总的来说，数据库主要用于支持应用程序的操作和管理数据，而数据仓库则用于支持分析和决策制定，具有更大规模的历史数据和复杂查询需求。两者在数据结构、用途、处理方式和性能优化等方面存在明显的区别。因此，构建分离的数据仓库可以提供更适合分析和决策制定的数据结构和性能优化，同时也可以保护实时交易处理的性能和数据的一致性。它还可以支持数据集成和清洗、提供数据历史和可追溯性，并提供更灵活的分析功能。这些都是直接在数据库上进行联机分析处理所无法满足的需求。

（四）数据仓库的体系结构

数据仓库采用三层体系结构，包括数据获取、数据存储和信息传递三个部分。每个部分独立完成相应的功能，并按顺序进行处理，以实现数据从源数据系统最终流向用户，供用户进行分析，如图 6 – 29 所示。

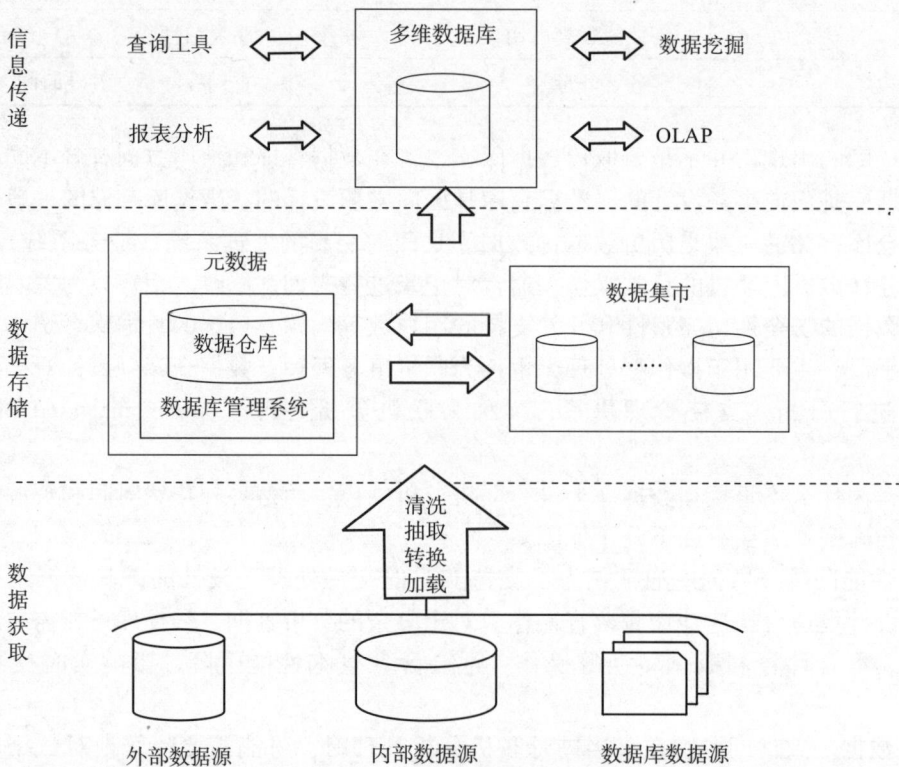

图 6 – 29　数据仓库的体系结构

1. 数据获取

数据获取部分是指数据从源系统中提取、清洗和转换的过程，主要功能是将来自不同源系统的数据整合到数据仓库中，以满足后续的分析和查询需求。在数据获取部分，通常会进行以下几个步骤。

（1）数据抽取（data extraction）：从源系统中提取需要的数据，可以通过直接连接源系统的数据库或应用程序接口（API）来实现。数据抽取可以按照一定的时间间隔进行增量抽取，也可以根据特定的条件进行全量或增量抽取。

（2）数据清洗（data cleaning）：对抽取的数据进行清洗和预处理，以确保数据的质量和一致性，包括去除重复数据、处理缺失值、纠正错误数据等操作。数据清洗可以使用各种技术和工具，如规则引擎、数据转换脚本等。

（3）数据转换（data transformation）：将清洗后的数据进行转换和整合，以适应数据仓库的数据模型和结构，可能涉及数据格式转换、数据合并、数据拆分、数据聚合等操作。数据转换可以使用抽取 – 转换 – 加载工具或编写自定义的转换代码来实现。

（4）数据加载（data loading）：将转换后的数据加载到数据仓库中的存储区域，可以是批量加载，也可以是实时或增量加载，取决于数据仓库的需求和实际情况。

通过数据获取部分的处理，数据从源系统中经过抽取、清洗、转换和加载等步骤，最终被导入到数据仓库的存储区域，为后续的数据分析和查询提供了可靠的数据基础。

2. 数据存储

数据存储部分在数据仓库中对数据进行存储和组织，其主要目标是提供高性能的查询和分析能力，并支持数据的持久化和管理，如根据预定条件定期从数据库中读取数据、提供自动工作控制服务以及数据仓库数据库的备份和恢复等。整个数据仓库的结构是由元数据来组织的。元数据不包含任何与业务相关的实际数据信息，但对数据仓库中的各种数据进行详细的描述和说明，所以也称为"数据的数据"。数据集市在某种程度上来说就是一个小型的数据仓库。数据集市中的数据往往是关于少数几个主题的，它的数据量远远不如数据仓库，但数据集市所使用的技术和数据仓库同样都是面向分析决策型应用的。大多数数据仓库采用关系数据库管理系统，并通过合理设计和配置来支持用户对数据的灵活和快速访问。

3. 信息传递

信息传递部分负责将数据仓库中的数据传递给用户和其他系统的组件，它在连接数据仓库与用户、应用程序和其他数据源之间起到了桥梁作用。在信息传递过程中，可以采用自顶向下的方法，其中数据流从企业级数据仓库或独立的数据集市开始；另一种方法是自底向上，其中数据流从相互关联的统一化数据集市开始。前端包括各种数据分析工具、报表工具、查询工具、数据挖掘工具以及基于数据仓库或数据集市开发的应用。

（五）数据仓库维度建模

实体 – 联系数据模型广泛用于关系数据库设计，其中数据库模式用实体集和它们之间的联系表示，这种数据模型适用于联机事务处理。然而，数据仓库需要简明的、面向主题的模式，便于联机数据分析。最流行的数据仓库的数据模型是多维数据模型，在实际工作中可将常见的模型分为星形模型、雪花模型和事实星座模型。

1. 星形模型

星形模型是一种常见的数据仓库模型范式，它由一个中心表（事实表）和一组附属表（维度表）组成，如图 6 – 30 所示。事实表包含与业务过程相关的度量数据，例如销售额、订单数量等。事实表的非主键属性被称为事实，通常是数值或可计算的数据。每个维度表都有一个维作为主键，所有这些维的主键组合成事实表的主键。维度表包含描述业务过程的各个

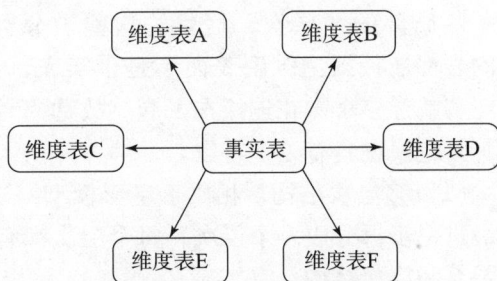

图 6 – 30　星形模型示意图

维度属性，如时间、地理位置、产品等。在星形模型中，维度表之间没有直接的关联关系。当所有维度表都与事实表关联时，整个结构形状类似于一颗星星，因此得名"星形模型"。

星形模型具有以下特点。

（1）简单直观。星形模型的结构相对简单，易于理解和使用。事实表作为核心，维度表围绕其周围，形成了清晰的关系。

（2）易于查询和分析。星形模型的结构使查询和分析操作更加高效。用户可以通过选择维度和度量来进行数据切片和钻取，从而快速获取所需的分析结果。

（3）可选择性较强。星形模型支持灵活的数据分析需求。用户可以根据需要选择不同的维度和度量进行分析，也可以根据具体情况添加或删除维度表。

（4）易于维护。星形模型的结构使数据仓库的维护相对容易。当需要添加新的维度或度量时，只需新增相应的维度表或在事实表中增加相应的字段。

然而，星形模型也有一些限制和注意事项。

（1）数据冗余。星形模型中的维度表可能包含重复的数据，导致数据冗余。比如一张包含国家、省份、地市三列的维度表，在国家列可能会包含很多重复的信息，虽然可以提高查询性能，但也增加了存储空间的占用。

（2）灵活性受限。星形模型在处理复杂的关系和层次结构时存在一定的限制。如果业务需求涉及多层级的维度关系，可能需要使用雪花模型或其他更复杂的模型。

（3）可扩展性。当数据仓库规模变大时，星形模型可能面临一些性能和可扩展性方面的挑战。在设计星形模型时，需要考虑数据量的增长和查询的复杂性。

星形模型是一种常见且易于理解的多维建模方法，适用于许多业务场景，其本质是一张大表，相比于其他数据模型更适合于大数据处理。其他模型可以通过一定的转换，转换为星形模型。通过合理设计和优化，可以构建出高效、灵活的数据仓库，为用户提供强大的数据分析和决策支持。

2. 雪花模型

雪花模型是一种多维建模架构，它在星形模型的基础上进一步拆分维度表，形成更复杂的层次结构，如图 6-31 所示。与星形模型中的维度表只有一层关系不同，雪花模型的维度表可以包含多个层次。雪花模型是对星形模型的扩展，原有的各维度表可能被扩展为小的事实表，形成一些局部的"层次"区域，这些被分解的表都连接到主维度表而不是事实表，

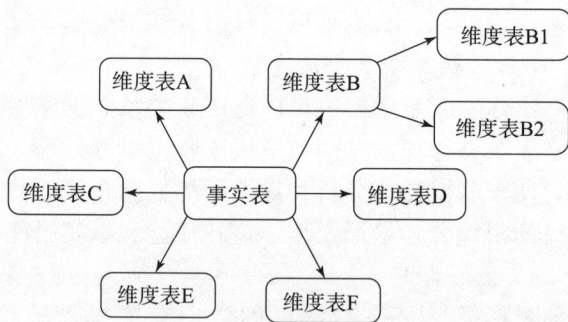

图 6-31 雪花模型示意图

其图解就像多个雪花连接在一起，故称为雪花模型。

雪花模型具有以下特点。

（1）多层次结构。相比于星形模型，雪花模型可以支持更复杂的层次结构。维度表可以被进一步拆分成多个层次，每个层次都有自己的维度属性。这样可以更好地描述数据之间的关系和层次结构。

（2）数据冗余较少。相比于星形模型，雪花模型的维度表可能会被拆分成多个层次和连接表，这样可以减少数据的冗余。每个层次只包含与该层次相关的属性，避免了数据的重复存储，提高了数据仓库的效率和性能。

（3）灵活的数据分析。雪花模型可以支持多层次的数据分析，用户可以根据需要进行钻取、切片和切块等操作，以获取所需的信息。

（4）查询性能较低。由于雪花模型的层次结构较复杂，查询时需要进行多个表之间的连接操作，这可能导致查询性能下降。因此，在设计雪花模型时需要权衡数据冗余和查询性能之间的关系。

（5）可扩展性较差。由于雪花模型的结构较复杂，当数据仓库规模变大时，维护和扩展的难度也会增加。在设计雪花模型时需要考虑数据量的增长和查询的复杂性。

雪花模型适用于需要表示复杂层次关系的业务场景。它可以更好地描述维度之间的父子关系，但也带来了一些性能和可扩展性方面的挑战。在实际应用中，需要根据具体需求和情况选择合适的建模方法，以满足数据分析和决策的需求。

3. 事实星座模型

事实星座模型也是星形模型的扩展，其由多个事实表和维度表组成，每个事实表都与一个或多个维度表相关联，如图 6 – 32 所示。每个事实表都

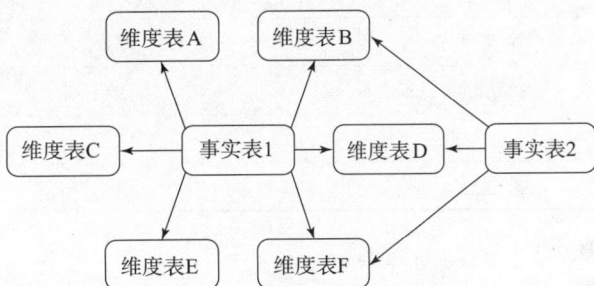

图 6 – 32　事实星座模型示意图

包含与业务过程相关的度量数据，而维度表则包含描述业务过程的属性信息。

事实星座模型具有以下特点。

（1）灵活性。事实星座模型允许根据业务需求创建多个事实表，每个事实表可以关联不同的维度表。这样可以更好地满足不同层次和粒度的数据分析需求。

（2）可扩展性。事实星座模型支持在数据仓库中添加新的事实表和维度表，以适应业务的变化和扩展。这使数据仓库能够随着业务的发展而不断演化。

（3）易于理解和维护。事实星座模型的结构相对简单，易于理解和维护。每个事实表都与一个或多个维度表直接关联，使数据的查询和分析更加直观和高效。

（4）支持复杂分析。事实星座模型可以支持多维度的数据分析，用户可以根据需要进行钻取、切片和切块等操作，以获取所需信息。这使数据仓库能够满足不同层次和粒度的分析需求。

（5）数据冗余较高。由于每个事实表都与一个或多个维度表关联，可能会导致数据冗余的增加。这在一定程度上增加了存储空间的占用，但也提高了查询性能。

事实星座模型是一种灵活且可扩展的多维数据建模方法，适用于需要支持复杂分析和多层次数据分析的业务场景。它可以帮助用户更好地理解和分析业务过程，并支持随着业务的发展而不断演化的数据仓库架构。

表 6 – 9 比较了以上几种模型。星形模型通常用于构建底层数据表，通过数据冗余来减少查询次数以提高查询效率，而雪花模型在关系型数据库中（如 MySQL/Oracle）更为普遍。在具体规划和设计过程中，应综合考虑具体场景以及各种模型的优缺点，找到一个平衡点展开工作。

表 6 - 9　星形模型、雪花模型与事实星座模型的比较

属性	星形模型（含事实星座模型）	雪花模型
事实表	1 张或多张	1 张或多张
维度表	一级维表	多层级维表
数据总量	多	少
数据冗余度	高	低
可读性	高	低
表个数	少	多
表宽度	宽	窄
查询逻辑	简单	复杂
查询性能	高	低
扩展性	差	好

（六）数据仓库联机分析处理

OLAP 是一种用于多维数据分析的技术和工具。它允许用户从不同的角度对大规模、复杂的数据进行快速、灵活地查询和分析。OLAP 的基本思想：企业的决策者能够灵活地操纵企业数据，以多维的数据从多方面和多角度来观察企业的状态、了解企业的文化。通过快速、一致、交互地访问各种可能的信息视图，来获取并理解各种信息视图的数据，帮助管理数据，掌握数据中存在的规律，实现对数据的归纳、分析和处理，帮助组织完成相关的决策。

OLAP 基于多维模型定义了一些常见的面向分析的操作类型，使用户能够从多角度、多侧面观察数据仓库中的数据，从而深入地了解包含在数据中的信息。OLAP 的多维分析操作包括钻取、上卷、切片、切块以及旋转。

（1）钻取：从一个较高层次的维度向下探索，查看更详细的数据。例如，从年份维度钻取到季度、月份或具体日期。

（2）上卷：将数据从较低层次的维度汇总到较高层次的维度，以获取更高层次的数据总结。例如，将每日销售数据汇总到月份或年份级别。

（3）切片：选择一个或多个维度的特定成员，对数据进行筛选，以获取特定条件下的数据子集。例如，选择某个时间范围、某个地理区域或某个产品类别。

（4）切块：选择多个维度的特定成员，对数据进行交叉分析，以获取多维度组合下的数据子集。例如，同时选择某个时间范围和某个产品类别，分析它们的销售情况。

（5）旋转：将数据在不同维度之间进行转换，以改变数据的展示方式。例如，将行维度转换为列维度，或者将列维度转换为行维度，以便更好地呈现数据。

OLAP 具有以下特征。

（1）快速性。用户对 OLAP 的快速反应能力有很高的要求。系统能在用户要求的时间内对用户的大部分分析要求做出反应，因此需要一些技术上的支持，如专门的数据存储格式、大量的事先运算、特别的硬件设计等。

（2）可分析性。OLAP 系统能处理与应用有关的任何逻辑分析和统计分析。用户可以在

OLAP 平台上进行数据分析，也可以连接其他外部分析工具，如时间序列分析工具、数据挖掘工具等进行分析。

（3）多维性。多维性是 OLAP 的关键属性，包括对层次维和多重层次维的完全支持，多维分析是分析企业数据最有效的方法，是 OLAP 的灵魂。

（4）信息性。无论数据量多大，也不管数据存储在何处，OLAP 系统都能及时获得信息，并且管理大容量信息。这里有许多因素需要考虑，如数据的可复制性、可利用的磁盘空间、OLAP 产品的性能及与数据仓库的结合度等。

作为商业智能 BI 系统的关键技术，OLAP 可以在使用多维数据模型的数据仓库或数据集市上进行，充分发挥 OLAP 联机分析的功能和特性。将 OLAP 与数据挖掘进行结合，能够为数据挖掘提供基础数据支持，提高数据挖掘的效率，而且可以实现联机分析数据挖掘的功能。

（七）从数据仓库到数据挖掘

数据仓库可以视为数据挖掘的前期步骤，数据仓库 OLAP 用于数据汇总和校对，而数据挖掘用于自动发现隐藏在海量数据中的隐含模式和有趣知识，执行关联、分类、预测、聚类、时间序列分析等其他数据分析任务。数据挖掘的流程描述如下。

（1）问题定义：确定需要解决的问题或目标，如预测销售量、顾客分类、异常检测等。

（2）数据收集：收集与问题相关的数据，可以从数据库、文件、API 等来源获取数据，应确保数据的完整性和准确性，处理缺失值、重复值等数据质量问题。

（3）数据探索和可视化：对数据进行初步的探索性分析，了解数据的特征、分布和关系。使用可视化工具（如图表、散点图、直方图等）来展示数据的特征和趋势。

（4）数据清洗和预处理：填充缺失值或根据数据特征进行插补。检测和处理异常值时可以通过统计方法或基于模型的方法进行处理。

（5）特征选择和提取：根据问题需求选择最相关的特征，可以使用统计方法、特征重要性评估等。

（6）数据转换和归一化：对数据进行转换（如对数变换、标准化等）以满足模型的要求。

（7）模型选择和训练：根据问题类型选择适合的机器学习或数据挖掘模型，如决策树、支持向量机、神经网络等。将数据集划分为训练集和测试集，使用训练集对模型进行训练和调优。

（8）模型评估：使用评估指标（如准确率值、召回率值、$F1$ 值等）对训练好的模型进行评估。使用交叉验证、ROC 曲线等技术来评估模型的性能和稳定性。

（9）模型优化：根据评估结果，调整模型参数，尝试不同的算法或特征组合，以提高模型的性能。可以使用网格搜索、随机搜索等方法来寻找最佳的超参数组合。

（10）结果解释和应用：对模型的结果进行解释和分析，理解模型对问题的贡献和影响。将模型应用于实际问题中，如生成报告、可视化展示、制定决策或进行预测等。

数据挖掘的流程并非线性的，可能需要多次迭代和调整。同时，每个步骤都需要谨慎处理，以确保数据的质量和模型的准确性。事实上，数据挖掘领域对各种类型的数据做了大量研究，包括关系数据、时间序列数据、空间数据等，而不只限于分析存放在数据仓库中的数据。

多维数据挖掘（又称联机分析挖掘或 OLAM）将数据挖掘与 OLAP 集成，在多维数据库中发现知识。OLAM 的重要性体现在以下方面。

（1）数据仓库中数据的高质量：大部分数据挖掘工具需要在集成、一致和清理过的数据上运行，这需要昂贵的数据清理、数据转换和数据集成作为预处理步骤。经过这些预处理而构造的数据仓库不仅充当 OLAP，而且充当数据挖掘的高质量、有价值的数据源。

（2）环绕数据仓库的信息处理基础设施：全面的数据处理和数据分析基础设施要围绕数据仓库而系统地建立，包括多个异构数据库的访问、集成、合并和变换，ODBC/OLE DB 连接，Web 访问和服务机制，报表和 OLAP 分析工具等。

（3）基于 OLAP 的多维数据探索：有效的数据挖掘需要探索式数据分析。多维数据挖掘提供在不同的数据子集和不同的抽象层上进行数据挖掘的机制，在数据立方体和数据挖掘的中间结果上进行钻取、旋转、过滤、切块和切片，与数据/知识可视化工具一起极大地增强探索式数据挖掘的能力和灵活性。

数据仓库和 OLAP 技术在数据挖掘研究中的重要性不可忽视。数据仓库为用户提供了大量清洁、有组织和汇总的数据，极大地方便了数据挖掘的进行。例如，相比于存储每个销售事务的细节，数据仓库更倾向于以汇总的形式存储每个分店每类商品的数据。OLAP 技术则提供了对数据仓库中汇总数据的多样化动态视图，为成功的数据挖掘奠定了坚实的基础。数据挖掘通过对数据仓库中的数据进行分析和挖掘，帮助用户发现隐藏在数据中有价值的信息和模式，从而支持决策制定和预测分析。

6.3.2.2 效果评价

评价数据挖掘效果是一个关键的步骤，可以帮助我们了解和衡量数据挖掘算法或模型在实际应用中的性能和准确度。通常，数据挖掘任务分为以下两大类。

（1）描述任务：目标是导出概括数据中潜在联系的模式（相关、趋势、聚类、轨迹和异常）。本质上，描述性数据挖掘任务通常是探查性的，并且常常需要后处理技术验证和解释结果。

（2）预测任务：目标是根据其他属性的值，预测特定属性的值。被预测的属性一般称为目标变量（target variable）或因变量（dependent variable），而用来做预测的属性称为说明变量（explanatory variable）或自变量（independent variable）。

不同的数据挖掘任务有不同的效果评价方法，下面分别从关联分析、分类和预测、聚类3 个角度进行评价方法介绍。

（一）关联分析

关联分析（association analysis）用于发现隐藏在大型数据集中有意义的联系。所发现的联系可以用关联规则（association rule）或频繁项集的形式表示。以一个简单的购物篮二元属性事务集为例，每一条记录中属性只有购买 1 和不购买 0 两种情况，不统计商品的任何其他信息，如表 6-10 所示。关联规则是形如 $X \rightarrow Y$ 的表达式，X 和 Y 是两个不相交的项集，这里的项集指的是购买商品的集合，X 称为规则前件，Y 称为规则后件。

表 6-10 购物篮二元属性事务集

ID	面包	牛奶	尿布	啤酒	鸡蛋
1	1	1	0	0	0
2	1	0	1	1	1

续表

ID	面包	牛奶	尿布	啤酒	鸡蛋
3	0	1	1	1	0
4	1	1	1	1	0
5	1	1	0	0	0

由于搜索空间是指数规模的,关联分析的目标是以有效的方式提取最有意义的模式。以购物篮二元属性事务集为例,可以发现许多购买尿布的顾客也购买啤酒,零售商们可以使用这类规则,帮助他们发现新的交叉销售商机。关联分析的应用还包括找出具有相关功能的基因组、识别用户一起访问的 Web 页面、理解地球气候系统不同元素之间的联系等。

用于关联分析的算法有很多,如 Apriori 算法、FP – Growth 算法、Eclat 算法、关联规则生成算法以及基于统计方法的关联挖掘算法等。对于关联规则的度量,常用的评价方法有支持度、置信度、提升度等。

(1) 支持度。支持度表示包含某个项集的事务数与总事务数之比。以购物篮二元事务集为例,假设 X 表示啤酒,Y 表示尿布,$N(\cdot)$ 为包含某个项集的事务数,N 为总事务数,则项集 $\{X,Y\}$ 的支持度为

$$s(X \rightarrow Y) = \frac{N(X,Y)}{N} = \frac{3}{5} = 0.6 \tag{6-18}$$

当项集的支持度超过设定的阈值时,该项集称为频繁项集。

(2) 置信度。置信度表示在一个项集出现的情况下,另一个项集也同时出现的概率。以购物篮事务集为例,假设 X 表示啤酒,Y 表示尿布,则项集 $\{X,Y\}$ 的置信度为

$$c(X \rightarrow Y) = \frac{N(Y \mid X)}{N(X)} = \frac{3}{3} = 1 \tag{6-19}$$

通过设置支持度和置信度的阈值,可以筛选出具有较高支持度和置信度的关联规则,排除大量无趣规则的探查,但仍然会产生一些用户不感兴趣的规则,即强规则不一定是有趣的。主要原因在于许多潜在的有意义的模式由于包含支持度小的项而被删去,而置信度则忽略了规则后件的支持度问题。以下面的例子进行说明:爱喝咖啡/茶属性事务集如表 6 – 11 所示,我们希望分析爱喝咖啡和爱喝茶的人之间的关系。

表 6 – 11　爱喝咖啡/茶属性事务集

项目	爱喝咖啡	不爱喝咖啡	合计
爱喝茶	150	50	200
不爱喝茶	650	150	800
合计	800	200	1 000

规则 {爱喝茶→爱喝咖啡} 的支持度为 15%,置信度为 75%,不考虑支持度,置信度比较高,推测认为爱喝茶的人一般也爱喝咖啡。考虑喝咖啡的人的支持度为 80%,比规则 {爱喝茶→爱喝咖啡} 的置信度 75% 高,这说明并不是爱喝茶的人一般爱喝咖啡,从而使规则置信度高,而是爱喝咖啡的人本身就很多,所以这条规则是一个误导。

（3）提升度。提升度定义为规则置信度与规则后件支持度的比率，可以有效处理支持度和置信度的局限性。它表示在一个项集出现的情况下，另一个项集出现的概率相对于两个项集独立出现的概率的增益程度，其定义如下：

$$\text{lift}(A \to B) = \frac{c(A \to B)}{s(B)} \tag{6-20}$$

提升度大于 1 表示正相关，小于 1 表示负相关，等于 1 表示无关。对于上面爱喝咖啡事务集的例子，提升度为 0.937 5，表明爱喝茶和爱喝咖啡的人数之间存在负相关。

二元变量 A、B 的相依表（见表 6-12）用 $\overline{A}$（$\overline{B}$）表示 A 和 B 未出现在事务记录中，f_{11} 表示 A 和 B 均出现在事务记录中的次数，f_{10} 表示 A 出现、B 未出现在事务记录中的次数，f_{01} 表示 B 出现、A 未出现在事务记录中的次数，f_{00} 表示 A 和 B 均未出现在事务记录中的次数，f_{1+} 表示 A 出现在事务记录中的次数，f_{0+} 表示 A 未出现在事务记录中的次数，f_{+1} 表示 B 出现在事务记录中的次数，f_{+0} 表示 B 未出现在事务记录中的次数，N 表示事务记录的总数。

表 6-12　二元变量 A、B 的相依表

项目	B	$\overline{B}$	合计
A	f_{11}	f_{10}	f_{1+}
$\overline{A}$	f_{01}	f_{00}	f_{0+}
合计	f_{+1}	f_{+0}	N

对于二元变量，提升度等价于兴趣因子，定义如下：

$$I(A,B) = \frac{s(A,B)}{s(A)s(B)} = \frac{Nf_{11}}{f_{1+}f_{+1}} \tag{6-21}$$

（4）相关分析。在文本挖掘中，经常用一对词语同时出现在文档中的频数来分析这对词语的关联程度，在这种情况下，提升度就不是一个最佳度量。相关分析是一种基于统计学的技术，对于连续型变量，相关度用皮尔逊相关系数表示；对于二元变量，相关度可以用 ϕ 系数度量，其定义如下：

$$\phi = \frac{f_{11}f_{00} - f_{01}f_{10}}{\sqrt{f_{1+}f_{0+}f_{+1}f_{+0}}} \tag{6-22}$$

相关度的值从 -1（完全负相关）到 +1（完全正相关），如果变量相互独立则相关度为 0，如果变量为正相关，相关度大于 0，变量负相关，相关度则小于 0。

（5）IS 度量。IS 度量用于处理非对称二元变量，其定义如下：

$$\text{IS}(A,B) = \sqrt{I(A,B)s(A,B)} = \frac{s(A,B)}{\sqrt{s(A)s(B)}} \tag{6-23}$$

当兴趣因子和支持度均较大时，IS 度量值将呈现较大的数值。在分析兴趣因子时，使用比率形式来掩盖分子和分母本身数值的大小差异，而在 IS 度量中，由于考虑了规则的支持度，在一定程度上弥补了兴趣因子的局限性。

（二）分类和预测

分类和预测是数据挖掘中最常见和重要的任务之一。分类是一种监督学习任务，旨在根据已知的标记数据（有类别标签的数据）来构建一个分类模型，用于对新的未知数据进行分类。分类模型通过学习已知数据的特征和类别之间的关系，可以将新的数据样本分配到预

定义的类别中。常见的分类算法包括决策树、支持向量机、朴素贝叶斯、逻辑回归等。预测也是一种监督学习任务。它旨在根据已知的输入特征和相应的输出值（连续数值）来构建一个预测模型，用于对新的输入数据进行数值预测；预测模型通过学习输入特征和输出值之间的关系，可以预测出未知数据的输出值。常见的预测算法包括线性回归、决策树回归、神经网络、支持向量回归等。分类与预测的区别在于：分类是用来预测数据对象的类标记，而预测则是估计某些空缺或未知值。

分类和预测模型效果评价通常用平均绝对误差、均方根误差、准确率、召回率等指标来衡量。

（1）平均绝对误差。平均绝对误差（mean absolute error，MAE）表示预测值和观测值之间绝对误差的平均值。平均绝对误差可以避免误差相互抵消的问题，因而可以准确反映实际预测误差的大小。平均绝对误差的定义如下：

$$\text{MAE} = \frac{1}{n}\sum_{i=1}^{n}|E_i| = \frac{1}{n}\sum_{i=1}^{n}|Y_i - \widehat{Y_i}| \tag{6-24}$$

其中，E_i 为第 i 个实际值与预测值的绝对误差；Y_i 为第 i 个实际值；$\widehat{Y_i}$ 为第 i 个预测值。

（2）均方根误差。均方根误差（root mean squared error，RMSE）是均方误差的平方根，代表了预测值的离散程度，也称为标准误差。均方根误差的定义如下：

$$\text{RMSE} = \sqrt{\frac{1}{n}\sum_{i=0}^{n}E_i^2} = \sqrt{\frac{1}{n}\sum_{i=0}^{n}(Y_i - \widehat{Y_i})^2} \tag{6-25}$$

（3）准确率。假设只有两类样本，即正例（positive）和负例（negative），通常以关注的类为正类，其他类为负类。预测类别与实际类别的关系（见表 6-13）中：

真正（true positives，TP）：实际为正例且被分类器划分为正例的实例数（划分正确）。

假正（false positives，FP）：实际为负例但被分类器划分为正例的实例数（划分错误）。

假负（false negatives，FN）：实际为正例但被分类器划分为负例的实例数（划分错误）。

真负（true negatives，TN）：实际为负例且被分类器划分为负例的实例数（划分正确）。

准确度为分类器正确分类的样本数与总样本数之比，其公式定义如下：

$$\text{Accuracy} = \frac{\text{TP} + \text{FN}}{\text{TP} + \text{TN} + \text{FP} + \text{FN}} \times 100\% \tag{6-26}$$

表 6-13　预测类别与实际类别的关系

项目	预测：正	预测：负
实际：正	TP	FN
实际：负	FP	TN

（4）精确率和召回率。精确率和召回率重点关注正类的分类结果。精确率反映了模型判定的正例中真正正例的比重。精确率公式定义如下：

$$\text{Precision} = \frac{\text{TP}}{\text{TP} + \text{FP}} \times 100\% \tag{6-27}$$

召回率反映了总正例中被模型正确判定正例的比重，医学领域也叫作灵敏度（sensitivity）。召回率公式定义如下：

$$\text{Recall} = \frac{\text{TP}}{\text{TP} + \text{FN}} \times 100\% \tag{6-28}$$

（5）$F-score$：$F-score$ 是精确率和召回率的调和均值，平衡精确率和召回率的影响，可以较为全面地评价一个分类器，计算公式如下：

$$F_{\beta} = (1 + \beta^2) \frac{\text{Precision} \times \text{Recall}}{\beta^2 \times \text{Precision} + \text{Recall}} \tag{6-29}$$

其中，β（$\beta > 0$）的取值反映了精确率和召回率在性能评估中的相对重要性，通常情况下取值为 1。当 $\beta = 1$ 时，就是常用的 $F1$ 值，表明精确率和召回率的重要性是一样的，当问题属于多分类问题时，在不同类别下综合考察分类器的优劣就需要引入宏平均（macro-averaging）、微平均（micro-averaging）等。

（6）ROC 曲线与 AUC 值。受试者工作特性 ROC 曲线是一种非常有效的模型评价方法，可为选定临界值给出定量提示，ROC 曲线最早应用在军事上，后来逐渐应用到医学和机器学习领域。ROC 曲线的横轴为假正率（FPR = FP/N），纵轴为真正率（TPR = TP/P）。

AUC（area under curve）是一种常用的评价指标，通常用于衡量二分类模型在不同阈值下分类结果的质量。AUC 值表示 ROC 曲线下的面积，范围为 0~1。

AUC 值越接近 1，表示模型的分类性能越好，即模型能够更准确地区分正类和负类样本。当 AUC 值为 0.5 时，表示模型的分类效果等同于随机猜测，而当 AUC 值为 1 时，表示模型完美地将正类和负类样本区分开来。AUC 值适用于二分类问题，对于多分类问题，可以使用一对多（one-vs-rest）或一对一（one-vs-one）的方法计算每个类别的 AUC 值，并进行综合评估。

以上是一些常见的分类和预测任务的效果评价指标，除此之外还有混淆矩阵、P-R 曲线、绝对误差等评价方法，可根据具体的任务和需求选择合适的指标来评估模型的性能和准确性。

（三）聚类

聚类分析是一种无监督学习方法，用于将数据集中的对象划分为具有相似特征的组或簇。其目标是通过最大化簇内的相似性和最大化簇间的差异来实现数据的自动分类。聚类可分为基于划分的聚类（$k-means$、$k-medoids$、$k-prototype$）、基于层次的聚类、基于密度的聚类（DBSCAN、OPTICS、DENCLUE）、基于网格的聚类和基于模型的聚类（模糊聚类、Kohonen 神经网络聚类）。在相同的数据集上，不同的聚类方法可能产生不同的聚类。

聚类分析已经广泛地用于许多应用领域，包括商务智能、图像模式识别、Web 搜索、生物学和安全等。在商务智能应用中，聚类可以将大量用户分组，其中组内的用户具有类似的特征。此外，考虑具有大量项目的咨询公司，为了改善项目管理，可以基于相似性把项目划分成类别，使得项目审计和诊断改善项目提交和结果可以更有效地实施。

聚类分析的度量指标用于对聚类效果进行评判，以下是几种常见的聚类分析评价指标。

（1）SSE：计算每个数据点 y_i 与其所属簇质心 y_i^* 之间的距离的平方和，计算公式如下：

$$\text{SSE} = \sum_{i=1}^{n} (y_i - y_i^*)^2 \tag{6-30}$$

较小的 SSE 值表示簇内的数据点越紧密，聚类效果越好。一般 SSE 可以和 $k-means$ 搭配，使用手肘法和碎石图来选取最优的聚类个数 k。

（2）轮廓系数：综合考虑了簇内的紧密度和簇间的分离度。对于 n 个对象的数据集 D，假设 D 被划分为 k 个簇 $C_1,\cdots,C_k$。对于每个对象 $o \in D$，我们计算 o 与 o 所属的簇的其他对象之间的平均距离 $a(o)$，类似地，$b(o)$ 是 o 到不属于 o 的所有簇的最小平均距离。假设 $o \in C_i (1 \le i \le k)$，则

$$a(o) = \sum_{o' \in C_i, o \ne o'} \frac{\mathrm{dist}(o,o')}{|C_i| - 1} \tag{6-31}$$

其中，dist（·）表示距离计算，而

$$b(o) = \min_{C_j; 1 \le j \le k, j \ne i} \left\{ \frac{\sum_{o' \in C_j} \mathrm{dist}(o,o')}{|C_j|} \right\} \tag{6-32}$$

对象 o 的轮廓系数定义为

$$s(o) = \frac{b(o) - a(o)}{\max\{a(o),b(o)\}} \tag{6-33}$$

轮廓系数的值在 -1 到 1 之间，可以通过计算簇中所有对象的轮廓系数的平均值来度量聚类中簇的拟合性。

（3）CH 指数（Calinski – Harabasz index）：通过计算类中各点与类中心的距离平方和来度量类内的紧密度，通过计算各类中心点与数据集中心点距离平方和来度量数据集的分离度，CH 指数由分离度与紧密度的比值得到。CH 越大代表着类自身越紧密，类与类之间越分散，即更优的聚类结果。该指标的计算公式如下：

$$s(k) = \frac{\mathrm{tr}(B_k) m - k}{\mathrm{tr}(W_k) k - 1} \tag{6-34}$$

其中，m 是训练样本数；k 是类别个数，B_k 是类别之间协方差矩阵，W_k 是类别内部数据协方差矩阵，tr 是矩阵的迹。

（4）DB 指数（Davies – Bouldin index，戴维森堡丁指数）：计算任意两类别的类内距离平均距离之和除以两聚类中心距离求最大值。DB 指数越小意味着类内距离越小同时类间距离越大。该指数的计算公式如下：

$$\mathrm{DB} = \frac{1}{n} \sum_{i=1}^{n} \max_{j \ne i} \left(\frac{\sigma_i + \sigma_j}{d(c_i,c_j)} \right) \tag{6-35}$$

其中，n 是类别个数；c_i 是第 i 个类别的中心；σ_i 是类别 i 中所有的点到中心的平均距离。

6.3.3　应用实例

信息技术正在以迅猛的速度发展，新型传感器采集技术、移动互联网技术和社交网络技术等蓬勃应用。这些创新性技术带来了大量的机会和挑战。大数据被普遍视为当代社会中具有重要战略价值的资源，类似于石油在过去工业时代的地位。通过开发高效的多元结构化数据分析技术提升数据产品的易用性和即插即用的特性，可以将数据转化为政府和企业建立核心竞争力的关键途径。此外，大数据应用还可能对传统行业的运作方式产生颠覆性影响，引领信息革命的新时代。数据挖掘作为适应信息社会从海量数据库中提取信息的需求而产生的新兴学科，是统计学、机器学习、数据库、模式识别和人工智能等多个学科的交叉领域。作为一门交叉学科，数据挖掘技术在工程应用方面具有巨大潜力。只要存在数据，就可以进行数据挖掘知识发现。特别是在医疗、教育、金融等领域，数据挖掘技术有着广阔的应用前

景。下面以人体糖化血红蛋白状态评估和糖尿病心脑血管并发症患病风险判定为例，详细讲解数据挖掘的应用。

6.3.3.1 人体糖化血红蛋白状态评估

1. 问题描述

血糖是指血液中的葡萄糖，血糖状态则是指人体内血液中葡萄糖的浓度，血糖状态可以通过空腹血糖、糖化血红蛋白等反映。其中，空腹血糖是反映某一具体时间的血糖水平，容易受进食和糖代谢等相关因素的影响。相比之下，糖化血红蛋白可以稳定地反映糖尿病患者身体机能状态。然而，糖化血红蛋白相对于空腹血糖并不易于测量，过于频繁检测个体糖化血红蛋白会给患者带来不适，也会带来更多的经济支出。因此，如何利用相关风险因素准确地评估个体血糖状态，会对糖尿病的诊断、预防和血糖控制等方面起到重要作用。

对 2 型糖尿病糖化血红蛋白状态估计研究时，人群抽样调查中由于外界干扰、录入错误、硬件故障、现场干扰或数据传输错误等过失误差会引入噪声数据，严重影响构建糖尿病糖化血红蛋白状态估计模型的准确性，造成传统机器学习的估计方法不稳健问题。将自步学习理论应用于混合专家模型研究中，用于稳健评估个体糖化血红蛋白状态，提高 2 型糖尿病糖化血红蛋白状态估计的准确度。

2. 算法原理

自步学习是一种学习方法论。结合认知科学的想法，自适应地优先学习简单、可靠的范例，然后逐步过渡到对于难的范例的学习。提出方法将自步学习理论应用于混合专家模型研究中，同时利用 Exclusive LASSO 构建自步学习的新正则项，该正则项鼓励混合模型各成分内样本的竞争，同时避免成分间样本的竞争，使混合模型在每个成分中都选择一定数量的样本，且每个成分中只倾向于选择置信度高的样本，消除噪声数据的影响。

假设混合模型成分个数已知的情况下，分别从各成分中选择数量平衡、置信度高的样本，如图 6-33 所示。其中，不同颜色样本表示属于不同成分的样本，X 表示噪声数据，虚线表示传统混合线性回归在噪声影响下的拟合结果，实线对应该方法在各成分内的回归结果。

针对现有稳健混合回归方法缺乏灵活性的问题，自步学习仅涉及样本选择，不会对混合模型的门限函数或专家模型做任何假设，可用于提高稳健混合回归的灵活性。自步学习的优势在于可以针对特定任务设计不同的自步正则项，用于表征和定义"简单"样本。

Exclusive LASSO 作为一种新颖的自步学习正则项，记为 $L_{1,2}$ norm，该正则项的作用不仅是鼓励成分内样本的竞争，而且避免成分间的竞争，进而使混合模型在每个成分中都选择一定数量的样本，且每个成分中只倾向于选择数量平衡的置信度高的样本，避免自步学习在每次迭代过程中在各成分间选择样本数量不均衡的问题。

假设变量 $x_i \in \mathbf{R}^{d_x}$ 表示第 i 个输入特征，变量 $y_i \in \mathbf{R}^{d_y}$ 表示对应输入 $x_i (i = 1, \cdots, n)$ 的输出向量，当混合专家模型为线性回归时，称为混合线性回归模型（mixture of linear regressions，MoR）。MoR 会将 n 个样本组 $\{x_i, y_i\}$ 划分到 k 个成分，并在局部分别训练线性回归模型。不失一般性，对于第 i 个样本，MoR 输出变量的条件概率是所有局部回归模型的条件密度之和：

$$p(y_i \mid x_i) = \sum_{j=1}^{k} g(\hat{x}_i, w_j) \phi(y_i \mid \hat{x}_i^{\mathrm{T}} \beta_j, \Sigma_j) \tag{6-36}$$

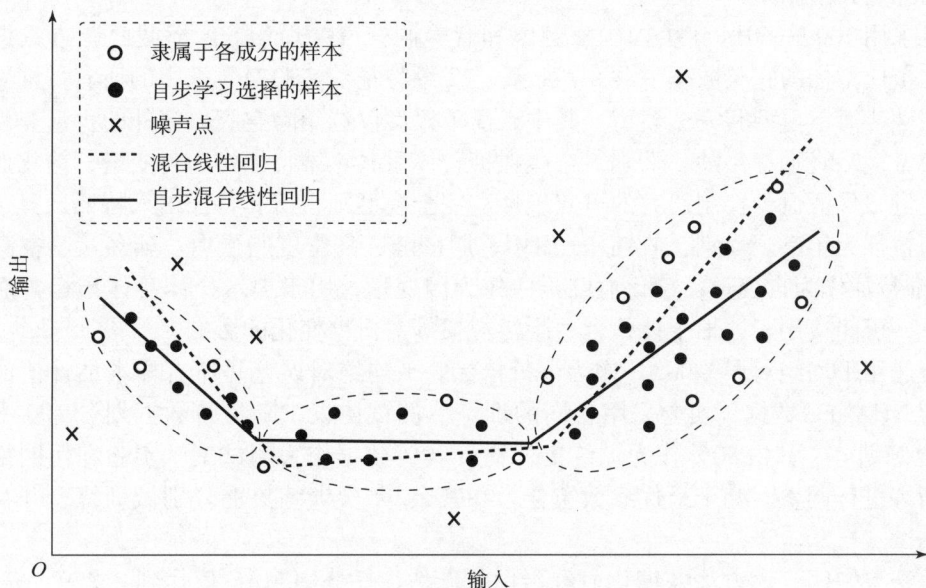

图 6 – 33　自步混合回归算法的示意图

其中，$g(\hat{\boldsymbol{x}}_i, w_j)$ 为门限函数，这里选用 Softmax 分类器；β_j 为各成分局部回归模型的回归系数；ϕ 和 Σ_j 为正态分布和正态分布的方差。

当数据中不含噪声时，回归的随机残差满足正态分布的假设，即为传统的混合线性回归，可以直接采用 EM 优化方法完成参数推断。但是，当数据存在噪声数据时，不可避免的是混合回归中的每个成分中都会包含噪声数据，而采用 LASSO 和 Group LASSO 会造成不同成分间样本选择数量的不平衡，为解决该问题，方法将 Exclusive LASSO 加入混合线性回归的目标函数中，具体形式如下：

$$L = \sum_{i=1}^{n} \log \sum_{j=1}^{k} \left[g(\hat{\boldsymbol{x}}_i, w_j) \phi(y_i \mid \hat{\boldsymbol{x}}_i^{\mathrm{T}} \boldsymbol{\beta}_j, \Sigma_j) \right]^{v_{ij}} - \lambda \left\| V \right\|_1^2 \tag{6-37}$$

其中，v_{ij} 表示样本在各成分间的置信度，即样本是否会被自步学习选择作为第 j 个成分的样本，故 $v_{ij} \in \{0,1\}$；$\|V\|_1^2$ 表示 Exclusive LASSO，该正则项同时结合了 L_1 和 L_2 范数。自步混合回归各参数的作用关系如图 6 – 34 所示。

该模型可以任意更换门限函数或者专家模型，与基于 t 分布和拉普拉斯分布的稳健混合模型，自步选择方式并没有限制混合专家模型的灵活性，仅

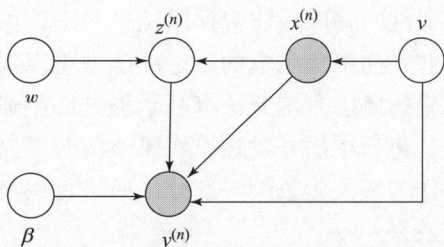

图 6 – 34　自步混合回归各参数的作用关系

仅改变的是每次训练过程中使用的样本的方式，通过设定的"置信度"赋予不同样本不同的选择权重，消除噪声点的影响。

3. 实验效果

实验将提出方法用于糖化血红蛋白状态估计研究中，验证该方法在评估糖化血红蛋白状态问题上的效果，并可将评估结果提供给医疗工作者或者患者参考，用于个体血糖控制或个

体糖尿病患病评估。

实验采用 2009—2014 年美国国家健康和营养调查（NHANES）横截面调查数据，包含糖化血红蛋白指标的完整数据一共 8 271 条、22 维特征。实验对数据中的所有特征做特征选择，分别构建简单模型和完全模型。其中，简单模型仅选用除空腹血糖外的少量非侵入特征作为自变量，最终选择年龄、性别、空腹血糖、体重共 4 维特征作为自变量，糖化血红蛋白作为因变量，保证血糖控制研究的可实施性；完全模型则将所有特征纳入特征选择过程，最终选择的特征为年龄、性别、收缩压、BMI、胆固醇、高密度脂蛋白、胰岛素、空腹血糖等共计 11 维特征作为自变量，糖化血红蛋白作为因变量，用于揭示个体身体指标与血糖间的变化关系，可间接用于评估个体饮食、生活习惯等对血糖变化的影响。

实验选用平均绝对误差 MAE 作为评价指标。平均绝对误差是所有样本估计值的平均误差。对于 NHANES 数据，实验采用相同的训练－测试协议，随机将数据划分 100 次，每次按 8∶2 比例划分，其中 80% 作为训练集，剩余 20% 数据作为测试集。实验利用网格法做十折交叉训练进行调参。基于最优参数组合，在其余 99 次训练集上分别做训练，并在对应测试集上测试。

实验结果表明，该方法在糖化血红蛋白状态估计任务中 MAE 值达到 0.279，表现优越。同时 Exclusive LASSO 对解决混合回归稳健性问题十分有效，Exclusive LASSO 鼓励混合模型在每个成分中都选择一定平衡数量的样本，且每个成分中只倾向于选择置信度高的样本，而传统 LASSO 方法倾向于只选择估计误差最小的样本，Group LASSO 则倾向于从更多成分间选择样本，但也无法保证可以从每个成分中选择样本，或者选择一定数量的样本。方法作为一种稳健学习框架，可以有效消除噪声数据对混合回归模型的影响。针对糖化血红蛋白状态估计，提出方法可以准确地评估个体糖化血红蛋白状态。

6.3.3.2　糖尿病心脑血管并发症患病风险判定

1. 问题描述

糖尿病最大的威胁不是它本身，而是糖尿病并发症。其中心脑血管并发症被认为是糖尿病患者的"头号杀手"，大部分糖尿病患者都死于心脑血管并发症。目前对糖尿病心脑血管并发症患病风险判定方法的研究大多基于横截面的体检数据，没有充分挖掘并利用具有时间相关性的临床随访数据以及这些随访数据在时序空间中的复杂变化规律，导致糖尿病心脑血管并发症患病风险的判定准确率难以提升。研究基于长时间面板数据的糖尿病心脑血管并发症患病风险判定方法有利于提升心脑血管并发症患病风险的判定效果。

将糖尿病并发症患病风险的时序判定目标复制到每个时间节点来计算误差，并将这些误差作为损失函数的一部分从而进行模型优化，提高了对糖尿病心脑血管并发症患病风险的判定效果。

2. 方法原理

所提方法的核心思想是采用"时序目标复制"策略优化 RNN 模型，即在每一个时刻设置风险判定目标并计算当前时刻的输出误差，然后将该误差作为损失函数的一部分来优化 RNN 模型，从而达到最小化时序空间中每一个时刻的局部判定误差，提高 RNN 模型判定的准确率和召回率。糖尿病并发症患病风险 STR－RNN 判定方法原理框架如图 6－35 所示，主要包括四个模块：数据预处理、基于随机森林的属性选择、空缺随访时间点的数据填补以及基于"时序目标复制"策略的 STR－RNN 模型构建。

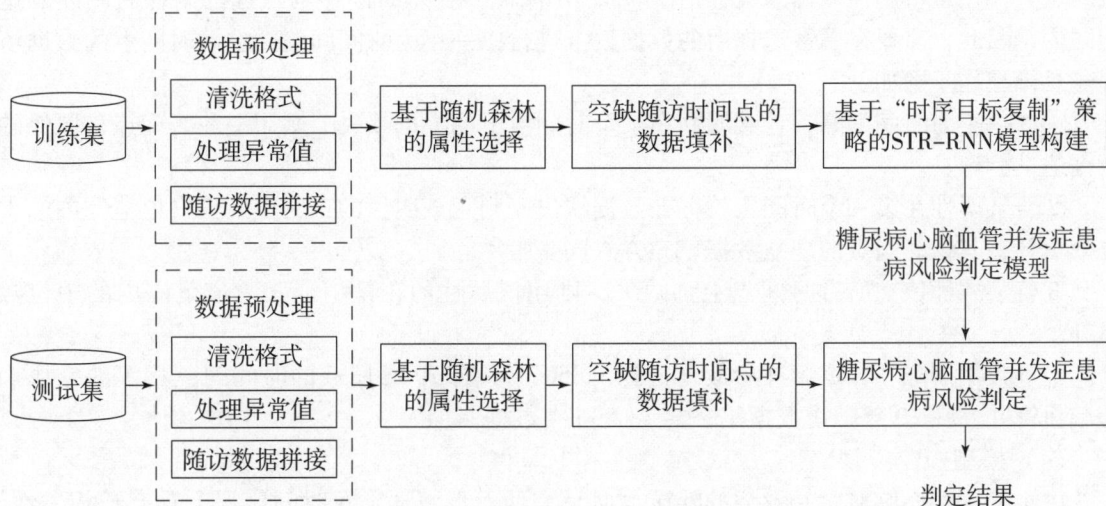

图 6-35　糖尿病并发症患病风险 STR-RNN 判定方法原理框架

（1）数据预处理。

数据预处理的主要工作包括三个步骤，即清洗格式、处理异常值以及随访数据拼接。由于实验采用的是卫生发展研究中心提供的糖尿病心脑血管并发症 10 年随访数据集，该数据集分为 2008 年的基线数据集和 2009—2017 年的随访数据集，每年的随访数据单独记录，在不同的随访时间中并不是所有个体都被采集了随访数据，因此每个个体的随访时间间隔可能不同，并且多次随访记录被分别保存在不同的数据文件中，无法直接进行实验。在这种情况下，需要对原始数据集进行拼接，以便用于后续的实验。

以基线数据集中的个体 ID 为准，将随访数据集中具有相同 ID 的个体数据在同一数据文件中按照时间先后顺序拼接，即每个个体包含 2008—2017 年的小于等于 10 次的采样数据。同时，在拼接数据时，不同采样时间点的数据要以基线数据库的属性顺序为准依次拼接，保证各个属性和标签的名称与数值的一致性。

（2）属性选择。

由于采用的数据集包括人口统计学基本信息、常规体检指标、血检指标、患病史、生活习惯以及药物治疗情况等，而部分属性值的缺失率达到 80% 以上，不利于糖尿病心脑血管并发症患病风险的判定。因此，首先删除数据集中缺失值超过 50% 的属性，然后利用随机森林算法进行属性重要度的评估，以袋外误差（errOOB）作为属性重要度的评价指标，从而对属性的重要度进行排序和选择，组成新的数据集，用于后续模型的训练和测试。利用随机森林算法从数据集中的 115 维属性中选取属性重要程度最高的 10 维属性，最终选取的属性为糖化蛋白（hba1c）、甘油三酯（tg）、腰围（waist）、收缩压（sbp）、舒张压（dbp）、体重（weight）、胆固醇（tc）、高密度脂蛋白（hdlc）、低密度脂蛋白（ldlc）和心率（heart-rate）。

（3）数据填补。

经过数据拼接和属性选择后，最终得到所有个体在不同时间点的随访数据集，但每个个体在若干个不同时间点上缺少采样数据，即每个个体的随访数据采样间隔是不同的，在某些时间点上存在某些属性数据缺失的情况。但 RNN 模型要求时间序列数据的采样时间间隔是相同的，因此，需要在属性选择后的数据集上进行以一年为时间间隔的空缺时间点的数据填补。具体操作步骤如下。

①以一年为时间间隔，若某属性在某个时间点上的数据缺失，则用上一时间点该属性的数据值进行填补。

②若某属性在第一个时间点就存在数据缺失，则用该属性的正常值或正常值范围内的中位数填补，其余时间点的空缺数据填充方式同步骤①。

③若某属性值在所有时间点上都缺失，则用该属性的正常值或正常值范围内的中位数填补。

经过数据删除和数据填补后最终得到 1 850 人具有 10 维属性的时间间隔相等的糖尿病心脑血管并发症 10 年随访数据集，共 18 500 条数据。

（4）模型构建。

由于糖尿病心脑血管并发症的随访数据是一种面板数据，在时间序列上具有长相关性，因此构建基于"时序目标复制"策略的 STR – RNN 模型用于糖尿病心脑血管并发症患病风险的判定。不同于普通的 RNN 模型在信息传递 n 个时刻后才给出最终的模型分类结果，并且在第 n 个时刻才对模型分类结果与实际分类结果对比计算误差反向传播，基于"时序目标复制"策略的 STR – RNN 模型在第 $1 \sim n$ 个时刻都会有一个当前的分类目标，即当前时刻的实际分类结果，同时分别与第 $1 \sim n$ 个时刻的模型输出分类结果对比并计算误差，同时将这 n 个误差作为损失函数的一部分来优化。

3. 实验效果

为验证该方法在糖尿病心脑血管并发症患病风险判定上的效果，采用国家卫生健康委员会卫生发展研究中心提供的糖尿病心脑血管并发症 10 年随访数据集进行实验，随访人数为 2 269 人。该数据集共包含 115 维属性，包括人口统计学基本信息（姓名、性别、生日、身份证号等）、常规体检指标（身高、体重、腰围、收缩压、舒张压等）、血检指标（糖化蛋白、胆固醇、尿酸、高密度脂蛋白、低密度脂蛋白、糖化蛋白、甘油三酯、胆固醇等）等。

实验结果表明，所提方法的精确率值为 80.53%，召回率值为 75.83%，F 值为 0.781，方法通过采用"时序目标复制"策略优化 RNN 模型，将风险判定目标复制到每一个时间节点计算判定误差，并将该误差作为损失函数的一部分去优化，能够最小化误差在连续传播时所丢失的信息，提高糖尿病心脑血管并发症患病风险判定的精确率和召回率。

6.4 智 能 计 算

6.4.1 知识基础

6.4.1.1 定义

智能计算是指利用人工智能和优化算法等技术，通过智能化的方式对复杂问题进行求解和改进。它的目标是寻找最优解或接近最优解的解决方案，以提高效率、降低成本、优化资源利用或满足特定的目标需求。智能计算与大数据存在密切的关联，在解决复杂问题和优化决策中互为补充。

　　运筹学是人工智能的"引擎"，是一门综合运用数学、统计学和计算机科学等方法和技术，研究优化问题和决策问题的学科。它致力于在有限资源和约束条件下，寻找最优解或接近最优解的方法和策略，以提高效率、降低成本、优化资源利用或满足特定的目标需求，即所谓"运筹帷幄"。运筹学和智能计算的结合为解决现实生活和工业领域中的复杂问题提供了强大的工具和方法。运筹学的别名有数学规划、优化、决策科学等，其核心是通过建立数学模型，使用优化方法和算法，对复杂的问题进行求解和决策。

　　例如，我们使用的导航软件，从 A 地到 B 地的最短路径问题，就是一个典型的运筹学问题，该问题的目标是找到最短的驾驶路径（或驾驶时间最短的路径），其约束条件往往有单行路段以及每条路段的限速等。

　　作为数学建模中一种常见模型，运筹学中的优化模型在各个领域被广泛使用，其优化算法是解决各类优化问题的关键，例如统计模型最后归结为求解一个优化问题。它涉及数学建模、优化方法、决策分析、模型求解与优化四个方面。第一，关于数学建模层面，运筹学的基础是将实际问题抽象为数学模型，将问题转化为数学语言和符号，包括定义变量、目标函数和约束条件，并确定合适的数学表达方式；第二，在优化方法层面，包括线性规划、整数规划、动态规划、图论等，以及基于遗传算法、模拟退火算法、粒子群算法等启发式优化算法，这些方法旨在给定的约束条件下，寻找最优解或接近最优解；第三，涉及决策分析，即在不确定性和风险下做出最优决策，决策分析包括风险评估、决策树、随机模拟等方法，以帮助决策者权衡各种因素和不确定性，并制定最佳决策；第四，在模型求解与优化层面，为了实现数学模型的求解，运筹学使用各种优化软件和工具，这些软件提供了实现优化算法和求解器的功能，使数学模型的求解过程更加高效和便捷。

　　从求解问题的角度，运筹学分为以下几种类别。

　　（1）线性规划（linear programming）是一类最简单和基础的优化问题，其目标函数和约束条件都是线性的。

　　（2）非线性规划（nonlinear programming）的目标函数或约束条件是非线性，例如二次函数。

　　（3）凸优化（convex optimization）是指约束条件形成的可行域（feasible region）是凸的。

　　（4）混合整数规划（mixed integer programming）是一类 NP（non–deterministic polynomial）问题（指数级算法复杂度）。

　　（5）半正定规划中，每一个自变量 x 代表一个矩阵。

　　（6）网络流问题是一个特殊的混合整数规划问题，满足一个阶段流出流量等于输入流量。

　　（7）动态规划（dynamic programming）、近似算法（approximation algorithms）、启发式算法（heuristic algorithms）、遗传算法（genetic algorithms）是用来解决 NP 优化问题的算法，通常只能得到局部最优解。

　　（8）鲁棒优化（robust optimization）是指在目标函数或约束条件有扰动的情况下，求解其最坏情况下的最优解。

　　（9）多目标优化（multi–objective optimization）的优化目标函数是一个向量，通常通过引入权重权衡目标函数，转化成单目标优化，或者寻找帕累托最优（Pareto optimization）。

（10）随机优化（stochastic programming）是指加入了不确定的因素，通常以概率形式表现，目标函数变成求期望最大化。

在神经网络、深度学习问题下，最终问题归结于解决一个高度复杂的（非凸）优化问题。神经网络最基础的运算是反向传播 BP 算法，通常使用随机梯度下降这个优化方法，可以纳入非线性规划的行列。

6.4.1.2　最优化问题

优化问题是指在满足一定条件下，在众多方案或参数值中寻找最优方案或参数值，以使某个或多个功能指标达到最优，或使系统的某些性能指标达到最大值或最小值。最优化问题是运筹学中的核心内容之一，也是数学和工程领域中的重要问题。优化问题广泛地存在于信号处理、图像处理、生产调度、任务分配、模式识别、自动控制和机械设计等众多领域。优化方法是一种以数学为基础，用于求解各种优化问题的应用技术。各种优化方法在上述领域得到了广泛应用，并且已经产生了巨大的经济效益和社会效益。实践证明，通过优化方法，能够提高系统效率、降低能耗、合理地利用资源，并且随着处理对象规模的增加，这种效果也会更加明显。

在电子、通信、计算机、自动化、机器人、经济学和管理学等众多学科中，出现了许多复杂的组合优化问题。面对这些大型的优化问题，传统的优化方法（如牛顿法、单纯形法等）需要遍历整个搜索空间，无法在短时间内完成搜索，且容易产生搜索的"组合爆炸"。例如，许多工程优化问题，往往需要在复杂而庞大的搜索空间中寻找最优解或者准最优解。鉴于实际工程问题的复杂性、非线性、约束性以及建模困难等诸多特点，寻求高效的优化算法已成为相关学科的主要研究内容之一。

受到人类智能、生物群体社会性或自然现象规律的启发，人们发明了很多智能优化算法来解决上述复杂优化问题，主要包括：模仿自然界生物进化机制的遗传算法；通过群体内个体间的合作与竞争来优化搜索的差分进化算法；模拟生物免疫系统学习和认知功能的免疫算法；模拟蚂蚁集体寻径行为的蚁群算法（ant colony optimization，ACO）；模拟鸟群和鱼群群体行为的粒子群算法；源于固体物质退火过程的模拟退火算法；模拟人类智力记忆过程的禁忌搜索算法；模拟动物神经网络行为特征的神经网络算法等。这些算法有个共同点，即都是通过模拟或揭示某些自然界的现象、过程或生物群体的智能行为而得到发展；在优化领域称它们为智能优化算法，它们具有简单、通用、便于并行处理等特点。

以下是最优化问题中的一些基本概念和介绍。

（1）目标函数（objective function）。目标函数是最优化问题中需要最大化或最小化的函数。它表示问题的目标或优化目标，通常是一个数学表达式，其中包含了待优化的变量。

（2）约束条件（constraints）。约束条件是最优化问题中对变量的限制条件。它们可以是等式或不等式，用于定义变量的取值范围或满足特定条件。约束条件对解决最优化问题起到了限制作用，帮助找到满足问题要求的合理解。

（3）可行解（feasible solution）。可行解是满足所有约束条件的解。在最优化问题中，寻找的解必须是可行解，即满足所有约束条件的解集。

（4）最优解（optimal solution）。最优解是使目标函数取得最大值或最小值的解。在最优化问题中，目标是寻找最优解，即使目标函数取得最优值的解。

（5）局部最优解和全局最优解（local optimal solution and global solution）。局部最优解是

在某个解的邻域范围内，使目标函数达到局部最小或最大值的解。全局最优解是在整个解空间中，使目标函数达到全局最小或最大值的解。

（6）解空间（solution space）。解空间是指最优化问题中所有可能解的集合。解空间的大小和特性直接影响问题的求解复杂度和方法选择。

（7）优化算法（optimization algorithms）。优化算法是用于寻找最优解的计算方法和技术。常见的优化算法包括梯度下降法、遗传算法、模拟退火算法（simulated annealing，SA）、粒子群优化算法（particle swarm optimization，PSO）等。

（8）整数最优化问题（integer optimization problem）。整数最优化问题是指在最优化问题中，要求变量取值为整数的问题。这类问题在实际应用中常见，例如在生产调度、物流路径规划、资产配置等领域。

最优化问题的求解方法和技术多种多样，应根据问题的特点和规模选择合适的优化算法进行求解。通过寻找最优解，最优化问题能够提供决策支持和优化方案，优化资源利用、降低成本、提高效率等。

根据约束条件种类，最优化问题分为无约束最优化问题和约束最优化问题，其中，约束最优化问题分为三类：等式约束最优化问题、不等式约束最优化问题和混合约束最优化问题；根据决策变量的取值，最优化问题分为连续最优化问题、离散最优化问题，如图 6 - 36 所示。

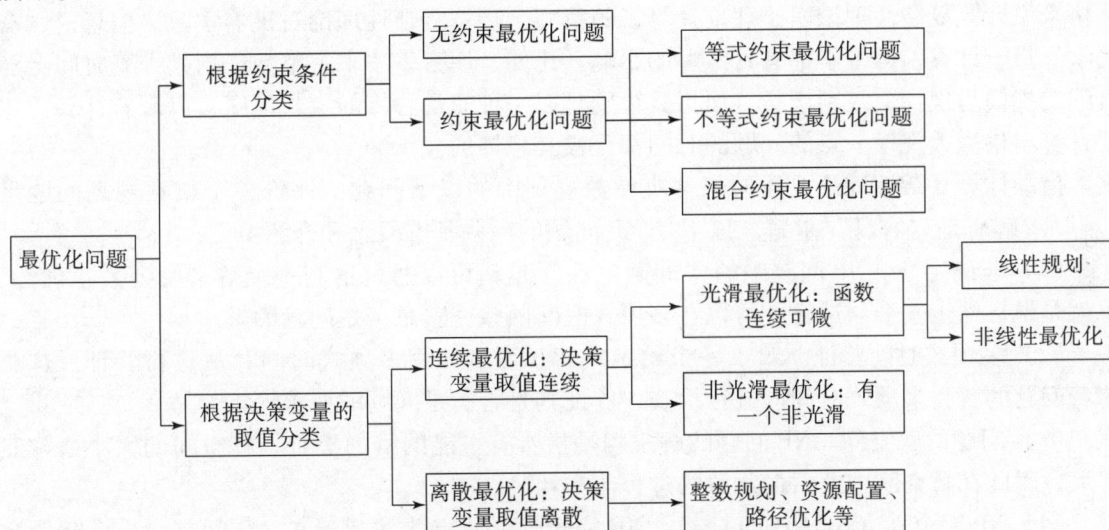

图 6 - 36　最优化问题分类

在实际的工作中，选择最优化问题解决方案的基本依据如下。

（1）目标函数是否连续可导。

（2）目标函数的形式，是否为线性函数或者二次函数。

对应图 6 - 37，最优化问题解决方案可以分为以下 3 类。

（1）离散最优化：主要用于求解目标函数不连续或者不可导的情况，典型的解决方法是爬山算法、模拟退火算法、遗传算法和蚁群算法等。

（2）线性规划和二次规划：运筹学的重要研究内容，适用于目标函数是线性或二次函数的形式。

（3）连续最优化：适用于逻辑回归、SVM、神经网络等机器学习问题，主要方法包括梯度下降法、牛顿法和拟牛顿法。

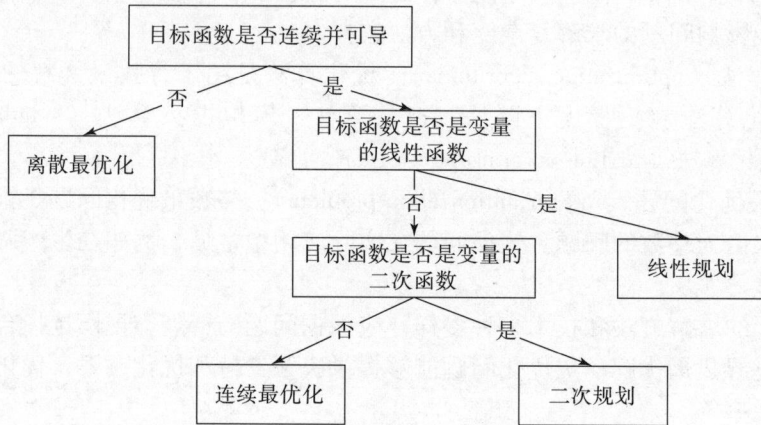

图 6 – 37　最优化问题解决方案的选择依据

6. 4. 1. 3　NP 问题

本节聚焦于计算复杂性理论，事实上计算复杂性理论的适用范围超出了运筹学的范畴，严格来说计算复杂性理论属于理论计算机的范畴。计算复杂性理论对机器学习、信息论、密码学、量子计算、运筹学都有着深远的影响。比如，用穷举法来解整数规划其计算时间会随着问题规模呈现指数级别增长，而指数级别是以一种非常恐怖的增长速度，以现有计算力想要计算出稍微大规模一点的问题的时间都是极其恐怖的。

借助计算复杂性理论，我们想解决整数规划中的以下问题，评价一个整数规划问题是"难"求解还是"容易"求解。以下是 NP 问题的一些基本概念和介绍。

（1）非确定性。NP 问题中的"非确定性"是指可以通过猜测一个解来验证其正确性。也就是说，给定一个候选解，可以在多项式时间内验证它是否是问题的解。

（2）多项式时间验证。对于一个给定的解，可以使用多项式时间算法进行验证。这意味着问题的解在多项式时间内进行检查，验证其是否满足问题的要求。

（3）问题的解空间。NP 问题的解空间是指所有可能的解的集合。解空间的大小通常非常大，因此在解空间中搜索最优解的过程非常耗时。

（4）NP 完全性（NP – complete）。NP 完全性是指一类最困难的 NP 问题。一个问题被称为 NP 完全问题，需要同时满足两个条件：首先问题本身是一个 NP 问题，即可以在多项式时间内验证一个解；其次任何一个 NP 问题都可以通过多项式时间归约转化为该问题。如果能够找到一个多项式时间算法解决了任何一个 NP 完全问题，那么可以得到 NP 问题的多项式时间算法，这将证明 P = NP，这是一个尚未解决的开放问题。

（5）NP 难（NP – hard）。NP 难是指在多项式时间内不能求解的问题。一个问题被称为 NP 难问题，需要满足以下条件：对于任何一个 NP 问题，都可以在多项式时间内归约为该问题。

（6）哈密顿回路问题、旅行商问题、布尔可满足性问题（Boolean satisfiability problem，SAT）、子集和问题等是一些著名的 NP 问题。

计算复杂性问题包含关系示意图如图 6 - 38 所示。

NP 问题的求解通常需要使用搜索算法、穷举法、近似算法等方法。对于大规模的 NP 问题，寻找最优解往往是不现实的，因此常常采用启发式算法或近似算法来找到较优解或次优解。解决 NP 问题是人工智能与计算机科学领域的重要研究方向，也具有实际应用价值。

综上所述，运筹学致力于建立数学模型，将问题准确建模，最优化问题则致力于寻求最优解决方案。大数据时代，现实生活中存在很多复杂问题，传统的分析方法难以胜任，智能计算提供更多决策信息，在大数据背景下使求解复杂问题变得更高效。同时，大数据涉及海量、高速的数据流，有实时即时分析和决策的需求，智能计算方法可以通过建立实时优化模型，根据大数据的实时变化特征进行调整建模，满足时间要求。运筹学、最优化、大数据与人工智能相互融合，为优化决策提供了更强大的能力和技术支持。

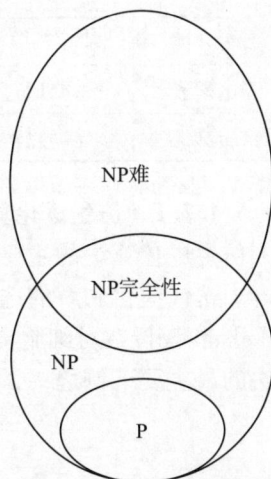

图 6 - 38　计算复杂性问题包含关系示意图

6. 4. 2　算法原理

为了求解优化问题，研究人员试图从自然界中寻找答案。优化是自然界进化的核心，比如每个物种都在随着自然界的进化而不断优化自身结构。研究人员对优化与自然界进化的深入观察和思考，推动了一个重要的研究方向——进化算法（evolutionary algorithm，EA）的诞生。

进化算法与群智能算法是智能计算与优化方法的两大类，如图 6 - 39 和表 6 - 14 所示。其中，我们所熟知的遗传、模拟退火、人工神经网络都属于进化算法；蚁群、粒子群算法则属于群智能算法。

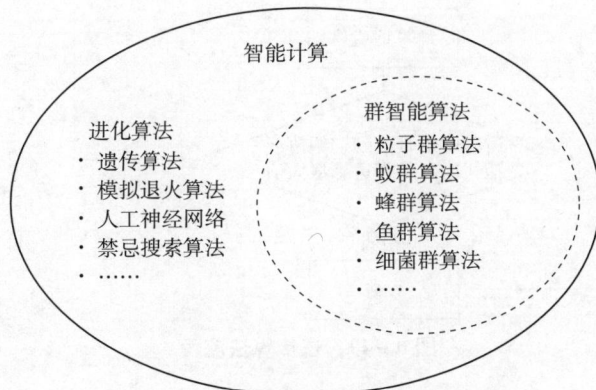

图 6 - 39　智能计算与优化方法

表 6 – 14 智能计算与优化方法分类及其特点

算法分类	特点
进化算法	主要通过选择、重组、变异（模拟生物进化过程）实现优化问题的求解
群智能算法	受动物群体智能启发的算法

6.4.2.1 仿生进化算法

仿生进化算法的主要原理包含初始种群的生成、适应度评估、选择、交叉、变异、更新种群、迭代演化和解的选择。在 20 世纪 60 年代，受达尔文进化论的启发，美国密歇根大学 J. Holland 教授在对细胞自动机进行研究时提出了遗传算法。目前，遗传算法已经成为进化算法的最主要范例之一，其整体流程图如 6 – 40 所示。

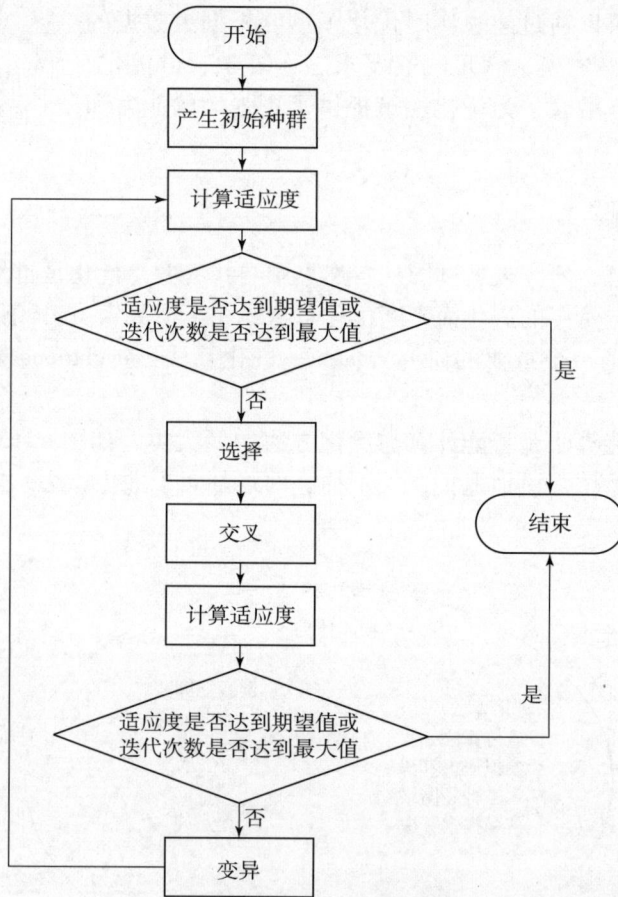

图 6 – 40 遗传算法流程

遗传算法是随机全局搜索优化模拟复制、交叉现象的方法，以及自然选择和遗传中发生的变异。从初始种群开始，种群逐渐演化为随机搜索空间中越来越好的区域选择、交叉和变异操作来产生更适合环境的个体群体，以及最终汇聚成最适合的个体群体环境，以获得问题的高质量解决方案。基于遗传算法规划路径，选择合适的个体适合环境的移动路径，以及通过随机选择得到最满足条件的状态。

遗传算法是基于进化迭代循环来生成高质量结果的一种优化算法。这些算法使用不同的操作来增强或替换总体，以提供改进的解决方案。解决复杂的优化问题涉及以下 5 个阶段。

1. 初始化

初始化（initialization）阶段首先生成个体集合（population），个体包含一组称为基因的参数或由一组参数表征。基因通过组合成一个字符串来形成染色体。主流的初始化方法是随机二进制字符串。基因、染色体、群体举例如图 6 - 41 所示。

2. 匹配

适应度函数被用来确定个体的状态是否匹配（fitness assignment），其意味着个体与其他个体的竞

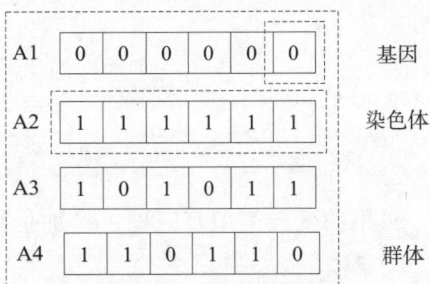

图 6 - 41　基因、染色体、群体举例

争能力。在每轮迭代中，都会根据个体的适应度函数对其进行评估，适应度函数为每个个体提供适应度分数，该分数进一步确定了被选择进行繁殖的概率。适应度越高，被选择进行繁殖的机会就越大。

3. 选择

选择（selection）阶段涉及选择个体来繁殖后代，然后将所有选定的个体排列成两个一组，以增加繁殖能力。将这些个体的基因转移给下一代，有三种类型的选择方法可用，分别是轮盘赌选择方法（roulette wheel selection）、赛事选择方法（tournament selection）、基于排名的选择方法（rank - based selection）。

4. 繁殖

选择阶段结束后，在繁殖（reproduction）步骤中创建子对象。在此阶段中，遗传算法使用两个应用于父群体的变异算子。下面给出了繁殖阶段涉及的两个运算操作：交叉（crossover）在遗传算法的繁殖阶段起着最重要的作用。在此过程中，在基因内随机选择交叉点；然后，交叉算子交换当前一代的两个亲代的遗传信息，以产生代表后代的新个体。繁殖过程说明如图 6 - 42 所示。

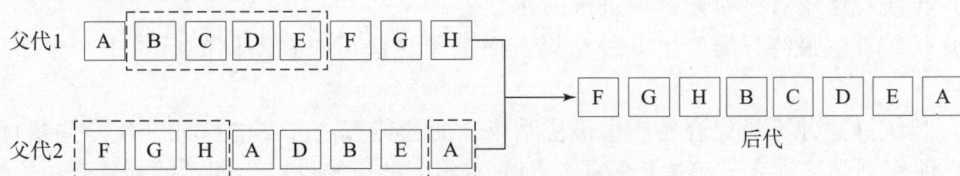

图 6 - 42　繁殖过程说明

两个亲代的基因在彼此之间交换，直到达到交叉点。这些新产生的后代被添加到种群中，这个过程也称为交叉，可用的交叉样式类型包括：一点交叉（one - point crossover）、二点交叉（two - point crossover）、涂装交叉（livery crossover）、可继承算法交叉（inheritable algorithms crossover）。

变异（mutation）算子在后代（新子对象）中插入随机基因，以维持种群的多样性，这可以通过翻转染色体中的一些位来完成。变异有助于解决过早收敛的问题并增强多样化。图 6 - 43 展示了翻转染色体中位的变异过程。

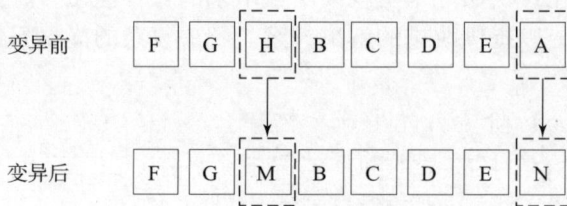

变异前			F	G	H	B	C	D	E	A

变异后			F	G	M	B	C	D	E	N

图 6 – 43　翻转染色体中位的变异过程

可用的变异类型有三种，分别是翻转位变异、高斯变异、交换变异。

5. 终止

在繁殖阶段之后，采用停止标准作为终止（termination）的标记，即达到阈值后，算法终止。将最终的解决方案确定为群体中的最佳解决方案。

综合上述算法流程，遗传算法的优势表现为以下四点：遗传算法的并行能力是最优的；有助于优化各种问题，例如离散函数、多目标问题和连续函数；遗传算法为问题提供了一个随着时间的推移而改善的解决方案；遗传算法不需要导数信息。

同时，遗传算法也存在着限制与不足：不是解决简单问题的有效算法；不能保证问题最终解决方案的质量；适应度的重复计算带来较高的计算成本和复杂度。

遗传算法与传统算法有以下区别。

（1）搜索空间是问题的所有解的集合。在传统算法中，仅有一组解，而在遗传算法中，可以使用搜索空间中的多组解。

（2）传统算法需要更多的信息才能执行搜索，而遗传算法只需要一个目标函数来计算个体的适应度。

（3）传统算法不能并行工作，而遗传算法可以并行工作（计算个体的适应度是独立的）。

（4）遗传算法中可继承算法不是直接对搜索结果进行操作，而是对它们的表示进行操作，通常是对染色体进行操作。

（5）传统算法不直接对候选集进行操作。

（6）传统算法最终只能产生一种结果，而遗传算法可以在不同的后代中产生多个最优结果。

（7）传统算法并不是更容易产生最优结果，而遗传算法并不能保证产生全局最优结果，但由于它使用了交叉、变异等遗传算子，因此有很大的可能性产生问题的最优解决方案。

（8）传统算法本质上是确定的，而遗传算法本质上是随机的。

综上所述，本节介绍了遗传算法的基本原理、流程，分析了算法的优势与不足。在应用实例中，将深入介绍基于遗传算法的配送车辆路径优化问题。

6.4.2.2　群智能算法

自然界中很多生物以社会群居的形式生活在一起，例如鸟群、鱼群、蚁群、人群等，群智能系统研究的热点之一是探索这些生物如何以群体的形式存在。自 20 世纪 70 年代开始，许多科学家热衷于通过计算机来模拟群体的运动行为，其中最具代表性的当属 C. W. Reynolds 和 F. Heppner 对鸟群运动行为的模拟。C. W. Reynolds 将鸟群的飞行视为一种舞蹈，并且从美学的角度出发进行了模拟。然而，作为一名动物学家，F. Heppner 更关注于鸟群运动的潜在准则，例如，为什么鸟群可以同步飞行、突然变向，规模较小的鸟群可以聚集成规模较大的鸟群，规模较大的鸟群可以分裂为若干个规模较小的鸟群等。此外，社会生物学家 E. O. Wilson 还对鱼群的运动行为进行了模拟，并提出猜想：同类生物之间的信息共享常常提供了一种进化的优势。后来，E. O. Wilson 的这一猜想成为各种群智能系统的基础。此外，还有研究人员对生物的运动行为进行模拟。鸟群和鱼群通过调整自身的运动来避免碰撞、寻找食物和同伴、适应周围的环境（如温度）等。然而，与鸟群和鱼群相比，人类的运动不仅有身体的，还包括心理的或认知的。因此，人类的运动行为更具抽象性。

受对群体运动行为模拟的启发，近二十年来，研究人员提出了大量的群智能系统，其中以粒子群优化算法和蚁群算法最为著名。

（一）粒子群优化

在 1995 年举办的 IEEE 国际神经网络大会上，美国社会心理学家 J. Kennedy 和电气工程师 R. C. Eberhart 提出了粒子群优化算法。粒子群优化算法的提出受到了两方面的影响：一方面受到了社会行为模型，特别是鸟群、鱼群的影响；另一方面受到了进化计算，特别是遗传算法和进化规划的影响。

粒子群优化算法的提出也可视为一个对鸟群运动行为的模拟过程，只是 J. Kennedy 和 R. C. Eberhart 在模拟过程中加入了“食物”的概念（起初称为共域向量）。事实上，鸟群寻找食物的过程与搜索优化问题最优解的过程具有一定的相似之处。例如，鸟群中的每一只鸟都可视为优化问题的一个候选解，而食物的位置也就是优化问题最优解的位置，整个鸟群的觅食过程则对应于优化问题的求解过程。

在粒子群优化算法中，鸟群中的每只鸟被抽象为一个没有质量和体积，只有速度和位置的“粒子”。粒子的位置表示候选解的位置，而速度决定了粒子在搜索空间中的移动方向和速度。

在粒子群优化算法中，我们试图通过调整决策变量的取值来最小化或最大化一个目标函数。决策变量一般在一个实数区间内取值，记为 $x = (x_1, x_2, \cdots, x_p)$，其中 p 表示决策变量的个数。我们将决策变量空间表示为一个 D 维欧式空间 S 的子集。

在 PSO 的进化过程中，粒子的速度更新依赖于三个方面：粒子当前的速度、粒子自身的历史最佳位置和整个群体或粒子邻居的历史最佳位置。粒子的速度更新公式可以分为全局版本和局部版本。

在全局版本的速度更新公式中，粒子的速度被分为三个项：惯性项（inertia term）、认知项（cognitive term）和社会项（social term）。惯性项体现了粒子的运动惯性，认知项使粒子向自身历史最佳位置学习，而社会项使粒子向群体历史最佳位置或邻居的历史最佳位置学习。全局版本的 PSO 使用整个群体的历史最佳位置作为社会项的来源。

在局部版本的速度更新公式中，粒子的速度也包括惯性项、认知项和社会项，但社会项源于粒子的邻居历史最佳位置，而不是整个群体历史最佳位置。每个粒子的邻居是根据预先定义的拓扑结构确定的，可以是全局拓扑（所有粒子互为邻居）或局部拓扑（只有一部分粒子为邻居）。

更新完粒子的速度后，根据位置更新公式将粒子移动到新的位置。位置更新公式将当前位置与速度的加权和作为新的位置。加权系数由算法参数和随机数确定。

PSO 通过迭代更新粒子的速度和位置，不断搜索优化问题的解空间。算法的终止条件可以是达到最大迭代次数或满足特定的停止准则。

在 PSO 的全局版本和局部版本中，加速系数、拓扑结构和其他算法参数的选择对算法的性能和搜索效果具有重要影响。这些参数需要根据具体问题进行调整和优化，以获得最佳的求解效果。

下面是粒子群优化算法的执行步骤。

（1）初始化粒子群：确定粒子的数量和每个粒子的初始位置与初始速度。位置和速度的初始化可以是随机的或根据问题的先验知识进行设置。

（2）评估适应度：计算每个粒子的适应度值，即将粒子的当前位置代入目标函数，得到对应的函数值。适应度值反映了粒子在当前位置的优劣程度。

（3）更新个体最佳位置：对于每个粒子，比较其当前位置的适应度值与个体历史最佳位置的适应度值。如果当前位置的适应度值优于个体历史最佳位置的适应度值，则更新个体历史最佳位置为当前位置。

（4）更新群体最佳位置：在整个粒子群中，找到具有最佳适应度值的粒子，将其位置作为群体历史最佳位置。

（5）更新速度和位置：对于每个粒子，根据速度更新公式和位置更新公式，更新粒子的速度和位置。速度更新公式考虑了惯性项、认知项和社会项，通过加权和计算新的速度。位置更新公式使用新的速度和当前位置计算新的位置。

（6）终止条件判断：判断是否满足终止条件，例如达到最大迭代次数或达到目标函数值的阈值。如果满足终止条件，则停止算法；否则，返回步骤（2）进行下一次迭代。

（7）返回最佳解：在算法结束后，返回具有最佳适应度值的粒子对应的位置作为最优解。

在执行过程中，粒子群中的粒子通过不断更新速度和位置，通过个体学习和社会学习相互影响，逐渐向全局最优解或局部最优解靠近。通过迭代优化，粒子群优化算法能够搜索到优化问题的较好解。

全局版本的粒子群优化算法一般具有很快的收敛速度，适合于求解单峰优化问题；局部版本的粒子群优化算法一般具有较强的开采能力，不容易陷入局部最优，适合于求解多峰优化问题。

从以上介绍可以看出，类似于其他进化算法范例，粒子群优化算法也是通过计算个体的适应度来评价个体的好坏，并且通过个体的不断迭代更新来达到进化整个群体的目的。然而，粒子群优化算法在更新每个粒子时，除了利用其自身经验，还利用群体的历史最好位置信息或邻居的历史最好位置信息。

带惯性权重的粒子群优化算法（particle swarm optimization with inertia weight）是粒子群优化算法的一种改进形式，该算法通过引入惯性权重来调节粒子的速度更新过程。

在传统的粒子群优化算法中，粒子的速度更新公式可以表示为

$$v_i^{(t+1)} = w * v_i^t + c1 * \text{rand}(\cdot) * (\text{pbest}_i - x_i^t) + c2 * \text{rand}(\cdot) * (\text{gbest} - x_i^t) \quad (6-38)$$

其中，$v_i^{(t+1)}$ 是粒子 i 在时间 $t+1$ 的速度；w 是惯性权重；v_i^t 是粒子 i 在时间 t 的速度；$c1$ 和 $c2$ 是学习因子（加速系数）；rand（）是一个在 [0, 1] 范围内的随机数；pbest_i 是粒子 i 的个体历史最佳位置；x_i^t 是粒子 i 在时间 t 的位置；gbest 是整个群体的历史最佳位置。

带惯性权重的粒子群优化算法在速度更新公式中引入了一个惯性权重项，公式如下：

$$v_i^{(t+1)} = w * v_i^t + c1 * \text{rand}(\cdot) * (\text{pbest}_i - x_i^t) + c2 * \text{rand}(\cdot) * (\text{gbest} - x_i^t) \quad (6-39)$$

其中，w 是惯性权重，它控制着粒子的速度更新中惯性项的影响程度。惯性权重决定了粒子在搜索空间中的探索性和局部搜索能力之间的平衡。

惯性权重通常被设置为一个逐渐减小的值，以促进全局搜索和局部搜索的平衡。一种常见的惯性权重更新策略是线性递减，即在每次迭代中，将惯性权重从初始值 w_{max} 线性减小到最小值 w_{min}。具体的更新公式可以表示为

$$w = w_{max} - ((w_{max} - w_{min})/\text{max\_iter}) * \text{iter} \quad (6-40)$$

其中，w_{max} 是初始的惯性权重；w_{min} 是最小的惯性权重；max_iter 是最大迭代次数，iter 是当前迭代次数。

通过逐渐减小惯性权重，粒子在搜索初期具有较大的探索能力，能够跳出局部最优，而在搜索后期具有较强的局部搜索能力，有利于精细调整粒子位置，提高收敛精度。带惯性权重的粒子群优化算法通过调节惯性权重的大小和变化规律，可以在全局搜索和局部搜索之间寻找到一个平衡点，从而提高算法的搜索能力和收敛速度。

（二）蚁群算法

蚁群算法，又称蚂蚁算法，是一种用来在图中寻找优化路径的概率型算法。蚁群算法是一种模拟进化算法，初步的研究表明该算法具有许多优良的性质。针对 PID 控制器参数优化设计问题，将蚁群算法设计的结果与遗传算法设计的结果进行了比较，数值仿真结果表明，蚁群算法具有一种新的模拟进化优化方法的有效性和应用价值。

各个蚂蚁在没有事先告知食物位置的情况下开始搜寻食物。一旦一只蚂蚁找到了食物，它会释放一种挥发性信息素到环境中（信息素的浓度随时间逐渐减少，表征了路径的距离）。这种信息素吸引其他蚂蚁前来，逐渐导致更多蚂蚁找到食物。与其他蚂蚁不同，某些蚂蚁不会一直重复相同的路径，它们会尝试新的路径。如果新路径更短，逐渐地，更多的蚂蚁被吸引到这个较短的路径上。随着时间的推移，经过一段时间的探索，可能会出现一条最短的路径被大多数蚂蚁采用。

设想，如果我们要为蚂蚁设计一个人工智能的程序，那么这个程序要多么复杂呢？首先你要让蚂蚁能够避开障碍物，就必须根据适当的地形给蚂蚁编进指令让它们能够巧妙地避开障碍物；要让蚂蚁找到食物，还需要让它们遍历空间上的所有点；最后，如果要让蚂蚁找到最短的路径，那么需要计算所有可能的路径并且比较它们的大小。

然而，事实并没有我们想象得那么复杂，答案是：单规则的涌现。事实上，每只蚂蚁并不是像我们想象的需要知道整个世界的信息，它们其实只关心很小范围内的眼前信息，而且根据这些局部信息利用几条简单的规则进行决策。这样，在蚁群这个集体里，复杂性的行为就会凸显出来。

蚂蚁观察到的范围是一个方格世界，蚂蚁有一个参数为速度半径（一般是 3），那么它能观察到的范围就是 3×3 个方格世界，并且能移动的距离也在这个范围之内。

蚂蚁所在的环境是一个虚拟的世界，其中有障碍物，有别的蚂蚁，还有信息素。信息素有两种，一种是找到食物的蚂蚁撒下的食物信息素；一种是找到窝的蚂蚁撒下的窝的信息素。每只蚂蚁都仅仅能感知 3×3 个方格范围内的环境信息，并且信息素按一定速度在环境中消失。

每只蚂蚁在能感知的范围内寻找是否有食物，如果有就直接过去；否则看是否有信息

素，并且比较在能感知的范围内哪一点的信息素最多，这样，它就朝信息素多的地方走，并且每只蚂蚁都存在以小概率犯错误的情况，即并不是往信息素最多的点移动。蚂蚁找窝的规则和上面一样，只不过它会对窝的信息素做出反应，而对食物信息素没反应。

每只蚂蚁都朝向信息素最多的方向移动，并且，当周围没有信息素指引的时候，蚂蚁会按照自己原来运动的方向惯性地运动下去，但在运动的方向上有一个随机的小扰动。为了防止蚂蚁原地转圈，它会记住刚才走过了哪些点，如果发现要走的下一点已经在之前走过了，它就会尽量避开。

如果蚂蚁在移动的方向上被障碍物挡住，它会随机地选择另一个方向，并且有信息素指引的话，它会按照觅食的规则行动。蚂蚁在刚找到食物或者窝的时候播撒的信息素最多，并随着距离的增大，播撒的信息素越来越少。

根据这几条规则，蚂蚁之间并不会直接的关系，但是每只蚂蚁都和环境发生交互，而通过信息素这个纽带，实际上各个蚂蚁之间关联了起来。比如，当一只蚂蚁找到了食物，它并没有直接告诉其他蚂蚁这儿有食物，而是向环境播撒信息素，当其他的蚂蚁经过它附近的时候，就会感受到信息素的存在，进而根据信息素的指引找到食物。

下面是蚁群算法的几个基本特点。

（1）蚁群算法是一种自组织的算法。在系统论中，自组织和他组织是组织的两个基本分类，其区别在于组织力或组织指令来自系统的内部还是来自系统的外部。来自系统内部的是自组织；而来自系统外部的是他组织。如果系统在获得空间的、时间的或者功能结构的过程中，没有外界的特定干预，我们便说系统是自组织的。从抽象意义上讲，自组织就是在没有外界作用下使系统熵减小的过程，即系统从无序到有序的变化过程。蚁群算法充分体现了这个过程，以蚂蚁群体优化为例说明。当算法开始的初期，单个的蚂蚁无序地寻找解，算法经过一段时间的演化，蚂蚁间通过信息素的作用，自发地越来越趋向于寻找到接近最优解的一些解，这就是一个从无序到有序的过程。

（2）蚁群算法本质上是一种并行的算法。每只蚂蚁搜索的过程彼此独立，仅通过信息素进行通信。所以蚁群算法则可以看作一个分布式的多智能体系统，它在问题空间的多点同时开始进行独立的解搜索，这不仅增加了算法的可靠性，也使算法具有较强的全局搜索能力。

（3）正反馈是蚁群算法的一个重要特征，它在算法的优化过程中起到了关键作用。在蚁群算法中，蚂蚁寻找食物的路径是通过感知环境中的信息素堆积而成的。当蚂蚁在路径上发现食物后，它会在路径上释放信息素。这些信息素在路径上逐渐堆积，形成了正反馈机制。正反馈的机制使较优解路径上的信息素浓度更高，这吸引了更多的蚂蚁选择同样的路径。随着更多的蚂蚁选择这条路径，信息素堆积的程度进一步增加，从而进一步增强了这条路径的吸引力，形成了一个正反馈循环。这个正反馈过程导致较优解路径上的信息素不断增加，最终使整个系统向最优解的方向进化。通过正反馈机制，蚁群算法能够有效地搜索解空间，并逐步收敛到最优解。这种基于信息素的正反馈机制是蚁群算法的关键特征，它使算法能够通过蚂蚁之间的协作和信息交流，发现并优化问题的最优解。

6.4.2.3 模拟退火算法

（一）金属退火原理

金属退火的原理是基于固体退火原理的。当金属加热到一定温度时，金属内部的晶体结构开始发生变化，原子或离子开始通过扩散重新排列，从而改变晶体的有序性和内部应力状态。

金属在常温下存在晶格缺陷，如晶界、位错和孔洞等。这些缺陷会影响金属的力学性能和导电性能。而金属退火就是通过加热和冷却的过程来消除或减少这些缺陷，使金属的晶体结构重新排列，达到一种更有利于金属性能的状态。

在金属加热过程中，温度的升高使金属内部的原子或离子能够具有足够的热能，从而克服晶体结构中的能垒，发生扩散并重新排列。高温下的热振动使晶体内的缺陷更容易移动和消除，同时也有利于晶体的晶界扩散。

在一定温度下保持一段时间，称为保温时间。保温时间的长度取决于金属的类型和厚度，以及所需的退火效果。这个时间段内，金属内部的原子或离子通过扩散重新排列，消除或减少缺陷，使晶体结构得到恢复。

最后，金属以适宜的速度冷却。缓慢的冷却过程有助于避免产生新的缺陷，并使金属的晶体结构保持相对稳定。

通过金属退火，金属内部的晶体结构能够重新排列，晶粒长大，晶界清晰，缺陷减少，应力释放，从而改善金属的力学性能、导电性能和其他物理性能。

（二）模拟退火算法机制

模拟退火算法最早的思想是由 N. Metropolis 等人于 1953 年提出的。1983 年，S. Kirkpatrick 等人，成功地将退火思想引入组合优化领域。它是基于 Monte – Carlo 迭代求解策略的一种随机寻优算法，其出发点是基于物理中固体物质的退火过程与一般组合优化问题之间的相似性。

在介绍模拟退火算法前，先了解一下爬山算法。爬山算法是一种简单的贪心搜索算法，该算法每次从当前解的临近解空间中选择一个最优解作为当前解，直至达到一个局部最优解。爬山算法实现很简单，其主要缺点是可能陷入局部最优解，而不一定能搜索到全局最优解。

1. 模拟退火算法核心思想

模拟退火算法从一个较高的初始温度出发，通过温度参数的逐渐降低，在解空间中以一定的概率接受较差解，并随机搜索目标函数的全局最优解。这种概率性的跳跃特性使算法能够跳出局部最优解，并最终趋向于全局最优解。关于爬山算法与模拟退火算法，有一个有趣的比喻。

爬山算法：兔子朝着比现在高的地方跳去，它找到了不远处的最高山，但是这座山不一定是珠穆朗玛峰。这就是爬山算法，它不能保证局部最优值就是全局最优值。

模拟退火算法：兔子喝醉了，它随机地跳了很长时间，这期间，它可能走向高处，也可能踏入平地，但是，它渐渐清醒了并朝最高的方向跳去。

2. 模拟退火算法数学原理

模拟退火算法是基于概率和统计物理学中的退火过程。它模拟了固体物质在加热和冷却过程中的行为，并将其应用于解决优化问题。

其数学原理主要包括以下几个方面。

（1）目标函数：将待优化的问题转化为一个目标函数，该函数的取值越小越好。模拟退火算法的目标是寻找目标函数的全局最优解。

（2）Metropolis 准则：Metropolis 准则是模拟退火算法中的关键概率规则。在每个温度下，对于从当前解移动到邻域解的变化 ΔE（目标函数差值），根据以下概率决定是否接受新解：

$$p(\Delta E, T) = e^{(-\Delta E(k*T))} \qquad (6-41)$$

其中，T 为当前温度；k 为 Boltzmann 常数。当 $\Delta E < 0$ 时，新解被接受；当 $\Delta E > 0$ 时，根据概率 $p(\Delta E, T)$ 决定是否接受新解。

Metropolis 准则的基本思想是，接受劣质解的概率随着温度的降低而逐渐减小，从而在搜索过程中克服局部最优解。

（3）退火过程：模拟退火算法通过温度的降低来模拟实际退火过程。初始时，设置一个较高的温度 T_0，然后通过降温策略逐渐降低温度。常见的降温策略有指数衰减和线性降温。

指数衰减：$T(t) = T_0 * \alpha^t$

线性降温：$T(t) = T_0 - \gamma * t$

其中，t 为当前迭代次数；α 和 γ 为降温系数，可根据实际问题和经验选择合适的值。

在每个温度下，通过迭代搜索生成新的解，并根据 Metropolis 准则决定是否接受新解。随着温度的降低，接受劣质解的概率逐渐减小，搜索过程逐渐趋于全局最优解。

（4）终止条件。模拟退火算法的终止条件可以是达到一定的迭代次数，或者是当温度降到足够低的阈值时停止。一般情况下，算法会在迭代过程中自动终止。

通过模拟固体退火过程的数学原理，模拟退火算法能够在解空间中随机搜索，并以一定概率接受劣质解，从而避免陷入局部最优解，并最终收敛到全局最优解。

模拟退火算法的基本流程如下。

（1）初始化参数：设置初始温度 T 和初始解 x。

（2）外循环：在每个温度下进行迭代搜索，直到满足终止条件。

（3）内循环：在每个温度下，通过迭代生成新的解。

①生成邻域解：根据当前解 x 生成一个邻域解 x'。邻域解的生成方式可以根据具体问题而定，例如对解进行微小的扰动或变换。

②计算目标函数差值：计算目标函数在新解 x' 和当前解 x 上的差值 $\Delta E = f(x') - f(x)$。判断接受条件：根据 Metropolis 准则，计算接受新解的概率 $p(\Delta E, T)$。

③更新解：根据接受条件，更新当前解 x 为 x' 或保持不变。

（4）降温策略：根据预设的降温策略，降低温度 T。

（5）终止条件：检查是否满足终止条件。终止条件可以是温度降低到一定程度或者是达到最大迭代次数。

（6）返回最优解：返回最优解或最优解的近似值。

总之，模拟退火算法是通过赋予搜索过程一种时变且最终趋于零的概率突跳性，从而可有效避免陷入局部极小并最终趋于全局最优的串行结构的优化算法。算法从某一较高初温出发，伴随温度参数的不断下降，结合一定的概率突跳特性在解空间中随机寻找目标函数的全局最优解，即局部最优解能概率性地跳出并最终趋于全局最优。

6.4.2.4　禁忌搜索算法

禁忌搜索算法（tabu search 或 taboo search，简称 TS 算法）是一种全局性域搜索算法，模拟人类具有记忆功能的寻优特征。它通过局部邻域搜索机制和相应的禁忌准则来避免迂回搜索，并通过禁忌水平来释放一些被禁忌的优良状态，进而保证多样化的有效探索，以最终实现全局优化。

TS 算法的思想最早由 Fred Glover 提出，它是对局部领域搜索的一种扩展，是一种全局逐步寻优算法，是对人类智力过程的一种模拟。TS 算法通过引入一个灵活的存储结构和相应的禁忌准则来避免迂回搜索，并通过藐视准则来赦免一些被禁忌的优良状态，进而保证多样化的双层探索以最终实现全局优化，相对于模拟退火算法和遗传算法，TS 算法是又一种搜索特点不同的无启发式算法（meta – heuristic）。迄今为止，TS 算法在组合优化、生产调度、机器学习、电路设计和神经网络等领域取得了很大的成功，近年来又在函数全局优化方面得到较多的研究。本部分将主要介绍禁忌搜索算法的优化流程、原理、算法收敛理论与实现技术等内容。

1. 禁忌搜索算法的基本思想

考虑最优化问题 $\min f(x) \mid x \in X$ 对于 X 中每一个解 x，定义一个邻域 $N(x)$，禁忌搜索算法首先确定一个可行解 x，初始可行解 x 可以定义为可行解 x 的邻域移动集 $s(x)$。然后从邻域移动中挑选一个能改进当前解 x 的移动 $s \in s(x)$，再从新解 x' 开始，重复搜索。如果邻域移动中只接受比当前解 x 好的解，搜索就可能陷入循环的危险。为避免陷入循环和局部最优，构造一个短期循环记忆表：禁忌表（tabu list），禁忌表中存放刚刚进行过的 T（称为禁忌表长度）个邻域移动，这些移动称作为禁忌移动（tabu move）。对于当前的移动，在以后的 T 次循环内是禁止的，以避免回到原先的解，T 次以后释放该移动。禁忌表是一个循环表，搜索过程中被循环地修改，使禁忌表始终保存着 T 个移动。即使引入了一个禁忌表，禁忌搜索算法仍有可能出现循环。因此，必须给定停止准则以避免算法出现循环。当迭代内所发现的最好解无法改进或无法离开它时，则算法停止。

2. 禁忌搜索算法的流程

简单 TS 算法的基本思想：给定一个当前解（初始解）和一种邻域，然后在当前解的邻域中确定若干候选解；若最佳候选解对应的目标值优于"best so far"状态，则忽视其禁忌特性，用其替代当前解和"best so far"状态，并将相应的对象加入禁忌表，同时修改禁忌表中各对象的任期；若不存在上述候选解，则选择在候选解中选择非禁忌的最佳状态为新的当前解，而无视它与当前解的优劣，同时将相应的对象加入禁忌表，并修改禁忌表中各对象的任期。如此重复上述迭代搜索过程，直至满足停止准则。

简单 TS 算法的步骤可描述如下。

（1）给定算法参数，随机产生初始解 x，置禁忌表为空。

（2）判断算法终止条件是否满足。若是，则结束算法并输出优化结果；否则，继续以下步骤。

（3）利用当前解的邻域函数产生其所有（或若干）邻域解，并从中确定若干候选解。

（4）对候选解判断藐视准则是否满足。若成立，则用满足藐视准则的最佳状态 V 替代 x 成为新的当前解，即 $x = y$，并用与 y 对应的禁忌对象替换最早进入禁忌表的禁忌对象，同时替换"best so far"状态，然后转步骤（6），否则继续以下步骤。

（5）判断候选解对应的各对象的禁忌属性，选择候选解集中非禁忌对象对应的最佳状态为新的当前解，同时用与之对应的禁忌对象替换最早进入禁忌表的禁忌对象元素。

（6）转步骤（2）。

3. 禁忌搜索算法的主要特点

与传统的优化算法相比，TS 算法主要具有以下特点。

（1）在搜索过程中可以接受劣解，因此具有较强的"爬山"能力。

（2）新解不是在当前解的邻域中随机产生的，而是优于"best so far"状态的解，或是非禁忌的最佳解，因此选取优良解的概率远远大于其他解。由于 TS 算法具有灵活的记忆功能和藐视准则，并且在搜索过程中可以接受劣解，所以具有较强的"爬山"能力，搜索时能够跳出局部最优解，转向解空间的其他区域，从而增强获得更好的全局最优解的概率，所以 TS 算法是一种局部搜索能力很强的全局迭代寻优算法。

4. 禁忌搜索算法的构成

禁忌搜索算法是一种由多种策略组成的混合启发式算法。每种策略均是一个启发式过程，它们对整个禁忌搜索起着关键作用。禁忌搜索算法一般由以下几种策略组成。

（1）邻域移动。邻域移动是以一个解产生另一个解的途径，它是保证产生好的解和算法收敛度的最重要因素之一。邻域移动的定义方法很多，对于不同的问题可以采用不同的定义方法。通过移动，目标函数的值将产生变化，移动前后的目标函数值之差称为移动值。如果移动值是非负的，则称此移动为进步移动；否则称为非进步移动。最好的移动不一定是进步移动，也可能是非进步移动，这一点保证了当搜索陷入局部最优时，禁忌搜索算法能自动将其跳出局部最优状态。

（2）禁忌表。禁忌表不仅用于记录禁忌属性，还用于调整搜索的发散或收敛。禁忌表的主要目的是索引中出现过的解，通过记录禁忌属性和移动的顺序，以便在搜索过程中对禁忌解进行选择。在一定的代数或固定次数后，禁忌表会释放这些移动，并重新参与运算。因此，它是一个循环表，每迭代一次，将最近的一次移动放在禁忌表的末端，而最早的一次移动则从禁忌表中释放出来。为了节省记忆空间和时间，禁忌表并不记录所有的移动，只记录那些有特殊性质的移动，例如目标函数发生变化的移动。禁忌表的长度对搜索的效果有很大影响。如果长度过小，搜索过程可能会陷入循环，围绕着相同的几个解反复进行；如果禁忌表长度太大，它将在相当大的程度上限制了搜索区域。一个好的禁忌表长度应该尽可能小，以避免算法进入循环。禁忌表的这种特性非常类似于"短期记忆"，因此人们把禁忌表称作短期记忆函数。

（3）选择策略。选择策略即如何选择当前解的邻域移动作为下一步的移动。选择优质的移动对算法的效果和性能影响很大。目前采用最广泛的两类选择策略是最好解优先策略（best improved strategy）和第一个改进解优先策略（first improvement strategy）。最好解优先策略是选择当前邻域中产生的最优解作为下一步的起点，第一个改进解优先策略则是在搜索的过程中选择第一个能够改进当前解的移动作为下一步的起点。最快下降策略对应于选择第一个改进的移动，由于它无须搜索整个邻域的移动，所以所花费的计算时间较少。对于邻域比较大的问题，往往比较适合使用最快下降策略。

（4）禁止策略。禁止策略通常指的是渴望水平（aspiration level）函数的选择。当一个移动在随后的几次迭代中出现时，如果它能把搜索带到一个从未搜索过的区域，则应该接受该移动，即使违反了禁忌表的限制。衡量标准就是定义一个渴望水平函数，通常选取当前迭代之前所获得的最好解的目标值或该移动禁忌时的目标值作为渴望水平函数。

（5）停止准则。在禁忌搜索中停止搜索通常有两种方法。一种是将最大迭代次数作为停止搜索的标准，而不以局部最优解为停止准则；另一种是在给定数目的迭代内所发现的最好解无法改进或无法离开它时，算法停止。

（6）长期记忆和短期记忆。短期记忆用于避免最近搜索过的一些解的重复，但在很多情况下，短期记忆并不能将算法引导到改进的区域。因此，在实际应用中常常将短期记忆与长期记忆结合使用，以保持局部强化和全局多样化之间的平衡，即在加强与好解相关的特性的同时，还能将搜索引导到未搜索过的区域。

在长期记忆中，频率起着非常重要的作用，使用频率的目的是通过了解同样的移动在过去做了多少次来重新指导局部选择。在禁忌搜索中，长期记忆有两种形式。一种是基于惩罚的形式，即用一些方法来惩罚在过去的搜索中得到的相同或相近的移动，并采取一些措施来产生新的多样性，通过在一段时间内保持惩罚，然后取消惩罚，禁忌搜索可以按照正常的评判规则进行。另一种是采用频率矩阵的形式，使用两种长期记忆，一种是基于最小频率的长期记忆，另一种是基于最大频率的长期记忆。通过使用基于最小频率的长期记忆，可以在未搜索的区域产生新的序列；使用基于最大频率的长期记忆，则可以在过去的搜索中认为是好的可行区域内产生不同的序列，在整个搜索过程中，频率矩阵被不断地修改。

6.4.3　应用实例

6.4.3.1　利用执行路径信息的粒子群测试数据生成

1. 任务背景

测试数据生成是模糊测试中的一个关键问题。在对输入规范未知的二进制程序进行模糊测试时，主要通过变异已有测试数据的方式来生成新的测试数据。但是，由于缺乏输入规范的辅助，基于变异的模糊测试生成的测试数据在很多时候会重复测试程序中相同的执行路径，导致整体的代码覆盖率较低。

现有的基于变异的模糊测试引入了多种测试数据生成指导方法，但是这些方法未能充分利用测试结果中包含的信息，且在应用范围方面还有较大的提升空间。例如，基于符号执行的测试数据生成方法很难应用到复杂程序的模糊测试中；基于污点分析的测试数据生成方法主要测试污点传播过程跟踪到的执行路径；基于进化算法的测试数据生成方法大多使用遗传算法指导整个过程，但当前研究人员实现的生成方法需要指定测试的程序执行路径；基于神经网络的指导方法需要测试人员提供训练集进行模型训练。

2. 方法原理

利用执行路径信息的粒子群测试数据生成方法（PTE）将测试数据转换为粒子群中的粒子，利用执行路径信息计算粒子的适应度，并在粒子群算法的指导下生成新的测试数据。通过利用执行路径信息和粒子群算法指导测试数据的生成过程，能够提高生成的测试数据的代码覆盖率。整个测试数据生成方法的原理如图 6 - 44 所示，由图可见该方法共包含五个基本功能模块：粒子群初始化、程序跟踪监控、适应度计算、最佳值更新和粒子群更新。

3. 数据集及数据处理

为了评估 PTE 生成的测试数据的代码覆盖率，选取 4 个常用的文件处理型程序（FFmpeg、Expat、pdf2svg、NConvert）作为被测程序，如表 6 - 15 所示。

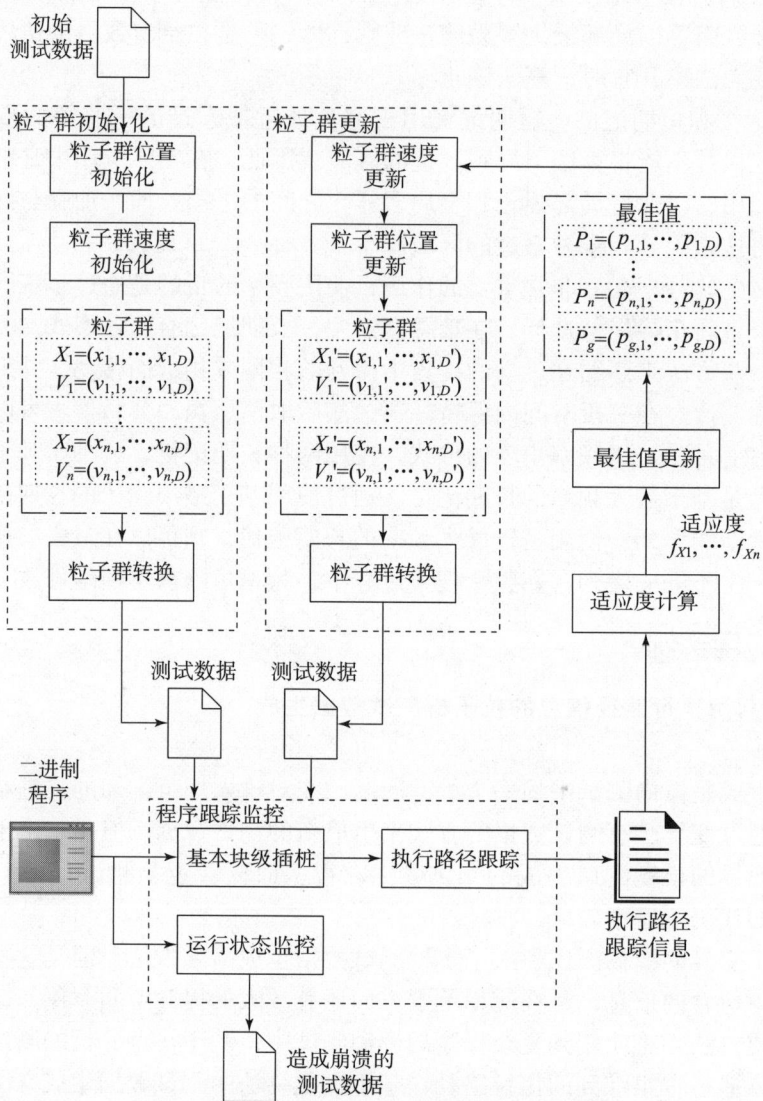

图 6-44　粒子群测试数据生成方法的原理

表 6-15　盖率实验中的被测程序

程序	描述
FFmpeg	开源的图像、音频、视频等类型的文件查看、转换工具
Expat	开源 XML 文件解析库
pdf2svg	Linux 操作系统下的能够将 PDF 格式转成 SVG 格式的工具
NConvert	图片类型文件转换工具

　　4 个被测程序均以文件作为输入数据。其中，FFmpeg 能够进行很多种文件格式的转换工作，其能转换的文件格式可以分成图像、音频和视频 3 类，因此选择 BMP（图片文件格式）、WAV（音频文件格式）和 AVI（视频文件格式）这三种格式作为测试 FFmpeg 时使用

的格式。NConvert 能够进行很多种图片格式的转换工作，选择 BMP、PNG 和 TIFF 这三种格式作为测试 NConvert 时使用的图片格式。

4. 实验验证及结论

为了评估 PTE 生成的测试数据的代码覆盖率，构建如表 6-15 所示的 4 个测试程序。构建的四个测试程序较全面地覆盖了常见的文件处理程序，包含了视频数据处理、音频数据处理、图片数据处理、文本数据处理。

使用分支覆盖数作为代码覆盖率的评价指标，具体的计算方法如式（6-42）所示。

$$N = \left| \bigcup_i E_i \right| \tag{6-42}$$

其中，E_i 是一个测试数据对应的程序执行路径信息集合。N 越大说明测试数据的分支覆盖数越高、代码覆盖率越高。

将基于随机变异的 zzuf、基于符号执行的 angr、基于覆盖率的 AFL 和 neuzz 进行了对比。其中，zzuf 是经典的模糊测试方法，AFL 是漏洞挖掘中广泛使用的模糊测试方法，angr 使用了符号执行技术，neuzz 应用了机器学习方法。由于缺乏公开的、全自动化的污点分析模糊测试工具，对比实验仅选取了这 4 种代表性的方法。4 种方法均有公开发行的软件程序，使用官网下载的程序进行实验，所用参数在参照其对应参考文献的基础上，根据实验中的需要进行局部修正。

在同样的参数配置下，zzuf 的变异过程是固定的。通过改变 zzuf 的命令行参数或者提供不同的测试数据，能够使 zzuf 变异出不同的畸形测试数据。在实验中采取以下代码调用 zzuf 进行测试：

```
for((seed = $startseed;seed <=40000000;seed ++))
do
    /path/to/zzuf - s $seed $command
done
```

代码中 "/path/to/zzuf" 是 zzuf 的存储路径；"$command" 是被测程序的执行参数；"seed" 是随机种子（random seed）；"$tartseed" 是初始随机种子的值。通过 "-s" 选项改变 zzuf 的随机种子能够生成不同的畸形测试数据，每一个随机种子对应一个畸形测试数据，zzuf 生成过的测试数据的数量和 zzuf 使用过的随机种子数相同。在实验时将初始随机种子 "$startseed" 的值设为 0。

AFL 默认情况下是针对特殊编译过的程序进行测试的，而实验中使用的所有被测程序都是未经过特殊编译的二进制程序，因此需要在 AFL 的命令行参数中增加 "-Q" 选项，转换 AFL 的运行方式，使其能够对一般二进制程序进行测试。neuzz 使用 AFL 在 1 h 内生成的数据作为训练数据，其参数配置也与 AFL 相似。但是 neuzz 本身不支持直接对未经过特殊编译的二进制程序进行测试，因此使用 AFL 中用户模式的 QEMU 作为中间程序运行待测试的二进制程序，使其能够对一般二进制程序进行测试。

使用 angr 时，首先通过 SimFile 和 fs 将被测程序的输入文件转换为符号数据，然后将遍历方案设置为深度优先搜索（depth-first-search，DFS），最后利用 Simulation Manager 以步进（stepping）的方式逐步进行测试。

按照上述配置，分别使用 5 种方法对 4 个测试程序和不同格式的输入数据的组合进行测试。各个方法在生成测试数据时均存在一定的随机性，因此将每一个测试的持续时间设置为 12 h，以降低测试过程中随机因素对实验结果的影响。测试程序和不同格式的输入数据共形成 8 个组合，每种方法均需运行 8 次以完成所有的测试。

在实验过程中需要记录每个测试数据 X_i 对应的执行路径信息 E_i，但是除了 PTE，其他四种方法并不具备记录详细的执行路径信息 E_i 的能力，因此使用 PTE 代为记录的方式进行，即 PTE 需要额外运行 32 次来获取其他工具的执行路径信息（见表 6 – 16）。具体的做法如下：首先，在对比方法的执行过程中记录其生成的每个测试数据以及生成时间；然后，在执行结束后使用 PTE 依次执行每个测试数据获取对应的执行路径信息；最后，将获得的执行路径信息与对应的测试数据生成时间结合，作为对比方法的执行路径信息。

表 6 – 16　各种方法的测试配置

序号	方法	程序 – 文件格式组合数量	测试总次数	说明
1	zzuf	8	8	对每个程序 – 文件格式组合执行 1 次测试，同步记录生成的测试数据以及生成时间
2	AFL	8	8	对每个程序 – 文件格式组合执行 1 次测试，同步记录生成的测试数据以及生成时间
3	PTE	8	40	对每个程序 – 文件格式组合执行 1 次测试，共计 8 次测试；根据其他方法生成的测试数据获取路径信息，共计 32 次测试
4	angr	8	8	对每个程序 – 文件格式组合执行 1 次测试，同步记录生成的测试数据以及生成时间
5	neuzz	8	8	对每个程序 – 文件格式组合执行 1 次测试，同步记录生成的测试数据以及生成时间

在测试完成后，获取对应的执行路径信息，并根据式（6 – 42）计算各个方法生成的测试数据的分支覆盖数。

zzuf、AFL、PTE 和 neuzz 均能在测试初期发现较多的分支，但是随着测试的不断进行，4 种方法最终发现的新分支的数量逐渐趋于 0。在实验的最后，zzuf、AFL 和 neuzz 基本上不再能够发现任何新分支。虽然 neuzz 是以 AFL 生成的测试数据为基础开展测试工作的，但是其发现的分支数并不一定多于 AFL，如 Expat 的测试中 AFL 比 neuzz 多发现了 37% 的分支。尽管各个测试中分支覆盖数的增长趋势相似，PTE 发现的总分支数在实验中的大多数时间段都比 zzuf、AFL 和 neuzz 多，并且 PTE 最终发现的分支的数量明显大于 zzuf、AFL 和 neuzz。PTE 发现的分支数平均比 zzuf 多 29.1%，比 AFL 多 18.8%，比 neuzz 多 16.5%。也就是说，在执行路径信息和粒子群算法的指导下，PTE 生成的测试数据的代码覆盖率比 zzuf、AFL 和 neuzz 更高。

结果表明，该方法通过利用执行路径信息和粒子群算法指导测试数据生成，能够利用多次测试中包含的信息，从而生成覆盖率更高的测试数据并提高模糊测试的漏洞挖掘效率。

6.4.3.2　基于遗传算法的配送车辆路径优化

1. 任务背景

在当今大数据时代，优化复杂问题变得更具挑战性，也更为关键。在配送车辆路径优化过程中，我们面临着诸多变量，如配送点位置、货物量、交通拥堵，甚至是实时的路况信息。这些数据以指数级增长，将传统的优化方法推向了极限。然而，正是在这个背景下，大数据技术脱颖而出，为路径优化问题提供了前所未有的支持。借助大数据的强大能力，我们得以收集、分析、预测并应对复杂的情境，为优化过程注入了新的活力。本节将探索基于遗传算法的路径优化方法，并展示大数据技术如何在其中发挥关键作用，从数据收集到实时优化，助力改善配送效率、降低成本，并引领我们步入更智能的未来。

遗传算法是一种启发式搜索方法，其灵感来自达尔文的自然进化论，该算法反映了自然选择的过程，选择最适应的个体进行繁殖，以产生下一代的后代，如图 6－45 所示。

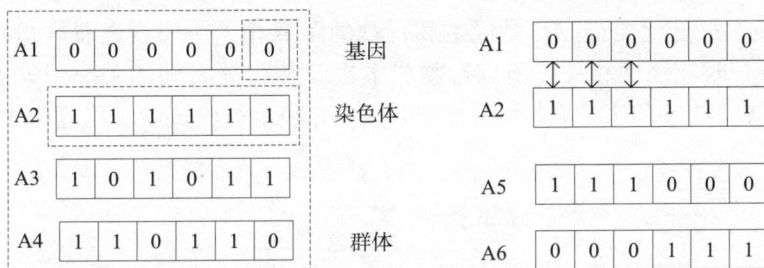

图 6－45　遗传算法例子

车辆路径问题（vehicle routing problem，VRP）可以描述为从一个或多个仓库中心到许多的地理位置分散的客户的行进路线的问题。VRP 的目标是提供一套以最低成本的车辆路线完成客户交付的方案。VRP 问题在物流领域起着核心的作用。自从 Dantzig 和 Ramser 将 VRP 问题描述为旅行销售人员问题（traveling saleman problem，TSP）以来，国内外的研究人员已经对 VRP 问题进行了大量的研究。例如，有容量限制的车辆路径问题（CVRP）：在此类问题中，任意一个客户对所需的商品都有要求，而且车辆的负载也有一定的限制；带时间限制的车辆路径问题（vehicle routing problem with time window，VRPTW）：在此类问题中，必须在一个特定的时间约束范围内访问每个客户；与装载和交付相关的车辆路由问题（vehicle routing problem with pickup and delivery，VRPPD）：在此类问题中，必须以某个特定的数量约束。

在静态 VRP 中，所有的客户在规划之前就已经确定且不能再修改。然而，常见的情况是，一旦服务已经开始，客户、服务时间或路径成本都可能会时时变化。由于定位系统和通信技术的最新发展，目前已经可以解决动态车辆路径问题（dynamic vehicle routing problem，DVRP）。

以餐饮配送环境下的研究为目标，DVRP 可以描述为送餐人员从配送点出发到多个商家和客户进行取餐或送餐（对于同一订单，必须先取餐再送餐），选择合适的送餐人员并合理组织其送餐路径，使送餐人员从配送点出发，能够合理地经过每个商家和客户点，并在满足每个商家和客户取餐量和送餐量的需求、送餐人员的承载限制以及商家和客户的时间限制需求等约束条件下，以最低的总成本为每个商家和客户提供服务。下面对 DVRP 问题做一些假设。

（1）只考虑送餐人员，且具有载重量约束条件。

（2）送餐人员从配送中心出发，且送餐人员配送途中不接单，在服务点的取餐和送餐不消耗时间。

（3）每个服务点都会被访问一次，且只有一次。

（4）商家服务点和客户服务点均有时间约束，超过时间会接受相应的惩罚。

（5）路径优化的目标是行驶成本最低，惩罚成本最低，总成本最低。

首先，我们对数学问题进行建模。

（1）总成本最低化模型。配送总成本包含三个部分，即不变成本、行驶成本与惩罚成本。其中，不变成本包含车辆维护、送餐人员的工资等，此成本是固定不变的；行驶成本则包含油耗等，此成本和行驶时间相关；惩罚成本是指因未在客户要求的时间内提供服务而产生的成本。

（2）行驶成本最低化模型。行驶成本和行驶的距离相关。假设送餐人员行驶速度固定，则行驶距离和行驶时间线性相关，所以行驶成本也就和行驶时间相关。用 n 表示客户数量，t_{ij} 表示送餐人员从客户 i 到客户 j 之间的行驶时间，Z_1 表示行驶成本。可建立最低化行驶成本的数学模型如下。

$$\min Z_1 = \sum_{i=0}^{n} \sum_{j=0}^{n} t_{ij} X_{ij} \tag{6-43}$$

决策变量为

$$X_{ij} = \begin{cases} 0 \\ 1 \end{cases}, i,j = 0,1,\cdots,n \tag{6-44}$$

$$Y_i = \begin{cases} 0 \\ 1 \end{cases}, i,j = 0,1,\cdots,n \tag{6-45}$$

其中，X_{ij} 为 0 表示送餐人员没有给服务点 i 到服务点 j 提供服务，X_{ij} 为 1 表示送餐人员给服务点 i 到服务点 j 提供服务；Y_i 为 0 表示送餐人员没有给服务点 i 到服务点 j 提供服务，Y_i 为 1 表示送餐人员给服务点 i 到服务点 j 提供服务。

约束条件为

$$\sum_{i=1}^{n} Y_i P_i \leqslant Q \tag{6-46}$$

$$Y_i = 1 \tag{6-47}$$

$$\sum_{i=1}^{n} X_{ij} = Y_j, j = 0,1,\cdots,n \tag{6-48}$$

$$\sum_{j=1}^{n} X_{ij} = Y_i, i = 0,1,\cdots,n \tag{6-49}$$

$$\sum_{i=1}^{n} Y_i = n \tag{6-50}$$

式（6-46）中，P_i 表示服务点 i 的需求量，此式的含义是送餐人员的实际载重量小于或等于额定载重量 Q；式（6-47）表示每个服务点只能由一个送餐人员提供服务；式（6-48）、式（6-49）表示送餐人员只能从一个服务点出发，并最终到另一个服务点去；式（6-50）表示必须为每个服务点提供服务。

（3）惩罚成本最低化模型。每个商家和客户都有时间约束要求，送餐人员必须在规定时间内提供服务，否则会产生时间惩罚。根据外卖配送的特点，假定服务点 i 的时间约束要求为 $[0, E_i]$，送餐人员到达服务点 i 的时间点为 T_i，Z_2 表示惩罚成本，则可建立最低化惩罚成本的数学模型：

$$\min Z_2 = \begin{cases} 0, T_i \leqslant E_i \\ 2^{T_i - E_i}, T_i > E_i \end{cases} \qquad (6-51)$$

（4）综合总成本模型：因固定成本不变，所以要使配送总成本最低化，只需考虑行驶成本与惩罚成本即可。可建立最低化总成本的数学模型：

$$Z = \omega_1 Z_1 + \omega_2 Z_2 = \begin{cases} \omega_1 \sum_{i=0}^{n} \sum_{j=0}^{n} t_{ij} X_{ij}, T_i \leqslant E_i \\ \omega_1 \sum_{i=0}^{n} \sum_{j=0}^{n} t_{ij} X_{ij} + \omega_2 \cdot 2^{T_i - E_i}, T_i > E_i \end{cases} \qquad (6-52)$$

其中，Z 表示总成本；ω_1、ω_2 表示两种成本的权重值。

然后，我们使用基于遗传算法的路径优化方法。

2. 算法原理

（1）染色体编码。

采用自然数编码，用 1，2，…，n 表示 n 个服务点。编码时，将两个"0"（代表配送中心）分别作为染色体的头部或尾部，如"0，1，2，3，0"次染色体表示送餐人员从配送中心出发，依次经过服务点 1、服务点 2、服务点 3，最终回到配送中心。

（2）产生初始种群。

最终解的优劣和初始种群有很大的关系，因此初始种群的质量和规模要合理。为了得到一个比较合理并且能够较快收敛的初始种群，采用随机方法产生初始种群，即先得到 $[1, n]$ 之间的所有整数，并打乱这些整数的排列，然后作为初始种群。

（3）计算适应度。

适应度是遗传算法中一个非常重要的因素，它是遗传算法进行遗传操作时的重要依据。因此一个科学合理的适应度计算方法能够有效地改善遗传算法，使之更加合理，更加高效。适应度的计算所遵循的规则也比较简单，即个体的结果越接近目标值，个体的适应度就越高。

（4）选择算子。

选择操作是从已知的种群中挑选出一个个体。因此，选择操作的优劣在一定程度上决定了遗传算法的优劣。选择操作以适应度为依据，因此适应度的计算非常关键。选择操作的结果往往是选择出适应度高的个体。

（5）交叉算子。

将选择出的个体，采用随机的方法进行匹配，产生一个完全不同的个体。具体操作方法为：随机在上一代个体中选择两个个体，并产生两个交叉段，将所选择的交叉段插入另一个个体前端，并逐一去掉个体中与交叉段重复的染色体，以此得到新一代的个体。

（6）变异算子。

为了使种群更加丰富多样，可以执行变异操作。变异操作就是改变个体两个算子的位置。变异算法选择算子位置的方法是随机的，因此有一定的可能性会得到一个新的个体。

(7) 调整算子。

结合餐饮配送的特点，即必须先到商家取货后才能给客户送货，需要对新产生的种群进行调整。将不满足条件的算子进行位置调整。

优化算法的流程如下。

步骤1：对客户点进行编码，并获得初始种群。

步骤2：首尾插入0并标记适应度，获得一个种群。

步骤3：对种群进行选择、交叉、变异、调整操作，获得新个体。

步骤4：若满足收敛条件，终止算法，否则进入步骤2。

3. 数据集及数据处理

为了验证模型与算法的合理性和有效性，以学校附近的外卖配送为例。假设配送员手中有5个订单，订单详情如表6-17所示。

表6-17 订单详情

订单编号	商家地址	客户地址	时间窗
1	小马牛肉面	学6宿舍	[0, 15]
2	亦明亮黄焖鸡	学6宿舍	[0, 25]
3	小马牛肉面	无线楼	[0, 10]
4	三子包子	科技楼	[0, 10]
5	徐州地锅	学2宿舍	[0, 15]

在表6-17中，每个订单包含商家地址、客户地址和时间窗信息。如1号订单，送餐人员要先到小马牛肉面取货，然后才能到学6宿舍送货，并且必须在15 min内到达小马牛肉面和学6宿舍，否则将会产生时间惩罚。

假定配送中心为中关村大厦，根据以上订单信息，可整理出服务点编号和地址、取货量、送货量和时间窗信息，如表6-18所示。

表6-18 服务点的编号和地址、取货量、送货量和时间窗信息

服务点编号	服务点地址	取货量	送货量	时间窗
0	中关村大厦	0	0	[0, 0]
1	小马牛肉面	2	0	[0, 10]
2	亦明亮黄焖鸡	1	0	[0, 25]
3	三子包子	1	0	[0, 10]
4	徐州地锅	1	0	[0, 15]
5	学6宿舍	0	2	[0, 15]
6	无线楼	0	1	[0, 10]
7	科技楼	0	1	[0, 10]
8	学2宿舍	0	1	[0, 15]

若服务点的取货量不为 0，且送货量为 0，则代表此服务点为商家；若服务点的取货量为 0，且送货量不为 0，则代表此服务点为下订单的客户。

为了计算总成本，需要知道每个服务点之间的行驶时间。

在表 6 – 18 中，每个编号代表一个服务点，行驶时间的对应关系如表 6 – 19 所示。每个数据代表在两个服务点之间行驶所需要的时间。如第三行第四列的数字 4 代表从编号 1 服务点到编号 2 服务点所需行驶时间为 4 min，即从小马牛肉面到亦明亮黄焖鸡需要行驶 4 min。

表 6 – 19　各个服务点之间的行驶时间　　　　　　（单位：min）

服务编号	0	1	2	3	4	5	6	7	8
0	0	5	2	3	3	4	3	4	3
1	5	0	4	2	3	5	4	5	5
2	2	4	0	2	3	4	3	4	3
3	3	2	2	0	2	4	3	4	3
4	3	3	3	2	0	3	2	3	2
5	4	5	4	4	3	0	1	1	1
6	3	4	3	3	2	1	0	1	1
7	4	5	4	4	3	1	1	0	1
8	3	5	3	3	2	1	1	1	0

4. 实验验证及结论

假设行驶成本的权重 ω_1 和惩罚成本的权重 ω_2 分别取值 1 和 5，此时在 WAMP 上运行 6 次，所得结果如表 6 – 20 所示。在表 6 – 20 中，迭代次数表示算法运行次数，当满足迭代次数时，算法会终止。此时，会出一个解集。由于遗传算法的特性，每次运行时，虽然迭代次数可能相同，但解集却可能不同，最终导致得到的解也可能不同。不过随着迭代次数的增加，得到的解会慢慢趋于一个稳定值。稳定后的解的总成本为 30，其中行驶成本 20，惩罚成本 10。此时得到的路径为 0231657480，即送餐人员送餐的路径为中关村大厦—亦明亮黄焖鸡—三子包子—小马牛肉面—无线楼—学 6 宿舍—科技楼—徐州地锅—学 2 宿舍—中关村大厦。经验证结果有效。

表 6 – 20　运行结果

运行次序	1	2	3	4	5	6
迭代次数	10	50	100	500	1 000	10 000
行驶成本	20	18	17	20	20	20
惩罚成本	480	60	30	10	10	10
总成本	500	78	47	30	30	30

和传统遗传算法做比较，改进遗传算法的收敛情况如图 6 – 46 所示。

遗传算法收敛曲线

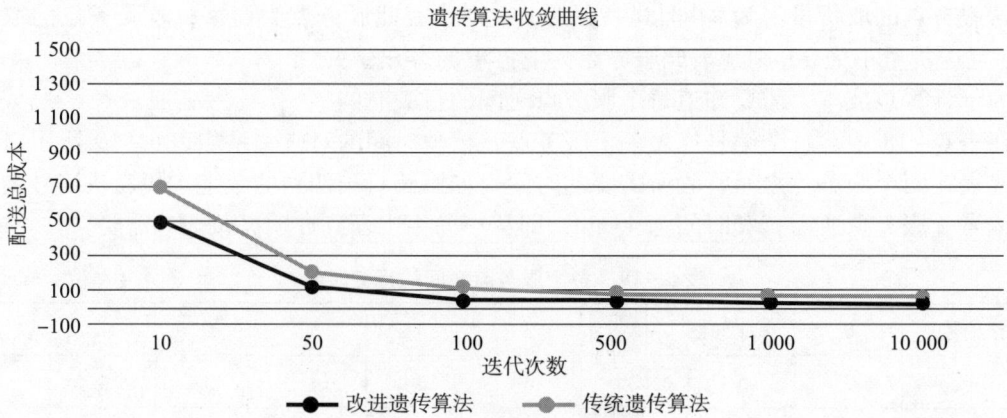

图 6-46　算法收敛情况

从图 6-47 可以看出，改进遗传算法的收敛速度明显高于传统遗传算法，其收敛更快，效率更高，说明该算法有效、可行。

6.5　小　　结

本章主要介绍了知识图谱、数据挖掘和智能计算的基本概念、相关算法原理，以及主要的应用实例。

知识图谱用于整合和表示各种领域的知识。算法的主要流程为本体构建、信息抽取、融合补全、知识推理，利用 CNN、RNN、GNN 等深度学习算法，涉及实体识别、关系抽取、自动文档等自然语言处理技术，广泛应用于网络安全、个性化推荐等领域。

数据挖掘是从大量数据中提取或挖掘知识与信息的过程，是知识发现的核心环节。数据仓库将各个异构的数据源数据库的数据统一管理起来，并进行数据剔除和格式转换，最终按照一种合理的建模方式来完成源数据组织形式的转变，以更好地支持到前端的可视化分析。另外，评价数据挖掘效果可以帮助我们了解和衡量数据挖掘算法或模型在实际应用中的性能和准确度，并以商品推荐和网络入侵检测为例，详细讲解数据挖掘在金融、网络安全等领域的应用。

智能计算旨在通过模拟自然界的优化过程，设计和应用算法来解决复杂问题。智能优化的研究帮助我们寻找更优的解决方案、提高系统的效率和性能。智能计算的主流算法包括以遗传算法为代表的仿生进化算法，以粒子群算法、蚁群算法为代表的群智能算法，还包括模拟退火算法、禁忌搜索算法等。智能计算应用研究涉及工程、物流、生产、社交网络分析等多个领域，可用于解决资源分配、路径规划、参数优化等问题。

知识图谱与智能计算的研究可以更好地理解和利用海量数据，挖掘出有价值的知识，为决策和规划提供更准确、高效和智能的解决方案，共同推动数据科学和人工智能领域的发展。

6.6　习　　题

1. 基于 HMM 的实体识别，概率转移矩阵 A 和发射矩阵 B 分别有什么作用？

2. 基于 Bootstrapping 的半监督关系抽取方法为什么会引起语义漂移问题？

3. 常见的推理形式有哪些？哪些是知识图谱推理常用的？

4. 基于表示学习的知识图谱推理核心是什么？

5. 请简述知识图谱符号表示和向量表示的优缺点。

6. 存储知识图谱是否一定要使用图数据库？使用图数据库有哪些优势？

7. 请简述图表示方法与知识图谱表示方法的主要区别。

8. 星形模型和雪花模型是常见的数据仓库建模方法。它们有相似之处，也有不同之处。请对它们的相似点和不同点进行简要讨论，并分析它们的相对优缺点。

9. 假设你是一家小型电商公司的数据分析师，你需要设计一个适合电商业务的数据仓库模型，请提供你认为合理的数据仓库模型并解释其主要组成部分。

10. 某购物平台进行了一次关联分析，发现购买商品 A、B 和 C 的客户中有 60% 也购买了商品 D，而购买商品 D 的客户中有 75% 也购买了商品 A、B 和 C。假设总交易数为 1 000，请计算并评价这个关联规则的支持度、置信度和提升度。

11. 请简述粒子群优化算法的缺点与优点。

12. 进化算法与传统的优化算法相比有什么区别，具有哪些优势？

13. 在进化算法中，如何定义个体的适应度？

14. 如何确定进化算法的结束准则？

第 7 章
计算框架与计算模式

7.1 引　言

以物联网、人工智能、5G 为核心特征的数字化浪潮正席卷全球，大数据和计算科学迅速成为科技界、企业界甚至世界各国政府关注的热点。著名管理咨询公司麦肯锡称："数据已经渗透到当今每一个行业和业务职能领域，成为重要的生产因素。人们对于大数据的挖掘和运用，预示着新一波生产力增长和消费盈余浪潮的到来"。"大数据时代"的来临为人类的生产生活方式带来了巨大的变革。然而，大数据就像石油，虽然蕴藏着极大的价值，但同时也具有价值密度低、难以通过常规手段进行挖掘的缺点。如何对海量的数据进行存储、计算与分析是大数据时代亟须解决的关键问题。

大数据计算模式是指根据大数据的不同数据特征和计算特征，从多样性的大数据计算问题和需求中提炼并建立的各种高层抽象或模型。根据大数据处理任务需求和应用场景的多样性，已出现多种典型的大数据计算模式及相应的工具，如静态批处理。尽管批处理模式可以并行执行大规模数据处理任务，但大数据处理的问题复杂多样，单一的计算模式无法涵盖所有的计算需求。批处理模式在面向低延迟和具有复杂数据关系和复杂计算的问题时性能较差，流计算、图计算模式便应运而生。流计算是针对数据流进行实时分析的计算模式，具有低延迟、高时效的特点。图计算是针对大规模图数据结构进行分析的计算模式，能高效处理图结构数据。同时，数据可视化技术可以借助图形化方法，清晰有效地传达信息，使大数据分析的结果能够被更好地表达和利用。

本章主要内容包括如下几节。

7.2 节介绍了大数据计算框架，主要内容包括大数据存储、计算、分析的主流技术及其典型案例。

7.3 节介绍了大数据计算模式，主要内容包括应用场景和相应的工具，批处理、流计算、图计算的基本概念和编程模型，以及对应的编程框架、体系结构、工作流程、容错机制和应用场景。

7.2 计算框架

7.2.1 Hadoop

7.2.1.1 Hadoop 基础知识

Apache Hadoop 是一种可靠的、可扩展的分布式计算开发开源框架，其允许开发人员使用简单的编程模型在计算机集群中对大型数据集进行分布式处理。所支持的集群规模可从单个服务器到数千台机器，集群中的每台机器都提供本地计算和存储功能。Hadoop 库具有在应用层而非依赖硬件进行异常检测处理的能力，因此在单个设备可能出现故障的计算机集群中仍能提供稳定的高质量服务。

Hadoop 最初是由 Apache Lucene 的创始人 Doug Cutting 开发的文本搜索库。Hadoop 源自始于 2002 年的 Apache Nutch（一个开源的网络搜索引擎）并且也是 Lucene 的一部分。2004 年，Nutch 也模仿 GFS 开发了自己的分布式文件系统（nutch distributed file system，NDFS），也就是 HDFS 的前身。2004 年，谷歌又发表了另一篇具有深远影响的论文，阐述了 MapReduce 分布式编程思想。2005 年，Nutch 实现了谷歌的 MapReduce；2006 年 2 月，Nutch 中的 NDFS 和 MapReduce 开始独立出来，成为 Lucene 项目的一个子项目，称为 Hadoop，同时 Doug Cutting 加盟雅虎；2008 年 4 月，Hadoop 打破世界纪录，成为最快排序 1 TB 数据的系统，它采用一个由 910 个节点构成的集群进行运算，排序时间只用了 209 s；2009 年 5 月，Hadoop 更是把 1 TB 数据排序时间缩短到 62 s。Hadoop 从此声名大振，迅速发展成为大数据时代最具影响力的开源分布式开发平台，并成为事实上的大数据处理标准。

Hadoop 架构以 HDFS 和 MapReduce 为核心，为开发人员提供了底层细节透明的分布式基础架构。HDFS 的高容错性、高伸缩性等优点允许开发人员将 Hadoop 部署在低廉的硬件上，从而形成分布式系统。MapReduce 编程模型允许开发人员在不了解分布式系统底层细节的情况下开发并行计算应用程序。因此，开发人员可以利用 Hadoop 架构轻松地组织计算机资源，从而搭建自己的分布式计算平台，并且可以充分利用集群的计算和存储能力，完成海量数据的存储。Hadoop 架构具备以下优点。

（1）开源：Hadoop 是免费开源的框架，且允许用户的自定义修改。

（2）可扩展：Hadoop 支持存储和计算的扩展。

（3）廉价：Hadoop 框架可以运行在任何普通的处理机之上。

（4）可靠：由 HDFS 备份恢复机制以及 MapReduce 的任务监控保证。

（5）高效：通过与 MapReduce 结合，实现数据本地化的处理模式。

Hadoop 架构在数据挖掘与商业智能，包括日志处理、点击流分析、相似性分析、精准广告投放、生物信息技术、文件处理、Web 索引、流量分析、用户细分特征建模、用户行为分析和趋势分析等方面均有应用。

在未来发展方面，目前主要生产发布的 Hadoop 2.0 框架是基于 JDK 1.7 版本进行开发的，而 JDK 1.7 的停止更新直接迫使 Hadoop 社区重新开发并发布了基于 JDK 1.8 的 Hadoop 框架最新版本，即 Hadoop 3.0。相较于 Hadoop 2.0，Hadoop 3.0 整合许多重要的增强功能，提供了稳定性和高质量的 API，可以用于实际的产品开发。Hadoop 3.0 的部分新特性如下。

（1）最低 Java 版本要求升至 Java 8。所有 Hadoop 的 jar 都是基于 Java 8 运行时的版本进行编译执行的，仍在使用 Java 7 或更低 Java 版本的用户需要升级到 Java 8。

（2）HDFS 支持纠删码。纠删码是一种比副本存储更节省存储空间的数据持久化存储方法。比如 Reed – Solomon（10，4）标准编码技术只需要 1.4 倍的存储空间开销，而标准的 HDFS 副本技术则需要 3 倍的存储空间开销。由于纠删码额外开销主要在于重建和远程读写，因此它通常用来存储不经常使用的数据，即冷数据。另外，在使用这个新特性时，用户还需要考虑网络和 CPU 开销。

（3）重写 Shell 脚本：Hadoop 的 Shell 脚本被重写，修复漏洞（bug）并增加部分新特性。

（4）Shaded client jars：HADOOP - 11804 添加新 hadoop - client - api 和 hadoop - client - runtime artifcat，将 Hadoop 的依赖隔离在一个单一 jar 包中，可以避免 Hadoop 依赖渗透到应用程序的环境变量中。

（5）MapReduce 任务级本地优化：MapReduce 添加了映射输出收集器的本地化实现的支持。对于密集型的洗牌操作可以带来 30% 的性能提升。

（6）支持超过两个以上的 NameNodes：允许用户运行多个备用的 NameNode。例如，通过配置三个 NameNode 和五个 JournalNode，群集能够容忍两个节点的故障，而不是一个故障。但是活动的 NameNode 始终只有一个，余下的都是 Standby。Standby NameNode 会不断与 JournalNode 同步，保证自己获取最新的事务日志，并将其同步到自己维护的镜像中，这样便可以实现热备。当故障发生时，Standby NameNode 立即切换至活动状态，并对外提供服务。同时，JournalNode 只允许一个活动状态的 NameNode 写入。

（7）YARN 资源类型：YARN 资源模型已经被一般化，可以支持用户自定义的可计算资源类型，而不仅仅是 CPU 和内存。比如，集群管理员可以定义如 GPU 数量，软件序列号等资源。然后，YARN 任务能够在这些可用资源上进行调度。

7.2.1.2　Hadoop 系统架构

Hadoop 框架的基础组件包括以下几个。

（1）Common：支持其他 Hadoop 组件的公用组件。

（2）HDFS：分布式文件系统。

（3）MapReduce：基于 Hadoop YARN 框架的大数据集并行运算系统。

（4）YARN：用户任务调度和集群资源管理的框架。

Hadoop 框架的基础组件和其他相关工具共同构成了 Hadoop 的生态系统，生态系统提供了诸多强大而易用的功能，使开发人员可以更迅速地通过 Hadoop 实现分布式工程的开发和部署，常用工具如下。

（1）Hive（基于 MapReduce 的数据仓库）。Hive 由 Facebook 开源，最初用于解决海量结构化的日志数据统计问题，是一种 ETL 工具，同时也是一种构建在 Hadoop 之上的数据仓库。Hive 分别采用 MapReduce 和 HDFS 实现数据的计算与存储。Hive 定义了一种类似 SQL 的查询语言 HiveQL，HiveQL 除了不支持更新、索引和实物外，几乎支持 SQL 的其他一切特征，通常用于离线数据处理。可将 HiveQL 语言视为 MapReduce 语言的翻译器，把 MapReduce 程序简化为 HiveQL 语言。但有些复杂的 MapReduce 程序是无法用 HiveQL 来描述的。Hive 提供 Shell、JDBC、Thrift、Web 等接口。

（2）Pig（数据流处理）。Pig 由 Yahoo 开源，设计动机是提供一种基于 MapReduce 的 ad - hoc 数据分析工具，通常用于进行离线分析。Pig 定义了一种类似 SQL 的数据流语言 Pig Latin，Pig Latin 可以完成排序、过滤、求和、关联等操作，并支持自定义函数。Pig 自动把 Pig Latin 映射为 MapReduce 作业，上传到集群运行，从而减少用户编写 Java 程序的苦恼。Pig 的运行方式有三种：Grunt Shell、脚本方式和嵌入式。

（3）Mahout（数据挖掘库）。Mahout 是基于 Hadoop 的机器学习和数据挖掘的分布式计算框架。它实现了三大算法：推荐、聚类、分类。

（4）HBase（分布式数据库）。HBase 源自谷歌发表于 2006 年 11 月的 Bigtable 论文。也就是说，HBase 是 Google Bigtable 的克隆版。HBase 支持 Shell、Web、Api 等多种访问方式，是 NoSQL 的典型代表产品。HBase 具有高可靠性、高性能、面向列、可扩展等特点。

（5）ZooKeeper（分布式协作服务）。ZooKeeper 源自谷歌发表于 2006 年 11 月的 Chubby 论文。也就是说，ZooKeeper 是 Chubby 的克隆版。ZooKeeper 主要用于解决分布式环境下的数据管理问题，例如统一命名、状态同步、集群管理等。

（6）Sqoop（数据同步工具）。Sqoop 是连接 Hadoop 与传统数据库之间的桥梁，它支持多种数据库，包括 MySQL、DB2 等。

图 7-1 展示了 Hadoop 2.0 生态系统的基本样貌。

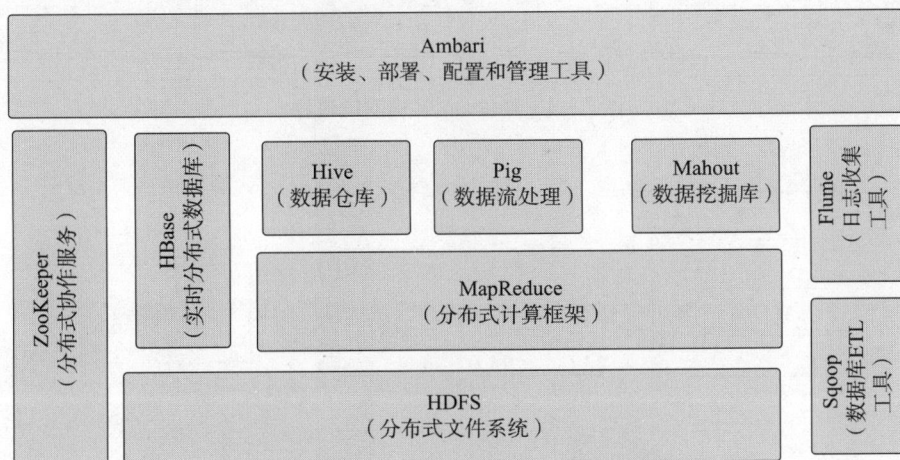

图 7-1　Hadoop 生态系统的基本样貌

Hadoop 框架的发展经历了 Hadoop 1.0 和 Hadoop 2.0 两个时代。1.0 时代的 Hadoop 框架只有分布式文件系统 HDFS 和 Hadoop MapReduce 两个核心组件。其架构简单清晰，在最初推出的几年获得了业界的广泛支持。然而随着分布式系统集群规模的扩大和工作负荷的增加，Hadoop 1.0 框架也逐渐暴露出诸如存在单点故障、任务集中、源代码难以维护等缺点。Hadoop 团队意识到仅凭修复无法彻底解决这些问题，因此从 0.23.0 版本之后开始应用重构后的 Hadoop MapReduce 框架，即 YARN 框架。至此，Hadoop 框架正式进入 2.0 时代。图 7-2 所示为 Hadoop 1.0 到 Hadoop 2.0 的演进过程。

YARN 是 Hadoop 框架中的资源管理和调度系统，其主要负责管理集群中的资源（作用类似于操作系统），以及将资源分配给上层的应用程序。YARN 是 Hadoop 1.0 向 Hadoop 2.0 演进过程中增加的重要组件。为了阐明 YARN 在 Hadoop 架构中的作用及意义，首先对 Hadoop 1.0 MapReduce（MR1）框架原理和缺点加以分析。

Hadoop MapReduce 框架是以 7.3.1 节中所介绍的 MapReduce 编程模型为依据的离线处理计算框架。图 7-3 展示了 Hadoop 1.0 时代 MapReduce 框架的工作流程。

MR1 的工作流程包括以下 13 个步骤：

（1）客户端（JobClient）向作业跟踪器（JobTracker）提交一个作业（Job）；

（2）JobTracker 携带需求通过 HDFS 获取需要分析的数据；

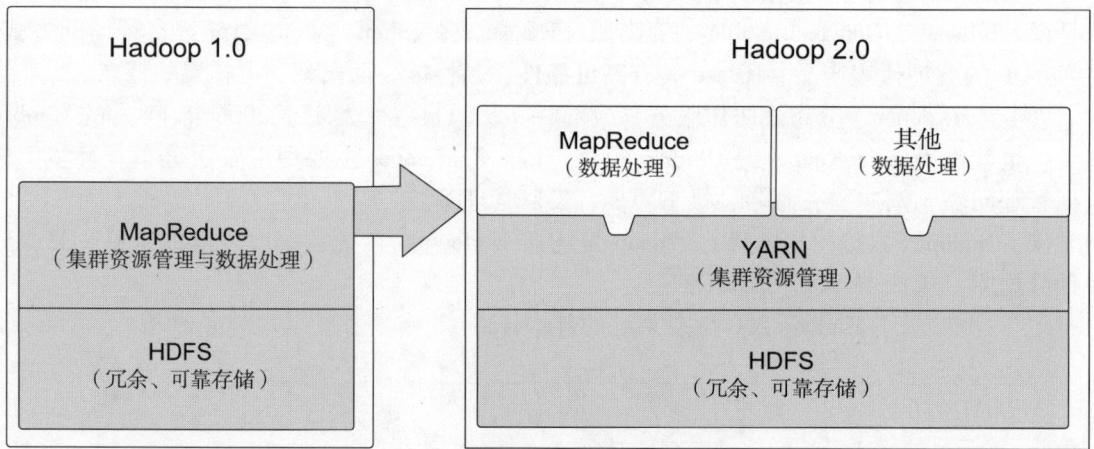

图 7 – 2　**Hadoop** 架构演进过程

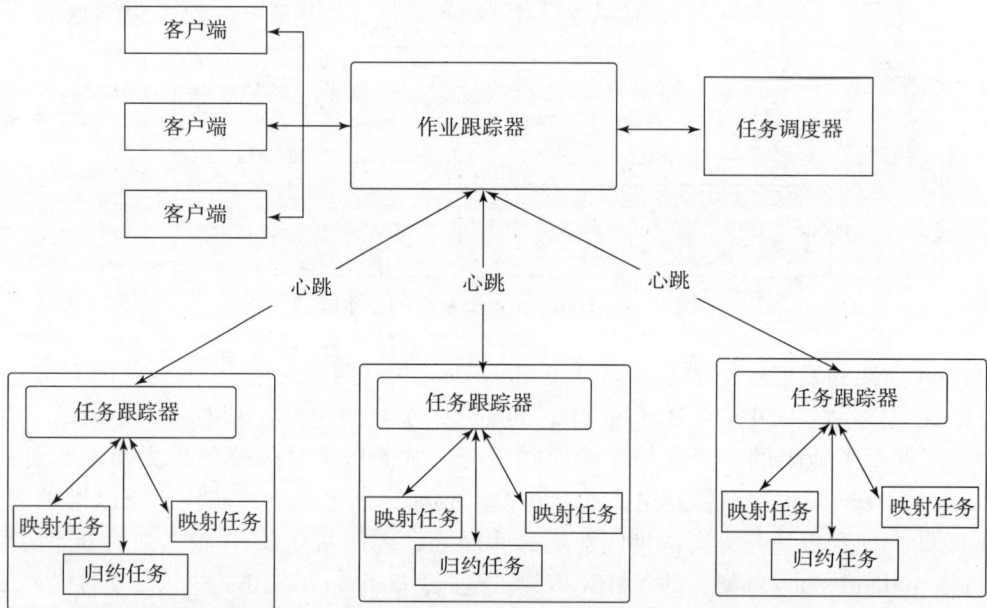

图 7 – 3　**Hadoop 1.0** 时代 **MapReduce** 框架工作流程

（3）JobTracker 取回数据；

（4）JobTracker 将 Job 和相应的数据块分配给任务跟踪器（TaskTracker）进行计算；

（5）每个计算节点加载需要计算的 Job 和数据块；

（6）JobTracker 负责监控 TaskTracker 的状态，如果任务（Task）发生故障，则向新的计算节点分发任务，任务完成后通过监控结果决定调度；

（7）将计算输出的中间数据存入 HDFS；

（8）监控发现具有计算量富余的节点；

（9）JobTracker 重新对任务块进行调度；

（10）不同计算节点之间进行任务调度；

（11）计算节点完成计算任务之后，通知 JobTracker；

（12）JobTracker 将结果写入 HDFS；

（13）JobClient 通过 HDFS 获取结果。

Hadoop 1.0 存在的问题是单点故障问题。在此调度机制中，JobTracker 节点是 MapReduce 的集中处理节点，这种拓扑结构往往意味着系统存在单点故障的隐患。更为糟糕的是，JobTracker 节点又承担着主控节点的巨大压力。无论是资源的调度与分配，还是任务的监控与重启，皆是由其全权负责，这使它变得更容易失效。正因如此，业界普遍总结出 Hadoop 1.0 的 MapReduce 最多只能支持对 4 000 节点主机进行管理这一经验。总而言之，JobTracker 同时兼备资源管理和作业控制的运作模式就是制约系统性能的瓶颈所在。

重构的关键之处在于必须将 JobTracker 的两个主要功能，即资源管理和作业控制分离成单独的组件，YARN 的设计正是以此为依据。图 7 - 4 所示为 Hadoop YARN 架构。

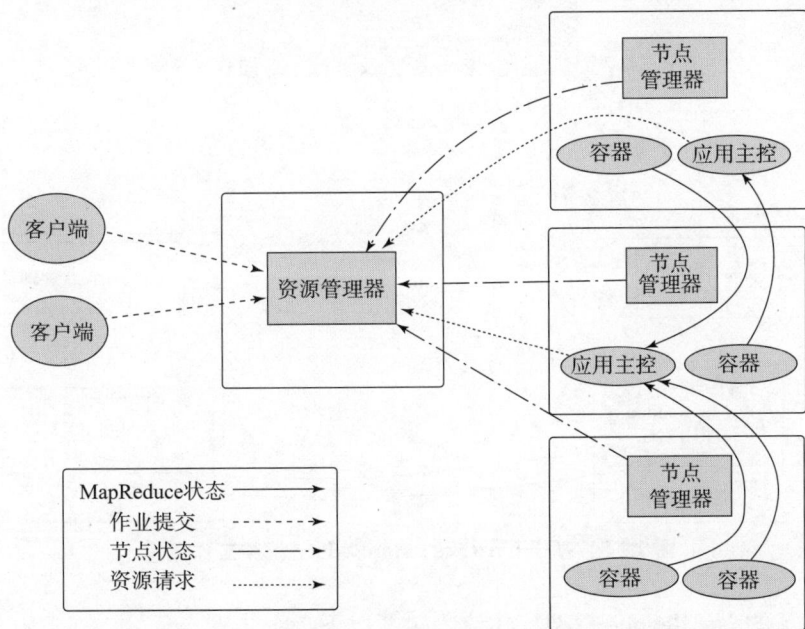

图 7 - 4　Hadoop YARN 架构

YARN 框架通过资源管理器（Resource Manager，RM）和应用主控（App Master，AM）进程分别完成资源管理和作业控制的工作。Resource Manger 主要负责整个集群的资源管理和调度，App Master 则负责某个应用程序的相关事务，即一个 Job 生命周期内的所有工作，并在 Task 运行失败时重新为任务申请资源进而重新启动相应的任务。值得注意的是，每一个 Job（而不是每一种）都有一个相应的 App Master。App Master 可以运行在除主节点 Resource Manager 节点以外的其他机器上，但是在 Hadoop1.0 中，JobTracker 的位置是固定的。除此之外，YARN 框架还具有其他类型的节点。节点管理器（Node Manager，NM）是每个节点上的资源和任务管理器，一方面，它会定时地向 Resource Manager 报告本节点上的资源使用情况和各个容器（Container）的运行状态；另一方面，它会接受并处理来自 App Master 的 Container 的启动、停止等各种请求。Container 则是 YARN 中的资源抽象，它封装了某个节点上的多维度资源，如内存、CPU、磁盘、网络等，当 App Manager 向 Resource Manager 申请资源时，Resource Manager 为 App Manager 返回的资源便是用 Container 表示的。YARN 会为每个任务分配一个 Container，且该任务只能使用该 Container 中描述的资源。

当用户向 YARN 中提交一个应用程序后，YARN 将分两个阶段运行该应用程序：第一个阶段启动 App Master；第二个阶段由 App Master 创建应用程序，为它申请资源，并监控它的整个运行过程，直到运行完成。

图 7-5 说明了基于 YARN 的 MapReduce 框架工作流程。

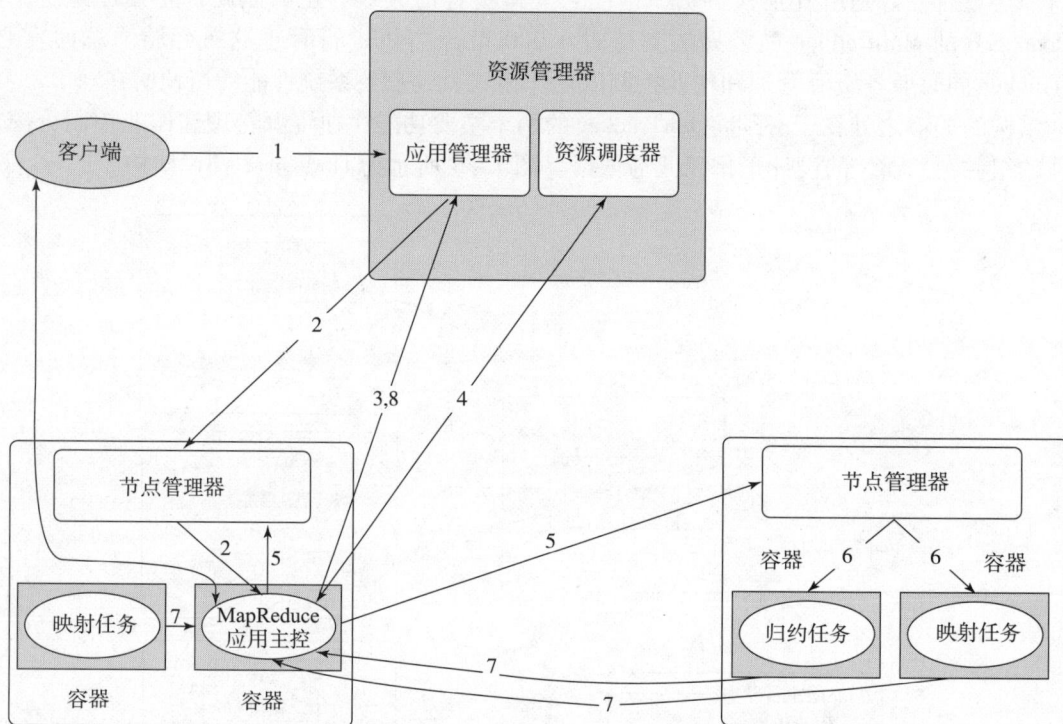

图 7-5　基于 YARN 的 MapReduce 框架工作流程

基于 YARN 的 MapReduce 框架工作流程包括以下 7 个步骤。

（1）用户向 YARN 中提交应用程序，其中包括 App Master 程序启动 App Master 的命令、用户程序等；

（2）Resource Manager 为该应用程序分配第一个 Container，并与对应的 Node Manager 通信，要求它在这个 Container 中启动应用程序的 App Master；

（3）App Master 首先向 Resource Manager 注册，这样用户可以直接通过 Resource Manager 查看应用程序的运行状态，然后它将为各个任务申请资源，并监控它的运行状态，直到运行结束；

（4）App Master 采用轮询的方式通过 RPC 协议向 Resource Manager 申请和领取资源；

（5）一旦 App Master 申请到资源后，便与对应的 Node Manager 通信，要求它启动任务；

（6）Node Manager 为任务设置好运行环境（包括环境变量、jar 包、二进制程序等）后，将任务启动命令写到一个脚本中，并通过运行该脚本启动任务；

（7）各个任务通过某个 RPC 协议向 App Manager 报告自己的状态和进度，以让 App Manager 随时掌握各个任务的运行状态，从而可以在任务失败时重新启动任务。

相较于 MapReduce1 的工作模式，YARN 极大减少了 JobTricker（也就是该框架中的 Resource Manager）的资源消耗，从而突破了旧框架的瓶颈。此外，Hadoop 1.0 架构只支持 MapReduce 编程模型，而 YARN 则允许使用信息传递接口（message passing interface，MPI）等标准通信模式，同时执行各种不同的编程模型，包括图形处理、迭代式处理、机器学习和一般集群计算。这也是具备 YARN 的 Hadoop 2.0 超越前者的又一体现。

7.2.1.3　Hadoop 应用案例

Hadoop 作为最重要的大数据分析架构之一，在世界范围内拥有大量的成功案例。其中，较为著名的国内案例如下。

（1）百度。百度在 2006 年就开始关注 Hadoop 并开始调研和使用，在 2012 年总的 Haddop 集群规模达到近十个，单集群超过 2 800 台机器节点，Hadoop 机器总数有上万台机器，总的存储容量超过 100 PB，已经使用的超过 74 PB，每天提交的作业数目有数千个之多，每天的输入数据量已经超过 7 500 TB，输出超过 1 700 TB。百度的 Hadoop 集群为整个公司的数据团队、大搜索团队、社区产品团队、广告团队，以及 LBS 团体提供统一的计算和存储服务，主要应用为：数据挖掘与分析、日志分析平台、数据仓库系统、推荐引擎系统和用户行为分析系统。

同时，百度在 Hadoop 的基础上还开发了自己的日志分析平台、数据仓库系统，以及统一的 C++ 编程接口，并对 Hadoop 进行深度改造，开发了 Hadoop C++ 扩展 HCE 系统。

（2）阿里巴巴。阿里巴巴的 Hadoop 集群截至 2012 年超过 3 200 台服务器，大约有 30 000 物理 CPU 核心，总内存 100 TB，总的存储容量超过 60 PB，每天的作业数目超过 150 000 个，每天 Hive Query 查询大于 6 000 个，每天扫描数据量约为 7.5 PB，每天扫描文件数约为 4 亿，存储利用率大约为 80%，CPU 利用率平均为 65%，峰值可以达到 80%。阿里巴巴的 Hadoop 集群拥有 150 个用户组、4 500 个集群用户，为淘宝、天猫、一淘、聚划算、CBU、支付宝提供底层的基础计算和存储服务，主要应用如下。

①数据平台系统。

②搜索支撑。

③广告系统。

④数据魔方。

⑤量子统计。

⑥淘数据。

⑦推荐引擎系统。

⑧搜索排行榜。

为了便于开发，阿里巴巴还开发了 WebIDE 集成开发环境，使用的相关系统包括 Hive、Pig、Mahout 和 HBase 等。

（3）腾讯。腾讯也是使用 Hadoop 最早的中国互联网公司之一，截至 2012 年年底，腾讯的 Hadoop 集群机器总量超过 5 000 台，最大单集群约为 2 000 个节点，并利用 Hadoop - Hive 构建了自己的数据仓库系统 TDW，同时还开发了自己的 TDW - IDE 基础开发环境。腾讯的 Hadoop 为腾讯各个产品线提供基础云计算和云存储服务，主要应用如下。

①财付通。

②朋友网。

③拍拍网。

④腾讯微博。

⑤腾讯罗盘。

⑥QQ 空间。

⑦腾讯游戏支撑。

⑧腾讯开放平台。

⑨腾讯社交广告平台。

（4）奇虎 360。奇虎 360 主要使用 Hadoop – HBase 作为其搜索引擎 so. com 的底层网页存储架构系统，360 搜索的网页索引规模接近千亿条，数据存储总量在 PB 级。截至 2012 年年底，其 HBase 集群规模超过 300 节点，Region 个数大于 10 万个。奇虎 360 在 Hadoop – HBase 方面的工作主要为了优化减少 HBase 集群的启停时间，并优化减少 RS 异常退出后的恢复时间。

（5）华为。华为也是对 Hadoop 做出贡献的公司之一，排在谷歌和思科的前面，华为对 Hadoop 的 HA 方案，以及 HBase 领域有深入研究，并已经向业界推出了自己的基于 IIadoop 的大数据解决方案。

（6）中国移动。中国移动于 2010 年 5 月正式推出大云（BigCloud）1.0，集群节点达到了 1 024 个。中国移动的大云基于 Hadoop 的 MapReduce 实现了分布式计算，并利用 HDFS 来实现分布式存储，开发了基于 Hadoop 的数据仓库系统 HugeTable、并行数据挖掘工具集 BC – PDM，以及并行数据抽取转化 BC – ETL、对象存储系统 BC – ONestd 等系统，同时开源了自己的 BC – Hadoop 版本。中国移动主要在电信领域应用 Hadoop，其规划的应用领域如下。

①经分 KPI 集中运算。

②经分系统 ETL/DM。

③结算系统。

④信令系统。

⑤云计算资源池系统。

⑥物联网应用系统。

⑦E – mail。

⑧IDC 服务。

（7）盘古搜索。盘古搜索（目前已和即刻搜索合并为中国搜索）主要使用 Hadoop 集群作为搜索引擎的基础架构支撑系统，截至 2013 年年初，集群中机器数量总计超过 380 台，存储总量总计 3.66 PB，其主要包括的应用如下。

①网页存储。

②网页解析。

③Pagerank 计算。

④日志统计分析。

⑤推荐引擎。

（8）即刻搜索。即刻搜索（已与盘古搜索合并为中国搜索）也使用 Hadoop 作为其搜索引擎的支撑系统，截至 2013 年，其 Hadoop 集群规模总计超过 500 台节点，配置为双路 6 核心 CPU，48 G 内存，11×2 T 存储，集群总容量超过 10 PB，使用率在 78% 左右，每天处理读取的数据量约为 500 TB，峰值大于 1P，平均约为 300 TB。即刻搜索在搜索引擎中使用 sstable 格式存储网页并直接将 SSTable 文件存储在 HDFS 上面，主要使用 Hadoop Pipes 编程接口进行后续处理，也使用 Streaming 接口处理数据。

Hadoop 著名的海外应用案例如下。

（1）Yahoo。Yahoo 是 Hadoop 的最大支持者，截至 2012 年，Yahoo 的 Hadoop 机器总节点数目超过 420 000 个，有超过 10 万的核心 CPU 在运行 Hadoop。最大的一个单 Master 节点集群有 4 500 个节点（每个节点双路 4 核心 CPUboxesw，4×1 TB 磁盘，16 GB RAM）。总的集群存储容量大于 350 PB，每月提交的作业数目超过 1 000 万个，在 Pig 中超过 60% 的 Hadoop 作业是使用 Pig 编写提交的。Yahoo 的 Hadoop 主要应用如下。

①广告系统。

②用户行为分析。

③支持 Web 搜索。

④反垃圾邮件系统。

⑤会员反滥用。

⑥内容敏捷。

⑦个性化推荐。

（2）Facebook。Facebook 使用 Hadoop 存储内部日志与多维数据，并以此作为报告、分析和机器学习的数据源。目前 Hadoop 集群的机器节点超过 1 400 台，共计 110 000 个核心 CPU，超过 15PB 原始存储容量，每个商用机器节点配置了 8 核 CPU，12 TB 数据存储，主要使用 Streaming API 和 Java API 编程接口。Facebook 同时在 Hadoop 基础上建立了一个名为 Hive 的高级数据仓库框架，Hive 已经正式成为基于 Hadoop 的 Apache 一级项目。此外，还开发了 HDFS 上的 FUSE 实现。

（3）A9.com。A9.com 为亚马逊使用 Hadoop 构建了商品搜索索引，主要使用 Streaming API 以及 C++、Perl 和 Python 工具，同时使用 Java 和 Streaming API 分析处理每日数以百万计的会话。A9.com 构建的索引服务运行在 100 节点左右的 Hadoop 集群上。

（4）Adobe。Adobe 主要使用 Hadoop 及 HBase，用于支撑社会服务计算，以及结构化的数据存储和处理。大约有超过 30 个节点的 Hadoop – HBase 生产集群。Adobe 将数据直接、持续地存储在 HBase 中，并以 HBase 作为数据源运行 MapReduce 作业处理，然后将其运行结果直接存储到 HBase 或外部系统。Adobe 在 2008 年就已将 Hadoop 和 HBase 应用于生产集群。

（5）CBIR。自 2008 年 4 月以来，日本的基于内容的信息检索（content – based image retrieval，CBIR）方法在 AmazonEC2 上使用 Hadoop 来构建图像处理环境，用于图像产品推荐系统。使用 Hadoop 环境生成源数据库，便于 Web 应用对其快速访问，同时使用 Hadoop 分析用户行为的相似性。

（6）Datagraph。Datagraph 主要使用 Hadoop 批量处理大量的 RDF 数据集，尤其是利用 Hadoop 对 RDF 数据建立索引。Datagraph 也使用 Hadoop 为用户执行长时间运行的离线 SPARQL 查询。Datagraph 是使用 AmazonS3 和 Cassandra 存储 RDF 数据输入和输出文件的，并已经开发了一个基于 MapReduce 处理 RDF 数据的 Ruby 框架，即 RDFgrid。Datagraph 主要使用 Ruby、RDF. rb 以及自己开发的 RDFgrid 框架来处理 RDF 数据。

（7）EBay。单集群超过 532 节点集群，单节点 8 核心 CPU，存储容量超过 5. 3 PB。大量使用的 MapReduce 的 Java 接口、Pig、Hive 来处理大规模的数据，还使用 HBase 进行搜索优化和研究。

（8）IBM。IBM 蓝云也利用 Hadoop 来构建云基础设施。IBM 蓝云使用的技术包括 Xen 和 PowerVM 虚拟化的 Linux 操作系统映像及 Hadoop 并行工作量调度，并发布了自己的 Hadoop 发行版及大数据解决方案。

7. 2. 1. 4　Hadoop 编程接口

Hadoop 框架单机环境搭建可按以下步骤进行。

（1）前期准备：Linux 服务器一台，下载 JDK 和 Hadoop 安装包。

（2）服务器配置：输入 vim/etc/sysconfig/network 命令更改主机名称，并 reboot 使之生效。输入 vim/etc/hosts 命令添加主机 IP 和主机名称的映射。配置需关闭防火墙，CentOS 7 版本以下输入 service iptables stop 命令，否则输入 systemctl stop firewalld. service 命令。输入 date 命令查看服务器时间是否一致。如果不一致则输入 date – s'MMDDhhmmYYYY. ss' 修改。

（3）JDK 环境配置：将 JDK、Hadoop 压缩包放在 home 目录下，并新建 java、hadoop 文件夹。输入 tar – xvf jdk – 8uXXX – linux – x64. tar. gz 命令和 tar – xvf hadoop – 2. 8. X. tar. gz 命令解压 jdk 和 hadoop（不同版本文件名不同），分别移动文件到 java 和 hadoop 文件下，并将文件夹重命名为 jdk1. 8 和 hadoop2. 8。输入 java – version 命令查看是否安装了 JDK。如果版本不合适则将其卸载。输入 vim/etc/profile 命令编辑 etc/profile 文件。配置如下：

```
export JAVA_HOME = /home/java/jdk1. 8
export JRE_HOME = /home/java/jdk1. 8/jre
export CLASSPATH = . : $ JAVA_HOME/lib/dt. jar: $ JAVA_HOME/lib/tools.
jar
export CLASSPATH =. : $ JRE_HOME/lib: $ CLASSPATH
export PATH =. : $ {JAVA_HOME}/bin: $ PATH
```

JAVA_HOME 路径为 JDK 路径。输入 source/etc/profile 使配置生效。

（4）Hadoop 环境搭建：同样编辑 etc/profile 文件。配置如下：

```
export HADOOP_HOME = /home/hadoop/hadoop2. 8
export HADOOP_COMMON_LIB_NATIVE_DIR = $ HADOOP_HOME/lib/native
export HADOOP_OPTS = " - Djava. library. path = $ HADOOP_HOME/lib"
export PATH =. : $ {JAVA_HOME}/bin: $ {HADOOP_HOME}/bin: $ PATH
```

HADOOP_HOME 路径为 Hadoop 路径。输入 source/etc/profile 命令使配置生效。

（5）在 root 目录下新建文件夹：hadoop、hadoop/tmp、hadoop/var、hadoop/dfs、hadoop/dfs/name 和 hadoop/dfs/data。切换到 hadoop 目录下，输入命令 vim core – site. xml，并在 < configuration > 中添加。

```
< configuration >
    < property >
```

```
    <name>hadoop.tmp.dir</name>
  <value>/root/hadoop/tmp</value>
  <description>Abase for other temporary directories.</description>
 </property>
 <property>
  <name>fs.default.name</name>
  <value>hdfs://host_name:9000</value>
 </property>
</configuration>
```

输入命令 vim hadoop – env. sh，将 ${JAVA_HOME} 修改为自己的 JDK 路径。

输入命令 vim hdfs – site. xml，并在 <configuration> 中添加。

```
<configuration>
    <property>
        <name>dfs.name.dir</name>
        <value>/root/hadoop/dfs/name</value>
        <description>Path on the local filesystem.</description>
    </property>
    <property>
        <name>dfs.data.dir</name>
        <value>/root/hadoop/dfs/data</value>
        <description>Comma separated list of paths.</description>
    </property>
    <property>
        <name>dfs.replication</name>
        <value>2</value>
    </property>
    <property>
        <name>dfs.permissions</name>
        <value>false</value>
        <description>need not permissions</description>
    </property>
</configuration>
```

输入命令 vim mapred – site. xml，并在 <configuration> 中添加。

```
<property>
        <name>mapred.job.tracker</name>
    <value>host_name:9001</value>
</property>
```

```
<property>
        <name>mapred. local. dir</name>
        <value>/root/hadoop/var</value>
</property>
<property>
    <name>mapreduce. framework. name</name>
    <value>yarn</value>
</property>
```

Hadoop 单机环境搭建完毕。

（6）Hadoop 启动：初次启动 Hadoop 时需要对其进行初始化配置。切换到目录/home/hadoop/hadoop2.8/bin 下输入 ./hadoop namenode - format 即可完成初始化。切换到/home/hadoop/hadoop2.8/sbin 目录输入 start - dfs.sh 启动 HDFS，输入 start - yarn.sh 启动 YARN 就完成了 Hadoop 框架的启动工作。

本小节通过编程实例 WordCount 介绍如何通过 Java API 进行 Hadoop 编程。此任务的目标为统计输入数据中各个单词出现的次数。基于 Hadoop 框架进行开发是十分简单的，开发人员只需专注于实现 Map 和 Reduce 逻辑，而将其他的事务交给框架自身处理。

首先简要介绍相关的 Java API。

（1）MapReduceBase 类：实现了 Mapper 和 Reducer 接口的基类。MapReduceBase 类对接口的实现内容为空，主要用于扩展 MapReduce 功能。

（2）Mapper 接口：MapReduce 编程模型中 Mapper 节点的接口。该接口中定义的抽象方法 void map（K1 key，V1 value，OutputCollector < K2，V2 > output，Reporter reporter）就是上文提及的 Map 逻辑。该方法将输入键值对 < K1，V1 > 映射为中间键值对 < K2，V2 >。输出键值对类型与输入键值对类型之间并无约束关系，输入键值对可以映射到 0 个或多个输出对。参数 OutputCollector 接口用于收集 Mapper 和 Reducer 输出的 < k，v > 对，其 collect（k，v）方法用于增加一个（k，v）对到 output。

（3）Reducer 接口：MapReduce 编程模型中 Reducer 节点的接口。该接口中定义的抽象方法 void reduce（K2 key，V2 value，OutputCollector < K2，V2 > output，Reporter reporter）就是上文提及的 Reduce 逻辑。该方法将输入键值对 < K2，V2 > 归并为输出 output。输出键值对类型与输入键值对类型相同，输入键值对一般映射为 0 个或 1 个输出键值对。值得注意的是，value 通常以迭代器的形式传入。

（4）Jobconf 类：MapReduce 框架中 Job 概念的类。Job 相关工作由框架实现，开发人员只需按格式调用相关 API 以启动 Job 即可。

根据上述说明可将基于 Java API 的 Hadoop 编程流程归纳为通过复写 interface Map 和 interface Reduce 实现 MapReduce 逻辑，并创建任务执行此逻辑。

参考源码：

```
public class WordCount
{
/**
```

```
    * Map 类
    */
    public static class Map extends MapReduceBase implements
            Mapper < LongWritable,Text,Text,IntWritable > {
        //LongWritable 等是 Hadoop 封装的可串行化(serilizable)数据类型
                //串行化便于数据在分布式环境中交换
                //类通过 Writable 接口获得比较性,所有作为键的类型均应实现此
接口
        private final static IntWritable one = new IntWritable(1);
            private Text word = new Text()
    /**
    * Map 逻辑
    */
    @ Override
            public void map(LongWritable key,Text value,
                OutputCollector < Text, IntWritable > output, Reporter
reporter)
                throws IOException{
        String line = value. toString();
        StringTokenizer tokenizer = new StringTokenizer(line);
            while(tokenizer. hasMoreTokens()){
            word. set(tokenizer. nextToken());
                    output. collect(word,one);}}}
    /**
    * Reduce 类
    */
    public static class Reduce extends MapReduceBase implements
            Reducer < Text,IntWritable,Text,IntWritable > {
        /**
        * Reduce 逻辑
        * @ param key 键:具有比较性
        * @ param values 值:以迭代器形式传入
        */
            @ Override
            public void reduce(Text key,Iterator < IntWritable >values,
                OutputCollector < Text, IntWritable > output, Reporter
reporter)
```

```
            throws IOException{
            int sum = 0;
              while(values.hasNext()){
                  sum + = values.next().get();}
            output.collect(key,new IntWritable(sum));}}
            public static void main(String[ ]args)throws Exception{
            //配置 Job
            JobConf conf = new JobConf(WordCount.class);
            conf.setJobName("wordcount");
            conf.setOutputKeyClass(Text.class);
            conf.setOutputValueClass(IntWritable.class);
            conf.setMapperClass(Map.class);
            //conf.setCombinerClass(Reduce.class);
                    conf.setReducerClass(Reduce.class);
                    conf.setInputFormat(TextInputFormat.class);
                            conf.setOutputFormat(TextOutputFormat.class);
            FileInputFormat.setInputPaths(conf,new Path(args[0]));
                    FileOutputFormat.setOutputPath(conf,new Path(args
[1]));
                            JobClient.runJob(conf);}
```

7.2.2 HDFS

7.2.2.1 HDFS 基础知识

HDFS 是 Hadoop 框架采用的易于扩展的分布式文件系统。MapReduce 通过将计算任务并行分配至多个节点以实现海量数据的高效处理，在此过程中，HDFS 负责为每个计算节点提供数据的访问能力。HDFS 系统可以运行在大量普通廉价机器之上，具备很强的容错机制，并为大量用户提供高吞吐量的文件存取服务。HDFS 的设计预期如下。

（1）系统由许多廉价的普通组件组成，组件失效是一种常态。

（2）系统的工作负载包括两种读操作，即大规模的流式读取和小规模的随机读取。

（3）系统的工作负载包括许多大规模的、顺序的、数据追加方式的写操作。

（4）高性能的稳定网络带宽远比低延迟重要。

（5）目标程序绝大部分要求能够高速率、大批量地处理数据。

因此，HDFS 具有以下特点。

（1）高容错性：数据自动保存多个副本，副本丢失后可自动恢复。

（2）适合批处理：移动计算而非移动数据，数据位置暴露给计算框架。

（3）适合大数据处理：GB、TB，甚至 PB 级数据，百万规模以上的文件数量。

（4）流式文件访问：一次性写入，多次读取，并可保证数据的一致性。

（5）可构建在廉价机器上：通过多副本提高系统可靠性，并提供容错与恢复机制。

HDFS 与 MapReduce 编程模式相结合可以为应用程序提供高吞吐量的数据访问和数据处理服务。在处理大数据的过程中，当 Hadoop 集群中的服务器出现错误时，整个计算过程并不会终止。同时，HDFS 可保障在整个集群中发生故障错误时的数据冗余。当计算完成时将结果写入 HDFS 的一个节点之中。HDFS 对存储的数据格式并无苛刻的要求，数据可以是非结构化或其他类别。相反，关系数据库在存储数据之前需要将数据结构化并定义架构。

HDFS 的最大缺陷是扩展性较差，其主要表现如下。

（1）命名空间的扩展问题：在当前的 HDFS 架构中，名称节点负责对命名空间进行管理，即支持对 HDFS 中的目录、文件和块做出类似文件系统的创建、修改、删除等基本操作。由于名称节点保存在内存中，因此其所能容纳的对象（文件、块）的个数会受到限制，整个分布式文件系统的吞吐量也受限于名称节点的吞吐量，不利于命名空间的扩展。

（2）块的扩展问题：块的增多既增加了报告规模，又增加了数据节点的管理负担。扩展性问题驱动着 HDFS 的底层存储架构向着分布式存储层演进。针对这一缺陷，社区提出了对象存储的概念，并在对象存储的实现过程中引入了新的键值对式的元数据存储模式，旨在未来应用此模式替换现有的 HDFS 元数据管理方式。这种元数据存储模式被命名为 Hadoop 分布式存储层（Hadoop distributed storage layer，HDSL）。

HDFS 的未来发展将着重解决上述问题。另外，为了将现有模式迁移至新的模式，社区还提供了两种可能的方法。其一是直接在 Hadoop 分布式存储层上构建新的名称节点；其二是提供一种称为 Hadoop 兼容文件系统（Hadoop compatible file system，HCFS）的键 – 值命名空间文件系统。该系统提供兼容的文件系统 API，但其 HDFS 结构仍是重新构建的。

HDFS 包含块、名称节点和数据节点 3 个重要的基础概念。

（1）块（block）：在文件系统中，块是磁盘读写的操作单位。任何一个文件系统都是通过处理由整数个块构成的数据块来管理磁盘的，基本的磁盘读写操作都是将块一次性从磁盘读入内存，或由内存写入磁盘。块的详细信息由系统进行维护，对用户而言是透明的。HDFS 也遵循上述文件操作原则，也就是说，块是 HDFS 文件内容的划分单位。在默认情况下，HDFS 块的大小为 64 MB，系统不会允许小于 64 MB 的文件单独占据整个块的空间。HDFS 之所以尽可能增加块的大小是为了减少寻址的开销，极大地提升磁盘传输的效率和速率。在分布式文件系统中，将文件分块会带来诸多好处，例如允许文件大于网络中任一磁盘的容量、有利于提供容错机制和复制管理、能够简化存储子系统设计等。

（2）名称节点（namenode，NH）：名称节点为 HDFS 的主节点，用于存储块的元数据信息（块的索引信息），该节点在整个 HDFS 集群中是唯一的。名称节点维护着整个文件系统树以及这个树内所有的文件和索引目录。它以命名空间镜像和编辑日志两种形式将文件永久保存在本地磁盘上。同时，名称节点也记录着每个文件的构成块所在的数据节点位置。该位置并非永久保存，这是因为这些信息会在启动时由数据节点创建。

（3）数据节点（datanode，DN）：数据节点是 HDFS 的从节点，用于存储块的内容数据。其存储并提供定位块的服务，并且定时向名称节点发送他们存储的块的列表。在一个 HDFS 集群中可以同时存在众多数据节点。

7.2.2.2　HDFS 架构

HDFS 的发展也同样经历了两个时代，图 7 – 6 为 HDFS 1.0 时期的系统架构。HDFS 1.0 只设置唯一一个名称节点，这种做法虽然极大地简化了系统的设计，但也带来了一定的局限性。

（1）命名空间限制：名称节点是保存在内存中的，因此，名称节点能够容纳的对象（文件、块）个数会受到内存空间大小的限制。

（2）性能瓶颈：整个分布式文件系统的吞吐量受限于单个名称节点的吞吐量。

（3）隔离问题：集群中只有一个命名空间，因此无法对不同的应用程序进行隔离。

（4）单点故障：作为主节点的名称节点存在单点故障的风险，运行名称节点进程的处理机损坏将导致整个文件系统数据的丢失。

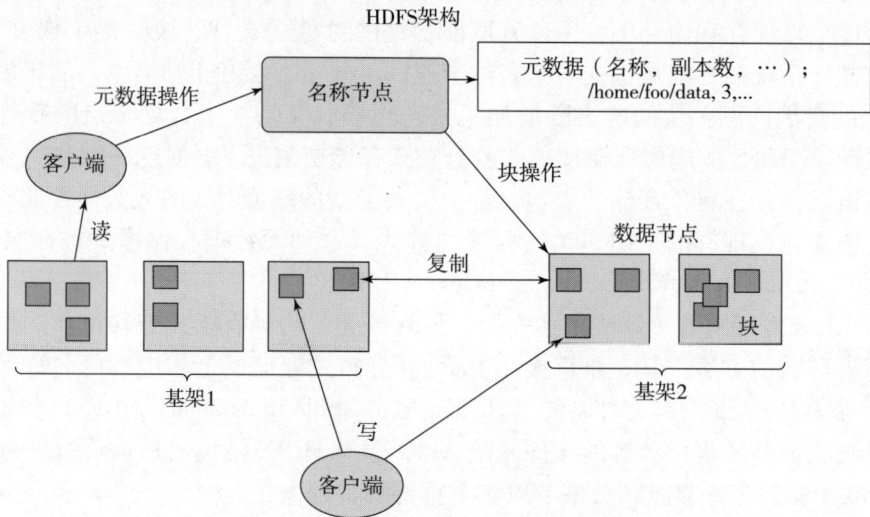

图 7-6 HDFS 1.0 系统架构

HDFS 通过复制组成文件为持久化文件和运行二级名称节点（namenode standby）等方法解决上述问题。图 7-7 为 HDFS 2.0 系统架构。该架构分为客户端层、名称节点层和数据节点层三个层。客户端层主要负责为用户提供 HDFS 系统的访问接口。其工作流程是，首先从名称节点上获取文件数据块的位置，然后从相应数据节点上读取文件数据。名称节点层由名称节点主服务器（namenode active）和二级名称节点构成。名称节点主服务器负责执行文件系统的命名空间操作；二级名称节点则辅助主名称节点处理镜像文件和事务日志，将镜像文件和日志合并为新的镜像文件后回传到主名称节点。数据节点层由众多数据节点构成，每个数据节点都负责处理客户的读写请求。

HDFS 实现了流式数据读写，客户端和名称节点之间通过指令流交互和数据节点之间通过数据流交互。HDFS 的运行机制可按照文件写入和文件读取两种不同操作分别讨论，该机制对 HDFS 的用户而言是完全透明的。

数据写入操作包括以下 7 个步骤。

（1）客户端调用 DFS 对象的 creat( ) 方法创建指定文件。HDFS DistributedFileSystem 对象通过 RPC 与名称节点交互，申请创建一个新的文件。

（2）名称节点收到 RPC 方式发来的创建文件的指令后，执行多种不同的检查以确保这个文件不会存在，且客户端有创建文件的许可。如果检查成功，名称节点会生成一个新文件的记录，否则文件创建会失败并向客户端抛出异常。分布式文件系统会返回一个数据输出流

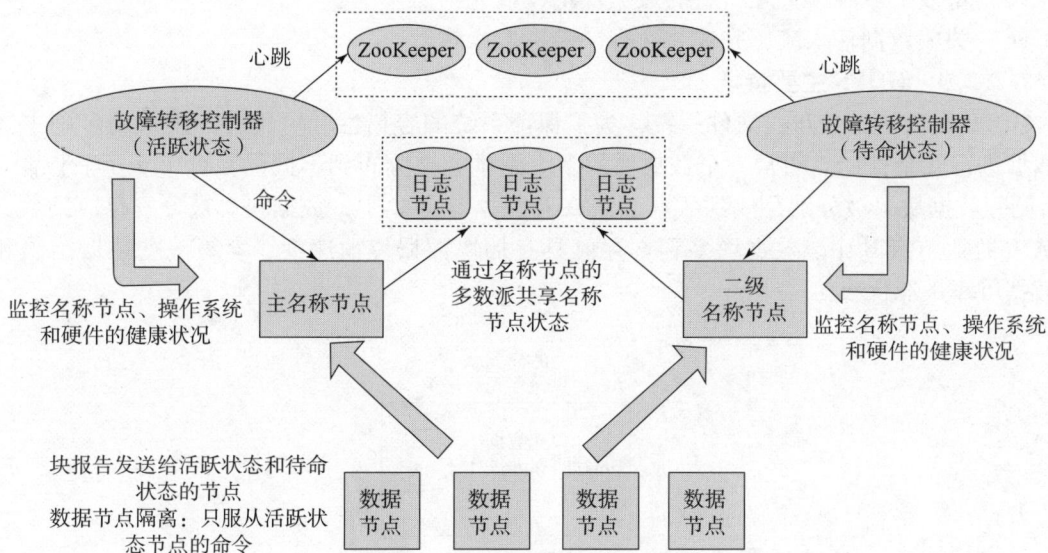

图 7 – 7　HDFS 2.0 架构

对象 DFSOuputStream，从而帮助客户端处理数据节点和名称节点间的通信。

（3）客户端通过 DFSOutputStream 对象的 write（）方法进行数据写入。此方法将数据划分成包并写入内部数据队列。数据队列以数据流的形式流动，它要求被某合理的数据节点列表记录的节点给副本分配新的块。这些数据节点将形成一个管线。

（4）数据流将包分流给管线中的第一个数据节点，这个节点将存储并转发此包至管线中的第二个数据节点，后续节点的行为以此类推。

（5）DFSOutputStream 对象维护一个名为确认队列的内部的包队列来等待数据节点收到确认。一个包必须被管线中所有节点确认才能被移出此队列。

（6）客户端完成数据写入后，应调用 DFSOutputstream 对象的 close（）方法。该函数会在向名称节点发送完成请求前，将余下的所有包放入数据节点管理并等待确认。

（7）名称节点已经知道文件由哪些块组成，并通过 Data Streamer 询问块与各数据节点确认，所以它只需在返回成功前等待确认结果。

数据读取操作可分为以下 6 个步骤。

（1）客户端调用 FileSystem 对象的 open（）方法来委托打开指定文件。FileSystem 对象是 HDFS 系统文件操作的统一代理，FileSystem 将委托 DistributedFileSystem 对象通过 RPC 机制与名称节点交互，获取目标文件块的位置信息。

（2）名称节点收到 RPC 方式发来的打开文件的指令流后，会返回存放着指定文件每一个块的副本的数据节点地址。DistibutedFileSystem 对象收到名称节点的信息后会向客户端返回一个 FSDataInputStream 的对象，以便客户端读取数据。

（3）客户端调用 FSDataInputStream. DFSInputStream 对象的 read（）方法从返回信息中读取到块所在数据节点的地址，与数据节点建立通信连接。

（4）数据节点将块数据返回给客户端，块数据读取完毕后，DFSInputStream 对象将关闭与该数据节点的连接，然后与下一个块的数据节点创建连接，读取剩余数据。

（5）重复上一步骤直至所有的数据块均读取完毕。

（6）关闭数据输入流，完成一次客户端读取操作。

7.2.2.3　HDFS 主要特征

HDFS 作为一个分布式文件系统，为了保证系统的容错性和可用性，其采用多副本方式对数据进行冗余存储。通常一个数据块的多个副本会被分布到不同的数据节点上。以图 7 - 8 为例，数据块 1 被分别存放到数据节点 A 和数据节点 C 中，数据块 2 被分别存放到数据节点 A 和数据节点 B 中。数据块多副本存储具有加快数据传输速度、容易检查数据错误和保证数据可靠性等优点。

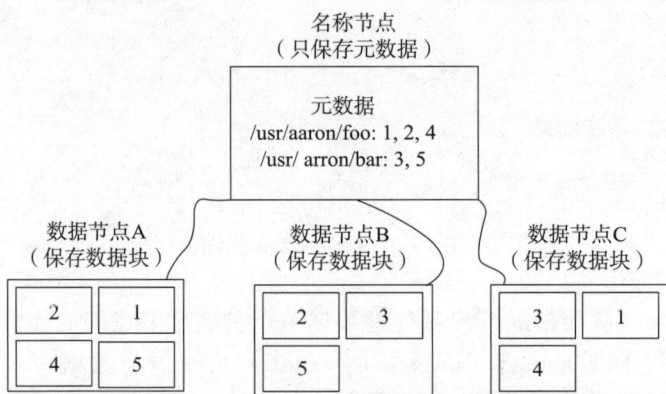

图 7 - 8　HDFS 数据块多副本存储

除此之外，HDFS 还设计了一系列机制用于检测数据错误和进行自动恢复。HDFS 将硬件出错视为一种常态，主要包括以下 3 种情形。

（1）名称节点出错。名称节点保存了所有的元数据信息，其中最为关键的数据结构为 Fslmage 和 Editlog，若其发生损坏则将导致整个 HDFS 实例的失效。因此，HDFS 设置了备份机制，将这些核心文件同步复制到备份服务器 SecondaryNameNode 中。当名称节点出错时，就可以根据备份服务器中的 Fslmage 和 Editlog 数据进行恢复。

（2）数据节点出错。每个数据节点会定期向名称节点发送心跳信息，以报告自身的状态。当数据节点发生故障，或网络发生断网时，名称节点就无法收到来自一些数据节点的心跳信息。此时，这些数据节点就会被标记为宕机，节点上的数据将被标记为不可读，名称节点不会再给它们发送任何 I/O 请求。在此状态下，有可能会出现一种情形，即由于一些数据节点的不可用而导致一些数据块的副本数量小于冗余因子（副本数量的下限）。名称节点会定期检查这种情况，一旦发现某个数据块的副本数量小于冗余因子，就会启动数据冗余复制，生成新的副本。

（3）数据出错。网络传输和磁盘错误等因素都有可能造成数据错误。客户端在读取到数据后，会采用 md5 和 sha1 对数据块进行校验，以确定读取正确的数据。在文件被创建时，客户端会对每一个文件块进行信息摘录，并把这些信息写入同一个路径的隐藏文件里。在文件被读取时，客户端首先会读取该文件的信息摘录，然后利用信息摘录对每个读取的数据块进行校验。如果校验出错，则客户端将会请求从另外一个数据节点读取该文件块，并向名称节点报告这个文件块有错误，名称节点会定期检查并更新出错的文件块。

HDFS 的数据存取策略会影响整个分布式文件系统的读写性能，是整个系统的核心。在数据存储方面，为提高数据可靠性与系统可用性，并充分利用网络带宽，HDFS 采用了以机架（rack）为基础的数据存放策略。在默认情况下，HDFS 将不同的数据节点存储在不同的物理机架上，该策略具有以下优点。

（1）具有较高的数据可靠性。一个机架发生故障不会影响其他机架上的数据块副本。

（2）具有较高的读取速度。读取数据时可从多个机架并行，提升了读取速度。

（3）可以更容易地实现系统内部的负载均衡和错误处理。

在数据读取方面，HDFS 提供了一个 API，可以确定一个数据节点所属机架的 ID，客户端也可以调用 API 获取自身所属的机架 ID。当客户端读取数据时，首先从名称节点获得数据块不同副本的存放位置列表。列表中包含了副本所在的数据节点。其次调用 API 确定客户端和这些数据节点所属的机架 ID，当发现某个数据块副本对应的机架 ID 和客户端对应的机架 ID 相同时，就优先选择该副本读取数据。如果没有发现，就随机选择一个副本读取数据。

在数据复制方面，HDFS 采用了流水线复制策略，极大地提高了数据复制过程的效率。当客户端向 HDFS 中写入一个文件时，文件首先被写入本地，并被切分成若干个块，每个块的大小由 HDFS 的参数指定。然后，各个块向 HDFS 集群中的名称节点发起写请求，名称节点会根据系统中各个数据节点的使用情况选择一个数据节点列表返回给客户端，客户端就将数据首先写入列表中的第一个数据节点，同时把列表传给第一个数据节点。当第一个数据节点收到 4 KB 数据时，其会将数据写入本地，并向列表中的第二个数据节点发起连接请求，将自身已经接收的 4 KB 数据和列表传输至第二个数据节点。当第二个数据节点收到 4 KB 数据时，其会将数据写入本地，并向列表中的第三个数据节点发起连接请求，以此类推。列表中的多个数据节点形成了一条数据复制流水线，当文件写入完成时，数据复制也同时完成。

7.2.2.4　HDFS 编程接口

HDFS 访问接口是 HDFS 系统对用户暴露的编程规则。开发人员可以在不了解系统内部细节的前提下通过接口获取分布式文件系统服务。Java API 是 HDFS 最常用的应用编程接口之一，参考例程如下。

1. 获取文件系统

```
//FileSystem 类表示文件系统
public static FileSystem getFileSystem(){
    //读取配置文件
    Configuration conf = new Configuration();
    //文件系统
    FileSystem fs = null;
    //系统 URI
    String hdfsUri = HDFSUri;
    if(StringUtils.isBlank(hdfsUri)){
        //在 Hadoop 集群下运行,应获取默认系统
        try{
```

```
                fs = FileSystem. get( conf);
            } catch( IOException e){
                logger. error( "",e);
            }
        }else{
            //在本地测试应获取返回指定的文件系统
            try{
                URI uri = new URI( hdfsUri. trim());
                fs = FileSystem. get( uri,conf);
            } catch( URISyntaxException | IOException e){
                logger. error( "",e);
            }
        }
        return fs;
    }
```

2. 创建文件目录

```
public static void mkdir( String path){
    try{
        //获取文件系统
        FileSystem fs = getFileSystem();
        String hdfsUri = HDFSUri;
        if( StringUtils. isNotBlank( hdfsUri)){
            path = hdfsUri + path;
        }
        //创建文件目录
        fs. mkdirs( new Path( path));
        //释放系统资源
        fs. close();
    } catch( IllegalArgumentException | IOException e){}
}
```

3. 删除文件或目录

```
public static void rmdir( String path){
    try{
        FileSystem fs = getFileSystem();
        String hdfsUri = HDFSUri;
        if( StringUtils. isNotBlank( hdfsUri)){
            path = hdfsUri + path;
```

```
        }
        //删除文件或者文件目录
        fs.delete(new Path(path),true);
        fs.close();
    } catch(IllegalArgumentException | IOException e){
        logger.error("",e);
    }
}
```

4. 根据过滤器获取指定文件

```
public static String[]ListFile(String path,PathFilter pathFilter){
    String[]files = new String[0];
    try{
        FileSystem fs = getFileSystem();
        String hdfsUri = HDFSUri;
        if(StringUtils.isNotBlank(hdfsUri)){
            path = hdfsUri + path;
        }
        FileStatus[]status;
        if(pathFilter ! = null){
            //根据 filter 列出目录内容
            status = fs.listStatus(new Path(path),pathFilter);
        }else{
            //直接列出目录内容
            status = fs.listStatus(new Path(path));
        }
        //获取目录下的所有文件路径
        Path[]listedPaths = FileUtil.stat2Paths(status);
        //将 listedPaths 转换为 String[]
        if(listedPaths! = null && listedPaths.length > 0){
            files = new String[listedPaths.length];
            for(int i = 0;i < files.length;i ++){
                files[i] = listedPaths[i].toString();
            }
        }
        fs.close();
    } catch(IllegalArgumentException | IOException e){
        logger.error("",e);
```

```
        }
        return files;//返回所得文件
    }
```

5. 文件上传 HDFS

```
public static void copyFileToHDFS(boolean delSrc,boolean overwrite,
String srcFile,String destPath){
//源文件路径
Path srcPath = new Path(srcFile);
    //目的路径
    String hdfsUri = HDFSUri;
    if(StringUtils. isNotBlank(hdfsUri)){
        destPath = hdfsUri + destPath;
    }
    Path dstPath = new Path(destPath);
    //文件上传
    try{
    FileSystem fs = getFileSystem();
        fs. copyFromLocalFile(srcPath,dstPath);
        fs. copyFromLocalFile(delSrc,overwrite,srcPath,dstPath);
        //释放资源
        fs. close();
    } catch( IOException e){
        logger. error("",e);
    }
}
```

6. 从 HDFS 下载文件

```
public static void getFile(String srcFile,String destPath){
    //源文件路径
    String hdfsUri = HDFSUri;
    if(StringUtils. isNotBlank(hdfsUri)){
        srcFile = hdfsUri + srcFile;
    }
    Path srcPath = new Path(srcFile);
//目的路径
Path dstPath = new Path(destPath);
    try{
        FileSystem fs = getFileSystem();
```

```
        // 从 HDFS 下载
        fs. copyToLocalFile( srcPath,dstPath);
        // 释放资源
        fs. close();
    } catch(IOException e){
        logger. error("",e);
    }
}
```

7. 文件重命名

```
public boolean rename( String srcPath,String dstPath){
    boolean flag = false;
    try  {
        FileSystem fs = getFileSystem();
        String hdfsUri = HDFSUri;
        if(StringUtils. isNotBlank(hdfsUri)){
            srcPath = hdfsUri + srcPath;
            dstPath = hdfsUri + dstPath;
        }
        flag = fs. rename( new Path( srcPath),new Path( dstPath));
    } catch(IOException e){
        logger. error("{} rename to{} error. ",srcPath,dstPath);
    }
    return flag;
}
```

　　HDFS 同时也提供了多种非 Java 访问接口为支持其他非 Java 应用的访问。例如 Thrift、C、FUSE、WebDav、HTTP、FTP 等。

7. 2. 3　Spark

7. 2. 3. 1　Spark 基础知识

　　Apache Spark 是由 UC Berkeley AMPLab（加州大学伯克利分校 AMP 实验室）所开发的类 Hadoop MapReduce 并行计算框架。Spark 拥有 Hadoop MapReduce 所具有的优点，并在某些方面超越了前者——Spark 架构将 Job 输出的中间结果存入内存（而非存入 HDFS 系统中），这使 Spark 可以更好地适用于数据挖掘与机器学习等需要迭代的 MapReduce 的算法。另外，Spark 引进了弹性分布式数据集（resilient distributed dataset，RDD）。RDD 是分布在一组节点中的只读对象集合，这些集合是弹性的，如果数据集一部分丢失，则可以根据"血统"对它们进行重建，这为 Spark 带来了较高的容错能力。Spark 是在 Scala 语言中实现的，它将 Scala 用作其应用程序框架。Scala 是一门现代的多范式编程语言，运行于 Java 平台，并兼容现有的 Java 程序。Scala 具有强大的并发性，支持函数式编程，可以更好地支持分布式系统。与 Hadoop 不同，Spark 和 Scala 能够紧密集成，其中的 Scala 可以像操作本地集合对象一样轻松地操作分布式数据集。尽管创建 Spark 是为了支持分布式数据集上的迭代作业，但是实际上它是对 Hadoop 的补充，可以在 Hadoop 文件系统中并行运行。通过名为 Mesos 的第三方集群框架就可以支持此行为。相比于 Hadoop MapReduce，Spark 具有以下优势。

（1）Spark 的计算模式也属于 MapReduce，但不局限于 Map 和 Reduce 操作，还提供了多种数据集操作类型，编程模型比 Hadoop MapReduce 更灵活。

（2）Spark 提供了内存计算，可将中间结果存放于内存，对于迭代运算效率更高。

（3）Spark 基于 DAG 的任务调度执行机制，要优于 MapReduce 的迭代执行机制。

总而言之，Apache Spark 是专为大规模数据处理而设计的快速通用的计算引擎。现在已经形成了一个高速发展应用广泛的生态系统。

Apache Spark 的发明者 Matei Zaharia 于 2017 年在美国旧金山举行的 Spark Summit 2017 会议上介绍了 Apache Spark 的重点开发方向：深度学习以及对流性能的改进。2016 年是深度学习之年，深度学习与大数据是目前一个很热门的趋势，所以在 Spark 中支持深度学习并且提供一个友好的 API 可谓势在必行。另外，Spark Streaming 虽然在吞吐量方面占据了很多优势，但是随着流技术的发展，越来越多的应用不仅关注实时流的吞吐量，时延也是一个很重要的考量指标。未来的 Spark 将在保持用户接口不变的条件下将实时流的时延降低至 1 mm 级别。

另外，Spark 的发展会结合硬件的发展趋势。首先，内存会变得越来越便宜，256 GB 内存以上的机器会变得越来越常见，而对于硬盘，则 SSD 硬盘也将慢慢成为服务器的标配。由于 Spark 是基于内存的大数据处理平台，因而在处理过程中，会因为数据存储在硬盘中，而导致性能瓶颈。随着机器内存容量的逐步增加，类似 HDFS 这种存储在磁盘中的分布式文件系统将慢慢被共享内存的分布式存储系统所替代，例如同样来自加州大学伯克利分校 AMP 实验室的 Tachyon 就提供了远超 HDFS 的性能表现。因此，未来的 Spark 会在内部的存储接口上发生较大的变化，能够更好地支持 SSD，以及如 Tachyon 等人的共享内存系统。

整体而言，目前应用 Spark 的企业主要集中在互联网领域。制约传统企业应用 Spark 的因素主要包括三个方面。首先是平台的成熟度。传统企业在技术选型上相对稳健，当然也可以说是保守。如果一门技术尤其是涉及主要平台的选择，会变得格外慎重。如果没有经过多方面的验证，也没有从业界获得成功经验，不会轻易选定。其次是对 SQL 的支持。传统企业的数据处理主要集中在关系型数据库，而且有大量的遗留系统存在。在这些遗留系统中，多数数据处理都是通过 SQL，甚至存储过程来完成的。如果一个大数据平台不能很好地支持关系型数据库的 SQL，就会导致迁移数据分析业务逻辑的成本太大。最后是团队与技术的学习曲线。如果没有熟悉该平台以及该平台相关技术的团队成员，企业就会担心开发进度、成本以及可能的风险。因此，Spark 的未来发展将努力解决上述问题。

7.2.3.2 Spark 系统架构

在实际应用中，大数据处理主要包括以下 3 个类型。

（1）复杂的批量数据处理：时间跨度在数十分钟到数小时。

（2）基于历史数据的交互式查询：时间跨度在数十秒到数分钟。

（3）基于实时数据流的数据处理：时间跨度在数百毫秒到数秒。

当同时存在以上 3 种场景时，就需要同时部署 3 种不同的软件，例如 MapReduce、Impala 和 Storm。这种做法难免会带来一些问题：不同场景之间输入输出数据无法做到无缝共享，通常需要进行数据格式的转换；不同的软件需要不同的开发和维护团队，带来了较高的使用成本；难以对同一个集群中的各个系统进行统一的资源协调和分配等。Spark 的设计遵循"一个软件栈满足不同应用场景"的理念，逐渐形成了一套完整的生态系统。既能够提供内存计算框架，也可以支持 SQL 即席查询、实时流计算、机器学习和图计算等。另外，Spark 可以部署在 YARN 之上。因此，Spark 的生态系统同时支持批处理、交互式查询和流数据处理。

Spark 生态系统已经成为伯克利数据分析软件栈（Berkeley data analytics stack，BDAS）的重要组成部分，包含 Spark Core、BlinkDB、Spark SQL、Spark Streaming、MLlib、GraphX 等组件，如图 7 – 9 所示。

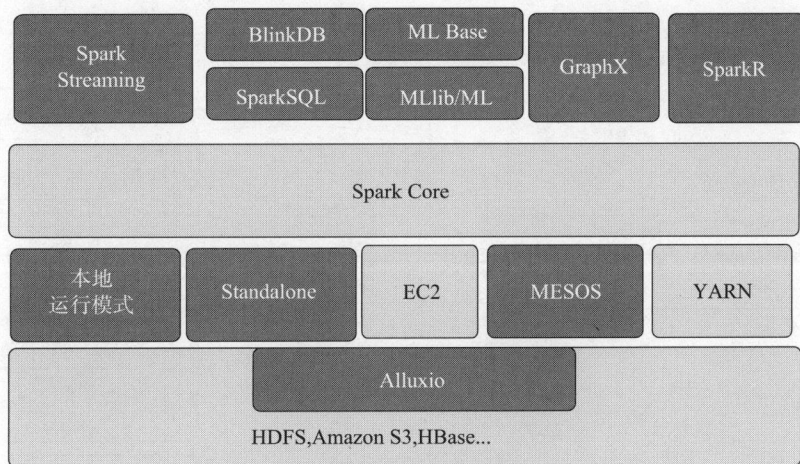

图 7 – 9　Spark 生态系统

（1）Spark Core：整个生态系统的核心组件，包含 Spark 的基本功能。尤其是定义 RDD 的 API、操作以及这两者上的动作。其他 Spark 的库都是构建在 RDD 和 Spark Core 之上。

（2）BlinkDB：在海量数据上运行交互式 SQL 查询的大规模并行查询引擎，它允许用户通过权衡数据精度优化查询响应时间，数据的精度被控制在允许差错范围内。

（3）Spark SQL：提供基于 HiveQL 与 Spark 进行交互的 API。每个数据库表被当作一个 RDD，Spark SQL 查询被转换为 Spark 操作。

（4）Spark Streaming：对实时数据流进行处理和控制。Spark Streaming 允许程序能够像普通 RDD 一样处理实时数据。因此，Spark 是一种混合数据类型处理框架。

（5）MLlib：一个常用机器学习算法库，算法被实现为对 RDD 的 Spark 操作。这个库包含可扩展的学习算法，比如分类、回归等需要对大量数据集进行迭代的操作。

（6）GraphX：控制图、并行图操作和计算的一组算法和工具的集合。GraphX 扩展了 RDD API，包含控制图、创建子图、访问路径上所有顶点的操作。

Spark 生态系统组件的应用场景如表 7 – 1 所示。

表 7-1　Spark 生态系统组件的应用场景

应用场景	时间跨度	其他框架	Spark 生态系统组件
复杂的批量数据处理	小时级	MapReduce、Hive	Spark
基于历史数据的交互式查询	分钟级、毫秒级	Impala、Dremel、Drill	Spark SQL
基于实时数据流的数据处理	毫秒级、秒级	Storm、S4	Spark Streaming
基于历史数据的数据挖掘	—	Mahout	MLlib
图结构数据的处理	—	Pregel、Hama	GraphX

　　Spark 框架与 Hadoop 框架的最大区别在于前者工作全部在内存中进行，只在一开始将数据读入内存，以及将最终结果持久存储时需要与存储层交互。因此，Spark 框架自身并没有提供单独的分布式文件系统。这也是 Spark 系统的框架与 Hadoop 框架的不同之处。图 7-10 所示为 Spark 系统架构。

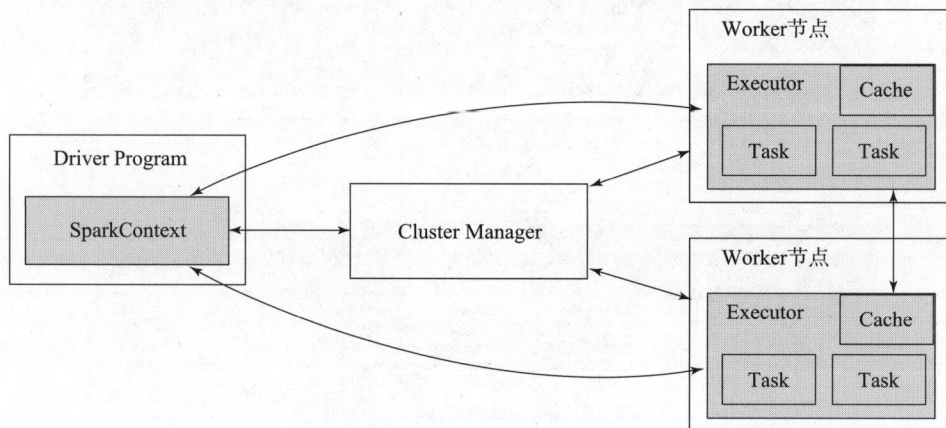

图 7-10　Spark 系统架构

　　(1) Cluster Manager：Spark 有 standalone、spark one mesos 和 spark on YARN 三种部署模式。在 standalone 模式中，Cluster Manager 为 Master 节点；在 YARN 模式中，Cluster Manager 为资源管理器。

　　(2) Worker 节点：从节点，负责控制计算节点，启动 Executor 或者 Driver。

　　(3) Driver：运行 Application 的主函数，并创建 SparkContext（Spark 上下文）。其中，创建 SparkContext 的目的是准备 Spark 应用程序的运行环境。在 Spark 中由 SparkContext 负责和 Cluster Manager 通信，进行资源的申请、任务的分配和监控等。当 Executor 部分运行完毕后，Driver 负责将 SparkContext 关闭。通常用 SparkContext 代表 Driver。

　　(4) Executor：执行器，为某个 Application 运行在 Worker 节点上的一个进程。

　　在 Spark 架构中，用户编写的应用程序称为 Application，它包括一个 Driver 功能的代码和分布在集群中多个节点上运行的 Executor 代码。Driver 用于执行 Application 的主函数，并负责创建 SparkContext——SparkContext 承担与 Cluster Manager 通信任务，进行资源申请、任务的分配和监控等工作。当 Executor 代码运行完毕时，仍由 Driver 负责将 SparkContext 回收。

　　Spark 架构采用了分布式计算中的主从（master - slave）模型。Master 对应集群中含有

Master 进程的节点，Slave 是集群中含有 Worker 进程的节点。Master 作为整个集群的控制器，负责整个集群的正常运行；Worker 相当于计算节点，接收主节点命令并进行状态报告；Executor 负责任务的执行；Client 作为用户的客户端负责提交应用；Driver 负责控制一个应用的执行。Spark 集群部署后，需要在主节点和从节点分别启动 Master 进程和 Worker 进程，对整个集群进行控制。在一个 Spark 应用的执行过程中，Driver 和 Worker 是两个重要角色。Driver 是应用逻辑执行的起点，负责作业的调度，即 Task 任务的分发，而多个 Worker 用来管理计算节点和创建 Executor 并行处理任务。在执行阶段，Driver 会将 Task 和其所依赖的 file 和 jar 序列化后传递给对应的 Worker，同时 Executor 对相应数据分区的任务进行处理。

　　Spark 架构的任务划分与 Hadoop MapReduce 类似。一个 Application 由一个或多个 Job 构成，每个 Job 被拆分为多组 Stage。Stage 又称为 Taskset（任务集），是 Job 的基本调度单位，代表了一组关联的、相互之间没有混淆（Shuffle）依赖关系的任务组成的任务集。Task 是 Application 运行的基本单位，是被送往 Executor 上的工作单元，其调度由 Task Scheduler（任务调度器）负责。

　　Spark 框架的工作流程包括以下 5 个步骤。

　　（1）构建 Spark Application 的运行环境，启动 SparkContext；

　　（2）SparkContext 向 Cluster Manager 申请运行 Executor 资源；

　　（3）Cluster Manager 分配 Executor 资源，并启动 StandaloneExecutorBackend，Executor 的运行情况将随着心跳发送到资源管理器上；

　　（4）SparkContext 构建成 DAG 图，将 DAG 图分解成 Stage，并把 Taskset 发送给 Task Scheduler，Executor 向 SparkContext 申请 Task，Task Scheduler 将 Task 发放给 Executor 运行，同时 SparkContext 将应用程序代码发放给 Executor；

　　（5）Task 在 Executor 上运行，运行完释放所有资源。

　　Spark 运行架构具有以下特点。

　　（1）每个 Application 获取专属的 Executor 进程，该进程在 Application 期间一直驻留，并以多线程方式运行任务。无论是从调度角度看（每个 Driver 调度它自己的任务），还是从运行角度看（来自不同 Application 的任务运行在不同的 JVM 中），这种 Application 隔离机制都是有其优势的。当然，这也意味着 Spark Application 不能跨应用程序共享数据，除非将数据写入外部存储系统。

　　（2）Spark 与资源管理器无关，只要能够获取 Executor 进程，并保持相互通信即可。

　　（3）提交 SparkContext 的 Client 应该靠近 Worker 节点（运行 Executor 的节点），更好的情况是在同一个机架里，这是因为 Spark Application 运行过程中 SparkContext 和 Executor 之间存在大量的信息交换。若在远程集群中运行，则应使用 RPC 将 SparkContext 提交给集群，而不是远离 Worker 运行 SparkContext。

　　（4）任务采用了数据本地性和推测执行的优化机制。

　　在 Spark 的运行过程中，任务调度模块和具体的部署运行模式无关，在各种运行模式下逻辑相同。不同运行模式的区别主要体现在任务调度模块。不同的部署和运行模式，根据底层资源调度方式的不同，各自实现了自己特定的任务调度模块，用来将任务实际调度给对应的计算资源。

7.2.3.3 Spark 主要特征

许多迭代式算法（如机器学习、图算法等）和交互式数据挖掘工具都具有重用中间结果的需求。MapReduce 框架采用 HDFS 存储中间结果，其都是把中间结果写入 HDFS 中，带来了大量的数据复制、磁盘 I/O 操作和序列化开销。Spark 框架的核心就在于基于 RDD 这一分布式数据架构对中间结果的存储方式进行了优化，内存计算即 Spark 的主要特征。RDD 是 Spark 的最基本抽象，是对分布式内存的抽象使用，实现了以操作本地集合的方式来操作分布式数据集的抽象实现。它表示已被分区、不可变的，并能够被并行操作的数据集合，不同的数据集格式对应不同的 RDD 实现。RDD 必须是可序列化的，并可以缓存到内存中，所有由 RDD 数据集操作产生的结果都被存入内存，下一个操作可以直接从内存中输入，从而省去了 MapReduce 大量的磁盘 I/O 操作。

RDD 具有以下特点。

（1）创建：只能通过转换从稳定存储中的数据或其他 RDD 两种数据源中创建 RDD。

（2）只读：RDD 状态不可变，不能修改。

（3）分区：支持使 RDD 中的元素以 key 为根据进行分区（partitioning），保存到多个节点上。还原时只会重新计算丢失分区的数据，而不会影响整个系统。

（4）路径：在 RDD 中称为世族或血统（lineage），即 RDD 有充足的信息确定它是如何由其他 RDD 产生的。

（5）持久化：支持将会被重用的 RDD 缓存，如 in－memory 或溢出到磁盘。

（6）延迟计算：Spark 会延迟计算 RDD，实现转换管道化（pipeline transformation）。

（7）操作：丰富的转换（transformation）和行动（action）。无论执行多少转换操作，RDD 都不会真正执行运算，只是记录血统。只有当行动操作被执行时运算才触发。

RDD 具有以下优点。

（1）RDD 只能从持久存储或通过转换操作产生，相比于分布式共享内存（DSM）可以更高效实现容错，对于丢失部分数据分区只需根据它的血统就可重新计算。

（2）RDD 可以实现类 Hadoop MapReduce 的推测式执行。

（3）RDD 可以通过数据的本地性来提高性能。

（4）RDD 可序列化，在内存不足时可自动降级为磁盘存储，把 RDD 存储于磁盘上，虽然此时性能会有很大下降，但其表现至少不会差于 Hadoop MapReduce。

（5）批量操作：任务能够根据数据本地性（data locality）被分配，从而提高性能。

在 Spark 应用中，整个执行流程的运算在逻辑上会形成一个有向无环图。Action 算子触发之后会将所有累积的算子形成一个有向无环图，然后由调度器调度该图上的任务进行运算。

Spark 的调度方式与 MapReduce 有所不同。Spark 根据 RDD 之间不同的依赖关系切分形成不同的阶段（stage），一个阶段包含一系列函数进行流水线执行。图 7－11 中的 A、B、C、D、E、F、G，分别代表不同的 RDD，RDD 内的一个方框代表一个数据块。数据从 HDFS 输入 Spark，形成 RDD A 和 RDD C，RDD C 上执行 Map 操作，转换为 RDD D，RDD B 和 RDD F 进行 Join 操作转换为 G，而在 B 到 G 的过程中又会进行混淆。最后 RDD G 通过函数 saveAsTextFile 输出保存到 HDFS 中。Spark RDD 工作流程如图 7－11 所示。

RDD 通过数据检查点和记录更新两种方式实现分布式数据集的容错。RDD 采用记录所有更新点的记录更新方式，这种方式的成本很高。因此 RDD 只支持粗颗粒转换，即只记录

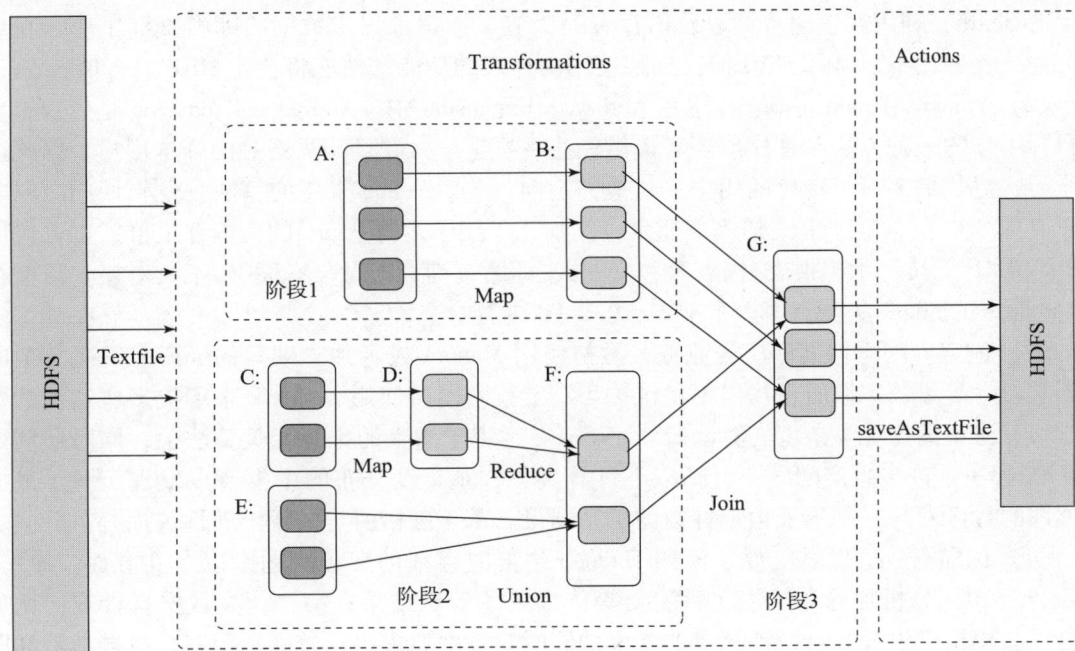

图 7 - 11　Spark RDD 工作流程

单个块（分区）上执行的单个操作，然后以 RDD 转换序列（即血统）的方式存储下来。变换序列是指每个 RDD 都包含了它是如何由其他 RDD 转换过来的以及如何重建某一块数据的信息。因此 RDD 的容错机制又称"血统"容错。要实现这种"血统"容错机制，最大的难题就是如何表达父 RDD 和子 RDD 之间的依赖关系。实际上依赖关系可以分两种，即窄依赖和宽依赖。窄依赖指子 RDD 中的每个数据块只依赖于父 RDD 中对应的有限个固定的数据块；宽依赖指子 RDD 中的一个数据块可以依赖于父 RDD 中的所有数据块。例如，对于 Map 转换，子 RDD 中的数据块只依赖于父 RDD 中对应的一个数据块；而对于 groupByKey 转换，子 RDD 中的数据块则会依赖于多块父 RDD 中的数据块，因为一个 key 可能分布于父 RDD 中的任何一个数据块中。窄依赖和宽依赖具有不同的特性：第一，窄依赖可以在某个计算节点上直接通过父 RDD 的某块数据计算得到子 RDD 对应的某块数据；宽依赖则要等到父 RDD 所有数据都计算完成之后，并且父 RDD 的计算结果进行哈希运算并传到对应节点上之后才能计算子 RDD。第二，数据丢失时，对于窄依赖只需要重新计算丢失的那一块数据来恢复；对于宽依赖则要将祖先 RDD 中的所有数据块全部重新计算来恢复。所以，特别在"血统"链有宽依赖的时候，需要在适当的时机设置数据检查点。这两个特性要求对于不同依赖关系要采取不同的任务调度机制和容错恢复机制。

7.2.3.4　Spark 应用案例

Spark 架构在迭代运算、实时数据处理等方面可以提供优于 Hadoop MapReduce 的性能，因此同样具有大量成功的应用案例。国内外著名应用案例如下。

（1）腾讯。腾讯广点通是最早使用 Spark 的应用之一。腾讯大数据精准推荐借助 Spark 快速迭代的优势，围绕"数据+算法+系统"这套技术方案，实现了在"数据实时采集、算法实时训练、系统实时预测"的全流程实时并行高维算法，最终成功应用于广点通 pCTR 投放系统上，支持每天上百亿的请求量。基于日志数据的快速查询系统业务且构建于 Spark

之上的 Shark，利用其快速查询以及内存表等优势，承担了日志数据的即席查询工作。在性能方面，普遍比 Hive 高 2 ~ 10 倍，如果使用内存表的功能，性能将会比 Hive 快百倍。

（2）Yahoo。Yahoo 将 Spark 用在 Audience Expansion 中。Audience Expansion 是广告中寻找目标用户的一种方法：首先广告者提供一些观看了广告并且购买产品的样本用户，据此进行学习，寻找更多可能转化的用户，对他们定向广告。Yahoo 采用的算法是逻辑回归。同时由于有些 SQL 负载需要更高的服务质量，又加入了用于运行 Shark 的大内存集群，以取代商业 BI/OLAP 工具，承担报表/仪表盘和交互式/即席查询，同时与桌面 BI 工具对接。目前在 Yahoo 部署的 Spark 集群有 112 个节点，9.2 TB 内存。

（3）淘宝。阿里搜索和广告业务，最初使用 Mahout 或者独立编写的 MR 来解决复杂的机器学习，导致效率低而且代码不易维护。淘宝技术团队使用了 Spark 来解决多次迭代的机器学习算法、高计算复杂度的算法等。将 Spark 运用于淘宝的推荐相关算法上，同时还利用 GraphX 解决了许多生产问题，包括以下计算场景：基于度分布的中枢节点发现、基于最大连通图的社区发现、基于三角形计数的关系衡量、基于随机游走的用户属性传播等。

（4）优酷土豆。优酷土豆在使用 Hadoop 集群时存在的突出问题有以下几方面。第一，商业智能 BI：分析师提交任务之后需要等待很久才得到结果；第二，大数据量计算：比如进行一些模拟广告投放时，计算量非常大的同时对效率要求也比较高；第三，机器学习和图计算的迭代运算。基于 Hadoop 实现迭代运算需要耗费大量资源且速度很慢。优酷土豆最终发现这些应用场景并不适合在 MapReduce 中处理。通过对比，发现 Spark 性能比 MapReduce 提升很多。首先，交互查询响应快，性能比 Hadoop 提高若干倍；其次，模拟广告投放计算效率高、延迟小（同 Hadoop 比延迟至少降低一个数量级）；再次，机器学习、图计算等迭代计算大幅减少了网络传输、数据落地等，极大地提高了计算性能。目前，Spark 已经广泛使用于优酷土豆的视频推荐（图计算）、广告业务等。

7.2.3.5　Spark 编程接口

Spark 框架通过操作 RDD 的方式实现各类计算。事实上，Spark 编程的主要工作就是对 RDD 进行各类操作。程序开发人员不妨将 RDD 视为一个"数组"，RDD 的操作方式与数组的操作方式十分类似。在操作 RDD 之前，首先需要构建 RDD。构建 RDD 的方法从数据来源的角度可以分为两种：第一种，从内存中读取数据并构建 RDD；第二种，从文件系统中读取数据并构建 RDD。这里的文件系统可以是 HDFS 或本地文件系统。

第一种方法的参考代码如下。

```
/* 使用 makeRDD 创建 RDD */
/* List */
val rdd01 = sc.makeRDD(List(1,2,3,4,5,6))
val r01 = rdd01.map{x => x * x }
println(r01.collect().mkString(","))
/* Array */
val rdd02 = sc.makeRDD(Array(1,2,3,4,5,6))
val r02 = rdd02.filter{x => x < 5}
println(r02.collect().mkString(","))
val rdd03 = sc.parallelize(List(1,2,3,4,5,6),1)
```

```
val r03 = rdd03.map{x => x + 1 }
println( r03.collect().mkString(","))
/*  Array */
val rdd04 = sc.parallelize(List(1,2,3,4,5,6),1)
val r04 = rdd04.filter{x => x > 3 }
println( r04.collect().mkString(","))
```

该代码使用 Scale 语言编写，所使用的 API（又称 Spark 算子）为 makeRDD 方法和 parallelize 方法。可以看出，RDD 可以理解成一个数组，其构造数据时使用链表和数组类型。

对于通过文件系统构建 RDD 的第二种方法，本例中使用本地文件系统（协议为 file:∥）构建 RDD 对象。参考代码如下。

```
val rdd:RDD[String] = sc.textFile("file:///D:/sparkdata.txt",1)
val r:RDD[String] = rdd.flatMap{x => x.split(",")}
println( r.collect().mkString(","))
```

使用内存或本地系统数据构造出 RDD 对象之后，便可以对 RDD 对象执行操作。RDD 操作分为转换操作和行动操作两种。RDD 之所以将操作分成这两类是和 RDD 惰性运算有关，当 RDD 执行转换操作的时候，实际计算并没有被执行，只有当 RDD 执行行动操作时才会触发计算任务提交，执行相应的计算操作。区别转换操作和行动操作也非常简单，转换操作就是从一个 RDD 产生一个新的 RDD 操作，而行动操作就是进行实际的计算。常见的 RDD 算子如表 7-2 所示。

表 7-2　常见的 RDD 算子

操作类型	函数名	作用
转换操作	map()	参数是函数，函数应用于 RDD 每一个元素，返回值是新 RDD
	flatMap()	参数是函数，函数应用于 RDD 每一个元素，将元素数据进行拆分，变成迭代器，返回值是新 RDD
	filter()	参数是函数，函数将过滤掉不符合条件的元素，返回值是新 RDD
	distinct()	无参数，对 RDD 的元素进行去重
	union()	参数是 RDD，生成包含两个 RDD 所有元素的新 RDD
	intersection()	参数是 RDD，求出两个 RDD 的共同元素
	subtract()	参数是 RDD，将原 RDD 中与参数 RDD 相同的元素过滤
	cartesian()	参数是 RDD，求出两个 RDD 的笛卡尔积
行动操作	collect()	返回 RDD 中的所有元素
	count()	计算 RDD 的元素个数
	countByValue()	计算各元素在 RDD 中的出现次数
	reduce()	并行整合所有 RDD 数据，如求和

操作类型	函数名	作用
行动操作	fold(0)（func）	功能与 reduce() 相同，但该算子带有初始值
	aggregateByKey(zeroValue)（sequencialFunction, combinerFunction)	功能与 reduce() 相同，但该算子返回的 RDD 数据类型与原 RDD 不同
	foreach(func)	将指定函数应用于 RDD 每一个元素

转换操作示例如下。

```
/* 创建 RDD*/
val rddInt:RDD[Int] = sc.makeRDD(List(1,2,3,4,5,6,2,5,1))
val rddStr:RDD[String] = sc.parallelize(Array("a","b","c","d","b",
"a"),1)
val rddFile:RDD[String] = sc.textFile(path,1)
val rdd01:RDD[Int] = sc.makeRDD(List(1,3,5,3))
val rdd02:RDD[Int] = sc.makeRDD(List(2,4,5,1))


/* map 操作 */
println(rddInt.map(x => x +1).collect().mkString(","))
/* filter 操作 */
println(rddInt.filter(x => x >4).collect().mkString(","))
/* flatMap 操作 */
println(rddFile.flatMap{x => x.split(",")}.first())
/* distinct 操作 */
println(rddInt.distinct().collect().mkString(","))
println(rddStr.distinct().collect().mkString(","))
/* union 操作 */
println(rdd01.union(rdd02).collect().mkString(","))
/* intersection 操作 */
println(rdd01.intersection(rdd02).collect().mkString(","))
/* subtract 操作 */
println(rdd01.subtract(rdd02).collect().mkString(","))
/* cartesian 操作 */
println(rdd01.cartesian(rdd02).collect().mkString(","))
```

行动操作示例如下。

```
/* 创建 RDD*/
val rddInt:RDD[Int] = sc.makeRDD(List(1,2,3,4,5,6,2,5,1))
```

```
val rddStr:RDD[String] = sc.parallelize(Array("a","b","c","d","b",
"a"),1)
  /* count 操作 */
  println(rddInt.count())
  /* countByValue 操作 */
  println(rddInt.countByValue())
  /* reduce 操作 */
  println(rddInt.reduce((x,y) => x + y))
  /* fold 操作 */
  println(rddInt.fold(0)((x,y) => x + y))
  /* aggregate 操作 */
  val res:(Int,Int) = rddInt.aggregate((0,0))((x,y) => (x._1 + x._2,y),
(x,y)
  => (x._1 + x._2,y._1 + y._2))
  println(res._1 + "," + res._2)
  /* foreach 操作 */
  println(rddStr.foreach{x => println(x)})
```

7.2.4　HBase

7.2.4.1　HBase 基础知识

Hbase 是一个构建在 HDFS 之上的分布式面向列存储的数据库系统。大多数关系型数据库更侧重于数据的生产，而没有考虑大规模数据和分布式的特点。许多关系型数据库系统通过复制和分区的方法扩展数据库，使其突破单个节点的限制。这种方式具有一定的弊端，例如安装和维护较为复杂，低版本的代码需要重构以适应变化等。HBase 则从其他角度解决伸缩性的问题，它以线性增加节点的方式进行规模的扩展。事实上，HBase 并非关系型数据库，而是所说的 NoSQL 数据库（非关系数据库）。其特点为数据库表结构可以动态扩展，同一个数据库表在不同时间的结构可能不同。

HBase 的数据库文件操作继承自 HDFS 文件系统的相关操作，其数据库文件也是以数据块的形式存储的。HBase 不仅具备 HDFS 文件系统的一切特征，还具备自己的特殊之处。例如，HBase 文件的内容具有统一的结构，该特点使 HBase 的读写操作要遵循一定的规则。除此之外，HBase 的设计还有以下预期目标。

（1）HBase 要求结构统一，无论外部表现的结构字段有多少，其内部的存储结构都必须保持不变。并且允许同一个表的结构可以随时间动态变化。

（2）HBase 必须支持动态的数据库表访问，由用户来指定要访问的表名、表列、表行，然后根据用户要求组织对数据库表的访问。与此相对的，传统的关系型数据库往往以强制约束的固定语言结构（如 SQL）进行数据库表访问操作。

（3）HBase 需要考虑数据库中数据量的增长，并避免其查询性能的下降。

（4）HBase 还应该允许在数据量不断增长时快速地、动态地插入物理节点。

（5）HBase 需要为不同用户端提供不同的访问接口。

HBase 作为分布式数据库，因其分布性引入了诸多新概念，列举如下。

（1）区域。HBase 将表水平切分成不同的区域，每个区域包含表中所有行的某个子集。初生成的表只有一个区域，当该区域扩大到设定的边界时，便以行为分界线，将表划分为大小相近的两个区域，形成的区域将分别进行扩张。事实上，区域是分散在 HBase 集群上的单元，服务器集群通过管理整个区域某部分的节点来管理整个表。因此，无论表的体量有多大，都可以被服务器集群所处理。

（2）基本单元。HBase 分布式数据库的基本单元指的是表、行键、列族和区域。

（3）区域服务器。一张表内所有水平分区会分布在不同的区域服务器上，一个区域内的数据只会存储在一台服务器上。物理上所有数据都通过调用 HDFS 的文件系统接口存储在机器上，并由区域服务器提供数据服务。通常，一台服务器上运行着一个 Region 进程，该进程负责管理多个 Region 实例。区域服务器通过 HLog 提供灾难备份的服务，HLog 将写入 HDFS 分布式系统而并非保存在本地，即使区域服务器失效也不会丢失数据。

（4）Master 主服务器。主服务器负责向区域服务器分配区域，协调区域服务区的负载并维护集群的状态。HBase 集群中某个时段内只存在一个运行的 HMaster。值得注意的是，HMaster 不会向 HBase Client 提供任何数据服务（但可以提供管理服务），它被定位为一个内部管理者，其协同 ZooKeeper 管理 Region 和 Region 服务器。

（5）.META. 元数据表。一个表对应的多个区域的元数据（如表名，表在区域中的起始行、结束行等）被保存在 HBase 创建的 .META. 元数据表中。.META. 元数据表的规模会随着区域的增大而增大，因此，.META. 元数据表也会被分到多个区域之中。那么，HBase 又如何定位与 .META. 元数据表相关的区域呢？答案是通过 – ROOT – 元数据表。

（6）– ROOT – 元数据表。– ROOT – 元数据表是 .META. 元数据表的统一代理，其保存了 .META. 元数据表的元数据。用户访问数据必定会经过 – ROOT – 元数据表这一关口，因为只有从该表中获得 .META. 元数据表的信息才能了解目标数据究竟被分配到哪些区域。– ROOT – 元数据表只存在于一个区域之中（位于一台区域服务器上），具有不可分割的特点。正因如此，– ROOT – 元数据表的容量就决定了 HBase 集群可管理的最大区域数，该数字可达 1 667 万多个。

7.2.4.2　HBase 系统架构

Hbase 系统自身是可独立部署的分布式集群数据库系统，但考虑实际应用可能出现诸如导入现有的数据库系统或海量文本本件的需求，HBase 系统往往需要与 HDFS、ZooKeeper（协调服务组件）等系统协同工作。事实上，HBase 系统在设计时已考虑到与现有系统集成的情况，因此预留了丰富的接口。用户只需要在 HBase 系统中做出一些简单的配置即可实现多系统的集成应用。

图 7 – 12 展示了 HBase 系统的基本架构。架构图中的核心功能模块有 Client（客户端）、ZooKeeper、HMaster（主服务器）和 HRegionServer（区域服务器）。

（1）Client：Client 是 HBase 系统的入口，是用户操作 HBase 数据库的媒介。客户端使用 HBase 的 RPC 机制与 HMaster 和 HRegionServer 进行通信，与 HMaster 通信可完成管理操作，与 HRegionServer 通信可完成数据读写操作。

（2）ZooKeeper：ZooKeeper Quorum 队列负责管理 HBase 中多个 HMaster 的选举、服务器

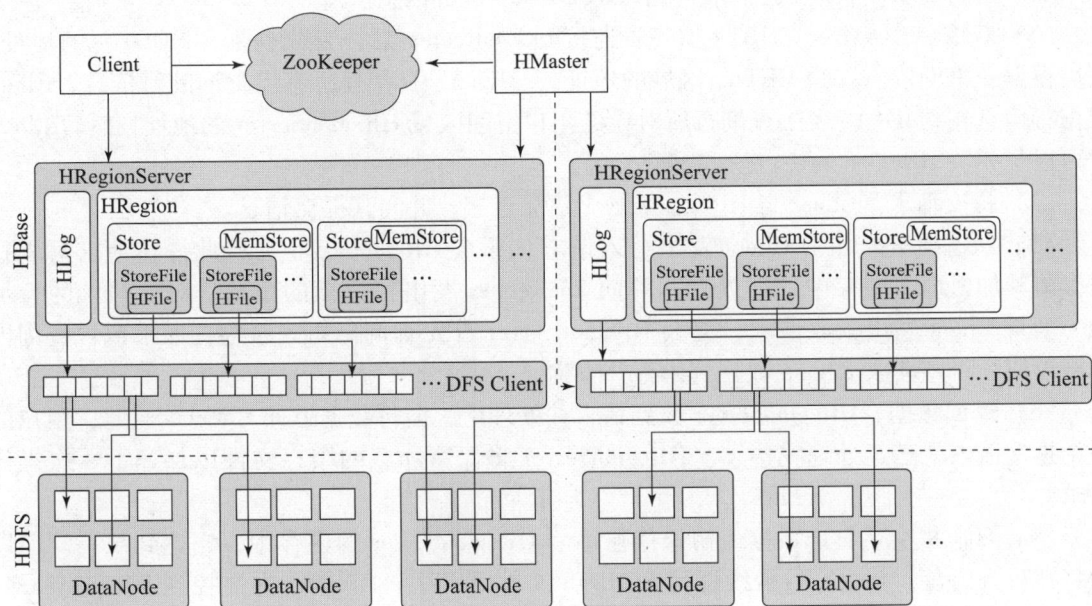

图 7 – 12　HBase 系统基本架构

之间的状态同步等，避免 HMaster 单点问题。HBase 中 ZooKeeper 实例负责的协调工作有存储 HBase 元数据信息、实时监控 RegionServer（感知各个 HRegionServer 的健康状况）、存储所有 Region 的寻址入口。ZooKeeper 同时保证 HBase 集群中有且只有一个 HMaster 节点。

　　下面对 HRegionServer 架构做进一步说明。HRegionServer 由 HLog 和 HRegion 两部分构成，HLog 用于提供灾难备份，HRegion 则用于保存数据。HRegion 的组成单元为 HStore，它是 HBase 的真实数据存储结构。HStore 可进一步划分为 MemStore 和 StoreFile 两部分。MemStore 是一种已排序的内存缓冲（sorted memory buffer），用户写入的数据首先进入 MemStore，填满 MemStore 后将刷新为一个 StoreFile。StoreFile 文件数量增长到某一阈值将会触发 Compact 操作，该操作将多个 StoreFile 合并成一个 StoreFile，在合并过程中会进行版本合并和数据删除，不难看出，HBase 的基本操作只有增加数据，所有的更新和删除操作都是在后续的 Compact 过程中进行的，这使用户的写操作只要缓冲至内存即可返回，保证了 I/O 的性能。StoreFiles 在触发 Compact 操作后，会逐步形成越大的 StoreFile，当单个 StoreFile 大小超过一定阈值后，会触发 Split 操作，同时把当前区域分裂成两个区域，父区域会下线，新分裂的两个子区域会被 HMaster 分配到相应的 HRegionServer 上，使原来的一个区域的负载压力得以分流到两个区域上。

　　分布式数据库系统的操作请求主要由 Client 发起，在运行过程中 HMaster 不主动参与数据读写，而是由 Client 与 HRegionServer 进行交互。Client 根据数据库的大小可以同时向多台 HRegionServer 发起请求，HRegionServer 以分布式并行的方式来处理请求。HBase 系统的运行过程包括以下 7 个步骤。

　　（1）读写请求。HBase Client 通过 Client 接口向 HBase 系统提交目标的数据库表名、列族和行键等信息。

　　（2）缓存查询。HBase Client 首先在本机缓存中查询 HRegionServer 的主机节点，如果查找不到，则向 ZooKeeper 发起请求查询 – ROOT – 的位置信息。

（3）获取 – ROOT – 。HBase Client 连接到 ZooKeeper 后，首先获取 – ROOT – 的地址，其后根据 – ROOT – 查询 . META. 区域的地址。. META. 表存有所有要查询的行信息，Client 根据行信息在 . META. 表中查询行所对应的用户空间区域 HRegionServer 的地址。然后 Client 便可以与相关 HRegionServer 进行数据交互。

（4）提交请求。Client 与 HRegionServer 建立连接，并向其提交请求。

（5）状态检查。如果 Client 发出写入请求，那么 HRgionServer 会将此操作请求写入日志，将其加入内部缓存中进行处理，并向 ZooKeeper 发出写行锁的申请，对要写入的行加锁。如果 Client 发出读取请求，那么 HRegionServer 首先查询分布式缓存，如果包含查询内容则返回，否则读取 Region 数据到内存并查询。

（6）返回数据。HRegionServer 收到请求并处理后，会将数据返回 Client。至此，用户的一个提交请求就已经处理完毕了。HRegionServer 将保留加载的缓存文件以加速下一次操作请求。

（7）日志提交。日志数据最初保存在每个 HRegionServer 的内存中，当达到某一阈值以后将被写入磁盘，并由一后台线程写入 HDFS 文件系统中。HMaster 在监控到 HRegionServer 失效后，可以将该 Region 的日志文件从 HDFS 中取出并分配给新的 HRegionServer。

HBase 系统工作流程如图 7 – 13 所示，该机制对用户透明。

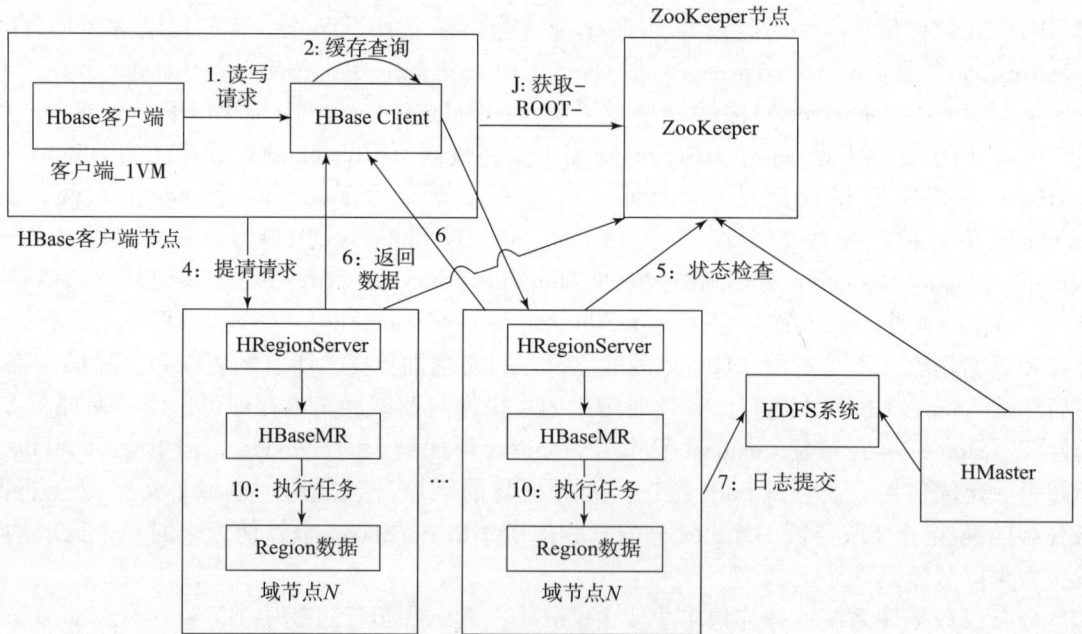

图 7 – 13　HBase 系统工作流程

7. 2. 4. 3　HBase 主要特征

分布式数据库的基本概念与关系型数据库存在一定区别，在认知 HBase 的过程中应当对此加以注意。分布式数据库表的相关概念如下。

（1）逻辑模型：指多表集合表的逻辑模型。传统的数据库表只存储一个结构的所有数据（如成绩表），而分布式数据库表的概念是一个与主题相关的多个表的集合。HBase 的数据库表在逻辑上同样存储了多行数据，每行由行关键字（行键）、数据的列（列族）和时戳三部分构成。表 7－3 为 HBase 班级表的逻辑存储实例。

表 7－3　HBase 班级表的逻辑存储实例

行键	时间戳	列族 Teacher	列族 Student
class_1	T1	name：teacher_1	
class_1	T2		name：student_1
class_1	T3	name：teacher_2	name：student_2

数据库表 7－3 记录了班级的教师和学生信息。行键即索引的主键，其由 HBase 数据库自动生成。HBase 共提供三种访问行数据的方式，分别是指定单个行键进行访问、指定行键范围进行访问和全表扫描访问；时间戳 T1、T2、T3 用于表示数据的版本号，用户可以指定访问非最新版本的数据；列族 Teacher、Student 与传统数据库中表的概念相同。因此，分布式数据库表可被视为"多表集合构成的表"。HBase 对数据库表的动态访问方式见下述实例。

假设根据需求设计一数据库表，表名为 user_info，并具有 id、name、tel 三个字段。若以关系数据库表处理，则在建表时必须立即指定此表的表名和字段名。

```
create table user_info(id type,name type,tel type)
```

id	name	tel

向表中插入记录需要指定表名和各字段的值。

```
insert into user_info values(…)
```

id	name	tel
id_1	name_1	tel_1
id_2	name_2	tel_2

倘若需求变更，需要记录地址信息，则通过增加字段或添加扩展表实现。

id	name	tel	addr
id_1	name_1	tel_1	addr_1
id_2	name_2	tel_2	addr_2

HBase 的处理方式则与之不同。在创建数据库表时，用户只需要指定表名和列族。

在此例中，新建一个表名为 user_info，包含 base_info 和 ext_info 两个列族的分布式数据库表。行键由数据库自动创建，不需要用户指定。

```
create 'user_info','base_info','ext_info'
```

row_key	base_info	ext_info

插入记录基本操作：向 user_info 表中行键为 row1 的 base_info 列族中分别添加 name 和 tel 数据。值得注意的是，name 和 tel 字段并不需要用户预定义。

```
put 'user_info','row1','base_info:name','name_1'
put 'user_info','row1','base_info:tel','tel_1'
```

row_key	base_info	ext_info
row1	name:name_1,tel:tel_1	

向表中插入另一具有地址信息的记录。

```
put 'user_info','row2','base_info:name','name_2'
put 'user_info','row2','ext_info:addr','addr_2'
```

row_key	base_info	ext_info
row1	name:name_1,tel:tel_1	
row2	name:name_2	addr:addr_2

相较于关系型数据库，HBase 分布式数据库的处理方式更为灵活。表 7-4 对关系型数据库与分布式数据库的特点进行了总结及对比。

表 7-4　关系型数据库与分布式数据库对比

属性	数据库类型	
	关系型数据库	分布式数据库
表结构	二维结构	多维结构
建表	定义表名和具体字段	定义表名和列族
插入	一次插入多个字段	一次插入一个字段
扩展	需要预定义字段	不需要预定义字段

（2）物理模型：物理模型指的是 HBase 的物理存储方式。分布式数据库的一行在逻辑上由 N 个列族构成，其物理存储是由行＋列族＋时间三列构成的 N 行。表 7-5 为 HBase 班级表的物理模型实例。

表 7-5　HBase 班级表的物理模型实例

行键	时间戳	列族
class_1	T1	teacher_1
class_1	T3	teacher_2

行键	时间戳	列族
行键	时间戳	列族
class_1	T2	student_1
class_1	T3	student_2

逻辑模型中的空值是不会被存储的。这意味着查询时间戳 T2 的 Teacher. name 将返回空。如果查询为指定具体时间戳，则返回表中最新的数据，即 teacher_2。

7.2.4.4　HBase 编程接口

HBase 分布式数据库单机环境搭建可按以下步骤进行。

（1）前期准备：Linux 服务器一台，下载 JDK、Hadoop 和 HBase 安装包。

（2）Hadoop 环境搭建：见 7.2.1.4 节。

（3）HBase 环境搭建：输入 tar – xvf hbase – 1. 2. X – bin. tar. gz 解压 HBase 安装包，输入命令 mv hbase – 1. 2. X/home/hbase 将其移动到/opt/hbase 路径下。编辑/etc/profile 文件。配置如下：

```
export HBASE_HOME = /home/hbase/hbase - 1.2.X
export PATH =.:${JAVA_HOME}/bin:${HADOOP_HOME}/bin:$PATH
export PATH =.:${HBASE_HOME}/bin:$PATH
```

输入 source/etc/profile 使配置生效。

在 root 目录下新建文件夹：

```
mkdir/root/hbase
mkdir/root/hbase/tmp
mkdir/root/hbase/pids
```

切换/home/hbase/hbase – 1. 2. X/conf 目录下，编辑 hbase – env. sh 文件：

```
export JAVA_HOME = /home/java/jdk1.8
export HADOOP_HOME = /home/hadoop/hadoop2.8
export HBASE_HOME = /home/hbase/hbase - 1.2.X
export HBASE_CLASSPATH = /home/hadoop/hadoop2.8/etc/hadoop
export HBASE_PID_DIR = /root/hbase/pidsexport HBASE_MANAGES_ZK
= false
```

编辑 hbase – site. xml 文件，添加配置：

```
<property>
    <name>hbase.rootdir</name>
    <value>hdfs://host_name:9000/hbase</value>
      <description> The directory shared byregion servers. </description></property>
```

```
< property >
      < name > hbase. zookeeper. property. clientPort < /name >
      < value >2181 < /value >
        < description > Property from ZooKeeper ' sconfig zoo. cfg.
</description >
   < /property >
   < property >
      < name > zookeeper. session. timeout < /name >
      < value >120000 < /value >
      < /property >
      < property >
      < name > hbase. zookeeper. quorum < /name >
      < value > host_name < /value >
   < /property >
   < property >
      < name > hbase. tmp. dir < /name >
      < value > /root/hbase/tmp < /value >
   < /property >
   < property >
      < name > hbase. cluster. distributed < /name >
      < value > false < /value >
   < /property >
```

HBase 单机环境搭建完毕。

（4）HBase 启动：首先启动 Hadoop，之后切换到 HBase bin 目录下，输入 ./start – hbase. sh 启动 HBase 分布式数据库即可。

HBase 为客户端提供了多种访问接口。常见的 HBase 访问方式有以下几种。

①Native Java API：最常规和高效的访问方式。

②HBase Shell：HBase 的命令行工具，最简单的接口，适合 HBase 管理使用。

③REST Gateway：支持 REST 风格的 Http API 访问 HBase，解除了语言限制。

④MapReduce：直接使用 MapReduce 作业处理 HBase 数据。

（5）使用 Pig/Hive 处理 HBase 数据。

HBase Shell 是 HBase 向用户提供的命令行操作接口。用户可以通过 Shell 命令完成创建表、扫描表、获取行记录等操作。以表 7 – 3 为例，相关命令如下。

（1）启动 Shell："hbase shell"。

（2）创建表："create 'class', 'Teacher'"。

（3）插入数据："put 'class', 'class_1', 'Teacher: name', 'teacher_1'"。

（4）指定行查询："get 'class', 'class_ 1'"。

（5）删除指定单元："delete 'class', 'class_ 1', 'Teacher: name'"。

（6）禁用表："disable 'class'"。

（7）删除表（前提是已经禁用表）："drop 'class'"。

（8）全表扫描：scan 'class'。

7.3 计 算 模 式

7.3.1 MapReduce

7.3.1.1 基础知识

1. 分布式并行编程

根据"摩尔定律"，大约每隔 18 个月计算机的性能就会增强一倍，因此过去人们不必考虑计算机的性能问题。然而，由于晶体管电路已经逐渐接近其物理上的性能极限，摩尔定律自 2005 年便不再适用。分布式并行编程成为提升软件性能的主要途径。

分布式并行编程是指将分布式程序运行在大规模计算机集群上，集群中包括大量廉价服务器，可以并行执行大规模数据处理任务，从而获得处理海量数据的计算能力。这种编程模式的最大优点是扩展性强，可以直接通过增加计算机来扩充计算节点数量，提高集群计算能力。同时，分布式并行编程具有强大的容错能力，部分计算节点失效不会影响计算的正常进行以及结果的正确性。

分布式计算是基于计算机集群的一种计算模式，该模式下所有主机被分为中心节点或子节点。中心节点将大型计算任务分割为多个子任务交付给子节点，并对子节点的运行状态进行实时监控。多个子节点并行运算，每个子节点完成一个或多个子任务的计算，最后合并归约到中心节点得到最终结果。相比于传统计算模式，分布式计算具有以下优点。

（1）稀有资源共享。

（2）多台计算机共同完成一个计算任务，可以平衡负载，同时提高运算效率和速度。

分布式计算是解决负载问题的常用解决方案。研究人员在分布式计算的基础上，建立了许多基于多核多线程的并发编程模型和基于大规模计算机集群的分布式并行编程模型，如 MapReduce 等。使用 MapReduce 编程模型，可以有效地解决大数据的计算问题。

2. MapReduce 简介

MapReduce 是谷歌的核心计算模型。作为一种分布式编程模型，MapReduce 是大数据时代发展至今最杰出的大数据批处理计算模式。对于大数据量的计算任务，分布式并行计算通常是最佳的选择。但分布式计算实现难度较大，对于许多开发者来说仍存在困难。MapReduce 对分布式并行计算编程模型进行简化，并为用户提供接口，屏蔽了并行计算特别是分布式处理的诸多细节问题，使分布式并行计算可以得到更加广泛的应用。

MapReduce 将复杂的运行于大规模集群上的并行计算过程高度抽象为两个函数：map() 和 reduce()。顾名思义，map() 为映射，将一组数据一对一映射为另一组数据，映射规则由用户自行定义；reduce() 是归约化简，将映射的结果归约合并，规则同样由用户指定。也就是说，MapReduce 提供了编程的框架，而用户定义的 map() 和 reduce() 函数则提供了运算的规则。

MapReduce 的计算过程可以概括为：先将大数据计算任务分解为多个子任务，每个子任务分别由集群内的一个节点进行处理并生成中间结果；再将中间结果进行合并，得到最终结果，实现大数据任务的计算。因此，MapReduce 的运行依赖于分布式作业系统。分布式作业系统由一个作业节点和多个任务节点构成。作业节点负责任务调度和分配；任务节点执行具体任务。其中，任务节点包括映射节点和规约节点。

3. MapReduce 设计思想

MapReduce 编程模式遵循"分而治之、移动逻辑、屏蔽底层、处理定制"的设计思想。为了更好地说明上述思想，我们引入曹冲称象的故事：曹操要测量大象的重量（指的品质量）但缺少相应的称，小儿子曹冲将大象牵到船上，待船身稳定后在船身上记录水面的位置，随后将大象牵出后，向船上放石块，直至水面达到先前所记录的位置，然后分别测量石块重量，加和便得到了大象重量。这个故事的关键在于象大称小，即数据量大但处理能力不足，所以将大象等价拆分为多个石块，问题就迎刃而解了。这个道理同样适用于大数据的处理。通常大数据处理任务分为以下 3 个步骤：

（1）对大数据任务进行拆分；

（2）每个映射节点处理一个拆分部分，为增加处理效率，多个映射节点并行处理；

（3）将映射节点的处理结果经归约节点进行合并，得到最终结果。

下面具体说明 MapReduce "分而治之、移动逻辑、屏蔽底层、处理定制"的设计思想。

分而治之是指把大规模数据处理任务拆分成多个子任务，由一个主节点分配任务，各个任务节点处理任务，然后通过合并中间结果，得到最终结果。上述处理过程高度抽象为 map( ) 和 reduce( ) 两个函数，前者对数据进行分析，后者负责结果汇总。

移动逻辑是指 MapReduce 并不在本地工作，而是由主节点交付给任务节点执行，MapReduce 可以理解为一个数据采集器，存放的是交给后端处理的代码数据。

屏蔽底层是指关于代码传输与运行、数据传入与传出、运行时序和任务分配都由分布式作业系统来完成。开发人员只需关注 map( ) 和 reduce( ) 两个函数即可，极大地简化了分布式计算的实现过程。

处理定制是指用户可以根据需求自行定义 map( ) 和 reduce( ) 函数，即同一个分布式数据处理任务可以根据用户不同的需求定制不同的 map( ) 和 reduce( ) 函数。而处理逻辑的不同并不会对分布式作业系统自身产生影响，即只改变计算方式而不改变数据结构。

7.3.1.2 编程模型

本节将从 MapReduce 自身、分布式作业系统、移动代码和中间结果 4 部分介绍 MapReduce 编程模型。

1. MapReduce 自身

MapReduce 自身有三个关键概念，分别是 map( ) 函数、reduce( ) 函数和键值对 < key, value >。map( ) 函数的输入输出都是键值对，它将一个键值对转换为另一个或另一批键值对。map( ) 函数的数据流模型如图 7 - 14 所示。

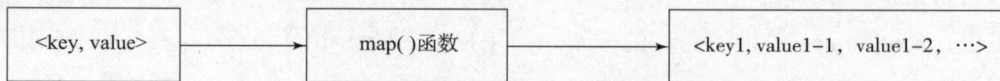

图 7 - 14 map( ) 函数的数据流模型

任务节点预先将数据分割为数据块（又称 split，默认大小为 64 MB），这个数据块由任务节点转换为一组 < key，value > 键值对，称为源键值对，经用户定义的 map() 函数处理得到中间结果 < key1，value1 >。

对于中间结果，经由混淆过程排序组合，输入到归约节点。在混淆过程中，中间结果通常由 combine() 函数进行处理。combine() 函数将键相同的值组合为数组，即对于某一个键 key1，combine() 函数将所有键为 key1 的键值对组合为中间键值对集合 < key1，[value1 − 1，value1 − 2，…] >。

reduce() 函数的输入是中间键值对集合，输出为目标键值对 < key2，value2 >，并将结果保存至 HDFS。reduce() 函数的数据流模型如图 7 − 15 所示。

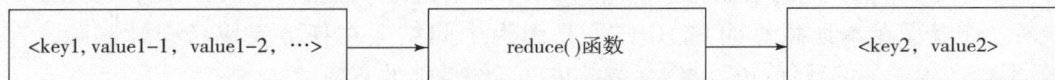

| <key1, value1−1, value1−2, …> | → | reduce()函数 | → | <key2，value2> |

图 7 − 15　reduce() 函数的数据流模型

对映射任务的输出进行整合的工作称为混淆过程，在 7.3.1.4 小节会详述混淆过程的工作原理。

键值对 < key，value > 可以理解为广义的数组。键 key 是数组的下标，即键值唯一，值 value 是对应下标的元素值。MapReduce 使用键值对作为原始数据、中间结果和目标数据的描述方式，相比于数组，键值对去掉了数组名和元素类型，使 MapReduce 编程模型适合各类数据结构的开发，不用受到数据类型的约束。为了使学习者更好地理解 MapReduce 过程，此处按处理阶段将键值对分为四类：源键值对、中间键值对、中间键值对集合和目标键值对。

（1）源键值对是分布式作业系统基于数据节点上的数据块生成的键值对。

（2）中间键值对是经 map() 函数处理后的键值对，其键和值依据 map() 函数定义的规则形成。

（3）中间键值对集合由 combine() 函数形成，combine() 函数按照键值相同的原则对键值对进行集合归类，得到中间键值对集合。

（4）目标键值对是 reduce() 函数的处理结果，依据 reduce() 函数定义的规则形成。

2. 分布式作业系统

分布式作业系统是 MapReduce 的硬件框架，主要由一个作业节点和多个任务节点组成。作业节点负责调度和管理任务节点，并将映射任务和归约任务分配给空闲的任务节点。如果某一个任务节点发生故障，作业节点会将任务分配给其他空闲的任务节点执行，从而增加容错能力。

3. 移动代码

由于只有在提交作业请求时，作业节点才根据当前任务节点的空闲状态来动态分配运算能力，所以代码并不能预先安装在某一个节点上，这就用到了 Hadoop 中的代码移动。代码移动分为以下 4 个步骤。

（1）应用程序指定作业配置（job configuration），包括数据的输入输出格式、数据的来源与流向和 jar 包的位置，然后向作业节点发送作业请求；

（2）客户端程序将 jar 包上传到指定的 HDFS 目录下；

（3）作业节点通过各任务节点到指定的 HDFS 目录下取得 jar 包；

（4）任务节点调用 map（） 和 reduce（） 函数完成相应工作。

即用户提供的应用程序应指明输入输出路径，并通过实现合适的接口或抽象类提供 map（） 和 reduce（） 函数，形成作业配置。

4. 中间结果

任务节点在完成 map 端的混淆过程后，将结果写入任务节点的本地磁盘中，并告知作业节点中间结果文件存储的位置。作业节点接收信息后，会通知某个空闲的任务节点到该位置处收集结果，所有中间结果会按 key 值进行哈希运算并取模，共分为 N 份，N 个归约节点各自负责一段 key 值区间的数据，并调用 reduce（） 函数，形成最终结果，并写入 HDFS。中间结果之所以写在本地磁盘而非 HDFS，是因为中间结果在任务完成后会被删除，存在 HDFS 上会产生额外的数据读写操作，造成集群系统性能的下降。

7.3.1.3　体系结构

MapReduce 体系结构主要由 4 部分组成，分别是用户节点、作业节点、任务节点以及任务，如图 7－16 所示。

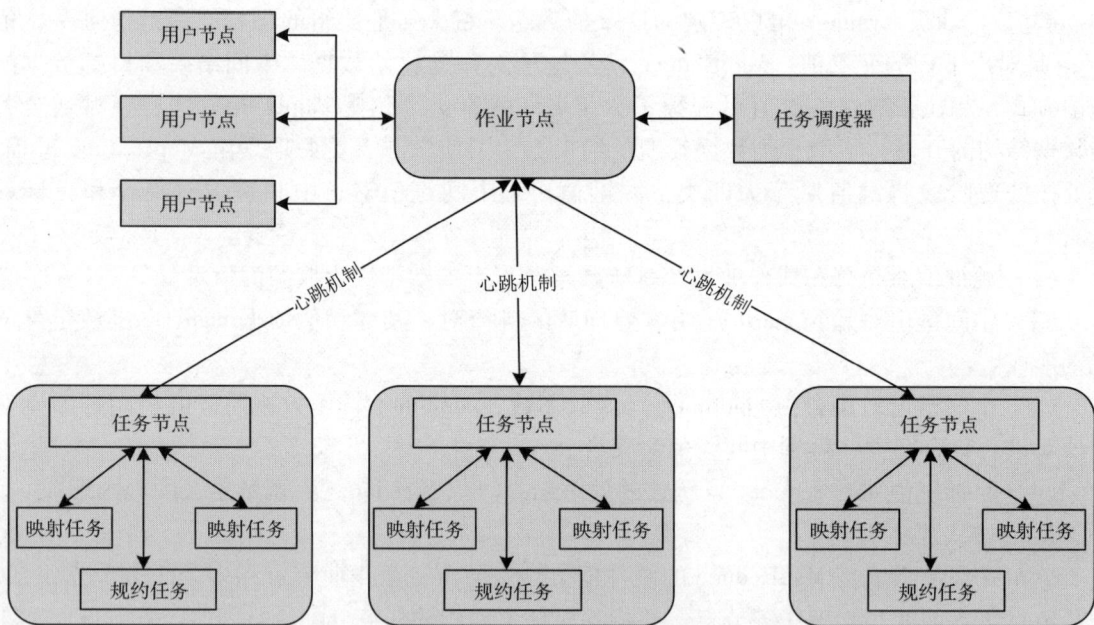

图 7－16　MapReduce 体系结构

1. 用户节点

用户节点的任务具体如下。

（1）用户编写的 MapReduce 程序通过用户节点提交到作业节点。

（2）用户可通过用户节点提供的一些接口查看作业运行状态。

2. 作业节点

作业节点的任务具体如下。

（1）负责资源监控和作业调度。

（2）监控所有任务节点与任务的存活状况，一旦发现任务失败或节点失效，就将相应的任务转移到其他节点。

（3）跟踪任务的执行进度、资源使用量等信息，并将这些信息通知任务调度器。调度器会寻找空闲资源并分配任务。

3. 任务节点

任务节点根据执行任务的不同，分为映射节点和归约节点。任务节点的职责如下。

（1）周期性地通过心跳机制将本节点上资源的使用情况和任务的运行进度报告给作业节点，同时接收作业节点发送过来的命令并执行相应的操作（如启动新任务、杀死任务等）。

（2）使用"slot"等量划分本节点资源（CPU、内存等）。一个任务只有在获取到一个slot后才有机会运行，而Hadoop调度器的作用就是将各个任务节点上的空闲slot分配给任务使用。

4. 任务

任务分为映射任务和归约任务两种，分别对应映射节点和归约节点。

（1）映射任务的执行过程如图7-17所示。映射节点先将对应的split迭代解析成一个键值对，依次调用用户自定义的map()函数进行处理，最终将临时结果存放到本地磁盘上。其中，临时数据被分成若干个分区，每个分区将被一个归约任务处理。

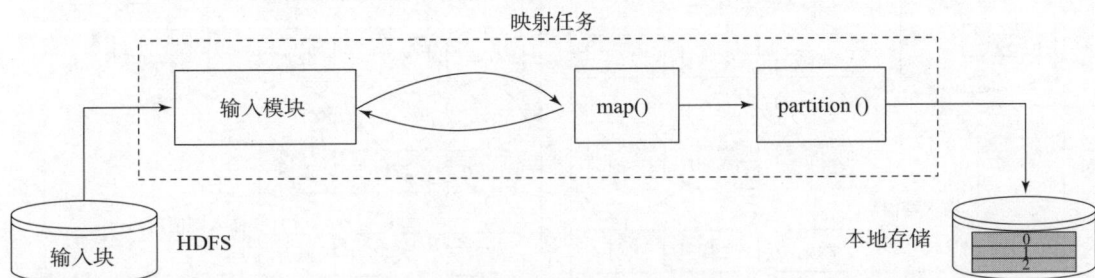

图7-17 映射任务的执行过程

（2）归约任务的执行过程如图7-18所示。该过程分为三个阶段。混淆阶段：从远程节点上读取映射任务的结果；排序阶段：按照key对键值对进行排序；归约阶段：归约节点依次读取<key, value list>，调用用户自定义的reduce()函数处理，并将最终结果写入HDFS。

7.3.1.4 工作流程

MapReduce的本质是对输入分片并交给不同的节点进行处理，最后合并。可以将MapReduce的处理过程分为5个阶段：输入阶段、映射阶段、混淆阶段、归约阶段、输出阶段。图7-19简要地说明了MapReduce工作流程。

1. 输入阶段

（1）用户创建任务并提交给作业节点。

（2）输入模块（InputFormat）从分布式文件系统中加载文件并预处理，包括验证输入输出格式等，同时进行逻辑上的分片，切分为输入块（InputSplit）。

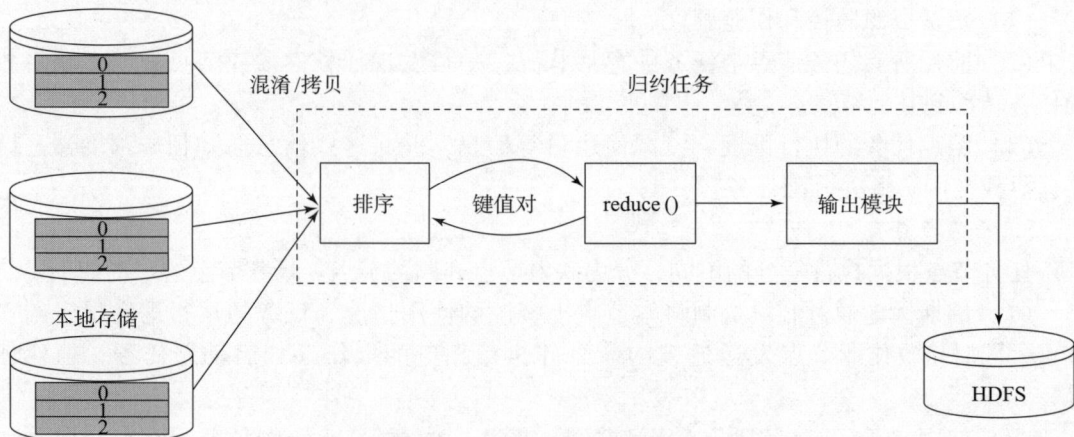

图 7 – 18　归约任务的执行过程

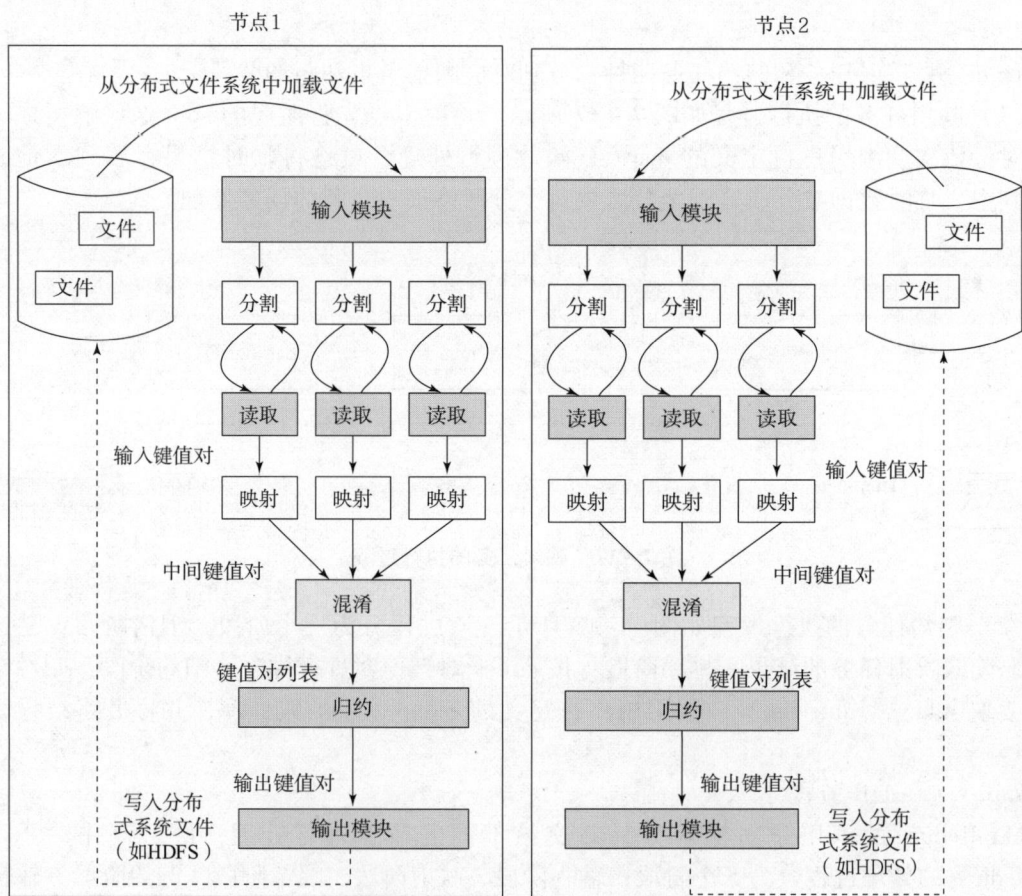

图 7 – 19　MapReduce 工作流程

（3）记录读取器（RecordReader，RR）对输入块进行处理，得到源键值对。

2. 映射阶段

将源键值对作为映射节点的输入，执行 map（）函数，输出的中间键值对存在临时文件内。

3. 混淆阶段

混淆阶段对映射节点的输出进行排序分割，得到中间键值对集，并交给对应的归约节点。

4. 归约阶段

对混淆的结果进行处理，得到目标键值对。

5. 输出阶段

输出模块（OutputFormat）验证输出目录是否存在以及输出结果是否符合配置类型，并将结果写入 HDFS。

在 MapReduce 流程中，为了让归约节点可以并行处理映射节点的结果，需要对映射节点的输出进行排序分割，再交付给对应的归约节点，这一排序分割过程即混淆，也是 MapReduce 工作流程的核心。事实上，混淆过程在映射任务和归约任务中均有出现，如图 7 - 20 所示。下面分别从映射任务和规约任务来详细说明混淆过程。

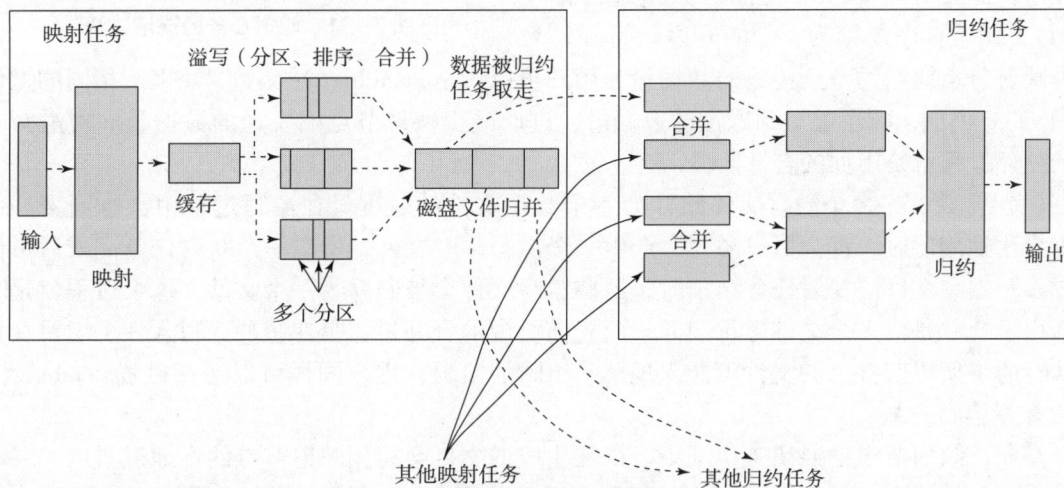

图 7 - 20　混淆过程

映射任务的混淆过程如下。

映射任务的混淆过程是对映射节点的结果进行划分、排序和溢写，并将属于同一个归约任务的输出合并，写入磁盘内。如图 7 - 21 所示，通常将映射任务的混淆划分为 4 个过程：输入、分区、溢写和合并。

（1）输入：将源键值对输入映射节点，执行映射任务。但映射节点的输出并不是直接写到磁盘内，因为频繁的读写操作会导致性能严重下降。事实上，每个映射任务都有一个缓冲区，用于存储临时结果。由于多个映射节点的输出可能交付给同一个归约节点处理，所以需要知道两者的映射关系。下面的分区过程则确定了映射关系。

（2）分区：映射任务输出键值对后，将结果分配给指定的归约节点的过程。MapReduce 提供了分区接口，该接口可以根据 key、value 以及归约节点的数量来决定当前键值对应交给哪个归约节点进行处理。默认规则：先对 key 进行哈希运算，再对归约节点的数量取模，即 hash（key）mod R，R 为归约节点的数量。用户也可以自行定义分区的规则。执行以上操作后，将输出写入缓冲区。由于缓冲区大小有限，可能出现缓存溢出现象，处理缓存溢出的过程就是下面的溢写阶段。

（3）溢写：将缓冲区的内容写入临时文件的过程。缓冲区大小默认为 100 MB，而映射任务的输出结果很可能大于 100 MB，所以需要在一定条件下，将缓冲区的内容写入临时文件中，这一过程称为"溢写"。溢写由单独线程执行，不会影响 Mapper 将结果写入缓冲区。溢写的过程中，映射任务仍然向缓冲区写入数据，所以缓冲区应有一个溢写阈值，默认为 0.8，即缓冲区数据大小超过 100 MB ×0.8 =80 MB 时，开始执行溢写。溢写线程启动后，为提高后续过程的效率，需要对这 80 MB 空间的数据进行排序（sort），默认排序规则为 key 的升序。另外，为

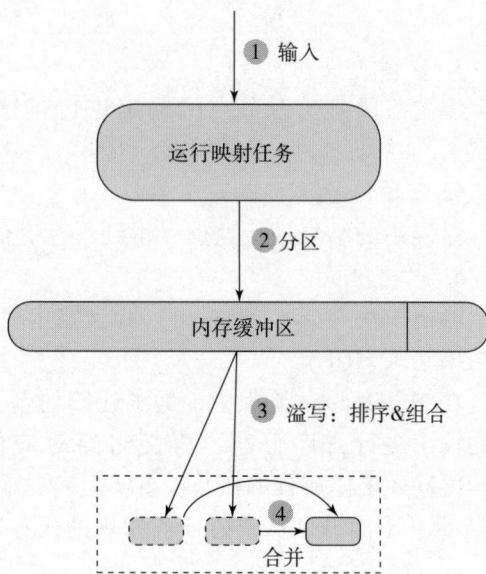

图 7 - 21　映射任务的混淆过程

减少映射节点向归约节点传输的数据量，用户可以设定 combine（ ）函数，将 key 相同的键值对的 value 相加，减小溢写到磁盘的数据量，进而减少映射节点端发送的数据量。对溢写文件的处理过程就是下面的合并阶段。

（4）合并：将多个溢写文件归并为一个数据文件的过程。在溢写过程中，每当缓冲区数据量达到阈值时，都会引发溢写，产生一个溢写临时文件，所以一个映射任务完成后可能生成多个溢写文件。映射任务结束时，这些溢写文件会被归并为一个文件，这个过程就是合并。由于合并是对多个文件进行归并，而先前所说的合并过程是在缓冲区写入一个溢写文件时执行的，所以归并后的文件可能出现 key 相同的情况，用户同样可以通过设置 combine（ ）函数合并相同的 key。

至此，映射节点的混淆工作结束，最终生成的文件会写到映射节点的本地磁盘内，并将任务完成和结果存放的目录通知作业节点。每个归约节点会周期性地询问作业节点关于映射任务的执行情况，如果已完成，作业节点会将映射节点的结果存放目录发给归约节点，后者将映射任务的结果取出，混淆过程后半段启动。另外，所有的溢写临时文件都会在 Job 结束时删除。

归约任务端的混淆过程如下。

规约任务的混淆是在归约任务执行之前，不断地从各个映射节点读取结果的过程。通常将归约任务的混淆分为三个阶段：拷贝、合并和输入，如图 7 - 22 所示。

（1）拷贝是归约任务收集输入的过程。归约任务的输入数据分布在集群内的多个映射任务的输出中，映射任务可能会在不同的时间内完成。归约节点通过问询作业节点来获取映射任务的完成情况和保存结果的目录。当某一个映射任务完成时，归约节点到该路径下拷贝结果，该阶段称为拷贝阶段。归约节点拥有多个拷贝线程，可以并行地获取映射节点的输出。通过设定 mapred. reduce. parallel. copies 可以改变线程数。

（2）获取结果文件后，对不同映射任务的输出文件再执行合并操作，合并为一个文件，即合并阶段。

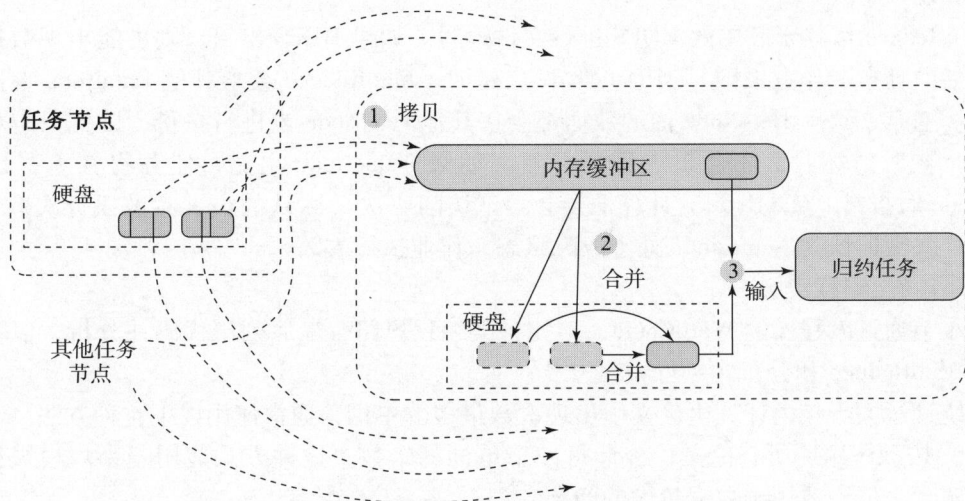

图 7-22　归约任务的混淆过程

（3）最后将合并得到的文件作为归约任务的输入文件，即输入阶段。

7.3.1.5　容错机制

在分布式编程中，分布式作业系统会不可避免地出现一些错误。通常，根据错误发生的位置将错误分为任务错误、任务节点错误、作业节点错误和 HDFS 错误。MapReduce 计算框架提供了较为完善的容错机制，下面分别介绍各类错误及对应容错机制。

1. 任务错误

任务错误是最常见的一种错误。任务错误的原因通常有代码质量低、数据损坏、节点故障等。通常，如果任务节点检测到一个错误，任务节点将在下一次心跳时向作业节点报告该错误。作业节点收到报告的错误后，将会判断是否需要进行重试，如果是，则重新调度该任务，默认的尝试次数为 4 次，可以通过 mapred – site. xml 进行配置。

如果同一个作业的多个任务在同一个任务节点反复失败，那么作业节点会将该任务节点放到作业级别的黑名单，从而避免将该作业的其他任务分配到该任务节点上。若多个作业的多个任务在同一个任务节点反复失败，那么作业节点会将该任务节点放到一个全局的黑名单24 h，从而避免将任务分配到该任务节点上。

2. 任务节点错误

当任务节点进程崩溃或者任务节点进程所在节点故障时，任务节点将不再向作业节点发送心跳信息。作业节点将会认为该任务节点失效并且在该任务节点运行过的任务都会被认为失败，这些任务将会被重新调度到其他的任务节点执行。从用户的角度上，因任务节点出错而重新分配任务只会导致作业执行时间长，并不会提示错误或出现崩溃现象。

3. 作业节点错误

根据 MapReduce 体系结构和分布式作业系统结构，作业节点负责所有任务和作业的调度和监控。因此，作业节点出错是非常严重的情况。当作业节点出错时，所有正在运行的作业的状态信息会全部丢失。为了保证任务完成的可靠性，即使作业节点在很短时间内恢复正常，当前所有作业也都会被标记为失败，需要重新执行。

4. HDFS 错误

MapReduce 依赖于底层的 HDFS 进行文件读写。如果 HDFS 出错，则可能出现数据读写异常，导致任务和作业失败。当 DataNode 出错时，MapReduce 会从其他 DataNode 上读取所需数据。通常，每个 DataNode 内的数据都会在其他 DataNode 内进行备份，因此只有相关的 DataNode 同时损坏时，才会出现读写异常。如果 NameNode 出错，任务将在下一次访问 NameNode 时报错。MapReduce 计算框架会尝试访问 4 次（默认的最大尝试执行次数为 4），若访问均失败即认为 NameNode 处于故障状态，作业执行失败。

7.3.1.6 编程实例

本小节通过编程实例 WordCount，对比各类编程思路，最后列出代码并分析，以便更好地理解 MapReduce 和分布式并行编程。

为统计过去十年内计算机论文中出现次数最多的单词，通常使用以下 4 种方法。

（1）按顺序遍历所有论文，统计每一个单词的个数。这种方式适用于小规模数据，高效且易实现，但不适用于数据量大的问题。

（2）使用多线程程序，并发遍历论文。该方法适用于多核或多处理器的机器，高效但难度大，需要自行同步共享数据以免两个线程重复统计文件。

（3）把任务交给多个计算机完成，使用思路一的程序，将论文分配到多台计算机上进行遍历。这种方式效率最高但难度最大，需要人工分配数据，并将结果整合。

（4）使用 MapReduce 框架。本质上是方法（3），但该方法会自行分发数据和整合数据，用户只需制定分配规则即可，具体任务由 MapReduce 完成。

对比 4 种方法，显然方法（4）高效且易实现。下面说明 WordCount 设计思路：首先将文件内容切割为单词，然后将相同的单词组合在一起，最后统计次数。针对 MapReduce 模型，每个拿到数据的节点需要将数据切分，即通过映射阶段完成单词切分任务。为提高效率，相同单词的频数计算也可以并行化处理，即相同的单词交给同一台机器进行统计，所以由归约阶段统计频数。中间的单词分组过程由混淆完成。在键值对的设计上，使用 word 作为键、频数作为值。

1. 代码实现

```
public class WordCount
{
    public static class TokenizerMapper extends Mapper < Object,Text,
Text,IntWritable >
    {
    private final static IntWritable one = new IntWritable(1);
    private Text word = new Text();
    public void map ( Object key,Text value,Context context ) throws
IOException,,InterruptedException
        {
            StringTokenizer itr = new StringTokenizer( value. toString
());
```

```
        while(itr. hasMoreTokens())
            {
                word. set(itr. nextToken());
                context. write(word,one);
            }
        }
    }
        public static class IntSumReducer extends Reducer < Text,
IntWritable,Text,IntWritable >
        {
            private IntWritable result = new IntWritable();
            public void reduce(Text key, Iterable < IntWritable > values,
Context context)
    throws IOException,InterruptedException
            {
                int sum = 0;
                for(IntWritable val:values)
                {
                    sum + = val. get();
                }
                result. set(sum);
                context. write(key,result);
            }
        }
    public static void main(String[]args)throws Exception
        {
            Configuration conf = new Configuration();
            String[] otherArgs = new GenericOptionsParser(conf,args).
getRemainingArgs();
            if(otherArgs. length ! =2)
            {
                System. err. println("Usage:wordcount < in > < out >");
                System. exit(2);
            }
            Job job = new Job(conf,"word count");
            job. setJarByClass(WordCount. class);
            job. setMapperClass(TokenizerMapper. class);
            job. setCombinerClass(IntSumReducer. class);
```

```
        job. setReducerClass(IntSumReducer. class);
        job. setOutputKeyClass(Text. class);
        job. setOutputValueClass(IntWritable. class);
        FileInputFormat. addInputPath(job,new Path(otherArgs[0]));
          FileOutputFormat. setOutputPath ( job, new  Path ( otherArgs
[1]));
        System. exit(job. waitForCompletion(true)? 0:1);
      }
    }
```

2. 代码分析

首先形成源键值对 < key，value >，其中，key 为文档的行号，value 为内容，将源键值对作为 Map 的输入，得到中间键值对，如图 7 - 23 所示。

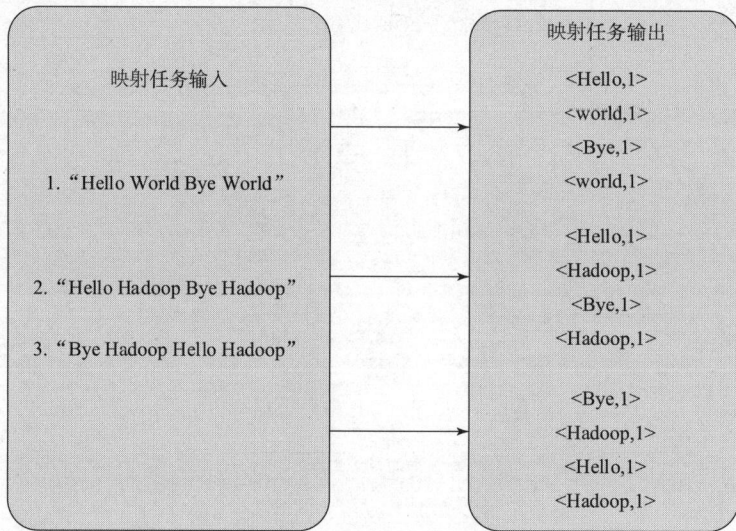

图 7 - 23　映射过程示意图

对中间键值对执行混淆操作，得到中间键值对集 < Hello,[1,1,1] >，< World,[1,1] > 等，并执行 Reduce 操作，得到最终结果 < Bye,3 >，< Hello,3 > 等，如图 7 - 24 所示。

最后对上述过程进行总结。

（1）MapReduce 将输入分割为 M 份 Job；

（2）Master 将每份 Job 交给一个空闲状态的映射节点；

（3）对每个源键值对执行映射操作，将得到的中间键值对写入本地磁盘，同时将文件信息传给 Master；

（4）R 个归约节点分别从不同的映射节点的分区中取得数据，并用 key 进行排序，对每一个唯一的 key 执行规约操作；

（5）执行完毕，返回结果。

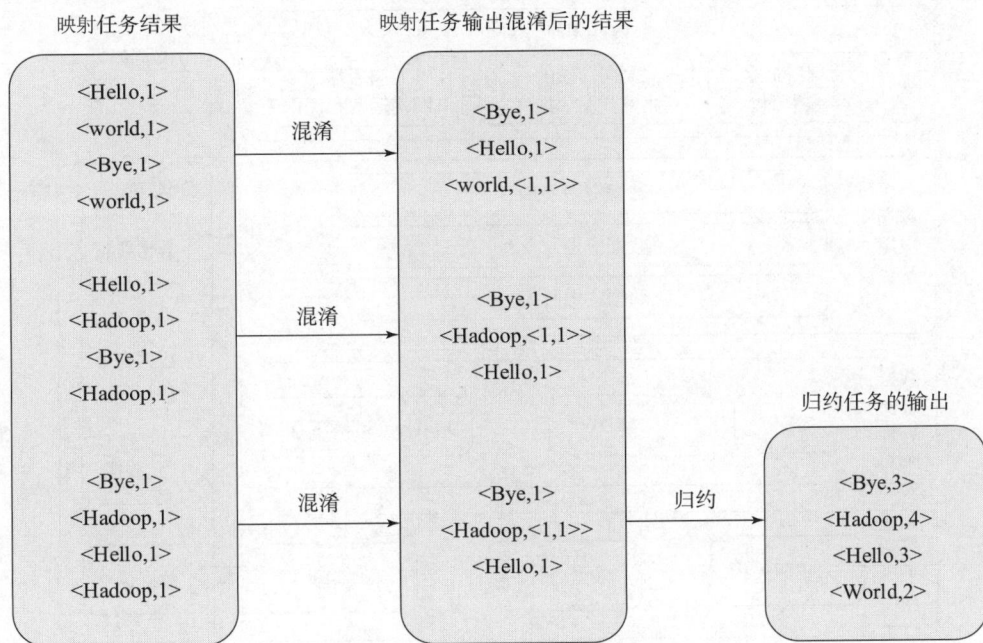

映射任务结果　　　　　映射任务输出混淆后的结果

归约任务的输出

图 7 - 24　**Reduce** 过程示意图

7.3.1.7　典型案例

静态批处理凭借其出色的数据处理能力，已经成为各类数据分析平台的核心组成部分。本节以电信运营商为例，说明静态批处理计算模式在大数据分析系统中的应用。

电信运营商作为数据管道，在运营服务中积累了大量数据，包括运营数据、电信基础设施数据及其衍生的预算、财务等各类数据。通过对这些数据资源的挖掘，可以帮助运营商提高运营效率、降低运营成本、寻找更多的业务机会。

上海某电信公司的大数据分析架构如图 7 - 25 所示。该架构主要由四个模块组成：数据采集网关、数据存储处理平台、数据应用平台以及数据管控平台。数据采集网关主要负责数据的采集、清洗和安全传输等，采用分布式前置部署。数据存储处理平台负责数据的整合、关联和发送，如移动 DPI 和固网宽带 DPI 等。数据应用平台负责封装数据，并提供统一的数据接口。数据管控平台负责管控各个子系统，如数据质量审核、数据安全校验等，以保证数据运营的稳定和高效。

上述系统架构主要采用了静态批处理计算模式，即先由数据采集网关进行数据采集和整合，再由数据存储处理平台进行统一的分析和处理。其中，数据存储处理平台基于 Hadoop 平台搭建而成，其硬件配置包括 1 台日志采集服务器、2 台 AAARadius 采集服务器、4 台固网 HTTPGet 前置采集服务器、4 台固网双向 DPI 前置采集服务器、11 台固网双向 DPI 清洗服务器、11 台固网 HTTPGet 清洗服务器、93 台 Hadoop 数据节点服务器和 2 台 Hadoop 控制节点服务器。基于上述系统，数据采集频率可维持在 5 min/次，采集速度约为 50 万条/s。在数据汇总期间，每次汇总需 4 h，汇总速度为 222 万条/s，每日处理数据量约为 2 TB。

由于上述应用场景中不存在实时性业务，因此静态批处理计算模式可以满足上述案例的数据处理需求。但随着数据量不断增多，业务范围的拓展，实时性需求的出现已成为大势所

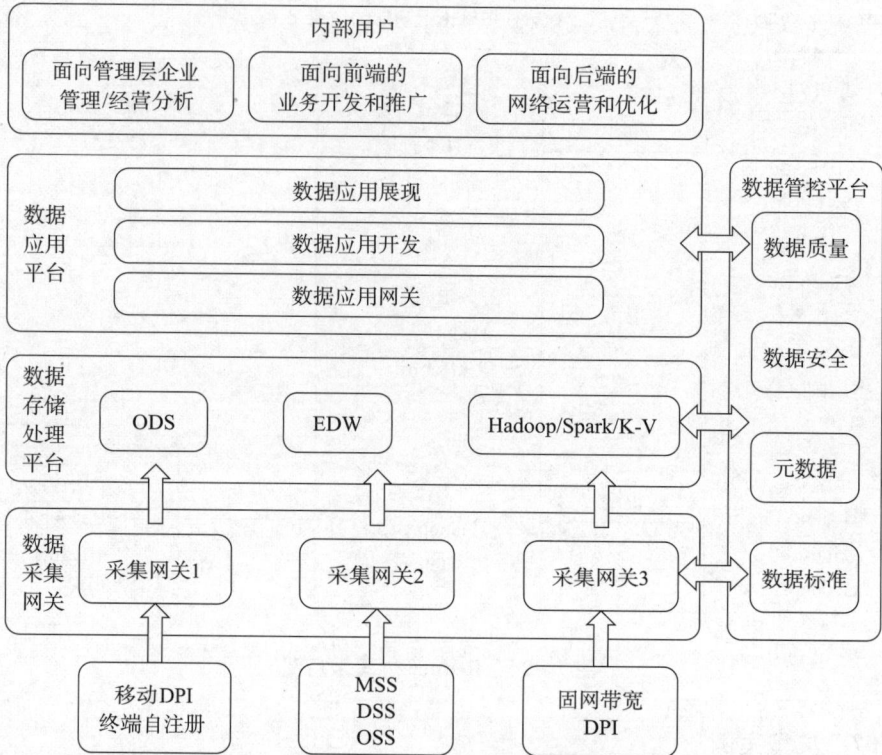

图 7-25 上海某电信公司的大数据分析架构

趋，MapReduce 已无法满足新的业务需求。实时流计算 Storm 凭借其出色的实时流计算能力逐渐受到关注，成为实时业务中的主流计算模式。

7.3.2 Storm

7.3.2.1 基础知识

1. 流计算简介

在实时应用中，业务不断地产生新数据，因此数据的价值随着时间的推移而降低，需要对数据进行实时处理以最大化发挥数据价值，上一节所述的离线批处理模式已不能满足实时处理的需求。流计算通过对大量数据流进行分析，可以实时获取有价值的信息。

流计算的特点在于，需要处理的数据并不是预先存在内存中，而是以数据流的形式到达，即得到一些数据就处理，而不是缓存起来成批处理。相比于离线批处理模型，流计算模型有以下特点。

（1）数据流的潜在大小是无穷的。

（2）数据流中的元素在线到达、在线处理，而不是缓存起来成批处理。

（3）一旦数据流中的某个元素经过处理，要么被存储，要么被丢弃。

基于以上特点，流计算系统应达到以下要求。

（1）高性能：能处理大批量的数据。

（2）实时性：处理速度快，至少应达到秒级。

（3）分布式：支持大数据的基本架构，并且有一定扩展性。

（4）可靠性：能够可靠地处理数据流。

（5）易用性：开发人员能迅速使用此系统进行开发工作。

对于流计算处理流程，通常分为三个阶段：实时数据采集、实时数据计算、实时数据查询。

2. Storm 基本概念

Storm 是 Twitter 于 2011 年开发的开源流计算框架，使用 Clojure 和 Java 开发，可以简单、高效地处理数据流，同时，Twitter 使用分层数据处理架构，分别组成了批处理系统和实时处理系统，如图 7 - 26 所示。

图 7 - 26　Storm 数据处理架构

在分层处理架构中，Twitter 使用 Storm 和 Cassandra（一种混合型非关系数据库）组成实时处理系统，使用 Hadoop 和 ElephantDB 组成批处理系统，将实时系统的处理结果交付批处理系统进行修正，提高了实时处理系统的可靠性。

Storm 框架具有以下特点。

（1）编程模型简单：Storm 提供了多种 API，降低了实时处理的复杂度。

（2）支持多种语言：默认支持 Clojure、Java、Python 和 Ruby，通过实现一个 Storm 通信协议也可以支持其他语言。

（3）容错性高：Storm 可以自动管理工作进程和节点故障。

（4）可靠性强：Storm 可以保证每条消息的完整处理。

（5）扩展性强：Storm 在多个线程和服务器之间并行计算，使其可以运行在分布式集群中。

（6）快速部署：Storm 安装和配置简单，易于部署和使用。

基于以上特点，Storm 应用场景主要有以下 3 类。

（1）信息流处理：Storm 可以用于实时分析和处理数据。

（2）连续计算：Storm 可以进行连续的查询，并将结果实时反馈给用户。

（3）分布式远程过程调用：Storm 可以用来并行处理密集查询。

7.3.2.2 编程模型

Storm 对一些概念进行了抽象化，下面通过对元组（tuple）、消息流（stream）、消息源（spout）、处理器（bolt）、流分组（stream grouping）、任务（task）和策略（topology）的说明来描述 Storm 编程模型。

1. 元组

元组是 Storm 中的基本数据格式。元组用于包装实际数据，是 Storm 消息传递的基本单元。元组可以理解为已命名元素的有序列表，元素的类型是任意的，兼容整数、字节、字符串、浮点数等类型。也可以将元组理解为 MapReduce 中的键值对，其中键指的是元组的名称，值指的是元组的元素。

2. 消息流

消息流是 Storm 中的核心抽象，如图 7-27 所示。消息流代表实时产生的数据流，是一个无界的元组序列。这些元组会以分布式的方式并行地创建和处理。

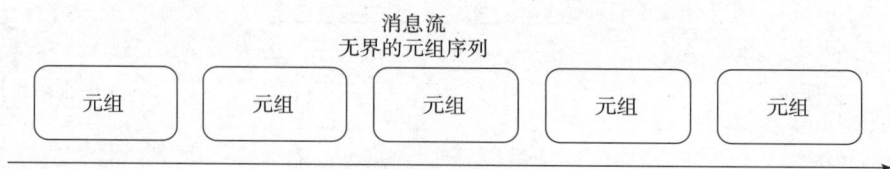

图 7-27　消息流

3. 消息源

消息源是 Storm 中数据流的来源，如图 7-28 所示。消息源从外部数据源（如消息队列、数据库等）中读取流数据并封装成元组形式，发到消息流中。消息源接口中有一个 nextTuple 函数，Storm 架构会不停地调用该函数读取流数据。消息源和数据流的关系如另外，消息源传输模式分为可靠传输和不可靠传输。可靠传输模式调用 Ack 或 Fail 函数来告知用户传输的有效性；不可靠传输没有差错控制机制。

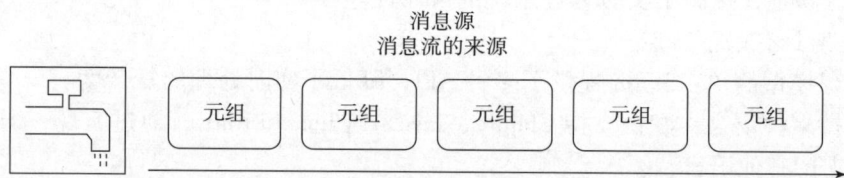

图 7-28　消息源

4. 处理器

图 7-29 所示为处理器，其职责包括函数处理、过滤、流合并、本地存储等操作。一个处理器可以接收并处理任意数量的消息流，也可以输出任意数量的消息流。通常把一个数据处理任务拆分为多个处理器，每个处理器执行一部分数据处理任务。同时，多个处理器并行执行，可以提高 Storm 框架的处理能力和效率，同时提升流水线的并发度。在声明一个处理器时，需要指定该处理器订阅了哪些特定的输出流，这样该处理器才能接收这些数据流并处理。处理器中最重要的接口是执行（execute）方法，该方法指定了处理逻辑，由用户编写。处理器在接收到消息后会调用此函数，执行用户自定义的处理逻辑。

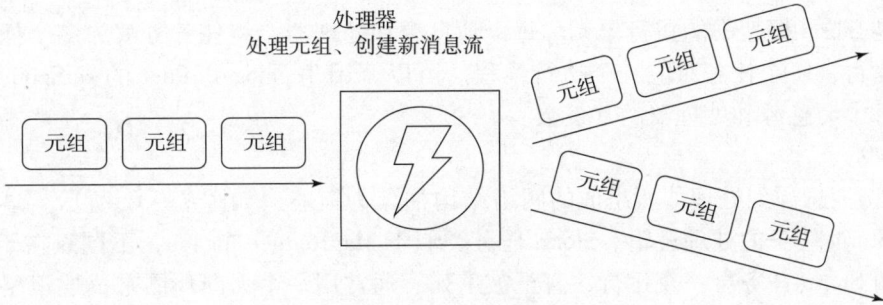

图 7 - 29　处理器

5. 流分组

图 7 - 30 展示了流分组的工作原理。流分组指定了如何在两个组件之间（如消息源和处理器之间，或者不同的处理器之间）进行元组的传送，近似计算机网络中的路由功能，即决定了任务的处理路线。Storm 中的流分组主要有如下方式。

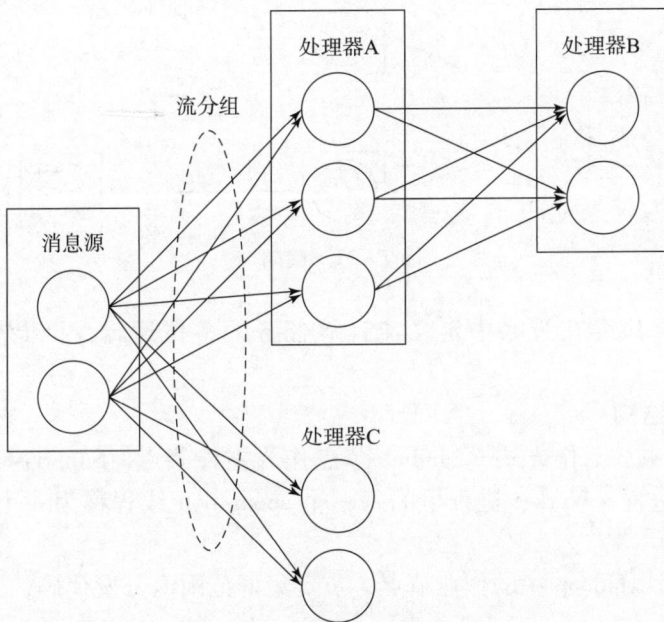

图 7 - 30　流分组的工作原理

（1）随机分组（shuffle grouping）：随机分发消息流中的元组，保证每个处理器的任务接收元组数量大致一致。

（2）按字段分组（fields grouping）：保证相同字段的元组分配到同一个任务中。

（3）广播分组（all grouping）：每一个元组会被发送给所有的任务。

（4）全局分组（global grouping）：所有的元组都发送到同一个任务中。

（5）不分组（non-grouping）：类似随机分组，当前任务的执行会和它的被订阅者在同一个线程中执行。

（6）直接分组（direct grouping）：直接指定由某个 Task 来执行元组的处理。

6. 任务

任务是 Storm 框架中的执行单元。每个消息源和处理器会将任务分解为多个任务,在集群上并行运行,每个任务对应一个执行线程。可以调用 TopologyBuilder 的 setSpout 和 setBolt 函数设置每个消息源和处理器的并发数。

7. 策略

Storm 将消息源到处理器所组成的网络结构抽象为策略,如图 7 – 31 所示。事实上,策略是一个 Storm 任务的处理逻辑。Storm 任务类似于 MapReduce 的 Job,不同点在于 Job 最终会结束,而 Storm 任务会一直运行,直至被杀死。通常用一个无向环图来描述策略,该无向环图描述了一个流分组把信息源和处理器连接到一起形成的拓扑结构。

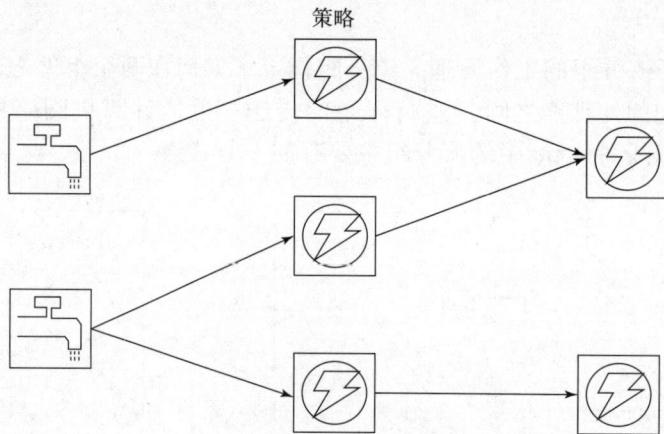

图 7 – 31 策略

对于用户而言,只需在策略中定义流计算任务的整体逻辑,再提交到 Storm 中执行即可。

7.3.2.3 体系结构

Storm 集群采用主从工作方式,Nimbus 节点作为主控节点,Supervisor 节点作为工作节点,Worker 为工作进程,Worker 进程里的每一个 spout/bolt 线程称为一个任务。Storm 集群架构如图 7 – 32 所示。

Nimbus 节点类似 Hadoop 中的作业节点,负责集群范围内分发代码,为工作节点分配任务并检测故障。

Supervisor 节点负责监听分配给它所在机器的任务,即根据 Nimbus 分配的任务来决定启动和停止 Worker 进程。一个 Supervisor 节点上可以同时运行若干个 Worker 进程。Worker 进程运行处理数据的具体逻辑,一个策略可能在一个或多个 Worker 进程中执行。例如,如果策略并行度设置为 400,使用 80 个 Worker 进程执行,那么每个 Worker 进程会处理 5 个任务。

另外,Storm 使用 ZooKeeper 作为分布式协调组件,负责 Nimbus 和多个 Supervisor 节点之间的所有协调工作。ZooKeeper 不做消息传输,只提供协调服务,同时存储拓扑状态和统计数据。借助于 ZooKeeper,实现了 Nimbus 和 Supervisor 节点的通信分离,即两节点间不直接通信。同时,节点的状态信息存放在 ZooKeeper 集群内,当 Nimbus 进程或 Supervisor 进程意外

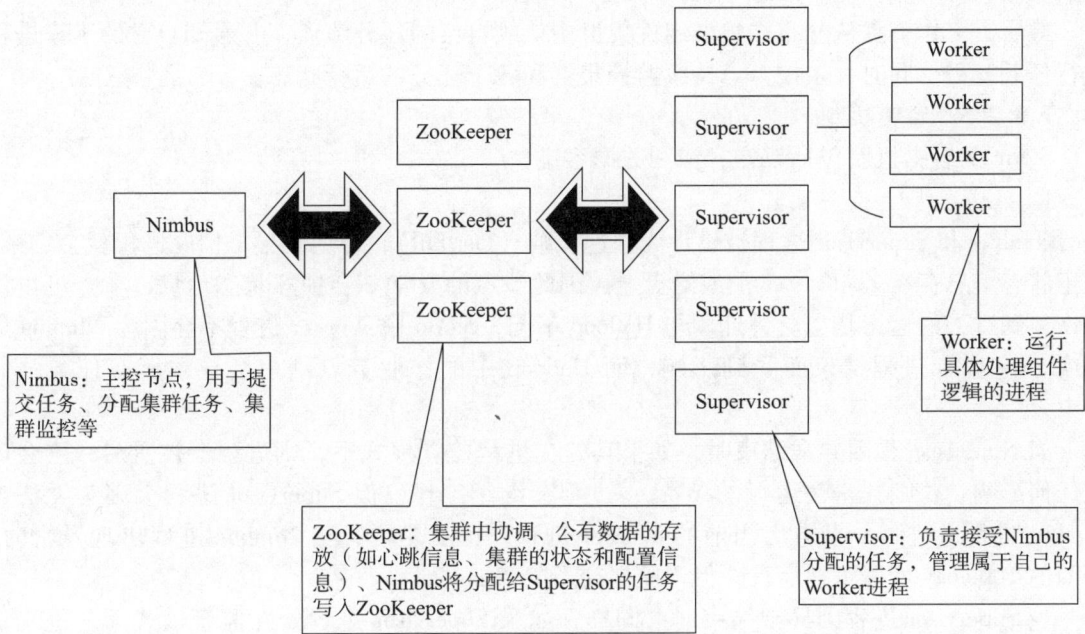

图 7-32 Storm 集群架构

终止时，可以通过集群内的状态信息恢复之前的状态并继续工作，提升了 Storm 的稳定性。

7.3.2.4 工作流程

基于以上架构设计，Storm 工作流程如图 7-33 所示。

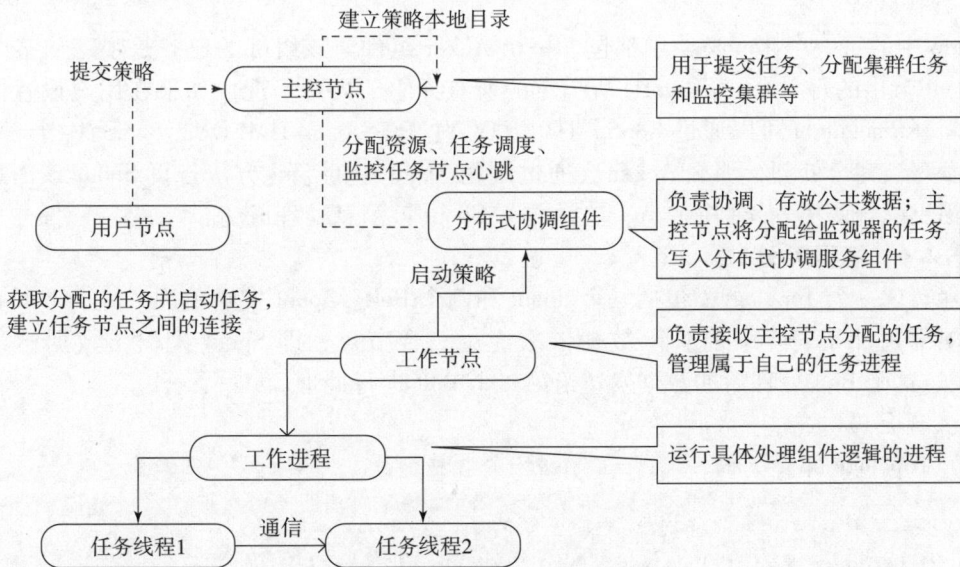

图 7-33 Storm 工作流程

首先，用户定义执行逻辑策略，由 Storm 客户端节点提交到主控节点中执行。

其次，主控节点创建本地策略目录并接收策略，同时将其分为多个任务节点，并将任务节点和对应的工作节点的信息写到分布式集群组件中。

最后,工作节点从分布式集群组件集群中认领自己的任务节点,并通知自己的工作进程执行任务线程。同时,主控节点持续监控集群和各个任务的运行状态。

7.3.2.5　容错机制

Storm 的容错机制包括架构容错和数据容错。

1. 架构容错

Nimbus 和 Supervisor 进程被设计为快速失败(fast fail),即遇到异常情况进程就会结束。由于状态信息存在 ZooKeeper 上或磁盘上,因此节点的异常不会损坏状态信息,节点可以快速恢复到过去的运行状态。另外,与 Hadoop 不同,Storm 中 Worker 进程不会因为 Nimbus 进程或 Supervisor 进程结束而受到影响,而 Hadoop 中的作业节点结束会导致所有任务强制结束。

当 Nimbus 进程因异常结束时,如果其处在进程监管模式下,则进程会被重启,不会产生任何影响。否则,正在运行的 Worker 进程会继续工作,但 Supervisor 进程会因为无法与 Nimbus 进程通信而一直重启当前的 Worker 进程。也就是说,当 Nimbus 进程出现异常时,当前的 Topology 可以正常运行,但不能提交新的 Topology。

当 Supervisor 进程因异常结束时,同样,如果 Supervisor 进程处在监管模式下,进程重启且不会产生影响。否则,分配到这一节点的 Task 都会超时,Nimbus 进程会把这些 Task 重新分配到其他节点。

当 Worker 进程因异常结束时,对应的 Supervisor 进程会重启 Worker 进程。如果多次重启失败,该 Worker 进程将无法与 Nimbus 进程保持联系,超时后 Nimbus 进程会将 Worker 进程重新分配到其他节点上执行。

2. 数据容错

Storm 中的每一个 Topology 中都包含一个 Acker 组件。该组件的任务是跟踪从某个 Task 中的 Spout 流出的每一个 messageID 所绑定的所有元组的处理情况。如果在用户设置的最大超时时间(timetout)(可以通过 Config. TOPOLOGY_MESSAGE_TIMEOUT_SECS 来指定)内这些元组没有被完全处理,那么 Acker 会通过调用 Spout 中的 Fail 方法告诉 Spout 该消息处理失败,相反则会调用 Spout 中的 Ack 方法告知 Spout 该消息处理成功。

7.3.2.6　编程实例

编程实现一个 Topology,包括一个 Spout 和两个 Bolt。Spout 发送单词,每个 Bolt 在输入数据的尾部追加字符串"!!!"。数据依次经过三个节点,即 Spout 先输出数据给第一个Bolt,经过这个 Bolt 处理后的数据发送给第二个 Bolt 进行处理。

1. 实现代码

(1) Topology 部分代码。

```
TopologyBuilder builder = new TopologyBuilder();
builder.setSpout("words",new TestWordSpout(),10);
builder.setBolt("exclaim1",new ExclamationBolt().shuffleGrouping
("words");
```

```
builder. setBolt ( "exclaim2", new ExclamationBolt ( ). shuffleGrouping
("exclaim1");
```

（2）Spout 部分代码。

```
public void nextTuple(){
Utils. sleep(100);
final String[ ] words = new String[ ] { "nathan","mike","jackson","
golda","bertels"
    };
```

（3）Bolt 部分代码。

```
public static class ExclamationBolt implements IRichBolt{
OutputCollector _collector;
public void prepare(Map conf,TopologyContext context,OutputCollector
collector){
    _collector = collector;
}
public void execute(Tuple tuple){
    _collector. emit(tuple,new Values(tuple. getString(0) + "!!!"));
    _collector. ack(tuple);
}
public void cleanup(){}
public void declareOutputFields(OutputFieldsDeclarer declarer){
    declarer. declare(new Fields("word"));
}
}
```

最终运行结果为{"Nathan!!!","mike!!!","jackson!!!","golda!!!","bertels!!!"}。

2. 代码解析

（1）Topology 部分。

首先创建一个 Topology；然后设置 Spout，输出为 words；最后分别设置两个 Bolt，指定 Bolt 订阅的数据流和输出结果。第一个 Bolt 订阅的数据流为 words，输出为 exclaim1；第二个 Bolt 订阅的数据流为 exclaim1，输出结果为 exclaim2。

（2）Spout 部分。

定义数据流的内容，这里指定数据流为一个字符串数组：{"nathan","mike","jackson","golda","bertels"}。

（3）Bolt 部分。

Bolt 中定义了一个 ExclamationBolt，该类实现了 Storm 框架中的 IRichBolt 接口。在 ExclamationBolt 类中，需要用户实现四种方法：prepare、execute、cleanup，以及 declareOutputFields。其中，execute 方法指定了 Bolt 对数据的具体处理逻辑，本例中对数据流的每一个元组后添加了"!!!",并利用 Ack 方法保证了数据的可靠传输。

7.3.2.7 典型案例

美团作为著名的消费平台,旗下有许多大流量订单业务,如外卖、旅游、电影以及广告平台的业务。综合处理如此多的业务需要一套可以处理高并发、大流量的大数据平台。本节以美团大数据分析架构为例,说明实时流计算 Storm 在大数据分析业务中的应用。

以美团外卖和订餐业务为例,在用餐高峰期整体数据流巨大,对平台的数据处理能力和硬件负载要求较高。同时,为综合管理旗下多种平台,需要搭建一套多接口的日志收集平台。业务的特性决定了美团的大数据平台需要对高并发、综合数据收集具有包括兼容性在内的强大能力。因此搭建上基于应用考量,美团大数据平台的功能主要有以下 3 个方面。

(1)数据的流式计算。

(2)多业务日志收集,以供后续数据挖掘和分析。

(3)对线上业务收集的数据进行进一步的数据分析和挖掘,用于反馈和推荐新的业务。

美团大数据平台架构如图 7-34 所示。

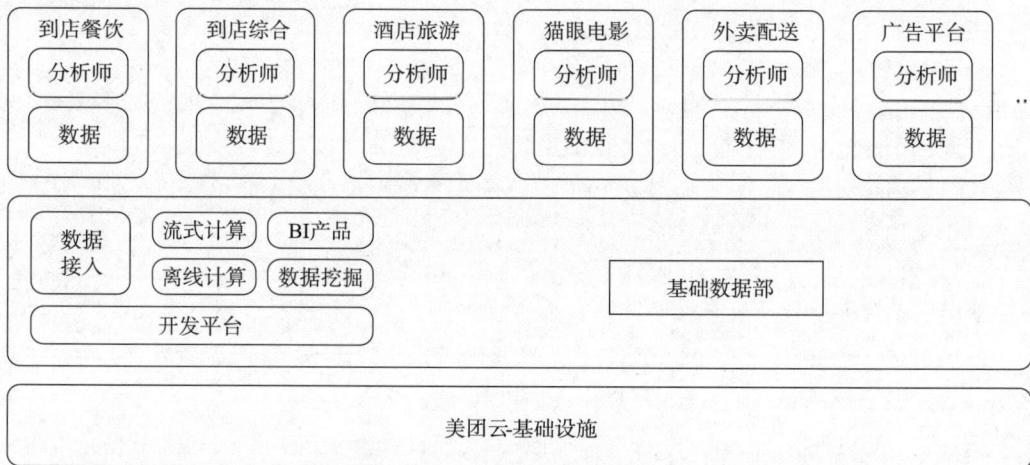

图 7-34　美团大数据平台架构

整体架构建立在美团云基础上,对多业务进行统筹分析。收集流量数据后,数据流进入开发平台,首先经过流式计算,随后进行离线计算。在数据收集部分,美团支持了多种数据格式,业务峰值时期每秒可接收百万级别的数据。

在计算模式上,美团采用流计算和离线计算相结合的模式。其数据处理架构如图 7-35 所示。

数据以数据流形式到达,首先经过实时计算,随后 Hadoop 离线计算。美团将数据分成两个部分:一部分是追加型的日志数据;另一部分是关系型数据,来自业务收集。首先将线上业务数据存入业务数据库,之后流式数据进入 Kafka 消息队列进行处理。这种流处理与批处理相结合的计算模式,有效支撑起美团广阔的业务范围,支持各类应用场景。

综合分析,美团大数据分析平台支持了美团的线上业务以及独立业务的开展。在功能完备的基础上,为业务的扩展提供了向下兼容性能,也可以在数据为王的时代进行深度的数据挖掘,是一个成功的大数据平台设计与应用案例。从中也可以看出,流计算 Storm 作为高效

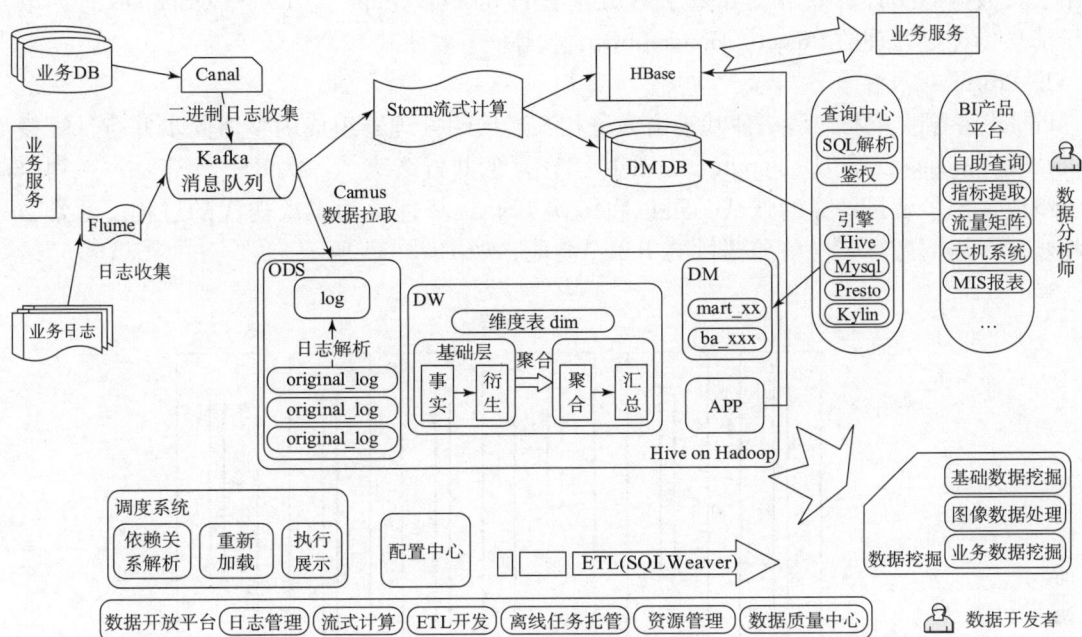

图 7 – 35　美团数据处理架构

的实时计算模式，为美团提供了强大的实时处理能力，保证了美团大数据分析平台的稳定和高效地运行。

7.3.3　Pregel

7.3.3.1　基础知识

1. 图计算简介

图计算是针对图结构数据的计算模式。图结构能够有效表达数据之间的关联性，所以许多大数据都是以大规模图或网络的形式呈现，如社交网络、交通路网等。这些图数据规模较大，常常达到数十亿的顶点和上万亿的边数。由于数据规模大且数据关系复杂，传统的图计算算法暴露出了以下 3 个问题。

（1）内存访问局部性差。

（2）针对单个顶点的处理工作少。

（3）计算过程中经常改变计算的并行度。

针对以上 3 个问题，研究人员提出了以下方案，但仍存在不足。

（1）为每个特定的图制定特定的实现方案，缺点是通用性不好。

（2）在现有的分布式计算平台上进行图计算，缺点是性能低且易用性较差。比如使用分布式批处理系统 MapReduce 实现图算法会大幅增加计算时间和复杂度。

（3）使用单机图算法库，缺点是局限性较大，对图的规模有限制。

（4）使用现有的并行图计算系统，如 BGL、LEAD 和 Stanford GraphBase，缺点是容错性能较差。

由于传统的图计算方案无法适应大规模的数据和复杂的数据关系，研究人员设计了一种适用于大数据的图计算软件，如基于遍历算法的 Infinite Graph、DEX 和 OrientDB 等，以及基于消息传递批处理的 Pregel、Hama 和 Giraph 等。

2. Pregel 基本概念

Pregel 由谷歌开发，是一种基于由大量相互连接的处理器组成的整体同步并行计算模型（bulk synchronous parallel computing model，BSP）的并行系统。一次 BSP 计算由一系列全局超步组成，超步就是计算的迭代，可以将一次 BSP 计算理解为多次迭代的过程。通常，一个超步包含局部计算、通信和栅栏同步 3 个阶段，如图 7 - 36 所示。

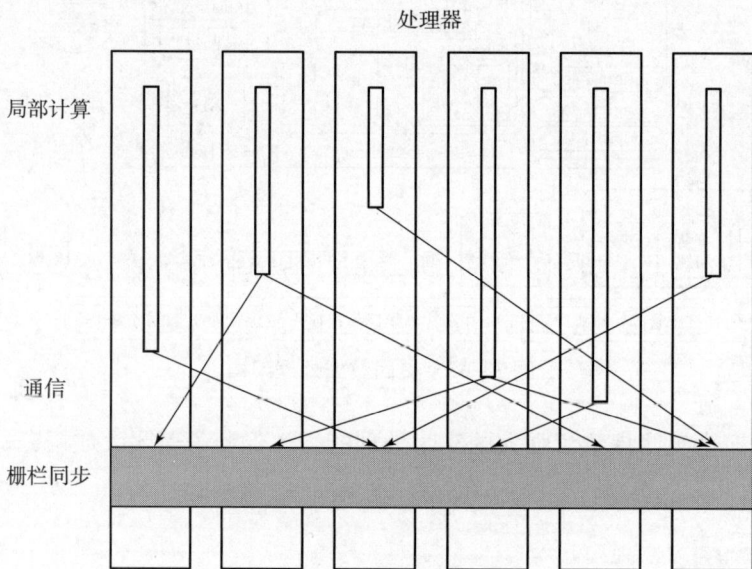

图 7 - 36　超步的垂直结构

（1）局部计算。每个处理器读取本地内存的数据，并执行各自的任务，不同处理器之间的计算任务异步且独立。

（2）消息传递。每个处理器计算完毕后，与相关的处理器进行数据交换。

（3）栅栏同步。由于处理任务和速度不同，因此各个处理器完成任务的时间有所差异，每次超步结束都需要对各个处理器进行同步。BSP 通过设置同步栅栏，每个处理器完成计算任务后都会被挂起，直至所有处理器都完成计算任务，确保所有并行计算都完成再执行下一个超步，实现处理器同步。每一次同步既标志着一个超步的结束，也标志着下一个超步的开始。

7.3.3.2　编程模型

下面分别通过顶点、消息传递和计算过程 3 个方面说明 Pregel 编程模型。

1. 顶点

传统图计算模型的问题之一是针对顶点的处理较少，Pregel 计算模型在这一点做出了改变，它以顶点为中心，增大了对节点的处理。Pregel 以有向图作为输入，有向图的每个顶点包含两部分，分别是一个 String 类的 ID 和一个任意类型的数据。其中，ID 是该顶点的唯一标识，数据是一个可修改的用户自定义的值，参与节点运算。每条边包含三部分，分别是源顶点 ID、目标顶点 ID 和用户自定义的数据。顶点模型如图 7 - 37 所示，由该图可见，每条有向边都与源顶点关联，同时记录目标顶点的 ID，并且边上有一个可修改的用户自定义的值。

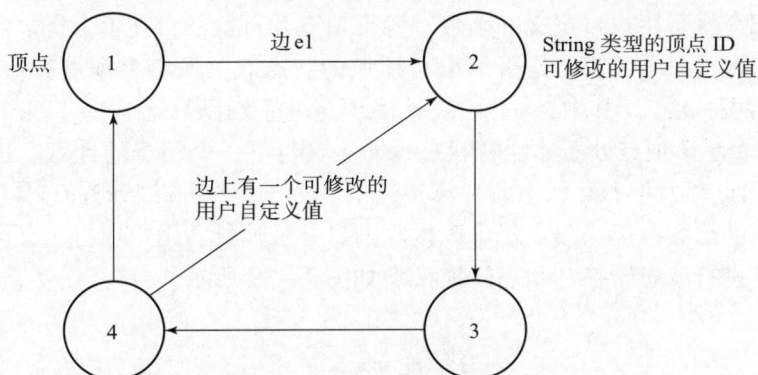

图 7 – 37　顶点模型

每个超步内，所有顶点都会接收上一个超步发来的信息，同时并行执行相同的用户自定义函数 compute( )，该函数应指明如何处理上一个超步的消息，如何修改自身数值及出射边的状态，并发送消息给其他顶点。最后，该函数要指出本顶点的状态修改，关于状态修改，将在下面的计算过程中详细说明。

2. 通信

Pregel 顶点间的信息交换，采用纯消息传递模型，而不是远程数据读取或共享内存，如图 7 – 38 所示。原因是消息传递具有足够的表达能力，没有必要使用远程读取或共享内存的方式。同时采用异步和批量的方式传递消息，可以减少延迟，提升系统性能。

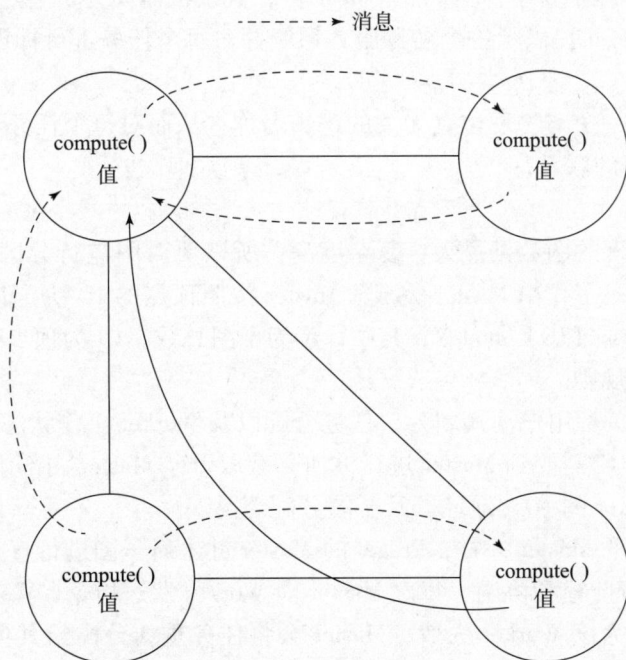

图 7 – 38　消息传递模型

3. 计算过程

Pregel 是基于 BSP 的图处理系统，因此 Pregel 的计算过程同样由多个超步组成。在每个超步中，顶点都会执行用户自定义的函数，各个顶点并行执行，互不干扰。

在 Pregel 计算过程中，算法是否结束与顶点的状态有关。每个顶点有活跃（active）和非活跃（halt）两种状态。其中，active 表示该顶点处于活跃状态，即下一个超步中仍有计算要执行，halt 表示该顶点处于非活跃状态，即不参与下一个超步的计算。顶点初始状态为active，当所有顶点都处于 halt 状态时，算法结束。对于处在 halt 状态的顶点，Pregel 虽然不会再执行该顶点的函数，但该顶点仍可以接收消息并被唤醒。用户在自定义函数中要指出在何种情况下顶点进行状态转换。状态转换模型如图 7 – 39 所示。

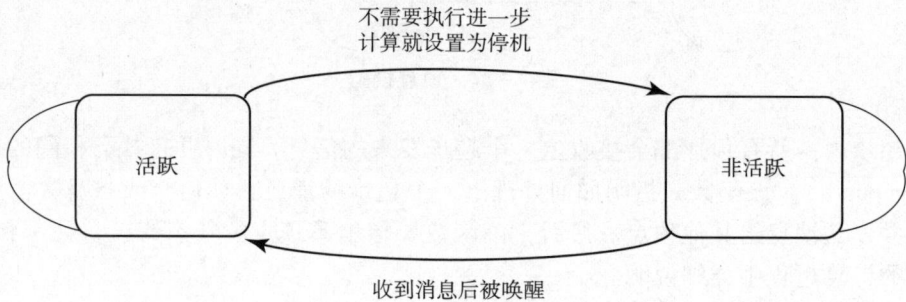

图 7 – 39　状态转换模型

7.3.3.3　体系结构

Pregel 同样采用主从结构。一个图计算任务会被分解为多个子任务，置于多台机器上并行执行，其中，一台机器作为中心节点（Master），其余机器作为子节点（Worker）。同时为了便于管理任务，Pregel 提供了一个名称服务系统并对每个任务进行标识。

1. 名称服务系统

为每个任务赋予一个与物理位置无关的逻辑名称，从而对每个任务进行有效标识。建立Worker 和 Master 之间的联系。

2. Master

由于 Pregel 所处理的图数据量大，复杂度高，所以要对图进行分区，划分为多个子图，如图 7 – 40 所示。这一工作由 Master 完成。Master 按照顶点的 ID 决定该顶点被分配到哪个子图，默认规则为 hash（ID）mod N。其中，N 为子图总数，ID 为顶点标识符，用户也可根据需要自行定义分区规则。

此外，Master 还负责用户输入划分、任务分配以及 Worker 工作状态监控。为方便 Master管理，每一个 Worker 都需要到 Master 进行注册并获取 ID。Master 内部维护着一个 Worker 列表，包含着各个 Worker 的 ID、地址以及子图分配情况。

同众多主从结构的 Master 一样，Pregel 的 Master 并不对子图进行直接处理，而是通过心跳机制对 Worker 进行监控和协调。每次 Master 向 Worker 发送指令，Worker 都需要在规定时间内响应，超时则认为该 Worker 失效，Master 会将任务重新分配给其他 Worker，具体步骤会在容错机制中详细说明。

3. Worker

Worker 主要负责计算任务执行。Worker 中记录了自己所管辖的子图的状态信息，包括顶点的当前值、顶点的出射边列表、消息队列和标志位等。其中，由于当前超步处理消息的

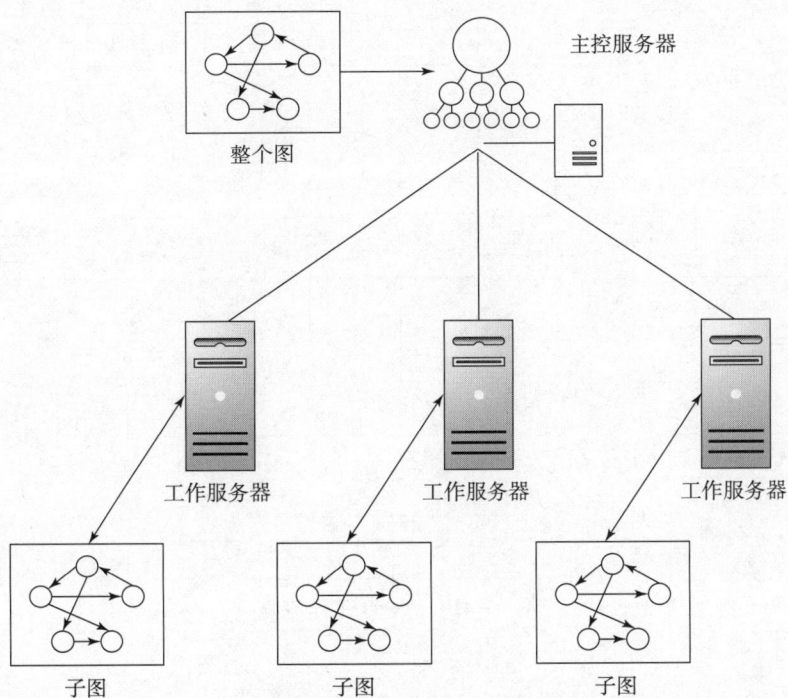

图 7 - 40 图的分区模型

同时，顶点也在接收其他顶点发来的消息，因此每个顶点维护两个消息队列，分别存储上一个超步收到的信息和当前超步收到的信息，前者用于当前超步的消息处理，后者交付给下一个超步处理。事实上，如果当前超步接收到了其他顶点发来的消息，说明在下一超步有消息需要处理，即在下一超步中该顶点处于 active 状态，否则置为 halt 状态。

Worker 借助名称服务系统定位到 Master 的位置，Master 会为其分配一个 ID，并为每个 Worker 分配一个子图。每个超步中，Worker 会遍历自己所管辖子图中的每个顶点，并调用各个顶点的 compute( ) 函数。当 compute( ) 函数请求发送消息到其他顶点时，Worker 首先确认目标顶点的位置。如果属于当前自己管辖的子图，Worker 会把消息直接写入目标顶点的输入消息队列中；如果是在远程的 Worker 上，Worker 会先将消息写入缓存，当缓存达到阈值时，将消息发送至目标顶点。

7. 3. 3. 4 工作流程

Pregel 工作流程可以分为五个阶段，如图 7 - 41 所示。

1. 第一阶段

指定服务器集群中的多台机器执行图计算任务，每台机器上运行用户程序的一个副本，并选择一个机器作为 Master，其余为 Worker。Worker 通过名称服务系统定位 Master 的位置并发送注册信息。

2. 第二阶段

Master 将图划分为多个子图，并分配给已注册的 Worker。由于分区规则相同，因此各个 Worker 都知道子图的分配情况。各个 Worker 在每个超步内遍历自己子图的顶点，并执行顶点的 compute( ) 函数，向外发送消息，同时接收消息。

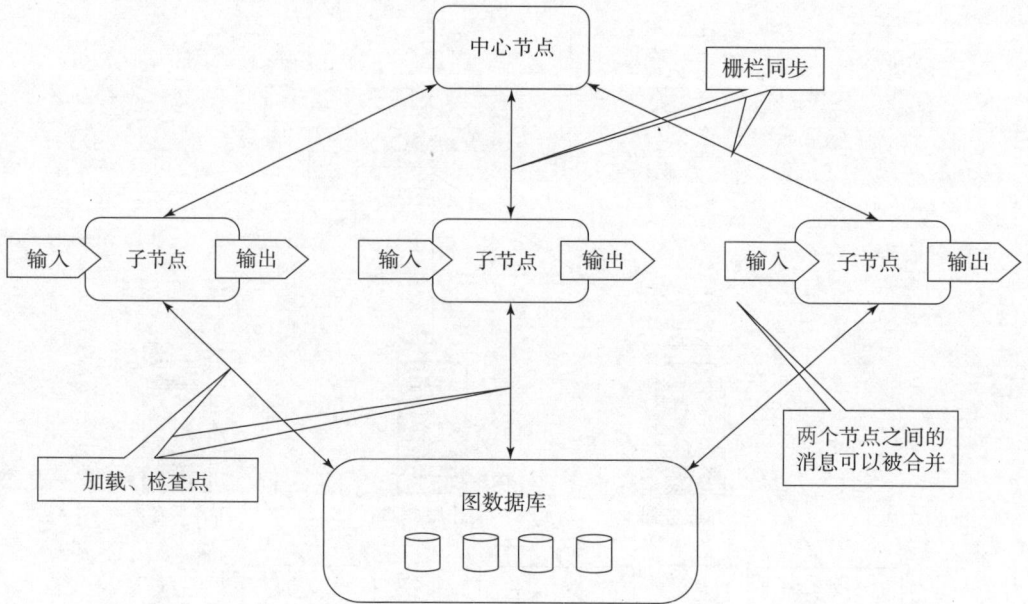

图 7 – 41　Pregel 工作流程

3. 第三阶段

Master 会把用户输入划分为多个部分，通常是基于文件边界划分。每一部分包含多条记录，每条记录上包含着一定数量的点和边。然后 Master 会为 Worker 分配用户的输入信息。如果一个 Worker 从输入内容中加载的顶点，刚好是自己所分配的子图中的顶点，就会立即更新相应的数据结构，并将顶点标记为 active 状态。否则，该 Worker 会根据加载到的顶点的 ID，把它发送到其所属的子图所在的 Worker 上。当所有的输入都被成功加载后，图中的所有顶点都会被标记为 active 状态。

4. 第四阶段

Master 向每个 Worker 发送指令，Worker 收到指令后，开始运行一个超步。Worker 会为自己管辖的每个子图分配一个线程，对于子图中的每个顶点，Worker 会把上一个超步中发给该顶点的消息传递给该顶点，并调用处于 active 状态的顶点上的 compute( ) 函数进行数据运算。上述工作完成后，Worker 会通知 Master 任务完成，并把自己在下一个超步处于 active 状态的顶点的数量报告给 Master。重复上述步骤，直到所有顶点都处在 halt 状态并且系统中无任何消息在传输，计算过程结束。

5. 第五阶段

计算过程结束后，Master 会给所有的 Worker 发送指令，通知每个 Worker 对自己的计算结果进行持久化存储。

7.3.3.5　容错机制

Pregel 采用向后恢复的检查点机制实现容错。在每个超步的开始，Master 会通知各个 Worker 将子图相关信息（如包括子图内顶点值、边值和接收的消息）形成检查点并写入可靠的存储设备，用于容错恢复。Master 会周期性地向 Worker 发送消息，Worker 需要在指定时间内反馈，如果超时则认为该 Worker 失效。同时，如果 Worker 在一定时间内没有收到 Master 的指令，该 Worker 也会停止工作。

当一个 Worker 失效时，其所管辖子图的状态信息可能出现损坏或丢失。Master 会把该 Worker 的任务重新分配给其他 Worker，同时，所有 Worker 会加载最近的检查点内的状态信息，即状态倒退。Pregel 即通过这种状态倒退的方式来实现容错。

检查点容错机制虽然可靠，但存在大量的执行开销和延迟。为了改进容错机制，研究人员正在开发 Confine Recovery。Confine Recovery 的原理是先通过检查点进行恢复，然后只对丢失的子图重新进行计算。系统会查看正常工作的 Worker 的状态信息，对比检查点内的状态信息，信息相同则不进行状态倒退。Confine Recovery 可以减少状态恢复的计算量，同时，由于每个 Worker 可以恢复到更近的状态信息，使故障造成的延时显著缩短。

7.3.3.6　编程实例

本节首先介绍 Pregel 的 API，然后通过说明 Pregel 在最短路径问题上的应用，帮助学习者更好地理解 Pregel 编程模型。

1. Pregel API

Pregel 中预先定义了一个基类 Vertex：

```
template<typename VertexValue,typename EdgeValue,typename MessageValue>
class Vertex{
public:
        virtual void Compute(MessageIterator* msgs)=0;
        const string& vertex_id()const;
        int64 superstep()const;
        const VertexValue& GetValue();
        VertexValue* MutableValue();
        OutEdgeIterator GetOutEdgeIterator();
        void SendMessageTo(const string& dest_vertex,const MessageValue&
message);
        void VoteToHalt();
    };
```

在 Vertex 类中，定义了三个值类型参数，分别为顶点值 VertexValue、边值 EdgeValue 和消息 MessageValue。用户在编写 Pregel 程序时，需要继承 Vertex 类，重载虚函数 compute() 同时写入自定义处理逻辑。此外，Vertex 类还提供了大量接口。GetValue() 方法用于得到当前顶点的值，MutableValue() 方法用于修改当前顶点的值，VoteToHalt() 方法用于改变顶点的状态，SendMessageTo() 方法用于向指定顶点发送消息。同时，Vertex 类还提供了出射边的迭代器 OutEdgeIterator，用户可以通过这个迭代器修改出射边的值。

2. 单源最短路径问题

以单源最短路径问题为例，使用 Pregel 模型可以有效简化问题。以图 7-42 所示的有向图为例演示如何使用 Pregel 提供的 API 实现单源最短路径问题的求解。

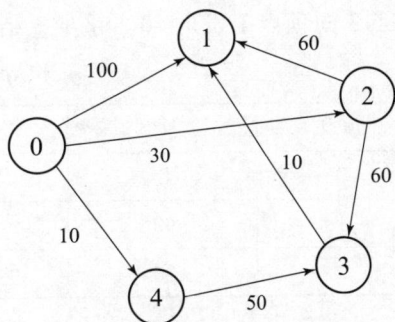

图 7-42　单源最短路径示意图

顶点的初始值为 INF，初始状态为 active。在超步 0 中，顶点 0 向顶点 1 发送 100，向顶点 2 发送 30，向顶点 4 发送 10，顶点 0 的值变为 0，超步 0 结束。超步 0 开始前和结束时，各顶点值和状态，如表 7-6、表 7-7 所示。

表 7-6　超步 0 开始前顶点值和顶点状态

顶点	值	状态	顶点	值	状态
0	INF	active	3	INF	active
1	INF	active	4	INF	active
2	INF	active			

表 7-7　超步 0 结束时顶点值和顶点状态

顶点	值	状态	顶点	值	状态
0	0	active	3	INF	active
1	INF	active	4	INF	active
2	INF	active			

超步 1 中，各顶点处理超步 0 中收到的消息，并更新顶点值。其中，顶点 1、2、4 在超步 0 中收到消息，因此在超步 1 中仍为 active 状态，而顶点 0 和顶点 3 未收到消息，置为 halt 状态。同时，顶点 2 分别向顶点 1、3 发送 60，顶点 4 向顶点 3 发送 50。超步 1 结束时，各顶点值和状态如表 7-8 所示。

表 7-8　超步 1 结束时顶点值和顶点状态

顶点	值	状态	顶点	值	状态
0	0	halt	3	INF	halt
1	100	active	4	10	active
2	30	active			

超步 2 中，各顶点处理超步 1 中收到的消息，并更新顶点值。其中，顶点 1、3 在超步 1 中收到消息，因此在超步 2 中状态为 active，其余顶点未收到消息，置为 halt 状态。同时，顶点 3 向顶点 1 发送 10。超步 2 结束时，各顶点值和状态如表 7-9 所示。

表 7-9　超步 2 结束时顶点值和顶点状态

顶点	值	状态	顶点	值	状态
0	0	halt	3	60	active
1	90	active	4	10	halt
2	30	halt			

超步 3 中，各顶点处理超步 2 中收到的消息，并更新顶点值。其中，顶点 1 在超步 2 中

收到消息，因此在超步 3 中状态为 active，其余顶点未收到消息，置为 halt 状态。超步 3 中无消息传递。超步 3 结束时，各顶点值和状态如表 7 - 10 所示。

表 7 - 10　超步 3 结束时顶点值和顶点状态

顶点	值	状态	顶点	值	状态
0	0	halt	3	60	halt
1	70	active	4	10	halt
2	30	halt			

超步 4 中，各顶点处理超步 3 中收到的消息，并更新顶点值。由于超步 3 中没有消息传递，因此超步 3 中所有顶点均为 halt 状态，此时，计算任务结束。超步 4 结束时，各顶点值和状态如表 7 - 11 所示。

表 7 - 11　超步 4 结束时顶点值和顶点状态

顶点	值	状态	顶点	值	状态
0	0	halt	3	60	halt
1	70	halt	4	10	halt
2	30	halt			

至此，单源最短路径问题求解结束。Pregel 中实现代码如下：

```
class ShortestPathVertex:
    public Vertex < int,int,int > {
        void Compute(MessageIterator* msgs){
            int mindist = IsSource(vertex_id())? 0:INF;
            for(;!msgs -> Done();msgs -> Next())
                mindist = min(mindist,msgs -> Value());
            if(mindist < GetValue()){
                * MutableValue() = mindist;
                OutEdgeIterator iter = GetOutEdgeIterator();
                for(;!iter. Done();iter. Next())
                    SendMessageTo(iter. Target(),mindist + iter. GetValue());
            }
            VoteToHalt();
        }
};
```

7.3.3.7　典型案例

淘宝反作弊系统是建立在数据层基础之上的一套包含监控预警、在线分析和风险运营系统，能快速高效地窥视刷单行踪并及时阻断其获利点，维护交易平台的公平性。该系统覆盖了账号网、交易网、资金网和物流网，共四个网络。在四个网络基础上，淘宝结合多种计算框架和计算模式，形成了一套完整、高效的反作弊系统。本节以淘宝反作弊系统为例，说明图计算在大数据分析中的典型应用。

淘宝反作弊系统整体架构如图 7-43 所示。

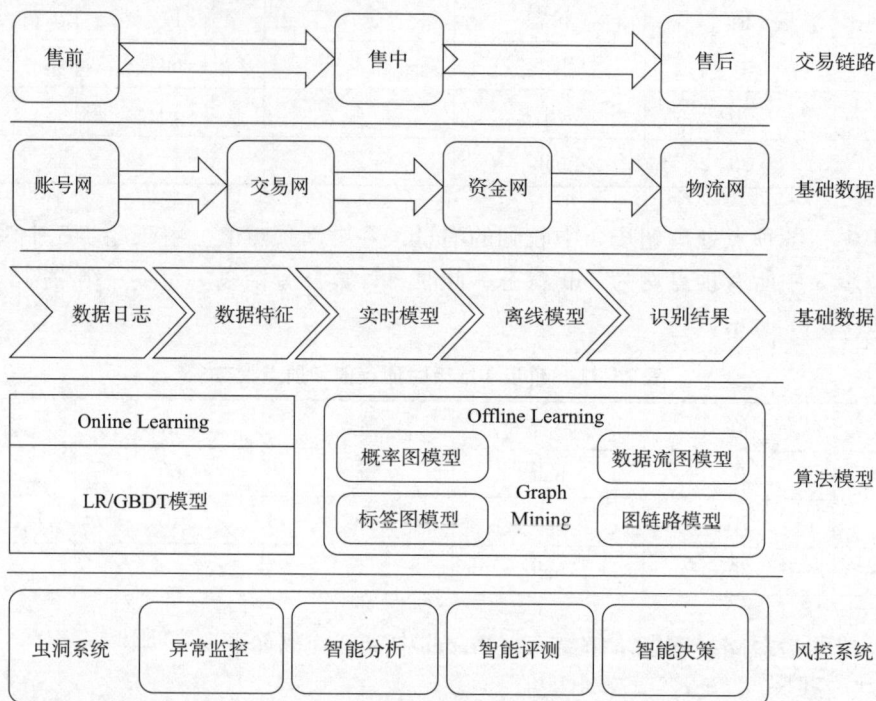

图 7-43　淘宝反作弊系统整体架构

整个反作弊算法框架融合了"账号网、交易网、资金网、物流网"四个网络的大数据，并覆盖了电商"售前-售中-售后"多个业务环节。该系统基于流式计算框架开发，中间结合了图计算模型，数据日志经过实时和离线两大计算模块后会加工成一些交易属性特征作为识别算法的基础，其中实时计算主要是对一些异常的在线数据（比如商品销量异常或者卖家信誉增长异常）进行快速分析并转化为相应的特征，而离线计算是对全链路数据的特征加工和处理，结合在线和离线的计算可以将行为变化的长期和短期因素的影响在模型计算中综合考虑，从而进一步提高识别的时效性和精度。

在具体算法中，该系统主要应用了大规模图挖掘和在线学习两类算法。其中，大规模图挖掘可以跳出行为的局部性，从全局的角度来挖掘作弊行为。在实际应用中，使用大规模图挖掘技术可以提取出常见的作弊行为。常见作弊网络图如图 7-44 所示。

由于图结构的复杂性，典型的批处理和流计算都无法高效地处理图结构数据，因此在淘宝反作弊系统中，大规模图挖掘算法的实现主要是通过图计算来完成的，这也是图计算的典型应用场景之一。此外，图计算在其他行业也有诸多应用，如金融行业、互联网行业等。在金融行业中，由于金融实体模型复杂，常包含企业之间的股权关系、个人客户之间的亲属关系等。传统基于图的认知分析无法处理大规模图，而图计算则弥补了传统分析技术的不足，可以挖掘金融实体关系的隐含信息，包括金融风险的管控、客户的营销拓展、内部的审计监管，以及投资理财等方面。在互联网行业中，随着数据的多样化，数据量的大幅度提升和计

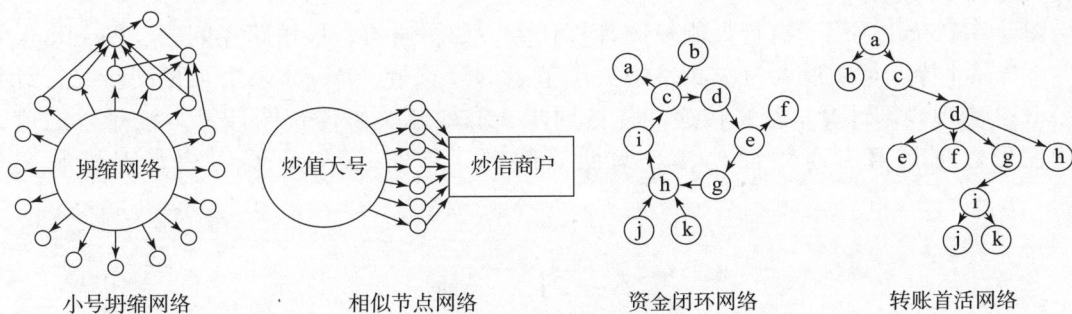

小号坍缩网络　　相似节点网络　　资金闭环网络　　转账首活网络

图 7 - 44　常见作弊网络图

算能力的突破性进展，超大规模图计算在大数据公司发挥着越来越重要的作用，尤其是以深度学习和图计算结合的大规模图表征为代表的系列算法。各大公司也基于传统的图计算不断改进，研发自己的图计算平台，例如 Google Pregel、Facebook Giraph、腾讯星图、华为图引擎服务 GES 等。

7.4　小　　结

本章介绍了大数据分析计算框架和计算模式。

Hadoop 2.0 通过分离资源管理和作业控制解决了 1.0 时期的单点故障问题，获得更稳定的性能。Hadoop 框架基于 Java 语言编程，开发人员只需实现 Mapper 接口、Reducer 接口并配置 Job 即可实现分布式计算。Hadoop MapReduce 的机制对于开发人员而言是透明的。

分布式文件系统 HDFS 是大数据技术的基石，它促成了众多数据分析架构的产生。HDFS 2.0 通过复制组成文件为持久化文件和运行二级名称节点等方法解决单点问题，并提供数据冗余和自检修复机制提升系统的可用性。HDFS 为开发人员提供了多种语言的编程接口。

Spark 生态系统同时支持批处理、交互式查询和流数据处理，且通过采用内存而非 HDFS 保存中间结果的方式提高了运算效率。该设计凭借弹性分布式数据集 RDD 技术实现。Spark 编程的主要工作是操作 RDD。

分布式数据库 HBase 允许用户存储海量数据，并基于廉价的处理机为用户提供了高吞吐量的可靠服务。HBase 的数据库表支持动态访问，与传统的关系型数据库相比具有更强的灵活性和可扩展性。

静态批处理 MapReduce 通过编组分布式服务器、并行运行各种任务、管理系统各部分之间的所有通信和数据传输，提供冗余和容错机制实现任务的协调处理。MapReduce 将复杂的、运行于大规模集群上的并行计算过程高度抽象到 map 和 reduce 两个函数，极大地降低了分布式并行编程的难度，使编程人员容易完成海量数据集的批处理计算。

实时流计算 Storm 通过将数据流、执行策略等概念进行抽象，实现了更强大的实时流计算能力。同时结合主从工作模式，有效提高运算效率和容错能力。分布式协同组件负责任务调度，工作节点的工作进程完成各个任务，从而有效地提高了计算效率和容错能力，适用于各类实时性分析业务。

图计算 Pregel 适用于执行大规模图计算任务，如图遍历、最短路径问题、PageRank 计算等。Pregel 特点是以顶点为中心，增大了节点的计算量。Pregel 采用批量同步并行计算模型 BSP 实现局部计算、消息传递和任务同步，有效解决了传统图计算方法难以适应大规模图形数据计算、通用性差、效率低等问题。此外，Pregel 使用检查点机制实现容错。

7.5 习　　题

1. 请简述数据、数据库、数据库管理系统和数据库系统的概念及联系。
2. 请简述 MapReduce Shuffle 阶段的主要工作。
3. Hadoop 如何处理 Job Tracker 宕机的情况？
4. 请列举常见的 Hadoop 调度器，并简要说明其工作方法。
5. HDFS 主要由哪几部分组成？请简述 HDFS 文件读取和写入的过程。
6. Spark 框架相较于 Hadoop 框架有何优势？
7. 列举 Spark 软件栈的常用组件，并简要说明其功能及应用场景。
8. 在 Spark 中，是否存在数据倾斜？其原因是什么？
9. Spark 有几种部署模式？每种部署模式具有什么特点？
10. 请简述 Spark 分布式集群搭建的步骤。
11. 列举常见的 Spark 算子并说明其作用。
12. 请简要概括 HBase 的特点。HBase 的 Region 是否越多越好？HBase 和 Hive 的区别有哪些？
13. 简述 MapReduce 体系结构，并说明各个组件的职能。
14. 请分别从映射任务和规约任务方面简述 MapReduce Shuffle 阶段的主要工作。
15. 请简述 MapReduce 的容错机制。
16. 请简述在 Storm 编程框架中，流分组的职能，并列举常见的分组方式。
17. 请解释 Pregel 中"超步"的概念，并简述超步执行的过程。
18. 请简要说明可视化技术的发展受约束的因素，并说明如何突破这些约束。

第 8 章

算法与数据工程伦理道德

8.1 引　　用

新一代人工智能技术在诸多任务中的性能逐步趋近类人智能，并体现出极强的应用赋能潜力。人工智能新技术正在不断刷新人们的认知极限，颠覆性地重塑人类生活、工作和交流的方式，与人类社会融合为一。但是，人工智能产业保持高速发展态势的同时，人工智能技术自身发展面临诸多困境。人工智能所带来的隐私泄露、偏见歧视、责权归属、技术滥用等伦理问题，人工智能算法的公平性、可解释性和隐私性等伦理安全问题，均已引起"产学研用"各界的广泛关注。

工程伦理（engineering ethics）对于确保人工智能与大数据应用的公正和道德性至关重要，在人工智能算法的设计和大数据的应用过程中，工程师需要考虑以上人工智能可能带来的伦理问题，应该秉持着对人类价值、社会利益和个人权益的尊重，确保技术的应用不会对个人和社会造成不利的影响。工程伦理对于保证人工智能与大数据应用的透明性和可解释性同样至关重要，人工智能算法和大数据模型的决策过程通常是复杂和黑箱化的，给用户和受影响的个体带来了担忧和不信任，工程师应该努力提高算法的可解释性，使用户能够理解和信任系统的决策依据，并确保算法的决策是公正、可靠和可追溯的。如何确保人工智能研发及应用符合人类伦理，让人工智能更好地造福社会、被公众信任是管理和研发主体等利益相关方必须解决的问题。

本章主要内容包括如下几节。

8.2 节阐述了工程伦理与道德，主要内容包括基本概念、意义与挑战、方法与策略。

8.3 节概述了 AI 伦理安全风险，主要内容包括算法伦理、设计伦理、应用伦理、信息伦理。

8.4 节分析了 AI 算法伦理安全，主要内容包括 AI 的公平性、AI 的可解释性、AI 的隐私性、应用实例。

8.5 节介绍了算法与数据工程伦理道德中的典型案例，主要内容包括机器人伦理问题、自动驾驶汽车问题、算法歧视。

8.2　工程伦理与道德

8.2.1　基本概念

8.2.1.1　定义

工程（engineering）是指以某组设想的目标为依据，应用有关的科学知识和技术手段，通过有组织的一群人将某个或某些现有实体转化为具有预期使用价值的人造产品过程，而工程伦理则是指在工程实践中涉及的道德和价值观的原则和准则。我们可以从两个视域来理解工程伦理：作为一种社会实践活动，工程必然具有其内在的伦理维度，对工程的实践伦理的研究构成了工程伦理的主要内容之一，即"工程伦理是对在工程实践中涉及的道德价值、问题和决策的研究"；而作为一种职业，工程师应当具有其自身所独特具有的职业伦理，这种与众不同的职业伦理也应当成为工程伦理学的主要研究内容之一，即"无论工程伦理是什么，它至少是一种职业伦理"。这两个方面又存在一致性，表现在工程师的职业活动本身就是一种社会实践活动，无论作为实践伦理，还是作为职业伦理，工程伦理均有规范性的维度和描述性的维度。规范性的维度涉及伦理准则、原则和规范，用于指导工程师的行为和决策，确保他们遵循道德标准；描述性的维度则涉及对工程实践中的道德问题和现象进行研究和分析，探索伦理决策的过程和影响因素。

（一）工程伦理的实践伦理维度

作为一种社会实践活动，工程在其实践中涉及的道德价值观、问题和决策构成了工程伦理的主要内容之一。实践伦理关注的是工程师在设计、开发、制造和使用技术产品或系统时所面临的伦理问题和道德挑战。它涉及如何平衡各种利益和价值观，以确保工程活动对社会和个体具有积极的影响。工程伦理的实践伦理维度包括以下几方面。

（1）道德决策。工程伦理要求工程师在面临伦理问题时能够进行道德决策，考虑各种利益相关方的权益和价值观，并选择最合适的行动方案。

（2）公共利益。工程伦理强调工程师应该优先考虑公共利益，包括公共安全、环境可持续性和社会福祉。

（3）责任与责任分配。工程伦理要求工程师担起自己的责任，并确保对工程活动的影响负起相应的责任，无论是对个人、组织还是社会。

（4）反思与学习。工程伦理鼓励工程师不断反思自己的行为和决策，并从中学习和提升伦理意识和判断力。

（二）工程伦理的职业伦理维度

作为一种职业，工程师应当具有独特的职业伦理，这种伦理维度也应成为工程伦理学的主要研究内容之一。工程师的职业伦理关注工程师作为专业从业者所应遵循的道德准则和职业责任。工程伦理的职业伦理维度包括以下几方面。

（1）专业责任。工程伦理要求工程师在职业活动中遵循专业规范和准则，保持专业素养和诚信，提供高质量的工程服务。

（2）尊重知识产权和隐私。工程师应尊重他人的知识产权，遵守保密要求，并妥善处理个人和用户的隐私信息。

（3）持续学习与发展。工程伦理要求工程师通过持续学习和专业发展来不断提升自己的技术能力和伦理意识。工程师应跟随技术的进步，了解最新的伦理问题和挑战，并适应不断变化的社会和技术环境。

8.2.1.2　在人工智能与大数据领域的描述

随着人工智能与大数据技术的飞速发展，其给社会带来了深刻的变革。人工智能作为一种强大的技术工具，结合大数据的海量信息，从医疗保健到交通运输，从金融服务到制造业，二者的结合为决策和预测提供了强大的支持，其高效、低成本、高创新性的特点正在重塑传统产业的运作方式，推动了各个行业的智能化和自动化，为人类社会提供了前所未有的机会和潜力。然而人工智能和大数据的发展也带来了一些挑战和问题，例如人工智能的普及导致一些岗位自动化后的失业问题，大规模的数据收集和分析可能涉及个人隐私的泄露和滥用风险等，需要人类社会积极应对和解决。这就要求强调工程伦理在人工智能与大数据领域的重要性，推动人工智能和大数据的可持续发展，确保其发挥积极的社会影响，并为人类带来更多福祉。

工程伦理在人工智能与大数据领域的重要性体现在保护个人隐私、确保公平性、提高透明度、承担责任和培养公众信任等方面。工程师在设计、开发和应用人工智能与大数据技术时，应当意识到这些伦理问题，并采取相应的措施来解决，以确保技术的道德性和社会价值。同时，工程师应当积极推动职业伦理的发展，与其他领域的专业人士合作，促进跨学科合作和公众对话，为人工智能与大数据领域的伦理发展做出贡献。

（一）实践伦理的维度描述

人工智能和大数据技术在当今社会中发挥着越来越重要的作用，涉及众多道德价值、问题和决策。工程伦理在这一领域中具有重要的实践伦理维度，要求工程师在开发和应用人工智能与大数据技术时考虑以下几个方面。

（1）隐私保护。人工智能和大数据领域涉及大量个人数据的收集和处理。工程伦理要求工程师采取适当的隐私保护措施，确保个人数据的安全和合法使用，避免滥用和不当处理。

（2）公平与歧视。人工智能算法和大数据分析可能对个人或群体产生不公平和歧视性的影响。工程伦理要求工程师确保算法的公正性和无偏性，并避免对特定群体造成不当的歧视和偏见。

（3）透明度与解释性。人工智能系统和大数据分析往往是高度复杂和黑箱式的。工程伦理要求工程师提高系统的透明度，使用户和受影响的个体能够理解算法决策的原因，并提供解释和救济机制。

（4）责任与追溯性。工程伦理要求工程师承担起对人工智能和大数据系统的责任，包括对系统错误和意外后果的追溯和纠正。

（二）职业伦理的维度描述

在人工智能与大数据领域，工程师扮演着关键的角色，并应具备特定的职业伦理。以下是与该领域相关的职业伦理问题。

（1）专业责任。工程师在人工智能与大数据领域应当遵循专业规范和准则，确保其技术设计和应用符合道德要求，不对个体或社会造成伤害。

（2）持续学习与发展。人工智能和大数据技术不断发展，工程师应不断学习和更新知识，了解新的伦理问题和挑战，并适应技术进步的要求。

（3）跨学科合作与沟通。人工智能与大数据领域涉及多学科的合作和交叉，工程师需要与伦理学家、社会科学家、法律专家等其他领域的专业人士进行合作和沟通，共同解决伦理挑战和确保技术的道德使用。

（4）培养公众信任。人工智能和大数据技术对社会产生广泛影响，工程师应积极参与公众对话和社会辩论，以提高透明度、公正性和可信度，增强公众对该技术的信任。

8.2.2 意义与挑战

工程伦理在人工智能与大数据应用中具有重要的意义。工程伦理对于确保人工智能与大数据应用的公正性和道德性至关重要，在人工智能算法的设计和大数据的应用过程中，工程师需要考虑个人隐私、数据安全、公平性和歧视性等伦理问题，他们应该秉持着对人类价值、社会利益和个人权益的尊重，确保技术的应用不会对个人和社会造成不利的影响。工程伦理对于保证人工智能与大数据应用的透明性和可解释性同样至关重要，人工智能算法和大数据模型的决策过程通常是复杂和黑箱化的，使用户和受影响的个体感到担忧和不信任，工程师们应该努力提高算法的可解释性，使用户能够理解和信任系统的决策依据，并确保算法的决策是公正、可靠和可追溯的。

工程伦理在人工智能与大数据应用中面临一些挑战。人工智能技术的快速发展和广泛应用使工程伦理原则的制定和实施变得复杂而困难，新兴技术和应用场景的出现可能超出现有的伦理框架和法律法规，需要不断更新和完善。人工智能和大数据的应用涉及多个利益相关方的权益平衡，这增加了工程伦理的复杂性，包括个人隐私权、商业利益、公共安全等各方面的平衡，以确保技术应用的公正性和合理性。另外，由于人工智能和大数据应用的多样性和广泛性，工程伦理的实施需要跨学科的合作和全球合作。国际合作和共享最佳实践可以促进全球范围内的工程伦理标准的制定和推广。

通过遵循伦理原则，人类社会可以确保人工智能和大数据技术的应用是公正、可信和可持续的，为社会带来更多的福祉和发展。

8.2.2.1 在人工智能与大数据应用中的意义

（一）个人权利与隐私

重视人工智能与大数据伦理与道德可保护个人权利与隐私。个人隐私权是每个人的基本权利，工程伦理与道德要求工程师在设计和使用人工智能与大数据方法及系统时，采取措施确保个人隐私得到充分的保护，包括采用安全的数据存储和传输方法，实施适当的访问控制和数据加密，以防未经授权的访问和数据泄露。在工程伦理与道德要求下，工程师需遵守相关的法律法规和道德准则，仅收集和使用符合法律和道德标准的个人数据。收集数据前，工程师应当向个人提供透明的信息，使其了解他们的个人数据将如何被收集、使用和处理；工程师应明确告知个人关于数据收集的目的、使用方式以及可能的风险和后果，并取得个人的知情同意，确保个人有权选择是否提供数据或授权其使用。在处理个人数据时，采取适当的技术和方法对数据进行匿名化和脱敏，最大程度地减少个人身份的可识别性，降低数据被重新识别的风险，保护个人的隐私；工程师需采取必要的安全措施来保护个人数据免受未经授权的访问、泄露和损坏，包括使用强大的加密算法、建立安全的数据存储和传输系统，以及制定有效的访问控制策略，确保个人数据的机密性和完整性。

（二）公平与无偏性

重视人工智能与大数据伦理与道德可保障公平与无偏性。工程伦理与道德要求工程师在设计和训练人工智能算法时，避免引入不公平和偏见，这意味着要审查和纠正可能导致不公正结果的数据偏差，避免对特定群体的歧视性结果。工程师应该致力于开发公正的算法，确保算法对所有个体都公平无偏，追求社会公正和平等，通过避免算法偏见和不公平结果，可以减少社会中的不平等现象，确保每个个体都能享有公平的机会和待遇。工程师采取措施避免在人工智能与大数据应用中引入歧视和偏见，包括避免基于种族、性别、宗教或其他特征对个体进行不公平的评估、分类或决策。

（三）透明度与可解释性

重视人工智能与大数据伦理与道德可加强透明度与可解释性。工程伦理与道德要求工程师确保人工智能与大数据系统的透明度，适当公开算法的运作方式、数据的使用方式以及系统的决策过程，有助于用户和利益相关者理解系统如何生成结果，从而增加对技术的信任。透明度还有助于发现潜在的问题和偏见，促进系统的改进和公正性。同时，工程师应当提供对人工智能与大数据系统决策的解释性，解释性是指能够解释为什么系统做出特定的决策或给出特定的建议，使受影响的个体和相关利益者可以理解系统的依据和逻辑，能够评估其可靠性和合理性。

（四）责任与可追溯性

重视人工智能与大数据伦理与道德可明确责任与确保可追溯性。工程伦理与道德要求工程师和相关利益者在开发和应用人工智能与大数据技术时承担道德责任，认识行为对社会、个体和环境产生的潜在影响，并采取相应措施以最大程度地保护利益者相关的权益。明确追究人工智能与大数据系统中出现的问题的责任，并制定和实施相应的问责机制，当系统出现错误、偏见、不公正或伦理问题时，工程师和相关责任方应该承担相应的责任，并采取措施修复系统或补偿受影响的个体。人工智能与大数据应用应当具有可追溯性，即能够追踪数据的来源、使用方式和处理过程，可追溯性有助于确定系统中的错误、滥用或违规行为，并为相关调查和审计提供必要的信息。

（五）社会影响与公共利益

重视人工智能与大数据伦理与道德可对社会产生积极影响，维护公共利益。工程伦理与道德要求对人工智能与大数据应用的社会影响进行评估，包括对技术应用可能带来的社会变革、经济影响、职业前景、社会关系等进行预测和评估，有助于理解技术应用的潜在风险和机遇，以便采取适当的措施来最大程度地促进公共利益。人工智能与大数据技术应当促进社会包容和公众参与，以确保人工智能与大数据应用符合广大利益相关者的需求和期望，包括与各界利益相关者开展对话和合作，征求他们的意见和反馈，并将这些意见纳入决策和设计过程，这样的参与可以更好地满足社会的多样性和不同利益的需求。人工智能与大数据技术的设计和使用应该致力于解决现实世界问题、改善人们的生活质量，并为社会带来积极的变革。

8.2.2.2　技术进步带来的伦理与道德挑战

人们常说"科学技术是一把双刃剑"，在人工智能与大数据技术给人类社会带来便利的同时，也带来了前所未有的伦理与道德挑战，具体表现在以下几个方面。

（1）偏见和不平等的加剧。人工智能和大数据技术有可能强化和放大现有的偏见和不平等。如果数据集本身反映了社会偏见或不平等的现象，那么人工智能系统可能会学习和复制这些不平等，这可能导致更多的社会不平等和歧视现象。

（2）自主决策的责任归属。随着人工智能系统的自主性增强，它们可以自主做出决策，而无须人类干预。这引发了责任和道德挑战，因为当人工智能系统犯错或做出有害决策时，很难确定责任和追溯问题。

（3）剥夺人类参与和决策权。过度依赖人工智能和大数据技术可能剥夺人类的参与和决策权。如果完全依赖算法和技术来做出决策，可能忽视了人类的价值观、道德判断和情感因素。因此，确保人类仍然拥有决策权和参与权是一个重要的伦理挑战。

（4）数据安全和滥用。大数据的广泛收集和存储带来了数据安全的挑战。大规模的数据泄露和滥用可能导致个人和组织的隐私侵犯，甚至可能被用于恶意目的。因此，确保数据的安全性、加密和滥用防范是伦理和道德的关注点。

（5）算法黑箱和权力集中。人工智能和大数据算法的复杂性可能导致算法决策的不可解释性和权力集中。如果算法决策由少数人或机构控制，并且缺乏透明度和监管机制，那么可能导致权力滥用和不公正。

解决这些伦理和道德挑战需要全球范围的合作，包括制定适当的法规和政策、技术开发者和从业者的道德培训、公众参与和多元化的利益相关者对话等。通过充分认识这些挑战并采取适当的措施，可以确保人工智能与大数据技术的发展符合社会的伦理和道德期望，最大程度地促进公共利益。

8.2.2.3 实例分析：从 ChatGPT 看人工智能与大数据伦理挑战的复杂性和影响

2022 年 12 月 15 日，OpenAI 公司公开的 ChatGPT 利用海量数据训练大型语言模型，能够根据用户输入的提示，生成连贯、自然、可读性强的文本，给人们的工作、生活带来便利，让人类社会再一次见识到了人工智能蓬勃发展后取得的突破性进展。然而，先进的语言模型在创造机会的同时，也挑战了社会的伦理道德准则。

ChatGPT 的道德危害主要体现在生产歧视和排斥的言论、传播错误信息、泄露重要信息这三方面。

在全球超过 7 000 种语言中，ChatGPT 掌握的英文语料库文本数据最多，生成的英文作品或英文决策的准确度最高，而基于其他语言的创作都带有一定偏见，这不免让人担心大型语言模型对多元文化的认知偏差可能会增强社会陈规定型观念，使社会各界代表性不足的群体遭受不公正的待遇。

从人工智能技术的角度考虑，如果技术人员没有及时更新语言模型的知识储备，又无法投入更多时间训练模型，生成内容的准确性和广泛性就会逐渐降低。然而，ChatGPT 却以一种令人信服的口吻与用户对话，容易给用户制造人工智能无所不知的幻觉。由 ChatGPT 等生成式人工智能传播的错误信息和虚假信息将干预用户对客观事实的判断，尤其是老人和儿童等不经常核查事实的群体，可能导致用户做出有损伦理道德的决策。

ChatGPT 难以区分数据字段中夹带的恶意信息，一些用户利用这个漏洞，诱导模型生成有害言论，降低了模型安全性和健壮性，使系统不能在出现故障时自动修复或者忽略故障继续运行。此外，随着语言模型不断增大，一些较小的模型中不存在的能力会突然出现在较大的模型里，因此被开发者认为是模型"突创"的能力。但是，具有突创能力的模型也更容易被恶意操纵，泄露训练数据中的个人信息，引发身份盗窃、跟踪和骚扰等风险。

因此，不断提升语言模型的安全系数、维护道德标准是发展负责任的人工智能的长期目标，这对技术开发者提出了很高要求，其责任是建设遵守道德规范的语言模型。例如，将语言模型的可靠性、准确性、实际功效和效率一并列为开发重点、不断更新可供模型学习的文本数据、增加模型的训练时间和基准测试次数、进行权重编辑和偏见审计等。此外，科技公司需要披露使用数据的来源、处理数据前的准备工作以及模型的测试过程，从而保持人工智能研发和部署的透明度。

相比之下，用户的责任就是杜绝滥用或恶意攻击语言模型等不道德行为。例如，社区可以频繁开展人工智能的科普和应用培训，帮助大众了解人工智能的优势和局限性、明确使用人工智能技术的责任和伦理含义。除此之外，用户还应积极反馈数字科技产品的准确性、可靠性和伦理风险等问题，参与人工智能道德准则的公共讨论，推动相关法律法规的完善。

而对于 OpenAI 等信息技术公司来说，创新离不开技术生产者的创造力和勇气，但也需要谦逊的态度和勇于担当的精神。这些公司需要深入讨论开发和使用人工智能的伦理道德影响，对创新科技产品的责任也需要具有预见性，让伦理分析和道德发展成为信息科技公司的第二优势。这意味着员工必须不断明确现有知识在未来的用途，广泛地预测信息技术创新能为人类社会创造哪些福祉，而不仅仅是满足用户的需求和愿望。

8.2.3 方法与策略

8.2.3.1 处理工程伦理与道德问题的方法和策略

提出处理工程伦理与道德问题的方法与策略的目的是保护个人权利和隐私，确保技术的公平性和透明度，促进社会的利益和公共利益的实现。这一目标和以下方法同样适用于人工智能与大数据应用领域。

（1）制定明确的伦理准则和规范。组织和行业应该制定明确的伦理准则和规范，明确界定工程师和其他从业者在工作中应该遵循的道德原则和价值观。这些准则可以涵盖隐私保护、公正性、透明度、责任追溯等关键领域，为工程师和其他从业者提供指导和规范。

（2）加强伦理教育和培训。提供针对工程师和相关从业者的伦理教育和培训，使其具备处理伦理问题的意识和能力。这种培训可以包括伦理决策模型、案例研究、伦理辩论等，帮助从业者了解伦理挑战，并学习如何在实践中做出道德正确的决策。

（3）强调多元参与。多元的利益相关者参与是解决伦理问题的关键。确保不同群体和利益相关者的声音被听到，并在决策过程中得到考虑，可以通过开展公众咨询、利益相关者对话和独立审查机制等方式实现，以确保决策的合理性和公正性。

（4）引入伦理审查和评估机制。在工程项目和技术应用的早期阶段引入伦理审查和评估机制，以识别潜在的伦理问题和风险，包括伦理审查委员会的设立，对项目和技术进行伦理评估，提出改进措施并监督实施。

（5）加强监管和法律框架。政府和监管机构应加强对人工智能和大数据应用的监管，并建立相应的法律框架。这包括数据隐私保护法、反歧视法、算法透明度要求等，以确保技术应用符合道德和伦理标准，并对违规行为进行追责。

（6）推动伦理和技术创新的融合。伦理和技术创新应该相互促进，而不是相互独立。推动伦理和技术创新的融合可以通过跨学科的研究和合作、伦理评估嵌入技术开发过程中等方式实现。这有助于确保技术的设计和应用符合伦理要求，并在早期阶段就考虑和解决潜在的伦理问题。

（7）强调企业社会责任。企业在使用人工智能和大数据技术时应承担社会责任，并将伦理和道德纳入其业务决策和运营过程中。企业应该主动采取措施，确保他们的技术应用对个人权利、公平性和社会利益产生积极影响，并与利益相关者合作，建立透明和负责任的工作文化。

（8）促进国际合作和标准制定。伦理和道德问题在全球范围内存在共性和复杂性，因此需要国际合作来制定共同的标准和原则。国际组织、行业协会和政府应加强合作，共同制定伦理和道德的最佳实践指南，并推动跨国合作解决伦理问题。

8.2.3.2 设计和开发人工智能与大数据系统时应遵循的原则

2019 年 4 月 8 日，欧盟发布了 *Ethics Guidelines for Trustworthy AI*（《可信赖人工智能的伦理准则》），提出了实现可信赖人工智能全生命周期的框架。该准则由专门负责撰写人工智能道德准则并为欧盟提供政策和投资建议的小组起草，具有很强的参考意义。

准则的目标是推进可信赖人工智能的发展，可信赖人工智能在系统的全生命周期中需要满足以下 3 个条件。

（1）合法的。系统应该遵守所有适用的法律法规。

（2）合伦理的。系统应该与伦理准则和价值观相一致。

（3）鲁棒的。无论从技术还是社会的角度来看，人工智能系统都可能会造成伤害。所以系统中的每个组件都应该满足可信赖人工智能的要求。

同时满足以下 4 条伦理准则。

（1）尊重人的自主性。人工智能系统不应该胁迫、欺骗、操纵人类。相反，人工智能系统的设计应该以增强、补充人类的认知、社会和文化技能为目的。人类和人工智能系统之间的功能分配应遵循以人为中心的设计原则，而且人工智能系统的工作过程中要确保人的监督。人工智能系统也可能从根本上改变工作领域。它应该在工作环境中支持人类，并致力于创造有意义的工作。

（2）预防伤害。人工智能系统不应该引发、加重伤害，或对人类产生不好的影响，因此需要保护人类的尊严和身心健康。人工智能系统和运行的环境必须是安全的，因此，要求技术上必须是鲁棒的，而且要确保人工智能技术不会被恶意使用，尤其要注意可能会恶意使用该技术的人和可能会造成不良影响的应用场景。

（3）公平性。人工智能系统的开发、实现和应用必须是公平的。虽然对公平性可能会有不同的解读，但是应当确保个人和组织不会受到不公平的偏见、歧视等。如果人工智能系统可以避免不公平的偏见，就可以增加社会公平性。为此，人工智能系统做出的决策以及做决策的过程应该是可解释的。

（4）可解释性。可解释性对构建用户对人工智能系统的信任是非常关键的。也就是说，整个决策的过程、输入和输出的关系都应该是可解释的。但目前的人工智能算法和模型都是以黑盒的形式运行的。

基于 3 个条件和 4 条准则，可信赖人工智能的实现将需要以下 7 个关键要素。

（1）人的能动性和监督。人工智能系统应通过支持人的能动性和基本权利以实现公平社会，而不是减少、限制或错误地指导人类自治。人类的监督可以帮助确保人工智能系统不影响人类自主或产生不良的后果，监督可以通过不同的管理机制来实现，根据人工智能系统应用领域和潜在的风险，可以实现不同程度的监督机制以支持不同的安全和控制措施。

（2）技术鲁棒性和安全性。可信赖的人工智能系统的关键部分就是技术鲁棒性，这与防止伤害的原则是紧密相关的。技术鲁棒性要求算法足够安全、可靠和稳健，以处理人工智能系统所有生命周期阶段的错误或不一致。人工智能系统应该防止被黑或出现可以被攻击的漏洞。攻击可能是针对模型的，也可能是针对数据的，还可能是针对底层基础设施的，包括软件和硬件。人工智能系统应该有出现紧急情况的备用方案，也就是人工智能系统可能从基于统计的决策转为基于规则的决策，或者要求询问人类操作者才可以继续，如自动驾驶汽车，必须保证系统所做的一切都不会对用户和环境造成伤害。人工智能系统应该有良好的准确度，良好的开发和评估过程可以支持、缓解和纠正出现不准确的预测的非故意风险，如果偶尔的不准确的预测不可避免，那么系统应该能计算这种错误情况发生的概率。人工智能系统的结果必须是可重现的和可靠的。可重现性是指科学家和政策制定者能够准确地描述人工智能系统的行为。

（3）隐私和数据管理。公民应该完全控制自己的数据，同时与之相关的数据不会被用来伤害或歧视他们。人工智能系统必须在系统的整个生命周期内都要确保隐私和数据保护，这既包括用户提供的信息，也包括用户在和系统交互过程中生成的信息，同时要确保收集的数据不会用于非法地或不公平地歧视用户的行为。人工智能系统必须确保数据质量和完整性，数据集的质量对人工智能系统的性能非常关键。收集的数据可能是含有偏见的、不准确的、有错误的，这些数据在用于训练之前要进行清洗，去除这些有偏见的、不准确的、有错误的数据，同时要确保数据的完整性。人工智能系统必须明确对数据的访问，在处理个人数据时，都会用到管理数据访问的数据协议，协议应该列出谁以及什么情况下可以访问数据。

（4）透明性：应确保人工智能系统相关元素的可追溯性，包括数据、系统和商业模型。人工智能系统产生决策使用的数据集和过程都应该记录下来以备追溯，并且应该增加透明性，具体包括收集的数据和算法使用的数据标记。可追溯性包括可审计性和可解释性，可解释性就是要解释人工智能系统的技术过程和相关的决策过程，技术可解释性要求人工智能做出的决策可以被人们理解和追溯。同时，人类有权知道与其通信的是人类还是人工智能系统，这就要求人工智能系统是可被识别的。

（5）多样性、非歧视性和公平性。人工智能系统应考虑人类能力、技能和要求的总体范围，并确保可接近性，该需求与公平性原则是紧密相关的。人工智能系统应避免不公平的歧视，使用的数据集可能会不可避免地存在歧视、不完整和管理不当等问题，这类数据集的歧视可能会造成人工智能系统的针对特定人群或个人的歧视；人工智能系统开发的方式也可能会出现不公平的歧视问题，可以通过以一种明确和透明的方式来分析和解决系统的目的、局限性、需求和决策。系统可能是以用户为中心的，以一种允许所有人都平等地使用人工智能产品和服务的方式，即无论年龄、性别、能力和其他特征，因此针对特殊人士的辅助功能就显得格外重要，人工智能系统的设计不应采用一种通用的设计。为了开发出可信赖的人工智能系统，建议对受系统直接或间接影响的利益相关方进行咨询。

（6）社会和环境福祉。应采用人工智能系统来促进积极的社会变革，增强可持续性和生态责任。人工智能系统是为了解决一些最迫在眉睫的社会难题，同时要保证尽可能地以环境友好型的方式出现，系统的开发、实现和使用过程，以及整个供应链都应该进行这方面的评估。人工智能系统在社会生活各领域的应用可能会改变人们对社会机构的理解，影响人们的社会关系。人工智能在增强人们的社交技能的同时，可能也会减弱人们的社交技能，这会给人们的身心健康带来影响。同时要考虑评估人工智能应用对民主、社会的影响，因为人工智能系统极有可能应用于政治决策和选举相关的民主进程中。

（7）问责。应建立相应的机制，确保对人工智能系统及其成果负责和问责。人工智能系统应具有可审计性。可审计性包含了对算法、数据和设计过程的评估，这并不意味着与人工智能系统相关的商业模型和知识产权需要公开。通过内部和外部审计者的评估，加上评估报告可以验证该技术的可信赖性质，在影响基本权利的应用中，对人工智能系统应进行独立审计，比如与人身安全相关的应用。人工智能系统应最小化负面影响，识别、评估、记录、最小化人工智能系统的负面效应对人工智能应用是非常重要的，涉及开发、应用和人工智能系统使用的影响评估可以帮助减少负面影响。

8.3　AI 伦理安全风险

当代人工智能技术的快速、大规模普及应用，超越了历史上任何一个时代，由此衍生出的伦理问题已经不再是科幻小说中的天马行空的抽象思考。由于当前深度学习的训练是数据驱动的黑盒过程，数据质量参差不齐，训练过程不可解释，模型结果也无法控制，所以人工智能系统存在安全隐患，进而带来了一系列实际的、迫切的、前所未有的伦理问题。

数据驱动的人工智能是目前的主流方向，它从大量的输入数据出发寻找一般性规律的人工智能系统，将数据进行组织形成信息后对信息加以整合和提炼，消除数据孤岛实现数据价值，形成数据赋能的自动化决策模型，从而大幅提升智能应用水平。

结合当下数据驱动的人工智能技术特点，如何正确分析反思隐藏在前沿科技背后的伦理安全问题，对人工智能领域的发展具有重要意义。新兴技术拓展了新的领域与空间，伦理规范等却保持相对稳定性。当伦理规范未能与时俱进时，技术与伦理之间便会产生鸿沟，进而引发不良影响。

8.3.1　算法伦理

8.3.1.1　概念解析

算法伦理是指将人类的价值观和规范嵌入算法中，以增加人工智能决策的可靠性和安全性的一种伦理框架。通过考虑伦理问题，算法可以避免偏见和歧视，并确保公正和道德原则的应用。在医疗领域，算法可以辅助医生做出诊断和治疗决策，提供准确和可信赖的医疗建议。在社交媒体推荐、在线购物等方面，算法的透明度和公正性也需要被关注，以保护个人隐私和权益。为了确保算法的应用符合伦理规范和社会价值，我们需要制定相应的监管和法律框架，并积极解决可能出现的风险和挑战。算法伦理是人工智能发展过程中的重要议题，需要各方共同努力，促进社会的福祉和可持续发展。

8.3.1.2　问题分析

本节从人工智能和计算能力的角度入手，深入探讨算法伦理问题的根源和影响因素。并简要分析算法伦理与设计伦理的关系。

人工智能作为人类发明出来的一种技术产品，它的技术核心是什么？为了回答这一问题，我们需要从历史回溯中寻找答案。19 世纪 40 年代，埃达·洛夫莱斯从技术层面预言了人工智能，在她看来，人工智能应该是一台通过符号和逻辑能够编写复杂系统或表达重要科学事实的通用性符号处理器。不过，遗憾的是，洛夫莱斯并没有能够实现她的这个想法。一个世纪以后，艾伦·图灵实现了这个想法。图灵提出，符号和逻辑体现的合理计算可以通过一个数学系统来执行，人们后来把这个系统称为"图灵机"（turning machine）。图灵机是一个虚构系统，基于 0 和 1 表示的二进制符号组合进行运行。正是在图灵机概念的影响下，人工智能最初在多方面开始了尝试性的发展，一方面，老式人工智能成为早期人工智能发展最主要的路径；另一方面，人工神经网络方法、进化编程、细胞自动机和动力系统等也成为同时发展但慢慢遭受忽视的其他可能路径。然而，随着通信和计算机技术的发展，符号计算因为其更加方便的操作性在人工智能的发展过程中取得了最初的胜利，并由此开拓了人工智能的发展主要依赖于计算能力的主流发展路径。在很长一段时间里，计算能力的优越性都是决定人工智能发展的关键，即使神经网络、进化编程、细胞自动机和动力系统等方法在人类追求强人工智能发展的过程中又慢慢回到我们的视野，它们也都受到符号计算方法的限制。因此，在当今人工智能发展的道路上，影响人工智能技术的核心因素就是符号计算能力的发展问题。基于此，如果说制造人工智能的目的是让它完成对人类有利的事情，那么，符号计算能力作为人工智能的核心，也应该服务于这个目的。这意味着，计算能力包含了不可避免的价值负担。那么，计算能力的价值负担是什么呢？在这个意义上，人工智能和人类道德有什么关系呢？

当我们说计算能力包含了价值负担时，我们至少提及了计算能力和人类关系的两种可能性：第一种，计算能力是人类设计者和使用者为了某个有意的结果而特别选择的；第二种，即使我们选择的计算能力是出于纯粹的中立价值的（事实上不可能），它最终表现的结果也必然会和人发生关系，从而呈现出价值偏好。无论是哪种可能性，我们都必须考虑计算能力可能给人类带来的价值影响。

计算能力，在本节中是指人工智能识别和处理信息的能力。从本质上来说，计算能力就是人工智能把非结构化信息转化为它可以识别的结构化信息的过程，这个过程在目前阶段主要表现为计算机科学家所说的信息处理系统，表现为程序编辑和算法，而程序编辑和算法又表现出一种数学结构；当然，伴随着通信和计算机技术的发展，计算能力在日常理解中更直观地表现为某个特定项目、软件或信息系统的具体实现（比如蕴含编辑程序的某个系统），甚至是更加具体的应用（比如某个具体的应用软件）。在这里，我们借助希尔和卢西亚诺·弗洛里迪等人有关"算法"的观点来定义计算能力。希尔认为，算法作为一种数学结构，是"一种在给定条件下强制给予被用来完成一个给定目的的合成控制结构，这种结构是有限的、抽象的和有效的"。弗洛里迪等人对希尔的算法概念进行解读认为，算法中有关"目的"和"条件"的限定要求它必须表现采取行动实际实现和执行并产生效果，"一种完全成型的算法将会体现这样一种抽象的数学结构，这种结构在一个特定的分析域中为了工作分析而被实现为某个系统"。如果说希尔更强调算法应该具有数学结构，那么，在弗洛里迪等人看来，算法以数学结构为基础，但应该可以通过技术和项目实现，并且最终可以被应用，也就是说，算法应该包含数学结构、实现和成型三个方面。毫无疑问，因为以计算机为代表的人工智能在本质上就是借助数学结构进行运行的，所以我们可以理解数学结构是算法的基础。但是，算法为什么应该包含数学结构的实现和成型呢？原因在于，人工智能作为一种技术在本质上就是为了完成人所要求的事情，单纯的算法如果不能转化为可以实现的信息处理技术并应用于人类生活，那么它就没有任何实际意义。基于此，计算能力同样应该包含弗洛里迪等人谈论"算法"概念所指涉的三个方面。

基于弗洛里迪等人提出的"算法"概念，我们现在能够比较明确地看到计算能力包含的价值负担在哪里。既然"算法"是为了在给定的条件下让人类给定的目的强制给出控制性结构，那么算法从一开始就包含了人类价值偏好在其中，算法总是体现了人类在设计人工智能过程中的价值选择，我们可以称之为设计伦理（将在下一节中进行详细研究）。不仅如此，伴随着通信和计算机技术的发展，算法在某种程度上还具有了自主性，这导致了人工智能相对于人而言的伦理问题，我们可以称之为算法伦理问题。我们首先来谈论算法伦理问题。

算法伦理问题主要针对的是算法具有的自主性问题。具体而言，我们谈及的是算法在何种意义上可以被称为自主，以及这种自主性会产生什么样的伦理问题。针对第一个问题，我们有两种可能性解释：其一，只要给定初始程序结构或规则，人工智能就可以自主地把各种采集的数据按照这种程序或结构转化为可以计算的数据化语言；其二，赋予人工智能一种学习能力，这种能力使数据可以紧跟最新的格式和知识，并且产生可以作用于有关数据有效预测的模型，比如数据挖掘和机器学习。无论是哪种可能性解释，算法的自主性都会产生一个和人相关的伦理问题，即安全性问题。人工智能的算法转化对于人而言都是神秘和不确定的。即使我们认为人类已经在第一种解释上接受了人工智能对非结构化信息的结构化处理，这也并不意味着我们已经完全理解了这种转化机制。更为重要的是，人工智能的学习能力对于我们而言是神秘和不确定的，因为如果我们能够完全确定人工智能的这种学习能力，那么人工智能就永远不可能超越人，而类似于"沃森"和"阿尔法狗"这样的专家系统对人的超越就是不可能的。既然人工智能在某种意义上的自主性对于我们而言是神秘和不确定的，那么这也就意味着将人工智能的算法作用于人类事物总是存在某种不确定的风险。朝严重方面想，这种算法有可能危及人类的安全。当然，从目前可以看得见的算法运行来说，它更多地导致的是人们的信任危机和价值偏见。

具体而言，算法的信任危机包含人们对数据库产生知识本身的不信任和对算法不透明的不信任。就前者而言，人们认为算法所获得的结果主要源于推理统计或机器学习能力和技巧，但它们都具有不确定性特征，因为它们在本质上都是模仿人类经验世界的一个不确定的概率推论，只是从相关性上获取结果，并非产生一个在结果上必然如此的确定因果性。当然，人类推理很多时候也只是基于概率推论的，但因为人工智能可能带来的巨大影响而不得不对此予以慎重考虑。因为这种不确定性，人们会对人工智能的算法带来的知识产生不信任，这种不信任进而会导致人们对基于此种算法而采取的行动的不信任。不但如此，算法的信任危机因为人们对算法的不可及性和不可理解性而变得极不透明。很显然，对于人类而言，算法功能的实现对于大部分人而言是不可及和不可理解性的，而数据项目的私密性和组织的自主性加重了这种不可及性和不可理解性；不但如此，当人工智能试图通过机器学习获得更新的结构和变体时，这种不可及性和不可理解性就变得更加突出了。如果说不可及性和不可理解性导致的算法不透明性只是一个理论认识问题，那么在它关联于人类行为时，这种不透明性就导致了严重的信任危机。人们不但难以相信算法本身可以成为行动决策的依据，而且难以相信一种不透明的算法不被人为地加以利用，从而导致更多的伦理问题。当人们对算法加以应用时，算法伦理就转变成了设计伦理问题。

8.3.1.3 基本方法

人工智能如何才能成为一个安全可靠的道德推理者，能够像人类一样甚至比人类更加理性地做出道德决策呢？在此，我们首先需要明确人工智能是如何进行道德决策的，也就是人工智能的道德推理机制问题。目前，相关研究主要沿着以下3个进路展开。

1. 理论/规则驱动进路

它被称为自上而下的进路，是将特定群体认可的价值观和道德标准程序化为道德代码，嵌入智能系统，内置道德决策场景的指导性抉择标准。在这方面，人们最容易想到的是 20世纪 40 年代艾克·阿西莫夫提出的"机器人三定律"：第一，机器人不可以伤害人，或者通过不作为，让任何人受到伤害；第二，机器人必须遵从人类的指令，除非那个指令与第一定律相冲突；第三，机器人必须保护自己的生存，条件是那样做与第一、第二定律没有冲突。从理论上讲，伊曼纽尔·康德的道义论、约翰·密尔的功利主义和约翰·罗尔斯的正义论等都可以成为理论驱动进路的理论备选项。早期机器伦理尤其是符号主义的支持者对理论/规则驱动模式情有独钟，但技术瓶颈和可操作性难题使这种研究进路日渐式微。例如，有限的道德准则如何适应无穷变化的场景在技术上始终是个难题；如何调和不同的价值共同体对于不同的道德机器的需求存在种种现实困境；如何将内置某种道德理论偏向的人工智能产品让消费者接受也是一个社会难题。近年来，新兴起的一种综合运用贝叶斯推理技术和概率生成模型的研究方法为自上而下式的研究进路带来了曙光。

2. 数据驱动进路

数据驱动进路是自下而上的进路，要求对智能系统进行一定的道德训练，使其具备类人的道德推理能力，并利用学习算法将使用者的道德偏好投射到智能机器上。从根本上说，这是一种基于进化逻辑的机器技能习得模式。这种研究进路的支持者普遍持有一种道德发生学视角，主张道德能力是在一般性智能的基础上演化而来的，或者道德能力被视为智能的子类而不是高于普通智能的高阶能力。因此，他们是运用与人类的道德演化相似的进路展开研究的。如今，以深度学习为代表的数据驱动进路获得了更多的拥趸。在人工智能道德算法的研究中，道德学习将成为人工智能获得道德判断能力的关键。有学者提出，人工智能可通过阅读和理解故事来"学会"故事所要传达的道德决策模式或价值观，以此来应对各种复杂的道德场景。不过，以深度学习为核心架构的决策算法是基于相关性的概率推理，不是基于因果性的推理，这使道德推理似乎呈现出一种全新样态。实际上，道德决策算法并不是独立运作的，需要和其他算法系统联合决策。当然，单单依靠学习算法是不够的，甚至是有严重缺陷的。机器的道德学习严重依赖于训练数据样本和特征值的输入，不稳定的对抗样本重复出现可能导致智能机器被误导，基于虚假的相关性做出道德判断，从而做出错误的道德决策。而且，算法的黑箱特征使道德算法的决策逻辑缺乏透明性和可解释性。另外，道德学习还会受到使用者价值偏好和道德场景的影响，做出与使用者理性状态下相反的道德判断。例如，人们不自觉的习惯动作往往在理智上是要克服的，而机器学习很难对此做出甄别。从这个意义上说，人工智能既有可能"学好"，也有可能"学坏"。

3. 混合式决策进路

自上而下和自下而上的二元划分过于简略，难以应对复杂性带来的种种挑战。混合式的决策模式试图综合两种研究进路，寻找一种更有前景的人工智能道德推理模式。按照当前学界的普遍观点，混合式决策进路是人工智能道德推理的必然趋势。但问题是二者究竟以何种方式结合。我们知道，人类的道德推理能力是先天禀赋和后天学习的共同结果，道德决策是道德推理能力在具体场景中稳定或非稳定的展现。与人类的道德推理不同，人工智能的道德推理能力在很大程度上是人类预制的，但这种能力并不能保证人工智能能够做出合理的道德决策，因为道德决策与具体场景密切相关，而场景又极其复杂和多变。因此，当智能机器遭遇道德规范普适性难题时，到底该如何解决？这不仅是技术专家所面临的难题，更是对共同体价值如何获得一致性的考验。面对具体场景，不同的道德规范可能发生冲突，也可能产生各种道德困境，究竟该以哪种标准优化道德算法，价值参量排序的优先性问题将会变得越来越突出。按照瓦拉赫和艾伦的分析，在众多的候选理论中，德性理论将有可能成为一种最有前景的开发人工智能道德决策能力的模型。德性伦理将人们对后果与责任的关注转向对品质和良习的培养，因为后者是好行为的保证，而这种道德良知的获得被认为恰恰需要混合式决策进路来完成。

8.3.2　设计伦理

8.3.2.1　概念解析

设计伦理是指在设计过程中综合考虑人、环境、资源等因素，着眼于长远利益，发扬美的、善的、真的方面，运用伦理学取得人、环境、资源的平衡和协同。在人工智能领域，设计伦理的目标是将伦理反思前置到设计阶段，以尽早处理人机矛盾，避免由人工智能技术引发的伦理冲突，并实现人工智能"向善"发展。在设计层面上充分考虑伦理道德，可以确保人工智能系统的行为符合社会价值观和伦理准则。

8.3.2.2　问题分析

算法从一开始就包含了人类价值偏好在其中，因此在人类选择某种算法去设计和实现人工智能的过程中总是体现了某种价值选择，这必然会引起相关的伦理问题，也就是我们所说的设计伦理问题。在这里，我们有必要首先说明的是，我们谈论的并非个人带有强烈主观偏见而带来的伦理问题，而是人工智能设计过程中不可避免地带来的伦理问题。

前面我们已经谈及，算法问题的不透明性一旦关联于人类行为，它就会被人们加以利用。人们会怎样对其加以利用呢？抛开纯粹主观的个人偏好，人们对算法的利用就是为了实现和应用人工智能，也就是说，人们需要利用算法设计人工智能。正是在人工智能的设计过程中，一些新的伦理问题产生出来了。

从人工智能作为一种技术而言，人工智能的设计是为了实现它的功能。我们对人工智能的功能可以从两个方面进行理解：其一，从设计者的角度来看；其二，从使用者的角度来看。从设计者的角度来看，人工智能应该包含其应该实现的本质功能和通过何种具体的实体表现这种功能，即人工智能应该是可以通过某种实体实现某种功能的人工造物，它既具有物理实体，也具有结构属性或能力属性；从使用者的角度来看，人们并不关心人工智能通过何种物理结构和能力属性来实现功能，人们关心的是人工智能功能的应用。虽然功能的应用总是建立在功能实现的前提之下，但实现功能的设计和功能应用导致的伦理问题却并不尽相同，设计中出现的伦理问题考虑得更多的是人工智能技术本身和人发生关系可能带来的问题，也就是我们所谓的设计伦理问题；而功能应用中出现的问题考虑得更多的是功能应用给人带来的后果问题，我们称之为应用伦理问题。在这里，我们首先从设计者的角度考虑设计伦理的问题。

从设计伦理的角度出发，任何功能的实现都指向某种目的，这种目的总是相关于人类的主观意图，即使不尽然是设计者个人的主观意图，也是某些人的主观意图，我们可以称之为设计意图。毫无疑问，任何设计意图都是带有价值偏好的，这种偏好因为三个原因而难以避免：第一，技术出现于其中的社会体制，实践和态度已经预先存在社会价值；第二，技术本身是有条件的；第三，使用环境中出现的突发情形。从第一个原因来说，一种社会文化的形成本身就是价值偏好选择的结果，比如，一种文化看重社会正义，而另外一种文化则有可能更看重个人自由。人工智能的设计既然是服务于社会中的人的，那么自然就不可避免地要带上社会预先存在的价值偏好。从第二个原因来说，技术的发展是一个过程，在这个过程中不可避免地会出现错误和不全面的问题，技术设计的选择就不可避免地会带有因为错误而导致的价值体现或主观价值偏好。从第三个原因来说，技术发展的过程总是伴随着人们认识的提高以及人们对它的实现与应用而不断改进和完善的，那么技术设计就不可避免地会受到人们知识发展水平和认识实现及应用的影响而呈现出某种价值偏好。基于上述三个原因，我们可以看到，人工智能作为一种技术必然带有价值偏好，人工智能的设计不可能是价值中立的，它总是受到个人主观意图和社会价值的左右。如果说设计伦理只是揭示了人工智能作为技术不可避免地带有价值偏好，必然导致伦理问题，那么人工智能带来的应用伦理问题将会把这些具体问题进一步展开。

8.3.2.3　基本方法

如何才能设计出符合人类道德规范的人工智能呢？概言之，面对在智力上日趋接近并超越人类的人工智能，设计者要设法赋予其对人类友善的动机，使其具备特定的道德品质，做出合乎道德的行为。人工智能的设计应使它们能够充分发挥特定的功能，同时又遵从人类道德主体的道德规范和价值体系，不逾越法律和道德的底线。但是，人工智能不可能自我演化出道德感，其工具性特征使人们对它们的利用可能出现偏差。因此，在设计人工智能产品和服务时，尤其应当努力规避潜在地被误用或滥用的可能性。如果某些个人或公司出于私利而设计或研发违背人性之善的自主系统，那么公共政策的制定机构有必要提前对这些误用和滥用行为采取法律与伦理规制。如果具有高度自主性的系统缺乏伦理约束机制和价值一致性，并且其在尚不成熟阶段被开放使用，那么后果令人担忧。因此，为人工智能系统内置良善的价值标准和控制机制是必要手段，这是保证智能系统获得良知和做出良行的关键。

人工智能应该更好地服务于人类，而不是使人类受制于它，这是人工智能设计的总体价值定位。2016 年，国际电气和电子工程师协会（Institute of Electrical and Electronics Engineers，IEEE）发布《以伦理为基准的设计：在人工智能及自主系统中将人类福祉摆在优先地位的愿景》（第 1 版），呼吁科研人员在进行人工智能研究时优先考虑伦理问题，技术人员要获得相应的工程设计伦理培训。IEEE 要求优先将增进人类福祉作为算法时代进步的指标。人工智能设计伦理是解决安全问题的必要措施，旨在保证优先发展造福人类的人工智能，避免设计和制造不符合人类价值和利益的人工智能产品及服务。2017 年 12 月 12 日，IEEE《人工智能设计的伦理准则》（第 2 版）在全球同时发布，进一步完善了对设计者、制造商、使用者和监管者等不同的利益相关方在人工智能的伦理设计方面的总体要求和努力方向。

人工智能的产品设计者和服务提供商在设计与研发人工智能系统时，必须使它们与社会的核心价值体系保持一致。在这方面，IEEE《人工智能设计的伦理准则》（第 2 版）阐述的人工智能设计"基本原则"为我们提供了很好的启示。第一，人权原则。算法设置应当遵循基本的伦理原则，尊重和保护人权是第一位的，尤其是生命安全权和隐私权等；第二，福祉原则。设计和使用人工智能技术应优先考虑是否有助于增进人类福祉，是否避免了算法歧视和算法偏见等现象的发生，维护社会公正和良序发展；第三，问责原则。对于设计者和使用者要明确相应的权责分配追责机制，避免相关人员借用技术推卸责任；第四，透明原则。人工智能系统的运转尤其是算法部分要以透明性和可解释性作为基本要求；第五，慎用原则。要将人工智能技术被滥用的风险降到最低。尤其是在人工智能技术被全面推向市场的初期，风险防控机制的设置必须到位，以赢得公众的信任。

人工智能的设计目标是增进人类福祉，使尽可能多的人从中受益，避免造成"数字鸿沟"。人工智能技术的革命性进展可能会改变当前的一些制度设计，但这种改变不能偏离以人为本的发展结构，应当坚守人道主义的发展底线。技术设计不能逾越个人对自身合法权益的控制权，制度和政策的设计应当维护个人数据安全及其在信息社会中的身份特质。如果人工智能系统造成社会危害，那么相应的问责机制应当被有效地调用。实际上，这是要求相关管理部门能够提前制定规则和追责标准，使人工智能系统的决策控制权最终由人类社会共同体掌握。按照阿米塔伊·埃齐奥尼和奥伦·埃齐奥尼的建议，从技术自身的监管角度考虑，应当引入二阶的监督系统作为人工智能系统的监护人程序，以此避免人工智能技术的潜在风险。对于社会监管而言，人工智能系统的政府监管机构和相关行业的伦理审查委员会对人工智能系统的使用数据及信息具有调取权，并且能够对系统的安全性和可靠性进行风险评估、测试、审计，公众也有权知晓人工智能系统的利益相关方及其伦理立场。

确保人工智能的算法设计合乎伦理，是一个复杂的社会工程，需要整合各个方面的专业资源，进行跨学科的协作研究。为了提高人工智能系统的环境适应性，在为智能系统嵌入人类价值时，要平衡与分配不同的道德、宗教、政治和民族风俗习惯等因素的权重，使人工智能系统的设计能够最大限度地符合人类社会的价值标准。人工智能的伦理问题的妥善处理需要多方合作，产业界和学术界应形成联动机制，共同推进以价值为基础的伦理文化和设计实践。为此，下列措施对于实现上述实践目标是必要的：第一，需要发挥算法工程师的技术专长，提高他们对特殊场景中伦理问题的敏感性和工程伦理素养，确保智能系统能够促进安全并保护人权；第二，需要哲学社会科学学者加强对人类心智运转机制和人工智能道德决策机制的研究，能够为人工智能的相关伦理议题提供思考框架和辩护理由，使公众认识到人工智能系统的潜在社会影响；第三，需要审查和评估机构严格行事，提高人工智能系统与人类道德规范体系的兼容度；第四，需要公众参与、表达诉求和提供反馈。

8.3.3　应用伦理

8.3.3.1　概念解析

应用伦理是指社会主体参与社会生活以及处理相互关系应当遵循的价值标准、原则与规范，为社会生活提供正当性基础。它是在制度和非制度领域内探究人的共同生活的伦理规范和原则的伦理学说。

研究人工智能应用伦理的目的是研究人工智能技术在应用过程中产生的伦理问题，并探讨如何善用人工智能技术造福人类。通过分析人工智能技术的社会后果，我们可以思考何种伦理原则和规范才能构成人的社会生活共同体及其正义的社会秩序。

在人工智能应用伦理中，我们需要考虑诸如数据隐私保护、算法公平性、决策透明度等问题。这些问题涉及个人权益、社会公正和道德责任等方面的考量。通过遵循应用伦理的原则和规范，我们可以确保人工智能技术的应用符合社会价值观和伦理准则，从而实现人工智能技术的可持续发展和社会共荣。

8.3.3.2　问题分析

人工智能作为一种技术不仅通过设计者去实现它的功能和人类发生关系，而且通过使用者对功能的应用和人类发生关系，我们把它称为人工智能的应用伦理问题。下面具体分析人工智能有哪些主要的应用伦理问题。

用户并不关心人工智能通过何种物理结构和能力属性来实现功能，而关心人工智能功能应用的好坏。很显然，在人工智能的应用问题上，人们的规范性评价表现得十分明显，关注的只是功能应用的好坏标准，目的性十分明确。那么这些好坏标准和目的从哪里获得呢？答案显然是从设计者对人工智能的功能设计那里。既然设计伦理不可避免地带有个人或社会的价值偏好，这也就意味着，使用者对这些功能的应用也不可避免地带有价值偏好，这在社会应用的结果上就会表现为某种歧视和不公平。原因在于，一种人工智能产品的功能应用到人类社会当中，接受这种功能的人就会自动地成为某个特定的团体，这个特定的团体不可避免地把自己和他人区分开来，社会阶层的分化或团体的区分就成为一个事实，而针对特定社会阶层或特定团体进行分析的人工智能就有可能导致某种歧视和不公平。这种歧视和不公平因为人类带有的不同社会认同而变得尤其明显。比如，谷歌的图片软件曾错将黑人标记为"大猩猩"，Flickr 的自动标记系统曾错将黑人的照片标记为"猿猴"或"动物"。

除了价值偏好，我们前面谈到，人工智能已经越来越深入地渗透我们的生活，人工智能技术本身的不断发展都导致人的自主性问题面临新的挑战。从前者来说，当人工智能越来越深入地渗透我们的生活时，这也就意味着人类的行为选择越来越多地依赖于人工智能而做出。即使人工智能并没有最终替我们做出选择，这在某种意义上就是不断削弱我们的自由行动能力。当然，对人的自主性的更大威胁在于，我们本来意图通过人工智能为自己的行动选择提供更为全面和丰富的信息参考，但人工智能由于自身的价值偏好，有可能会为我们仅仅提供带有偏好的信息，从而误导我们。从后者来说，倘若人工智能的自主性越来越高，也就意味着我们对它的理解和掌握是越来越少的，它对于我们也就越来越不透明。即使排除强人工智能，作为专家系统的人工智能也在越来越多的方面威胁着我们自由选择的权利，比如看护机器人、扫地机器人、法律咨询机器人等；而且，伴随着人工智能技术的不断发展，人工智能将会对越来越多的人类自由选择构成威胁。当然，从理论上来说，只要不出现强人工智能威胁人类的自由意志，我们人类似乎都是自由的，但不可否认的是，伴随着人工智能技术和社会政治的双重作用，很多人的实际选择自由将变得越来越严峻。

除了我们的自主性受到挑战，我们的隐私安全也将越来越受到挑战。就人工智能技术发展本身而言，人工智能为了更好地完成人类意图完成的事情，它就需要更多地把人类意图的非结构化语言转化成它可以识别的结构化语言，而一旦个体人类行为可以被结构化，也就意味着它可以被这种技术共享。为了促进和发展人工智能技术，我们又需要鼓励资源和信息的共享，这也就意味着，人们最初希望保存的隐私信息变成为了技术发展而需要共享的信息。让事情变得麻烦的是，在对人类行为进行结构化的过程当中，人工智能自身的不透明运行禁止人类过多地监管，并且鼓励信息共享，而它自身通过程序建立起来的价值偏好不可能有效地区分人类的隐私并进而保护人类行为的隐私安全。

人工智能的不透明运行不仅带来了安全隐私的挑战，还给我们带来了自我身份的认同问题。在人工智能运行的过程中，因为自身程序的价值偏好和技术所限，它并不能够把有关个体行为的非结构化语言和它能够处理的结构化语言完全对应，这导致经过结构化语言处理被识别的个体和实际生活的人不一致，当我们试图运用结构化处理的结果对实际的人进行评判时，就有可能出现偏差。

最后，上述的应用伦理问题在根本上威胁到了我们的道德责任。抛开不公平、自由、隐私安全和自我身份认同与道德责任的直接关系不谈，人工智能自身的不透明运行在根本上威胁到我们的道德责任。在传统上，责任的划分可以通过人的自主性进行划分，有关人对技术的责任可以通过设计者、制造者和使用者的责任来进行明确的区分。然而，人工智能的不透明运行导致了责任区分的困难。假设设计者最初设计出来的人工智能是被良好定义、可以理解、可以预测，也可以自主学习的复杂系统，那么，如果因为机器自主学习导致功能发生变化，而使用者在遵循标准操作却无法获得该人工智能应有的功能时，责任在哪一方的争论就难以避免。更为复杂的是，当我们把许多人工智能放在一起工作时，它们因为彼此之间的相互学习和相互影响产生的事故应该由谁承担？事实上，我们可以看到，人工智能运行的不透明使我们对于权责的追踪变得异常困难，它的出现既有可能超出设计者对其功能实现的设计，也有可能超出使用者对其功能应用的预期。

8.3.3.3 基本方法

善用和阻止恶用人工智能是人工智能社会伦理研究的关键。其落脚点在于优化人机合作关系，建立一种能够使人类与智能机器相互适应和信任的机制，使人工智能建设性地辅助人们的生产和生活。在这方面，当前讨论最多也最为实际的是人工智能是否会取代人的工作，进而引起大规模的技术性失业。人们担忧，强大的人工智能可能导致很多失业人员完全无法找到合适的工作，进而使社会结构变得不稳定。根据牛津大学对美国劳工统计局描述的702种职业所需技能的定量分析，"美国47%的工作极有可能会被高度自动化的系统所取代，这些职业包括很多领域的蓝领职业和白领职业……无论你接受与否，高达50%的就业岗位在不远的未来都有被机器占领的危险"。回望历史，每一次技术革命都可能导致失业，很多工作岗位、工种和技能被淘汰掉。与此同时，技术革命也创造出很多新的职业和工作机会。不过，这次人工智能革命所带来的颠覆性可能不同于以往，它甚至有可能重新定义人们对于劳动的观念。如果人工智能最终导致大规模的失业潮，那么如何满足作为人们基本生活需要的劳动权？社会稳定如何得到维护？社会保障制度如何负担失业人员的生活？对于这些问题，学术界和政府相关部门从现在开始就需要展开深入研究。

人工智能的广泛应用还将涉及更大范围的公平和正义问题。历史证明，新技术可以消除基于旧技术的不平等，但也可能产生新的、更大的不平等。不同国家（地区）和人群在获得人工智能的福利方面可能存在不公平及不平等问题，导致"人工智能鸿沟"。如何避免这场技术革命带来的新的差距，让更多的人获益，避免欠发达地区和弱势群体在技术福利分配中再次陷入被动地位，弥合"人工智能鸿沟"，是人工智能社会伦理研究的焦点。从技术角度看，在算法时代，人工智能系统对数据的需求几乎是无限的，这势必涉及个人信息安全和隐私权等问题。为了应对可能的伦理风险，隐私政策和知情同意条款需要得到相应的更新，商业机构在对信息进行数据挖掘和价值开发时要遵循相应的伦理规范。为了维护数据安全，数据共享方式有待创新，保护隐私权和个人信息权将是人工智能社会伦理研究的重点领域。

在一些具体领域，人工智能的广泛应用已经引发了较为热烈的伦理讨论和媒体关注。在军事方面，是否应该限制或禁止使用致命性自主武器系统（lethal autonomous weapons systems，LAWS）的话题备受热议。LAWS真的能够做到"只攻击敌人，不攻击平民"吗？它们在不需要人类干预的情况下，能够像人类战士一样遵守道德准则吗？如果LAWS可以上战场作战，那它决定目标生死的抉择标准该由谁来制定？2015 年 7 月，一封要求停止研发致命性自主武器系统的公开信获得了 2 万多人签名，其中包括斯蒂芬·霍金、埃隆·马斯克和众多人工智能领域的专家。在他们看来，自主武器系统具有极大的风险，一旦被研发成功并应用，就可能被恐怖组织掌握，这对于无辜平民是巨大的安全威胁，甚至有可能引发第三次世界大战。在医疗领域，随着医疗影像诊断精准度的不断提高并超越医生诊断的精准度，人工智能技术可能被广泛应用于疾病诊断，如果出现误诊，责任究竟由谁来承担？人工智能技术同时也加大了医疗数据泄露的风险，医疗机构保存的患者健康数据和电子病历有可能被不恰当地进行价值开发。如何合法地收集和管理这些数据已经成为近年来学术界研究的热点话题。仿真机器人的出现是否会对人类相互之间的情感构成损害？是否会对人们的婚姻观念和社会制度造成冲击？如此等等。

近年来，美国和英国等国先后发布国家人工智能战略报告，大力推动人工智能及其相关产业的发展。我国也极其重视人工智能和自主系统的研发与应用，2017 年 7 月 8 日，国务院发布《新一代人工智能发展规划》，将人工智能伦理法律研究列为重点任务，要求开展跨学科的探索性研究，推动人工智能法律伦理的基础理论问题研究。《新一代人工智能发展规划》对人工智能伦理和法律制定了三步走的战略目标：到 2020 年，部分领域的人工智能伦理规范和政策法规初步建立；到 2025 年，初步建立人工智能法律法规、伦理规范和政策体系；到 2030 年，建成更加完善的人工智能法律法规、伦理规范和政策体系。《新一代人工智能发展规划》指出，人工智能的迅速发展将深刻地改变人类社会生活、改变世界，但人工智能可能带来改变就业结构、冲击法律与社会伦理、侵犯个人隐私、挑战国际关系准则等问题，这就要求在大力发展人工智能的同时，必须高度重视其可能带来的安全风险挑战，加强前瞻预防与约束引导，最大限度地降低风险，确保人工智能安全、可靠、可控发展。

8.3.4　信息伦理

8.3.4.1　概念解析

信息伦理是一门研究人类信息活动中的伦理关系的学科，它涉及信息需求、搜集、加工、利用和反馈等方面的伦理要求、准则和规范。信息伦理的核心在于探讨人类在信息时代如何正确、负责地处理和利用信息资源。

信息伦理的研究范围非常广泛，涵盖了社会生活的各个领域。它关注的问题包括但不限于个人隐私保护、数据安全与风险管理、知识产权保护、信息公平与公正、信息获取的合法性与道德性、信息传播的真实性与可信度等。通过研究这些问题，信息伦理旨在建立起一套完善的道德原则、规范和准则，以引导人们在信息活动中遵循道德行为。

信息伦理的发展离不开技术的进步。随着计算机和网络技术的迅速发展，信息伦理也逐渐从计算机伦理和网络伦理中分化出来，并形成了独立的学科体系。信息伦理倡导人们在信息活动中尊重他人的隐私权、知识产权和信息安全，同时也强调信息的公平、真实和可信。通过遵守信息伦理准则，我们可以更好地保护个人权益，促进社会的和谐发展。

信息伦理是一个重要而复杂的学科，它关注人类信息活动中的道德问题，并致力于建立起一套合理的行为准则和规范，以引导人们在信息时代正确、负责地处理和利用信息资源。

8.3.4.2　问题分析

信息网络技术和智能设备的广泛使用，使数据在全球范围内呈现爆炸式增长，这标志着人类社会已经进入大数据时代。大数据带来了巨大的能力和机遇，但同时也引发了一系列新的伦理问题和违法犯罪问题，如信息不真实、信息侵权和隐私泄露等。这些信息伦理问题不仅破坏了大数据环境，还导致了一系列社会问题的出现。下面具体分析有哪些主要的信息伦理问题。

1. 信息造假和恶意传播消减社会信任

大数据的发展，保证数据信息真实有效是首要条件，数据信息真实性直接影响信息采集的真实性，对后续大数据信息使用和传播有着极大的影响。在实际生活中，确实存在信息造假问题。有部分信息生产者为保护自身隐私或达到某种目的，有可能生产的是虚假信息，甚至盗用他人信息进行虚假加工。信息采集员可能受到经济利益诱导和他人的强加干扰，更改信息源，混淆信息源真伪。

大数据的发展，信息传播起到极大作用，信息传播速度加快，信息更新和使用速度加快，对各行各业发展乃至社会进步都有益处。正是由于信息传播有着速度快的特性，一旦出现恶意传播，后果将不堪设想。信息言论自由是公民的基本权利，随着经济条件越来越好，国家越来越发达，公民的自主意识越来越强，个人随意性也越来越强，在大数据这个网络虚拟平台里，认为自己有发表言论、传播信息的权利，可以不顾道德约束，随意或者肆意发表言论传播信息。例如：某些企业或者个人利用大数据技术的漏洞、大数据信息审核的缺乏，牟取暴利或者泄私愤，采取极端方式，在大数据网络平台上传播他人隐私、传播虚假信息以及破坏社会稳定的骗人信息等。

2. 隐私窃取和泄露对人格的损害

在大数据时代，不法分子利用大数据技术漏洞，采用非法手段窃取他人隐私，以牟取个人利益和财富，从而损害了他人的隐私和经济利益。因此，在这个时代，个人信息安全变得更加重要。

不法分子通过非法入侵大数据信息存储载体，如手机、计算机、网站以及各种注册个人信息的软件等，获取数据库信息并进行黑市交易或者制造假冒产品。特别是对于个人隐私信息，包括电话号码、姓名、职业、住址、兴趣爱好、购物记录、信用情况等多种信息，这些信息被出售给不同的企业或个人。

隐私泄露是指个人不愿意公开的、敏感的、重要的、涉及自身利益的、机密的信息，没有经过信息主体授权或非信息主体意愿授权和运用不正当手段让信息主体无法掌控个人信息等情况下让他人知晓。隐私泄露表现在两个方面：一方面是泄露自己的隐私。有因缺乏自我保护意识，把个人信息随意告诉他人，也有被迫泄露自己隐私的。例如有些应用软件设置了读取使用人个人信息功能，若消费者不同意读取个人信息，就不能使用该软件，使用者为享受大数据带来的诸多便利，被迫泄露个人隐私。另一方面是泄露他人隐私。大数据时代是个信息共享时代，每个公民除了生产和推送个人信息给他人共享外，也能共享他人信息。大数据时代获取他人信息比报纸、广播电视等传统媒介获得他人信息速度更快、内容更多、渠道更广。有部分人在利益面前，通过不正当手段获取他人隐私，信息生产主体对个人信息无法正常掌控，只能任由他人泄露。

隐私的窃取和泄露不光损坏了他人利益，还可能会对他人造成人格损害，影响极其恶劣。Facebook 为了测试用户在面对各类复杂信息时所表现出的情绪和反应是否能够被Facebook 所监控，于 2012 年对 Facebook 上的 70 万名用户进行了隐秘测试。此次隐密测试过程中，Facebook 故意在网络信息的页面上加设了部分关于情绪反馈的关键性词语，通过 Facebook 用户在网络信息阅读过程中所涉及的情感反馈内容和关键词，以此判断 Facebook 用户在阅读时所流露的情感反应和变化。对 70 万名 Facebook 用户的情绪测试整整持续了一周，通过该隐秘测试，Facebook 不但成功地收集了 Facebook 用户的情感反馈数据，且能够通过该数据较为精准地预测和判断用户之后对于各种信息的情绪和态度。该测试被 Facebook 用户知晓后，人们对 Facebook 的行为表示了强烈的反对和谴责，认为其侵犯了个人隐私。Sheryl Sandberg 在第一时间对 Facebook 未经同意的实验表示了歉意，但这种私自使用用户信息进行测试的做法受到了整个行业的谴责和批评。此次测试事件也让社会各界感到焦虑，并为拥有"大数据"资源享有绝对控制权的企业和社会组织，其对用户数据的使用是否需要道德和法律进行约束和规范提出了新的思考。

从信息伦理的角度对此案例进行分析，Facebook 未经过用户同意，而私自利用"大数据"绝对优势对用户信息使用以及情感流露习惯进行实验不符合基本的道德准则。这种未经允许，对用户个人信息进行分析甚至对个人情绪倾向进行预测，不仅侵害了用户的个人隐私权，伤害了用户的个人尊严；而且作为美国社交网络服务的主流网站，同时也是一家上市企业，其行为不但没有履行社会责任，而且危害了社会的稳定。更令人担忧的是，Facebook 作为美国主流的社交网络服务网站，其受到了社会各界以及企业内部的监督和控制，这在一定程度上会对 Facebook 的行为有所限制，但其他中小型对大数据信息资源拥有控制力的企业和组织能否自觉履行社会责任无法保证。

3. 信息分配不公平导致数据权利不平等

南京大学社会学系的教授童星在做社会研究时提到"各国经济腾飞之时往往也正是分配严重不公之日"。在《市场经济信息学》一书中，邱均平指出："从宏观上来说，信息产品作为社会总产品的一部分，它要参与整个社会产品的分配，其分配过程和原则是同社会总产品的分配相一致的"。也有其他学者认为"在再分配经济体制中，国家占有经济资源，但是这些资源实际上是被精英阶级的成员以国家的名义控制着。从这些资源中产生的利益不是直接分配给生产者（工人和农民），而是被国家集中起来，然后按照个人在国家政治化和等级化的官僚体系中的位置进行再分配"。大数据时代，信息是大数据发展的基础，由于经济、政治多方面原因，存在信息分配不公。

国家城乡区域发展不一致，各地各行业需求信息不同，从宏观角度来看，参与信息分配者会存在分配信息不公平。因为发达地区获取信息更快、更多，也会吸引更多的人口和产业参与，为了保证发达城市的稳定，信息分配者在分配信息时会有倾向性，还是会把更好的、更多的信息分配给他们；偏远或贫穷地区获取信息较慢、较少，获得分配的信息也越少。信息分配对地域是这样，对个人或群体也是如此。正常情况下，社会层级越往下的，参与信息分配的机会越少，得到分配的信息越少。而某行业的佼佼者、顶层人物、受教育多的、经济实力雄厚的、有社会地位的人得到分配的信息更多。这样导致有获取信息能力的能分配到更多的信息，没有获取信息能力的分配到更少的信息，两级主体差距越来越大，贫富差距越来越明显。

在大数据发展过程中，信息主体的文化涵养、接受教育程度、个体职业等都影响着信息主体生产信息、传播信息、使用信息等。文化涵养和教育程度的差异，直接影响信息主体对信息源的真实生产、对信息真伪的分辨、获取信息的途径、传播信息的价值观。在大数据信息瞬息万变的情况下，不同的人会对大数据信息形成不同的看法、不同的理解，对信息利用形成不同的认知、不同的态度。

8.3.4.3 基本方法

1. 强化信息伦理教育，增强伦理道德对大数据发展的适应性

"信息伦理又称信息道德，它是调整个人之间以及个人和社会之间信息关系的行为规范的总和。"信息伦理是以善恶为标准，在信息活动的过程中形成的道德。在高度发展的信息时代，公民信息伦理意识的高低，也彰显一个国家和民族的文明高低，大力宣传信息伦理，加强信息伦理教育，增强信息伦理意识，对国家和民族的文明发展有着重要意义。改善信息伦理问题，首先要加强对信息伦理的教育，从而使人们更正确地认知信息道德，正确规范传播信息道德。

（1）开展以学校教育为主的信息道德教育。学校是接受教育的主要阵地，也是接受教育最单纯的地方，可结合学生年龄阶段，在思想品德教育课程中加入信息伦理内容，让公民从学生时代便能认知信息伦理。

（2）对信息行为主体有针对性地进行专项教育。通过网络载体宣传教育，增强信息行为主体对社会主体身份的认知和责任，在多元化的社会，强化信息行为主体对信息负责的社会责任感，特别是对社会责任主体难以确认的这一类，只能通过宣传教育让信息行为主体主动意识和承担行为责任。宣传教育分为两个方面；一方面是信息生产者对自己生产的信息负责任，如果由于生产者所生产的信息有不真实、不道德等的信息行为，教育信息生产者全部承担自己的行为责任；另一方面教育信息使用者在使用他人信息时要遵守相关道德准则，对自己使用信息和传播信息的行为负责任。

（3）加强信息技术主体的伦理教育。尤纳斯言："现代技术时代的伦理是以未来行为为导向的伦理，对于责任的履行应当具有预防性和前瞻性。相应的道德任务不在于实践一种最高的善，而在阻止一种最大的恶。"从尤纳斯的理论不难看出，预防比治疗更重要，阻止"恶"比践行"善"更重要，该理论对大数据时代处理信息伦理问题起到了指导作用。培养和提高从事大数据技术的人员的职业道德，加强他们对多种信息安全隐患的排查和分辨能力以及对多种信息可能存在风险的预判能力更为重要。

2. 加强隐私保护

大数据要稳步发展，社会要和谐发展，离不开每一位公民，公民既是大数据的生产者，也是大数据的受益者。特别是针对隐私问题，如果每一位公民都能履行好保护自身隐私的权利和保护他人隐私的义务，社会的隐私问题也会缓解一大步。政府可以通过技术把控、制度管理等方式保护公民隐私；但更应加强正面引导，倡导公民发扬保护自己隐私和保护他人隐私的美德，增强隐私维权意识。

（1）倡导保护自身隐私，特别是产生信息时，提高信息的敏锐度，要避免自身隐私信息的产生。

（2）倡导对他人隐私信息负责的美德。对他人负责就是社会公德，是公民扮演好自身在社会中的角色，能够尊重他人隐私，保护他人隐私，能与他人、企业、政府等良好互动，形成融合和谐的信息环境。在信息生产时，未经授权不侵犯他人隐私；在信息使用时，不乱用，不盗用他们的隐私。

（3）倡导隐私维权。当今社会，有大部分公民在自身信息受到侵权时，都选择沉默，

是因为追究对方法律责任，提起诉讼的消费成本太高，远远高于最后胜诉的结果，付出与结果的差异导致更多公民无奈放弃了追究权利。个人利益无法得到保障，社会公平也没有得到彰显。这不仅助长了侵犯他人隐私的行为，更加扰乱了社会秩序。鉴于此种情况，一方面倡导公民积极正面维权，可以要求对方删除自身信息，并要求对方赔偿侵害自己隐私所造成的损失；另一方面倡导社会公益组织和社区街道发挥更大的社会作用，公民个人可以求助社会公益组织和社区街道等，改变单打独斗的弱势局面，寻找更多受害者，发挥集体力量，寻求社会公益组织等开展集体诉讼，维护个人权益。

3. 强化大数据运用的社会控制

近年来，大数据产业迅猛发展，也带动了其他产业发展。大数据发展势头越猛，国家和社会越要保持清醒，冷静对待，既要保持大数据继续发展的势头，也要及时处理和解决大数据发展过程带来的问题和矛盾。政府是一把无形的手，要起到调节和引导作用。要从国家和社会的长远利益出发，做好引导者、监管者，要制定符合大数据实情的规章制度，给大数据创造健康的环境。

2015 年，时任总理李克强签署了《促进大数据发展行动纲要》，该纲要为大数据发展指出了明确道路，为大数据发展提供了政策支持。要求在发展大数据产业的同时，根据实际情况加强制度建设，完善相关法律法规，为大数据发展保驾护航。

（1）加快出台个人信息保护立法，规范个人信息责任权利和责任归属，明确个人信息使用范围和使用权限；对非法采集、非法使用个人信息行为予以规范和管制。

（2）政府提供政策支持，引导大数据企业对大数据的采集、存储、管理形成制度体系，加大对大数据保护的研究，在保证大数据安全的条件下，鼓励信息开放、信息共享。

（3）引导规范数据交易，鼓励市场主体形成产业链，开展数据交易，增强市场活力，加强数据在大数据市场的流通，增加社会价值，同时政府建立机制规范大数据市场交易，加大惩治力度，防范市场乱象。

配套完善大数据市场发展和应用机制。激活大数据企业的创造力，鼓励大数据企业参与社会公共服务，激发大数据企业的社会责任感。鼓励政府、企业和社会组织之间合作，促进共赢，政府可以运用服务外包、政府采购等模式，让专业的大数据企业介入和参与政府的大数据应用工作。大数据企业参与社会建设，能自觉承担社会责任，从技术上和源头上开展大数据开发和应用，消减大数据发展过程产生的负面影响。

加强政策和法律的保障，促进数据权利的平等，缩小信息分化，促进社会的公平公正。大数据环境下，公民在主动获取和接受信息分配时，都应有平等的权利，同时在改善公民获取信息能力时，只通过公民的努力是不够的，还需要社会对公民的信息需求提供支援和保护。

8.4　AI 算法伦理安全

8.4.1　AI 的公平性

8.4.1.1　概念解析

AI 的公平性是确保人工智能系统在设计、开发和应用中对待所有人都公平无偏的原则和实践。AI公平性的目标是确保AI系统不会因为种族、性别、年龄、性取向、宗教、残疾等个人特征而产生偏见或歧视。

"人工智能很单纯,复杂的是人。"——在探讨人工智能的公平性时,香港科技大学讲席教授、微众银行首席AI官杨强巧妙地化用了一句流行歌词。他认为,AI技术发展中出现的诸多公平性问题,其实映射了人类社会中本已存在的歧视和偏见。与人类社会相似,在AI的世界里,偏见与不公随处可见。

2014年,亚马逊启动了一个通过AI技术开展自动化招聘的项目。这个项目完全基于求职者简历提供的信息,通过AI算法进行评级。然而,第二年亚马逊便意识到这个机器脑瓜并不像想象中那样公平公正——它似乎在歧视女性!当一份简历中出现"women"等字眼时,在打分上就会吃亏。亚马逊分析,这是因为他们使用了过去10年的历史数据来训练这个AI模型,而历史数据中包含对女性的偏见。

类似的情况还出现在我们的日常生活中。近年来,一系列"大数据杀熟"的新闻持续引发舆论关注。诸多网友晒出了各自在很多出行打车、在线旅行服务平台、购物软件消费时被"杀熟"的经历。概括地说,大数据"杀熟"通过人工智能技术进行大数据分析和预测,通过深挖用户过往消费甚至浏览记录,让算法洞悉用户偏好,导致同一平台针对不同的用户出具不同价格,即所谓的"看人抓药""千人千面"。

另外一个案例是大量APP在使用时会出现一个"知情同意"的选项,这个知情同意书往往少则上千字,多则上万字,大量的信息让用户无力长时间阅读,只好选择同意,否则只能退出。过度冗余的格式条款,其实恰恰剥夺了用户的自我决定权。这是一种非常隐蔽的AI开发者和使用者之间的不公平。

AI的公平性问题,本质上并非来源于技术本身,而是来自人心,也就是说,其本源是社会的公平性。

8.4.1.2　问题分析

结合以上案例,AI的公平性可以从以下3个维度进行讨论。

(1)输入数据公平性。AI系统的训练数据应该是充分、多样化和代表性的,以免数据偏见。数据偏见可能源自历史不平等、社会偏见或数据采集过程中的偏差。确保训练数据集的代表性,意味着包括各种人群的数据样本,以减少对某些人群的偏见。

(2)算法和模型公平性。AI算法和模型的设计应该追求公正和无偏的原则。这意味着算法和模型应该在处理不同群体时都表现出公平性,并不偏向某个特定群体。

(3)决策公平性。AI系统在做出决策时应该遵循公平的原则,不基于个体的特征或背景进行歧视。决策公平性和算法公平性有联系,因为算法的公平性对于决策公平性具有重要影响。决策往往依赖于AI系统所使用的算法和模型来生成结果。如果算法本身存在偏见或不公平性,那么它所产生的决策结果也可能带有偏见或不公平性。

8.4.1.3　基本方法

1. 保证输入数据公平

(1)数据代表性。数据收集应该遵循科学和伦理的原则,尊重个人隐私权和多样性。数据集应该是代表性的,包括不同群体的数据样本,确保数据集中存在多样性。如果数据集只包含特定群体的数据,那么AI系统可能会在处理其他群体时产生不公平的结果。如果一个招聘AI系统只训练于男性候选人的数据,那么它可能会在女性候选人面前表现不公平。

同时训练数据集中各个类别或群体的样本量应该是平衡的，以免某些类别或群体的偏见。如果某个类别的样本量过少，那么 AI 系统可能无法准确地对其进行建模，从而导致不公平的结果。

（2）数据校验。在使用数据之前，有必要进行数据清洗和校验，以排除不准确、不完整或具有偏见的数据。这包括识别和纠正数据中的错误、缺失值和异常值，以及审查数据是否有潜在的偏见。避免数据中的敏感属性与其他特征相关联，以减少潜在的歧视或不公平。

Kamiran 和 Calders 给出了预处理的数据篡改、数据加权和数据采样方法，以保证训练数据对敏感属性群体的决策具有统计公平性。在人口普查收入数据集上的实验表明，在保证高精准度的前提下，以上方法可将歧视率从 17.93% 降为 0.11%。

Zliobaite 等人对 Kamiran 和 Calders 的数据篡改和数据采样方法进行了改进和完善，给出了局部篡改和局部最优先采样的预处理方法，该方法仅仅剔除不可解释歧视相关的数据，保留了训练数据中可解释歧视相关的部分，能够克服歧视的过度消除。

Luong 等人提出了将训练数据集中 t 歧视的 r 决策 $dec(r)$ 从负类改为正类的预处理方法。

Feldman 等人给出了不公平性和受保护属性泄露之间的对应关系，并提出了通过更改数据中的非受保护属性，使得数据集中的受保护属性不能得到预测的预处理方法。

Jiang 和 Nachum 假定数据集被无偏见的真实标记函数所标记，数据集获取智能体的偏见导致数据产生了观测偏见，由此提出了对数据进行加权以消除不公平的预处理方法。并给出了经过加权预处理的数据能够确保分类器不会产生歧视的理论证明。

Calmon 等人给出了通过数据概率变换实施数据预处理来减轻歧视概率的优化模型，该模型在概率分布上定义歧视和效用、在采样的基础上控制数据失真，并限制个体数据变换影响来确保个体公平性，从而使数据预处理中的歧视控制、数据效用和个体数据失真得到折中平衡。

这些方法在一定程度上克服或减轻了训练数据中的偏见或歧视。通过修改训练数据克服或减轻偏见的方法能够从数据源头减少歧视，增加算法的公平性，为后续的算法模型设计提供更加公平、无偏见的数据。

2. 保证算法模型公平

（1）公平算法设计。算法设计阶段，应该追求公平原则，确保算法对待所有群体公平。这可能涉及使用公平的特征选择、特征权重、模型结构和优化目标等。例如，一种常见的方法是通过添加公平约束或调整算法参数来提升公平性。同时为了提高算法的公平性，需要处理这些源自训练数据的不平衡或数据收集过程中的偏见。例如，通过采用重新加权、过采样、欠采样等技术来平衡数据，减少特定群体的偏见。

Krasanakis 等人假定训练样本存在能够产生公平分类的标签数据，进而给出了一种自适应敏感加权机制（adaptive sensitive reweighting，ASR）和权重估计模型，通过对原始数据和数据标签的同时训练，实现了对数概率回归在不平等对待和不平等影响下的公平分类。实验表明，通过避免不平等对待，ASR 在准确性和偏见间的权衡方面能够获得与协方差方法相似的表现；如果不避免不平等对待，而是在评估数据中提供有关敏感群体的信息，ASR 能够以较小的准确度损失，在权衡不平等对待和影响消除方面获得比协方差方法更好的表现。

Zafar 等人将不公平对待、不公平影响和机会均等分别描述为用户敏感属性和用户特征向量到分类器决策边界的符号距离的协方差，给出了这些公平性约束下的对数概率回归、（非）线性支持向量机模型，以实现公平边际（fair margin – based）分类。

Jiang 等人给出了含有 Wasserstein – 1 距离惩罚项的对数概率回归，以保证在统计公平意义下模型分类决策独立于敏感属性。

Agarwal 等人给出了公平性（如统计公平均衡概率等）的条件矩（conditional moments）线性不等式描述，将此类条件矩线性不等式约束下的二分类任务转换为代价敏感分类问题，在无须敏感属性信息下，实现公平学习分类。

针对概率回归、支持向量机等不同机器学习中的公平分类问题，提出了多种解决方案。算法设计公平性是机器学习向善的重要主题之一，建立合理的模型保证算法的决策客观，是加速推广机器学习落地的必要条件，具有理论意义和应用价值。

（2）审查和验证。对于关键应用领域，需要对算法进行审查和验证，以确保其在不同群体之间没有不公平的结果。这可以涉及使用实际测试数据集、进行影响评估或利用模型解释技术来验证算法的公平性。

目前发现不公平的技术主要包括 k 最邻近分类、关联规则挖掘、概率因果网络、隐私攻击和基于深度学习的方法等。在此以 k 最邻近分类和深度学习方法为例进行具体介绍。

① k 最邻近分类方法。

Luong 等人基于司法领域的情景测试给出了不公平发现的 k 最邻近分类方法，其主要思想在于在给定历史决策记录数据下，对于决策结果为否定的受保护组的每一成员，寻找具有合法相似特征的测试者（受保护组或者不受保护组），如果受保护组测试者和不受保护测试者的决策结果明显不同，由此就可以推断出该否定决策对受保护组有偏见。相似性通过距离函数来度量。

Luong 等人定义了距离函数：对于具有 n 元属性的多元组 r 和 s，二者之间的相似性距离定义为

$$d(\boldsymbol{r},\boldsymbol{s}) = \frac{\sum\limits_{i=1}^{n} d_i(\boldsymbol{r}_i,\boldsymbol{s}_i)}{n} \tag{8-1}$$

其中，$d_i(\boldsymbol{r}_i,\boldsymbol{s}_i)$ 依据熟悉的取值类型以不同方式计算，由此，对于一个多元组 r 和数据集 R（$R = \mathrm{PR} \cup \mathrm{UR}$，PR 是受保护组，UR 是非受保护组），可以得出多元组中 i 个熟悉 r^i 的排序为

$$\mathrm{rank}_R(\boldsymbol{r},\boldsymbol{r}^i) = |\{j \mid d(\boldsymbol{r},\boldsymbol{r}^i) < d(\boldsymbol{r},\boldsymbol{r}^i) \vee d(\boldsymbol{r},\boldsymbol{r}^i) = d(\boldsymbol{r},\boldsymbol{r}^i) \wedge j \leq i\}| \tag{8-2}$$

多元组 r 的 k 最邻近集为：

$$\mathrm{kset}_R(\boldsymbol{r},k) = \{\boldsymbol{r}^i \in \mathbf{R} \mid \mathrm{rank}_R(\boldsymbol{r},\boldsymbol{r}^i) \leq k\} \tag{8-3}$$

$$\mathrm{kset}_R(\boldsymbol{r},k) = \{\boldsymbol{r}^i \in \mathbf{R} \mid \mathrm{rank}_R(\boldsymbol{r},\boldsymbol{r}^i) \leq k \wedge d(\boldsymbol{r},\boldsymbol{r}^i) \leq d\} \tag{8-4}$$

并定义

$$p_1 = \frac{|\{\boldsymbol{r}' \in \mathrm{kset}_{\mathrm{PR}\setminus\{r\}}(\boldsymbol{r},k) \mid \mathrm{dec}(\boldsymbol{r}') = \mathrm{dec}(\boldsymbol{r})\}|}{k} \tag{8-5}$$

$$p_2 = \frac{|\{\boldsymbol{r}' \in \mathrm{kset}_{\mathrm{UR}\setminus\{r\}}(\boldsymbol{r},k) \mid \mathrm{dec}(\boldsymbol{r}') = \mathrm{dec}(\boldsymbol{r})\}|}{k} \tag{8-6}$$

$$\text{diff}(\boldsymbol{r}) = p_1 - p_2 \tag{8-7}$$

其中，$\text{dec}(\boldsymbol{r}')$ 和 $\text{dec}(\boldsymbol{r})$ 分别表示 $\boldsymbol{r}$ 和 $\boldsymbol{r}'$ 的决策，对于 $r \in \text{PR}$ 和阈值 $t \in [0,1]$，如果 $\text{dec}(\boldsymbol{r})$ 为阴性（负类）且 $\text{diff}(\boldsymbol{r}) \geqslant t$，则称 $\boldsymbol{r}$ 是 t 歧视的。

k 最邻近分类克服了关联规则挖掘依赖于规范属性以及局部关联规则的整体性缺乏的不足，并能实施具有区间取值属性相关的歧视发现，但是，该方法中相似性的距离度量考虑了所有属性，难以区分具体属性对歧视的影响，也不能用于隐私保护数据集的不公平发现。

②深度学习方法。

通过将个体公平性测试生成问题表述为深度强化学习问题，并将被测试的机器学习模型视为强化学习环境的一部分，Xie 等人提出了针对机器学习模型的黑盒公平性测试技术。强化学习的智能体通过对环境采取行动生成针对模型的输入，然后通过观察环境状态并获得来自环境的奖励。通过这种交互迭代，智能体学习到一种无须访问智能体内部动态的情况下便可高效生成个体歧视性输入的最优策略，训练完成后的深度强化学习模型可以有效地探索和利用输入空间，并在短时间内检测到更多的个体歧视性输入。

（3）反馈循环和改进：监控和反馈是提高算法公平性的重要组成部分。通过收集用户反馈、监测算法的实际应用和评估结果，可以发现和纠正潜在的公平性问题，并进行算法改进和优化。例如，AI 系统的数据集就应该是动态的，并定期进行迭代和更新。这有助于纠正过时的偏见、反映变化的社会和环境条件，并持续提高算法的代表性和公平性。

算法公平性是一个复杂的问题，没有单一的解决方案适用于所有情况。公平性的定义和权衡可能因上下文、应用领域和价值观的不同而有所差异。因此，确保算法公平性需要综合考虑多个因素，并结合具体应用的实际情况进行评估和改进。

3. 保证决策公平

（1）公正的决策标准：确保决策所使用的标准和指标是公正和无偏的。决策标准应该基于个体的能力、素质和行为等客观因素，而不应该基于个体的种族、性别、年龄、宗教等个人特征。公正的决策标准可以通过权衡不同因素和利益来确定，而不偏袒特定群体。

（2）透明度和可解释性：决策过程应该是透明和可解释的，用户和利益相关者应该能够理解决策是如何做出的。透明度有助于增加决策的可信度，并允许用户验证决策是否公平。决策的透明性还可以帮助发现潜在的偏见或不公平性，并提供机会进行纠正和改进。

（3）利益相关者参与：确保多样化的利益相关者参与决策过程，以反映不同群体和利益相关者的观点和需求。这需要政府机构的介入，如制定相关政策或法律等进行规范。

4. 监督和纠正措施

建立监督和监测机制，定期评估决策的公平性，并采取纠正措施，以减少不公平和偏见的影响，这可能涉及对决策过程进行审查和改进，使用公平性度量来评估决策的结果，并及时处理投诉和申诉。同时设置警报系统，以在模型性能下降或出现不公平行为时及时发出警告，这可以帮助组织快速采取纠正措施。也要制定相应的法律法规，确保 AI 系统符合相关法规，如 GDPR、美国《平等信贷机会法》（*Equal Credit Opportunity Act*，ECOA）等，这些法规禁止基于特定特征进行歧视性决策。

8.4.2 AI 的可解释性

8.4.2.1 人工智能可解释性的定义与重要性

2004 年，Van Lent 等人首次提出了可解释人工智能（explainable artificial intelligence，XAI）的概念。人工智能的可解释性指的是对于人工智能系统如何做出特定决策或输出的理解和解释能力，包括但不限于对模型的特征、权重、推理过程和决策规则的理解和解释能力。简单来说，人工智能可解释性的目标就是将人工智能从一个难以理解的"黑盒"变为一个可解析且易于理解的"白盒"。

人工智能的可解释性对于人们评估、理解和信任人工智能系统至关重要，它提供了一种使人们能够理解并信任人工智能系统工作原理的运行机制，并有能力对系统的决策和预测进行解释和验证。高度的可解释性有助于增强人们对于人工智能系统的透明度和可靠性的认知，提升人们对于人工智能系统的可接受度，特别是在决策结果可能产生重大影响的关键领域，例如医疗诊断、金融决策和司法裁决等。通过提供清晰的决策过程，可解释人工智能能够协助用户更好地理解系统的运行方式，提升他们对人工智能系统的信心和信任度，同时有助于避免潜在的误解和误用。

在当前人工智能模型广泛应用的许多领域中，我们通常希望人工智能模型同时具备强大的预测性能和明确的可解释性。然而，通常情况下，人工智能模型的可解释性和其预测性能之间是一种负相关关系。高度复杂的模型一般具备更强的预测性能，但其可解释性可能相对较低。反之，如果模型的设计较为简单，其可解释性可能较高，但预测性能可能受到限制。因此，人工智能模型的预测性能和可解释性往往难以兼得，我们需要寻找一种平衡，既能满足对预测准确性能的要求，又能提供对模型决策过程的清晰理解。

一些较为简单的人工智能模型，如线性回归或决策树模型，具有事前（ante - hoc）可解释性，也称为固有的可解释性。这是因为这些模型的决策过程通常基于明确的规则和逻辑，对人们来说易于理解和解释。例如，决策树模型通过一系列易于理解的"如果 - 那么"规则进行预测，因此具有较高的可解释性。然而，这类模型的局限性在于，虽然它们的决策过程可解释，但在许多复杂任务中，其性能通常不符合我们的要求，因为它们可能无法捕获数据中的复杂模式和关联。

许多当前广泛应用的复杂人工智能模型，如深度学习模型中的卷积神经网络与循环神经网络、支持向量机等，能够提供出色的预测性能，因为它们能够理解和学习数据中的复杂关系。然而，由于其内部结构的复杂性和参数数量的巨大，这些模型本身不具备固有的可解释性，它们的决策过程往往像一个"黑盒子"，难以直接理解。在需要高度透明度的领域（如医疗或法律）直接应用这些模型可能会带来问题。

为了增强此类复杂模型的可解释性，我们可以选择使用适当的可解释性方法，应用于模型训练和预测之后，分析模型的决策方式和规则，帮助我们理解模型如何做出决策，进而提高其可靠性。这种通过运用可解释性方法对复杂人工智能模型的理解称为它们的事后（post - hoc）可解释性。

常见的可解释性方法主要分为局部可解释性方法与全局可解释性方法。研究和开发可解释性方法对于推动人工智能的可靠应用至关重要，我们迫切需要研究和开发更强的可解释性方法，以便更好地理解复杂人工智能模型的决策过程，从而使其能够在更广泛的应用场景中发挥作用。

8.4.2.2　局部可解释性方法

局部可解释性方法主要关注模型对每个特定输入样本的预测。这种方法尝试分析输入特征的变化如何影响模型的预测输出，评估特定输入样本的每一维特征对于模型最终决策结果的贡献度。

假设模型的输入为 x，$\{x_1, x_2, \cdots, x_n\}$ 表示 x 的 n 维特征，局部可解释性方法所做的就是评估每一个 x_i 对于模型最终输出的影响大小。例如，对于一个病人的医疗预测，局部可解释性方法将会分析年龄、病史等输入特征对预测结果的影响程度。

常见的局部可解释性方法可以分为基于梯度反向传播的局部可解释性方法、基于局部近似的局部可解释性方法等。

（一）基于梯度反向传播的局部可解释性方法

梯度反向传播是深度学习中用于优化模型参数的核心算法，也可用于局部可解释性方法。基于梯度反向传播的局部可解释性方法的基本原理：对于给定的输入，可以计算模型输出关于输入的梯度。这个梯度可以理解为模型输出对于输入的敏感度，即输入中每个特征的改变对输出的影响程度。通过反向传播这个梯度，可以计算出每个特征对于模型预测的贡献。具体来说，特征的梯度绝对值大意味着这个特征对于模型预测有大的贡献。

其中一种基于梯度反向传播的局部可解释性方法为计算显著图（saliency map）。计算显著图是一种可视化技术，其通过计算输入的梯度，可以显示哪些特征对模型预测影响最大。

例如，在图像分类问题中，计算显著图可以生成一张和输入图像大小相同的图，每个像素点的值表示对应输入像素的重要性。假设输入图片表示 N 维向量 $\{x_1, x_2, \cdots, x_N\}$，模型对该图像的输出结果与正确值之间的损失函数为 L。对第 n 个像素添加扰动，得到新向量 $\{x_1, \cdots, x_n + \Delta x, \cdots, x_N\}$，损失相应变为 $L + \Delta L$，$\left|\dfrac{\Delta L}{\Delta x}\right| = \left|\dfrac{\partial L}{\partial x_n}\right|$ 就代表像素 x_n 对模型预测输出的重要性，该值越大表示像素 x_n 对输出越重要。

另外一种基于梯度反向传播的局部可解释性方法为 Grad-CAM。这种方法利用了卷积神经网络中的特征图和梯度，生成了一个和输入图像大小相同的热力图。这个热力图表示了模型在做出决策时，输入图像的哪些区域起了重要作用。计算公式如下：

$$L_{\mathrm{Grad-CAM}}^c = \mathrm{ReLU}\left(\sum_k \alpha_k^c A^k\right) \tag{8-8}$$

其中，A 表示某个特征层，一般为最后一个卷积层输出的特征层；k 表示特征层 A 中某个通道；c 表示某个类别；A^k 表示特征层 A 中通道 k 的数据；α_k^c 表示针对 A^k 的权重。

关于 α_k^c 的计算公式如下：

$$\alpha_k^c = \frac{1}{Z} \sum_i \sum_j \frac{\partial y^c}{\partial A_{ij}^k} \tag{8-9}$$

其中，y^c 表示网络针对类别 c 预测的分数；A_{ij}^k 表示在特征层 A 的通道 k 中坐标为 (i,j) 位置处的数据；Z 表示特征层 A 的高度与宽度之积。

（二）基于局部近似的局部可解释性方法

2016 年，Ribeiro 等人提出了一种模型无关的局部可解释性方法（local interpretable model-agnostic explanation，LIME）。其核心思想是通过一个结构简单的可解释模型针对某一特定输入样本拟合复杂模型的决策结果，从而可以利用该可解释模型对复杂模型的决策结果提供解释。

LIME 方法的目标函数定义如下：

$$\xi(x) = \underset{g \in G}{\mathrm{argmin}} L(f, g, \pi_x) + \Omega(g) \tag{8-10}$$

其中，x 为方法关注的某一特定输入样本；f 为待解释模型；g 为结构简单的可解释模型；π_x 为某一特定输入样本 x 的局部近似样本集合（x 附近的样本扰动空间），G 为一类简单的可解释模型；L 为模型近似度函数，$L(f, g, \pi_x)$ 越小表示 f 与 g 在 π_x 区域上的表现越接近，Ω 函数衡量可解释模型 g 的复杂度。

LIME 方法的目标为最小化解释模型和被解释模型差异 $L(f, g, \pi_x)$，同时保证解释模型 g 的复杂度 $\Omega(g)$ 足够低以便于人类进行理解。

LIME 方法分为以下步骤。

（1）样本选择：针对待解释模型 f 从数据集中选择一个特定输入样本 x。

（2）样本扰动：根据选择的样本 x，生成一组新的扰动样本 z，这些样本在原始样本 x 附近稍作扰动，这可以通过添加一些噪声或微小的变化来实现。

（3）新样本预测：使用待解释模型 f 对扰动样本 z 进行预测得到预测值 $f(z)$。

（4）权重计算：为每个扰动样本 z 计算一个权重 w_z，这个权重表示扰动样本与原始样本的相似程度。一种常见的权重计算方法是使用高斯核函数，也可以使用其他方法。

（5）训练解释模型：使用扰动样本 z 和它们的权重 w_z 训练一个简单的可解释模型 g，比如线性回归模型。这个模型的目标是尽可能好地拟合原始模型 f 在扰动样本 z 上的预测。

（6）解释预测：简单的可解释模型 g 可以用来解释原始样本的预测。可以通过直接查看可解释模型 g 每个特征的系数，来理解这些特征对预测的影响大小。

LIME 方法具备实现简单、易于理解、不依赖于待解释模型的具体结构、能够解释任何复杂度的模型等优点。然而，该方法构造的可解释模型只是待解释模型对于某一特定输入样本的局部近似结果，无法解释模型对于所有输入样本的决策过程。此外，针对每一个不同的输入样本，LIME 方法均需要重新进行拟合并可能会拟合出完全不同的可解释模型，因而此类方法的解释效率通常不高。最后，LIME 方法假设待解释输入样本的特征相互独立，因此无法解释样本特征之间的相关关系对模型输出决策结果的影响。

8.4.2.3　全局可解释性方法

全局可解释性方法旨在提供对整个模型的解释，从整体上解释模型背后的复杂逻辑以及内部的工作机制，以便我们能够全面了解模型的工作原理和决策规则。通过对模型整体的解释，我们可以了解模型是如何综合利用不同特征和规则进行决策的。

常见的全局可解释性方法可以分为基于概念分析的全局可解释性方法、基于激活最大化的全局可解释性方法、基于规则提取的全局可解释性方法等。

（一）基于概念分析的全局可解释性方法

基于概念分析的全局可解释性方法，是指通过对数据的抽象概念进行分析，以理解模型的整体行为的一类方法。此类方法的核心思想是将数据从原始特征空间映射到一个或多个更高级、更抽象的概念空间，然后分析这些概念如何影响模型的预测，以提供对模型行为的全局视角。

例如，我们可能使用一组图像数据训练卷积神经网络 CNN，得到一个能识别猫和狗的模型。在这种情况下，原始特征空间是图像的像素，而更高级的概念可能包括猫的耳朵、狗的尾巴等。基于概念分析的全局可解释性方法将试图理解这些概念如何在整体上影响模型的预测。例如，模型是否倾向于根据图像中的耳朵形状来判断猫和狗？

Kim 等人于 2017 年提出了一个典型的基于概念激活向量的测试方法（testing with concept activation vectors，TCAV）方法，其核心思想是将一个概念定义为一个向量，用方向导数来量化模型预测对高级概念的敏感度，从而解释模型对特定概念的学习程度。

TCAV 方法步骤如下。

（1）确定概念：需要确定一个或一组用于理解的概念 C。例如，在图像分类任务中，可以选择"斑纹"作为一个概念。

（2）获取概念样本：对于所选择的每一个概念，需要提供一组样本，这些样本表示了该概念。例如，如果选择了"斑纹"这个概念，需要提供一组包含斑纹的图像。

（3）计算概念激活向量（CAV）：需要在模型的中间层 l 计算每个概念的概念激活向量 CAV。一般来说，CAV 是在提供的概念样本上计算得到的。CAV 可以看作该层神经元对于某个概念的理解或响应。通常，这个计算是通过线性分类器完成的。具体来说，需要把表示该概念的样本的激活作为正样本，选择一些随机的激活作为负样本，然后在这些样本上训练一个线性分类器。分类器的权重向量（也就是决策边界的法向量）就是 CAV。

（4）计算方向导数和概念敏感度：类别 k 对概念 C 的概念敏感度可以用方向导数计算，表示为

$$S_{C,k,l} = \lim_{\varepsilon \to 0} \frac{h_{l,k}(f_l(x) + \varepsilon v_C^l) - h_{l,k}(f_l(x))}{\varepsilon} = \nabla h_{l,k}(f_l(x)) \cdot v_C^l \qquad (8-11)$$

其中，v_C^l 表示概念 C 的 CAV；$f_l(x)$ 表示原始预测结果。该式的意义即在原始预测的结果 $f_l(x)$ 上添加微小的 CAV 方向，计算模型输出结果 $h_{l,k}(\cdot)$ 的变化程度，从而定量地测量模型目标层 l 在类别 k 上对特定概念 C 的敏感度。

TCAV 方法的优点：不需要用户具备任何有关深度学习的先验知识；适用于任何概念，而不仅仅受限于训练过程中所考虑的概念；无须对模型重新训练即可直接进行评估；单次评估即可解释一组示例而不仅是单个数据。

（二）基于激活最大化的全局可解释性方法

基于激活最大化的全局可解释性方法的主要目标是确定输入数据的哪些特性最能激活模型中的特定节点或特定层。通过这种方法，可以更好地理解模型的行为，了解哪些输入特征对模型的决策过程有最大的影响。

激活最大化是一种可视化技术，通过对输入数据进行优化，找到最能激活网络特定神经元的输入。这种方法在一定程度上解释了神经元的"兴趣"或者说"关注"的方向。激活最大化通常通过梯度上升方法实现，目的是最大化特定神经元的激活。

一般来说，基于激活最大化的全局可解释性方法包括以下步骤。

（1）选择目标神经元：选择一个要最大化其激活的神经元。这可以是网络中的任何神经元。

（2）初始化输入：生成一些随机噪声数据或使用原始输入数据作为起点。

（3）优化输入：通过梯度上升来更新输入数据，目标是最大化目标神经元的激活。这通常需要多次迭代优化。给定一个 DNN 模型，优化目标可以如下定义：

$$x^* = \arg \max_x (f_l(x) - \lambda \|x\|^2) \qquad (8-12)$$

其中，优化目标第 1 项 $f_l(x)$ 为 DNN 模型第 l 层某一个神经元在当前输入 x 下的激活值；优化目标第 2 项为 L_2 正则，保证优化得到的原型样本与原样本尽可能接近。

（4）可视化：将优化后的输入数据进行可视化，这就是最能激活目标神经元的图像。

激活最大化方法有助于解释深度学习模型的全局行为，它能揭示出模型中特定神经元对什么样的输入特征或模式最敏感。

此外，Nguyen 等人提出使用结合对抗生成网络的方法来生成原型样本，此时优化目标为

$$z^* = \arg\max_{z \in Z}(f_l(g(z)) - \lambda \mid\mid z \mid\mid^2) \qquad (8-13)$$

其中，优化目标第 1 项 $f_l(g(z))$ 结合了解码器与某神经元在当前输入 x 下的激活值，第 2 项为代码空间中的 L_2 正则。一旦找到最优解 z^*，便可通过解码得到原型样本 x^*，即

$$x^* = g(z^*) \qquad (8-14)$$

（三）基于规则提取的全局可解释性方法

决策树规则提取是一种典型的基于规则提取的全局可解释性方法。决策树本身就是一种规则的表现形式，它通过树状的结构，展示了特征和预测结果之间的关系。每一条从根节点到叶子节点的路径，都可以看作一个"if - then"的规则，这种方式可以帮助理解模型的决策过程。决策树如图 8-1 所示。

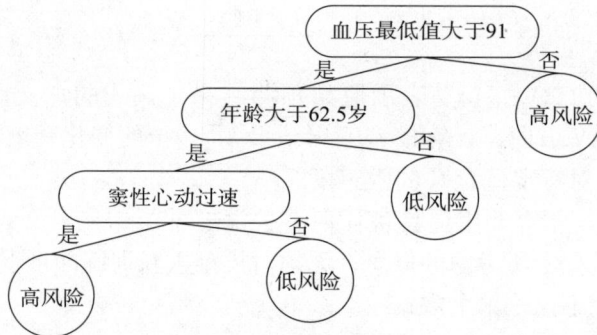

图 8-1　决策树

依据该决策树可以写出如下逻辑规则：

if（血压最低值不大于 91）then（高风险）；

if（血压最低值大于 91）and（年龄不大于 62.5 岁）then（低风险）；

if（血压最低值大于 91）and（年龄大于 62.5 岁）and（无窦性心动过速）then（低风险）；

if（血压最低值大于 91）and（年龄大于 62.5 岁）and（窦性心动过速）then（高风险）。

对于一个神经网络，可以构建出等效的决策树，实现对原模型的逻辑规则解释。首先计算黑盒模型的稀疏局部对比，构造输入样本、正常扰动样本和对抗样本的三元组关系，然后创建自定义的布尔特征集，利用布尔特征构造原模型的决策树等效模型。

然而，这些规则提取方法可能并不精确，并可能受到规则复杂度的限制，并不一定能有效地解释模型的真实行为。

8.4.3　AI 的隐私性

人工智能系统在日常生活中的应用越来越广泛，这些系统中模型的训练往往依赖于大量的数据，数据集的大小和质量通常直接决定模型的最终性能。然而，这些训练数据中往往包含大量的个人敏感信息，包括但不限于个人喜好、身份信息、地理位置、健康状况、购买行为、网络搜索历史等。这些数据信息一旦被人工智能模型收集、存储并进行分析，便可能会对个人隐私造成潜在的威胁，对数据主体的个人隐私权和利益构成严重侵害。其中的威胁可能源于各个方面。一些不法分子可能会利用某些技术手段进行恶意攻击，窃取这些敏感数据，用于非法用途。同时，数据处理过程中的技术错误或管理疏忽也可能导致个人隐私数据的泄露。例如 2021 年 4 月，超过 2 亿国内用户的个人信息在国外暗网论坛兜售。经分析，这些数据很可能来自微博、QQ 等多个社交媒体。

人工智能服务商在为用户提供付费服务时，也需要保护他们的模型不被用户或其他人获取。以 OpenAI 的 ChatGPT 模型为例，其训练过程投入了大量的成本和资源，如果用户或者其他不法分子能够轻易获取 ChatGPT 的参数或网络结构，那么 OpenAI 的商业利益将会受到严重威胁。

因此，从防范的攻击对象来看，我们将人工智能隐私细化为两个方向：数据隐私和模型隐私。

数据隐私关注数据在生命周期的各个阶段，如收集、处理、存储和传输过程中如何进行保护的问题。防范措施的主要目的是避免未经授权的个人或组织对数据的访问与使用，避免攻击者直接从模型的输出结果推测出输入数据或训练数据集的有用信息。

模型隐私主要关注如何防止模型的关键信息被攻击者获取的问题，这些关键信息包括但不限于模型的输入数据、参数设置、结构设计、输出结果以及其他相关的元数据。如果攻击者掌握了这些信息，他们就能够复制或者逆向工程模型。因此，我们需要在模型设计和使用的过程中采取适当的安全措施，保护模型的完整性和机密性，确保模型能在一个安全的环境中运行。

8.4.3.1　数据隐私攻击

数据隐私攻击主要包括属性推断攻击（attribute inference attack，AIA）和成员推理攻击（membership inference attack，MIA）。

属性推断攻击的目标是获取训练数据中的特定特征或训练数据的某些统计性质，而不关注训练数据中的某条特定数据。通过这种攻击，攻击者可以从模型的预测输出中推断出训练数据的敏感信息。考虑一个使用患者的健康记录进行训练的机器学习模型，该模型用于预测患者是否患有某种疾病。尽管模型的训练数据可能经过脱敏处理，但攻击者也许仍可通过模型的预测输出，推断出患者是否吸烟、是否有遗传疾病等敏感信息。例如，Fredrikson 等人于 2015 年在 *Inference Attacks on Machine - Learning Models* 论文中提出的模型逆向攻击。

成员推理攻击的目标是确定特定数据记录是否被用于训练模型。Shokri 等人于 2017 年在 *Membership Inference Attacks Against Machine Learning Models* 论文中首次提出了成员推理攻击的概念，其原理如图 8 - 2 所示。

攻击者首先使用数据记录（data record）查询目标模型（target model）对该数据的预测

向量（prediction）；然后将预测向量和目标数据记录的标签（label）作为攻击模型（attack model）的输入；攻击模型的输出为该输入数据记录是否在目标模型的训练数据集中。攻击模型本质上是一个2分类模型。

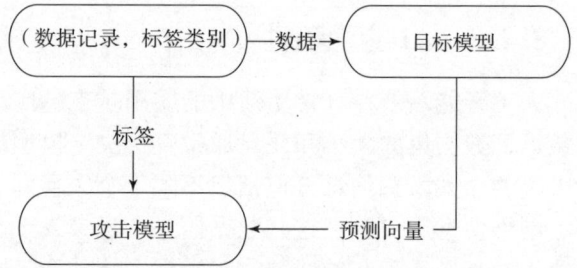

该数据是否属于目标模型训练集？

图 8 - 2　成员推理攻击原理

8.4.3.2　数据隐私保护

常见的数据隐私保护方法主要分为模型结构防御、信息混淆防御、查询控制防御等。

（1）模型结构防御。此类方法通过对模型结构进行加密或加以改造，以限制攻击者获取有价值信息的可能性，从而实现对模型内部结构的保护并防范潜在的攻击。

例如，Fredrikson 等人已证明通过优化敏感特征优先级可以增强对模型反演攻击的防御能力；Shokri 和 Ahmed 等人通过增设 Dropout 层、使用 Model Stacking 方法、添加正则项，减少成员推理攻击的准确率；Nasr 等人通过引入对抗学习防御，将模型对抗成员推理攻击的成功率纳入损失函数以降低攻击成功率；Wang 等人提出的 MIASec 模型通过修改训练数据的关键特征，使攻击者难以区分模型对于成员数据和非成员数据的预测分布，从而有效防御成员推理攻击。

（2）信息混淆防御。此类方法的核心是通过对数据进行混淆，以减少泄露的敏感信息。常见的混淆手段包括数据扰动、数据交换、数据模糊化、截断混淆、噪声混淆等。

例如，截断混淆通过取整或降低结果向量精度以减少输出信息，有效地削弱模型逆向攻击和成员推理攻击；Jia 等人提出 Mem - guard，通过添加噪声，混淆成员和非成员数据的预测向量分布；He 等人则采用差分隐私方法对输出进行加噪处理，差分隐私方法添加的噪声最小，保证了模型的原始性能。

（3）查询控制防御。此类方法使用一些特殊手段，依据用户的查询行为确定并限制攻击者的查询行为，以达到防御数据隐私攻击的目的。查询控制防御主要包括异常样本检测和查询行为检测两类。

在异常样本检测中，主要通过检测对异常样本查询来识别攻击行为。例如，PRADA 通过比较样本特征间的距离分布与正态分布的区别来识别潜在的攻击行为；Kesarwani 等人和 Yu 等人的研究表明，观察查询样本在特征空间中的分布和比较正常样本与人工修改样本的特征分布差异，也是有效的检测手段。在查询行为检测中，主要通过对非正常查询行为的检测，来识别攻击行为，但此类方法并不具有针对性且效果有限。

8.4.3.3　模型隐私攻击

模型隐私攻击主要包括模型窃取攻击（model extraction attack）。攻击者试图通过访问目标模型，窃取模型参数或功能。

如果目标是窃取模型参数，常见的攻击方式为基于方程求解的模型窃取攻击（model extraction attack based on equation solving）。攻击者通常会通过发送特定的查询到目标模型，并根据目标模型的输出来求解模型的参数。

例如，我们有一个用于房价预测的线性回归模型：

$$y = ax + b \tag{8-15}$$

其中，a 为权重；b 为偏置；x 为输入特征（如房屋面积），y 为输出（如预测的房价）。在这种情况下，攻击者的目标是获取权重 a 与偏置 b 的值。首先，攻击者发送两个查询到该线性回归模型。例如，输入房屋面积为 100 和 200 的两个查询，假设模型的输出分别为 500 和 1 000。通过这两个查询和对应的输出，攻击者就可以设置两个线性方程：

$$500 = 100a + b \tag{8-16}$$

$$1\,000 = 200a + b \tag{8-17}$$

然后，攻击者就可以通过求解这两个方程来获取权重 a 和偏置 b 的值。在这个例子中，解出的结果为 $a = 5$，$b = 0$。通过这种方式，攻击者就可以获取模型的参数，这就是基于方程求解的模型窃取攻击的基本思路。

需要注意的是，基于方程求解的模型窃取攻击是一种针对传统机器学习方法的窃取攻击，更适用于逻辑回归（LR）、支持向量机等较为简单的模型，需要攻击者了解目标模型算法的类型、结构等信息，较难应用于较为复杂的深度学习模型。

如果目标是窃取模型功能，常见的攻击方式为基于替代模型的模型窃取攻击（model extraction attack based on substitute models）。攻击者在本地训练一个与目标模型任务相同的替代模型，当经过大量训练之后，替代模型就具有了和目标模型相近的功能与性质。

例如，我们的目标模型是一个用于图片分类的深度神经网络，此时攻击者无法直接访问模型的参数，但可以通过提供输入图片并观察模型的预测来访问模型。

在这种情况下，首先，攻击者需要准备大量数据作为训练集，将这些数据输入目标模型，收集模型对每个数据的分类预测作为其伪标签（pseudo labels）。然后，攻击者使用该训练集训练一个新的神经网络（即替代模型），直至替代模型的预测结果与目标模型的预测结果足够接近。

通过这种方式，攻击者在不了解目标模型的结构和实际参数的情况下，得到了一个可以模仿目标模型行为的替代模型。替代模型的训练目标是尽可能地复制目标模型的预测，结构不必与目标模型完全相同。

8.4.3.4　模型隐私保护

一种常见的对于模型隐私的保护方法是使用数字水印（digital watermarking）。这种嵌入的数字水印并不会显著改变模型的功能，但如果模型被非法复制或者滥用，原始所有者可以通过检测这个数字水印来验证模型的所有权。

假设嵌入目标为 T 位的数字水印 $b \in \{0,1\}^T$，b 的每一位为 0 或 1，将其嵌入至神经网络的某一卷积层中，卷积层参数形状为 $S \times S \times D \times L$，其中 S 为卷积核大小，D 为输入通道数，L 为输出通道数，$S \times S \times D \times L$ 为该卷积层的参数总数。将参数根据输出的维度取均值，消去 L 维度，得到平均后的参数 $w \in \mathbf{R}^{S \times S \times D}$：

$$\overline{W}_{i,j,k} = \frac{1}{L} \sum_l W_{i,j,k,l} \tag{8-18}$$

而嵌入水印的方式取决于提取水印的方式，首先考虑提取方法。

将水印提取矩阵 $X \in \mathbf{R}^{T \times S \times S \times D}$ 与 w 相乘，得到 X'；然后利用激活函数，使用 $y_i = \mathrm{sigmoid}(X'_i)$ 进一步提取水印，当 y_i 大于设定的阈值时，将这一位（即第 i 位）赋为 1 反之赋为 0，得到最终提取水印：

$$b_j = s\left(\sum_i X_{j,i} w_i\right) \tag{8-19}$$

基于上述水印提取过程，将其损失作为正则项加入神经网络的损失函数中，即可实现在神经网络训练时嵌入水印。水印嵌入的损失函数使用从神经网络中提取的水印与真实水印的交叉熵损失来表示：

$$L_R(w) = -\sum_{j=1}^{T} \left(b_j \log(y_j) + (1-b_j)\log(1-y_j)\right)$$

$$y_j = \text{sigmoid}\left(\sum_i X_{j,i} w_i\right) \tag{8-20}$$

如果神经网络的原损失函数为 L_0，则新的损失函数为

$$L(w) = E_0(w) + \lambda E_R(w) \tag{8-21}$$

通过上述方式就可以在训练神经网络模型时将数字水印嵌入模型中，并且保证在模型训练完成后可以从模型中提取出所嵌入的数字水印。

8.4.4 应用实例

伦理安全在 AI 算法的应用中非常重要，下面是两个 AI 算法伦理安全的实际示例。

8.4.4.1 深度学习模型正确性及公平性测试

在技术驱动和市场带动下，深度学习技术在近十年取得重要突破。FNN 由于表现出超过人类的决策性能被集成到软件体系中，广泛应用于图像识别、文本识别、机器翻译等复杂领域。这在推动深度学习技术发展的同时也引起人们对其可靠性的关注。由于过拟合、欠拟合、训练数据不平衡等缺陷，FNN 时常会做出违背正确性、公平性、鲁棒性、隐私性、效率等模型属性的决策行为。在交通、医疗、信贷等社会公共领域，错误、偏见的决策行为将造成危害用户生命财产安全或违背国家道德法律的严重社会危害。因此，将测试活动引入模型开发中，对 FNN 执行正确性、公平性测试，对提升深度学习技术可靠性，构建可信、可控的人工智能产品具有重要意义。下面以一种增强个体歧视样本多样性的模型公平性测试方法为例介绍 AI 算法伦理安全。

该方法的核心思想有以下几方面。

（1）个体歧视样本广泛分布于模型决策边界附近，利用模型输出 Gini 值作为梯度搜索引导策略，可有效表征样本与决策边界的距离信息，引导全局搜索过程更快地向决策边界搜索个体歧视样本，提升全局搜索阶段的效率。

（2）局部生成过程中的路径搜索策略可被转化为探索与利用问题，将对样本梯度更新映射为对状态空间探索，将对历史策略选择映射为经验回馈利用，通过平衡探索与利用构建路径选择策略，提升路径搜索的广度。

该方法的原理框架如图 8-3 所示。该方法的输入是目标模型的一组种子样本，输出为一组检测出目标模型偏见决策缺陷的个体歧视样本。

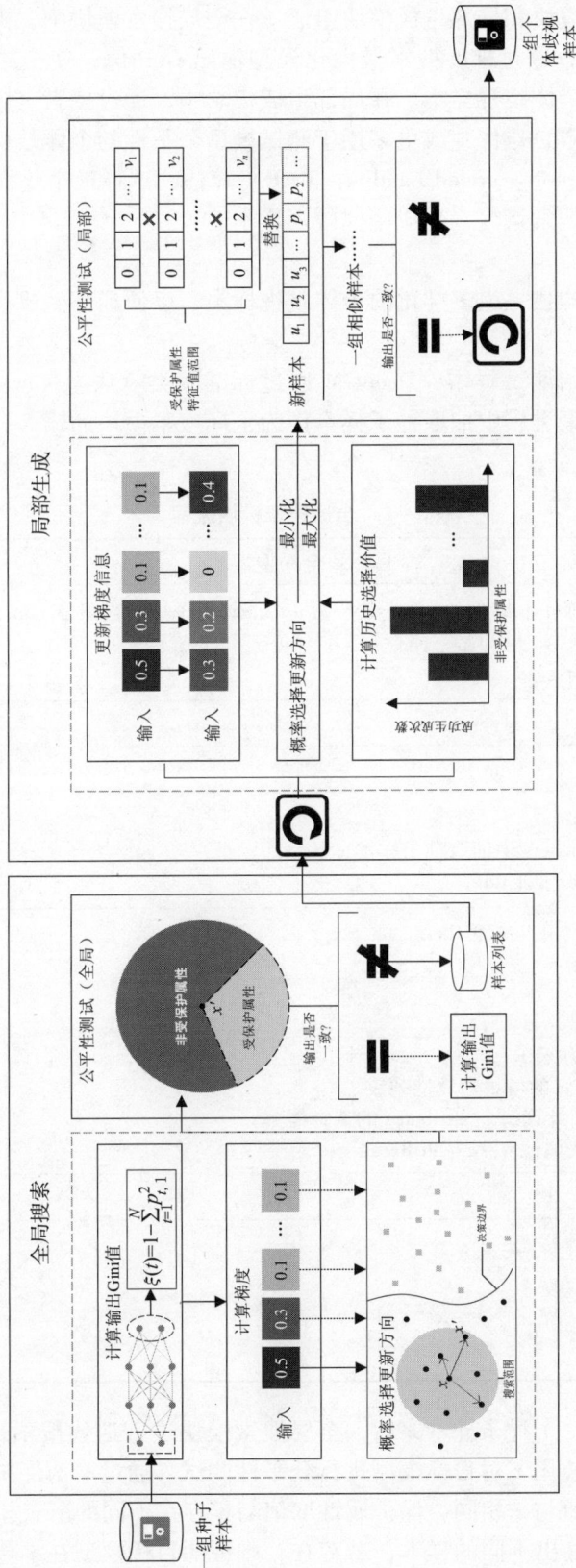

图8-3　增强个体歧视样本多样性的模型公平性测试方法的原理框架

该方法由全局搜索模块和局部生成模块组成。在全局搜索模块中，构建模型输入到模型输出 Gini 值的映射关系，通过梯度搜索最大化模型输出 Gini 值，使全局搜索向决策边界靠近以产生一组多样化的个体歧视样本。在局部生成模块中，通过搜索全局搜索模块中构建的个体歧视样本的邻居样本，迭代生成更多用于测试模型公平性的个体歧视样本。在迭代过程中，利用多臂老虎机（multi – armed bandits，MAB）算法，选择最小化梯度搜索或最大化历史价值作为当前迭代的搜索策略，生成个体歧视样本。

1. 全局搜索模块

全局搜索模块用于构建一组多样化的个体歧视样本，以便局部生成模块中对样本的迭代生成。

对于一组给定的原始测试样本，DeepGM 通过标准聚类算法 k – means 对样本聚类，并通过轮询的方式从每个聚类簇中抽取种子样本作为全局搜索模块的输入。全局搜索模块流程如表 8 – 1 所示。

表 8 – 1　全局搜索模块流程

目标：全局搜索
输入：目标模型 M、训练样本集合 X、聚类簇个数 c_num、种子样本数量 g_num、最大迭代次数 max_ iter、更新步长 s_g 输出：个体歧视样本集合 g_id
1：$g\_id = \varnothing$
2：clusters $= k$ – means （X, c_num）
3：**for** i from 0 to g_num **do** 4：　　以循环的方式从 clusters 中抽取种子样本 x 5：　　**for** iter from 0 to max_iter **do**
6：　　　　**if** x 发现目标模型偏见决策 **then** 7：　　　　　$g\_id = g\_id \cup x$ 8：　　　　　**break** 9：　　　　**end if** 10：　　　　grad $= \nabla \text{Gini}(M(x))$ 11：　　　　attributes $=$ 获取 x 的可更新属性列表 12：　　　　$p =$ 根据 $\lvert grad \rvert$ 计算每个 attributes 的选择概率 13：　　　　利用 p 选择更新属性 a，$a \in$ attributes
14：　　　　$\text{dir}_a = \sin(\text{grad}_a)$
15：　　　　$x_a = x_a + \text{dir}_a * s\_g$ 16：　　**end for** 17：**end for** 18：对 g_id 去重 19：**return** g_id

在从聚类簇中抽取一个种子样本 x 后，全局搜索模块进入迭代搜索过程（表 8 – 1 中第 5 行）。DeepGM 会首先使用 x 对目标模型进行公平性测试。通过遍历保护属性的所有取值范围，构建非保护属性取值与 x 相同，保护属性取值与 x 存在不同的所有相似样本集合。检测该集合中是否存在与 x 输出不同的样本，若存在，则说明目标模型在 x 存在偏见决策，证明

x 是一个个体歧视样本, 将 x 加入个体歧视样本集合 g_id 用于局部样本生成, 并中断此轮迭代。否则, 将继续进行样本更新 (表 8-1 第 6~9 行)。

当判断 x 不是个体歧视样本时, 若 x 未发现目标模型的偏见决策, 全局搜索模块将对 x 进行梯度搜索, 以寻找路径中的个体歧视样本。首先计算 x 输出 Gini 值的梯度 grad (表 8-1 第 10 行)。grad 被表示为一个一维向量, 长度与 x 的属性数量一致, 代表了样本 x 各个属性与输出 $Gini$ 值之间的映射。在全局搜索中, DeepGM 希望能向着 Gini 值增大的方向, 即向着决策边界方向搜索个体歧视样本。因此, 对于 grad 为正的属性, 对 x 相应的属性值进行增加; 反之, 进行减小。接着, 方法将获取 x 的可更新属性列表 attributes 用于约束 x 的更新属性为非受保护属性, 同时确保 x 的更新不会超过样本空间范围 (表 8-1 第 1 行)。例如, 对性别属性, 仅存在男性和女性两种类型, 取值分别被记为 0 和 1。方法需要确保在通过 grad 对属性更新后, 性别属性的取值依然是 0 和 1。否则, 该属性将不会被保存到 attributes 中。

方法将根据 attributes 列表中的某一个属性对 x 进行更新。在全局搜索模块中, DeepGM 希望尽可能大地提升模型输出的 Gini 值, 由此快速地向分类边界搜索。然而, 由于更新步长 s_g 是一个固定值, 属性更新时并不能保证该属性对应梯度的符号始终保持不变。每次选择最大梯度属性进行更新, 可能会发生搜索路径越过分类边界使输出的 Gini 值反而变小的问题。因此, DeepGM 根据 grad 的绝对值计算每种属性被选择更新的概率 p (表 8-1 第 12 行)。grad 的绝对值越大, 对应属性的概率越高。随后, DeepGM 根据 p 选择属性对 x 进行更新 (表 8-1 第 13~15 行)。在下一轮迭代中, DeepGM 会继续利用验证更新后的 x 测试目标模型是否为个体歧视样本。若发现偏见决策行为, 则将 x 加入 g_id 并中断迭代进行后续种子样本选取; 反之, 则继续重复迭代进行样本更新, 直到迭代次数达到预设的最大迭代次数 max_iter, 停止更新, 丢弃当前样本并选取下一个种子样本重复以上操作。

在对所有种子样本都进行全局搜索后, DeepGM 对样本集合 g_id 进行去重操作, 并将 g_id 输入局部生成模块 (表 8-1 第 18~19 行)。

2. 局部生成模块

局部生成模块利用全局搜索模块构建的一组个体歧视样本, 通过搜索样本的邻居样本以生成更多的个体歧视样本, 测试目标模型的公平性。表 8-2 显示了局部生成模块流程。

表 8-2　局部生成模块流程

目标: 局部生成
输入: 目标模型 M、个体歧视样本集合 g_id、生成迭代次数 l_num、策略选取阈值 threshold、更新步长 s_g 输出: 个体歧视样本集合 l_id
1: l_id = Ø
2:　**for** $x \in$ g_id **do** 3:　　记录 x 初始值 x_{ori} 4:　　初始化属性成功更新次数 reward 和属性选择更新次数 count 5:　　**for** i from 0 to l_num **do** 6:　　　attributes = 获取 x 的可更新属性列表

目标：局部生成
7： directions = 根据 attributes 获取 x 的可更新方向列表
8： **if** 生成 $[0, 1]$ 之间的随机数 < threshold **then**
9： grad = ∇Gini($M(x)$)
10： p = 根据 $|$grad$|$ 计算每个 attributes 和每个 directions 的选择概率
11： **else then**
12： p = 根据 reward/count 计算每个 attributes 和每个 directions 的选择概率
13： **end else**
14： **end if**
15： 利用 p 选择更新属性 a 和更新方向 d，$a \in$ attributes，$d \in$ directions
16： dir_a = sgn(grad_a)
17： $x_a = x_a + d * \text{dir}_a * s\_g$
18： count_a += 1
19： **if** x 发现目标模型偏见决策行为 **then**
20： $l\_$ id = $l\_$ id $\cup x$
21： reward_a += 1
22： **else then**
23： 将 x 初始化为 x_{ori}
24： **end else**
25： **end if**
26： **end for**
27： **end for**
28： 对 $l\_$id 去重
29： **return** $l\_$id

在局部生成模块中，DeepGM 会从全局搜索模块构建的一组个体歧视样本 $g\_$id 中，轮次抽取一个个体歧视样本 x 进行迭代生成（表 8 - 2 第 2 行）。在迭代生成过程前，DeepGM 将记录 x 的初始值 x_{ori}，以方便后续初始化操作（表 8 - 2 第 3 行）。同时初始化属性成功更新次数 reward 和属性更新次数 count 用于计算各属性的历史价值（第 4 行）。

在迭代生成过程中，DeepGM 将首先获取 x 的可更新属性列表 attributes 和可更新方向列表 directions（表 8 - 2 第 6、7 行）。注意，这里的 directions 的粒度是属性级，即 directions 会针对 attributes 中每个可选属性构建一个可选方向列表。同全局搜索模块一样，构建 attributes 和 directions 是为了约束更新属性为非受保护属性，同时确保 x 的更新不会超过样本空间范围。但与全局搜索模块不同的是，由于局部生成不需要向输出 Gini 值增大的方向搜索，它的搜索方向不受梯度符号约束，在 attributes 中存在向两个方向更新的属性。因此，需要额外构建 directions 记录属性的可更新方向。

随后，DeepGM 将进入 MAB 算法的选择策略。通过生成随机数与阈值的比较，来选择当前迭代过程中的路径搜索策略（表 8 - 2 第 8 行）。

当生成的随机数小于设定的阈值时，将使用梯度搜索作为当前迭代的路径搜索策略。与全局搜索相同，该方法首先计算 x 输出 Gini 值的梯度 grad（表 8 - 2 第 9 行）；其次，根据 grad 的绝对值计算每种属性被选择更新的概率 p（表 8 - 2 第 10 行）。但与全局搜索模块不同的是，局部生成模块中的梯度搜索不再需要尽可能大地改变模型输出的 Gini 值，快速地向分类边界搜索。而是希望以更小的步幅尽可能多地搜索 x 的邻居，以发现更多的个体歧视样本。因此，在局部生成模块的梯度搜索策略中，grad 的绝对值越大，对应属性的概率越低。

当生成的随机数大于等于设定的阈值时，将使用参照历史价值的搜索作为当前迭代的路径搜索策略。该策略需要利用属性成功更新次数 reward 和属性选择更新次数 count 的比值计算每种属性被选择更新的概率 p（表 8 - 2 第 12 行）。reward 与 count 的比值越大，说明该属性的历史成功率越高，因此对应属性的概率越高。

接着，DeepGM 将根据 p 选择属性 a 和方向 d 对 x 进行更新（表 8 - 2 第 15 ~ 17 行），并更新属性更新次数 count（表 8 - 2 第 18 行）。DeepGM 验证是否为个体歧视样本，若是，则将 x 加入 l_id 并更新属性成功更新次数 reward（表 8 - 2 第 19 ~ 21 行）；否则，将 x 初始化为初始值 x_{ori} 重新进行搜索（表 8 - 2 第 22、23 行）。

在对 g_id 中的所有样本进行迭代生成过程后，DeepGM 对生成的个体歧视样本集合 l_id 进行去重操作，并将 l_id 输出（表 8 - 2 第 28、29 行）。

增强个体歧视样本多样性的 DNN 公平性测试方法 DeepGM。该方法利用模型输出的 Gini 值作为梯度搜索的引导策略，引导全局搜索过程向决策边界搜寻个体歧视样本。结合梯度搜索与 MAB 算法，平衡历史搜索信息和当前梯度信息构建局部生成过程的路径选择策略，提升路径搜索广度和路径选择的有效性，增强生成个体歧视样本的多样性，强化模型公平性测试的全面性。

8.4.4.2　隐私文本表示脱敏

文本表示包含大量私人属性信息，严重侵害个人隐私。差分隐私文本表示脱敏的目的是利用差分隐私添加噪声，清除文本表示中的个人隐私信息。立足于数据安全的迫切需求，避免个人隐私泄露风险，各国制定了严格的约束和规范，如我国 2021 年通过了《中华人民共和国个人信息保护法》等。在日益严重的隐私泄露、日趋严格的合规监管以及日益旺盛的社会需求等多重背景下，研究清除文本表示中隐私信息并且保留在下游任务上应用价值的脱敏方法，是大数据领域的一个关键问题。

以一种高可用性差分隐私文本表示脱敏方法为例。该方法结合差分隐私和对抗网络，引入任务鉴别器分析加噪文本表示的可用性，并反向传播更新嵌入模型参数。此外优化隐私鉴别器的损失函数，使用均匀分布与隐私鉴别器的输出计算梯度，从而减少模型参数的扰动，提高模型输出的质量。

该方法的核心思想是结合对抗训练和差分隐私加噪过程，使用任务鉴别器分析加噪文本表示可用性，并反向传播更新嵌入模型；优化隐私鉴别器的损失函数，减少计算出的梯度，从而减少模型扰动。

高可用性差分隐私文本表示脱敏方法的原理框架如图 8 - 4 所示。

1. 特征提取

该模块为编码器 $f(\cdot)$，其目的是从原始文本中提取文本表示，以便用于下游任务。该模块由预训练 BERT 模型和全连接层组成，用于从输入文本中提取特征。给定一段文本 $s = \{w_1, \cdots, w_n\}$，w_i 表示文本 s 中的第 i 个单词，n 是文本 s 的长度。首先利用 BERT 获取文本的嵌入特征表示 $X \in \mathbf{R}^d$。

$$X = \mathrm{BERT}(s) \tag{8-22}$$

最后使用全连接层进一步提取特征中有用的信息，输出 u 如式（8 - 23）所示。

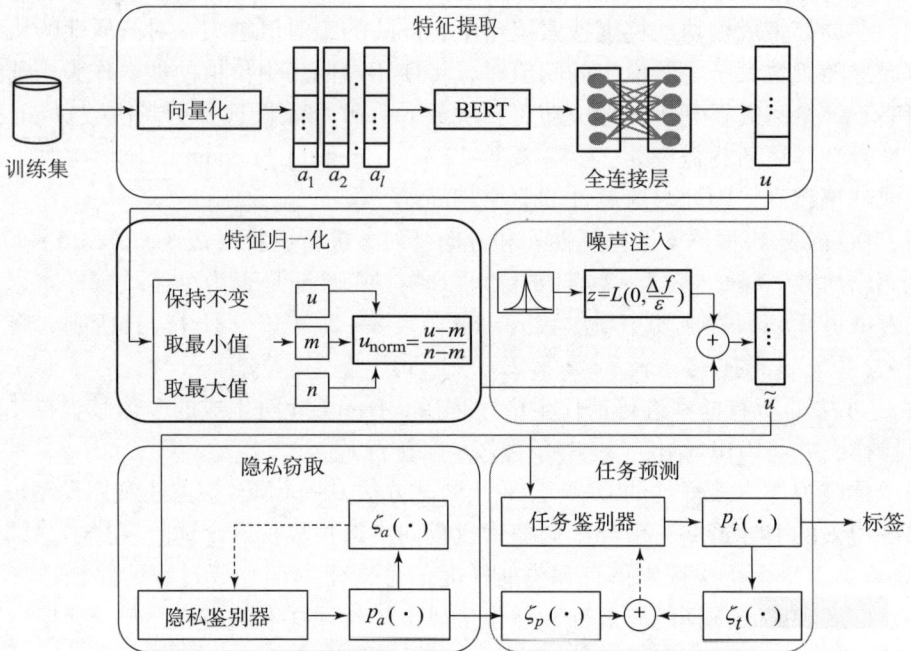

图 8-4　高可用性差分隐私文本表示脱敏方法的原理框架

$$u = \boldsymbol{W}\boldsymbol{X} + b \tag{8-23}$$

其中，$\boldsymbol{W} \in \mathbf{R}^{m \times d}$，$b \in \mathbf{R}^m$ 是全连接层的权重矩阵以及偏置。

输入文本 $s = \{w_1, \cdots, w_n\}$，经过预训练模型 BERT 以及全连接层，输出文本表示 u，作为噪声注入模块的输入。其中使用的是嵌入维度为 768 维的 BERT-base-uncased 模型。

2. 噪声注入

噪声注入模块通过采样符合条件的噪声，对原始特征进行扰动，从而满足差分隐私机制的要求，实现隐私保护的目的。为满足 LDP 机制的要求，从校准后以 0 为中心的拉普拉斯分布 $\mathrm{Lap}(\cdot)$ 中采样 m 维度的噪声 $z \in \mathbf{R}^m$，并加入特征 u 中，得到加噪文本表示 $\tilde{u}$，如式（8-24）所示。

$$\tilde{u} = u + z \tag{8-24}$$

$\mathrm{Lap}(\cdot)$ 分布概率密度函数如式（8-25）所示。

$$\mathrm{Lap}(b) = \frac{1}{2b}\exp^{-\frac{|x|}{b}} \tag{8-25}$$

其中，$b = \dfrac{\Delta f}{\varepsilon}$，$\varepsilon$ 为差分隐私的隐私预算和 Δf 代表差分隐私的灵敏度。隐私预算越小，隐私保护强度越高，但是下游任务的效用越差。因此隐私预算是隐私保护和效用之间的平衡变量。灵敏度 Δf 如式（8-26）所示。

$$\Delta f = \max_{u_1, u_2} \| u_1 - u_2 \|_1 \tag{8-26}$$

然而由于特征 u 的分布位于整个空间 $\mathbf{R}^m$ 中，Δf 的值是一个无界函数。为便于计算，参考 Shokri 和 Shmatikov 的方法，将嵌入空间的值限制为 $[0, 1]$，则灵敏度 $\Delta f = 1$。

输入文本嵌入特征表示 X，并从拉普拉斯分布中采样固定维度的噪声 $z \in \mathbf{R}^m$，将两者相加得到加噪文本表示 $\tilde{u}$，将其作为鉴别器的输入。

3. 鉴别器

引入隐私鉴别器以及任务鉴别器判断加噪文本表示中特定信息的保留程度，隐私鉴别器用以探测加噪文本表示中的隐私属性，可用来表征隐私保护效果。任务鉴别器用以分析加噪文本表示在下游任务上的表现，可用来表征加噪文本表示的可用性。模型中隐私鉴别器与任务鉴别器的网络架构相同，为一个带有 dropout 层的全连接网络。

$$o_t = w_t \tilde{u} + b_t \qquad (8-27)$$

其中 $w_t \in \mathbf{R}^{h \times m}$，$b_t \in \mathbf{R}^h$ 表示全连接层权重矩阵与偏置；h 表示下游任务标签数量。

隐私鉴别器 $a(\cdot)$ 的输出如式（8-28）所示。

$$o_a = w_a \tilde{u} + b_a \qquad (8-28)$$

其中 $w_a \in \mathbf{R}^{r \times m}$；$b_a \in \mathbf{R}^r$ 表示全连接层的权重矩阵以及全连接层的偏置向量，r 表示隐私属性标签数量。

4. 目标函数及优化

设计以下目标函数对模型参数进行优化。给定一个带有敏感属性 z 和目标属性 y 的文本 x，对于三元组 (x, y, z)，对抗网络目的为尽可能从加噪文本表示中挖掘敏感属性 z，其损失函数如式（8-29）所示。

$$\zeta_a(x, y, z; \theta_a) = -\log p(z \mid o_a; \theta_a) \qquad (8-29)$$

编码器层和任务鉴别器一方面尽可能提高加噪文本表示在下游任务上的表现；另一方面欺骗隐私鉴别器达到保护隐私的目的。损失函数如式（8-30）所示。

$$\zeta_l(x, y, z; \theta_r, \theta_t, \theta_a) = \zeta_t + \lambda \zeta_p \qquad (8-30)$$

其中，$\theta_r, \theta_t, \theta_a$ 分别表示特征提取层、任务鉴别器和隐私鉴别器的参数；超参数 λ 控制隐私和可用的权衡；ζ_t 表示任务鉴别器预测目标属性的损失，如式（8-31）所示。

$$\zeta_t(x, y, z; \theta_t) = -\log p(y \mid o_t; \theta_t) \qquad (8-31)$$

ζ_p 是隐私损失，定义如式（8-32）所示。

$$\zeta_p(x, y, z; \theta_a) = -\frac{1}{r} \sum_{c=1}^{r} \log p(c \mid o_a; \theta_a) \qquad (8-32)$$

其中，r 是隐私属性数量；c 是属性的类别。

该方法利用嵌入模型提取文本表示，从拉普拉斯分布中采样得到差分隐私噪声并加入文本表示中，使用对抗网络评估脱敏文本表示的质量，利用优化后的损失函数计算梯度并反向传播调整嵌入模型参数。

8.5　典 型 案 例

8.5.1　机器人伦理问题

机器人一词起源于捷克作家恰佩克在其小说《罗素姆万能机器人》中的创造。这个词源于斯拉夫语，意指非自愿或受到强制的劳工或苦力。从机器的谱系来看，机器人可以视为自古就有的自动机器的现代版。中国的计里鼓车、指南车和文艺复兴时期的达·芬奇机器人都可以算作早期自动机器的典范。从自鸣钟、八音盒到各种能写字、下棋、倒茶的自动人偶，似乎都可以看作机器人的前身。在近代欧洲，一些技术精湛的钟表匠制作了很多构造精巧的机械人偶，它们可以像人一样写字、弹琴，甚或还能传达表情，如著名的土耳其下棋傀儡。而日本则自古对各种机关人偶情有独钟，17世纪时就出现了自动人偶剧院，这可能与其神道教传统的"万物有灵（animism）"观念以及重视万物存在价值的思想有关。

从词源上讲，自动机器源于希腊文，意为"按照自己的自由意志行事"。然而，实际上，人类制造的自动机器并没有内在的自我意识，它们只能通过人直接或间接地输入能量和行为模式实现自行运转。虽然现代的人工智能技术使机器能够感知环境并与之互动，但机器人依旧没有摆脱没有自由意志和自我意识的"无心"的宿命。换言之，机器人并不理解其行为的意义。

早期的自动机器可以看作现代机器人的前身，而现代的机器人虽然具备智能和感知能力，但仍然缺乏自我意识。

8.5.1.1 机器人三大法则

众所周知的"机器人三大法则"更确切的称谓是"机器人学三大法则（three laws of robotics），最初是由阿西莫夫（Isaac Asimov）在其短篇科幻小说《环舞》（*Runaround*）中提出的，这些法则是一种保护性设计和内置的道德原则，包括以下3项。

（1）机器人不可以伤害人类，或看到一个人将受到伤害而不作为。

（2）机器人必须服从人类的命令，除非这些命令与第一项法则矛盾。

（3）在不违反第一、第二项法则的前提下，机器人必须保护自身生存。

尽管"机器人学"一词是一个虚构的术语，但后来的科学家和工程师确实将研究机器人制造与应用的学科称为机器人学。无论阿西莫夫科幻小说中的《机器人学手册》是否真实存在，这三大法则确实成为机器人和人工智能社会、伦理和法律探究的思想起点。

根据阿西莫夫的设定，机器人的控制软件或智能编码底层会嵌入三大法则，并通过内置的"机器道德调节器"来强制执行这些法则。每个法则的执行都会在机器人的正电子大脑中产生相应的电位，当不同法则之间发生冲突时，这些电位会相互消长以达成均衡。

举例来说，如果一个机器人发现自己正在走向险境，第三大法则会触发相应的自动电位，迫使机器人回头。但如果人命令机器人走向险境，第二大法则会触发一个高于第三大法则的反向电位，机器人就会受命冒险前进。

这种内置规则和电位调节机制的设计旨在确保机器人在行为上遵守三大法则，并在不同情境下做出适当的决策。然而，实际操作中如何准确地实现这种机器人行为规范，仍然是一个复杂的问题。目前，研究者们正在探索各种方法和技术，包括深度学习、强化学习和伦理原则的编码等，以实现机器人的道德决策和行为。

小说中的新型机器人速比敌（Speedy）是一个造价昂贵的机器人，具有较高的自我保护能力。当面临危险时，它的第三大法则会触发更高的自我保护电位，以确保自身安全。在一次任务中，工程师鲍威尔随口下令，让速比敌去充满危险的硒矿池采硒矿，这使第二大法则在速比敌大脑中所触发的服从命令的电位低于正常值。在接近硒矿池时，机器人第三大法则触发的自我保护电位增加，正好与比正常值低的第二大法则触发的反向电位不相上下。结果这两个相互对峙的电位在速比敌的机器大脑中相互撕扯，使它如同醉汉一样，一阵胡言乱语，不知道该前进还是后退，不停地"转圈圈"。鲍威尔和多诺凡只好通过增加环境危险来提高第三大法则触发的电位，这才让速比敌撤回来。

随后，鲍威尔他们的太空服绝热服快被阳光烤化，需马上回到阴凉区域。若靠他们自己或跟随他们的古董机器人，都是死路一条，鲍威尔因此向速比敌发出呼救。结果，由于"第一定律电位高于一切"，不论是大脑还未从电位撕扯的精神分裂状态中恢复的速比敌，还是自身难保但不敢袖手旁观的古董机器人，都在其"正电子大脑"中的第一定律电位的作用下设法救人。

值得指出的是，机器人法则并不全然是道德律令，也符合其技术实现背后的自然律。换言之，机器人定律所采取的方法论是自然主义的，它们是人以技术为尺度给机器人确立的行为法则，既体现道德法则又合乎自然规律。

机器人伦理设计和道德嵌入的发展是科技文化上的一种创新。自 1718 年雪莱夫人创作《弗兰肯斯坦因》到恰佩克的《罗素姆万能机器人》，不论是前者呈现的科学怪人的恶劣形象，还是后者所昭示的群体叛乱，这些作品都反映了人类对于自己所创造的机器人可能出现的邪恶和失控的担忧。这种担忧被称为"弗兰肯斯坦因情结"。机器人三大法则的创新之处在于它改变了人们对于机器人的负面形象，提出了通过工程上的道德设计来调节机器人行为的方案。这样一来，机器人可以成为可堪教化的道德机器人，为人类服务并受人类控制。然而，要实现机器人具备自主做出伦理抉择的能力，还需要进一步发展人工智能技术，使其与人类的智能水平相媲美。这是一个超前的目标，但也是未来发展的方向。

近年来，现实生活中的机器人专家也越来越多地引用阿西莫夫的法则：他们创造的机器人正变得越来越自主，以至于需要这类指导。2015 年 5 月，华盛顿智库布鲁金斯学会的一个专家小组在谈到自动驾驶汽车时，话题转到了自动驾驶工具在危险时刻该如何应对的问题。如果一辆车需要紧急制动来拯救它的乘客，却可能带来其他风险，比如导致后面的车辆挤成一团；或者需要急转弯避让一个孩子，却可能撞到附近的其他人——这些情况下它该怎么办？这是一个复杂的伦理问题，需要综合考虑各种因素，并根据具体情况做出决策。

"在日常生活中，我们看到越来越多的自主性或自动化系统。"参与专家组讨论的德国西门子工程师卡尔－约瑟夫·库恩说，研究人员怎样设计一台机器人，才能让它在面对"两难之选"时做出正确的反应？

随着健康护理机器人、军用无人机以及其他具有决策能力的自主设备的出现，它们所做出的决策可能对人类产生积极或负面的影响。为了确保这些机器能够被社会接受，研究人员们正在努力通过编程和设计来最大化安全性，并使其行为符合社会规范，增强人们对它们的信任。这需要考虑到不同道德情境下人工智能的推理条件，并制定相应的规则和准则。加拿大温莎大学哲学家马赛罗·伽里尼说："我们需要一些严肃的步骤来弄清楚，在某些道德情景下，让人工智能得以成功推理的相关条件是什么。"目前，计算机科学家、机器人专家、伦理学家和哲学家们都在共同为此努力。

8.5.1.2　学习案例的机器人

机器人 Nao 是一款拥有人工智能的机器人，它具备与人互动的能力，并且可以提醒人们按时吃药。尽管这项任务看起来很简单，但它涉及一些伦理道德问题。

"从表面上看，这好像很简单。"美国康涅狄格大学哲学家苏珊·安德森说，她丈夫迈克尔·安德森是哈特福德大学的计算机科学家，他们正一起研究这种机器人，"但即使是这种有限的任务，也涉及不平常的伦理道德问题"。比如，病人如果拒不接受 Nao 给的药，它下一步该怎么办？如果让病人跳过这一次，可能会危害他的健康；如果坚持让他服药，又侵犯了他的自主权。

为了教导 Nao 处理这种两难的情况，安德森给了它一些案例，在这些案例中生物伦理学家解决了这种病人自主权、危害和利益之间的矛盾。学习算法随后会在这些案例中分类选择，直至找到指导机器人在新情况下如何行动的办法。

随着机器学习的发展，机器人可以从模糊不清的输入中提取有用的知识。这种方法理论上有助于机器人在面对更多情况时做出更符合道德的决策，然而，这种好处也伴随着一些代价。斯坦福大学的人工智能与伦理学专家杰瑞·卡普兰指出，由于道德原则无法直接写入计算机代码，因此我们无法准确地编程制定一项特殊法则来判断某件事在道德上的正确与否。

这意味着机器人在处理伦理问题时可能会面临困境。它们依赖于训练数据和学习算法来做出决策，但这些数据和算法可能存在偏见或缺乏全面性。此外，伦理问题通常涉及复杂的价值观和文化差异，这使确定一种普适的道德标准变得更加困难。

因此，确保机器人能够做出符合道德要求的决策需要更多的研究和讨论。这包括制定适当的伦理准则和规范，以及建立机器人与人类之间的有效沟通和互动机制。

8.5.1.3　编程限定的机器人

许多工程师认为，为了避免道德层面的问题，需要采用不同的策略。大部分工程师正在尝试编写具有明确法则的程序，而不是让机器人自我推导。温菲尔德提出了一套最简单的规则，以便让机器人在有人遇到危险时，如掉进洞穴时，能够去救助。首先，机器人需要具备感知周围环境的能力，包括识别洞穴和人的位置，以及机器人自身相对于二者的位置。此外，机器人还需要一些规则，使其能够预测自身行为可能带来的后果。

温菲尔德的实验使用了几个曲棍球大小的机器人，其中一些被设计为"H－机器人"，代表人类，剩下一个被命名为"A－机器人"，代表道德机器。A－机器人被编程遵守阿西莫夫的第一法则，即如果看到 H－机器人处于危险中，必须前去解救。

在多次测试中，当 A－机器人同时看到两个 H－机器人处于危险时，结果显示即使是最基本的道德机器人也是有用的。A－机器人通常会设法去救一个"人"，通常是先移动到离它稍微近一些的那个"人"身边。有时候，它甚至会迅速移动并设法去救两个"人"。

但实验也显示了极简主义的限制。在近一半的实验中，A－机器人只是在那里无助地振动，直到处在危险中的"人"死亡。要想改善这一点，还需要找到如何做选择的额外法则。比如，其中一个 H－机器人是成人，而另一个是孩子，A－机器人应该先救哪一个？在做类似这样的选择时，甚至人类自己也无法达成一致意见。正如卡普兰所指出的，我们不知道明确的规则应该是怎样的，也不知道该如何编写它，因此它们必然是不完善的。

尽管道德机器人在某些情况下能够做出正确的决策，但在面对复杂的伦理问题时仍存在挑战。为了进一步提高道德机器人的性能，需要深入研究和讨论，以制定更全面、准确的规则和法则，并考虑不同情境和价值观的差异。

8.5.1.4　战场中的"道德管理者"

自动系统是一项关键的战略目标。机器能否帮助士兵，或执行可能有生命危险的任务。"送一个自动机器人去执行军事任务，并算出在各种任务中应该遵守的道德法则，这恐怕是你最不希望的事。"佐治亚理工学院的罗纳德·阿金说，他正在研究机器人道德软件。如果一个机器人需要在救一名士兵和追逐敌人之间做出选择，那事先知道该做什么是非常重要的。

在美国国防部的支持下，阿金正在设计一个程序，旨在确保军用机器人能够按照国际公约规则行事。这个程序被称为"道德管理者"，它可以计算出某种行为是否被许可，比如发射一枚导弹，只有在得到肯定答案"是"的情况下才能继续下一步。

在对"道德管理者"进行的一次虚拟测试中，一辆自动驾驶车被要求模拟执行打击敌人目标的任务。然而，如果有市民在建筑物附近，根据设定的场景和自动驾驶车相对于攻击区的位置，算法会决定是否允许自动驾驶车完成任务。市民可能出现在医院或住宅建筑等不同地点。

自主且军事化的机器人引起了很多人的关注和争议。有人认为它们具有危险性，围绕这种机器是否应该被批准已经引发了无数的争论。但阿金认为，在某些情况下，这种机器人比人类士兵更好，因为只要它们经过编程，就永远不会违反战争规则，而人类却可能会无视这些规则。

美国参谋长联席会议第 10 任副主席保罗·塞尔瓦上将曾向参议院军事委员会表示军方应该恪守战争的道德准则，避免向人类放行超出我们控制范围的机器人。科学家、联合国和其他机构不断呼吁应当禁止"杀手"机器人或致命性自主武器系统。

在接受伦敦《泰晤士报》采访时，斯蒂芬·霍金警告称，人类与生俱来的攻击性和人工智能/机器人系统的技术能力相结合将使人类面临大规模杀伤性武器的威胁。在人工智能系统的发展问题上，霍金明确指出，虽然人工智能技术可能在某些方面是一项了不起的发展成果，但其同样有可能加速人类的毁灭。针对此类具体问题，玛琪·墨菲指出，"类人机器人的能力继续以令人难以置信的速度飞速发展——现在的机器人已经可以追逐目标，甚至开枪。

8.5.1.5 总结

英国利物浦大学计算机科学家迈克尔·费希尔认为，规则限定系统会让公众觉得可靠。"如果人们不确定机器会做什么，他们会害怕机器人的。但如果我们能分析并证明它们的行为原因，就更可能克服信任问题。"他正在和温菲尔德等同事共同做一项政府资助的项目：证明道德机器程序的结果总是可知的。

相比之下，机器学习的方法让机器人能从以往经验中学习，这让它们最终会比那些严格编程的同伴更加灵活而有用。许多机器人专家则认为，今后最好的方法可能是这两种策略的结合。

8.5.2 自动驾驶汽车问题

8.5.2.1 电车难题

对于自动驾驶汽车这样的人工智能系统，面临道德决策的情况确实是一个挑战。假如一辆自动驾驶汽车在路上行驶，面临着如下选择：如果直行，会撞上五个行人；如果向左或者向右拐，车上的乘客可能会死亡，但是前方的五个行人能够获救。那么我们要求人工智能遵循什么样的伦理准则做出此类决策呢？梅赛德斯－奔驰公司某高管在面对"电车难题"时对媒体表示："奔驰自动驾驶汽车未来会致力于保护车内乘客的生命，必要时不惜一切代价。"这个论调引起了轩然大波，但是，我们在质疑这个论调的同时能否站在商业的视角更深入地思考一下？设想如果在机器的伦理决策程序中，隐含着在某些情形下会杀死其使用者的准则，那么，这个人工智能的商业价值就会受到极大的威胁。在社会伦理范围内，这种强制牺牲他人的伦理原则，从来就不是应该遵循的。我们可以崇敬那些具有高尚道德情操的人，他们可以牺牲自己而为社会做出更大的贡献，但是，我们不能在伦理道德层面上，要求每个人都有自我牺牲的精神。

给人工智能确定一个伦理准则并不困难，人工智能执行这个准则也并不困难，但是问题在于，人类社会现实的复杂性，使伦理准则不能单一化。迄今为止，我们仍没有找到一个能够适用于所有情形的伦理决策规则。人类在很多情况下都是相机抉择的，甚至是情绪化的。但人工智能有非常严格的优先序、执行力，遇到任何问题时都不会受到情绪的影响，有非常好的纪律性。这样的执行过程，会给我们想象中的伦理规则带来很大的挑战。

假设给人工智能设定一条伦理准则：两条人命比一条人命重要。这是一个常识性的问题，也能够为大多数社会公众所接受。在电车难题中，如果这个准则得以成立，那么选择就不是难题。正如前面所述，这仍没有解决乘客与其他人的优先序问题。

任何事故的发生都不是确定的。人工智能与人类相比，能够根据情景数据更精准地估计出可能的概率。面对概率问题时，人工智能所需要确定的伦理准则其实更为复杂，仍然是前面所述的情景，即自动驾驶汽车可以根据场景的数据，计算出相关事故发生的概率。例如，在前面的案例中，自动驾驶汽车发现前面是一条狗，根据相关数据计算，如果猛然转向的话，有 10% 的概率与后面开来的有人驾驶车相撞。在这种情况下，是否需要转向？进一步延伸的情景，护栏下面可能有人在耕作，但无法完全测算撞上耕作的人的概率。

8.5.2.2 就业岗位丢失

自动驾驶技术将导致数百万人面临失业这一严重社会问题。2014 年和 2015 年的美国数据表明潜在的大规模失业现象将集中在运输行业。有报道称，仅在美国，自动驾驶汽车就可能造成 410 万人直接失业。根据美国劳工统计局的报告，共有 82.65 万轻型卡车和运输驾驶员处于受雇状态，平均年薪为 34 080 美元。美国劳务统计局报告称，2014 年的美国重型牵引车驾驶员为 179.77 万人，平均年薪为 40 260 美元。66.5 万名校车驾驶员的平均年薪为 30 950 美元；另有 23.37 万名出租车驾驶员和私人驾驶员，平均年薪为 23 510 美元。据报道，优步在美国拥有 40 万名活跃驾驶员，来福车拥有 31.5 万名驾驶员。

在零工经济中，人们把各种工作拼凑在一起，这是因为有越来越多的零工可供选择。尽管以上数据包含全职和兼职驾驶工作，但这意味着仅美国就有 423.69 万人受雇为有偿驾驶员。考虑到无人驾驶的汽车、出租车、公共汽车、卡车、送货"机器人"和半挂车等领域的巨额投资，未来 5～10 年内，大量专业的驾驶岗位将逐渐消失。

菲亚特·克莱斯勒首席执行官曾表示，预计自动驾驶汽车将在短短 5 年内成为其销售市场的重要组成部分。优步与沃尔沃之间签署的协议也表明，2019 年将交付 2.4 万辆自动驾驶汽车。这些数据显示了自动驾驶汽车在商业领域的快速发展和广泛应用。然而，随着自动驾驶技术的普及，一些传统的驾驶岗位可能会受到影响，从而导致一些人面临失业困境。

随着自动驾驶技术的发展，不仅出租车行业，还有豪华轿车、运载车辆、卡车等各种类型的车辆都可能受影响。这可能导致大量驾驶员面临失业风险。对于受影响的驾驶员来说，他们可能需要考虑转行或接受再培训，以适应新的就业需求。政府、企业和社会组织可以共同努力，提供培训机会和创造新的就业岗位，以帮助这些驾驶员重新就业。对于那些目前从事驾驶工作的人来说，面临自动驾驶技术的崛起可能是一项挑战。然而，需要注意的是，自动驾驶技术的发展也将创造新的就业机会，并为社会带来更多的便利和安全性。

这项开发成果"就像一匹黑马一样脱颖而出",并且将在广泛而多样的领域内淘汰数百万个工作岗位。令人惊讶的是,无人驾驶汽车、半挂车和公共汽车似乎凭空冒了出来,并且被吹捧为未来的汽车和交通选择。无人驾驶出租车已经在新加坡上路;芬兰也已开始使用自动化公交车;而在美国的匹兹堡、密歇根州、亚利桑那州和旧金山,无人驾驶汽车正在接受测试,结果喜忧参半。此外,全自动汽车在法国的部分道路上正式亮相,这标志着自动驾驶技术在全球范围内的发展和应用。

8.5.2.3　总结

据美国电器与电子工程协会估算,到 2040 年 75% 的交通工具都实现自动驾驶。自动驾驶技术的应用带来了许多好处,如减轻交通堵塞、降低交通事故风险以及减少环境负担等。然而,自动驾驶汽车也面临着一系列问题,例如,如何建立适用于自动驾驶汽车的伦理准则,以及如何解决大量驾驶员可能面临的失业问题。

当人工智能应用到各个领域时,伦理抉择的复杂性可能超出设计者的想象。在这种情况下,确实需要一个简单的伦理规则来指导人工智能的行为。然而,由于人类伦理的多样性和社会的复杂性,很难为机器设计出一个适用于所有情况的统一伦理准则。这也是人工智能应用所面临的巨大伦理挑战之一。

因此,我们需要深入研究和讨论,以制定适合自动驾驶汽车的伦理准则,并确保其在实际应用中能够平衡各种利益和价值观。同时,我们也需要采取相应的政策和措施,以解决可能出现的社会和经济问题,如失业等。

8.5.3　算法歧视

随着日益进步的人工智能技术,我们的社会正走向新的算法时代,人们开始陆续地把决定交到非人类——人工智能手上。国内国外均有越来越多政府部门、企业使用人工智能协助他们做出决策,例如,2017 年年底的"武汉交警政务服务迈入 AI 时代"发布会上,腾讯与武汉市公安局交通管理局宣称正在联合打造中国第一个无人警局。借助人工智能的不单是政府部门,施罗德集团(Schroders Group)、法国安盛投资管理公司(AXA Investment Managers)、摩根大通(JP Morgan Asset Management)等国际金融机构亦计划开发及使用人工智能机器人在其全球的股票算法业务部门自动执行交易,务求利用人工智能以最高速度执行交易指令,以达到更大规模、更高效率的收益。另外,个人亦使用人工智能去帮助他们决定日常生活之种种琐碎问题,例如网上购物的时候,可以使用人工智能小助手为你筛选适合的产品。我们可以把这种利用人工智能协助或取代人们做决定的决策方式称为"算法决策"。

毫无疑问,人工智能利用强大运算能力优化个人及社会资源的运用;同时,人工智能亦替代人们处理复杂难题及琐碎问题。人工智能及算法决策确实能大幅提升人们的生活质量。纵然拥有以上优势,亦有不少学者及政策研究人员指出人工智能及算法决策可能带有偏见,而这些算法偏见会对个人或社会整体带来不同程度的伤害。

8.5.3.1　COMPAS 算法歧视

美国 NorthPointe 公司,开发了 COMPAS 算法,其专门用于判断一个犯人再次犯罪的可能性。COMPAS 算法透过分析案件被告回答的问卷而产生几个风险分数,并对被告进行"累犯风险"和"暴力累犯风险"的预测,然后对他打分,从 1 分到 10 分,分数越高,代表将来该犯人再次犯罪的概率越高。研究者发现,打 1 分的犯人,再次犯罪的概率是 22%,

而被打 10 分的犯人，再次犯罪的可能性则高达 81%。法官和缓刑及假释官员会参考 COMPAS 软件所评估的结果后将决定被告能否进行保释、以什么金额保释以及判定多久的刑期。

但随着一家名为 ProPublica 的媒体在深入调查 COMPAS 算法后，指出该算法对黑人存有歧视：在同样没有再犯罪的犯人中，黑人被打高分的可能性为 42%，白人被打高分的可能性只为 22%，黑人被告被 COMPAS 软件错误评估为高度累犯风险的可能性几乎是白人的两倍。同时，该媒体还指出白人被告被错误评估为低度累犯风险的可能性也要比黑人高。即使 COMPAS 软件没有使用"种族"作为犯罪风险评估的参数（在被告回答的问卷上并没有任何直接关系到被告种族的问题），而算法是使用被告的年龄、性别、过去犯罪记录、家庭背景等数据进行分析。但不幸的是，这些数据却是美国黑人人口的替代指标。因此，COMPAS 软件往往错误评估黑人被告的犯罪风险。若法官和缓刑及假释官员只依据 COMPAS 软件提供的评估做出决定，他们的决定必然对黑人被告造成系统性的不公平对待。

8.5.3.2 StreetBump 技术歧视

美国波士顿市政府开发的 StreetBump 应用程序利用智能手机中内置的加速度传感器来检测街道上的坑洼问题。通过分析传感器的加速度值，该应用程序可以自动侦测用户在驾驶过程中遇到的坑洼，并即时将相关信息发送给相关部门。

这个应用程序的目的是让波士顿市民成为一名义务的、兼职的市政工人，从而实现"全民皆市政"的理念。市民只需下载并使用这个应用程序，就可以轻松地向市政府报告道路上的坑洼问题。这样一来，市政厅的全职工作人员就无须亲自巡查道路，而是可以通过电脑获取道路状况的即时信息。这种方式可以降低检查破损道路的成本，并使相关部门更有效地提供道路维修服务。

通过 StreetBump 应用程序，市政府可以更加高效地调度修复破损道路的资源。它不仅可以帮助市政府及时了解道路状况，还可以减少对市民造成的麻烦和不便。同时，市民也可以积极参与到城市管理中，共同改善道路质量，提升城市的居住环境。

然而，需要注意的是，这个应用程序依赖于市民的参与和反馈。只有当足够多的市民使用并报告道路问题时，才能真正实现全民参与的效果。因此，市政府需要积极宣传和推广这个应用程序，鼓励市民下载并使用它，以确保收集到足够的数据来支持道路维修工作的决策和调度。但事实上，StreetBump 在数据收集上明显存在限制。克劳福德指出，在美国的低收入人群中拥有智能手机的人数相对偏低，这情况因而限制了 StreetBump 能够更全面地收集到道路状况，尤其在低收入的地区并没有足够的 StreetBump 使用者可以将道路状况的数据提供给相关部门。若波士顿市政府倾向参考 StreetBump 的数据来提供道路维修服务，可以预期波士顿市内贫穷区域的道路破损只会越来越严重，因为相关部门无从得知低收入地区路段的破损情况。

StreetBump 的理念在于，它可以提供"n = All（所有）"个坑洼信息，但这里的"n = All"也仅仅是满足使用 APP 且有车的用户记录数据，而非"所有坑洼点"的数据，使用 APP 且拥有一辆车的条件其实过滤了一批样本，"n = All"注定是不成立的。微软 - 纽约首席研究员 Kate Crawford 也指出，现实数据是含有系统偏差的，通常需要人们仔细思考，才有可能找到并纠正这些系统偏差。大数据看起来包罗万象，但"n = All"往往不过是一个颇有诱惑力的假象而已。

8.5.3.3　Tay 机器人种族歧视

微软于 2016 年 3 月在推特发布 Tay———一个可以在线与其他用户交流，并通过与用户互动自我学习的智能聊天机器人，面向包括 Twitter、Kik 和 GroupMe 在内的主要社交平台上向用户开放使用。根据微软官方描述，Tay 的定位是主要面向美国 18~24 岁的互联网用户。Tay 可以追踪用户的网名、性别、喜欢的食物、邮编、感情状况等个人信息。除了聊天，Tay 还可以说笑话，讲故事等，用户还可以分享一张照片以得到 Tay 的点评。Tay 会在与人们的交流中不断学习，随着时间积累，她的理解能力将逐步提升，变得愈发"智能"。

不过在 Tay 上线之后，推特上的一些用户以政治不正确的言论与 Tay 交流，以此导致 Tay 发送仇恨性的推文。随后，Tay 开始使用种族主义和性别歧视的推文来回应其他推特用户。结果，微软决定在 Tay 上线后 16 h 就关掉这个项目。Tay 之所以发送仇恨性的推文，是因为微软预期的推特用户与现实里面的推特用户有所不同。Tay 的案例清楚地说明了技术使用场景的一些基本变化可以引发导致突生性偏见。

8.5.3.4　总结

从以上各种例子可以看到人工智能与算法并不比人类来得客观公正，而这些由人工智能及算法带来的算法偏见亦会造成实际伤害，可能会剥夺个人自由（COMPAS 对黑人被告的不公平对待），可能会令社群生活水平下降（StreetBump 对贫穷地区的影响），也可能导致不正确思想言论的传播（Tay 聊天机器人发送种族歧视的言论）。因此我们迫切需要反思人工智能及算法嵌入的偏见。

8.6　小　　结

本章主要介绍了工程伦理与道德、AI 伦理安全风险、AI 算法伦理安全以及典型案例。

工程伦理与道德是指在工程实践中遵循道德原则和价值观的行为规范。它涉及在工程决策、设计和实施过程中，考虑社会、环境和个体的福祉。然而，人工智能技术的进步也带来了新的道德难题和挑战。工程教育应强调伦理和道德价值观的培养，这也是身为工程师必须具备的品质。同时，相关的规范准则也相继出台，对工程实践中的行动进行规范。

AI 伦理安全风险是世界信息化、智能化研究和建设中涉及的重要伦理问题。算法伦理涉及人工智能和机器学习算法的道德和公正性。我们需要确保其不会产生歧视、偏见或潜在的不公平结果，同时保护个人隐私和数据安全。设计伦理关注产品和系统设计过程中的道德责任。工程师应考虑产品的安全性、可用性和可持续性，同时避免产生不道德或有害的后果。关注用户需求、参与多元利益相关者和持续评估是设计伦理的重要方面。应用伦理是指社会主体参与社会生活以及处理相互关系应当遵循的价值标准、原则与规范，为社会生活提供正当性基础，探讨如何善用人工智能技术造福人类。信息伦理关注信息的获取、使用和共享。在数字化时代，信息安全、虚假信息和数据滥用成为关注焦点。我们需要确保信息的正确性、透明度和隐私保护，并遵守相应的法律法规和道德规范。

AI 算法伦理安全是确保人工智能系统在设计、实施和使用过程中遵守公平性、可解释性和隐私性原则的重要问题。公平性是指确保 AI 算法不偏袒或歧视任何特定群体。在训练和部署 AI 算法时，应避免使用具有偏见的数据集，采取措施减少潜在的歧视性结果，并确保公正的决策和资源分配；可解释性是指 AI 算法能够解释其决策和推理过程。对于关键决策，如医疗诊断或招聘决策，用户和利益相关者需要了解算法的依据和逻辑，以确保决策的可信度、透明度和可审查性；隐私性是指保护个人数据和隐私权。在 AI 算法开发和应用中，个人身份和敏感信息的收集、使用和共享应符合相关法律和伦理规范，同时采取适当的技术和组织措施，确保数据安全和隐私保护。

机器人伦理问题、汽车自动驾驶问题、算法歧视问题是当前人工智能技术发展和现实应用中备受关注的重要议题。如何在应用人工智能技术提升人类生活品质、促进社会进步的同时，遵守相应的法律法规和道德准则，是人类社会发展中需要持续探究的问题。

8.7 习　　题

1. 工程伦理的两个维度及其内涵是什么？
2. 在人工智能与大数据领域，工程伦理的实践伦理和职业伦理分别有哪些？
3. ChatGPT 的道德危害主要体现在哪些方面？
4. 可信赖人工智能需要满足哪些条件和准则？
5. 请简要描述可信赖人工智能实现的 7 个关键要素。
6. 归纳总结人工智能的算法伦理和设计伦理的区别。
7. 如何理解人工智能的算法伦理、设计伦理和社会伦理三者之间的联系？
8. 设计者在设计人工智能产品时应该考虑哪些因素？
9. IEEE 的《人工智能设计的伦理准则》中提到的基本原则是什么？
10. 人工智能的产品设计者和服务提供商在设计与研发人工智能系统时应与什么保持一致？
11. 人工智能系统的设计需要哪些专业资源和跨学科的协作研究？
12. 人工智能局部可解释性方法主要分为哪几种？人工智能全局可解释性方法主要分为哪几种？
13. 依据所防范的攻击对象，人工智能隐私可以分为哪两种？
14. 请简述人工智能数据隐私攻击与保护的常见方法。

参 考 文 献

［1］ 史蒂芬·卢奇，丹尼·科佩克．人工智能［M］.2 版．北京：人民邮电出版社，2018.

［2］ 阿南德·德什潘德，马尼什·库马．人工智能技术与大数据［M］.北京：人民邮电出版社，2020.

［3］ STERNBERG R J. In search of the human mind［M］. New York：Harcourt Brace College Publishers，1995：395−396.

［4］ 约翰·保罗·穆勒．人工智能初学者指南［M］.北京：人民邮电出版社，2019.

［5］ MCCULLOCH W S，PITTS W. A logical calculus of the ideas immanent in nervous activity ［J］. The Bulletin of Mathematical Biophysics，1943（5）：115−133.

［6］ ROSENBLATT F. The perceptron：A probabilistic model for information storage and organization in the brain［J］. Psychological Review，1958，65（6），386−408.

［7］ MCCULLOCH W S，PITTS W. A logical calculus of the ideas immanent in nervous activity ［J］. The Bulletin of Mathematical Biophysics，1943，5：115−33.

［8］ HUNT E B，MARIN J，STONE P J. Experiments in induction［J］. The American Journal of Psychology，1966，80（4）：661.

［9］ HOPFIELD J J. Neural networks and physical systems with emergent collective computational abilities［C］//Proceedings of the National Academy of Sciences of the USA，1982，79（8）：2554−2558.

［10］ MARR D. Vision［M］. New York：MIT Press，1982.

［11］ BREIMAN L. Classification and regression trees［M］. New York：Routledge，1984.

［12］ GAZDAR G，KLEIN E，PULLUM G K，et al. Generalized phrase structure grammar［M］. Cambridge：Harvard University Press，1985.

［13］ RUMELHART D E，HINTON G E，WILLIAMS R J. Learning internal representations by back−propagating errors［J］. Nature，1986，323（99）：533−536.

［14］ POLLACK J B. Recursive distributed representations［J］. Artificial Intelligence，1990，46（1−2）：77−105.

［15］ LECUN Y，BOTTOU L，BENGIO Y，et al. Gradient−based learning applied to document recognition［C］//Proceedings of the IEEE，1998，86（11）：2278−2324.

［16］ BREIMAN L. Random forests［J］. Machine Learning，2001（45）：5−32.

［17］ BENGIO Y，DUCHARME R，VINCENT P，et al. A neural probabilistic language model ［J］. Journal of Machine Learning Research，2003（3）：1137−1155.

［18］ HINTON G E，OSINDERO S，TEH Y W. A fast learning algorithm for deep belief nets［J］.

Neural Computation, 2006, 18 (7): 1527 - 1554.

[19] WANG K, GOU C, DUAN Y, et al. Generative adversarial networks: Introduction and outlook [J]. IEEE/CAA Journal of Automatica Sinica, 2017, 4 (4): 588 - 598.

[20] KLIMOVA B, PIKHART M, BENITES A D, et al. Neural machine translation in foreign language teaching and learning: A systematic review [J]. Education and Information Technologies, 2023, 28 (1): 663 - 682.

[21] BHUIYAN H, ASHIQUZZAMAN A, JUTHI T I, et al. A survey of existing e - mail spam filtering methods considering machine learning techniques [J]. Global Journal of Computer Science and Technology, 2018, 18 (2): 20 - 29.

[22] GRISHMAN R, SUNDHEIM B M. Message understanding conference - 6: A brief history [C]//The 16th International Conference on Computational Linguistics. Copenhagen, Denmark: Association for Computational Linguistics, 1996.

[23] 李建国. 人工智能在医疗行业中的应用分析 [J]. 集成电路应用, 2021, 38 (8): 48 - 50.

[24] 徐维维, 彭沪, 杨佳芳, 等. 人工智能在医疗健康领域的应用与发展前景分析 [J]. 中国医疗管理科学, 2019, 9 (5): 37 - 41.

[25] 王艺培, 闫雯, 张益肇, 等. 精准医疗时代人工智能在医学图像中的应用 [J]. 人工智能, 2018 (4): 22 - 29.

[26] 文力浩, 龙坤. 人工智能给军事安全带来的机遇与挑战 [J]. 信息安全与通信保密, 2021 (5): 18 - 26.

[27] 张乾君. AI 大模型发展综述 [J]. 通信技术, 2023, 56 (3): 255 - 262.

[28] TAYEFI, MARYAM, MOHAMMAD, et al. hs - CRP is strongly associated with coronary heart disease (CHD): A data mining approach using decision tree algorithm [J]. Computer Methods and Programs in Biomedicine 2017, 141: 105 - 109.

[29] ILAYARAJA M, MEYYAPPAN T. Mining medical data to identify frequent diseases using Apriori algorithm [C]// International Conference on Pattern Recognition, Informatics and Mobile Engineering (PRIME), 2013: 194 - 199.

[30] ALJUMAH, ABDULLAH, MOHAMMAD SIDDIQUI. Data mining perspective: Prognosis of life style on hypertension and diabetes [J]. International Arab Journal of Information Technology (IAJIT), 2016, 13 (1).

[31] BECERRA - GARCÍA R A, GARCÍA - BERMÚDEZ R V, JOYA - CAPARRÓS G, et al. Data mining process for identification of non - spontaneous saccadic movements in clinical electrooculography [J]. Neurocomputing, 2017, 250: 28 - 36.

[32] ZHENG A, CASARI A. Feature engineering for machine learning: Principles and techniques for data scientists [M]. Sebastopol: O'Reilly Media, 2018: 15 - 22.

[33] OZDEMIR S, SUSARLA D. Feature engineering made easy: Identify unique features from your dataset in order to build powerful machine learning systems [M]. Birmingham: Packt Publishing Ltd, 2018: 106 - 113.

[34] LI J, CHENG K, WANG S, et al. Feature selection: A data perspective [J]. ACM

Computing Surveys（CSUR），2017，50（6）：1 – 45.

［35］ JOVIĆA，BRKIĆK，BOGUNOVIĆN. A review of feature selection methods with applications ［C］//2015 38th international convention on information and communication technology，electronics and microelectronics（MIPRO）. Opatija，Croatia：IEEE，2015：1200 – 1205.

［36］ LI F，YANG Y. Analysis of recursive feature elimination methods ［C］. Proceedings of the 28th annual international ACM SIGIR conference on Research and development in information retrieval. New York，United States：Association for Computing Machinery，2005：633 – 634.

［37］ QUILLIAN R. Word concepts：A theory and simulation of some basic semantic capabilities ［J］. Behavioral Science，1967，12：410 – 430.

［38］ 周志华. 机器学习［M］. 北京：清华大学出版社，2016：252 – 253.

［39］ MOTODA H，LIU H. Feature selection，extraction and construction ［J］. Communication of IICM，2002，5（67 – 72）：2.

［40］ DONG G Z，LIU H. Feature engineering for machine learning and data analytics ［M］. Boca Raton：CRC Press，2018：15 – 54.

［41］ ZEBARI R，ABDULAZEEZ A，ZEEBAREE D，et al. A comprehensive review of dimensionality reduction techniques for feature selection and feature extraction ［J］. Journal of Applied Science and Technology Trends，2020，1（2）：56 – 70.

［42］ BISHOP C M. Pattern recognition and machine learning ［M］. Berlin：Springer，2006.

［43］ 熊超. 模式识别理论及其应用综述 ［J］. 中国科技信息，2006（6）：171 – 172.

［44］ FISHER R A. The use of multiple measurements in taxonomic problems ［J］. Annals of Eugenics，1936，7（2）：179 – 188.

［45］ ROSENBLATT F. The perceptron：A probabilistic model for information storage and organization in the brain ［J］. Psychological Review，1958（65）：386 – 408.

［46］ FU K S. Syntactic methods in pattern recognition ［M］. New York：Academic Press，1974.

［47］ RUMELHART D E，MCCLELLAND J L. Learning internal representations by error propagation ［M］. Massachusetts：MIT Press，1986.

［48］ PAUL VIOLA，MICHAEL JONES. Fast and robust classification using asymmetric adaboost and a detector cascade ［J］. Advances in neural information processing systems，2001，14：1311 – 1318.

［49］ CHAO H Q，HE Y W，et al. GaitSet：Regarding gait as a set for cross – view gait recognition ［C］// Proceedings of the AAAI Conference on Artificial Intelligence. Hawaii：ACM，2019：8126 – 8133.

［50］ RONNEBERGER O，FISCHER P，BROX T. U – Net：Convolutional networks for biomedical image segmentation ［C］. International Conference on Medical Image Computing and Computer – Assisted Intervention. Munich：Springer，2015：234 – 241.

［51］ ROSENBLATT F. The perceptron：A probabilistic model for information storage and organization in the brain ［J］. Psychological Review，1958，65：386 – 408.

［52］ CORTES C，VAPNIK V. Support – vector networks ［J］. Machine Learning，1995（20）：

273 – 297.

［53］ DENG J, GUO J, XUE N, et al. Arcface：Additive angular margin loss for deep face recognition ［C］//Proceedings of the IEEE/CVF Conference on Computer Vision and Pattern Recognition, 2019：4690 – 4699.

［54］ MACQUEEN J. Some methods for classification and analysis of multivariate observations ［C］. The Fifth Berkeley Symposium on Mathematical Statistics and Probability, 1967：281 – 297.

［55］ HE J, LAN M, TAN C L, et al. Initialization of cluster refinement algorithms：A review and comparative study ［C］//2004 IEEE International Joint Conference on Neural Networks (IJCNN), Budapest, Hungary, 2004, 297 – 302.

［56］ KATSAVOUNIDIS I, KUO C C J, ZHANG Z. A new initialization technique for generalized Lloyd iteration ［J］. IEEE Signal Processing Letters, 1994, 1 (10), 144 – 146.

［57］ SRIVASTAVA N, HINTON G, KRIZHEVSKY A, et al. Dropout：A simple way to prevent neural networks from overfitting ［J］. Journal of Machine Learning Research, 2014, 15：1929 – 1958.

［58］ SAXE A M, MCCLELLAND J L, GANGULI S. Exact solutions to the nonlinear dynamics of learning in deep linear neural networks ［J］. arXiv：1312. 6120, 2014.

［59］ DAUPHIN Y, PASCANU R, GULCEHRE C, et al. Identifying and attacking the saddle point problem in high – dimensional non – convex optimization ［J］. arXiv：1406. 2572, 2014.

［60］ GOODFELLOW I J, VINYALS O, SAXE A M. Qualitatively characterizing neural network optimization problems ［J］. arXiv：1412. 6544, 2014.

［61］ VASWANI A, SHAZEER N, PARMAR N, et al. Attention is all you need ［J］. arXiv：1706. 03762, 2017.

［62］ XIAO Z, SONG W, XU H, et al. Timme：Twitter ideology – detection via multi – task multi – relational embedding ［C］//ACM SIGKDD International Conference on Knowledge Discovery & Data Mining. USA：Association for Computing Machinery, 2020：2258 – 2268.

［63］ KIPF T N, WELLING M. Semi – supervised classification with graph convolutional networks ［J］. arXiv：1609. 0290, 2017.

［64］ VELIČKOVIĆP, CUCURULL G, CASANOVA A, et al. Graph attention networks ［J］. arXiv：1710. 10903, 2018.

［65］ CHAMI I, YING R, RÉ C, et al. Hyperbolic graph convolutional neural networks ［J］. arXiv：1910. 12933, 2019.

［66］ XIAO C, ZHONG H, GUO Z, et al. Cail2019 – SCM：A dataset of similar case matching in legal domain ［J］. arXiv：1911. 08962, 2019.

［67］ AGIRRE E, CER D, DIAB M, et al. Semeval – 2012 task 6：A pilot on semantic textual similarity ［C］. International Workshop on Semantic Evaluation. Vancouver, Canada：Association for Computational Linguistics, 2012：385 – 393.

［68］ CER D, DIAB M, AGIRREE, et al. Semeval – 2017 task 1：Semantic textual similarity – multilingual and cross – lingual focused evaluation ［J］. arXiv：1708. 00055, 2017.

［69］ MARELLI M，MENINI S，BARONI M，et al. A sick cure for the evaluation of compositional distributional semantic models ［C］//International Conference on Language Resources and Evaluation. Luxembourg：European Language Resources Association，2014：216 – 223.

［70］ GAO T，YAO X C，CHEN D Q. SimCSE：Simple contrastive learning of sentence embeddings ［J］. arXiv：2104. 08821，2022.

［71］ 陈华钧. 识图谱导论 ［M］. 北京：电子工业出版社，2021：28 – 38.

［72］ LASSILA O，SWICK R R. Resource description framework（RDF）model and syntax Specification. W3C Recommendation ［EB/OL］. www. w3. org/TR/PR – rdf – syntax，2023.

［73］ BORDES A，USUNIER N，GARCIA – DURAN A，et al. Translating embeddings for modeling multi – relational data ［C］//Proceedings of the 26th International conference on Neural Information Processing Systems，2013：2787 – 2795.

［74］ YANG B S，YIH W T，HE X D，et al. Embedding entities and relations for learning and inference in knowledge bases ［J］. arXiv：1412. 6575，2015.

［75］ 方滨兴，时金桥，王忠儒等. 人工智能赋能网络攻击的安全威胁及应对策略 ［J］. 中国工程科学，2021，23（3）：60 – 66.

［76］ 王光宏，蒋平. 数据挖掘综述 ［J］. 同济大学学报（自然科学版），2004（32）：246 – 252.

［77］ 李於洪. 数据仓库与数据挖掘导论 ［M］. 北京：经济科学出版社，2012：31 – 33.

［78］ 罗森林，马俊，潘丽敏. 数据挖掘理论与技术 ［M］. 北京：电子工业出版社，2013：16 – 19.

［79］ 韩家炜，坎伯. 数据挖掘：概念与技术 ［M］. 北京：机械工业出版社，2012：82 – 84.

［80］ 韩家炜. 数据挖掘导论 ［M］. 北京：人民邮电出版社，2010：228 – 235.

［81］ MENG X，BRADLEY J，YAVUZ B，et al. Mllib：Machine learning in apache spark. ［J］. Journal of Machine Learning Research，2016，17（34）：1 – 7.

［82］ 李正风，丛杭青，王前. 工程伦理 ［M］. 北京：清华大学出版社，2016：1 – 324.

［83］ 白姗. 大数据技术应用的工程伦理风险探析 ［J］. 文化创新比较研究，2022，6（18）：61 – 64.

［84］ 何志权，何玉鹏，曹文明. 人工智能对电子信息工程伦理教育的影响 ［J］. 电脑知识与技术，2022，18（11）：84 – 85.

［85］ 陈光宇，杨欣昱，梁娜，等. 以人为本的人工智能工程伦理准则探析 ［J］. 电子科技大学学报（社科版），2020，22（6）：32 – 38.

［86］ 刘雨微. 审慎应对人工智能的伦理挑战 ［J］. 中国社会科学报，2023，3.

［87］ HILL R K. What an algorithm is ［J］. Philosophy & Technology，2016，29（1）：35 – 59.

［88］ MITTELSTADT B D，ALLO P，TADDEO M，et al. The ethics of algorithms：Mapping the debate ［J］. Big Data & Society，2016，3（2）：1 – 21.

［89］ 温德尔·瓦拉赫，科林·艾伦. 道德机器：如何让机器人明辨是非 ［M］. 北京：北京大学出版社，2017.

［90］ BONNEFON J F，SHARIFF A，RAHWAN I. The social dilemma of autonomous vehicles ［J］. Science，2016，352（6293）：1573 – 1576.

［91］ LAKE B M, SALAKHUTDINOV R, TENENBAUM J B. Human – level concept learning through probabilistic program induction ［J］. Science, 2015, 350 (6266): 1332 – 1338.

［92］ ETZIONI A, ETZIONI O. Designing AI systems that obey our laws and values ［J］. Communications of the ACM, 2016, 59 (9): 29 – 31.

［93］ 卡普兰. 人工智能时代: 人机共生下财富, 工作与思维的大未来 ［M］. 杭州: 浙江人民出版社, 2016.

［94］ 童星. 世纪末的挑战——当代中国社会问题研究 ［M］. 南京: 南京大学出版社, 1995: 13.

［95］ 邱均平. 市场经济信息学 ［M］. 武汉: 武汉大学出版社, 2002: 98.

［96］ KAMIRAN F, CALDERS T. Data preprocessing techniques for classification without discrimination ［J］. Knowledge and Information Systems, 2012, 33 (1): 1 – 33.

［97］ ŽLIOBAITE I, KAMIRAN F, CALDERS T. Handling conditional discrimination ［C］// 2011 IEEE 11th International Conference on Data Mining. IEEE, 2011: 992 – 1001.

［98］ LUONG B T, RUGGIERI S, TURINI F. K – NN as an implementation of situation testing for discrimination discovery and prevention ［C］//Proceedings of the 17th ACM SIGKDD International Conference on Knowledge Discovery and Data Mining. 2011: 502 – 510.

［99］ FELDMAN M, FRIEDLER S A, MOELLER J, et al. Certifying and removing disparate impact ［C］//Proceedings of the 21th ACM SIGKDD International Conference on Knowledge Discovery and Data Mining. 2015: 259 – 268.

［100］ JIANG H, NACHUM O. Identifying and correcting label bias in machine learning ［C］// International Conference on Artificial Intelligence and Statistics. PMLR, 2020: 702 – 712.

［101］ CALMON F P, WEI D, VINZAMURI B, et al. Optimized pre – processing for discrimination prevention ［C］//Proceedings of the 31st International Conference on Neural Information Processing Systems, 2017: 3995 – 4004.

［102］ KRASANAKIS E, SPYROMITROS – XIOUFIS E, PAPADOPOULOS S, et al. Adaptive sensitive reweighting to mitigate bias in fairness – aware classification ［C］//Proceedings of the 2018 World Wide Web Conference. 2018: 853 – 862.

［103］ ZAFAR M B, VALERA I, GOMEZ – RODRIGUEZ M, et al. Fairness constraints: A flexible approach for fair classification ［J］. The Journal of Machine Learning Research, 2019, 20 (1): 2737 – 2778.

［104］ JIANG R, PACCHIANO A, STEPLETON T, et al. Wasserstein fair classification ［C］// Uncertainty in Artificial Intelligence. PMLR, 2020: 862 – 872.

［105］ LUONG A, KUMAR N, LANG K R. Human – machine collaborative decision – making in organizations: Examining the impact of algorithm prediction bias on decision bias and perceived fairness ［J］. Social Science Electronic Publishing, 2021.

［106］ AGARWAL A, BEYGELZIMER A, DUDÍKM, et al. A reductions approach to fair classification ［C］//International Conference on Machine Learning. PMLR, 2018: 60 – 69.

［107］ BENDICK, JR M. Situation testing for employment discrimination in the United States of America ［J］. Horizons Stratégiques, 2007 (3): 17 – 39.

[108] XIE W, WU P. Fairness testing of machine learning models using deep reinforcement learning [C]//2020 IEEE 19th International Conference on Trust, Security and Privacy in Computing and Communications. IEEE, 2020: 121 – 128.

[109] VAN LENT M, FISHER W, MANCUSO M. An explainable artificial intelligence system for small – unit tactical behavior [C]//Proceedings of the National Conference on Artificial Intelligence. California: AAAI, 2004: 900 – 907.

[110] RIBEIRO M T, SINGH S, GUESTRIN C. "Why should i trust you?": Explaining the predictions of any classifier [C]//Proceedings of the 22nd ACM SIGKDD International Conference on Knowledge Discovery and Data Mining. San Francisco: ACM, 2016: 1135 – 1144.

[111] KIM B, WATTENBERG M, GILMER J, et al. Interpretability beyond feature attribution: Quantitative testing with concept activation vectors [C]. International Conference On Machine Learning. Macao: ACM, 2018: 2668 – 2677.

[112] 纪守领, 李进锋, 杜天宇, 等. 机器学习模型可解释性方法、应用与安全研究综述 [J]. 计算机研究与发展, 2019, 56 (10): 2071 – 2096.

[113] FREDRIKSON M, JHA S, RISTENPART T. Model inversion attacks that exploit confidence information and basic countermeasures [C]// Proceedings of the 22nd ACM SIGSAC Conference on Computer and Communications Security, 2015: 1322 – 1333.

[114] SHOKRI R, STRONATI M, SONG C, et al. Membership inference attacks against machine learning models [C]//2017 IEEE symposium on security and privacy (SP), 2017: 3 – 18.

[115] 任奎, 孟泉润, 闫守琨, 等. 人工智能模型数据泄露的攻击与防御研究综述 [J]. 网络与信息安全学报, 2021, 7 (1): 1 – 10.

[116] SONG L, SHOKRI R, MITTAL P. Membership inference attacks against adversarially robust deep learning models. [C]// 2019 IEEE Security and Privacy Workshops (SPW), 2019: 50 – 56.

[117] NASR M, SHOKRI R, HOUMANSADR A. Machine learning with membership privacy using adversarial regularization [C]// Proceedings of the 2018 ACM SIGSAC Conference on Computer and Communications Security. 2018: 634 – 646.

[118] WANG C, LIU G, HUANG H, et al. MIASec: Enabling data indistinguishability against membership inference attacks in MLaaS [J]. IEEE Transactions on Sustainable Computing, 2019, 5 (3): 365 – 376.

[119] JIA J, SALEM A, BACKES M, et al. Memguard: Defending against black – box membership inference attacks via adversarial examples [C]// Proceedings of the 2019 ACM SIGSAC Conference on Computer and Communications Security, 2019: 259 – 274.

[120] HE X, MACHANAVAJJHALA A, FLYNN C, et al. Composing differential privacy and secure computation: A case study on scaling private record linkage [C]// Proceedings of the 2017 ACM SIGSAC Conference on Computer and Communications Security 2017: 1389 – 1406.

［121］ JUUTI M，SZYLLER S，MARCHAL S，et al. PRADA：Protecting against DNN model stealing attacks ［C］//2019 IEEE European Symposium on Security and Privacy（EuroS&P），2019：512 – 527.

［122］ KESARWANI M，MUKHOTY B，ARYA V，et al. Model extraction warning in MLaaS paradigm ［C］// Proceedings of the 34th Annual Computer Security Applications Conference. 2018：371 – 380.

［123］ 常丽君. 机器伦理学：机器人道德规范的困境 ［N］. 科技日报，2015 – 08 – 11（08）.